兵器概论
(第2版)

曹红松 张 亚 高跃飞 等编著

国防工业出版社
·北京·

内 容 简 介

本书较全面地概述了现代枪炮系统基本概念、构造原理、作用过程,介绍了各类典型武器及特点,介绍了最近几十年来兵器技术发展的新原理、新方法以及部分新技术装备、兵器发展趋势等,融合基础内容和先进内容于一体,力求知识的系统性、完整性和先进性,并注重工程实践,有助于提高学生理论联系实际的能力。

本书内容系统完整,附有大量典型结构原理图,图文并茂,具有较好的可读性;作为专业基础课教材,针对性强,具有一定的知识深度和广度,有利于进一步学习专业知识。

本书可作为高等院校兵工类有关专业本科生、研究生专业基础课教材以及非兵工类专业的选修课教材或教学参考书;也可作为学生军训、民兵普及教育和国防教育用书;还可作为继续教育用书和相关专业工程技术人员的参考书。

图书在版编目(CIP)数据

兵器概论/曹红松等编著. —2 版.
—北京:国防工业出版社,2018.8
ISBN 978-7-118-11692-2

Ⅰ.①兵… Ⅱ.①曹… Ⅲ.①武器—基本知识 Ⅳ.①E92

中国版本图书馆 CIP 数据核字(2018)第 195086 号

※

国防工业出版社出版发行
(北京市海淀区紫竹院南路 23 号 邮政编码 100048)
三河市天利华印刷装订有限公司
新华书店经售

*

开本 787×1092 1/16 印张 28¼ 字数 656 千字
2018 年 8 月第 2 版第 1 次印刷 印数 1—4000 册 定价 69.00 元

(本书如有印装错误,我社负责调换)

国防书店:(010)88540777 发行邮购:(010)88540776
发行传真:(010)88540755 发行业务:(010)88540717

前　言

进入 20 世纪之后，科学技术的发展使兵器进入了现代兵器的时代。兵器从简单到复杂，从低水平到高新技术，经历了古代兵器、近代兵器和现代兵器三个阶段。进入 21 世纪以来，随着微电子技术、光电子技术、计算机技术、信息技术以及新材料、新能源等一大批高新技术的迅猛发展，推动了新军事领域的深刻变革，也进一步推动了常规兵器的发展。

基于目前兵器类专业对学生进行系统知识的教学需求，参考了兵器类专业的结构原理教材，结合科研和教学成果，并广泛搜集国内外最新资料，编著（撰）了常规兵器发射及作用机理相关的兵器概论知识。重点介绍常规兵器中的枪炮系统，即火炮、枪械、引信、弹药各部分内容。详细地论述了火炮、枪械、引信、弹药系统基本概念、构造原理、作用过程，介绍了各类典型武器及结构特点，对高新技术装备、兵器最新技术及发展进行了阐述，融合基础内容和先进内容于一体，力求知识的系统性、完整性和先进性。开发了大量的兵器作战使用、兵器虚拟拆装等教学课件，有助于提高学生理论联系实际的能力。

全书共分五部分，包含内容如下：

（1）绪论中简要叙述了兵器及兵器科学技术的发展历程、现代战争对兵器系统的要求及主要作战功能，介绍了常规兵器之典型武器系统的工作过程：武器发射原理、弹丸飞行规律、射弹散布、对目标的毁伤效应等内容。

（2）第一篇系统地介绍了火炮武器的基本知识、系统结构组成和典型的火炮武器，重点介绍了火炮武器的结构组成和工作原理，典型火炮的内容主要体现了不同类型火炮武器应用的特点和新的技术应用与进展。

（3）第二篇对枪械武器的典型机构基本组成、功能及分类进行了概述，针对手枪、步枪、冲锋枪、机枪分别介绍了典型枪械的结构与工作原理。

（4）第三篇叙述了引信的基础知识，介绍了引信环境力，对典型触发引信、时间引信、近炸引信的结构和作用过程进行了专门介绍。

（5）第四篇介绍了弹药的基本知识，对普通榴弹、反装甲弹药、迫击炮弹、火箭弹、特种弹、子母弹等常规弹药的结构及作用机理进行了比较详细的介绍。本书对制导弹药的发展历史及现状，对制导弹药的结构、组成及主要技术进行了概述，并对几种制导弹药进行了简单介绍。

本书由曹红松、张亚、高跃飞等编写。其中，绪论、第 8、15、16、18 章由曹红松编写，第 1、2、3 章由高跃飞编写，第 4、21 章由傅志敏编写，第 5、6 章由薛佰文编写，第 7 章由张小兵编写,第 9 章由王刚编写,第 11 章由张亚编写,第 12 章由顾强编写,第 13 章由王锋编写,第 14 章由安晓红编写,第 10、17、19、22 章由杜烨编写,第 20 章由朱基智编写。全书由曹红松统稿。

在本书编写过程中,引用和参考了许多文献资料,在此一并向原作者鸣谢。向所有给予支持和帮助的老师和同学表示感谢。

本书内容广泛,涉及多方面的技术知识,由于作者水平有限,缺点和错误在所难免,恳请读者批评指正。

编著者
2018 年 4 月

目 录

绪论 ··· 1
    0.1 兵器与兵器科学技术 ··· 1
    0.2 火炮射击的基本原理 ··· 7

第一篇 火 炮

第 1 章 火炮的基本知识 ·· 22
    1.1 火炮及火炮系统 ·· 22
    1.2 火炮的分类 ·· 23
    1.3 火炮的战术技术要求 ·· 26
    1.4 火炮的瞄准和射击 ··· 31
    1.5 火炮在现代战争中的地位 ·· 35
    1.6 火炮技术简史 ··· 36

第 2 章 火炮的结构组成 ·· 40
    2.1 炮身 ··· 40
    2.2 反后坐装置 ·· 67
    2.3 架体 ··· 77
    2.4 火炮自动机 ·· 86

第 3 章 地面压制火炮 ·· 94
    3.1 M777 式 155mm 轻型榴弹炮 ·· 94
    3.2 PzH2000 自行榴弹炮 ·· 98

第 4 章 坦克炮和反坦克炮 ·· 118
    4.1 德国 RH120 坦克炮 ·· 119
    4.2 PTZ89 式 120mm 自行反坦克炮 ·· 120

第 5 章 高射炮 ·· 125
    5.1 瑞士 35mm 双管高射炮 ··· 125

V

5.2 通古斯卡防空系统 ………………………………………………… 132

第6章 迫击炮和无后坐炮 …………………………………………… 139
6.1 概述 ……………………………………………………………… 139
6.2 美国 M224 式 60mm 迫击炮 …………………………………… 144
6.3 65 式 82mm 无后坐炮 …………………………………………… 146

第二篇 枪 械

第7章 概述 ……………………………………………………………… 152
7.1 枪械的作用、分类及工作特点 ………………………………… 152
7.2 枪械的典型机构和自动方式 …………………………………… 153
7.3 枪械的战术技术要求 …………………………………………… 160

第8章 手枪 …………………………………………………………… 162
8.1 概况 ……………………………………………………………… 162
8.2 1954 年式 7.62mm 手枪 ………………………………………… 164

第9章 步枪与冲锋枪 ………………………………………………… 173
9.1 概况 ……………………………………………………………… 173
9.2 1956 年式 7.62mm 冲锋枪 ……………………………………… 178
9.3 美国 M16 式 5.56mm 步枪与枪族 …………………………… 185
9.4 1985 年式 7.62mm 冲锋枪 ……………………………………… 196

第10章 机枪 …………………………………………………………… 202
10.1 概况 …………………………………………………………… 202
10.2 1981 年式 7.62mm 轻机枪 …………………………………… 205
10.3 1954 年式 12.7mm 高射机枪 ………………………………… 214

第三篇 引 信

第11章 引信概论 ……………………………………………………… 226
11.1 引信的功能与作用 …………………………………………… 230
11.2 引信的组成及分类 …………………………………………… 233
11.3 引信环境力 …………………………………………………… 239

11.4 对引信的技术要求⋯⋯⋯⋯⋯⋯⋯⋯⋯⋯⋯⋯⋯⋯⋯⋯⋯⋯⋯⋯⋯⋯⋯⋯ 251

第12章 触发引信 ⋯⋯⋯⋯⋯⋯⋯⋯⋯⋯⋯⋯⋯⋯⋯⋯⋯⋯⋯⋯⋯⋯⋯⋯⋯ 256

12.1 小口径炮弹机械触发引信 ⋯⋯⋯⋯⋯⋯⋯⋯⋯⋯⋯⋯⋯⋯⋯⋯⋯⋯⋯⋯ 256
12.2 中大口径榴弹机械触发引信 ⋯⋯⋯⋯⋯⋯⋯⋯⋯⋯⋯⋯⋯⋯⋯⋯⋯⋯⋯ 264
12.3 迫击炮弹引信 ⋯⋯⋯⋯⋯⋯⋯⋯⋯⋯⋯⋯⋯⋯⋯⋯⋯⋯⋯⋯⋯⋯⋯⋯ 272
12.4 破甲弹引信 ⋯⋯⋯⋯⋯⋯⋯⋯⋯⋯⋯⋯⋯⋯⋯⋯⋯⋯⋯⋯⋯⋯⋯⋯⋯ 278

第13章 时间引信 ⋯⋯⋯⋯⋯⋯⋯⋯⋯⋯⋯⋯⋯⋯⋯⋯⋯⋯⋯⋯⋯⋯⋯⋯⋯ 288

13.1 概述 ⋯⋯⋯⋯⋯⋯⋯⋯⋯⋯⋯⋯⋯⋯⋯⋯⋯⋯⋯⋯⋯⋯⋯⋯⋯⋯⋯⋯ 288
13.2 典型时间引信 ⋯⋯⋯⋯⋯⋯⋯⋯⋯⋯⋯⋯⋯⋯⋯⋯⋯⋯⋯⋯⋯⋯⋯⋯ 288

第14章 近炸引信和复合引信 ⋯⋯⋯⋯⋯⋯⋯⋯⋯⋯⋯⋯⋯⋯⋯⋯⋯⋯⋯⋯ 297

14.1 近炸引信 ⋯⋯⋯⋯⋯⋯⋯⋯⋯⋯⋯⋯⋯⋯⋯⋯⋯⋯⋯⋯⋯⋯⋯⋯⋯⋯ 297
14.2 典型近炸引信介绍 ⋯⋯⋯⋯⋯⋯⋯⋯⋯⋯⋯⋯⋯⋯⋯⋯⋯⋯⋯⋯⋯⋯ 299
14.3 复合引信 ⋯⋯⋯⋯⋯⋯⋯⋯⋯⋯⋯⋯⋯⋯⋯⋯⋯⋯⋯⋯⋯⋯⋯⋯⋯⋯ 308

第四篇 弹 药

第15章 弹药的一般知识 ⋯⋯⋯⋯⋯⋯⋯⋯⋯⋯⋯⋯⋯⋯⋯⋯⋯⋯⋯⋯⋯⋯ 314

15.1 弹药的组成 ⋯⋯⋯⋯⋯⋯⋯⋯⋯⋯⋯⋯⋯⋯⋯⋯⋯⋯⋯⋯⋯⋯⋯⋯⋯ 314
15.2 弹药的分类 ⋯⋯⋯⋯⋯⋯⋯⋯⋯⋯⋯⋯⋯⋯⋯⋯⋯⋯⋯⋯⋯⋯⋯⋯⋯ 316
15.3 炮弹的一般知识 ⋯⋯⋯⋯⋯⋯⋯⋯⋯⋯⋯⋯⋯⋯⋯⋯⋯⋯⋯⋯⋯⋯⋯ 317

第16章 榴弹 ⋯⋯⋯⋯⋯⋯⋯⋯⋯⋯⋯⋯⋯⋯⋯⋯⋯⋯⋯⋯⋯⋯⋯⋯⋯⋯⋯ 323

16.1 榴弹的一般知识 ⋯⋯⋯⋯⋯⋯⋯⋯⋯⋯⋯⋯⋯⋯⋯⋯⋯⋯⋯⋯⋯⋯⋯ 323
16.2 榴弹的作用 ⋯⋯⋯⋯⋯⋯⋯⋯⋯⋯⋯⋯⋯⋯⋯⋯⋯⋯⋯⋯⋯⋯⋯⋯⋯ 326
16.3 榴弹的结构特点 ⋯⋯⋯⋯⋯⋯⋯⋯⋯⋯⋯⋯⋯⋯⋯⋯⋯⋯⋯⋯⋯⋯⋯ 329
16.4 普通榴弹的发展 ⋯⋯⋯⋯⋯⋯⋯⋯⋯⋯⋯⋯⋯⋯⋯⋯⋯⋯⋯⋯⋯⋯⋯ 336
16.5 远射程榴弹 ⋯⋯⋯⋯⋯⋯⋯⋯⋯⋯⋯⋯⋯⋯⋯⋯⋯⋯⋯⋯⋯⋯⋯⋯⋯ 338

第17章 反装甲弹药 ⋯⋯⋯⋯⋯⋯⋯⋯⋯⋯⋯⋯⋯⋯⋯⋯⋯⋯⋯⋯⋯⋯⋯⋯ 345

17.1 装甲目标分析和对反装甲弹药的要求 ⋯⋯⋯⋯⋯⋯⋯⋯⋯⋯⋯⋯⋯⋯ 345
17.2 穿甲弹 ⋯⋯⋯⋯⋯⋯⋯⋯⋯⋯⋯⋯⋯⋯⋯⋯⋯⋯⋯⋯⋯⋯⋯⋯⋯⋯ 347
17.3 破甲弹 ⋯⋯⋯⋯⋯⋯⋯⋯⋯⋯⋯⋯⋯⋯⋯⋯⋯⋯⋯⋯⋯⋯⋯⋯⋯⋯ 356
17.4 碎甲弹 ⋯⋯⋯⋯⋯⋯⋯⋯⋯⋯⋯⋯⋯⋯⋯⋯⋯⋯⋯⋯⋯⋯⋯⋯⋯⋯ 365

第18章 迫击炮弹 ... 370

18.1 迫击炮弹的构造特点 ... 370
18.2 迫击炮弹的发射装药 ... 375
18.3 迫击炮弹的发展概况 ... 377

第19章 火箭弹 ... 379

19.1 概述 ... 379
19.2 尾翼式火箭弹 ... 382
19.3 涡轮式火箭弹 ... 384

第20章 特种弹 ... 388

20.1 照明弹 ... 388
20.2 发烟弹 ... 392
20.3 燃烧弹 ... 395
20.4 宣传弹及其他特种弹 ... 398
20.5 其他新型弹药 ... 400

第21章 子母弹 ... 404

21.1 概述 ... 404
21.2 典型子母弹的构造、作用特点 ... 409
21.3 敏感弹 ... 412

第22章 灵巧弹药 ... 415

22.1 末敏弹 ... 416
22.2 末制导炮弹 ... 426
22.3 弹道修正弹药 ... 434

参考文献 ... 442

绪　　论

0.1　兵器与兵器科学技术

0.1.1　兵器及兵器科学技术的发展历程

一切军事技术的发展,归根结底取决于生产力的发展,取决于工业经济和科学技术的发展水平。科学技术发展的历史证明:科学技术的众多最新成就往往首先应用于军事,引起军事技术的变革;而军事技术的发展,又在不同程度上促进各种科学技术的发展与进步。

早在石器时代,人类社会由于生产力低下,科学技术极不发达,在氏族战争中只能使用极简单的生产劳动中使用的原始工具,到原始社会的晚期才形成不同于农业生产工具的兵器。

春秋战国时期,随着冶炼业的兴起和冶金技术的发展与进步,相应的金属制造技术得到发展,产生了金属刀、剑、矛、矢等兵器,并随之出现了盔、甲、胄、盾等防护兵器。之后,战车、战船也应运而出。

公元808年前后,中国炼丹家发明了火药。到中国唐代末期,随着化学技术的进步,化学能的利用技术得到提高,开始将火药用于制造兵器。到宋代(1130年左右)即制成火枪(将火药装于竹竿中,引燃后喷火烧杀敌人)。此后又出现了燃烧性兵器、爆炸性兵器,还发明了利用火药燃烧喷气推进的火箭雏形。明朝(1400年左右)制造了金属火铳,并大量使用而形成兵种,创建了专门演习训练的"神兵营"。

15世纪,随着中国发明的火药、火箭技术传入欧洲,以及在机械科学、化学科学及热能动力科学的推动下,欧洲国家开始发展火炮,由炮身和药室组装在一起的青铜炮发展到带瞄准具的滑膛炮。17世纪中叶,法国发明的燧发枪,发射速度可达到2发/min。到18世纪,经过改进的手枪相继出现。

19世纪,随着蒸汽机的发明,冶金工业得到高速发展,机械工业迅速进步,化学工业、能源工业也不断发展。各相关科学的蓬勃发展,为兵器科学技术的突飞猛进奠定了技术基础,准备了物质条件。火炮由滑膛炮改为线膛炮,不但提高了命中精确性,而且射程也大幅度提高。出现了发射药和预压底火的定装式枪弹、炮弹,同时出现了击针式的枪炮。1883年,美国人马克沁发明了利用火药燃气推动的枪炮,开创了枪炮自动装填的先河。此后,各种结构的机枪、自动步枪、冲锋枪以及各种口径和轮式结构的火炮便相继问世。1884年,法国科学家维埃耶,1888年,瑞典化学家诺贝尔先后研制成功单基和双基无烟药,使枪炮和弹药的结构及性能都有很多改进,同时也出现了多种新兵器。尤其在20世纪初,TNT炸药的研制成功,更是大大提高了火炮、弹药及其他兵器的性能。随着坦克、自动火炮及各种车辆的发展,部队作战力量增强,机械化部队开始发展。

第二次世界大战前后,各相关学科技术日新月异,能源、动力、交通、电子及生物、生化等各方面的技术成就相继用于兵器装备中,使兵器科学技术进入了蓬勃发展的新时期。

第二次世界大战期间,美、英、苏、德、日都发展了大批的坦克、自动火炮、飞机、战车等。随着坦克装甲防护的不断加强,反坦克炮的口径不断增大,并广泛使用了钝头穿甲弹、钨芯超高速穿甲弹和空心装药破甲弹,大大提高了反坦克武器的作战效能。在地面战争中展开了反坦克武器与坦克、坦克与坦克及其他武器的对抗。

1903 年,美国莱特兄弟发明带动力的飞机试飞成功后,美、英、德、法、意等国相继开始研制军用飞机。飞机的参战使战争扩大到空中与地面、空中与水面的对抗,形成了包括空域的立体战争。第二次世界大战后期,由于发动机技术、喷气技术的发展,飞机性能不断提高,空袭和防空的对抗越来越尖锐,把空袭和反空袭的对抗推到了一个更高级的阶段。

与此同时,蒸汽机、蒸汽涡轮机和螺旋桨推进器技术也应用于船舶、舰艇中,出现了战列舰、巡洋舰、潜水艇等,特别是第二次世界大战后期,潜水艇、航空母舰投入使用之后,使得空中、地面、水面、水下的对抗与斗争变得更加复杂。兵器技术由陆地走向空中、水面、水下,形成了包括陆地、水域、空域的各类兵器。在发展陆地兵器的同时,大量发展了空中兵器、水中兵器和陆、海、空用的多种武器平台。随着水面作战舰艇和潜艇的发展,水中兵器和反舰、反潜技术装备相继兴起,出现了水雷、鱼雷、深水炸弹和声呐、磁性探测导引与引爆的水中兵器。

19 世纪中后期,美国科学家莫尔斯、贝尔和俄国物理学家波波夫、意大利物理学家马可尼相继发明了有线电报、电话和无线电报之后,实现了信息的远距离快速传递,引起了通信技术的革命。这些成就很快就被用于兵器科学技术中,作为军事通信、情报传递、指挥联络、制导与控制的手段,从根本上改变了作战方式。20 世纪 30 年代,英国利用上述成果发明了雷达之后,将电子科学技术直接应用于侦察、警戒、探测、跟踪、导航等军事方面,大大提高了兵器性能和部队的作战效能。利用电磁波进行侦察与反侦察、干扰与反干扰的斗争也就很快发展起来,形成了电子战或电子对抗的一个新的战斗领域。

0.1.2 兵器的分类及主要研究范围

兵器是以非核常规手段杀伤敌方有生力量、破坏敌方作战设施、保护我方人员及设施的器械,是进行常规战争、应付突发事件、保卫国家安全的武器。通常把兵器作为武器的同义词,我国多数辞书都采用"兵器即武器"或"兵器又称武器"的定义,例如,把轻兵器称为轻武器,把反坦克兵器称为反坦克武器,把步兵兵器称为步兵武器。

但是,严格说来,兵器和武器还是有区别的。兵器是武器中消耗量最大、品种最多、使用最广的组成部分。所以在本书中采用了"兵器是武器中一个组成部分"的定义。随着军事技术的发展和国防工业管理体制的变化,"兵器"和"武器"的内涵已经发生了很大的变化,现在一提到兵器,多数人就会把兵器理解为除战略导弹、核武器、作战飞机和作战舰艇之外的武器,这已经成为多数人的共识。

兵器按发展时代分为古代兵器、近代兵器和现代兵器;按配属军种分为陆军兵器、海军兵器、空军兵器、公安警用兵器等;按运动方式分为自行兵器、牵引兵器、舰载兵器、机载兵器、携行兵器等;按用途分为防空兵器、反坦克兵器、压制兵器、杀伤兵器等;按配属部队分为炮兵兵器、装甲兵兵器、步兵兵器、航空兵兵器等;按质量大小分为轻兵器和重兵器;按弹道是否受控分为制导兵器和非制导兵器;按射击自动化程度分为自动兵器、半自动兵器和非自动兵器;按操作人数分为单兵兵器和集体兵器。这里的"兵器"绝大多数都可用"武器"代替,而且较常使用"武器",较少使用"兵器"。

兵器科学技术的研究对象是各类兵器的构造原理、战术技术性能以及在兵器方案选择、论证、工程研制、试验、生产、使用、储存、维修过程中所必需的知识、理论和技术,其中包括新概念、新原理、新技术、新材料、新型元器件和新装置。新技术又包括兵器的产品技术、试验技术、制造技术、管理技术和系统分析技术等。

兵器科学技术的最终目的是研制新型兵器,以满足未来战争的需要。新型兵器的研制是从系统方案设想开始,经过预先研究、战术技术论证、工程研制、设计定型、生产定型,到装备部队使用为止的研究与研制活动。

兵器装备的发展,除了研制新型兵器装备外,还有一条重要途径,就是运用成熟或接近成熟的高新技术改造现有的兵器装备。这条途径对兵器发展速度的加快、研制周期的缩短和效能—费用比的提高,以满足现代军事战争对兵器装备提出的更高的作战需求,均具有重大的现实意义。

现有兵器装备进行改造的方向:以现有兵器的发射运载平台为基础,用先进的火控技术和制导技术提高现有兵器装备的反应速度和命中精度;用指挥控制技术提高现有兵器装备的作战能力;用先进的弹药技术提高现有兵器装备的毁伤威力;用先进的光电技术提高现有兵器装备的干扰与抗干扰能力;用先进的动力传动技术提高现有兵器装备的机动性;用先进的雷达、夜视技术提高现有兵器装备的全天候作战能力。

0.1.3 兵器科学技术的地位和作用

国家是阶级斗争的产物,有国家,就必须有国防。兵器科学技术作为国防科学技术的重要组成部分,是保证国家独立、领土完整和社会安定的必要条件,是实现国防现代化的物质技术基础,同时又是国家经济建设力量的组成部分。

在战时和平时两种状态下,兵器科学技术的地位和作用是不同的。战时,兵器科学技术是战争机器的重要组成部分,为军队提供兵器装备,直接为战争服务;平时,兵器科学技术是维护国家主权和世界和平的重要因素,是国家经济建设的重要保证,同时还可以通过军转民技术支援国家经济建设。

显然,兵器科学技术的基本功能是军事功能,即为军队研制兵器装备,以满足战争需求。这也是兵器科学技术存在与发展的出发点和归宿。兵器装备作为武器装备的重要组成部分,是军队的物质技术基础,是决定战争胜负的重要因素。

在飞机和舰艇问世之前的漫长时代,兵器是人类进行各类战争所使用的全部武器。在飞机和舰艇问世之后发生的各类战争中,特别是在两次世界大战中,尽管飞机和舰艇作为重要的武器装备,在战争中发挥了重大作用,但兵器装备仍然是消耗量最大、品种最多、应用范围最广的最终毁伤敌方目标的武器装备。而且,作战飞机所使用的航炮、炮弹、导弹、航空炸弹,作战舰艇所使用的舰炮、炮弹、导弹、鱼雷、水雷,以及空军和海军使用的枪械、枪弹、烟火器材、防护器材等,也都属于兵器装备范畴。

目前的世界形势表明,在未来一个时期内,尽管还不能完全排除爆发世界核战争的可能性,但爆发此种战争的可能性很小,未来战争将是核威慑条件下的常规战争,主要是高技术条件下的局部战争。兵器装备是进行这类战争所必需的武器装备的重要组成部分,兵器科学技术担负着为未来战争提供先进的防空武器、反坦克武器、坦克装甲车辆、精确制导弹药、夜视器材、指挥控制系统、电子对抗装置等高技术兵器的重任。

在未来战争中,兵器科学技术不仅要为陆军、武装警察、公安部队及民兵提供兵器装备,而且还要为空军和海军的武器系统提供配套的兵器装备,为战略武器提供推进剂、火工品等。兵器科学技术既是常规战争的主要支撑力量,又是国家安全的可靠保证。

0.1.4 现代战争对兵器系统的要求

现代战争的作战特点要求兵器系统具有如下主要作战能力。

1. 精确打击能力

现代兵器系统充分利用先进的侦察探测技术,对所要攻击的目标实施高精度的探测、识别、跟踪和定位,以实现精确打击的作战任务。如卫星侦察系统,能够分辨出地面 10～30cm 的目标;全球定位系统(GPS)可以实时地为飞机、舰船、地面部队和精确打击弹药提供准确的目标位置和飞行弹道,其定位误差不超过 10m;精确制导导弹的命中率可达 85%～95%,精确制导炸弹的命中率高达 90%以上,实现了真正的"直接点目标命中"。

2. 远程攻击能力

随着精确打击能力的提高,现代兵器系统可以大幅度地提高对目标的远程攻击能力,实现防区外攻击。精确制导战术导弹能够攻击数百千米至上千千米外的目标;精确滑翔炸弹可在 80km 以外投放;通过底部排气和火箭增程技术,大口径火炮射程可由 30km 提高到 120～150km。现代兵器系统的远距离攻击能力,是有效地打击敌人和保护自己的重要作战手段。

3. 高效毁伤能力

现代兵器系统应具有强大的终端毁伤威力,在有限战斗载荷条件下,通过高新技术提高毁伤要素的毁伤威力。对于压制兵器,可通过子母式弹药来提高地面杀伤威力;对于破甲弹,可通过串联战斗部来对付主动装甲和复合装甲,并加大对装甲的侵彻深度;对于基础设施和钢筋混凝土掩体侵彻弹药,可采用串联爆破随进侵彻战斗部和可编程冲击/空穴灵巧引信,实现对多层介质和预定介质层的破坏。

4. 全天时和全天候作战能力

现代兵器系统要能在各种气候条件下和夜间作战。首先,要具备全天时和全天候侦察能力,及时掌握瞬息万变的战场情况,占据主动;其次,应能在各种恶劣气候环境中正常执行并完成预定的作战任务;最后,应具有良好的夜视能力,利用红外、微光等高技术夜视手段,使夜间战场变成"单向透明"的战场。

5. 良好的隐身、机动和防护能力

现代战争还要求兵器系统具有良好的隐身能力、快速机动反应能力、防核、生物、化学武器能力及装甲、电磁防护能力。隐身技术的应用可使兵器装备的雷达反射面积比同类非隐形装备小 1%;快速机动反应能力,不仅可以抓住战机,先发制人,而且可以在激烈的战场对抗中,迅速转移投入新的战斗或及时躲避敌方的后续打击。

0.1.5 现代兵器系统的主要作战功能

兵器科学技术的蓬勃发展,使现代兵器系统的组成越来越复杂,成为一个功能完备、技术先进的武器系统。它不单具有火力系统,而且还涉及侦察探测、搜索跟踪、定向定位、火力控制、动力传动、通信导航、指挥自动化、电子对抗,以及后勤技术保障等,并能适应网络中心站的要求。对现代兵器系统的共性要求如下:

(1) 先于敌方发现,而尽量不被敌方发现;
(2) 快速响应运载推进,先于敌方发射;
(3) 对敌方目标准确命中,而尽量不被敌方命中;
(4) 对敌方目标有效毁伤,而尽量不被敌方毁伤;
(5) 快速准确地判定作战效果。

为实现上述作战要求,现代兵器系统必须具备 5 种作战功能,见图 0-1。"探测识别"是兵器系统体系与体系对抗的首要环节,它包括情报、侦察、探测、识别等内容。为了对所发现和识别的敌方目标实施摧毁,就需要通过飞机、车辆、舰船等运载平台及火炮、火箭等发射、推进装备将有效战斗载荷送至目标区,这便是兵器系统作战的"发射运载"环节。"控制命中"是兵器系统的精确打击环节,其功能是控制有效战斗载荷直接命中目标或到达相对目标的最佳毁伤位置,它包括火力控制、指挥控制、跟踪定位、制导导航等技术。"终端毁伤"是兵器系统

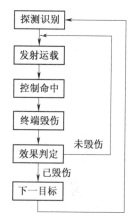

图 0-1 现代兵器系统的主要作战功能

的最终威力环节,根据目标性质的不同而采用不同毁伤机理的战斗部,并在目标最有利的空间位置或最佳毁伤时机释放毁伤元素,摧毁目标,它包括各种弹药战斗部、引信和火工元器件等技术。上述 4 个环节组成了现代兵器系统的一个攻击循环,但一次攻击循环未必能对预定目标造成致命的毁伤。为了不遗漏计划摧毁的目标而又不无谓地浪费战斗载荷,仅有上述 4 个环节是不够的。还必须对一次攻击循环对目标的毁伤效果加以核查与判定,从而决定是对该目标再次实施攻击,还是转向下一个目标。

美国研制的 XM982 式"神箭"155mm 精确制导炮弹,就是一种先进的现代武器系统,如图 0-2 所示。

该武器系统由卫星或武装直升机先期锁定需攻击的目标,通过无线方式把目标的信息传给网络中心指挥部,指挥部把信息初始化并传递给火炮武器系统进行发射,在弹道上完成弹道修正和信息装定。从发现目标到毁伤目标这一环路,主要由网络中心的计算机适时控制武器系统中弹药的准备和由引信控制弹药的起爆。

0.1.6 常规兵器

现代战争是各军兵种相互交叉的立体战,各类兵器将竞相亮相,但最后占领阵地、打扫战场、维护战后秩序及保卫边防和局部战役都不能靠导弹核武器和生、化武器。也就是说,最后解决战争的还是常规兵器。

"常规兵器"这一术语出现于 20 世纪 50 年代,它是相对于导弹核武器、化学、生物等大规模杀伤破坏性武器的出现而言的。在不使用大规模杀伤破坏性武器的战争中,常规

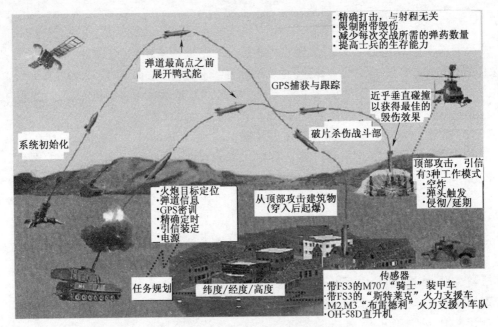

图0-2 155mm 精确制导炮弹

兵器依然是杀伤敌人的基本手段,即使在核战争中,有许多作战任务也必须用常规兵器来完成。

根据常规兵器的含意,坦克、各种战车、火炮、制导兵器、各种弹药、地雷、飞机、潜艇等均属常规兵器之列。从技术含量分析,常规兵器中也采用大量高技术,尖端技术兵器中也采用许多基础常规兵器技术,因此,用"高技术"与"低技术"来区分常规与尖端兵器显然是不合适的。就常规兵器而言,人们首先是从战争的直接目的——消灭敌人、保存自己来考虑兵器配置的。完成任务的直接手段就是各种战斗部及各种弹丸,如杀伤弹、爆破弹、破甲弹、燃烧弹等。为保证战斗部及弹丸在距目标最有利方位起作用,必须在弹头(或弹底、弹周围)配置控制其作用的引信。当前,引信作为一个信息控制系统已自成体系,它的执行机构动力输出是由爆炸序列产生的,爆炸序列则由爆炸元件(火工品)组成,爆炸序列输出的能量起爆弹丸的炸药,弹丸爆炸后完成对各类目标的毁伤作用。

战斗部或弹丸飞向对方阵地是由不同的运载工具完成的。由火炮发射的弹丸配有发射药及药筒,称为炮弹;由火箭发射装置发射的弹称为火箭弹;自带发动机的弹上配有制导系统的称为导弹。导弹、火箭弹由于其载体不同,有机载、舰载等诸多种类。炮弹的发射动力是发射药,而火箭弹及导弹的发射动力则是由发动机内推进剂的燃气产生的。由于其动力作用的持续时间不同,因而,炮弹与火箭、导弹的过载系数差别悬殊,这对引信设计便提出了不同的要求,产生了不同程度的技术难点。

火炮,按其运动形式不同,可分为牵引炮、自行炮、坦克炮、舰炮、航炮等。火箭、导弹也有车载、舰载、机载或潜艇发射之分。由于其载体不同,考虑对载体的影响,都有不同难度的技术要求,逐步形成专门技术进行研究。相对于火炮系统还有手枪、步枪、冲锋枪等枪械,一般称其为轻武器;这些兵器再加上 C^4ISR 系统,便形成了坦克、装甲车、轻重发射武器、火箭、导弹、弹药、火炸药、引信、火工品和 C^4ISR 系统一整套攻防体系。

0.2 火炮射击的基本原理

从兵器的发展历程可以看到,枪炮是发展较早的传统兵器,它是常规兵器的代表,在现代战争中仍然发挥着重要的作用。枪炮与弹药构成火力系统,起着将弹丸发射到预定目标的作用。下面简单介绍火炮的发射过程、弹药飞行规律及终点毁伤效应,以便读者学习后述的内容。

0.2.1 火炮发射原理及工作特点

由物理学的知识可知,要将一个物体抛至远处需使它具有一定的方向,并具有一定的初始能量。枪炮的作用是将弹丸发射到预定的目标上,即赋予弹丸一定的射向和初始速度。一般称武器的整个工作过程为射击过程,而将枪炮射击过程中赋予弹丸初始速度的过程称为火炮的发射过程。

按照武器投送战斗载荷的作用方式,现代武器的发射原理可分为:火箭推进、管式发射、电磁驱动和其他能源投送几种。下面以管式发射为例,说明火炮发射过程及工作特点。

1. 火炮发射过程

火炮发射一般是使火药在一端封闭的管形容器(即身管)内燃烧,生成的高温高压燃气膨胀做功,推动被抛射的物体(即弹丸)向另一端未封闭的管口(即膛口)加速运动,在膛口处获得最大的抛射速度(即初速)。同时,火药燃气也推动炮管向弹丸行进的反方向运动。可见,"发射"是能量转换的过程。即火药的化学能→燃气分子内能→弹丸和炮管的机械能。

发射过程所需要的时间很短,常以千分之几秒计。但是,组成发射过程的各个环节却是严格按次序进行的。炮弹被装入炮膛(图0-3),弹丸的弹带与膛线的起始部紧贴,药筒底缘抵于炮管后端面,并被炮闩牢固地闭锁。发射的具体过程便可依次进行。

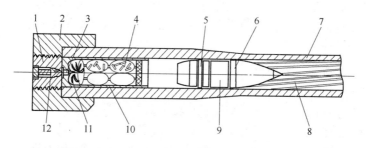

图0-3 炮弹装填入膛示意图
1—闩体;2—炮尾;3—底火;4—发射药;5—弹带;6—定心部;7—炮管;8—膛线;
9—弹丸;10—药筒;11—点火药;12—击针。

火炮发射过程可以分为如下几个阶段:

(1)点火阶段。身管轴线赋予弹丸一定的初始射向,先利用电能或撞击动能引燃比较敏感的点火药(底火),再利用点火药产生的火焰及高温高压燃气点燃发射药。

7

(2) 发射药定容燃烧阶段。发射药点燃后,生成高温高压火药燃气。在燃气压力不足以推动弹丸运动前,发射药燃烧是在一定容积的药室内进行的。随着发射药不断燃烧,弹丸后面的燃气压力不断升高。

(3) 弹丸加速运动阶段。在弹丸后面的燃气压力大到足以推动弹丸运动后,弹丸的弹带嵌入膛线,燃气压力推动弹丸边旋转边加速向前运动;同时燃气压力作用于炮身,炮管及其固连部分向后运动。弹丸后面的容积随着弹丸运动而增大,发射药燃烧是在变化容积的弹后空间里进行的。

(4) 火药燃气后效作用阶段。弹丸运动至炮口处获得一定的速度,具有较大的动能进入大气,按照一定的弹道飞向目标。火药燃气高速从管口喷出:一方面继续对弹丸产生作用;另一方面继续对炮身产生作用。炮管则在复进机的作用下又回复到发射前的位置。打开炮门,抽出药筒,完成一次发射。

2. 火炮发射特点

从发射过程可知,火炮就是一种热机,一种特殊的内燃机。火炮与一般热机的工作情况相比,有以下几个突出的特点。

(1) 温度高。火药在炮管内燃烧时的爆发温度一般可达 2500~3600K。虽然在发射过程中火药燃气温度会因膨胀做功而逐渐下降,但当弹丸运动到炮口时燃气的温度仍在 1500K 左右。炮管内壁金属表面温度在发射瞬间也会达到 1000K 以上。连续发射时,炮管外表面的平均温度可达到 373K 以上。

(2) 压力大。弹丸高速运动获得巨大的动能,是炮管内火药燃气压力做功的结果,因此,发射时弹丸、炮管和炮闩等件要承受很大的作用力。火药燃气压力的最大值随火炮类型而异,一般为 50~700MPa。

(3) 作用时间短、初速高、加速度高。弹丸在炮管内从开始运动到飞出炮口端面所需的时间很短,一般约为 0.002~0.06s;弹丸获得较高的初速度,弹丸初速高达 200~2000m/s。因此,发射时弹丸直线加速度是重力加速度的 2000~120000 倍,并且发射过程以高频率重复进行(对自动火炮每分钟可高达 6000 次循环)。

(4) 热效率低。根据大量试验统计可知,发射中火药能量的利用率很低。一般,直接用于推动弹丸作直线运动的主要功只占总能量的 30% 左右,大约 70% 左右的火药能量做了次要功和其他消耗。

(5) 工作环境恶劣。火炮发射过程中,对发射装置施加的是冲击载荷;身管的温升与内膛表面的烧蚀、磨损是一系列非常复杂的物理、化学现象;产生的冲击波、膛口噪声与膛口焰容易自我暴露而降低人和武器系统在战场上的生存能力,对阵地设施、火炮及运载体上的仪器、仪表、设备和操作人员都会产生有害作用。

一般热机的能源是外供氧燃料,而火炮发射弹丸的能源是火药。火药是一种自身含氧化剂的高能固体溶塑物质,它与一般外供氧燃料比较,有 3 个主要特点:

(1) 火药因自身含氧化剂,便可在密闭的炮膛内完全燃烧,而无固体残渣。

(2) 火药燃烧速率大,在极短的时间内(千分之几秒)能放出巨大热能生成大量高压燃气,燃气膨胀即可做功。

(3) 火药燃烧具有规律性,燃烧速度与燃气压力有直接关系,可以人为进行控制。因此,对于每一门火炮的某一种弹丸,当火药的品种、质量及射击条件确定后就可控制火药的燃速及燃气压力的变化规律,使每次发射时弹丸在出炮口瞬间的速度基本保持不变,此时的弹丸速度称为初速(muzzle velocity)。使火炮的初速值始终保持在战术要求的范围内,这对达到规定的射程及射弹密集度至关重要。

0.2.2 弹丸在膛内运动的规律

在内弹道学中,以 p 表示膛内火药燃气在弹丸后部空间的平均压力,简称膛压;v 和 l 表示弹丸相对于身管的直线运动速度和行程;t 表示时间。

由弹丸在膛内的运动方程可宏观地看出膛压与弹丸速度的一般关系为

$$\begin{cases} Sp = \varphi m \mathrm{d}v/\mathrm{d}t = \varphi m \dfrac{\mathrm{d}v}{\mathrm{d}l}\dfrac{\mathrm{d}l}{\mathrm{d}t} = \varphi m v \dfrac{\mathrm{d}v}{\mathrm{d}l} \\ S\int_0^t p\mathrm{d}l = \varphi m \int_0^v v\mathrm{d}v \\ v = \sqrt{\dfrac{2S}{\varphi m}\int_0^l p\mathrm{d}l} \end{cases} \quad (0-1)$$

在炮口

$$v_0 = \sqrt{\dfrac{2S}{\varphi m}\int_0^{l_g} p\mathrm{d}l}$$

式中,m 为弹丸质量;φ 为次要功计算系数;l_g 为线膛部(导向部)长度;S 为在 l_g 长度上炮膛横剖面面积。

从式(0-1)可知,弹丸在膛内运动的速度变化及其在炮口处的速度值 v_0 取决于膛压做的功 $\int_0^{l_g} p\mathrm{d}l$,并与膛压曲线的形状、身管长度、炮膛横剖面面积及弹丸质量等因素有关。

按照膛内射击现象的内在规律以及它们的矛盾发展过程的特点,将整个射击过程划分为以下4个时期。现结合图0-4及图0-5来分析各时期的特点。在图0-4中,一般以弹丸装填到位后弹底的位置作为坐标原点,有的书上以弹丸的弹带抵于膛线处作为坐标原点。在图0-5中,以弹丸开始运动的瞬间作为时间坐标的原点。

注意:膛压随弹丸行程(或时间)的变化曲线及弹丸速度随行程(或时间)的变化曲线本应分别独立绘制,可是,习惯上是将 p-l、v-l 或 p-t,v-t 两条曲线画在一个图面上,如图0-4和图0-5所示,以便于观察。其实,这两条曲线之间并不做任何比较,其交点也无物理意义。

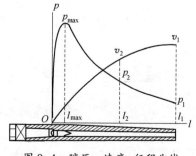

图0-4 膛压、速度-行程曲线

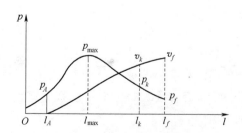

图0-5 膛压、速度-时间曲线

1. 前期

前期,是指击发底火后发射药被引燃,到弹带全部挤进膛线瞬间。在图 0-5 中以 t_0 表示这一瞬间,此时 $p = p_0$, $v = 0$;在图 0-4 中, $l = 0$, $p = p_0$, $v = 0$。

发射时,击发底火点燃了点火药并迅速燃完,形成一定的压力 p_B, p_B 称为"点火压力"。一般情况下, $p_B = 2 \sim 5$MPa。发射药引燃后,随着压力的增加,弹带产生塑性变形而逐渐挤入膛线,其变形阻力将随着挤入长度的增加而增大,弹带全部挤入膛线时的阻力值最大,此时,弹带上被切出与膛线相吻合的凹槽。弹丸继续向前运动,弹带不再产生塑性变形,阻力迅速下降。与最大阻力相对应的膛内火药燃气的平均压力称为"挤进压力",用 p_0 表示。在内弹道学理论中,假设膛压达到挤进压力时弹丸才开始运动。所以,常将挤进压力称为"启动压力"。火炮中,挤进压力 $p_0 = 25 \sim 40$MPa;枪械中,因枪弹无弹带,靠整个枪弹圆柱表面挤入膛线,其挤进压力较高,挤进压力 $p_0 = 40 \sim 50$MPa。

前期的特点:发射药在定容条件下燃烧,认为弹丸并未运动。实际上,因弹带有一定的宽度,当它全部嵌进膛线时,却有微小的位移。

前期火药的燃烧量约占总发射药量的 5% 左右。

2. 第一时期

第一时期是指从弹丸弹带全部挤进膛线瞬间开始到发射药全部燃烧结束的瞬间为止。在图 0-5 中为 $t_0 - t_k$ 段,这是一段重要而复杂的时期。其基本特点:火药燃烧生成大量燃气,使膛压上升;而弹丸沿炮膛轴线运动,使弹后空间增加,又使膛压下降。这两个互相联系又互相矛盾的因素直接影响着膛内压力的变化规律。

第一时期的开始阶段,由于弹丸是从静止状态逐渐加速弹后空间增长的数值相对较小,而此时发射药是在较小的容积中燃烧,燃气密度加大,使膛压随燃烧时间改变的变化率 dp/dt 不断增大, $dp/dt > 0$,因而膛压急剧上升。可是,膛压增加,使弹丸加速运动,弹后空间不断增加,又使燃气密度减小;同时,由于燃气不断地做功,其温度相应地会降低,这些因素都促使膛压下降;此时,发射药虽仍在燃烧,但它所生成的燃气量使膛压上升的作用已逐渐被使膛压下降的因素所抵消。当对膛压影响的两个相反因素作用相等时,出现了一个相对平衡的瞬间 t_{max},使 $dp/dt = 0$。所以,在 $p - t$ 或 $p - l$ 曲线上出现一个压力峰值 p_{max}。内弹道学中称其为最大膛压 p_{max} (maximum pressure),与此相对应的时间、弹丸行程分别为 t_{max}、l_{max}。通常, p_{max} 出现在弹丸运动了 2~7 倍口径的行程内。在 l_{max} 点之后,弹丸速度 v 因压力做功而迅速增加,弹后空间又猛增,燃气密度减小, $dp/dt < 0$,膛压曲线逐渐下降,直到发射药燃烧结束。此时,在 $p - t$ 或 $p - l$ 曲线图上对应的膛压为 p_k,与此相对应的时间、弹丸行程和弹丸速度分别为 t_k、l_k 和 v_k。由于弹丸底部始终受到火药燃气压力的作用,其速度 v 一直是增加的。

最大膛压 p_{max} 是一个十分重要的弹道数据,直接影响火炮、弹丸和引信的设计、制造与使用。对身管强度、弹体强度、引信工作可靠性、弹丸内炸药应力值以及整个武器的机动性能都有直接的影响。因此,在鉴定或检验火炮火力系统的性能时,一般都要测定 p_{max} 的数值。

现代火炮中,除迫击炮和无后坐力火炮的 p_{max} 值较低外,一般火炮的 p_{max} 约在 250~350MPa 范围内。近年研制的高膛压火炮其 p_{max} 值已超过 500MPa。

3. 第二时期

第二时期是指从发射药全部燃烧结束瞬间起,到弹丸底面飞离身管口部断面时为止。在图 0-5 中为 t_k—t_g 段,此时期的特点:发射药已烧完、不再产生新的火药燃气。因这段时间极短,膛内原有的高温高压燃气相当于在密闭容器内绝热膨胀做功,继续使弹丸加速运动,弹后空间仍在增大,膛压不断下降。当弹丸运动到膛口时,其速度达到膛内的最大值,称为"炮口速度",此时,对应的膛压称为"炮口压力"。对应的时间及行程称为"弹丸膛内运动时间"及"膛内总行程",分别以 v_g、p_g、t_g 及 l_g 表示。现代火炮的 v_g 值可高达 2000m/s 左右,p_g 值约为 20~100MPa,燃气将以如此高的压力冲出炮口,流失于大气之中。

从前期到第二时期结束,统称为膛内时期。现代火炮的 t_g 值一般都小于 0.01s,在此极短的时间内要使弹丸速度由零增至所要求的炮口速度,其加速度值是很大的。

以上只是定性地描述了膛内时期压力变化及弹丸运动的一般规律。在弹丸出炮口后,火药燃气从膛口高速外喷,于一定时间内仍对弹丸有一定的作用。弹道学上称这段时间为后效时期,当今弹道学科上形成的中间弹道学分支,就是专门研究后效期中燃气流的变化规律。由于后效时期对弹丸运动和炮身的后坐运动有一定的影响,因此,也需在本节内定性地加以介绍。

4. 后效时期

后效时期是指从弹丸底部离开膛口瞬间起,到火药燃气压力降到使膛口保持临界断面(即膛口断面气流速度等于该面的当地声音)的极限值时为止。该极限值一般接近 0.18MPa。

后效时期的特点是:火药燃气压力急剧下降,燃气对弹丸的作用时间和燃气对炮身的作用时间是不相同的,即起点相同,而结束点各异。在膛内时间,火药燃气压力在推动弹丸沿身管轴线向前运动的同时,也推动炮身向弹丸行进的反方向运动(称为后坐)。后效时期开始,燃气从炮口喷出,燃气速度大于弹丸的运动速度,继续作用于弹丸底部,推动弹丸加速前进,直到燃气对弹丸的推力和空气对弹丸的阻力相平衡时为止,此时,弹丸的加速度为零,在炮口前弹丸的速度增至最大值 v_{max}。之后,燃气不断向四周扩散,其压力与速度大幅度下降,同时弹丸已远离炮口,燃气不能再对弹丸起推动作用。可是,在整个后效时期中,膛内火药燃气压力自始至终对炮身作用,使其加速后坐,直到膛内压力降到 0.18MPa 左右为止。显然,这段作用时间是较长的。图 0-6 绘出了发射过程中各时期的燃气压力、弹丸速度二者随时间变化的一般规律。图中 t_1 和 t 分别代表后效时期内火药燃气对弹丸作用和对炮身作用的时间。

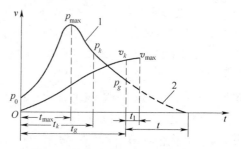

图 0-6 各时期膛压、速度—时间曲线
1—膛内时期(实线);2—后效时期(虚线)。

弹丸初速 v_0(可近似认为 $v_0 \approx v_g$)和身管内最大膛压 p_{max} 值都是火炮内弹道性能的重要特征量,称为内弹道诸元。初速值直接影响到火炮的射程、密集度和弹丸对目标的毁伤效能。因此,在火炮验收和使用过程中都应测定初速,以便鉴定火炮性能和确定身管的使用等级。

0.2.3 弹丸在空气中飞行的一般规律

弹丸在身管内运动,到炮口时获得一定的初速,具有一定的动能。此后,弹丸脱离了火药燃气的作用和身管的约束,开始了新的运动——在重力和空气阻力作用下的运动。

1. 空气阻力及其对弹丸的作用

1) 空气阻力

弹丸以一定的速度在空中飞行,除受重力作用外,还受到空气阻力的作用,弹丸质心在空气中运动的轨迹称为空气弹道。

空气阻力与空气的特性(如温度、压力、黏性等)有关,也与弹丸的特性(如形状、大小)以及空气和弹丸相对运动的速度有关。

空气阻力是因弹丸与空气之间有相对运动而产生的,因此,可以利用风洞试验,将一定速度的均匀气流向不动的弹丸模型沿弹轴方向吹过,观察气流流动情况,并用空气动力天平(即测力仪)测出弹丸的受力。若在气流中施放发烟物质,可由烟缕直接看到气流的流动。改变气流速度可以得知空气阻力由摩擦阻力、涡流阻力和波动阻力 3 部分组成。弹丸在空气中运动的情况,与风洞试验的结果基本一致。

2) 空气阻力对弹丸的作用

弹丸在膛内运动过程中,弹轴与炮膛轴线并不重合,这是由于弹炮间隙、弹丸的质量偏心误差以及炮膛磨损等因素造成的。当弹丸出炮口时,后效时期火药燃气对弹丸的作用也是不均匀的,因而使弹丸轴线与速度矢量(即弹道切线)不重合,它们之间的夹角称为攻角 δ(章动角),如图 0-7 所示。

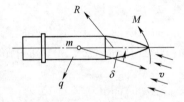

图 0-7 弹丸的攻角

由于长圆形弹丸头部是圆锥面,弹丸质心 m 靠近弹尾,头部受空气阻力作用面积大,头部压力也比尾部压力大。因此,空气阻力合力 R 的作用点(又称阻心)偏向弹丸前部,即在弹顶与质心之间。在有攻角 δ 的情况下,由于弹丸迎向气流一方的压力比背向气流一方的压力大,这又使 R 与 v 不平行,使 R 的指向偏在攻角增大的方向上。所以,空气阻力 R 的作用线既不通过弹丸质心 m,也不与 v 平行,从而产生了一个使弹丸绕其质心 m 翻转的力矩。即相当于将阻力 R 从 P 点平移至质心 m 处,转化成一个力矩 M_z(由 RR_2 组成的力偶)及一个作用于质心的力 R_1。M_z 使弹轴绕质心 m 远离 v 而翻转,称 M_z 为翻转力矩。R_1 可分解为与 v 反方向的分力 R_x 和垂直于 v 的分力 R_y。R_x 就是前述的空气阻力,或称为迎面阻力;R_y 改变 v 的方向,称为升力。实践和理论都已证明,翻转力矩 M_z 的作用方向和升力 R_y 的方向都是指向使 δ 增大的方向,M_z 和 R_y 在数值上也都随 δ 的增大而增加,如图 0-8 所示。

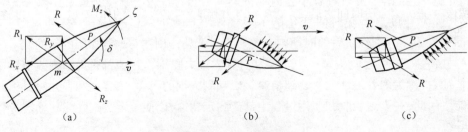

图 0-8 飞行弹丸受力

可见,弹丸在空中飞行,攻角 δ 不可避免。阻心在质心前方的弹丸其翻转力矩 M_z 也不可避免,因此,空气阻力对飞行弹丸的作用可归纳为两个主要方面:

(1) 消耗弹丸的能量,使弹丸速度很快衰减。速度小,降低了落点处的动能,减小了射程。

(2) 改变弹丸的飞行姿态,翻转力矩使弹丸在飞行途中做不规则的运动,进而更增大了空气阻力,落点不能确定,同时也不能保证弹丸头部碰击目标,影响弹丸对目标的毁伤作用。如图 0-9 所示。

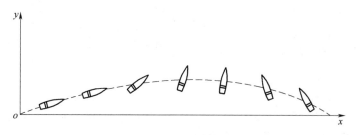

图 0-9 弹丸不稳定飞行

因此,研究弹丸在空中飞行的稳定原理,寻求合理的稳定措施,以提高射弹密集度和最大限度地发挥弹丸作用,是外弹道学的一项主要任务。

2. 弹丸在空中稳定飞行的原理

长圆形弹丸在空中飞行,存在着攻角 δ 和翻转力矩 M_z,若不采取措施,M_z 必然使 δ 单调增大,弹丸要在空中翻筋斗,这种现象称为"不稳定"。但并不是说只要弹丸不翻筋斗就可称为"飞行稳定"。弹丸飞行稳定性是指弹轴由弹底至弹顶的指向与弹丸质心速度矢量指向趋于一致的性质,即弹丸在全部飞行过程中,弹头始终向前,且攻角 δ 小于允许范围的性质。

要使长圆形弹丸在空中稳定飞行,目前一般采用两种措施:一是给弹丸装尾翼;二是使弹丸绕其纵轴高速旋转。由这两种方法,相应地产生了外弹道学中两种飞行稳定的理论:摆动理论与旋转理论。本节只概述其基本思路与原理。

3. 旋转弹丸的飞行稳定性

1)陀螺稳定原理

从生活实践中可以发现,一个不旋转的陀螺不能自立于地面。这是由于陀螺的重力对地面支点的力矩使其倾倒。如果使陀螺绕其轴线高速旋转。它会在摇摆中立于地面而不倒下。此时陀螺自身有 3 种运动同时存在:一是陀螺绕其自身轴线高速转动,称为自转;二是陀螺绕着垂直于地面的轴线缓慢地公转,称为进动;三是陀螺轴相对于垂直轴线做摆动,两轴线间的夹角 δ 由大到小,再由小到大,做周期性的变化,此种摆动称为章动。陀螺像这样运动一段时间之后,因受空气阻力和地面摩擦阻力的作用,自转角速度逐渐衰减,直到最后翻倒。

如果赋予弹丸一定的旋转速度,则弹丸出炮口后一面靠初速 v_0 做惯性飞行,一面又绕其弹轴高速旋转,其运动状况与旋转的陀螺相似。弹轴相当于陀螺轴,弹道切线相当于垂直轴,使弹丸的翻转力矩 M_z 相当于使陀螺倾倒的重力矩,二者的运动对比情况见图 0-10。

这样,弹丸在空中飞行时,高速自转且绕弹道切线(速度矢量v)公转(进动),弹轴本身在空间一面转圈,一面摆动,使弹丸在空中不再翻转而做有规律的飞行。弹轴与弹道切线间的攻角δ处于周期性的变化中,而不再是单调增大。这种飞行状态称为陀螺稳定。

2) 动力平衡角、追随运动和偏流

由前述可知,弹轴进动的机理是:因有攻角δ→产生翻转力矩M_z→高速旋转的弹丸使弹轴矢端朝着M_z方向运动。如果弹丸质心速度的方向不变,那么弹轴与v的相对位置关系在空间各个方向上是均等的,弹轴绕着v进行周而复始地进动,或者说是以v为平衡位置运动。但是,实际上在重力作用下弹道是弯曲的,即v在

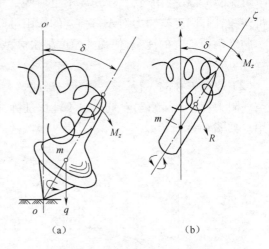

图 0-10　旋转的螺陀与弹丸

垂直平面内不断向下偏转,为了使弹轴与弹道切线方向基本一致,也就是要保证弹轴基本上随着弹道切线v的下降而向下转动,以使弹头着地,弹轴必须对v做追随运动,有的外弹道书籍上称其为追随稳定性。正由于v在铅直平面内不断向下偏转,弹轴在进动过程中,于垂直平面内就会不断地产生一个额外的向上的攻角(与其他方向比)。由上述机理,就会产生一个额外的指向垂直面侧面的力矩M_z;进而,弹轴就在不断进动的同时还有一个额外的指向垂直平面右侧的运动,这就使弹轴周期性进动的平均位置向右侧摆动,弹轴在进动中所围绕的瞬时平衡位置(称为动力平衡轴)就偏向v所在垂直平面的右侧,动力平衡轴与v之间的夹角称为动力平衡角δ_p。由此可见,右旋弹丸的动力平衡角总是偏向v的右侧。

动力平衡角δ_p是弹轴进动过程中的一个平均攻角,同样由于进动机理,这个向右的δ_p对应于一个指向下方向的力矩M_{EP},使弹轴的平均位置总是按照M_{EP}而向下偏转。这就是弹轴对于弹道切线的追随过程,从而保证了所要求的弹道追随稳定性能。

右旋弹丸总是会产生向右的动力平衡角,因而产生向右的升力,在这个升力作用下,弹丸质心逐渐向右偏移(即弹道曲线向右偏),弹道上任意点偏离射面的距离称为该点的偏流,落点的偏流常称为定偏Z_c,如图 0-11 所示。射击远程目标时,弹丸飞行时间越长,Z_c越大,射击时要预先进行方向上的修正(其修正值印在射表上)。当弹丸是左旋时,其偏流向左。

这样,右旋弹丸在空气中飞行时,在各种因素的综合作用下,形成了一条向下弯曲,又向右偏的弯曲弹道。

3) 弹丸的合理转速(膛线缠度的合理范围)

为什么要规定合理的转速,而不是转速越高越好呢?由于弹道是弯曲的,速度矢量的方向在重力作用下要不断向下偏转。若转速太低,则如同陀螺会因转速不够而歪倒一样,弹丸会在进动的同时,攻角会单调增大,失去陀螺稳定性;若转速太高,则弹轴不易改变其方向,在v不断向下偏转时,前进的弹轴与v之间在铅直平面内额外的攻角就会变得很大,

致使弹丸的飞行姿态变坏,使各种空气动力和力矩对于攻角的敏感度加剧,从而增大落点散布。在严重情况下,可能使弹丸不能以弹头着地因而失效,如图 0-12 所示。有的书上称这种现象为"过稳定"。所以,弹丸的转速既不能太低,又不能太高,必须在一个合理的范围内。

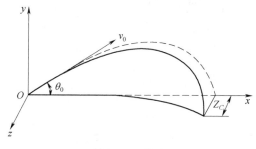

图 0-11 偏流

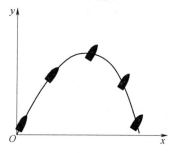

图 0-12 弹丸过稳定飞行

膛线对身管轴线的倾斜角称为缠角,以 α 表示。当火炮口径 d 与初速 v_0 确定后,由转动刚体的角速度与切线速度的关系可知,弹丸在炮口处的转速 n 取决于膛线的缠角 α。α 就是根据弹丸飞行稳定性的要求来确定的,即

$$\begin{cases} (d/2)n2\pi/60 = v_0\tan\alpha \\ n = 60v_0\tan\alpha/\pi d \end{cases} \quad (0\text{-}2)$$

在外弹道学和身管膛线设计中,引入了一个无因次的系数 η,称为膛线缠度。它是指膛线沿炮膛绕一周时前进的轴向距离与火炮口径 d 之比值。将一条膛线在平面内展开,如图 0-13 所示,可知缠角 α 与缠度 η 的关系为

$$\tan\alpha = \pi d/\eta d = \pi/\eta \quad (0\text{-}3)$$

将式(0-3)代入式(0-2),得

$$\eta = 60v_0/nd \quad (0\text{-}4)$$

可见,弹丸的转速 n 与膛线的缠度 η 成反比,η 越小(即 α 越大),则 n 越高。外弹道学的任务之一,就是要确定适当的 η 值,以使弹丸获得合理的转速 n_H。从保证弹丸飞行的陀螺稳定性出发,可以确定弹丸转速的下限值 $n_下$,从而得到膛线缠度的上限值 $\eta_上$;又从保证弹丸飞行时动力平衡角小于规定值(通常为 $5°\sim10°$),既保证弹丸在追随速度矢量的过程中的飞行稳定性出发,又可算出弹丸转速的上限值 $n_上$,从而得到膛线缠度的下限值 $\eta_下$。所以,在弹丸及身管的设计中,合理的转速与缠度应满足

$$\begin{cases} n_上 > n_H > n_下 \\ \eta_下 < \eta_H > \eta_下 \end{cases}$$

合理的缠度 η_H 的示意图如图 0-14 所示。在此范围内,设计时取值应尽量靠近 $\eta_上$,使其所对应的 α 角较小。在身管制造时,便可根据 α 值来加工膛线,这样便从结构上保证了在发射时能赋予弹丸飞行稳定所需的转速;同时,较小的 α 角也有利于减少膛线磨损和减小对弹带的侧向压力。

4. 尾翼弹丸飞行稳定性原理

在弹丸后部安装尾翼是使弹丸稳定飞行的又一措施。当弹轴与速度矢量不一致 ($\delta \neq 0$)时,因弹后部有面积较大的尾翼,改变了弹丸表面的压力分布,使空气阻力 R 的作

用点移到弹丸质心 m 之后,将 R 向质心平移,得力偶 M_C 和过质心 m 的力 R',M_C 使攻角减小,使弹轴向弹道切线靠拢,从而使弹丸稳定飞行。M_C 称为稳定力矩,其数值与 δ 成正比,而方向与 δ 相反,如图 0-15 所示。

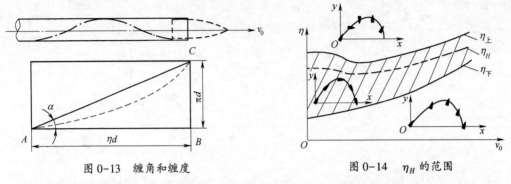

图 0-13　缠角和缠度

图 0-14　η_H 的范围

当 $\delta \neq 0$ 的某瞬间,在 M_C 的作用下,弹丸绕其质心摆动,使弹轴向弹道切线靠拢,二者重合时,因弹丸仍有一定的摆动角速度和动能,将继续向原方向摆动,这又使得弹轴与弹道切线在另一侧出现夹角 δ。此时,M_C 与摆动方向相反,使摆动角速度逐渐减小,反复进行,如图 0-16 所示。这种受力状态如同单摆,是一种简谐运动,即绕质心的往复摆动。摆动的能量消耗于克服空气阻力所做的功,弹丸便在逐渐减小的振幅范围内摆动,保持着头部基本上沿弹道切线方向向前稳定飞行。

因重力作用,弹道切线不断向下转动,产生了一个在垂直面内额外向上的攻角,此攻角所产生的相应稳定力矩 M_C 又力图减小这个攻角,这就使弹轴追随速度矢量线而向下转动。

所以,弹轴做往复摆动的同时,其平均弹轴的位置总是追随弹道切线,正如投掷标枪时所看到的现象一样。

保证在全弹道上阻心始终处于尾翼与弹丸质心之间,是使尾翼弹稳定飞行的必要条件,但尾翼过大的弹丸会使阻力增加,使散布增大。

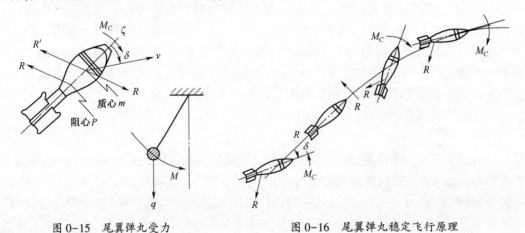

图 0-15　尾翼弹丸受力

图 0-16　尾翼弹丸稳定飞行原理

5. 最大射程角

对给定的弹丸,用一定的初速进行射击,其全水平射程为最大时所对应的射程角,称为该弹丸在该初速时的最大射程角,记作 θ_{0X_m}。

真空弹道是一个抛物线,最大射程角 $\theta_{0X_m} = 45°$。空气弹道由于空气阻力的复杂影响,最大射程角随枪炮弹丸及初速的不同差异较大。表 0-1 所列是几类枪炮弹丸最大射程角的大致范围。

表 0-1　几类枪炮弹丸最大射程角

弹丸名称	最大射程角
初速 800m/s 左右的枪弹	28°～35°
中口径中速度炮弹	42°～44°
大口径高速度远射程炮弹	50°～55°
小速度弹丸(如迫击炮弹等)	～45°

0.2.4　射弹散布

同一门火炮,同一种弹药,在相同的条件下由同一射手以相同的射击诸元(初速,射角等)对同一目标射击若干发,各弹丸的弹着点并不会重合在一点上,而是分布在一定的范围内,形成一个散布区域,这种现象称为"弹射散布"。

空气弹道由初速 v_0、射角 θ_0 和弹道系数 C 三个参量确定。火炮实际射击时,由于各种随机因素使各发弹之间的 v_0、θ_0、C 之间存在着微小的随机差异,使得弹着点不重合。每一发弹丸在射击之前其 v_0、θ_0、C 的准确值是无法预知的。

影响形成射弹散布的随机量的因素大致有以下几个方面:

1) 弹道系数 C

(1) 由弹道系数的定义,弹丸制造过程中产生的外形、弹径、弹丸质量的误差都会引起弹道系数的误差,而且显然是随机误差。尽管火炮射表中有按弹重分级的修正量,但同一弹重级内的各发弹的质量仍然是随机的。弹丸表面粗糙度和洁净情况、被身管膛线挤切过的弹带的状况,都将影响弹形,从而影响弹道系数。弹丸的质量分布(转动惯量、质心位置)状况将影响弹丸绕质心的运动,从而影响弹道系数。

(2) 弹丸在发射时的起始扰动使弹丸在飞行中存在攻角,并且攻角在不断变化(绕质心运动),这就影响到弹丸和空气之间的相互作用,从而影响到空气阻力,也就影响到阻力系数,进一步影响到弹道系数。起始扰动由弹丸的制造误差(尺寸误差和质量偏心)、弹炮间隙、武器系统的零部件的配合精度、弹丸装填状况、火药燃烧的不均匀性等所引起。所以是不可避免的和随机的。

2) 初速 v_0

由于发射药量及性能、药温、弹丸质量、弹带尺寸(线膛炮)、定心部(迫击炮)以及射手装填力等因素的随机性造成初速的随机性。

3) 射角 θ_0

(1) 起始扰动,与上述相同,引起弹丸的绕质心运动,并且影响质心运动。从实际飞行弹道来看,相当于射角呈随机性。

(2) 射手瞄准、赋予武器以仰角的主观误差。

(3) 武器高低机空回、武器的跳动、身管的振动等。在各发弹出膛口时这些因素的状况是随机的。

当然,数值 v_0、θ_0、C 的散布只产生弹着点的距离散布与高低散布。在侧向的随机因素(射手、武器扰动、方向机的空回、横风等)作用下,弹着点产生方向的散布。此外,气象条件的随机变化也会引起弹着点的距离散布、高低散布和方向的散布。

由上可见,影响射弹散布的因素,有直接影响弹丸质心运动的,也有直接影响弹丸绕质心运动,进而通过绕质心的运动影响质心运动的。

对于火炮,在水平面上弹着点的散布区域为一个椭圆形(如图 0-17),其长轴沿射程方向,短轴在左右方位上;高射炮对空射击时,其炸点的散布为一椭球,长轴沿射击方向。射弹的散布具有对称性,且在中心区域分布稠密,边缘区域稀疏。

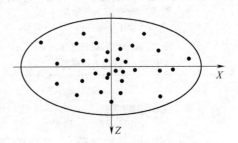

图 0-17 弹着点分布

射弹散布的大小是火力密集度的标志。火力密集度是指弹着点对于平均弹着点(散布中心)的集中程度。射弹散布小,火力密集度高,火炮系统性能好。在武器系统的研制和生产验收中,经常需要检验射弹散布是否满足战术技术要求所规定的指标以及采取措施减小射弹散布。

表征射弹散布大小的程度用统计学的方法来处理。对于一定的样本容量(即射弹数量),计算出样本的算术平均值和方差,即可评价射弹的精确度和密集度。射弹散布大小,一般用中间偏差 E 表示,中间偏差小表示射弹散布小,火力密集度高。中间偏差的计算为

$$E_x = 0.6745 \sqrt{\frac{1}{n-1} \sum_{i=1}^{n} (x_i - X)^2}$$

$$E_y = 0.6745 \sqrt{\frac{1}{n-1} \sum_{i=1}^{n} (y_i - Y)^2}$$

$$E_z = 0.6745 \sqrt{\frac{1}{n-1} \sum_{i=1}^{n} (z_i - Z)^2}$$

式中,n 为发射的弹数(样本容量),x_i、y_i、z_i 为各弹着点的坐标,X、Y、Z 为散布中心;

$$X = \frac{1}{n} \sum_{i=1}^{n} x_i, \quad Y = \frac{1}{n} \sum_{i=1}^{n} y_i, \quad Z = \frac{1}{n} \sum_{i=1}^{n} z_i$$

每门炮的中间偏差值随该炮射程的增大而增加,在最大射程处中间偏差值最大。所以,火炮的地面密集度常以 $E_x/X_{\max}$、$E_z/X_{\max}$ 表示,如某 85J 的密集度 $E_x/X_{\max}$ 为 1/270。

0.2.5 对目标的毁伤效应

弹丸要摧毁的目标,即弹道的终点,可能是泥土、混凝土、钢甲、人体、车辆、飞机等。弹丸在目标区介质中所产生的侵彻运动和其他的各种现象,正是武器发射者所预期的杀伤破坏效能。至此,火炮系统的一次工作过程结束,即完成了一次射击任务。

下面简单讨论一下对几种典型目标的毁伤效应。

1. 人员目标

人员为战斗中重要目标,可通过高速抛射物(如破片、子弹,霰弹)、爆炸冲击波、毒剂、生物剂、热、核辐射等不同手段给予杀伤。对付地面上人员目标的主要常规弹药有枪弹、杀伤榴弹、杀伤爆破榴弹、子母弹药等,配用的引信有触发引信、近炸引信、时间引信等。

以杀伤爆破榴弹为例。当配用触发引信时,在弹丸碰击目标的很短时间内,瞬发引信起爆弹丸;当配用近炸引信,在距离地面一定高度(不同引信数据各异,3~15m 效果较好)时,引信引爆弹丸;当配用时间引信,到装定作用时间时,引信引爆弹丸。弹丸爆炸形成强烈的冲击波和高速抛射物,有时伴有火焰和热辐射。

伴随爆炸产生对人员的杀伤因素很多,最基本的为爆炸冲击波,可损害人员中枢神经,导致心力衰竭、严重窒息等;高速抛射物是对付人员最主要的手段,当破片进入人体,可使体内肌肉、血管、神经、骨骼及器脏受创,造成人员不同程度的伤亡,如立即死亡、重伤或轻伤。火焰和热辐射对人的损伤严重时,能引燃衣服,导致大面积烧伤。

2. 地面车辆

地面车辆可用榴弹、穿甲弹、破甲弹、碎甲弹、爆炸冲击波、燃烧弹、核辐射以及电子干扰等手段给予毁伤。最有效的毁伤手段与车辆类型有关。通常,按防护装甲的有无可分为装甲车辆及无装甲车辆。

以装甲战斗车辆即坦克为例。当采用成型装药破甲弹时,压电引信(瞬发引信)的头部压电机构碰击目标,引信弹底机构起爆弹丸主装药,形成聚能射流可穿透重型装甲,杀伤车体内部乘员,并能造成发动机、操纵系统、火控设备和弹药失效;碎甲弹采用惯性触发引信,即有一个短延期作用时间,当炸药在甲板外表堆积到一定形状时,引信起爆致使甲板内层崩裂,飞出大量高速碎片杀伤车体内部乘员及设备等;穿甲弹利用高速运动的弹丸所具有的动能来击穿钢甲;穿甲爆破弹在弹丸穿甲一定深度后引信起爆主装药,利用弹丸爆炸形成强烈的冲击波和高速抛射物来达到毁伤效应。

3. 地面结构

地面结构主要包括地面建筑和地下结构,一般采用爆破榴弹、爆破燃烧榴弹、混凝土破坏弹以及近年来大力发展的钻地弹等,最主要的破坏因素是爆炸生成物的直接作用、空气冲击波、地面冲击波和火焰。为了得到预期的破坏效果,要求引信延期作用,等弹丸进入结构内部才爆炸。建筑物起火通常是某些杀伤手段的附带结果。

以钻地弹为例。钻地弹触地不爆炸,钻到地下深处才爆炸是依靠引信的延迟作用。美、英的改进型 GBU-28"掩体破坏者"钻地弹,其配用的引信是侵彻智能引信。它采用 B、C 两种热寻的延迟引信,炸弹头接触地面后引信不爆炸而是钻地。当弹头遇到混凝土时,B 引信引爆,炸开一个大洞继续往下钻;遇到钢板加固物质时,受地下掩体的热辐射,C 引信爆炸,在钻透钢板后钻入地下掩体炸弹爆炸。

第一篇

火炮

第1章　火炮的基本知识
第2章　火炮的结构组成
第3章　地面压制火炮
第4章　坦克炮和反坦克炮
第5章　高射炮
第6章　迫击炮和无后坐炮

第1章 火炮的基本知识

1.1 火炮及火炮系统

火炮是以火药为能源、利用火药燃烧形成燃气压力来发射弹丸的一种身管射击武器。我国将口径大于和等于20mm类型的射击武器称为火炮，口径小于20mm者称为枪械。枪械与火炮的分界在口径方面各国所取的数值有所不同。例如，日本在第二次世界大战前曾以11mm为界限；美国取30mm；英国则取25.4mm。

火箭炮是发射火箭弹并控制其初始射向和姿态的武器，又称为火箭发射架。其发射能源为火箭弹自身携带的推进剂，依靠发射药燃烧形成的燃气流产生推力驱动弹丸飞行。

火炮是现代战争中普遍使用的一种常规兵器，用以完成战场上火力压制与支援的任务，广泛配置于各军、兵种。在战斗中，火炮主要完成以下的任务：火力歼灭或杀伤敌方有生力量，压制或毁坏武器装备，破坏防御工事，支援我方步兵与装甲兵的作战行动以及进行其他特殊射击项目(如形成烟幕、提供照明等)。火炮可以配置于地面、水上、空中各种平台上，并与其他武器配合完成陆、海、空作战的各种任务。

火炮是一个由弹药、发射装置、瞄准系统、运行系统等部分组成的系统。这个系统的主体是发射装置，习惯上称其为"火炮"。为了区别于习惯称呼，常将上述几部分组成的系统称为火炮系统。

在火炮系统中，弹药是带引信的弹丸、带点火具的发射药及药筒的统称；瞄准系统是控制火炮将弹丸准确地射向目标的各种装置；运行系统是使火炮移动和转换射击阵地的装置或底盘。

早期的火炮靠炮手目测来调整射向，随着科学技术的发展，火炮的瞄准系统由目测发展到普通光学瞄准镜，并进一步发展到采用光学、电子学、激光等原理制作的近代多种观瞄器材，瞄准机构由一般的机械装置发展为电力与液压驱动的随动系统。

火炮系统按照结构和功能特点通常可分为火力分系统、火控分系统、运行分系统和辅助分系统等几部分。火炮、火炮系统的基本组成如图1-1和图1-2所示。

伴随着高科技技术的进步，现代火炮武器正向能够独立作战的完整系统发展，已成为一个具有定位定向与导航、侦察与通信、目标获取、弹道解算、火力打击、毁伤评估等功能的复杂系统。如我国研制的PLZ45-155自行加榴炮就是一个由火力、指挥控制、侦察校射、后勤保障和模拟训练多个分系统组成的火炮武器系统，如图1-3所示。

近几十年来，新型发射技术如液体发射药火炮、电热炮、电磁炮的发展拓宽了火炮的技术范畴。

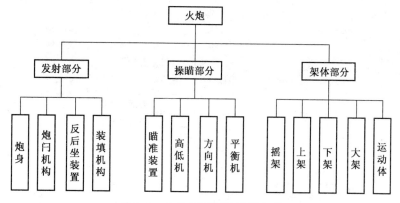

图 1-1 火炮(发射系统)的组成

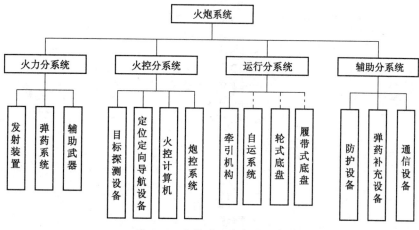

图 1-2 火炮系统基本的组成

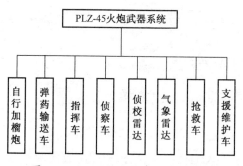

图 1-3 PLZ-45 火炮武器系统组成

1.2 火炮的分类

由于战争的多样性以及火炮技术本身的发展,现代火炮已形成了多种类型和不同用途的武器装备。为了使用、研究的方便,常将火炮加以分类。火炮的分类在不同的国家其分类也不同。通常按编制配属、作战用途、弹道特性、运行方式、装填方式和结构特征等来划分。火炮的基本分类见图 1-4。

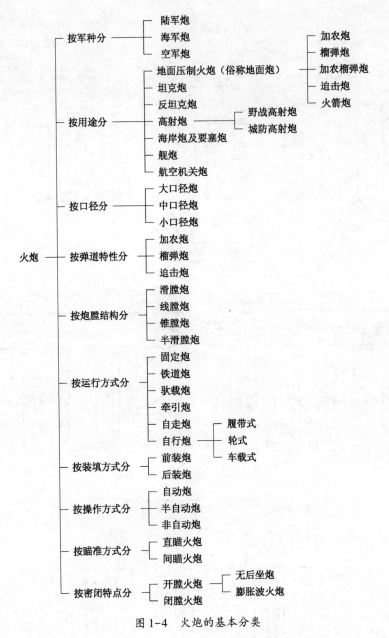

图1-4 火炮的基本分类

上述的各种分类反映了火炮在性能、结构和使用方面的特点。其中,几种常见的火炮分类解释如下。

1. 按弹道特性分类

该方法是根据弹丸在空中飞行的轨迹特性来分类,它将火炮分为加农炮、榴弹炮和迫击炮(如图1-5)。

加农炮弹道低伸,身管长,初速大,射角范围小(最大射角一般小于45°),用定装式或分装式炮弹,变装药号数少,适于对装甲目标、垂直目标和远距离目标射击。高射炮、反坦克炮、坦克炮、舰炮和海岸炮都具有加农炮的弹道特性。

榴弹炮弹道较弯曲,炮身较短,初速较小,射角范围大(最大射角可达70°),使用分装

24

式炮弹,变装药号数较多,火力机动性大,适于对平面目标和隐蔽目标射击。

迫击炮弹道弯曲,炮身短,初速小,多用大射角(一般为 45°~85°)射击,变装药号数较多,适于对遮蔽物后的目标射击。

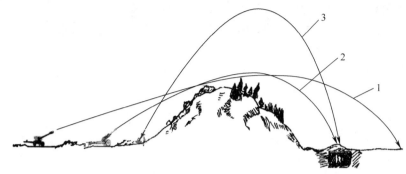

图 1-5　火炮弹道特性

1—加农炮;2—榴弹炮;3—迫击炮。

兼有加农炮和榴弹炮两种弹道特点的火炮称为加农榴弹炮。由于弹道特性的不同,加农炮又称为平射炮,榴弹炮与迫击炮又称为曲射炮。

第二次世界大战后,由于火炮技术的发展,除高射炮、反坦克炮、坦克炮等外,西方国家已不再列装和发展加农炮,加农炮一词也很少使用,而是将新研制的大口径地面火炮统称为榴弹炮。

2. 按口径大小分类

按照口径的大小,可将火炮分为大口径炮、中口径炮和小口径炮。

划分口径大小的界限,随火炮类别而异,并随着火炮技术发展的状况而变,而且各个国家的规定也不尽相同。第二次世界大战以前,火炮技术水平较低,大威力火炮口径都偏大。例如,地面火炮曾将 90mm 以下的列为小口径炮,200mm 以上称为大口径,90~200mm 之间的火炮称为中口径。对海岸炮,多数国家的规定是:口径大于 180mm 者为大口径,低于 100mm 者为小口径,二者之间的为中口径。目前地面火炮与高炮的口径分类尺寸见表 1-1。

表 1-1　火炮口径分类

口径划分		中国/mm	英国和美国/mm	苏联/mm
地面火炮	大口径	≥152	≥203	≥152
	中口径	76~152	100~203	76~152
	小口径	20~75	<100	20~75
高射炮	大口径	≥100		≥100
	中口径	60~85		60~100
	小口径	20~60		20~60

现代火炮的发展趋势是口径系列逐渐减少,口径较大的火炮逐步淘汰,如各国新列装的火炮口径基本上小于或等于 155mm。

3. 按运行方式分类

现代火炮按运行方式,可分为牵引炮、自走炮、自行火炮和搭载在不同机动平台上的火炮等。

牵引炮自身没有动力,需要由其他机动车辆牵引进行阵地转换和行军。牵引火炮通常有运动体和牵引装置,有的火炮还带有前车。牵引火炮的优点是结构简单、重量轻,便于空运和空吊,战略机动性好,同时制造成本和维护费用低。

自走炮是加装辅助推进装置的牵引火炮。自走炮本身具有一定的动力,可进行短距离的运动,便于进入和撤离阵地,但长途行军仍需要由其他机动车辆牵引。

目前,在大口径牵引火炮上多加装辅助推进装置,以提高火炮的机动性和操作轻便性,缩短进出阵地的时间。自走炮的缺点是火炮的重量增大。

自行火炮是火炮与车辆底盘构成一体的、能够自身运动的火炮武器。自行火炮机动性能好,投入和撤离战斗迅速,多数有装甲防护和自动化程度高的火控系统,战场生存能力强。

自行火炮除按炮种分为自行榴弹炮、自行反坦克炮、自行高射炮、自行迫击炮、自行火箭炮等外,按底盘结构特点可分为履带式、轮式和车载式(如图1-6);按有无装甲防护可分为全装甲式(封闭式)、半装甲式(半封闭式)和敞开式。

搭载在不同机动平台上的火炮主要有战车炮、坦克炮、机载火炮、舰载火炮等。

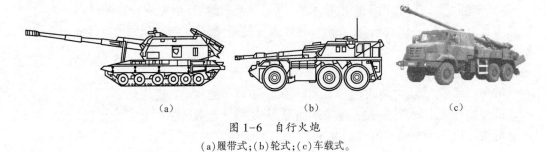

图 1-6 自行火炮
(a)履带式;(b)轮式;(c)车载式。

1.3 火炮的战术技术要求

火炮的战术技术要求又称为火炮的战术技术指标。是指对研制或生产的火炮系统的作战使用性能和技术性能方面的主要要求,也是进行火炮设计、生产和定型试验的根本依据。火炮的战术技术要求一般又可分为战斗要求、勤务要求和经济要求三个方面。

火炮的战术技术要求在提出的内容和拟定的程序方面,各个国家不尽相同,但通常是由使用单位根据全军的战术思想、战术任务、战斗经验、未来战争的特点、方式、国情等多方面的因素综合分析提出的,然后由相关部门结合科学技术的发展水平、国家的经济能力和生产能力等进行全面的分析和论证,最后确定出火炮的战术技术要求。

根据现代战争的需求,火炮战术技术要求主要包括下列的几个方面(图1-7)。

1.3.1 战斗要求

战斗要求是火炮战术技术要求的主要内容,它由火炮的口径、初速、射程或射高、射速、射击精度和机动性等构成。具体可分为威力、机动性、寿命、快速反应能力、战场生存能力等几个方面。

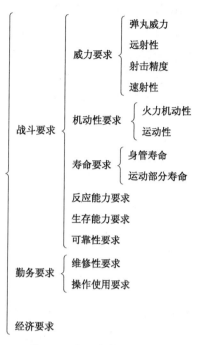

图 1-7 火炮战术技术要求

1. 威力

火炮威力是指火炮在战斗中迅速而准确地歼灭、毁伤和压制各种目标的能力。由弹丸威力、远射性、射击精度和速射性等主要性能构成。

(1) **弹丸威力**是指弹丸对目标的杀伤和毁坏能力。对不同用途的弹丸有不同的威力要求。例如杀伤榴弹要求杀伤破片多、杀伤半径大;穿甲弹则应具有较大的侵彻力;照明弹应发光强度大,照明时间长。通常,弹丸的威力与火炮的口径成正比。

(2) **远射性**是指火炮杀伤、破坏远距离目标的性能。一般以最大射程(maximum range)表示。远射性可以保证火炮在不变换阵地的情况下火力的机动性,在较大的地域内能迅速集中火力,给敌人以突然的打击和压制射击,能以较长时间的火力支援进攻中的步兵和装甲兵。也能使自己火炮配置在敌人火炮射程之外,增加了自身的生存能力。

远射性对主要承担压制任务的加农炮、榴弹炮和加农榴弹炮具有重要的意义。但对于反坦克炮和高射炮,直射距离、有效射程、高射性比远射性更有意义。

直射距离是指弹的最大弹道高等于给定目标高(一般为 2m)时的射击距离。在这个射程内,射手可以不改变瞄准具上的表尺分划而对目标进行连续的射击,保证了对活动目标射击的快速性。直射距离越大,用同一表尺射击时毁伤目标区域的纵深越大,测距误差对目标毁伤的影响越小。它是坦克炮和反坦克炮的战斗威力指标之一。当弹丸一定时,弹丸发射时的初速越大则直射距离越大,其穿甲能力也就越大。

有效射程是指在给定的目标条件和射击条件下,弹丸能够达到规定毁伤概率的射程最大值。近年来,由于坦克上火力控制系统性能不断提高,使火炮能在大于直射距离的范围内迅速对活动目标射击,且能达到较高的命中概率,加之在实战中,地形或环境条件等与标准条件的差异,即使在直射距离以内,有时仍需随时对射击诸元进行修正,方能命中目标。因此用"有效射程"的标准来取代"直射距离",更能反映武器火力部分和火控部分的性能,反映射击对目标的作用效果。

高射性是指火炮在最大射角射击时弹丸所能达到最大高度的性能。它是高射炮的重要特征量。射高分最大射高和有效射高。有效射高是指保证必要的毁伤概率实施射击的最大高度。影响有效射高的因素比较复杂,与高射炮所担任的具体防空任务、火炮的口径、弹丸初速、弹丸结构、发射速度、瞄准器材和指挥方式(雷达指挥仪或手动瞄准)以及目标航速和目标要害面积的大小等有关。根据经验,高射炮的有效射高与最大射高的关系为:小口径高炮,$H = (0.3 \sim 0.6)H_{max}$;大口径高炮,$H = (0.6 \sim 0.85)H_{max}$。

(3) **射击精度**是射击准确度和射击密集度的总称。它主要取决于火炮系统的性能、射手的操作水平及外界射击条件等因素。

射击准确度是指平均弹着点与目标预期命中点间的偏差,以两点间的直线距离衡量。射击准确度主要与射手操作火炮及有关仪表的状况有关(如目视测距、装定分划、射击操作的稳定性等)。

射击密集度(火力密集度)指火炮在相同的射击条件下,进行多发射击,其弹着点相对于平均弹着点(散布中心)的集中程度,即弹丸落点分布在最小面积上的性能。对地面火炮,其射击密集度一般用距离中间偏差 E_x 和方向偏差 E_x 与最大射程 X_{max} 和 Z_{max} 的比值来表示。正常火炮的 $E_x/X_{max} = 1/200 \sim 1/400$,平均的 E_x/X_{max} 越小,表示射击密集度越好,击毁目标所消耗的弹药量越少。对坦克炮、反坦克炮和高射炮常以一定距离的立靶密集度来表示,即以方向中间偏差 E_z 和高低中间偏差 E_y 表示,通常其值为 $E_z = 0.2 \sim 0.6$m,$E_y = 0.2 \sim 0.5$m,数值越小,立靶密集度越好。

射击密集度主要与火炮自身的弹道与结构性能、振动情况有关。为提高射击精度,一方面应对火炮的弹道性能、结构特点及动态特性进行综合分析,以改善火炮的使用性能;另一方面应加强对射手的射击训练。

(4) **速射性**指火炮在不改变瞄准装定量的情况下,单位时间内发射弹丸数量的能力,用射速(发/min)来表示。射速的大小取决于火炮工作方式和自动化程度,与装填、发射等机构和弹药的结构有关。射速一般分为理论射速、实际射速、极限射速和规定射速。

理论射速是指火炮按照其一个工作循环所需要的时间计算得到的射速;实际射速是火炮在战斗使用条件下所能达到的射速;极限射速是指在一定时间内持续射击时,火炮技术性能所允许的最大射速;规定射速是指在规定的时间内,在不影响火炮弹道和技术性能的条件下的射速。规定射击速度的原因是,若火炮以最大射速连续射击,在一定的时间后就会引起身管过热,金属性能下降,膛线磨损加速,从而使火炮很快失去原有的弹道性能;地面压制火炮在急速射击的情况下,不仅身管过热,而且反后坐装置中的液体和气体会产生过热现象,使炮身的后坐、复进运动不正常,甚至会引起零件损坏。所以,对射击速度应有所限定,即根据火炮自身的条件(身管发热或制退机内的液体发热的程度)确定。如美国的 M198 式 155mm 榴弹炮,在炮身上设置有温度超值显示器,以限制射弹的发射速度。表 1-2 为某 122mm 火炮的规定射速。

表 1-2 某 122mm 火炮的规定射速

连续射击时间/min	1	3	5	10	15	30	60	120	180	360
该时间内允许发射的弹数/发	8	18	25	35	45	70	100	160	220	350

随着火炮自动装填技术的应用,中大口径火炮也常用爆发射速、最大射速、持续射速来表示火炮的速射性能。爆发射速是指火炮在开始射击的最初 10~20s 内所能发射的弹丸数,一些新型火炮也用最初发射 3 发弹丸所用的时间来表示;最大射速是指火炮、弹药和人员在良好的准备状态下火炮所能达到的射速;持续射速是指在较长的时间段内火炮实际能达到的射速。例如:德国的 PzH2000 155mm 自行榴弹炮的爆发射速为 3 发/10s,最大射速为 12 发/min,持续射速为 3 发/min;法国的 Caesar 155mm 自行榴弹炮的爆发射速为 3 发/15s,最大射速为 6 发/min,持续射速为 3 发/min;瑞典的 FH77BW155mm 自行榴弹炮的爆发射速为 3 发/20s,最大射速为 6 发/min,持续射速为 2 发/min。

2. 机动性

火炮机动性包括火力机动性和运动性。火力机动性是指火炮能够快速灵活地大范围变换火力、准确地捕捉、跟踪和毁伤目标的能力。对静止目标(对地面进行压制射击的目标)而言,火力机动性表现在压制范围的确定;对运动目标而言,火力机动性则体现为准确地捕捉和跟踪目标。火力机动性与射距,快速、准确地确定射击诸元,快速、准确地调炮(把射线调至所需位置)有关,主要取决于射界、瞄准速度和装药号等。射界(field of fire)是指炮身俯仰(高低)和水平回转(方向)的最大允许范围。高低射界(elevation limits)是指炮身俯仰的最大允许范围;方向射界(traverse limits)是指炮身水平回转的最大允许范围。瞄准速度指瞄准机或随动系统带动火炮瞄准、跟踪目标时,炮身轴线在水平或垂直平面内的单位时间的角位移。

火炮的运动性又可分为战略机动性和战术机动性。战略机动性指火炮远距离转换战场的能力;战术机动性指火炮快速运动、进入阵地和转换阵地的能力。运动性包括火炮在各种运输条件和各种道路或田野上运动的性能,在确定火炮的外形尺寸和质量时要考虑能否在铁道、水上和空中进行运输,能否通过起伏地形、狭窄地区和迅速改变发射阵地。提高运动性的基本措施包括牵引机械化、自行化,合理设计炮架及运动体,减轻火炮质量等。

火炮转换阵地的能力与火炮行军战斗转换时间、战斗行军转换时间有关。减小火炮行军战斗、战斗行军转换时间还可提高火炮的反应时间和战场生存能力。

要求火炮机动性的最终目的是准确而迅速地提供火力,有效地保存火炮自身的战斗力,以充分体现火炮的奇袭性。

3. 寿命

火炮寿命是指火炮在平时和战时的任何使用条件下,能够较长时间保持其战技性能的特性(在战场上遭到意外破坏的情况为除外)。火炮寿命一般包括身管寿命和运动部分寿命。身管寿命是指火炮按规范条件进行射击,在丧失所要求的弹道性能之前,所能发射当量全装药炮弹数目,以发数表示。火炮运动部分寿命以运行的千米数来表示。因身管是火炮的主要部件,通常都以身管的寿命作为火炮的寿命。

身管寿命决定于弹道性能,而弹道性能决定于炮膛的状态。射击时,膛内的高温高压气体对炮膛壁的化学作用和物理作用以及弹带挤进膛线时的机械作用,使内膛表面和膛线发生烧蚀和磨损。烧蚀和磨损在膛线起始部位最严重。随着发射弹丸数量的增加,射击前弹丸在膛内的起始位置向前移动,使药室增大,因而膛压、初速降低。另外膛线由于烧蚀、磨损而破损,使弹丸运动的正确性受到影响,射击密集度下降。所以炮身寿命可以由以下条件来判断。

(1) 初速的减小。初速的减退带来射程的减少及一系列弹道性能的变化,初速减退量达到一定的程度后,火炮不能完成给定的任务。一般火炮以初速减退量达10%为寿命终结的标准。对于射击活动目标的坦克炮、反坦克炮、高射炮、海炮等,允许的初速减退量要小一些,为3%~6%,部队使用中常用测量药室增长量的方法来判断初速减退量。

(2) 膛压的降低。在正常情况下,膛压使弹丸在膛内加速运动,使引信的保险机构的惯性力达到一定值时解除保险,然后碰着目标才能爆炸。但是如果膛压降低太多,使不解除引信保险的引信超过30%时,火炮不能继续使用。

(3) 射击密集度减小。由于膛线起始部烧蚀、磨损,使弹带嵌入膛线的位置不一致,引起弹丸膛内运动不正常,或得不到保证弹丸稳定飞行的旋转速度,射弹散布增大。当距离偏差和方向偏差的乘积超过标准值的8倍时,火炮不宜使用。

以上3个条件只要有1个条件发生,就说明炮身丧失了应有的弹道性能,即认为炮身寿命终了。但三者往往是同时发生的。

4. 快速反应能力

快速反应能力通常指火炮系统从开始探测目标到对目标实施射击全过程所需要的时间,用反应时间来表示,单位以秒(s)记。反应能力是衡量火炮系统综合性能的一个指标,现代战场由于存在大量快速目标和进攻性武器,且侦察手段和火力控制系统不断精确完善,这样就使得反应慢的一方处于被动挨打的局面,反应快的一方就能避开对方的袭击而充分发挥炮兵火力的作用。

5. 战场生存能力

战场生存能力是指在现代的战场条件下,火炮能保持其主要战斗性能,在受到损伤后尽快地以最低的物质技术条件恢复其战斗力的能力。提高生存能力的主要措施是提高火炮自身的威力和快速反应能力,力争先敌开火,尽早摧毁和压制敌方装备;加强对火炮系统的防护能力;提高火炮的机动性,并能够快速地更换阵地。火炮除自行外,有的牵引火炮还配备了辅助推进装置(比如我国的PLL01型155mm榴弹炮、南非的G-5等),使火炮在近距离内实行自运。现代战争要求火炮采用打了就跑(shoot and scoot)的战术。例如,一些新装备或研制的自行火炮能够在几分钟内完成一次有效射击,并撤离阵地。此外,为了提高战场生存能力,还应做好伪装和隐蔽,在行军时应降低行军噪音,火炮的阵地应尽量疏散,提高火炮系统的可维修性等。

1.3.2 勤务要求

从勤务方面看,对火炮的要求是性能稳定可靠、操作安全、维修简单、方便,而可靠性与维修性又直接关系到火炮战斗性能的实现。

1. 可靠性与维修性

可靠性是指产品在规定条件下和规定时间内完成规定功能的能力。可靠性的基本任务是为达到产品可靠性要求进行一系列设计、试验和生产工作。由此按照一定的要求和程序编制技术文件就是可靠性大纲。牵引火炮的可靠性指标主要用平均故障间隔弹数,自行火炮主要用火力系统平均故障间隔发数、底盘系统平均故障间隔里程和火控系统平均故障间隔时间表示。

维修性是指在武器的寿命期内经过维护和修理保持或恢复其正常功能的能力。维修性通常用"维修部位的可达性""维修方法的简便性""维修过程的安全性"来衡量。对于火炮，其维修性包括对火炮的维护和修理两个方面。维护本身就是一种日常的可靠性控制过程，根据规定对火炮进行预先检查和保养，如防湿、防腐、按季节更换润滑油和保护油、检查反后坐装置的气、液压状况等。修理是指在产品发生故障后进行的工作过程，其目的是用最简单的方法和最短的时间尽快将产品恢复到投入使用时所具有的性能指标和可靠性水平。因此，在火炮设计、制造中应将维修性作为一个重要要求来考虑，要尽量采用标准件、通用件；部件结构力求简单，少采用专用工具或装置，对寿命较短的零件要有必要的备件等。

2. 操作使用要求

火炮使用安全，操作简便、轻便、不易疲劳。

1.3.3 经济性要求

对火炮的经济性要求，是指在满足战斗与使用要求的前提下，火炮系统的造价和维修费用要低。战争中火炮及其弹药的消耗量是很大的，如果性能先进但造价和维修费用十分昂贵，则仍难以采用。因此研制新火炮要从各个方面降低成本。

（1）在设计、制造中应尽量采用国产材料，对贵重的和进口的材料设法采用代用品，同时选择材料要适当；

（2）在设计上要充分考虑制造工艺过程，使产品结构简单、工艺简便，便于快速地大量生产；

（3）尽可能采用标准零件和可以互换的机构；

（4）对炮架和瞄准具等比较复杂的机构和部件，尽量使不同的火炮采用相同的型式。

1.4 火炮的瞄准和射击

1. 火炮的瞄准

实施火炮射击前必须进行瞄准。瞄准是指根据指挥系统指令，赋予炮身轴线在空间一个正确位置，以保证射弹的平均弹道通过预定目标的过程。瞄准一般包括高低瞄准和方向瞄准。

要赋予炮身轴线在空间一个正确位置，首先需要确定火炮的炮身轴线的初始指向，以及目标相对火炮的位置和距离。一般将火炮的炮口切面中心作为瞄准起点 O，以火炮的炮身轴线在水平面上的投影与正北方向（ON）的夹角（即初始方位角 β_0）表示火炮指向（初始射向）。瞄准起点 O 与目标 T 的连线 OT 称为炮目线，也称瞄准线。炮目线与炮口水平面的夹角 ε 称为炮目高低角。目标在炮口水平面以上，炮目高低角为正；目标在炮口水平面以下，炮目高低角为负。

瞄准时，应根据目标位置，给炮身装定炮目高低角。由于射弹受地心引力和空气阻力的作用，其弹道不可能是由炮口指向目标的直线，而呈现为曲线形状。考虑弹道弯曲，为了使弹道通过预定的目标点，射击时，炮身轴线就不能直接指向目标，而应该在炮目高低角的基础上抬高一个角度，对准虚拟的目标点 A' 射击，瞄准起点与虚拟目标的连线 OA' 称为射击线。

射击线也就是弹丸出炮口时的速度方向。瞄准时抬高的角度，即 OA' 与 OT 的夹角 α 称为瞄准角，也称为高角。高角的大小，取决于弹丸的初速、弹丸的质量、射程以及弹丸的其他结构参数。考虑到射击时火炮的跳动等因素，往往对高角进行修正，高角修正量记为 $\Delta\alpha$。实际射击时，炮身轴线与炮口水平面的夹角 φ 称为射角，即炮目高低角、瞄准角与高角修正量之代数和，如图 1-8 所示。高低瞄准就是赋予火炮的射角。

火炮对目标射击，应在方向上对准目标。炮目线在水平面上的投影方向称为基准射向。初始炮膛轴线所在铅垂面与正北方向的夹角 β_0 称为初始方位角，初始炮膛轴线所在铅垂面与炮目线所在铅垂面的夹角 β_{OT} 称为炮目方位角，炮目线所在铅垂面与正北方向的夹角 β_T 称为基准方位角。考虑到偏流、横风等影响，为了使弹道通过预定目标点，射击时在方向上，炮膛轴线不能只从初始指向移动一个炮目方位角到达基准射向，而应该在基准方位角的基础上，偏离一个角度，即炮目线所在铅垂面与射击时炮膛轴线所在铅垂面（称为射面）之间应该有一个方位偏角 δ，称为侧向瞄准角。射面与正北方向的夹角 β 称为方位角，即方位角为初始方位角、炮目方位角与方位偏角之代数和，如图 1-9 所示。方向瞄准就是赋予火炮的方位角。射击准备时，一般事先将初始射向调整到基准射向。进行方向瞄准时，只需赋予火炮侧向瞄准角。

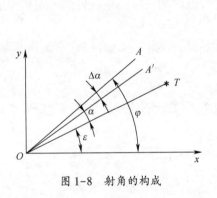

图 1-8 射角的构成

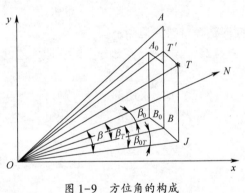

图 1-9 方位角的构成

瞄准就是赋予火炮射角和方位角。根据瞄向目标的方式不同，瞄准方式分为直接瞄准和间接瞄准。直接瞄准是指火炮瞄准时，瞄准线直接指向可见的待射目标；间接瞄准是指火炮瞄准时，瞄准手看不见待射目标，火炮以一个可见的辅助点为基点进行瞄准。

瞄准装置一般包括瞄准具和瞄准机。瞄准具用于给火炮装定瞄准角；瞄准机附属于炮架，通常有高低机和方向机组成，用来赋予火炮准确的瞄准角，使平均弹道通过目标的装置。瞄准具按结构与作用原理，可分为机械瞄准具、光学瞄准具、光电瞄准具、自动电子瞄准具和激光瞄准具等。

2. 火炮的射击

射击是火炮完成战斗任务的基本手段。炮兵射击就是火炮发射炮弹对目标实施火力攻击以达到预定战术目的的过程，它要求射击指挥员和侦察、计算、通信、火炮各专业分队行动协调一致，依据一定的射击规则以最小的损耗，取得最佳的射击效果。

1) 地面炮兵射击

地面炮兵射击可分为射击准备和射击实施两个阶段。射击准备的主要目的是决定参加射击的火炮对目标射击开始用的瞄准装置装定分划(方向、高低和表尺分划),以及用时间引信射击时的引信装定分划。射击准备主要包括侦察目标、校正火炮、准备弹药、组织通信、进行气象探测和决定射击诸元等。对目标的射击实施,传统方法是采取试射和效力射两个步骤。试射是用射击的方法排除或缩小初始诸元的误差,以获取有利于毁伤目标的效力射诸元。效力射是以较精确的射击诸元,对目标进行有效的射击,以达到预期的战术目的。

依据火炮能否直接通视目标,地面炮兵射击又分为直接瞄准射击和间接瞄准射击。直接瞄准射击是将火炮配置在距目标较近且能通视目标的阵地上,用火炮瞄准装置直接瞄准目标、决定射击诸元、观察炸点、指挥射击。射击的准备和实施较为简便,命中率高,能以少量弹药在短时间内完成射击任务。直接瞄准射击时,火炮的弹道低伸,对坦克、碉堡等有一定高度的目标射击较为有利,但炮阵地暴露,容易遭到对方火力毁伤。间接瞄准射击是在不能从火炮阵地直接看到目标时采用的一种射击方式,它是将火炮配置在不能通视目标的阵地上,由专设的观察设备或观察员侦察目标,通过解算决定对目标的射击诸元,并传输给火炮。炮手在火炮上装定射击诸元,赋予火炮射角,向瞄准点瞄准以赋予火炮射击方向,实施射击。观察炸点、修正误差均由观察设备或观察员进行。间接瞄准射击能充分发挥火炮射程远、落角大的性能,便于实施火力机动,有利于纵深梯次配置炮兵,是地面炮兵的主要射击方式,但在射击准备和实施阶段的侦察、测地、通信、气象和弹道等技术保障较为复杂。

间瞄射击时,火炮的射击还可分为试射和效力射。试射是为求得目标的效力射开始诸元或试射点的射击成果诸元而用少量炮弹进行的射击。试射区分为对目标试射和对试射点试射。对目标试射,由射击单位指定少数火炮实施;对试射点试射,通常由炮兵群在每一炮种中指定一门火炮实施。对目标试射是决定效力射开始诸元最精确的方法。只有在火力突然性要求不高以及所决定的目标射击开始诸元精度不够时,才对目标进行试射。但是试射可能暴露行动意图,给具有机动能力的目标以规避时间而降低毁伤效果,还可能过早暴露炮阵地位置,招致敌方火力袭击。

效力射为获得预期的目标毁伤效果或完成其他战斗任务而进行的射击。是炮兵射击实施过程的主要阶段。不同情况下的效力射常被赋予特定的名称,如密集射击、集中射击、拦阻射击、逐次集中射击、延伸射击等。迅速、准确、突然、猛烈是对效力射的基本要求。效力射必须使用较精确的射击诸元及与完成射击任务相适应的兵力、弹药、火力分配和火力组成。效力射的开始诸元要达到足够的精度。通常根据较精确的测地诸元和完整的弹道、气象条件通过计算并尽可能利用已有的射击成果进行优化求得,必要时可通过试射求得。在效力射过程中还可修正射击诸元。

20世纪60年代以来,以微型电子计算机为核心的地面炮兵射击指挥系统的使用,提高了决定射击诸元的速度,增强了射击反应能力,射击指挥程式也随之简化。近年来,随着测地、气象探测和测定初速等各种先进测量技术的广泛使用,进一步提高了射击精度,不经试射直接进行效力射的效果有了可靠保证。

2)高射炮兵射击

高射炮兵射击的主要目标是空中目标,必要时也可射击地面目标和水面目标。现代战场高射炮兵需要对付的空中目标,除传统固定翼飞机外,主要是各类导弹,尤其是巡航导弹以及低空和超低空的武装直升机。

现代高射炮兵对空中目标的射击,通常先以雷达、光学仪器、光电跟踪和测距装置搜索、发现和跟踪目标,连续测定目标坐标;通过高射炮射击指挥仪或瞄准具求出射击诸元,并连续传送到火炮;然后,火炮按射击诸元进行发射,使弹丸直接命中目标,或在目标附近爆炸以破片毁伤目标。

由于目标运动快速,火炮不能直接向目标现在点射击,而应向目标提前点射击。同时,由于弹丸受重力和空气阻力的影响,其弹道向下弯曲,火炮射击时身管还要抬高一个高角。目标提前点是根据目标在弹丸飞行时间内仍按火炮发射前的飞行状态作有规则运动的假定,用外推法确定的;高角是根据弹丸弹道下降量确定的。确定提前点和高角时,必须使弹道与目标航路相交,使弹丸从起点到提前点的弹丸飞行时间与目标从现在点到提前点的目标飞行时间相等。

高射炮兵射击也可分为射击准备和射击实施两个步骤。射击准备主要包括:准备火炮、仪器和弹药,使之处于良好的战备状态;组织对空侦察,保证及时发现目标;根据任务、地形和飞机活动特点等制定射击预案;计算与修正气象、弹道等条件的偏差。射击实施主要包括:搜捕与指示目标;判断情况,选择目标;决定火力运用的方法、射击方法和发射种类;确定开火时机,适时开始射击;进行射击观察;实施火力机动。

射击方法通常分为指挥仪法射击和瞄准具法射击。指挥仪法射击,是利用指挥仪求取射击诸元的方法进行的射击,是高射炮兵的基本射击方法。指挥仪是比较完善的计算装置,其核心部分是计算机,对目标飞行状态假定接近实际,可修正气象和弹道条件等偏差,计算诸元的准确性较好。瞄准具法射击,是利用火炮瞄准具求取射击诸元进行的射击。瞄准具对目标飞行状态的假定和计算装置较指挥仪简单,计算诸元的准确性低于指挥仪,通常是在不能用指挥仪法射击时采用的射击方法。

20世纪70年代以来,新型的小口径高射炮系统得到大力发展,通过采用数字式火控系统,能同时进行搜索与跟踪,能在全天候和电子战条件下识别敌我飞机,探测和跟踪低空、超低空快速目标,能同时跟踪多个目标,能迅速、准确地同时计算多个目标的射击诸元和为获得最大毁伤概率所需的连续射击时间,并能同时控制数个火力单位对数个目标射击,使得火炮的效能得到了很大的提高。

3. 炮兵使用的角度单位

由于火炮的射程较远,射击精度高,常用的角度单位"度、分、秒"使用起来并不方便,因而在火炮的操作瞄准中引入一个新的单位——密位(mil)。

在火炮的射表和炮兵作业中,角度单位用密位表示。其定义是,把圆周分成6000等份,每一等分弧长所对应的圆心角,就称为"1密位",通常用百位数与十位数之间划一短线来表示,如1500mil(90°)写成15-00,1mil写成0-01。

采用密位作角度的单位有两个主要优点:

(1)精度较高。日常的角度单位是"度、分、秒",度的单位太大,而分和秒者都是采用60进制,计算和下达口令以及进行操作都很不方便,而1mil为圆周的1/6000,精度较高,又不存在60进位的问题。

(2)便于换算。采用密位很容易计算弧长和角度的关系,便于观测和修正射弹的偏差。

角度(mil)、弧长、距离三者的关系为

$$1\text{mil 所对应的弧长} = \frac{2\pi R}{6000}$$

$$\text{任意密位的角度所对应的弧长} = \text{角度密位数} \times \frac{2\pi R}{6000}$$

$$\approx \text{角度密位数} \times \frac{6.2832R}{6000}$$

$$\approx \text{角度密位数} \times \frac{1.05R}{1000}$$

通常为了使用方便,将 1.05 规整为 1,即得:

$$\text{弧长} = \text{密位数} \times \frac{R}{1000}$$

式中,R 为火炮至目标的距离,单位为米(m)。

由于弧度是弧长与半径的比值,而且在角度很小的时候,近似的有弧长≈弦长。所以,一密位可以粗略的看作 1000m 外,正对观察者的 1m 长的物体的角度。

当角度不太大时,弧长接近弦长,于是便可得出如下的公式:

$$\text{间隔} = \text{角度} \times \frac{\text{距离}}{1000}$$

这样已知式中的任意两项,就可求出另外一项。

例如:在炮兵观察所测得目标宽对应的夹角为 0°~40°,已知观目距离为 2000m,求目标正面是多少米?

$$\text{目标正面} = 40 \times \frac{2000}{1000} = 80\text{m}$$

密位与常用角度单位的换算关系为

$$1\text{mil} = 0.06° = 0.0010472\text{rad} \approx 0.001\text{rad}$$

$$1° = \frac{1}{0.06} \approx 16.667\text{mil}$$

1.5 火炮在现代战争中的地位

自明朝永乐年间我国创建了世界上第一支炮兵部队——神机营以来,火炮在战争的激烈对抗中不断发展壮大,不久就成了战场上的火力骨干,起着影响战争进程的重要作用。

在第一次世界大战中,炮战是一种极其重要的作战方式,主要交战国投入的火炮总数达到 7 万门左右。第二次世界大战中,苏、美、英、德 4 个主要交战国共生产了近 200 万门火炮和 24 亿发炮弹。在著名的柏林战役中,苏军集中了各类火炮 4 万余门,在一些重要战役突破地段,每 1000m 进攻正面上达到了 300 门的密度,充分发挥了火炮突击的威力,炮兵被誉为"战争之神"。在大规模战役中如此,在第二次世界大战后的历次局部战争中,火炮的战果依然辉煌。20 世纪 50 年代的朝鲜战争中我军共击落、击伤敌机 12000

架,其中9800架是被高射炮兵击毁的,约占80%;60年代的越南战争,美军损失飞机900多架,其中80%也是被高射炮毁伤的;70年代的第四次中东战争,双方共有3000辆坦克被毁,50%是被火炮命中的。

90年代,爆发了海湾战争。这场以现代化高技术为主要特征的战争,大量使用了各种飞机、电子装备和精确制导武器。新武器的发展和运用,使作战思想、战场上的火力组成和任务分工发生了深刻的变化。战争初期高强度的空袭和精确打击,尽管战果显著,但耗费惊人,难以持久。在战争后期的直接对抗中,强大的火炮仍具有重要意义,它不仅是战斗行动的保障,而且仍将是最终占领阵地、夺取战斗胜利的火力骨干力量。

未来战争在空中、海上、地面共同组成的装备体系中,火炮仍然是不可替代的。首先,地面战仍将是不可避免的,火炮、火箭炮、枪械可在几十米到几万米的距离内构成地空配套、梯次衔接、大小互补、点面结合的火力网,很少出现火力盲区,而且很可能发展成为未来战争中拦截中低空入侵弹和近程反导的有效手段之一;其次,火炮是部队装备数量最大的基本武器,占总兵力60%~70%的陆军,更是以火炮为主要装备,这种格局今后仍将持续下去;第三,火炮机动性良好,进入、撤出和转移阵地快捷,火力转移灵活,生存能力和抗干扰能力较强,能够伴随其他兵种作战,实施不间断的火力支援;第四,火炮的经济性良好,无论是火炮的研究、工程开发、生产装备,还是后勤保障,其全寿命周期的总费用都远低于其他技术兵器。由此可见,火炮仍是今后继续大力发展的重要武器装备。

随着高技术的发展和应用,火炮在提高动能、射程、精度和操作控制自动化程度,以及新杀伤和毁伤机理等诸多方面都有较大的潜力;在进一步改善机动性能、增强自身防护、提高生存能力、实现数字化和自主作战功能等方面,也有继续发展的广阔空间;火炮与其他兵器集束化、集成化还有一系列新的发展领域。

1.6 火炮技术简史

火炮是人类武器发展历史上出现较早的热兵器。据资料记载,我国唐代的炼丹家孙思邈于公元7世纪发明了黑火药,从10世纪初开始用于武器,出现了抛射石块和抛射带有燃爆性质的火器。到公元14世纪,中国出现了最古老的火炮——火铳,如中国历史博物馆展出的元代至顺三年(1332年)制造的青铜铸炮,如图1-10所示。

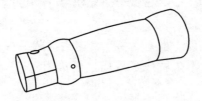

图1-10 元代火铳

13世纪以后,我国的火药和火器沿着丝绸之路西传,在战争频繁和手工业发达的欧洲得到迅速发展。19世纪中叶以后,伴随着工业技术的发展及战争的实际需要,火炮技术得到了快速的发展,其中一些重要技术特征有以下几个方面。

1. 炮身内膛结构:滑膛—线膛—滑膛

早期炮身内膛为光滑圆腔,由青铜或铁铸造,弹丸由炮口装填(又称前装填);发射球形弹丸,射程近、精度低。19世纪中期,采用了发射长形弹丸的前装式线膛炮身(即在内膛壁上加工若干条螺旋槽),称为膛线。在对目标的破环力和命中精度方面较过去有显著提高,炮身尾部闭锁机构研制成功和无烟火药及高能炸药的发明,促使了炮弹装药结构的改进和后装线膛火炮的产生。1845年,意大利人卡瓦利(Cavali)制成了螺旋线膛炮,发射锥头长圆柱形爆炸弹。螺旋膛线使弹丸旋转,飞行稳定,提高了火炮威力和射击精度,增大了火炮射程。1854—1877年间先后出现的楔式和螺式炮闩,形成了从炮身后部快速装填弹药的新结构,火炮实现了后装填,发射速度明显提高。随着楔式炮闩与螺式炮闩的研制与改进,后装填火炮性能更加完善,并被各国所采用,沿用至今。后装填线膛火炮的诞生是火炮技术上的重大革新,大幅度地提高了火炮的射程、精度与发射速度。

近20多年来,随着长杆式尾翼稳定高速脱壳穿甲弹的出现和破甲弹大量使用,滑膛结构再度受到重视。目前,在新一代的坦克炮与反坦克炮上,其炮身内膛的结构大多采用滑膛形式。

2. 炮架:刚性—弹性

最早的炮架很简单,用槽形木架支撑炮身。15世纪后期,炮身上采用了耳轴将其安装在基座上或带轮的架体上,可使炮口升降以调整射程。这种与炮身通过耳轴与架体刚性地连接在一起的炮架,称为刚性炮架。发射时全部后坐力作用在炮架上,全炮后坐,火炮十分笨重。由于每一次射击后火炮需要复位,发射速度也很低。

19世纪末,法国于1897年制造了装有反后坐装置(液压气体式制退复进机)的75mm野炮。反后坐装置(弹性缓冲装置)将炮架与炮身弹性连接起来,这种炮架为弹性炮架。弹性炮架火炮采用发射时,炮身相对于炮架后坐,全炮不后移。反后坐装置消耗了大部分后坐能量,使得炮架的受力大为减小,因而大幅度减轻了全炮质量,同时也提高了发射速度。这是火炮技术上的一次飞跃。现在火炮除迫击炮和无后坐力炮外,几乎都采用弹性炮架。随着机械、液压和电气技术在炮架上的综合应用,现代火炮的炮架性能更加完善,种类也较多。

3. 运动部分:人拉—马曳—机械牵引—自行

早期火炮多用于攻守城堡与海防战斗,运动性差,靠人力进行移动。15世纪最后几年出现了可运动野战火炮,青铜铸造的火炮装在马拉的两轮车上。后来机动车辆出现了,除了铁道炮直接在铁轨上运动外,野战火炮在采用畜力拉曳的同时,逐渐采用了机动车牵引,俗称牵引炮。第一次世界大战中,坦克及履带车辆的出现,为火炮运行开辟了一条新路。第二次世界大战以来,各种履带或轮式自行火炮相继产生,同时还出现了带辅助推进装置的自运式牵引火炮,使火炮在短途内可以自行转移,且其成本及维修费用也大大低于自行炮。

4. 弹药

早期火炮的弹丸,由石弹、铁弹发展到铅弹,由球形实心发展到长卵形爆炸弹。随着火炮结构的改进,新材料的出现,火炸药质量的提高以及弹道学、气体动力学理论的发展,现代火炮已配有各种类型和多种功能的弹丸,并由非制导的各种弹丸发展为末段制导能自动寻的战斗部,如末制导炮弹、末敏弹等。制导弹药的发展推动了火炮技术的发展,大大提高了火炮武器的效能。

5. 瞄准与控制

早期火炮都是用眼直接瞄准,将楔块垫于炮口下部以调整射程,后来出现了光学瞄准装置。第一次世界大战期间出现了简易的光、电结合的火力控制系统。随着各种新学科的发展,当代一些火炮已发展成为一种自动化观测、计算、信息传输与控制的综合射击系统,这种火炮系统集成了各种先进技术,在现代常规战争中起着重要作用。

进入 21 世纪,在传统火炮技术基础上,现代火炮广泛采用数字化、信息化技术,可完成预警探测、情报侦察、精确制导、通讯联络、战场管理等信息的实时采集、融合、处理、传输和应用,实现指挥控制和火力打击自动化和实时化。信息技术的应用提高了火炮系统的态势感知能力、指挥控制能力、自动操瞄控制能力和系统联合作战的能力,使每个作战单元均能发挥其最大潜能。

6. 新能源火炮

现有的枪炮都是以固体火药作为发射能源,由于受到火药性能和身管材料性能的限制,以及火炮自身威力提高与机动性下降矛盾的约束,要大幅度提高现代火炮的综合性能难度极大。随着科学技术的发展,液体发射药火炮、电热炮、电磁炮等新能源火炮的出现,使传统火炮的内涵已经改变,火炮面临着一场新的技术革命。

液体发射药火炮(LPG)是使用液体发射药(LP)作为发射能源的火炮。平时可以将发射药与弹丸分开保存,发射时同时装填。液体发射药的能量比固体发射药一般要高出 30%~50%;液体发射药爆燃以后,平均膛压与最大膛压的比值很高,这使炮弹能提高 10% 以上初速,并且液体发射药爆炸温度比固体发射药要低 1000℃ 左右。因此,将液体发射药应用到火炮上能大幅度提高现有火炮的性能。研制中的液体发射药火炮有整装式、外喷式和再生式 3 种形式,其中再生式液体发射药火炮研究较多,最具有应用前景。

从 20 世纪 50 年代开始,以美国为首的西方国家纷纷尝试将液体燃料用于发射炮弹,以期从简化总体结构(减重、提高可靠性)、加大射速(省去固体发射药药筒的装填和抛除过程,减慢炮管升温)、加大火炮初速等多个方面,获得突破性的新一代火炮。但是,由于液体发射药燃烧的不稳定性和膛内压力振荡等问题,当前液体发射药火炮仍处于研究阶段。

电热炮是全部或部分地利用电能加热工质产生等离子体来推进弹丸的发射装置。利用放电方法产生的等离子体属于低温等离子体,又称电弧等离子体,故早期的电热炮也称为"电弧炮"。电热炮分为两种:一种是使用高功率脉冲电源放电或使电热丝发生电爆炸产生等离子体加热工质,使得工质剧烈膨胀推动弹丸发射,称为直热式电热炮,即普通电热炮。另一种是使用产生的等离子体再去加热其他更多质量的低分子质量的轻工质,使其发射化学反应生成热气体(含少量等离子体),借助热气体和未反应完的工质的膨胀推动弹丸,称为电热化学炮。电热化学炮除由高功率脉冲电源和闭合开关组成的电源系统和毛细放电管(等离子体产生器)外,很像常规火炮,只不过它的第二级推进剂多采用低分子量的"燃料"。电热化学炮的优点是弹丸的初速度大,射程远,其炮口动能比传统火炮提高约 25%~55%,推进剂的化学反应速率可由输入的电流脉冲调节控制,射程改变灵活。

电热化学炮的研究始于 20 世纪 80 代,在 90 年代取得了突破性的进展。美国、俄罗斯、德国、英国、法国、以色列、日本等发达国家已在这一技术领域进行了理论探索和实验研究，尤其以美国的进展最快，已经完成系统集成实验。但是，由于电热炮的实验没有达到预期的目的，进入 21 世纪研究重点转移到电磁炮上。

电磁炮是利用电磁系统中电磁场产生的洛伦兹力来对金属炮弹进行加速，使其达到打击目标所需的动能，与传统的火药推动的火炮相比，电磁炮可大大提高弹丸的速度和射程。与传统大炮将火药燃气压力作用于弹丸不同，电磁炮是完全依赖电能和电磁力加速弹丸的一种发射装置。根据工作方式的不同，电磁炮可分为轨道炮、线圈炮和重接炮三种，其中以轨道炮最接近于武器的应用。这些类型的电磁炮实质上都是按照电动机原理工作的。电磁炮的优点是电磁推力大、弹丸初速高，发射可控性好，发射成本低，安全性高，适用于超高速发射武器。

早在 20 世纪初，就有人提出利用洛伦兹力发射炮弹的设想。第一个正式提出电磁发射/电磁炮概念并进行实验的是挪威奥斯陆大学物理学教授伯克兰。他在 1901 年获得了"电火炮"专利。20 世纪 70 年代，澳大利亚国立大学的查里德·马歇尔博士运用新技术，把 3g 弹丸加速到了 5.9km/s。这一成就从实验上证明了用电磁力把物体推进到超高速度是可行的，从而引起了电磁发射技术研究的高潮。美国从 20 世纪 80 年代开始持续开展了电磁炮的研究工作，近年来取得了很大的进展。2010 年 12 月，美国通用原子公司公司宣布，该公司研制的 Blitzer 防空型电磁轨道炮的样炮已于 9 月在美国陆军杜格威试验场成功试射了空气动力学弹丸，试验中使用的弹丸由波音公司研制，飞行速度达到 5 马赫，飞行加速度达到 60000g，试验还演示了电枢分离和稳定飞行。2010 年 12 月，美国海军研发的电磁轨道炮在弗吉尼亚州达尔格伦水面作战中心进行了实验，电磁炮以 5 倍声速的进行了发射，炮口动能达到了 32MJ。

激光炮是一种高能激光武器，利用强大的定向发射激光束直接毁伤目标或使之失效。激光武器的原理与工作方式与传统火炮已完全不同，但是由于激光武器的作战对象与传统火炮基本一致，并且激光武器的外形与传统火炮接近，因而习惯上称为激光炮。激光的速度是光速，激光炮在使用时一般不需要提前量，因此激光炮具有发射速度快、命中精度高、杀伤效应可控、作战使用效费比高等优点。激光于 20 世纪 60 年代问世，1975 年苏联用激光武器干扰了两颗美国的军事侦察卫星，开创了激光武器的实际应用。进入 21 世纪，以美国为代表的各个国家都在大力开展激光武器技术的研究，并将其看作摧毁或杀伤敌方飞机、导弹、卫星和人员等目标的新一代武器。

第2章 火炮的结构组成

火炮虽然有多种类型,但是其功能是发射弹丸,赋予弹丸一定的速度和方向,使其命中目标。因而火炮的基本结构组成相同。

对于牵引火炮,主要由炮身和炮架两个大的部分组成。炮身主要完成发射弹丸的任务,炮架则实现火炮瞄准、装填、发射控制和运动等功能。炮架通常由反后坐装置、架体、平衡机、瞄准机构、瞄准装置、调平机构和运动体等组成。

对于自行火炮,主要由火力系统、火控系统、底盘等组成。其中,火力系统中用于完成发射的装置由炮身、摇架、反后坐装置、自动装填机构、托架、平衡机、瞄准机构、瞄准装置等组成。

本章以牵引火炮为例来介绍火炮的结构组成。牵引火炮的主要结构关系如图2-1所示。

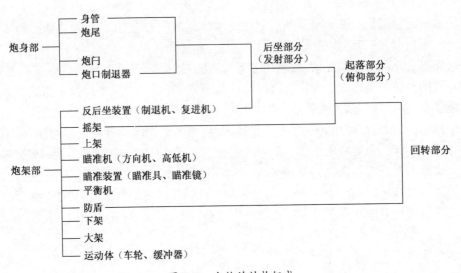

图2-1 火炮的结构组成

2.1 炮 身

炮身是火炮的一个重要部件,用以容纳弹丸、装药,完成弹丸的发射。炮身通常由身管、炮尾、炮闩等组成。有的火炮在炮身上还设置有其他装置,如炮口装置、抽气装置、热护套及冷却装置等。图2-2为某火炮的炮身结构。

身管是炮身的主要零件,发射时承受高温、高压火药燃气的作用,导引弹丸的运动。炮闩和炮尾用来闭锁和紧塞炮膛,完成发射的相关动作。

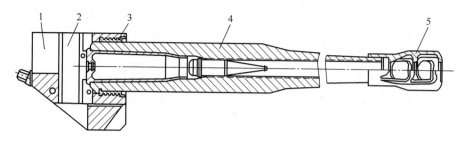

图 2-2 炮身结构组成
1—炮尾；2—炮闩；3—连接环；4—身管；5—炮口制退器。

2.1.1 身管及其内膛结构

身管是发射时赋予弹丸一定速度和射向的管状零件。有膛线的身管还使弹丸在出炮口时获得一定的旋转速度。身管的内部空间及其内壁结构称为炮膛，也称为内膛。内膛由药室、坡膛和导向部组成，如图 2-3 所示。

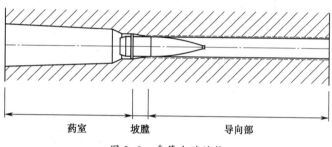

图 2-3 身管内膛结构

根据导向部有无膛线，炮膛又可分为线膛和滑膛。身管上弹丸飞出的一端称为炮口部，相对的另一端称为炮尾部。相应的两个端面称为炮口切面和炮尾切面。

身管的外形多为圆柱形与圆锥形的组合，其尺寸主要是根据膛内火药燃气压力的变化规律由强度计算确定，同时还要考虑身管刚度、散热以及与其他部件的联接等，如图 2-4 所示。

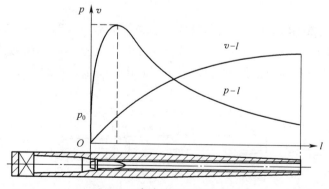

图 2-4 身管外形与膛压曲线

1. 药室

药室是炮膛中放置药筒和发射药的空间，也可以是发射药的燃烧室。它的容积由内弹道设计决定,而结构形式主要决定于火炮的性能、弹丸的装填方式和加工工艺性等。目前常见的药室结构有:药筒定装式药室、药筒分装式药室、药包装填式药室和半可燃药筒药室四种。

1) 药筒定装式药室

即容纳整装式炮弹的药室。对中、小口径火炮,其弹丸、发射药和药筒的重量均较轻,可将它们装配成一整体(图 2-5),射击时只需将整装的炮弹一次装入炮膛,有利于提高发射速度。这种炮弹称为药筒定装式炮弹,其药筒称为定装式药筒。

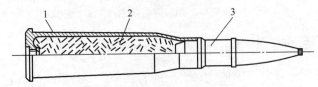

图 2-5 药筒定装式炮弹的结构

1—药筒;2—发射药;3—弹丸。

定装式药筒由药筒本体、连接锥和药筒口部组成,如图 2-6 所示,其作用是:①盛装和保护发射药;②密闭火药气体;③使弹丸和发射药形成一个整体。

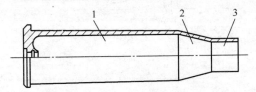

图 2-6 定装式药筒的结构

1—药筒本体;2—连接锥;3—药筒口部。

药筒本体为薄壁筒形结构,用以放置发射药。为了便于装填和射击后抽出药筒,本体的外表面通常制成具有 1/40~1/120 的锥度。

连接锥的主要作用是连接药筒本体和药筒口部;锥度的大小与火炮威力、身管的结构尺寸和药筒工艺等有关。常用的锥度范围为 0.2~0.1。

药筒口部的主要作用是连接弹丸,保证射击时药筒口部与药室贴合,防止火药气体从炮膛漏出。

药筒定装式药室,其形状结构与药筒的外形结构基本一致,其结构如图 2-7 所示,它由药室本体、连接锥和圆柱部(一般圆柱部带有很小的锥度)所组成。为了容纳弹带,药室圆柱部的长度要比药筒口部的长度长些,一般长出约一个弹带的宽度。

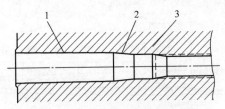

图 2-7 药筒定装式的药室结构

1—本体;2—连接锥;3—圆柱部。

为了便于装填和抽筒,除药室本体具有一定的锥度外,在药室和药筒之间还应有适当的间隙,间隙的大小与药筒强度有关。从装填的方便性考虑,间隙应大些,但间隙过大会使药筒产生塑性变形甚至破裂。

一般在药室底部的径向间隙为 0.35~0.37mm;连接锥部的径向间隙为 0.2~0.8mm;圆柱部的径向间隙为 0.2~0.5mm。

2) 药筒分装式药室

中、大口径加农炮和榴弹炮,要用不同初速来保证覆盖较大的射击区域,为此需要采用多种不同发射药质量的装药(即变装药)。另外,这些火炮的装药、药筒和弹丸的质量较大,如某 122mm 加农炮的发射药质量为 9.8kg,药筒质量为 9.25kg,弹丸质量为 27.3kg,若把三者结合成一体,则全重为 46.35kg,一次装填有困难。所以,在大口径火炮中多采用药筒分装式炮弹,此时药筒仅放置发射药(简称分装式药筒)。射击时,先将弹丸装入炮膛,然后再装填药筒。但是,这种装填方式不利于提高发射速度。

分装式药筒仅由以段本体构成,因而药筒分装式药室只有带一定锥度的本体和连接锥。

3) 药包装填式药室

大口径火炮,尤其是大口径舰炮和要塞炮的药筒质量较大,使用不便,而且要消耗大量的铜或其他金属材料。在这种情况下,常采用药包装填,对应于这种装填方式的药室,称为药包装填式药室。

这种药室的结构一般由紧塞圆锥、圆柱本体和前圆锥(有的火炮没有这一部分)组成,如图 2-8 所示。

为了防止射击时火药气体从身管后面泄漏出来,需要采用专门的紧塞具与紧塞圆锥相配合闭塞火药气体。紧塞圆锥的锥角一般为 28°~30°。当药室扩大系数较小时,可省去前圆锥,药包装填的药室只由紧塞圆锥和圆柱本体组成。

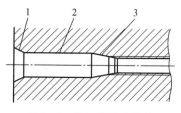

图 2-8 药包装填式药室
1—紧塞圆锥;2—圆柱本体;3—前圆锥。

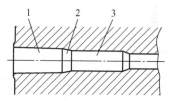

图 2-9 半可燃药筒的药室
1—本体;2—连接锥;3—圆柱部。

4) 半可燃药筒药室

半可燃药筒是指以硝化棉火药为基本原料制成药筒本体的药筒结构形式。适应于该种装药的药室相应地称为半可燃药筒药室。发射时,药筒本体作为发射药的一部分全部燃烧。为了有效地密闭火药燃气,药筒本体的后部带有金属短底座,因而称为半可燃药筒。其药室由本体、连接锥和圆柱部组成,如图 2-9 所示。这种药室通常容纳尾翼稳定穿甲弹丸,其圆柱部较长。在坦克炮和自行反坦克炮中,采用半可燃药筒可增加弹药的携带量。

2. 坡膛

炮膛内连接药室与导向部的锥形部分称为坡膛,其主要作用是:发射前确定弹带的起始位置,限制药室的容积;发射时引导弹丸进入导向部。坡膛的结构如图 2-10 所示。

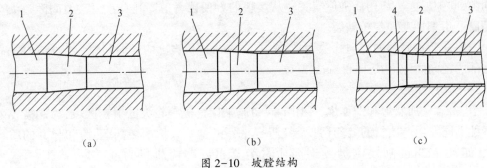

图 2-10 坡膛结构
(a)滑膛坡膛;(b)线膛坡膛;(c)双锥度坡膛。
1—药室;2—坡膛;3—导向部;4—膛线起点。

对于线膛身管,坡膛就是膛线的起点处,弹带由此切入膛线。坡膛具有一定的锥度,锥度的大小与药室结构、弹带结构和材料等有关。

坡膛分为滑膛与线膛;按锥度可分大锥度和小锥度坡膛;按构成可为单锥度和双锥度坡膛。坡膛锥度的范围为 1/60~1/5,常用锥度为 1/10~1/5。

对于定装式炮弹,坡膛多为大锥度。发射时,弹带嵌入膛线所移动的距离短,弹丸定位位置变化小,有利于弹道性能的稳定。但是,由于弹带挤进膛线快,单位长度变形大,温升也快,将加剧坡膛的磨损;锥度大,火药燃气易在此处产生涡流,形成压力波,影响压力的传递。在小锥度坡膛内,情况正好相反。

采用双锥度坡膛,则兼有二者的优点。第一段圆锥锥度较大,以保证弹丸定位可靠,一般取为 1/10;第二段圆锥锥度较小,约为 1/60~1/20。一般取为膛线起点在第一段圆锥上。

不同锥度坡膛与弹丸配合及定位如图 2-11 所示。

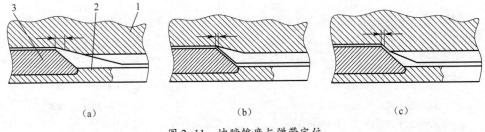

图 2-11 坡膛锥度与弹带定位
(a)小锥度坡膛;(b)大锥度坡膛;(c)双锥度坡膛。
1—身管;2—弹丸;3—弹带。

3. 导向部

身管内膛除药室和坡膛以外导引弹丸运动的部分称为导向部,通常有线膛(rifled bore)和滑膛(smooth bore)两种结构形式。

对于滑膛导向部,其内径就是火炮的口径;对于线膛导向部,则以相隔 180°的两条阳线过炮膛中心的距离为火炮的口径。当导向部为锥膛时,常以炮口直径代表火炮的口径。口径的常用单位为"毫米"或"inch"(英寸)。一般用名义尺寸的近似值表示。如某 122mm 榴弹炮的实际口径是 121.92mm,某 152mm 榴弹炮或 6 英寸榴弹炮的实际口径是 152.4mm。

口径是枪炮技术中的一个重要特征量,常以符号 d 表示。火炮上一些重要零部件的长度多以口径的倍数来表示,质量常以口径立方的倍数来表示。例如,某 122 榴弹炮,其身管的长度可表示为 $30d$,弹丸相对质量为 $C_m = m/d^3 = 12$(用口径表示的相对值)。这种相对量的表示方法有利于对火炮的性能进行量化比较和便于火炮的方案设计。

若火炮身管导向部由线膛与滑膛组合而成,则称为混合导向部。

根据导向部的形状又可分为直膛和锥膛两种。导向部沿炮膛轴线方向各横截面内径不变的称为直膛,当今火炮几乎都是直膛。导向部沿炮膛轴线呈锥形、炮口部的直径比其他处的直径小的内膛称为锥膛(tapered bore)。对于这种内膛结构,需要采用特殊的弹丸——带有软金属裙边的次口径弹丸。当弹丸在锥膛内运动时,裙边不断被挤压收缩,能可靠地密闭火药燃气,有利于增大初速。锥膛结构曾用于反坦克炮。

内膛的构成及结构特点可归纳如图 2-12 所示。

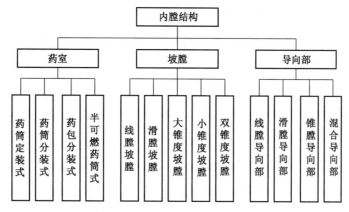

图 2-12 坡膛锥度与弹带定位

4. 膛线的结构类型

膛线的作用是赋予弹丸飞行稳定所需要的旋转速度。膛线的种类和结构由弹丸导转部的结构、材料、火炮的威力和身管寿命等因素确定的。

1)膛线的结构

膛线在炮膛横截面上的形状如图 2-13 所示,凸起的为阳线,用 a 表示其宽度;凹进的为阴线,用 b 表示其宽度。一般,阴线的两侧平行于通过阴线中点的半径。阴线与阳线在半径方向的差叫作膛线深度,用 t 表示。

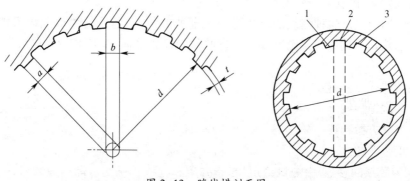

图 2-13 膛线横剖面图
1—阳线;2—阴线;3—导转侧。

为了减小应力集中和便于射击后擦拭炮膛,阳线与阴线连接处加工成圆角。用拉削加工膛线时,阳线根部圆角的大小由拉刀刀具的圆角保证;用电解加工膛线时,阳线根部圆角由阴极头与加工膛线间的间隙来控制。加工膛线的过程中,膛线的宽度和直径常用量规("通"与"不通")进行检验,而膛线的缠角则由加工的机床来保证。

膛线的数目称为膛线条数,用 n 来表示。为了加工和测量方便,在火炮上一般将膛线做成四的倍数。膛线条数的多少与阴线和阳线的宽度有关,可由下式确定:

$$n = \frac{\pi d}{a + b}$$

膛线条数的多少与火炮威力、身管寿命和弹带的结构与材料有关。为了保证弹带的强度,一般阴线宽度大于阳线宽度。

2) 膛线的分类

膛线是在身管内表面上制出的与身管轴线具有一定倾斜角度的螺旋槽。膛线相对炮膛轴线的倾斜角称作缠角,用符号 α 表示,如图 2-14 所示。

膛线绕炮膛旋转一周,在轴向移动的长度(相当于螺纹的导程)用口径的倍数表示称为膛线的缠度,用符号 η 表示。缠角与缠度的关系为

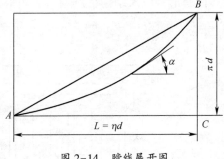

图 2-14 膛线展开图

$$\tan\alpha = \frac{BC}{AC} = \frac{\pi d}{\eta d} = \frac{\pi}{\eta}$$

上式说明缠角的正切与缠度成反比,当缠角增大时,缠度减小。

根据膛线对炮膛轴线倾斜角度沿轴线变化规律的不同,膛线可分为等齐膛线、渐速膛线和混合膛线三种。

(1) 等齐膛线。这种膛线的缠角为常数。若将炮膛展开成平面,则等齐膛线是一条直线,如图 2-14 所示。图中,AB 为膛线,AC 为炮膛轴线,α 为缠角,d 为口径。等齐膛线在弹丸初速较大的火炮(如加农炮和高射炮)中广泛应用。

等齐膛线的优点是容易加工。缺点是弹丸在膛内运动时,弹带作用在膛线导转侧的力较大,并且此作用力的变化规律与膛压的变化规律相同,最大作用力接近烧蚀磨损最严重的膛线起始部,因此对身管寿命不利。

(2) 渐速膛线。这种膛线的缠角是一个渐变的量:在膛线起始部缠角很小(有时甚至为零);向炮口方向缠角逐渐增大。若将炮膛展开成平面,渐速膛线为曲线,如图 2-15 (a) 所示。

常用的曲线方程有:

  二次抛物线 $y = ax^2$;

  半立方抛物线 $y = ax^{3/2}$;

  正弦曲线 $y = a\sin bx$。

式中,a、b 为膛线的参数,由炮口缠角、起始缠角和膛线长确定。渐速膛线常用于弹丸初速较小的火炮,如榴弹炮。

渐速膛线的优点是可以采用不同曲线方程来调节膛线导转侧上作用力的大小。减小起始部的初缠角，可以改善膛线起始部的受力情况，有利于减小这个部位膛线的磨损。缺点是炮口部膛线导转侧作用力较大、工艺过程较为复杂。

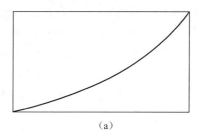 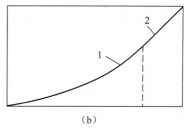

图 2-15　膛线的展开曲线
(a)渐速膛线；(b)混合膛线。
1—渐速膛线；2—等齐膛线。

（3）混合膛线。这种膛线吸取了等齐膛线和渐速膛线的优点：在膛线起始部采用渐速膛线，这样膛线起始部的缠角可以小一些，甚至为零，以减小起始部的磨损；在炮口部采用等齐膛线，以减小炮口部膛线的作用力。这种膛线的形状如图2-15(b)所示，膛线的形状是由一段曲线和一段直线组成的曲线。例如，某152mm榴弹炮就采用了混合膛线，其起始段的曲线为二次抛物线。

5. 身管的类型

根据内膛结构的不同，可将身管分为滑膛、线膛、半滑膛、锥膛等。另外，根据身管管壁的层数及壁内应力状况，又可分为单筒身管、增强身管、可分解身管等。

1) 单筒身管

单筒身管由一个毛坯制成、只有一层管壁。这类身管结构简单，制造方便，成本低，因而在火炮上广泛使用。

2) 增强身管

这类身管在制造过程中采用某种工艺措施，使身管壁内产生预应力，以改善发射时管壁径向应力分布，能够提高身管承载能力和寿命，提高了身管的强度。按照产生预应力方法的不同可分为筒紧身管、丝紧身管和自紧身管。

（1）筒紧身管。

筒紧身管是由两层或多层同心圆筒通过过盈配合组装而成的一种身管，如图2-16所示。这种组合身管最内部的一层称为内管，外层称为被筒，中间层称为紧固层(对于两层的筒紧身管，仅有内管和被筒)。紧固层或外层的内径稍小于相邻内筒的外径，相差量称为紧缩量或过盈量。

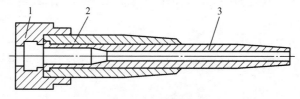

图 2-16　筒紧身管结构
1—炮尾；2—被筒；3—内管。

制造时需要采用热装配的工艺方法,即将外筒加热到700K左右,然后迅速套在内管上。在冷却过程中,外筒要恢复原来尺寸,内管要阻止其变形,从而形成外筒受拉,内管受压的状态,在层间产生预应力,其方向与发射时膛压对管壁产生的应力方向相反,从而提高了身管强度。

(2) 丝紧身管。

在制造身管时,在身管的外表面缠绕具有一定拉力的钢丝或钢带所形成的身管结构,称为丝紧身管,如图2-17所示。由于钢丝或钢带的紧固作用,身管处于压缩状态,在管壁产生切向压缩预应力,因而可提高身管发射时的强度。另外为增强身管的抗弯刚度,缠绕钢丝时常使其与身管剖面成一定的倾角,并在外面套一被筒。

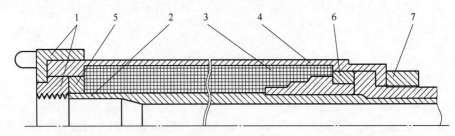

图2-17 丝紧身管
1—炮尾与连接环;2—身管;3—矩形钢带;4—被筒;5、6—钢带固定环;7—螺环。

(3) 自紧身管。

自紧身管是在单筒身管内壁通过特殊工艺手段,使管壁材料由内向外产生一定的塑性变形,在管壁内形成有利的残余应力的自增强身管。通常是在身管半精加工后对内膛施加高压,在高压卸载后,因内层金属塑性变形大,内层金属就阻止相邻外层金属恢复到原来的位置,造成外层对内层加压,形成外层受拉,内层受压的状态,从而改变发射时身管壁的应力分布,相当于提高了身管的强度,并可延长寿命。

使身管内壁产生塑性变形的工艺方法有液压法、冲头挤扩法和爆炸法。

3) 可分解身管

可分解身管是由两个同心圆筒按一定的间隙组合而成的。外面的圆筒叫作被筒,里面的筒叫作内管。内管壁较薄,内外筒间隙根据身管的强度要求和拆装的方便性确定。当炮膛烧蚀磨损不能满足弹道要求时,可及时更换内管。

(1) 活动衬管。

衬管和被筒之间的间隙一般在0.02~0.3mm之间。火炮射击时,因由于火药燃气压力的作用,衬管膨胀,间隙消失,衬管与被筒共同承受压力,射击结束后,衬管、被筒冷却,其间隙恢复。

通常为了便于更换衬管,在其外表面镀铜或涂以石墨润滑剂,有时也将其外表面加工成圆锥面。

活动衬管的特点是:①衬管壁薄,一般厚度为0.1~0.2倍口径;②衬管的全长由被筒覆盖,以增强身管的强度;③因衬管壁薄,加工与装配时应防止弯曲和扭转变形。

(2) 活动身管。

其结构与工作原理与活动衬管的基本相同,其差别主要有:①活动身管的管壁较厚,一般为0.2~0.5倍口径;②被筒比活动身管短,只覆盖身管后部烧蚀严重段。

4) 带被筒的单筒身管

这种结构形式的特点是被筒与身管之间留有较大的间隙,被筒不参与承载,被筒材料等级要求较低。发射时间隙不消失,被筒不承受压力。被筒的作用主要是为了增加后坐部分的质量,以减小射击时炮架的受力;其次是与摇架配合,作为后坐部分运动的导向部分。

6. 身管的寿命

火炮发射时,其身管处于高温、高压的环境中,并且受到弹丸挤进、火药燃气冲刷、高应力冲击等物理化学作用,身管的磨损很快,身管的寿命成为影响火炮工作的一个重要指标。由于身管是火炮的主要构件,有时就以身管寿命作为火炮寿命。

身管的寿命是指火炮按规定的条件射击,身管在弹道指标降低到允许值或疲劳破坏前,当量全装药的射弹总数。

根据射击使用过程中身管失效条件的不同,一般可用烧蚀寿命和疲劳寿命两种方法来衡量身管的寿命。

1) 烧蚀寿命

身管烧蚀寿命又称弹道寿命。火炮身管通常采用高强度炮钢(含铬、镍、钼、钒等多种元素的合金钢)制造,以满足其工作强度和可靠性的要求。但是,随着发射弹数的增加,内膛的烧蚀磨损是不可避免的。影响烧蚀磨损的主要原因有:

(1) 火药燃气的高温作用。发射时膛内火药燃气温度高达 2500~3800K,与膛壁接触,使金属温度迅速升高,造成烧蚀磨损。

(2) 高温高压火药燃气的冲刷作用。由于膛面的烧蚀磨损,使弹丸与炮膛之间出现空隙。特别是当身管温度升高后,由于膨胀,内径增大,更使弹带与膛面的空隙增大,因此,火药燃气高速(可达 1400m/s,甚至更高)从弹带与膛面的空隙中冲出,也使膛面磨损。

(3) 弹丸对膛面的摩擦作用。弹丸在膛内运动,弹带及定心部与膛壁发生摩擦,使膛面磨损,尤其是膛线导转侧磨损更为严重。

(4) 火药燃气的化学作用。火药燃气在高温高压下与炮膛金属化合,渗入金属组织内,使膛面金属变得更脆,易于剥落而被弹丸和火药燃气冲刷带走。

以上各种作用是同时发生、互相影响的。通常把膛面金属层在反复冷热循环和火药燃气物理化学变化作用下,金属性质的变化及龟裂剥落现象称为烧蚀。将炮膛尺寸、形状的变化称为磨损。实际上,两种现象是相伴而生,在身管导向部起始处和最大膛压处最为严重。当炮膛烧蚀磨损达到一定程度,就会丧失所要求的弹道性能。

实用中,常以下列几项条件之一作为身管烧蚀寿命终止的界限。

(1) 初速下降量超过规定值;

(2) 射弹密集度超过一定范围;

(3) 发射弹数引信不起作用的百分数超过规定值;

(4) 膛压下降的百分数超过规定值;

(5) 膛线起始部磨损量超过规定值。

2) 身管疲劳寿命

火炮射击过程中,身管内膛逐渐烧蚀,微裂纹因疲劳逐渐扩大,直至突然破裂时的当量全装药炮弹总发数即为身管疲劳寿命。身管材料疲劳发展是一个复杂过程,包括裂纹起始、裂纹扩展和疲劳裂纹达到临界尺寸时身管最总破裂三个阶段。

身管经过最初的实弹射击在内膛即产生细小的裂纹,在以后的重复射击中,裂纹沿身管壁径向不断扩展,某部分身管裂纹深度达到一定程度时就会导致突然断裂破坏。目前身管疲劳破坏的各种理论与模型仍处于研究阶段,对身管疲劳寿命试验方法尚无统一标准。在正常情况下,身管疲劳寿命大于身管烧蚀寿命。

影响身管寿命的因素较多,一般与火炮种类、身管材料、弹道参数、装药性质、内膛与弹丸结构、制造工艺、射击条件和维护保养状况等有关。采用新材料、新工艺等技术措施,身管寿命可以得到有效地提高,如炮膛镀铬、在装药中加入有机和无机的添加剂(护膛剂)、合理的弹、膛结构。实践证明,采用无药筒装药结构、渐速膛线、小锥度坡膛,增加膛线数,皆有利于减小烧蚀磨损;改进弹带结构,提高对燃气的密封性及减小弹、膛间隙,也都有利于身管寿命的提高。

2.1.2 炮闩

炮闩是指发射时用于完成闭锁炮膛、击发底火,发射后抽出药筒等动作的机构。一般由关闩机构、闭锁机构、击发机构、开闩机构、抽筒机构、保险机构和复拨器等组成。在小口径武器上,常将炮闩称为机心。

1. 炮闩的组成及分类

炮闩的主体构件是闩体,其作用是承载火药气体的作用力、闭锁炮膛。火炮发射时,闩体直接承受膛底火药燃气的压力,并将其传给炮尾;同时闩体与药筒或紧塞具等共同封闭炮膛,使燃气不得后溢。此时闩体与炮尾达到暂时的刚性连接,这个过程称为闭锁;反之,使闩体与炮尾解脱刚性连接的过程,则称为开锁。

用于完成开锁或闭锁动作的各机构称为闭锁机构;使闩体由开闩位置达到封闭炮膛位置并进行闭锁的机构称为关闩机构;使闩体开锁并由关闩位置从身管或炮尾处移开一段距离,足以装填炮弹的机构称为开闩机构;发射时用于引发炮弹底火的机构称为击发机构;而将发射后的药筒或半可燃药筒的底座或未发射的炮弹从药室中抽出炮膛的机构称为抽筒机构;在炮闩及其相连的构件上为保证火炮安全发射的机构称为保险装置;当炮弹入膛关闩到位完成击发动作未发火时,在不开闩的状态下使击发机构复位以进行再次击发的装置,称为复拨器。

为了使火炮正常工作,炮闩应满足以下的要求:①闭锁确实。发射时闩体与炮尾、身管结合可靠;不能因火药燃气压力作用而自行开闩;燃气不应后溢。②动作可靠。在各种射击条件下,各机构动作应灵活、正确、可靠。③操作安全且轻便。关闩未到位不能击发;瞎火或迟发火时用一般操作不能开闩;坦克炮或自行火炮在行进间装填后,不能因车体振动而引起击发,操作开、关闩机构轻便且装填方便。

按照炮闩的动作原理和结构特点,可将炮闩分成两大类型,如图2-18所示。

一般自动炮闩用于小口径高射炮和航炮;半自动炮闩多用于中、小口径地面火炮;非自动炮闩曾用于大、中口径火炮,现在应用较少。在地面火炮中广泛采用楔式炮闩和螺式炮闩。

2. 楔式炮闩

楔式炮闩的闩体为楔形块状,工作时垂直于炮膛轴线作直线运动,进行闭锁、开锁等

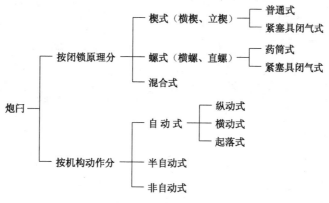

图 2-18 炮闩的类型

动作,因而也称为横动式炮闩。按闩体运动方向不同,可分为横楔式(在水平面左右运动)和立楔式(在垂直面上下运动)两种;按闭气方式又分为普通式与带紧塞具闭气式两种。

图 2-19 是一种半自动立楔式炮闩与炮尾装配关系示意图。该炮闩由闭锁、击发、抽筒、保险和开关闩机构等组成。

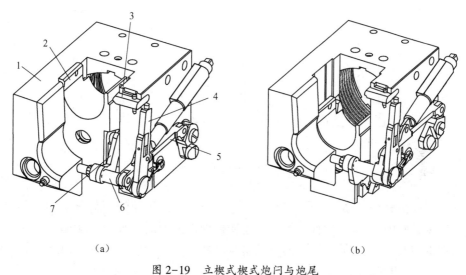

(a)　　　　　　　　　　　　　(b)

图 2-19　立楔式楔式炮闩与炮尾
(a)关闩状态;(b)开闩状态。
1—炮尾;2—闩体;3—闩体挡板;4—开闩手柄;5—开关闩机构;6—曲臂轴;7—曲臂。

1) 闭锁机构

闭锁机构的作用是通过闩体闭锁炮膛,并且在发射时保证闩体不能在火药燃气和冲击振动的作用下自行开闩。闭锁机构主要由闩体、曲臂、曲臂轴和闩柄等构件组成,如图 2-19 所示。

闩体是一个楔形体,射击时用于承受火药燃气形成的炮膛合力。闩体的后端面(A)有一个倾斜角 γ,与炮尾配合;前端面为闩体镜面(C)与药筒配合;右侧有供曲臂滑轮运动的凸轮槽(Ⅰ、Ⅱ、Ⅲ),如图 2-20 所示。

当火炮关闩时,曲臂轴带动曲臂逆时针转动,曲臂上的滑轮在闩体上凸轮槽的直线段

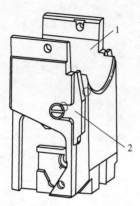
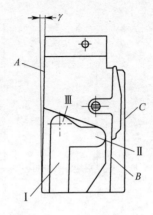

图 2-20 闩体结构示意图
1—闩体；2—抽筒子挂臂。

Ⅱ滚动,使闩体向上移动到关闩位置(图 2-21(b));曲臂转动继续转动,曲臂上的滑轮在闩体上凸轮槽的曲线段Ⅲ滚动到最高点,使闩体处于闭锁位置,闭锁炮膛,如图 2-21(c)所示。

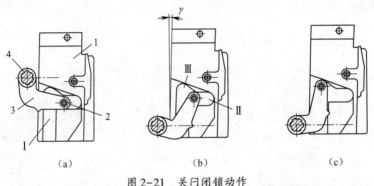

图 2-21 关闩闭锁动作
1—闩体；2—曲臂滑轮；3—曲臂；4—曲臂轴。

在火炮射击时,楔形炮闩保证闭锁的作用由闩体的楔形面的倾斜角 γ 和曲臂的结构尺寸来实现。其中,闩体楔形面的倾斜角 γ 应使楔形面上的摩擦力大于膛内火药燃气作用在闩体上使其向下运动的分力;曲臂的结构尺寸应保证当闩体有向下运动趋势时曲臂的上端点(曲臂滑轮)不能向下转动。

在射击完成后,当曲臂轴带动曲臂顺时针转动时,曲臂上的滑轮在闩体上凸轮槽的曲线段Ⅲ滚动,使闩体开锁;然后曲臂转动继续转动,曲臂上的滑轮在闩体上凸轮槽的直线段Ⅱ滚动,使闩体向下移动到开闩位置。

2) 击发机构

击发装置一般由击发机和发射机组成。根据引燃底火的能源不同,击发装置可分为电热式和机械式两种。前者是用电流加热金属丝引燃底火;后者利用构件运动的撞击动能引燃底火。在地面火炮上多采用机械式,其分类如图 2-22 所示。

对应于图 2-19 中炮闩的击发机构如图 2-23 所示。图中,击针由左、右拨动子轴通过拨动子驱动,压缩击针簧处于待发位置;拨动子驻栓用来控制拨动子,解脱拨动子使其转动,释放击针簧,使击针处于击发位置。

图 2-22 机械式击发机构类型

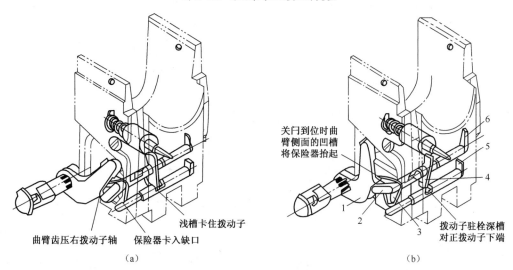

图 2-23 击发机构示意图

(a)待发状态;(b)击发状态。

1—曲臂;2—右拨动子轴;3—保险杠杆;4—拨动子;5—拨动子驻栓;6—左拨动子轴。

3) 抽筒机构

对于半自动楔式炮闩的抽筒机构,除要求能及时抽出射后的药筒外,还应在开闩后将闩体固定在装填位置上。此外,抽筒机构的动作应可靠,抽出后应保证抛射至一定距离(地面火炮约为 1.5~2m),以免影响炮手的操作。

抽筒机构一般分为纵动式炮闩抽筒机构与横动式炮闩抽筒机构。前者由炮闩上的抽筒钩抓住药筒,随炮闩向后运动抽出药筒;后者则需要设置抽筒子类的构件,利用杠杆原理作用于药筒,完成抽筒动作。根据抽筒子构造和抽筒过程,又可分为杠杆冲击作用式和凸轮均匀作用式两种。其中,杠杆冲击作用式抽筒装置在中、小口径火炮的炮闩上得到广泛应用,如图 2-24 所示。

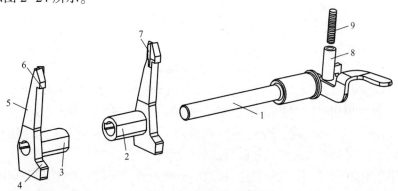

图 2-24 抽筒机构示意图

1—抽筒子轴;2—右抽筒子;3—左抽筒子;4—短臂;5—长臂;6—抽筒子挂钩;7—抽筒子爪;8—压栓;9—弹簧。

抽筒机构的动作如图2-25所示。开闩时,闩体向下运动,闩体上抽筒子挂臂的下端以一定的速度冲击抽筒子的短臂,使抽筒子长臂以较大速度向后转动,抽筒爪作用于药筒底缘将药筒抽出炮膛。抽筒后,闩体在关闩簧的作用下向上移动,此时在压栓和弹簧作用下抽筒子长臂及时贴向闩体,抽筒子的挂钩将抽筒子挂臂钩住,保持闩体处于开闩状态。

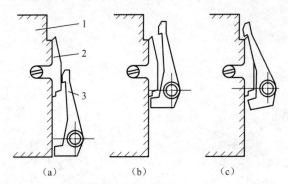

图2-25 抽筒机构动作示意图
1—闩体;2—抽筒子挂臂;3—抽筒子。

4) 炮闩保险机构

要使炮闩可靠工作,应针对不同的情况设置保险装置。例如:闭锁不确实时,不得击发;迟发火或瞎火时,人力用普通动作不能开闩;炮身、反后坐装置、摇架相互连接不正确时,不得击发;炮身复进不到位时,不能继续发射等。最常见的保险装置是关闩不到位、闭锁不确实时限制击发机构动作。

对应于图2-23中炮闩的保险机构如图2-26所示。该保险机构由保险杠杆、扭转弹簧和拨动子驻栓组成。其作用是当闩体未关到位(曲臂未转到垂直位置状态,也称为"未确实闭锁")时,使击针不能击发。

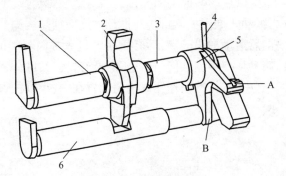

图2-26 保险机构组成
1—左拨动子轴;2—拨动子;3—右拨动子轴;4—扭转弹簧;5—保险杠杆;6—拨动子驻栓。

如图2-26所示,保险杠杆和扭转弹簧安装在右拨动子轴上,扭转弹簧的一端抵在闩体上,另一端压在保险杠杆的上凸出角(图2-26中的A)上,使保险杠杆的下凸出角(图2-26中的B)时刻有卡入拨动子驻栓的缺口里的趋势。

在炮闩的开关闩过程中,击针处于待发状态,此时拨动子驻栓在弹簧的作用下向左移动,保险杠杆受扭转弹簧的作用下凸角卡入拨动子驻栓的缺口中,限制拨动子驻栓的移动,限制拨动子不能转动,因而击发机构不能击发。关闩时,曲臂转动使闩体上升到关闩位置,之后曲臂滑轮在闩体定形槽的圆弧段运动到曲臂到垂直位置,闩体处于闭锁状态(闩体闭锁确实),此时曲臂齿的上凹面将保险杠杆的上凸角抬起,下凸角便离开拨动子驻栓缺口,这时方能击发。

5) 复拨器

复拨器的作用是发射时出现迟发火或不发火时,不需要开闩便可将击针复位,进行再次击发。楔式炮闩上复拨器的工作原理是利用杠杆和凸轮机构使驱动击针的拨动轴转动,将击针拨回到待发状态。通常在摇架的防危板上装有握把和杠杆,炮尾左侧装有杠杆轴,杠杆轴与拨动子轴作用。转动握把,杠杆带动杠杆轴进而使拨动子轴转动,拨动子将击针拨回到待发状态。

6) 关闩、开闩机构

开关闩机构的作用是在发射完成后打开炮膛、装填弹药后完成闭锁炮膛的动作。在半自动炮闩和自动炮闩中,需要设置独立的关闩和开闩机构。关闩机构多采用弹簧式,依靠开闩时压缩弹簧而储存能量。进行关闩工作时,靠弹簧伸张推动闩体完成关闩闭锁动作。

关闩机构与炮闩结构有关,一般分为(图2-27):

(1) 纵动式炮闩关闩机构。其特点是关闩的同时完成输弹动作,开闩时直接抽出药筒。关闩动力是关闩弹簧力或炮闩复进簧力,直接作用于闩体上完成相关动作。这种结构多用于小口径自动炮。

(2) 横动式炮闩关闩机构。其特点是关闩弹簧力需通过曲臂连杆机构将其传给闩体。这种结构多用于半自动楔式炮闩。

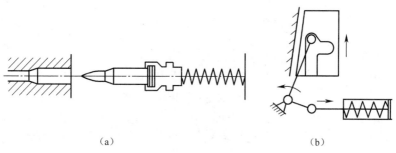

图2-27 关闩机构原理图
(a)纵动式;(b)横动式。

图2-28是一种楔式炮闩的开关闩机构。该开关闩机构由布置在炮尾左侧的平行四连杆机构、弹簧筒、关闩簧和布置在摇架支臂上的开闩板组成,如图2-29和图2-30所示。

该开关闩机构在火炮的后坐与复进过程中工作,利用火炮的后坐能量进行开闩,并通过关闩簧储存关闩能量。开关闩机构的动作如下:

当炮身后坐时,四连杆机构随着炮身后坐,四连杆机构的曲柄上的圆形凸起与摇架支臂上的开闩板的侧斜面接触,推开开闩板从其侧面滑过,到达后坐终了位置。

当炮身复进时,开关闩机构随炮身一起复进,当复进到四连杆机构的曲柄与开闩板接触时,四连杆机构曲柄上的圆形凸起与开闩板的工作斜面作用,开闩板使四连杆机构的曲

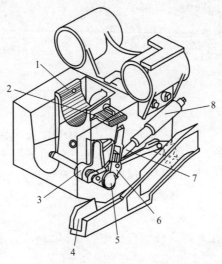

图 2-28 开关闩机构

1—闩体；2—闩体挡板；3—曲臂；4—开闩板；5—曲臂轴；6—闩柄；7—压筒；8—支筒。

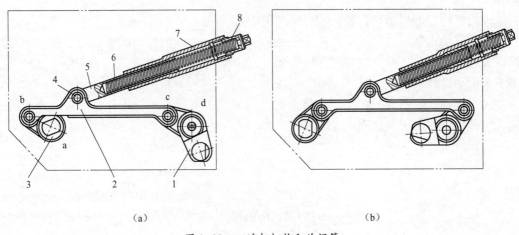

(a) (b)

图 2-29 四连杆机构和关闩簧

(a) 关闩状态；(b) 开闩状态。

1—曲柄；2—拉杆；3—杠杆；4—小轴；5—压筒；6—关闩簧；7—支筒；8—调整螺帽。

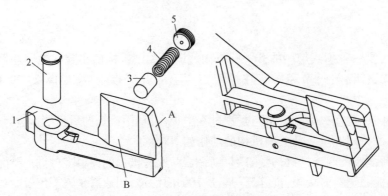

图 2-30 开闩板的布置

1—开闩板；2—销轴；3—压筒；4—弹簧；5—螺塞。

柄转动，带动四连杆机构顺时针转动，通过四连杆机构的杠杆(ab)使曲臂轴和其上的曲臂转动，曲臂上的滑轮在闩体上凸轮槽滚动，带动闩体向下运动使闩体开锁、开闩直到开闩位置，然后由抽筒子挂钩钩住闩体保持开闩状态。

当装填炮弹、解脱抽筒子挂钩后，关闩簧伸张，通过压筒推动四连杆机构的拉杆(bc)、杠杆(ab)转动，带动曲臂轴、曲臂逆时针转动，从而使闩体运动到关闩位置。

上述的开闩动作如图 2-31 所示。

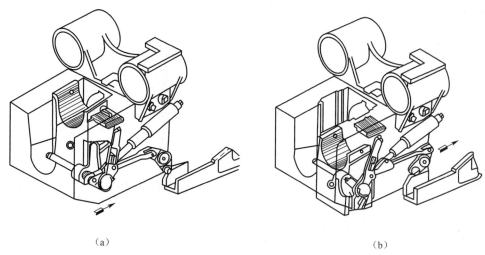

图 2-31　自动开闩动作示意图
(a) 复进阶段；(b) 开闩阶段。

3. 螺式炮闩

螺式炮闩是利用螺纹配合来实现关闩闭锁的机构，由闩体上的外螺纹与炮尾闩室中的内螺纹啮合与分离，实现炮闩的闭锁炮膛和开锁，如图 2-32 所示。

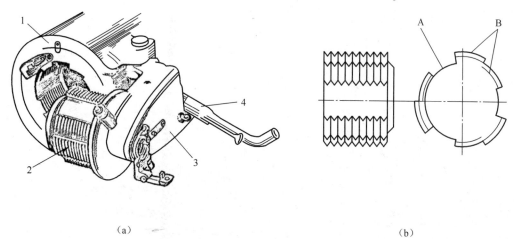

图 2-32　螺式炮闩
(a) 炮尾和炮闩；(b) 断隔螺式闩体。
1—炮尾；2—闩体；3—锁扉；4—闩柄。

由于用整体螺纹与炮尾结合，闩体旋入或旋出炮尾闩室时，动作复杂且费时，因此，现代火炮螺式炮闩均采用断隔螺纹。将闩体外螺纹和炮尾闩室中的内螺纹交叉对应地沿纵轴方向对称地切去若干部分,被切后的光滑部(图 2-32(b)中的 A)将螺纹隔断,如果剩余的螺纹部(图 2-32(b)中的 B)所对的圆心角为 30°、60° 或 90°(视切除区段数量和螺纹的结构而定),则闩体进入炮尾闩室后只需旋转对应的角度就能与闩室对应的断隔螺纹啮合以进行闭锁。

断隔螺纹闩体由于削去了部分螺纹,削弱了闩体的强度。如果增加螺纹的外径和圈数,则会增加闩体的质量和长度,而当闩体长度大于 1 倍口径时,又会使开、关闩困难。因此,在大口径火炮上多采用阶梯断隔螺式闩体,使其与炮尾闩室的啮合面增加(图 2-33(a))。例如,某 130mm 单管海军炮就采用了二阶梯式螺闩,如图 2-32(b)所示。其光滑部与螺纹部构成高低三个阶梯,螺纹与光滑部所对的圆心角各为 40°,闩体进入闩室后,旋转 40° 即可闭锁。

有的火炮还采用锥形断隔螺式闩体(图 2-33(b)),即闩体的外径由前向后逐渐加大,既可缩短闩体长度和增加闩体强度,又便于闩体进入和移出炮尾闩室。但因加工较复杂,应用较少。

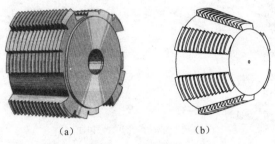

图 2-33 螺式闩体
(a)阶梯断隔螺式闩体;(b)锥形断隔螺式闩体。

图 2-34 是一种较典型的螺式炮闩与炮尾装配关系示意图。该炮闩由闭锁装置、击发装置、抽筒装置、保险装置、挡弹装置等组成。

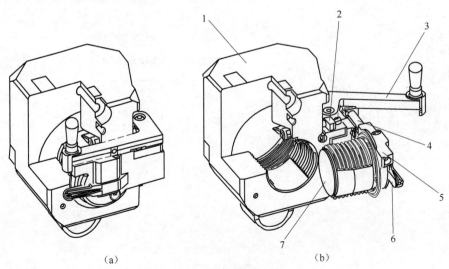

图 2-34 螺式炮闩和炮尾示意图
(a)关闩状态;(b)开闩状态。
1—炮尾;2—挡弹板轴;3—闩柄;4—诱导杆;5—锁扉;6—引铁;7—闩体。

1) 闭锁装置

螺式炮闩的闭锁是由闩体和炮尾上相互啮合的螺纹保证的,螺纹的设计必须满足摩擦自锁的要求。图 2-35 所示为该螺式炮闩的闭锁装置,由闩体、锁扉、闩柄、诱导杆和驻栓等组成。闩体安装在锁扉的连接筒上,可绕其转动;锁扉通过闩柄轴铰接在炮尾上,可相对炮尾转动;诱导杆安装在锁扉内,并由闩柄带动可在锁扉内滑动,诱导杆带动闩体转动。

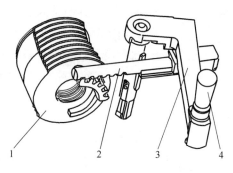

图 2-35　螺式炮闩闭锁装置
1—闩体;2—诱导杆;3—闩柄;4—闩柄握把。

开锁、开闩和关闩、闭锁的动作如下:

开闩时,转动闩柄,闩柄带动诱导杆在锁扉上滑动,诱导杆与闩体上的齿弧作用,驱动闩体转动。开闩的第一阶段,闩体旋转 90°,闩体上的螺纹与炮尾闩室中的螺纹错开(这个动作称为开锁);开闩的第二阶段,闩体随着锁扉一起转动,离开闩室。

关闩时,各构件的动作与开闩时相反。关闩的第一阶段,闩体、锁扉、闩柄和诱导杆一起转动,直至闩体完全进入闩室为止;关闩的第二阶段,锁扉不动,闩柄继续转动,带动诱导杆使闩体旋转 90°,闩体螺纹与闩室螺纹相啮合而闭锁。

2) 击发装置

击发装置的作用用来击发炮弹,由击发机和拉火机两部分组成,安装在锁扉上,如图 2-36 所示。其中,击发机安装在锁扉的连接筒内,由击针、击针簧、击针套筒和支筒组成;拉火机安装在锁扉后端,由击发引铁和拉火绳等组成。

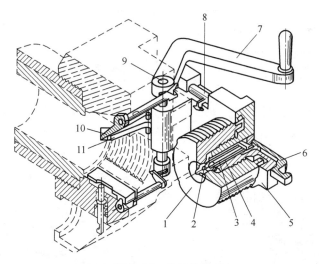

图 2-36　击发装置
1—闩体;2—击针;3—击针弹簧;4—击针套筒;5—锁扉;6—击发引铁;
7—闩柄;8—诱导杆;9—闩柄轴;10—挡弹板;11—抽筒子。

击发装置的动作如图 2-37 所示。发射时,拉动击发引铁,击发引铁上的挂钩(钩脱板)通过逆钩使击针向后移动,击针带动支筒向后压弹簧,同时击发引铁上的滑轮迫使击针套筒向前移动,所以击针弹簧被压缩(图 2-37(b))。由于击发引铁上的挂钩向后作圆弧运动,而逆钩连同击针向后作直线运动,所以当击发引铁拉到一定程度时,逆钩便与击发引铁上的挂钩脱离,于是弹簧伸张,使击针向前运动(图 2-37(c))。刚开始是支筒和击针一起向前运动,当支筒被闩体上的衬筒挡住后,击针簧不再伸张,然后击针便依靠惯性向前运动而击发底火。当击发引铁被释放后,击针弹簧伸张,使支筒向后运动,套筒支臂经滑轮使击发引铁恢复原状;同时套筒带着击针向后,所以逆钩又与击发引铁上的挂钩钩住。

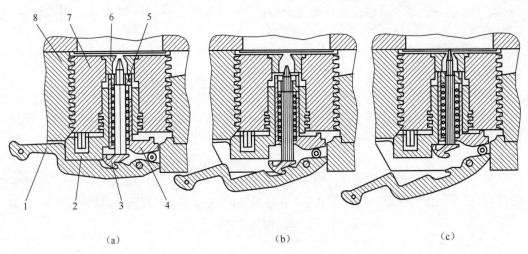

图 2-37　击发机构动作
(a)平时状态;(b)击针簧压缩状态;(c)击发状态。
1—引铁;2—锁扉;3—击针逆钩;4—套筒支臂;5—支筒;6—衬筒;7—闩体;8—炮尾。

3) 抽筒装置

用来抽出发射后的药筒。抽筒装置采用单个抽筒子,布置于炮尾的右侧,伸入药筒底沿之前,如图 2-36 所示。发射后,利用开闩机构驱动抽筒子对药筒施加一个作用力,将药筒抽出身管的药室。

4) 保险装置

保险装置用来当炮弹延迟发火时,防止炮手过早开闩,以免发生危险。这种结构的炮闩上使用的是惯性保险。主要组成零件是保险栓。

5) 挡弹装置

挡弹装置用来在装填时挡住弹丸和药筒,防止掉出。挡弹装置位于炮尾的闩室中(图 2-36),由挡弹板和挡弹板轴组成。挡弹板在输弹和输药时可抬起,输弹和输药后落下,用于阻止弹丸和药筒滑出炮尾。

4. 楔式炮闩与螺式炮闩对比

楔式炮闩与螺式炮闩是中大口径火炮上应用较多的典型结构,在实际应用时应结合火炮的总体方案和特点来定,脱离火炮种类与火炮总体设计是很难评价孰优孰劣的。在火炮口径相同的情况下,楔式炮闩与螺式炮闩的特点可作分析如下。

楔式炮闩的动作简单,有利于快速装填,易于实现自动、半自动装填,但质量较重,对于药包装填的火炮闭气复杂。而螺式炮闩结构紧凑,质量较轻(同口径相比,可减轻重量 30%~35%,原因是火药燃气作用于闩体所产生的应力可以分散在所有螺纹上,承载能力较高），易于安装闭气结构，有利于药包装填的火炮应用，但结构复杂，不利于自动、半自动装填。因而，楔式炮闩在坦克炮、高射炮、加农炮上得到了广泛的采用。而螺式炮闩则在药包分装式的中大口径火炮上应用较多。

另外，在小口径自动炮上，采用纵动式螺式炮闩，可实现输弹与关闩动作同时进行、开闩与抽筒同时进行，缩短了射击循环时间，有利于提高发射速度。

2.1.3 炮尾

炮尾是用来安装炮闩，发射时与炮闩一起闭锁炮膛，并连接身管和反后坐装置的构件。火炮发射时，炮尾承受闩体传递的膛底压力，使身管产生后坐运动。炮闩上完成关闩、闭锁、击发、开闩和抽筒等各种动作的机构中，有些零件需要装在炮尾上。因此，在炮尾上加工有不同的平面、孔、凸起部和凹槽等。采用分装式炮弹的火炮炮尾内还设有挡弹与托弹装置，有的炮尾上还配有一定质量的金属块以调整火炮起落部分的质心。

炮尾一般都制成一个独立的零件，通过螺纹或连接构件与身管连接；口径较小的自动炮其炮尾也可与身管制成一体。如57mm高射炮的炮尾即属此类，其特点是结构紧凑，但加工工艺性较差。

炮尾的结构形式随闩体的结构而定，如迫击炮与无后坐炮的炮尾结构就比较简单。一般地面火炮常用的炮尾可分成两类：楔式炮尾与螺式炮尾。

1. 楔式炮尾

楔式炮尾与楔式炮闩相配合使用，共同实现闭锁炮膛的功能。这种炮尾随闩体在开、关闩时运动方向的不同可分为立楔式和横楔式两种，如图2-38所示。

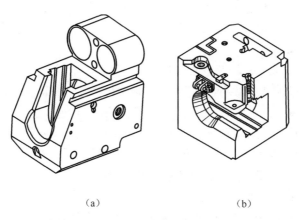

(a) (b)

图2-38 楔式炮尾
(a)立楔式炮尾；(b)横楔式炮尾。

一般楔式炮尾的外形为尺寸较大的长方体，比较笨重，但也有外形为短圆柱体、形状简单的楔式炮尾。例如，美M102式105mm榴弹炮炮尾的径向尺寸就比较紧凑。

2. 螺式炮尾

螺式炮尾用于配合螺式炮闩一起使用，多用在药包装填的中、大口径火炮上，其结构如图2-39所示。在西方国家的火炮上，有的螺式炮尾结构简单、紧凑，外形为短圆柱体，又称为炮尾环。例如，GC-45式155mm榴弹炮的炮尾。

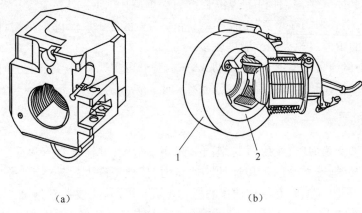

图 2-39 螺式炮尾
(a)普通型;(b)圆柱型。
1—炮尾;2—炮尾衬筒。

2.1.4 炮身上的其他装置

根据火炮种类的要求不同,在不同的炮身上会配有其他的一些特殊装置,如炮口制退器、抽气装置和热护套等。另外,对于射速较高的武器,射击时身管发热、温度升高很快,身管上还需要配备冷却装置。

1. 炮口装置

炮口装置又称膛口装置。是安装在炮口部利用后效期火药燃气能量对火炮产生一定作用的各种能量转换装置或测试装置的总称。根据不同的用途,一般有制退器、消焰器、助退器、冲击波偏转器和初速测量装置等。

1) 炮口制退器

炮口制退器(muzzle brake)是一种控制后效期火药气流方向和气体流量的排气装置,其目的是减小后坐动能从而减小炮架受力、减轻炮架质量以提高火炮的机动性。

早在弹性炮架发明之前,1842 年法国就研制了第一个炮口制退器。这种简单的炮口制退器是在炮口区域开一组斜孔,后经过试验,射击精度比原来提高一倍,后坐长减至正常情况的 25%,实现了炮口制退器减小后坐能量的想法,后来由于弹性炮架的发明而未被推广。20 世纪 30 年代以后,对火炮的威力与机动性要求日益提高,使炮口制退器在火炮上得到了广泛应用。

炮口制退器的作用大小以其效率 η_T 来表示,即火炮上装炮口制退器后所减少的后坐动能与无炮口制退器时最大自由后坐动能的百分比:

$$\eta_T = \frac{E_0 - E_\eta}{E_0} \times 100\% = \frac{W_0^2 - W_\eta^2}{W_0^2} \times 100\%$$

式中,E_η、E_0 分别为有、无炮口制退器时自由后坐动能;W_η、W_0 分别为后效期结束时有、无炮口制退器时自由后坐速度。η_T 的一般范围为 20%～70%。大口径火炮为 20%～40%,中、小口径火炮取值较大。

炮口制退器的采用也带来一些不利影响。一是增大了炮口冲击波和噪声,阵地烟尘也加大,危害炮手健康,影响射击瞄准,当噪声声压值超过 140dB 时,必须给炮手配备护耳和护胸等防护器具。二是加大了炮身质量,特别是增加了起落部分的重力矩,增大了平衡机的负担和随动系统设计的难度,也会增加身管弯曲,引起射击时的振动等不利现象。同时,带有炮口制退器的火炮对弹丸在后效期间的飞行也会产生影响。

炮口制退器按结构与工作特点可分为以下几种类型。

(1) 冲击式炮口制退器。

冲击式炮口制退器的特点是具有较大的腔室直径($D_K/d \geqslant 2.0$)、大面积侧孔和反射挡板,如图 2-40 所示。

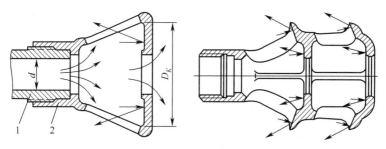

图 2-40　冲击式炮口制退器

弹丸出炮口后,身管内的高压火药燃气流入内径较大的制退器腔室,突然膨胀,形成高速气流,除中心附近的气流经中央弹孔喷出外,大部分气流冲击炮口制退器的前壁或挡板并偏转而赋予炮身向前的冲量,形成制退力,然后经侧孔排出。这种炮口制退器利用大面积的反射挡板和大侧孔获得较大的侧孔流量及较大的气流速度。为了进一步利用这部分气流的能量,有的炮口制退器采用多腔室结构。冲击式炮口制退器的特点是在相同的质量下,其效率比其他结构的炮口制退器高。

(2) 反作用式炮口制退器。

反作用式炮口制退器的特点是腔室直径较小($1.0 \leqslant D_K/d \leqslant 1.3$),侧孔为多排小孔,如图 2-41 所示。为了保证气体较好地膨胀,有时将侧孔加工成扩展喷管状。当制退室的内径与火炮口径相等时称为同口径炮口制退器。

弹丸出炮口后,身管内的高压火药燃气流入内径较小的制退器腔室,膨胀较小,仍然保持较高的压力。其中,一部分气体继续向前从中央弹孔流出外,另一部分气体则经侧孔二次膨胀后高速向后喷出,其反作用力作用于炮口制退器形成制退力。

(3) 冲击反作用式炮口制退器。

冲击反作用式炮口制退器的腔室直径介于上述两种结构之间($1.3 < D_K/d < 2$),侧孔多为分散的圆形或条形孔,如图 2-42 所示。

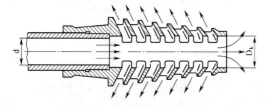
　　　　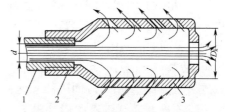

图 2-41　反作用式炮口制退器　　　图 2-42　冲击反作用式炮口制退器

由于制退器腔室的横截面积不是足够大,火药燃气进入制退器腔室膨胀并不充分,经过侧孔时继续进行二次膨胀和加速。因此,该种结构兼有冲击式与反作用式两种炮口制退器的特点。火药燃气对前反射挡板的冲击和侧孔气流的反作用共同构成向前的制退力。

此外,还可根据结构特点对炮口制退器进行分类。例如,开腔式炮口制退器(侧孔面积很大,气流在腔室内充分膨胀)、半开腔式炮口制退器(气流进入侧孔前的压力仍很高,经侧孔时将进一步膨胀);单腔室炮口制退器、双腔室炮口制退器、多腔室炮口制退器;大侧孔炮口制退器、条形侧孔炮口制退器、圆侧孔的炮口制退器等。

有的炮口制退器内还制有膛线,目的在于提高射击精度,例如南非研制的105mm轮式自行火炮的炮口制退器。

2) 炮口消焰器

炮口消焰器(flash hider)用以减弱或消除射击时火炮的炮口火焰,防止暴露射击位置和避免影响炮手的瞄准,又称为防火帽或灭火罩。

炮口焰的产生主要是由于射击时发射药在膛内燃烧不完全,弹丸出炮口后,从炮口喷出的火药燃气(CO 和 N_2 等)与膛外的空气混合,在高温下再次燃烧。为了抑制这种现象,通常采取两方面的措施:一是在发射药中增加适量的氧化剂,使发射药在膛内燃烧完全,或在发射药中加入惰性物质,提高混合气体的燃点温度。这种做法虽有一定效果,但使炮口烟粒增加,弹道性能变坏;另外一种方法是设置炮口消焰器,其原理是用机械方法阻止或破坏与炮口焰有关的激波边界,控制混合气体区的温度,使它的温度低于着火点。图 2-43 为一种锥形炮口消焰器。

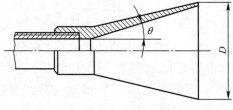

图 2-43 炮口消焰器

当火药气体从炮口沿扩张的喷管流动时,根据流体力学的流动连续性原理,流体的速度、压力、温度下降,从而减小了燃烧的可能性。实验表明,扩张喷管由直径为 d 的截面扩大至 $2d$ 时,气流的绝对温度降低 40% 以上。炮口消焰器多用于小口径高射炮上,如37mm 高射炮。

消焰器常见的结构类型有锥形、叉形、圆柱形等。

3) 炮口助退器

炮口助退器(muzzle recoil intensifier)是利用后效期火药燃气来增加身管后坐能量而使自动机高速工作的装置,多用于小口径高射速自动武器。当炮身的后坐能量不足以达到规定的循环时间的需要时,采用炮口助退器可以增大后坐速度,提高射频。

图 2-44 是一个炮口助退器示意图。该助退器由一个半封闭圆筒和一个装在圆筒内与之配合且与炮口固联的活塞组成。圆筒固定于自动炮的架体上,活塞可与炮身一起在圆筒内沿轴向滑动。

发射时,当弹丸出炮口而未离开炮口环之前,流出膛口的火药燃气进入助退器腔内,膨胀速度及压力都较高,部分燃气对炮管前端面作用,使身管加速后坐,部分燃气从炮口环的中央弹孔流出。

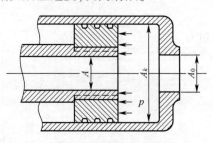

图 2-44 炮口助退器

助退器助退力的大小与炮口环中央弹孔的直径、助退器内腔的容积和身管前端面的横截面面积有关。中央弹孔的直径愈小、内腔容积愈小、身管前端面的横截面面积愈大,则助退力愈大。

4) 冲击波偏转器

冲击波偏转器(blast deflector)用以偏转炮口冲击波的方向,减小冲击波对射手或航炮载机运动影响的炮口装置,多用于小口径武器上。航炮上也将其称为炮口补偿器或稳定器。

冲击波偏转器通过控制炮口火药燃气的流向,达到偏转冲击波的目的。其结构形式较多,有不同形状的排气孔口、气体通道与导管。图 2-45 是某航炮上的一种炮口补偿器。火炮射击时,火药燃气在其腔内产生一垂直于炮管的补偿力,此力对飞机质心的力矩与航炮射击时的后坐力对飞机质心的力矩方向相反,可以抵消或减小航炮后坐力对飞机飞行姿态的扰动,从而提高航炮的射击精度。

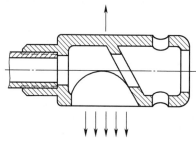

图 2-45 冲击波偏转器

各种炮口装置有其特性,但是其功能往往是综合的,例如消焰器有助退的作用,而制退器也同时具有消焰和使冲击波偏转的功能。

5) 初速测量装置

现代高炮为了提高命中概率,需要修正炮口初速偏差带来的误差,因而在高炮上出现了炮口测速装置。这种测速装置固定在身管炮口处,由两个相隔一定距离并与炮膛轴线同心的耦合线圈组成。当弹丸通过两线圈时,带电线圈依次产生脉冲,经放大和计算,即可得到实际的初速值,传输给火控计算机进行射击诸元的修正。

2. 排气装置

在弹丸出膛后,膛内残存的火药燃气或燃烧不完全的火药分解物,有相当一部分会随着开闩而向后冲出膛外,使炮手周围或封闭式的战斗室中出现 CO 等有毒气体,有时遇氧后还会继续燃烧,发射后的药筒也带有一定的燃气。为此,在有炮塔的坦克炮、中、大口径自行火炮或舰炮上多采用排气装置将射击后炮膛内残留的火药燃气从炮口排出,或与电风扇配合,用以降低战斗室内有害气体的浓度。常见的排气装置有以下三种类型。

1) 炮膛抽气装置

炮膛抽气装置(bore evacuator)利用引射原理将膛内的火药残气排出炮膛,其结构如图 2-46 所示。这种排气装置在身管上距炮口端面一定距离处安装有贮气筒,贮气筒腔通过身管上若干个小喷气孔与炮膛相通,喷气孔与炮膛轴线成一定倾角(一般为 10°~20°),并均匀分布在身管的同一个剖面上。

火炮射击时,弹丸经过喷孔剖面后,部分火药燃气进入贮气筒内,并具有一定的压力。当筒内的压力与膛内压力相等时,燃气不再进入贮气筒内。弹丸出炮口后,膛内压力很快下降,贮气筒内火药燃气经过喷孔高速冲入炮膛,膛内在此高速气流的后部形成一个压力很低的稀薄气体的区域,残留的火药燃气及残渣便被吸引向前方,喷射到炮口外面。这种抽气装置结构简单,作用可靠,在大、中口径坦克炮和自行火炮得到广泛应用。

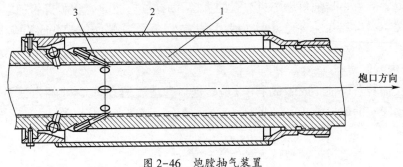

图 2-46 炮膛抽气装置
1—身管;2—贮气筒;3—喷气孔。

2) 吹气装置

吹气装置(blowing device)是在射击后利用压缩空气直接从炮尾端向炮膛内吹气,将膛内的残存物从炮口排出。这种吹气装置还能同时起到部分冷却身管的作用。由于所需的压缩空气瓶或空气压缩机占地空间较大,一般多用在大、中口径的舰炮上。

3) 炮口抽气装置

炮口抽气装置(muzzle gas evacuator)的结构原理如图 2-47 所示。当弹丸出炮口后,火药燃气从炮口孔高速流出,随后使炮口区形成一个低压力区,膛内残留的火药燃气及残渣便被吸引向前方,这种装置在抽出膛内残留物的同时,还用来清除炮口附近的烟尘。但抽气效果不如炮膛抽气装置,多用在小口径自动炮上。

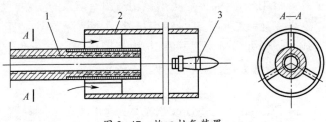

图 2-47 炮口抽气装置
1—身管;2—抽气装置外筒;3—弹丸。

3. 身管热护套

为了减小身管热弯曲变形而装在身管外表面的绝热或导热材料制作的包覆物称为身管热护套(thermal jackets)。火炮常常置于露天的环境中,受风吹、雨淋和日晒等外界气候的影响,将引起身管周向温度分布不均匀,导致身管产生热弯曲变形,对于长身管则更为严重。这种变形会导致炮口角的变化,直接影响坦克炮首发命中。美国曾在 105mm 坦克炮上进行过试验,当身管上、下面温差为 20℃ 时,身管弯曲造成的误差达 8mil,即在 1000m 射程上有 8m 偏差;带热护套身管的平均弹着中心散布仅为不带热护套身管的 39%,大大提高了首发命中率。

身管热护套多用于坦克炮和自行反坦克炮上。按作用机理可分为三类。

(1) 隔热型热护套。用石棉、玻璃钢等绝热材料制成,可减轻外界对身管局部加热或冷却作用,从而减小身管断面温差和热弯曲变形量。

(2) 导热型热护套。多用铝板等导热性好的材料制成。利用材料的导热作用,先使外界对热护套局部的加热或冷却作用沿周向均匀分布,再通过热护套与身管的热交换,使身管受热均匀,断面温差和热弯曲变形量减小。

(3) 复合型热护套。将导热性好的材料和绝热材料相间制成的多层结构装到身管上。这类热护套具有导热型的匀热效应和隔热型的隔热效应双重作用,防护效果较好。在多种复合型热护套中,双层铝板空气夹层型热护套是一种质量小、防护效果好、较为理想的热护套。

2.2 反后坐装置

火炮发射时,膛内火药燃气压力的轴向合力使炮身及其固连部分产生与弹丸运动方向相反的运动。这个动作称为"后坐"。通常将炮身及与之一起向后运动的构件统称为"后坐部分"。后坐运动是射击中能量守恒定律的体现。后坐能量是随火炮威力的提高而增加的。因此,在提高火炮威力的同时,研究后坐运动规律,优化后坐能量的匹配,是火炮设计中的一个重要内容。

2.2.1 弹性炮架与刚性炮架

19 世纪末以前的火炮,炮身通过其上的耳轴与炮架直接刚性连接,炮身只能绕耳轴作俯仰转动,与炮架间无相对移动。火炮发射时,全部后坐力通过炮身直接作用到炮架上,使得炮架的承受载荷很大,火炮十分笨重。对于非固定火炮的射击,在弹丸向前运动的同时,火炮整体要向后移动,若再次发射,需要将火炮推回原处,发射速度很低。这种火炮的炮架称为刚性炮架。

19 世纪末期,火炮上采用了"反后坐装置(recoil mechanism)",它相当于一个弹性缓冲器件,将炮身与炮架连接起来,将供炮身作俯仰运动的耳轴设在炮架上。火炮射击时,允许炮身沿炮架作一定距离的相对移动,炮身所受的炮膛合力经过反后坐装置缓冲后,转化为变化平缓且数值较小的力再传给炮架,使炮架受力大大减小;而与这个力相反的作用于炮身的力对炮身后坐起制动作用,称为"后坐阻力"。后坐阻力沿后坐长度做功用以消耗大部分后坐能量,使得火炮后坐部分在一定的后坐长度上停止运动,然后在反后坐装置的弹性恢复力的作用下回到射前的位置上。这种火炮的炮架称为弹性炮架。

反后坐装置的出现使火炮炮架的受力大大减小,火炮的质量可大幅度地减小,提高了发射速度,较好地解决火炮威力提高与机动性下降的矛盾,是火炮技术上的一次飞跃。现代火炮除迫击炮和无后坐炮外,一般都是弹性炮架火炮。

刚性炮架火炮与弹性炮架火炮射击时的受力分析如图 2-48 所示。图中,F_{pt} 为身管内膛火药燃气压力作用于炮身的合力(称为炮膛合力),m_{zg} 为全炮的重力,m_h 为后坐部分的质量,F_{NA}、F_{NB}、F_{TB} 为地面对火炮的约束反力。

由图 2-48(a),对于刚性炮架火炮对 B 点列力矩平衡方程,可得:
$$m_{zg}L_z - F_{pt}h - F_{NA}L_D = 0$$
显然,火炮保持射击稳定性的条件为
$$F_{NA} = \frac{m_{zg}L_z - F_{pt}h}{L_D} \geq 0$$
或

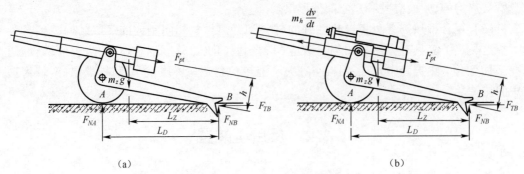

图 2-48 刚性炮架与弹性炮架火炮
(a)刚性炮架火炮;(b)弹性炮架火炮。

$$m_z g L_z - F_{pt} h \geq 0$$

随着火炮威力的提高,炮膛合力 F_{pt} 可达几百万牛顿,若仍采用刚性炮架,则满足上述稳定性条件所需要的火炮质量或架体尺寸急剧增大。以某 85mm 加农炮为例,其基本参数为 F_{pt} = 1454320 N、m_z = 1725kg、h = 0.935m,由前式可计算得

$$L_z \geq \frac{F_{pt} h}{m_z g} = \frac{1454320 \times 0.935}{1725 \times 9.8} = 80\text{m}$$

即若使火炮射击时不跳动,大架长度将长达 80m,显然这种武器是不适用的。如果允许 L_z 为 4m,则保持火炮射击稳定所需的火炮质量为 34.6t,这种火炮也过于笨重而难以使用。

弹性炮架在火炮的炮身与架体之间设置反后坐装置,使得炮身与炮架弹性地连接起来,其力学模型如图 2-49 所示。射击时,炮身在炮膛合力 F_{pt} 的作用下相对于架体作后坐运动,反后坐装置提供的后坐阻力 F_R 为后坐运动进行制动,并耗散大部分的后坐能量。后坐阻力 F_R 通常由反后坐装置提供的弹性恢复力、阻尼力和摩擦力组成。

由图 2-48(b)可知,对于弹性炮架作用到架体上的力为

$$F_R = F_{pt} - m_h \frac{dv}{dt}$$

因而,通过反后坐装置的作用,使得炮架的受力大为减小。

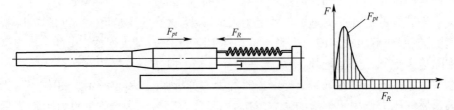

图 2-49 弹性炮架模型

反后坐装置的缓冲作用并未改变火药燃气作用于火炮的全冲量 $\int_0^{t_k} F_{pt} dt$,只是将数值很大的炮膛合力 F_{pt} 转换为数值较小、变化平缓、作用时间较长的后坐阻力 F_R,即

$$\int_0^{t_k} F_{pt} dt = \int_0^{t_h} F_R dt$$

式中,t_k 为火药燃气作用时间;t_h 为火炮后坐总时间。

由于 $t_h \gg t_k$,因此,就可以使 $F_{R\max} \ll F_{Pt\max}$。对于一般火炮,有

$$F_{R\max} = (1/30 \sim 1/15) F_{pt\max}$$

常见的几种火炮的后坐阻力如表 2-1 所列。

表 2-1 几种火炮的后坐阻力与炮膛合力

火炮	最大膛压 p_m/MPa	最大炮膛合力 F_{ptm}/kN	炮架最大受力 F_{Rm}/kN	F_{Rm}/F_{ptm}
37G	280	~308	~20	1/15
57G	310	~825	~51	1/16
85J	255	~1 485	~75	1/20
130J	315	~4 325	~230	1/19

2.2.2 后坐阻力的组成

F_R 为炮架(非后坐部分)对后坐部分作用的一个综合阻力。根据作用与反作用原理，炮架也受到一个大小与 F_R 相等，方向与之相反的力。反后坐装置提供弹性恢复力的元件为复进机，提供阻尼力的元件为制退机。F_R 是由反后坐装置提供的力、摩擦力和后坐部分的重力等构成，其表达式为

$$F_R = F_{\Phi h} + F_f + F + F_T - m_h g \sin\varphi$$

式中，$F_{\Phi h}$ 为制退机力；F_f 为复进机力；F_T 为运动导轨装摩擦力；F 为密封装置摩擦力；$m_h g$ 为后坐部分重力。

F_R 的变化规律及其数值究竟取多大，应在反后坐装置设计以前，根据火炮总体技术要求进行选定。

通常要求力 F_R 变化应平缓，其平均值 F_{Rpj} 在规定的后坐长度 L_λ 内所做的功应与最大后坐动能相当。F_R 数值不能太大，否则火炮的翻倒力矩会增加，导致火炮射击时的稳定性破坏。所以，在一定射角下，F_R 值的变化规律有一个界限，称为"后坐稳定界"；F_R 值也不能太小，如太小，又将使后坐长度增加，或不能有效地消耗后坐能量。一般将理想的 F_R 值随时间 t 或随后坐行程 x 的变化规律的图形，称为后坐制动图，如图 2-50(a)所示。组成后坐阻力的各分量的关系如图 2-50(b)所示。

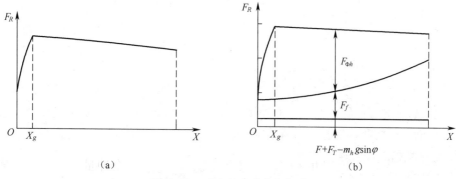

图 2-50 后坐阻力的变化规律
(a)后坐制动图；(b)后坐阻力各组成分量。

2.2.3 反后坐装置的组成及分类

火炮反后坐装置按照其所实现的功能可以分为三个部分。

(1) 后坐制动器(recoil brake)。其作用是在后坐过程中提高一定的阻力,以消耗后坐部分的后坐能量,将后坐运动限制在一定的行程上。

(2) 复进机(recuperator)。其作用是在后坐过程中储存能量,当后坐结束时使后坐部分自动回复到射前位置,并在任何射角下保持这一位置,以待继续射击。

(3) 复进制动器(buffer)。其作用是在复进过程中提供一定的阻力,控制后坐部分的复进运动,使复进平稳、无冲击地复进到位。

所以,反后坐装置是后坐制动器、复进机和复进制动器三者的总称。在结构上,这三者之间可有不同的组合:

(1) 后坐制动器与复进制动器组合成一个部件,称为制退机,复进机为单独部件。这种类型在火炮上最为常见。

(2) 后坐制动器与复进机组合成一个部件,称为制退复进机,复进制动器为单独部件。

(3) 后坐制动器、复进机和复进制动器组合在一起成为一个部件。例如,美国一些坦克炮上采用了这种结构。

反后坐装置的一般分类如图 2-51 所示。

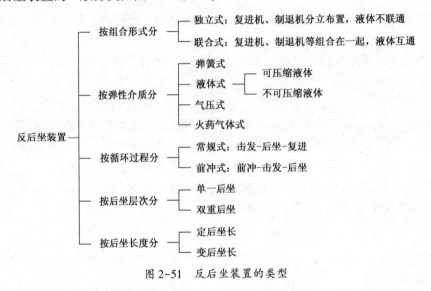

图 2-51 反后坐装置的类型

2.2.4 反后坐装置的工作原理

火炮反后坐装置能够按照一定的规律吸收和消耗火炮射击时的后坐能量,了解其工作原理,有助于分析和熟悉各类具体的结构。

1. 复进机的工作原理

复进机的作用是:

(1) 平时保持炮身于待发位置,在射角大于零时,使炮身不得下滑;

(2) 发射时,储存部分后坐能量,以使后坐部分于后坐结束时自动回复到射前位置;

(3) 在有些火炮上还需为自动机或半自动机提供工作能量。

复进机的工作原理是利用弹性介质储存并释放此能量来完成复进的动作。火炮射击时,炮身在后坐过程中压缩弹性介质而储存能量,在复进过程中弹性介质释放能量,推动炮身复进到位。火炮复进机所采用的弹性介质有机械弹簧、压缩气体和火药燃气。图2-52所示为弹簧式复进机的结构简图。

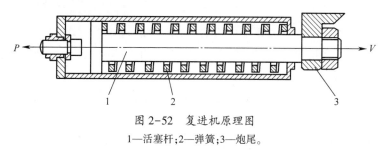

图 2-52　复进机原理图
1—活塞杆;2—弹簧;3—炮尾。

2. 制退机的工作原理

制退机的作用是在发射过程中产生一定的阻力用于消耗后坐能量,将后坐运动限制在规定的长度内,并控制后坐和复进运动的规律。其原理是利用液体在管道中流动产生阻尼来形成液压阻力。

为便于理解制退机的工作原理,现以最简单的结构形式为例来说明,如图 2-53 所示。

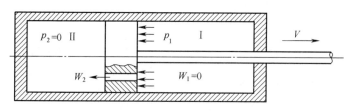

图 2-53　制退机工作原理

在图 2-53 中,活塞筒固定在架体上不动,活塞杆随炮身一起后坐。筒内充满不可压缩的液体。设活塞的工作面积为 A_0,其上开的小孔(称为流液孔)面积为 a_x。当活塞杆以速度 V 随炮身后坐时,I 腔(称为工作腔)的液体受到挤压,产生压力 p_1。

若在一定的时间 dt 内,活塞移动的位移为 dx,则有体积为 $A_0 dx$ 的液体受到排挤,通过 a_x 进入 II 腔(称为非工作腔),流速为 w_2。根据液体流动的连续方程,有:

$$A_0 dx = a_x w_2 dt$$

即有:

$$w_2 = \frac{A_0}{a_x} \cdot \frac{dx}{dt} = \frac{A_0}{a_x} \cdot V$$

上式表明, A_0 一定时, w_2 随 V 与 a_x 而变化,通常 A_0/a_x 约为 50~150,当炮身最大后坐速度 V_{max} = 8~15m/s 时,经小孔液流速度 w_2 可在 1000m/s 左右。显然,要使静止的液体在极短的时间内(如 0.1s)达到如此高速,其加速度可达重力加速度 g 的 1000 倍以上,活塞必须对液体提供足够的压力 p_1,来克服液体的惯性力。当然,液体对活塞也施加一个大小相等,方向相反的反作用力;另外,活塞要移动还要克服各种摩擦阻力。制退机就是利用液体流经小孔高速流动形成的上述液压阻力 $F_{\Phi h} = A_0 p_1$ 来做功,消耗后坐能量,起到缓冲的作用。

从能量转化过程看,制退机与复进机不同,它没有弹性贮能介质,只是将后坐部分的动能转化为液体动能,以高速射流冲击筒壁和液体,而产生涡流,转化为热能。同时,运动期间的摩擦功也变为热能致使制退液的温度升高,最后散发至空气中。这种能量转换是不可逆的。

$F_{\Phi h}$ 是后坐阻力 F_R 中的主要组成部分。因 F_R 的规律是选定的,当复进机选定后,$F_{\Phi h}$ 的变化规律也随之确定了,根据后坐速度 V 的变化,相应地改变流液孔的面积 a_x,就可控制 $F_{\Phi h}$ 的变化使之符合预先选定的后坐阻力 F_R 的规律。

形成变截面的流液孔 a_x 的方法有多种,从而出现了不同类型的制退机。常见的结构形式有:

(1) 键式。活塞上加工一定面积的矩形槽与制退筒内镶嵌的沿长度方向变高度的键配合。当活塞移动时,二者相对运动形成 a_x 变化的流液孔。如图 2-54(a) 所示。

(2) 沟槽式。外径一定的活塞与在制退筒上沿长度方向变深度的沟槽配合。当活塞移动时,二者相对运动形成 a_x 变化的流液孔。如图 2-54(b) 所示。

(3) 节制杆式。采用定直径环(称节制环)与变截面的杆(称节制杆)配合,相对运动时,形成变化的流液孔面积 a_x,如图 2-54(c) 所示。

(4) 活门式。用液压和弹簧抗力来控制活门的开度,以形成所要求的流液孔面积 a_x。如图 2-54(d) 所示。

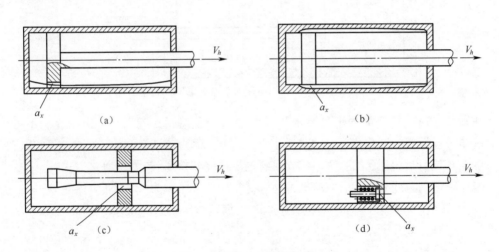

图 2-54 制退机的流液孔形式
(a)键式;(b)沟槽式;(c)节制杆式;(d)活门式。

3. 复进制动原理

后坐部分在复进机力作用下产生复进运动。可是,复进机释放的能量除了克服后坐部分重力与摩擦力做功外,还有相当大一部分多余的能量,称为复进剩余能量。此能量较大,会使后坐部分在复进过程中产生较大复进速度,使得复进到位时产生严重冲击,影响复进稳定性。

为了消耗上述剩余能量以确保火炮平稳无撞击地复进,需要设置复进制动器,使其在复进过程中产生一定的阻力。这种在火炮复进中对后坐部分施加制动力以消耗复进剩余能量的过程称为复进制动。

复进制动器也称为复进节制器,其工作原理和制退机一样也是利用液体流动的阻尼力提供制动力,结构形式多为沟槽式。

2.2.5 反后坐装置的典型结构

根据火炮类型和口径的不同,反后坐装置结构形式变化很多。这里主要介绍常见几种典型结构类型。

1. 复进机

复进机根据其弹性贮能介质的不同,一般可分为以下几种类型,如图 2-55 所示。

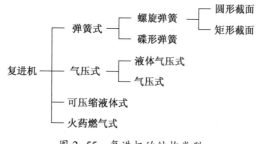

图 2-55 复进机的结构类型

弹簧式复进机在小口径武器上应用普遍,图 2-56 所示为某高射炮的复进机。该复进机的弹性元件为矩形截面的圆柱螺旋弹簧,同心地套在身管上,前端顶在与身管连接的螺环(螺环可以在摇架内滑动)上,后端支撑在摇架上。炮身后坐时,身管带动螺环压缩弹簧,弹簧的抗力使后坐部分减速并停止运动;此后,后坐部分在弹簧张力的作用下反向运动,使炮身恢复到射前位置。弹簧在安装时预置有预压力,可以克服炮身在高射角时下滑分力的作用,射击前使炮身始终保持在待发位置。

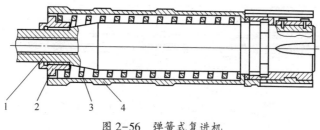

图 2-56 弹簧式复进机

1—身管;2—螺环;3—复进簧;4—摇架。

弹簧式复进机中的弹簧多为圆柱螺旋弹簧,其断面有圆形和矩形截面,前者多用于小口径火炮,后者用于口径较大的火炮。弹簧式复进机中的特点是结构简单、动作可靠,复进机力不受环境温度的影响,但质量较大、长期使用易产生疲劳断裂。

气压式复进机是利用气体变形贮能的特性工作的。该种复进机中除贮存有一定体积的气体外,还有一定的液体以密封气体。根据液体在复进机的作用,气压式复进机又可分为液体气压式和气压式两种。液体气压式复进机中的液体不仅用来密封气体,而且还起传递复进活塞对气体压力的作用,液体的用量较多;气压式复进机的筒中贮存高压气体,只在复进活塞和复进杆的密封装置中使用了少量的液体,形成对复进机中气体的可靠密封。

根据参加后坐运动的部件的不同,复进机又可分为杆后坐和筒后坐两类。其中,杆后坐的液体气压式复进机一般采用两筒的结构形式(图2-57);筒后坐的液体气压式复进机一般采用三筒的结构形式(图2-58)。

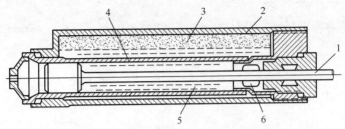

图2-57 杆后坐的液体气压式复进机
1—复进杆;2—外筒;3—气体;4—内筒;5—液体;6—通孔。

对于杆后坐的液体气压式复进机,为了保证任何射角下液体都能可靠的密封气体,通常采用两个筒,如图2-57所示。外筒贮存高压气体,称为贮气筒;内筒中放置有液体和带复进活塞的复进杆,称为工作筒。贮气筒内也有部分液体用以密封气体,并通过工作筒的后端下方或侧方开通孔与工作筒中的液体连通。这种结构的特点是工作筒的通孔及连接处在任何射角下都埋入液体中,可有效地保证复进机在任何射角下的气体密闭性。

对于筒后坐的液体气压式复进机,由于复进活塞处后方,为了保证在任何射角下液体都能有效地密封气体,一般都采用三个筒套装的结构,如图2-58所示。在内筒和外筒中间增加一后方开有通孔的中筒。为使液量尽量少,结构紧凑,常将内筒或中筒相对外筒偏心配置。

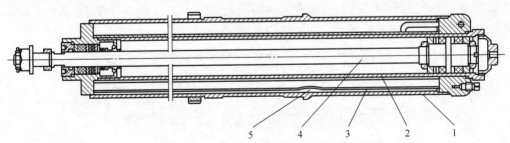

图2-58 筒后坐的液体气压式复进机
1—外筒;2—内筒;3—中筒;4—复进杆;5—通孔。

筒后坐的液体气压式复进机采用三筒套装结构的原因是:在大射角时,如果没有中筒,内筒的开孔就会暴露在外筒的气体中,导致复进机中气体直接与复进机的密封结构作用,易造成气体的泄漏。设置中筒后,内筒的开孔被中筒中的液体覆盖,而中筒的通孔置于后方,这样就保证了大射角时外筒中的气体不会进入内筒。

液体气压式复进机的特点是结构紧凑,质量较弹簧式轻,通过控制液流通道可以调节复进速度,因而广泛地应用于中大口径的火炮上。但是,其工作性能受温度影响较大,复进机中所用的液量较多,约占总容积的一半以上,此外需要定期检查复进机中的气压和液量。

2. 制退机

制退机的结构类型较多,常见的分类如图2-59所示。

第 2 章 火炮的结构组成

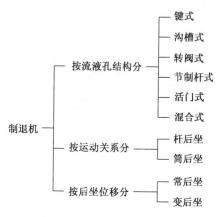

图 2-59 制退机的结构类型

沟槽式、转阀式和多孔衬筒式制退机，出现于早期火炮上。由于加工工艺和结构复杂或缓冲性能不易控制等原因，目前已很少应用。活门式和节制杆式制退机具有结构简单、缓冲性能易于控制等优点，因此广泛应用于现代的火炮上。

节制杆式制退机的流液孔由一个变截面杆(节制杆)与定内径环(节制环)之间所形成的间隙构成。其主要构件有制退筒、制退杆、活塞套、节制环、节制杆和密封装置等。若制退杆与后坐部分连接，称为杆后坐式；若制退筒与后坐部分连接，则称为筒后坐式。

图 2-60 所示为典型的节制杆式制退机。火炮射击时，制退筒和节制杆一起随炮身后坐，空心制退杆上的活塞挤压其前方的液体，使液体从活塞上的斜孔进入活塞内腔，然后分成两股液体流动，大部分液体经节制杆与节制环形成的间隙面积(流液孔)进入活塞的后方，另外的液体经制退杆内表面和节制杆外表面之间的环形间隙流入制退杆的内腔。由于液体流过小孔节流产生阻尼，在活塞上形成液压阻力，用以消耗后坐能量。

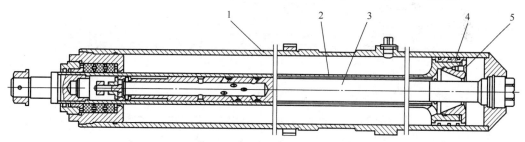

图 2-60 节制杆式制退机
1—制退筒；2—制退杆；3—节制杆；4—活塞套；5—节制环。

图 2-61 是活门式制退机的示意图。这种制退复进机是将制退机和复进机组合成一个部件，其流液孔由一个单向活门构成。流液孔的大小是由弹簧作用下的活门开度来控制。

后坐时，活塞杆随炮身后坐挤压 Ⅰ 腔内的液体，液体推开后坐活门压缩活门弹簧，形成后坐流液孔，活门的开度由液体压力和弹簧的抗力决定，液体流入 Ⅱ 腔后推动浮动活塞，压缩 Ⅲ 腔内的气体而贮能。复进时，后坐活门关闭，Ⅲ 腔的气体膨胀推动浮动活塞迫使 Ⅱ 腔内的液体经活门流回 Ⅰ 腔，推动活塞，带动炮身复进。由于液体流过由活门开度所形成的流液孔随着液体压力的变化自动调整，因而在后坐过程中液压阻力变化平缓。

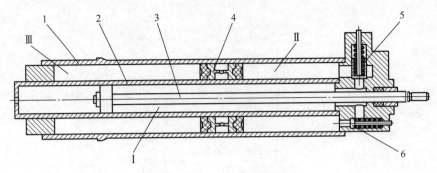

图 2-61 活门式制退复进机
1—外筒；2—内筒；3—活塞杆；4—浮动活塞；5—后坐活门；6—复进活门。

2.2.6 反后坐装置的动作过程

火炮发射时，在火药燃气压力的作用下，炮身带动制退机和复进机的运动构件进行后坐，而反后坐装置的其他零部件固定在摇架上不动。后坐结束以后，在复进机气体的压力作用下，制退机和复进机的运动构件和炮身一起复进。图 2-62 所示的是筒后坐的制退机和复进机的动作。

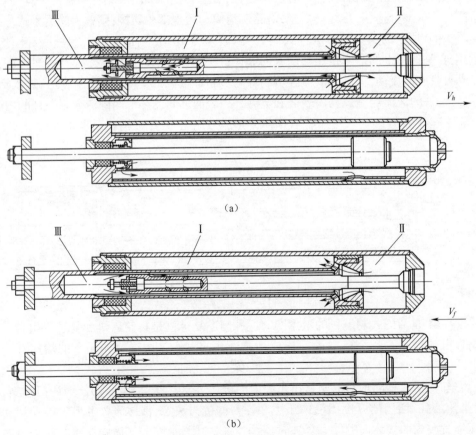

图 2-62 反后坐装置动作
(a) 后坐状态；(b) 复进状态。

1) 后坐时制退机的动作

后坐时,制退筒和节制杆一起后坐,制退筒前腔 I (活塞与紧塞器之间)的容积减小,前腔的液体受到挤压,从活塞头上的 6 个斜孔流入活塞内腔,然后液体分两股流动:①经过节制杆与节制环之间的环形间隙流入制退筒的后腔 II,这部分液体对后坐产生阻力,消耗后坐能量,对炮身后坐起制动作用。随着后坐行程的增加,由于节制杆直径的改变上述环形间隙也逐渐变小,炮身后坐速度减小,最后使炮身停止后坐;②经过节制杆与制退杆内表面之间的环形间隙、节制杆上的 8 个斜孔和两个直孔流入节制杆内部,向前推开活瓣,从活瓣座上的 5 个孔流入制退杆内腔 III,使制退杆内腔随时充满液体,这部分液体对后坐的阻力很小(主要是在复进时起作用)。另外还有少量液体经过制退杆内表面的沟槽流入制退杆内腔。

后坐过程中,由于制退杆从制退筒中抽出,所以筒内的自由容积增大,因而在制退筒后腔形成真空区。

2) 后坐时复进机的动作

在制退机产生动作的同时,复进机也产生动作,三个筒随炮身一起后坐。在内筒中,紧塞器与活塞之间的容积减小,所以液体推开活瓣,经过前盖连接筒上的三个孔流入中筒,再经过中筒后方的通孔流到外筒,压缩外筒中的气体。由于外筒的气体被压缩,便贮存了使后坐部分复进和供自动开门、抽筒所必需的能量。

3) 复进时复进机的动作

炮身后坐运动结束以后,复进机外筒中的气体开始膨胀,使液体经中筒流回内筒,这时前盖内的活瓣在弹簧作用下关闭,因而外筒的液体只能从活瓣上的 12 个小孔流入内筒。液体流入内筒以后,压力作用于紧塞器,推动复进筒运动,从而带动炮身和制退筒一起复进。

4) 复进时制退机的动作

开始复进时,制退筒带动节制杆运动,节制杆插入制退杆内腔,节制杆前端的调速活瓣关闭,制退杆内腔的液体只能从制退杆内表面的两条沟槽向后流动,再经过节制杆与制退杆之间的环形间隙和活塞上的 6 个斜孔流回制退杆前腔。这股液流产生复进阻力,限制炮身复进速度不致过分增大,起到减小复进速度的作用,使复进运动逐渐停止。

当炮身复进了一定的距离以后,由于制退筒后腔的空间缩小,真空被排除,于是液体经过节制杆与节制环之间的环形间隙和活塞上的 6 个斜孔流回制退筒前腔。这股液流也产生阻力,对复进也提供一定的制动作用。

在上述两股液流所产生的阻力的作用下,炮身复进速度在复进后期逐渐减小,复进到原位时,还有一定的速度(约 $0.3 m/s$),最后炮尾碰到摇架后端面上的缓冲垫,复进停止。

2.3 架 体

炮架(carriage)是支撑炮身,赋予火炮不同使用状态的各种机构的总称。其作用是支撑炮身、赋予炮身一定的射向、承受射击时的作用力和保证射击稳定性,并作为射击和运动时全炮的支架。

炮架的结构组成,随火炮的种类和特点而异。以一般牵引式加农、榴弹炮的炮架为例,通常包括反后坐装置、三机(高低机、方向机、平衡机)、四架(摇架、上架、下架和大架)、瞄准具、运行部分(车轮、调平与缓冲装置、制动器)、行军战斗转换装置等。但是,在不同的火炮上这些组成构件将有所不同,例如:迫击炮的炮架只含简单的支架和座板;无后坐炮的炮架只有一个支架,在射击时受力很小,结构简单且轻;对于固定在地面上的海岸炮和安装在较大基座上的火炮(如坦克炮、舰炮、航空炮、自行炮等),其炮架结构需根据各自的作用及载体特点而定。

炮架的分类如图 2-63 所示。

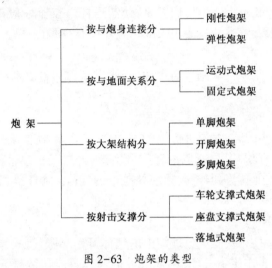

图 2-63　炮架的类型

对于牵引火炮,通常把除反后坐装置的炮架部分称为架体。架体的结构组成如下。

1. 摇架

摇架用来支撑炮身,为炮身的后坐和复进运动提供导轨,为炮身的俯仰提供回转轴,射击时将载荷传递到其他架体构件上。炮身通过反后坐装置与摇架连接,摇架与炮身、反后坐装置等组成火炮的起落部分(或称俯仰部分)。它与高低机和瞄准具配合赋予炮身高低射角。有些火炮的摇架上还安装有瞄准具、半自动炮闩的开门装置或自动机构等。

摇架的主要结构组成部分有:①供炮身作后坐与复进运动的导向部分;②供炮身作俯仰的回转轴,一般称其为炮耳轴;③赋予炮身俯仰运动的传动机构,如高低齿弧等;④为连接或安装其他机构提供支臂或空间。

根据本体剖面的形状的不同,常见的摇架一般可分为:槽形摇架、筒形摇架和混合型摇架。

图 2-64 是一种筒形摇架的结构。这种摇架的本体为长圆筒结构,内部安装有铜衬瓦,外部布置有耳轴、反后坐装置支座、定向栓室、护筒及各种支臂等。本体内的前、后铜衬瓦,用于与身管的圆柱面配合,提供对炮身的支撑,为炮身的后坐与复进导向。定向栓室与炮尾上的定向栓配合,承受弹丸在膛内旋转产生的扭矩,防止炮身转动。这种摇架有较大的刚度但炮身散热条件差,擦拭清理不方便。因其结构紧凑、便于布置,筒形摇架在坦克炮、自行火炮和舰炮上应用较多。

耳轴是摇架上的主要零件,对称地固定于摇架后部两侧,是火炮起落部分作俯仰运动的回转中心,发射时通过它将载荷传递给其他架体。按耳轴直径可分为:①小耳轴。一般

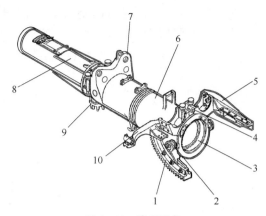

图 2-64 筒形摇架
1—高低机齿弧；2—耳轴；3—铜衬瓦；4—定向栓室；5—开闩板支臂；
6—本体；7—支座；8—护筒；9—行军固定爪；10—瞄准具支臂。

为实心圆柱体，按结构又分为滑动轴承耳轴和滚针轴承耳轴。小耳轴多为锻造的耳轴体，以过盈配合装到摇架耳轴座内焊接后加工而成。大多数火炮采用小耳轴。②大耳轴。直径较大，且为空心，以便于容纳供弹机构，或安装击发传动机构等，如苏联双管 57mm 自行火炮。

此外，在摇架上还安装有高低齿弧，与高低机主齿轮配合赋予火炮起落部分的俯仰运动；连接平衡机上支点的支臂、安装瞄准具的支臂、开闩板支臂、防危板、防危板等。

2. 上架

上架是连接起落部分与下架的构件，其上安装起落部分、瞄准机、平衡机和防盾等。上架借助于方向机绕下家的垂直轴转动，赋予炮身方位角；借助各种支臂连接和安装高低机、方向机、平衡机及防盾等件。高射炮的上架称为托架，海军炮的上架称为回旋架（含托架与旋回基座），坦克炮的上架作用由炮塔承担。

通常将起落部分、上架、瞄准机（高低机和方向机）、瞄准装置、平衡机和防盾等可绕垂直轴转动的部件，称为回转部分。

根据上架的作用，上架应由下述部分组成：①支撑摇架的支架（侧板）及耳轴室；②供起落部分等构件在水平面回转的垂直轴（称为立轴或立轴孔）；③连接其他构件的支臂。

上架一般由左右侧板、底板、立轴和各种支臂组成。根据上架与下架的连接形式的结构特征，上架可分为有长立轴式、短立轴式、带拐脖式、带缓冲装置和带防撬板等几种类型。图 2-65 是一种长立轴式上架的结构。

如图 2-65 所示，该上架两边有两块侧板，中间是基板。两块侧板的上端有耳轴室，用来安装摇架的耳轴。基板中央有一个立轴室，下方有轴承支臂，支臂下端安装下立轴室。下架本体的上、下立轴就安装在这两个立轴室内，立轴是上架回转的中心。左侧板的后方装有瞄准机的支臂，右侧板的前下方装有平衡机支臂。射击时，对炮架的作用力通过耳轴传递到上架上，使上架翻转有向后翻转的趋势。但上下立轴的反作用力矩使上架保持平衡。

3. 下架

下架是支撑回转部分和连接大架及运动体等的构件，是整个炮架的基础。高射炮的炮车本体(或炮床)及海军炮上的旋回支撑装置都起着类似下架的作用。

下架的结构形式决定于它与上架、大架、运动体的连接方式。下架必须具有供回转部分转动的立轴室或立轴、与大架连接的架头轴或连接耳、有容纳行军缓冲装置或车轴的空间和有关的支座等。

下架的结构形式变化较多,常见的外观形状有长箱形下架、碟形下架和扁平箱形下架。图 2-66 所示的是一种扁平箱形下架。

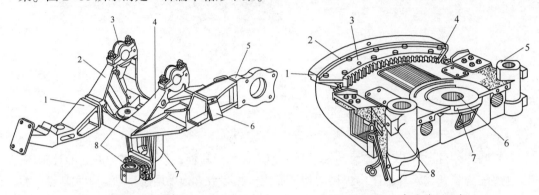

图 2-65　上架

1—平衡机支臂;2—右侧板;3—盖板;4—左侧板;
5—高低机支臂;6—方向机套箍;7—支臂;8—立轴室。

图 2-66　扁平箱形下架

1—定向缘;2—定向弧;3—方向齿弧;4—限制板;
5—连接耳;6—立轴孔;7—方向分划标尺;8—限制铁。

如图 2-66 所示,这种下架为了适应短立轴上架和齿弧式方向机的需要,下架本体横向尺寸较大,垂直高度较小,成扁平箱形。本体的上面有前后支撑面,用于射击时支撑上架,前支撑面的前侧是定向凸缘,与上架防撬板配合。本体内部为空心,用以安装行军缓冲器、制动器和贮气瓶。本体后方有方向分划板,用于进行方向角的概略瞄准。

这种下架结构复杂。因其上、下架配合的镜面面积大,立轴孔也大,射击时能承受较大的载荷,一般多用于大口径牵引火炮。

4. 大架

大架是指在战斗状态下,支撑火炮以保证射击静止性和稳定性的管状或矩形剖面的长构件。它在行军状态下又构成车体的一部分,起着牵引火炮的作用。

大架有单脚、开脚和多脚式三种。早期的火炮为单脚,现代牵引式地面火炮多为开脚式,如图 2-67 所示,一些地面火炮也采用多脚式大架,其目的是将火炮方向射界增大至 360°,如苏联的 122mm 榴弹炮采用了三脚式大架(如图 2-68 所示)。高射炮为了保证 360°的射界常用多脚式大架。

另外,有的火炮采用变形的组合式大架。例如,英国的 L118 型 105mm 榴弹炮就采用了一种组合式的单脚式大架,将下架和大架组合成一体,制成马蹄形状(图 2-69)。大架的前端分开,中部为弓型,便于炮手操作和避免影响大射角下炮身的后坐;大架后端又合并在一起。大架前端支撑在座盘上,全炮可绕座盘的球轴转动,方向射界可达 360°。

5. 运动部分

火炮运行部分是牵引炮或自行火炮运行机构和承载机构的总称。牵引式高射炮的运行部分称为炮车;自行火炮和车载炮的运行部分称为车体或底盘;牵引式地面火炮的运行部分常称为运动体。运动体主要由车轮、车轴、缓冲器、减振器、刹车装置等部件组成,对于自走火炮还包括辅助推进装置。这些部件与火炮的下架、大架连接，和牵引车配合牵引全炮。其具体结构则由火炮种类、口径大小来确定。

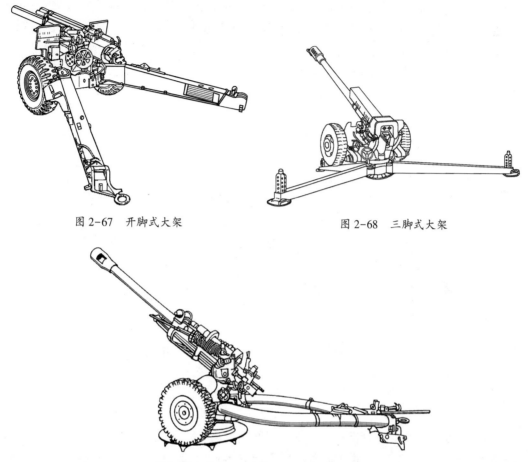

图 2-67　开脚式大架　　　　　　　　图 2-68　三脚式大架

图 2-69　英国 L118 式 105mm 榴弹炮大架

运动体的性能将直接影响火炮在战场上的运动性，它是火炮机动性的一个重要方面。火炮运动性主要包括火炮的运行速度和行军战斗变换时间。影响火炮运动体性能的主要部件是车轮缓冲器。为了提高火炮的牵引速度，必须设法减小炮架在牵引过程中的受力和振动。解决方法是对炮架进行缓冲及减振。缓冲是使炮架受力的幅值减小，减振是加大阻尼，衰减炮架的振动。两者的综合作用，其结果是既减小了炮架的受力，又提高了火炮的行驶平顺性，从而提高了火炮高速牵引的性能。

一般在牵引式地面火炮上因行驶速度不高，除靠车轮或缓冲簧起一定减振作用外，不另设减振器。火炮上常见的缓冲器有弹簧、橡胶和气液几种形式。气液式多用在坦克炮和自行炮上，而地面火炮的缓冲器基本上都是弹簧式，主要有扭杆式、叠板簧式和圆柱螺旋弹簧式几种类型。

图 2-70 是一种扭杆横向布置的扭杆式缓冲器。该缓冲器由构造相同的左右两部分组成，每一部分有扭杆、半轴、杠杆、曲臂、扭杆盖、锥齿轮和开闭器。通过中间齿轮将左右两边的锥形齿轮连接起来。扭杆装在管状的半轴内，扭杆盖固定在曲臂上。半轴装在下架本体内，内端外表面以花键安装锥形齿轮，外端的光滑圆柱部套着曲臂，曲臂可相对于

半轴转动。曲臂的前端焊有车轮轴,安装车轮,外侧用螺栓与扭杆盖连接。杠杆以花键与半轴连接,杠杆上设有开闭器,用于开闭缓冲器。当车轮在不平的路面上跳动时,曲臂将相对半轴转动,通过扭杆盖使装在半轴内的扭杆外端转动,扭杆产生变形吸收能量,起缓冲的作用。扭杆缓冲器的结构紧凑,布置方便(扭杆既可横向布置,也可纵向布置),在各种牵引炮和自行火炮上应用较多。

图 2-71 是一种圆柱形弹簧缓冲器。该缓冲器设置在车轮与车轮之间,车轴通过缓冲器与车轴连接,行军颠簸时,弹簧受压缩,而起缓冲作用。这种结构较简单,制造与维修都较容易。由于内摩擦阻力小,故阻尼小,振动衰减慢。其轮廓尺寸随着火炮质量加大而加大,故多用于小口径火炮上。

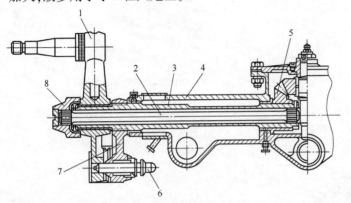
图 2-70 扭杆式缓冲器
1—曲臂;2—扭杆;3—半轴;4—下架本体;5—扇形齿轮;
6—开闭栓;7—杠杆;8—扭杆盖。

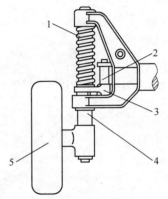
图 2-71 圆柱形螺旋弹簧缓冲器
1—缓冲簧;2—定向轴;3—托板;
4—缓冲器轴;5—车轮。

6. 平衡机

威力较大的火炮,身管都较长。为了降低火线高,增大后坐长度,以及便于装填炮弹和安装其他机构等原因,火炮的耳轴一般靠近炮尾布置,起落部分的质心不与耳轴重合,而是相对于耳轴前移,起落部分对耳轴形成一个很大的重力矩。该重力矩使得火炮的高低射角变换的操作变得困难,当需赋予炮身高射角时,高低机操作十分费力,以致人力不能胜任;而需小射角时,由于重力矩作用,将在高低机齿轮、齿弧间产生冲击和振动。为了解决上述问题,火炮上通常设置平衡机,对起落部分施加一个弹性力用以抵消或减小起落部分重力矩对高低射角操作的影响。

平衡机的工作原理如图 2-72 所示。

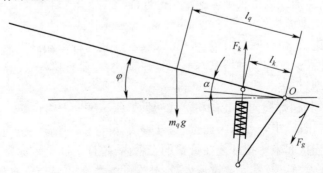
图 2-72 平衡机工作原理

图 2-72 中,起落部分的对耳轴的重力矩可表示为

$$M_q = m_q g l_q \cos\varphi$$

式中,m_q 为起落部分的质量;l_q 为射角 $\varphi = 0°$ 时起落部分质心至耳轴的距离。

起落部分的重力矩 M_q 传递到高低机齿弧上,在齿弧上形成力矩 $F_g \cdot \rho$(ρ 为耳轴至齿弧节圆的半径)。为了平衡重力矩,可在耳轴前方(或后方)对起落部分外加一个作用力(推力或拉力)F_k,形成对耳轴的平衡力矩 $M_k = F_k l_k \cos\alpha$,其方向与重力矩 M_q 相反,使两力矩相等或接近,保持差值 ΔM($\Delta M = M_q - M_k$)为一个较小的值,从而使 F_g 保持一定的范围内,这样就可以使人力转动高低机赋予炮身高射角时轻便,向下赋予炮身小射角时平稳无冲击。

提供平衡力的方式一般有两种:配重平衡和平衡机平衡。

1) 配重平衡法

配重平衡法是在火炮耳轴的后方(炮尾或摇架上)添加适量的配重,使起落部分相对耳轴完全平衡。这样,不但可使火炮高低机转动时手轮力很小,而且还可避免安装火炮的平台颠簸、振动对其的影响。缺点是增加了火炮的质量。该方法多用在坦克炮和舰炮上。

2) 平衡机平衡法

平衡机平衡法需用专门的机构或装置来施加一个与火炮起落部分重力作用相反的力来平衡起落部分的重力矩。与配重平衡相比,平衡机的结构紧凑、质量小,缺点是结构复杂、不能保证火炮所有射角范围完全平衡。这种方法广泛应用于各类火炮(除坦克炮、舰炮等外)上。

由于起落部分的重力矩是射角的余弦函数,而平衡力矩则随平衡机构或装置的不同而变。如果在火炮的整个射角范围内,平衡力矩与重力矩相等,称为完全平衡;如果只在特定的射角位置上平衡力矩与重力矩相等,则称为不完全平衡。显然,配重平衡是完全平衡的,而采用平衡机平衡只能做到不完全平衡。

平衡机(equilibrator)的结构形式较多,一般分类如图 2-73 所示。

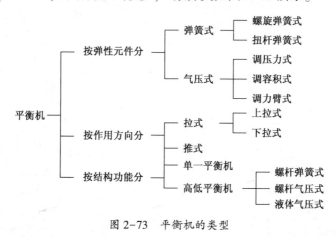

图 2-73 平衡机的类型

1) 弹簧式平衡机

弹簧式平衡机结构简单、性能不受环境温度的影响、维护方便,但质量较大,多用于中小口径的火炮上。按照弹簧力施加的位置,又可分为推式和拉式两种结构类型。

平衡机通常由内筒、外筒、螺杆、弹簧等组成。弹簧两端支撑在内、外筒的端盖上,外筒

装在上架的支臂上,内筒上的螺杆与摇架相连。射角增大时,弹簧伸长,推力减小;射角减小时,弹簧压缩,平衡机推力增大。如需调整弹簧的初始力,可拧动内筒盖上的调整螺母。

推式弹簧平衡机如图 2-74 所示,这种平衡机提供的平衡力作用于火炮耳轴的前方,方向向上,支撑起落部分。这种结构多用于地面火炮,如某 122mm 榴弹炮的平衡机。

拉式弹簧平衡机提供的平衡力作用于火炮耳轴的后方,对起落部分施加一个拉力,以平衡其重力矩。拉式平衡机又可分为上拉式(图 2-75)和下拉式(图 2-76)两种。其中,下拉式结构多用于高射炮上。

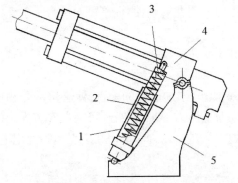

图 2-74 推式弹簧平衡机示意图
1—外筒;2—内筒;3—弹簧 4—摇架;5—上架。

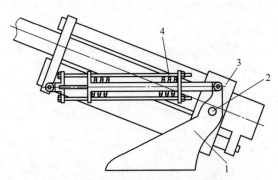

图 2-75 上拉式弹簧平衡机示意图
1—上架;2—耳轴;3—摇架;4—弹簧。

2) 气压式平衡机

气压式平衡机以气体为弹性介质,由压缩气体产生抗力来提供平衡力。这种平衡机多为由内外筒组成的汽缸结构,内外筒的端部通过球轴承分别与上架和摇架相连。筒内充有一定压力的空气或氮气,用密封装置和少量的液体密封,其液量需保证在任何射角时液体都能盖住紧塞装置。图 2-77 是一种典型的气压式平衡机结构。

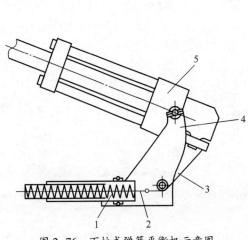

图 2-76 下拉式弹簧平衡机示意图
1—弹簧;2—拉杆;3—钢索;4—上架;5—摇架。

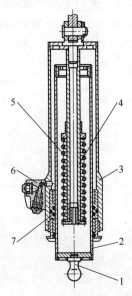

图 2-77 气压式平衡机
1—球轴;2—内筒;3—外筒;4—导杆;
5—补偿簧;6—开闭器;7—密封装置。

火炮起落部分俯仰时,内外筒发生相对移动,筒内的容积发生变化,气体压强随之而变。对于推式平衡机,火炮射角减小时,气体压强增大;火炮射角增大时,气体压强变小。如此,气体压力通过外筒铰接点作用于摇架,对耳轴形成平衡力矩,用以平衡起落部分的重力矩。

气压式平衡机的特点是结构紧凑,重量轻。缺点是平衡力矩易受环境温度的影响,因而气压式平衡机通常需要设置温度调节或补偿器。温度补偿的方法有:调压力法、调容积法和调力臂法。

对于射角变化范围较大的火炮,为了适应火炮在最大或最小射角两端对平衡力矩的要求,有的火炮平衡机设置有补偿弹簧,以便在射角超过某一个值,改变平衡机的平衡力。

高低平衡机是兼有平衡机和高低机双重作用的装置,多用于一些轻型火炮中。如美国的 M102 式 105mm 榴弹炮就采用了由螺杆式高低机与弹簧式平衡机组合形式。另外,也可以将螺杆式高低机与气压式平衡机组合成螺杆气压式高低平衡机,将液压缸与气压式平衡机组合成液体气压式高低平衡机。

7. 瞄准机

火炮在发射前必须进行瞄准。瞄准就是赋予炮身轴线在水平面内和垂直面上处于正确位置的动作过程,以使射击时弹丸的平均弹道通过预定的目标。在水平面上进行的瞄准称为方向瞄准,在垂直面内进行的瞄准称为高低瞄准,完成这两个动作的动力传动机构分别称为方向机和高低机。火炮瞄准机是方向机和高低机的总称,是火炮瞄准系统的一个组成部分。它按照火炮瞄准装置或指挥仪所设定的射击诸元来赋予炮身一定的仰角和方位角。

1) 高低机

高低机是驱动火炮起落部分转动,赋予炮身俯仰角的动力传动装置。通常由手轮、传动链、自锁器及有关辅助装置等组成。在有外能源驱动的情况下,还设置有手动与自动转换装置及变速装置等。

高低机布置在起落部分与上架之间。其传动链末端构件中的一部分与摇架相连,另一部分应固定在上架上。

根据传动链末端驱动起落部分的构件不同,高低机可分为螺杆螺母式(简称螺杆式)、齿轮齿弧式(简称齿弧式)和液压式几种结构形式。

齿轮齿弧式高低机是火炮中最常见的结构形式,图 2-78 是该类高低机的一种典型结构形式。这种高低机在其传动链的末端有齿轮齿弧副。为保证自锁,常采用一对蜗杆蜗轮副。另外,在传动链中,还可采用锥齿轮或圆柱齿轮传动,以调整手轮位置,便于炮手操作。

采用蜗轮蜗杆传动的特点是结构简单且具有自锁功能,传动中只能由蜗杆带动蜗轮旋转,而不能反向传动,这样可以使瞄准后炮身的轴线不会自行改变。为保证自锁可靠,蜗杆螺旋角取得较小,一般为 3°~6°。但是,保证了自锁性能会使摩擦力增大,传动效率较低。

2) 方向机

方向机是驱动火炮回转部分转动、赋予炮身方位角的机械传动装置。通常由手轮、传动链、自锁器、空回调整器及有关的辅助装置等组成。在有外能源驱动的情况下,还设有手动与自动转换装置及变速装置等。

方向机布置在回转部分与下架之间。其传动链末端构件中有一部分与上架相连,另一部分应固定在下架上。根据传动链末端驱动回转部分的构件不同,方向机一般分为:螺杆螺母式、齿轮齿弧式(或齿轮齿圈式)。另外还有一种适于特殊架体的地面滚轮式方向机。

常见的方向机多为螺杆螺母式。这是一种利用螺杆、螺筒(螺母)相对转动而带动回转部分转动的机构,是方向机中最简单的一种结构形式,其工作原理见图2-79。图中螺杆以叉形接头与下架本体上 B 点铰接,螺筒以球形轴装在上架支臂 C 点上。螺杆与螺筒啮合。A 点是回转部分立轴的中心,转动手轮时,带动螺筒旋转,但螺杆不能转,只能绕 B 点作方向摆动,螺筒在螺杆上轴向移动,使 BC 间的距离变化,迫使上架的 C 点以 A 点为圆心,AC 为半径作弧形运动,从而带动回转部分绕 A 点在水平面上转动,获得所需要的方位角。

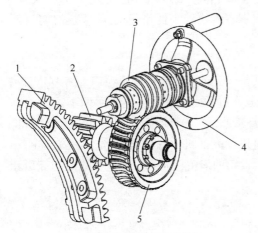
图2-78 齿轮齿弧式高低机
1—齿弧;2—主齿轮;3—蜗杆;4—手轮;5—蜗轮。

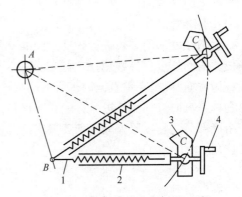
图2-79 螺杆螺母方向机原理图
1—螺杆;2—螺筒;3—上架支臂;4—手轮。

2.4 火炮自动机

自动炮是指能自动完成重新装填和发射下发炮弹的全部动作的火炮,这些动作一般包括:击发、收回击针、开锁、开闩、抽筒、抛筒、供弹、输弹、关闩和闭锁等。若上述动作一部分自动完成,另一部分由人工完成,则此种火炮称为半自动炮。若全部动作均由人工完成,则称为非自动炮。自动炮能进行连续自动射击,直至射手停止射击或弹仓(弹夹、弹匣或弹带)内的炮弹耗尽(或剩一发)为止,而半自动炮和非自动炮则只能进行单发射击。

火炮自动机(automatic mechanism of gun)是指自动完成重新装填和发射下发炮弹,实现连发射击的各机构的总成。通常应包括以下机构(装置或构件):

炮身:包括身管、炮尾和炮口装置。与非自动炮一样,身管的作用是赋予弹丸一定的飞行方向和炮口速度,并使其具有一定的自转角速度。

炮闩:包括关闩、闭锁、击发、开闩和抽筒等机构。与这些机构相对应,它将完成开闩和关闩、开锁和闭锁、击发、抽筒等动作。

供弹和输弹机构:用来依次向自动机内供给炮弹,并把最前面的一发输入炮膛。

反后坐装置或缓冲装置:用以吸收未被自动机工作所消耗的后坐动能,控制火炮的后坐与复进运动,并减小射击时作用于炮架的力。

发射机构:用以控制火炮的射击。

保险机构:用于保证各机构可靠地工作和正确地相互作用,以及保障勤务操作的安全。

除上述主要机构外,自动机还有若干辅助机构或装置。例如,首发启动或装填、更换身管以及分解结合自动机等需要所设置的机构。采用这些机构,可以减少操作和减轻炮手的负担。

自动机的这些机构,通常连接或固定在炮箱(或摇架)上组成一个整体,并安装在炮架上。

火炮自动机完成自动工作循环的动力可以来自火炮发射时膛内火药燃气,也可以由外部能源提供,如电动机、液压马达、压缩空气等,分别称为内能源自动机、外能源自动机。

自动炮按其用途可分为陆用自动炮、航空自动炮和舰载自动炮等。虽然这些自动炮的自动机由于使用条件不同而有所差异,但在结构原理和设计理论方面是基本一致的。

1. 火炮射速与自动机的射频

对于自动炮来说,火炮发射速度是其主要战术技术指标。发射速度(rate of fire)又称射速,是指火炮在单位时间内能够发射的弹丸数量。火炮的理论射速决定于自动机的循环频率,即射击频率(射频)。

对于高速运动的目标,目标位置变化极快,使得每发弹丸的命中概率变得很低。为了抓住战机消灭目标,必须增加射击时的火力密度,即增加单位时间内对目标的射弹数,亦即提高自动机的射频。

火炮自动机有固定一种射频的,也有两种射频或多种射频的。通常将有一种射频以上的自动机称为变射频自动机。变射频是根据战术上的使用要求而提出的。现代火炮自动机具有多用途性,可对付空中的快速飞行目标,也可对付地面上慢速运动的目标。对付空中目标无论从提高毁歼概率的角度出发,还是从提高武器系统生存能力的角度出发都要求火炮自动机具有较高的射频。当自动炮对地面目标射击时,为了更有效地利用炮弹,提高射击精度,可降低射速使用。

2. 自动机工作原理及分类

随着科学技术发展,为了满足不同战术和不同作战条件下的需要,产生了各种形式的火炮自动机。根据自动机所利用能量的不同和结构原理的特点,火炮自动机的分类如图2-80所示。

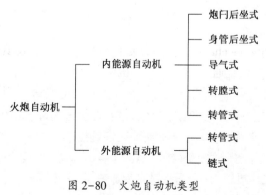

图 2-80 火炮自动机类型

另外,导气式还可以与炮闩后坐式自动机或炮身后坐式组合应用,称为混合式自动机。

1) 炮闩后坐式自动机

炮闩后坐式自动机工作时其炮闩在火药燃气作用下在炮箱中后坐和复进,并带动各机构工作,如图 2-81 所示。这种自动机的炮身与炮箱为刚性连接,炮闩并作为带动各机构工作的基础构件。

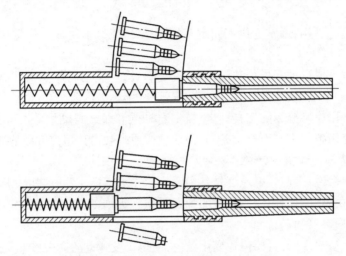

图 2-81 炮闩后坐式自动机结构原理

发射时,作用于药筒底的火药燃气压力推动炮闩后坐,抽出药筒,并压缩炮闩复进簧以贮存能量。炮闩在其复进簧作用下作复进运动的同时,把炮弹推送入膛。这种自动机的供弹机构通常利用外界能源驱动,例如,弹匣或弹鼓中的弹簧能量,当然也可利用炮闩的能量。

炮闩后坐式自动机根据炮闩运动的特点还可分为自由炮闩式自动机和半自由炮闩式自动机。自由炮闩式自动机的炮闩在发射过程中不与身管联锁,在炮膛轴线方向可以近似自由运动,它主要依靠本身的惯性起封闭炮膛的作用。击发后,当火药燃气作用于药筒向后的力大于药筒与药室间的摩擦力和附加在炮闩上的阻力后,炮闩就开始后坐并抽筒,因此这种自动机抽筒时膛内压力较大,容易发生拉断药筒的故障。为了减小炮闩在后坐起始段的运动速度,需要增大炮闩的质量。可见,具有笨重的炮闩是自由炮闩式自动机的特点。采取某种机构来制动炮闩在后坐起始阶段运动的自动机称为半自由炮闩式自动机,这种原理在火炮自动机中较少采用。

2) 炮身后坐式自动机

炮身后坐式自动机又分为炮身短后坐式自动机和炮身长后坐式自动机。

(1) 炮身短后坐式自动机。

这种自动机结构原理是利用炮身后坐(炮身的后坐长度小于炮闩的后坐长度,且小于一个炮弹长度)来带动自动机其他机构工作,完成射击循环,如图 2-82 所示。这种自动机的炮身在炮箱或摇架内后坐与复进,是带动各机构工作的基础构件。击发后,身管与炮闩在闭锁状态下一同后坐一短行程(约占炮闩行程的 1/2~2/3),在随后的后坐或复进过程中,利用开闩机构(加速机构)使炮闩相对身管加速运动,完成开锁、开闩和抽筒等动作。

第 2 章 火炮的结构组成

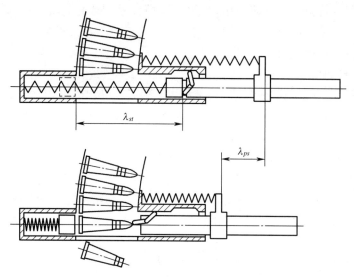

图 2-82 炮身短后坐式自动机结构原理

炮身短后坐式自动机的优点是：可以控制在后效期末时开锁、开闩和抽筒，所以抽筒条件好，后坐阻力较小；循环时间短，理论射速高；缺点是结构较复杂。

(2) 炮身长后坐式自动机。

图 2-83 是炮身长后坐式自动机的结构原理图。这种自动机的基础构件是炮身和炮闩。击发后，炮身与炮闩一起后坐（其后坐长略大于炮弹长），开始复进时，炮闩被发射卡锁卡在后方位置，炮身继续复进完成开锁、开闩和抽筒动作。炮身复进终了前，通过专门机构解脱炮闩，炮闩便在复进簧作用下输弹入膛，并进行闭锁和击发。

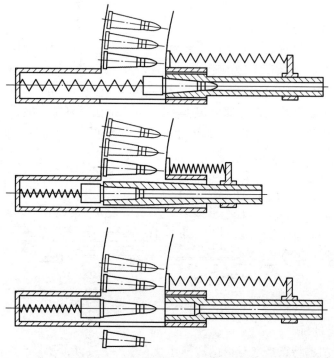

图 2-83 炮身长后坐式自动机结构原理

这种自动机的优点是后坐阻力小,结构比炮身短后坐式的简单,缺点是理论射速低,其原因是后坐长度增大后,炮身后坐和复进时间就长,加上各机构又依次动作,所以自动机循环时间就比短后坐式自动机要长得多。

3) 导气式自动机

这种自动机又称气退式自动机。它是利用由炮膛内导出的火药燃气的能量来驱动自动机各机构工作。根据炮身和炮闩运动关系的不同,可把此类自动机分为两种:炮身不动的导气式自动机、炮身运动的导气式自动机。

(1) 炮身不动的导气式自动机。

炮身不动的导气式自动机的结构原理如图 2-84 所示。这种自动机的炮身与炮箱为刚性连接,不产生相对运动。但是,为了减小对架体的作用力,这种自动机通常都在炮箱与摇架间设有缓冲器。这样,整个自动机要产生缓冲运动。

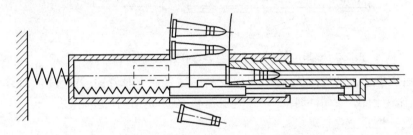

图 2-84　炮身不动的导气式自动机结构原理

击发后,当弹丸经过身管壁上的导气孔后,膛内的高压火药燃气通过导气孔进入导气装置的气室,推动气室中的活塞运动,活塞带动活塞杆并使自动机活动部分向后运动,进行开锁、开闩和抽筒等动作,与此同时压缩复进簧并带动供弹机构工作。炮闩后坐停止后,在复进簧作用下复进并推弹入膛,而后闭锁、击发,完成一个射击循环。

(2) 炮身运动的导气式自动机。

炮身运动的导气式自动机的结构原理如图 2-85 所示。这种自动机的炮身可沿炮箱后坐与复进,而炮箱与摇架之间为刚性连接。这种自动机的工作情况与炮身短后坐式自动机有些相似,不过,这时起加速机构作用的是导气装置,它带动炮闩进行开锁、开闩,并使供弹机构工作。这种自动机的理论射速较低,机构也相对复杂一些。如果供弹机构不依靠外界能量而由炮身运动来带动,那么自动机工作既利用了导气的能量,又利用了后坐能量,这样的自动机称为混合式自动机。

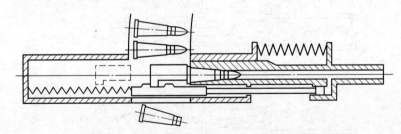

图 2-85　炮身运动的导气式自动机结构原理

4) 转膛式自动机

转膛式自动机的特点是炮身由两段所组成(图 2-86),后段具有多个能旋转的药室

（一般 4~6 个药室），每发射一次，药室转动一个位置。药室转动和供弹机构的工作，可以利用炮身后坐能量，也可利用火药燃气的能量。由于这类自动机具有多个药室，所以自动机各机构的工作在时间上可以互相重叠或同时进行。例如，在第二个药室发射的同时，其他药室可进行输弹和抽筒。

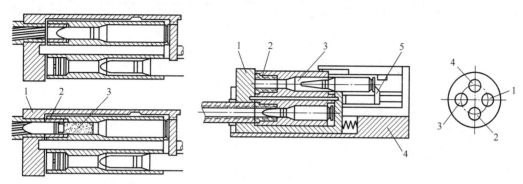

图 2-86 转膛式自动机结构原理
1—炮尾；2—衬套；3—药室；4—炮箱；5—输弹器。

转膛式自动机的身管与旋转的药室可在炮箱内后坐与复进，以减小后坐阻力。为了缩短点燃发射药的时间并提高可靠性，可采用电底火。发射时，药室②的电路接通，电底火点燃发射药，火药燃气推动弹丸运动，弹丸的弹带在挤入衬套内的膛线时，使衬套向前移动，紧紧抵住身管进弹口，以便弹丸能顺利地通过两段炮膛的连接处，在弹带进入身管进弹口后，由于火药燃气对衬套后端面的压力，迫使衬套紧紧抵住身管进弹口，减少了火药燃气的泄漏。炮身后坐时带动输弹器向后运动，并使供弹机构工作，药室③则进行抽筒（利用导气的能量）。炮身后坐停止后，在复进簧的作用下复进，并带动药室旋转一个位置。在炮身复进到位和药室旋转到位后，药室③的电路接通，电底火点燃第二发炮弹的装药，开始第二个循环。在复进末期，开始第 3 发炮弹的输弹，直到第二次后坐末期炮弹完全进入药室④。

转膛式自动机的优点是理论射速高，缺点是横向尺寸大、质量大、炮膛连接处漏气使初速下降，人员不能靠近。因此，这类自动机多应用于遥控操作的航炮和舰炮上。

5）转管式自动机

转管式自动机主要由身管、机心匣、机心组、炮箱、拨弹机等部分组成。其炮身由多根身管组成，这些身管围绕着同一轴线平行地安装在一个圆周上，发射时身管都围绕着这一轴线旋转，一次只有一根身管发射，而其他身管按顺序分别进行装填、闭锁和抽筒等动作。

转管式自动机按驱动能源可分为内能源自动机、外能源自动机和内外能源耦合转管自动机三种。

外能源转管自动机的能源驱动装置有微型大功率电机、气动马达、液压马达等，用齿轮传动带动身管组转动，如图 2-87 所示。

外能源转管自动机具有精度高，反应灵敏的特点，但其所需能量巨大，常规的野战装备难以提供足够的能源，因此使用范围受限。

内能源转管自动机是利用导气装置，导出膛内的一部分火药气体能量，驱动身管组件产生旋转运动。其关键在于将一个瞬时性的强冲量转化为身管组件的旋转动量。

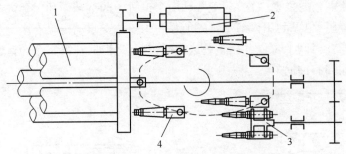

图 2-87 外能源转管自动机示意图
1—身管组；2—驱动机构；3—拨弹机构；4—机心组。

内能源转管自动机也称为导气式转管自动机。内能源转管武器首发启动需要外部能源进行，常见的首发启动驱动装置有火药弹启动装置、冷气启动装置、微型小功率电机启动装置等。内能源转管自动机反应时间慢，射击时前几发弹射速变化比较大，精度较低，因此作战效率较低。

这种类型的转管自动机的传动机构由身管组件、活塞筒、炮箱螺旋线槽凸轮、活塞筒内滚轮和活塞筒外滚轮等组成。身管组件上的固定隔环将活塞筒内腔隔为活塞筒前腔和活塞筒后腔，身管组件还有前、后排气槽及身管组件导引槽。炮箱及炮箱螺旋曲线槽为不动构件。对于 6 管转管武器，间隔的三根身管导气孔位于固定隔环前，另三根身管的导气孔位于固定隔环后。

射击时，身管组件按逆时针方向旋转，每根身管依次转到同一位置击发。击发后，膛内火药燃气从单向活门导气孔导出流入活塞筒前腔(或后腔)，作用于活塞筒工作面，推动活塞筒相对于身管组件作直线往复运动。由于活塞筒的外滚轮嵌入炮箱螺旋槽内，通过螺旋槽对滚轮的强制作用，使活塞筒前后运动的同时，又产生回转运动，而活塞筒可相对于身管滑动，故身管组件就受到活塞筒内滚轮的作用作单纯的转动。

内外能源耦合转管自动机集合了两者的优点，取长补短，发挥优势。该转管自动机驱动源是火药气体能源和电源，是在内能源转管自动机的基础上加以改进的。它使用电机启动，电机先带动身管组转动到一定速度，再通过离合器带动供弹机开始供弹，完成射击动作。然后火药气体能量通过导气孔与活塞等的作用驱动自动机作循环运动。同时，电动机也继续驱动自动机运动，达到内外能源耦合驱动的效果。这样既解决了首发启动射击的精度问题，射击时所需电动机的功率也大大下降了，并且保证了射击一开始就持续在一个稳定的转速下，提高了启始数发炮弹的射击精度。同时，可以通过控制电机实现对整个自动机的控制。

转管式自动机的优点是理论射速高、工作可靠好、寿命长，多个炮管和机芯共同承受射弹总数量，可比单管炮寿命高得多。转管式自动机的缺点是弹道质量差，由于炮管高速旋转，弹丸散布较大。

6) 链式自动机

链式自动机是一种外能源式自动机，采用了一种新型的自动机循环方式，其结构原理如图 2-88 所示。

这种自动机通过链条来带动闭锁机构工作，主要结构是由一根双排滚柱链条与 4 个链轮组成的矩形传动轨道。直流电机通过一组螺旋伞齿轮带动装在炮箱前方的立轴，然

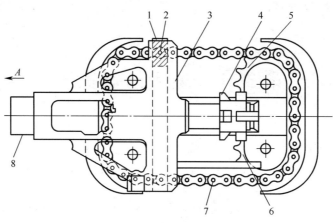

图 2-88 链式自动机示意图

1—炮闩滑块；2—主链节；3—炮闩支架；4—炮闩；5—惰轮；6—主动链轮；7—链条；8—纵向滑轨。

后直接驱动主动链轮和供弹系统。链条的主链节上固定有一垂直短轴，上面装有炮闩滑块(T形)，与炮闩支架下部滑槽相配合。当链条转动带动滑块前后移动时，闩体支架也同时被带动在纵向滑轨上作往复运动。

当闩体支架到达前方时，迫使闩体沿闩体支架上的曲线槽作旋转运动而闭锁炮膛。闩体支架向前时完成输弹、闭锁、击发动作；闩体支架向后时，完成开闩、抽壳等动作。炮闩滑块横向左右移动时，将在T形槽内滑动，闩体支架保持不动。支架在前面时为击发短暂停留时间，在后面时为供弹停留时间。链条轨道的长度和宽度根据炮弹的长度和循环时间的关系确定，射手可在最大射速范围内，根据需要控制直流电机实现无级变射速发射。

链式自动机的主要特点如下：

(1) 链式自动机简化了自动机本身的结构，不需要输弹机、炮闩缓冲器、反跳锁机构，但增加了供弹系统的动力传动机构和控制协调机构；

(2) 炮闩通过炮尾直接与身管连接，炮箱不受力，使炮箱的结构得到简化，易加工，寿命长。这是与一般结构自动机的明显区别；

(3) 链驱动炮闩复进、闭锁、击发、开闩、抽壳、供弹，运动平稳，撞击小，既可提高自动机零部件寿命，使得火炮的可靠性高，又有助于提高射击密集度。

第3章 地面压制火炮

地面压制火炮包括各种加农炮、榴弹炮、加榴炮、迫击炮和火箭炮等,主要用于压制和破坏地面目标,是为地面作战部队提供直接火力支援和间接火力支援的主要兵器,在地面战争中具有不可替代的作用。

牵引火炮曾经是大量装备的武器,但是由于自行火炮的出现及发展,牵引火炮装备数量有所减少。传统的牵引火炮与自行火炮相比,其缺点是进入和撤出战斗慢,易受敌方反炮兵火力的打击。新型的牵引火炮,上述问题得到了很大的改善,如美国的 M777 式 155mm 轻型榴弹炮的机动性能有了显著的提高。牵引火炮由于其结构简单、性能可靠、质量轻、成本低、维护方便以及良好的战略机动性等特点,仍然是火力打击与支援的重要武器。

自行火炮是一种将火炮与车辆底盘构成一体、自身能运动的火炮。由于自行火炮具有良好的机动性和火力打击能力,能够更好地同装甲兵和机械化步兵协同作战,因而在近几十年得到了快速的发展,在压制武器中占有重要的地位。

火箭炮一次可发射一发至数十发火箭弹,具有发射速度快、火力猛、机动性好等特点,主要用于打击中远程面积目标。迫击炮弹道弯曲,主要用于歼灭近距离遮蔽物后的目标和对反斜面目标进行攻击。

在各种压制火炮中,加农炮、榴弹炮、加榴炮占由主导地位,各种口径和不同配置的加农炮、榴弹炮、加榴炮得到了大力的发展和普遍的运用。从 20 世纪 80 年代以后,上述 3 种压制火炮的作用由榴弹炮代替,并且火炮口径系列简化,趋向于 122/105,152/155mm 两类中、大口径榴弹炮。

3.1 M777 式 155mm 轻型榴弹炮

M777 式 155mm 轻型榴弹炮是美国海军陆战队和美国陆军于 2005 年装备的新型火炮,主要用于替换其正在使用的 M198 榴弹炮,作为下一代直接或全盘火力支援武器,如图 3-1 所示。

3.1.1 概述

M777 式 155mm 轻型榴弹炮的前身是英国维克斯造船与工程有限公司(VSEL)20 世纪 90 年代为竞标美国海军陆战队项目而开发超轻型榴弹炮 UFH(Ultralight-weight Field Howitzer)。VSEL 于 1999 年被 BAE system 公司收购,成为 BAE system 地面分系统的一部分。而该项目在竞标成功后,火炮代号也变 M777。

M777 是目前最轻的 155mm 榴弹炮,其战斗质量小于 4218kg,远比同为 39 倍口径

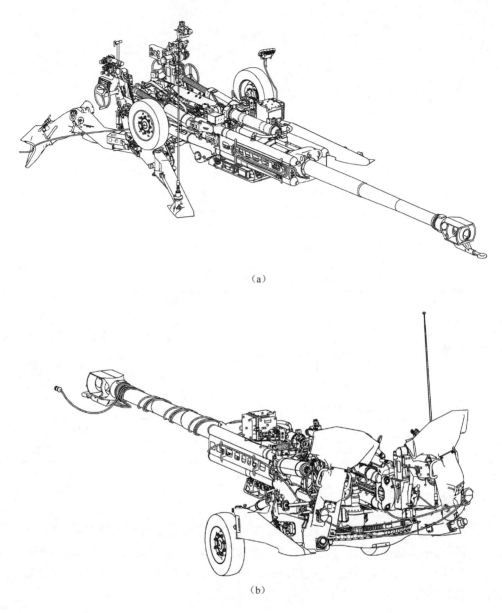

图 3-1 M777 式 155mm 轻型榴弹炮
(a)战斗状态;(b)行军状态。

155mm 的 FH70 榴弹炮(9300kg)和 M198 榴弹炮(7163kg)的重量轻的多。因此,M777 可由美国现役的中型直升机(如 UH-60)吊运,还可以由旋翼飞机(如 CH-53E、CH-47D、MV-22 等)挂载,也能由 C-130、C-5、C-17 等固定翼飞机运输或直接空投(一架 C-130 战术运输机能运输两门 M777),兼有良好的战术和战略机动性能。图 3-2 为该火炮直升机吊运的情形。

在陆地上运动时,M777 可由任何 2.5t 以上的卡车牵引,最大速度为 88km/h。必要时可由"悍马"车进行短程的道路牵引。

M777 式 155mm 轻型榴弹炮的主要诸元如表 3-1 所列。

图 3-2　直升机吊运状态

表 3-1　M777 式 155mm 轻型榴弹炮主要诸元

口径	155mm	战斗全重	4218kg
身管长	39 倍	高低射界	$-2°\sim +72°$
初速	827m/s	方向射界	$45°(\pm 22.5°)$
射程	24km(普通榴弹) 30km(火箭增程弹药) 40km("神剑"制导炮弹)	行军战斗转换时间	<3min(进入战斗) <2min(撤出战斗)
		炮班人员	8/5
射速	5r/min(最大射速) 2r/min(持续射速)	运动速度	88km/h(公路) 24km/h(越野)

3.1.2　总体布置

M777 式 155mm 轻型榴弹炮的总体布置与先前的榴弹炮有很大的差异，采用了下架落地、耳轴位于起落部分的后端、四脚式大架的结构形式，如图 3-3 所示。结构布置上采用了下架落地、低火线高、长后坐、炮身相对耳轴前移、设置前置大架等措施，既缩短了火炮发射载荷的传递路线，又使火炮获得了良好的射击稳定性。

图 3-3　M777 的总体布置

为了减小火炮在发射时所产生的翻转力矩,提高火炮的稳定性,在总体布置上一方面采用了长后坐(最大后坐长度为1.4m),降低耳轴高度(耳轴的高度仅为650mm),另一方面则是将起落部分的重心大幅度前移。

M777轻型榴弹炮的质量能够大幅度减轻的另外一个措施是广泛使用了轻合金材料制作火炮的部件。除炮身和一些连接构件是钢材外,主要结构材料为钛合金:摇架、上架、射击座盘、大架、驻锄、车轮轮毂等部件均用该材料制作。据资料介绍,该炮共使用了960kg钛合金材料,占全炮重的25.63%。另外,一些部件使用了铝合金。

3.1.3 结构组成

M777轻型榴弹炮的结构可分为两大部分:起落部分(炮身、摇架、反后坐装置、平衡机)和炮架部分(上架、下架、高低机、方向机、车轮悬挂装置),如图3-4所示。

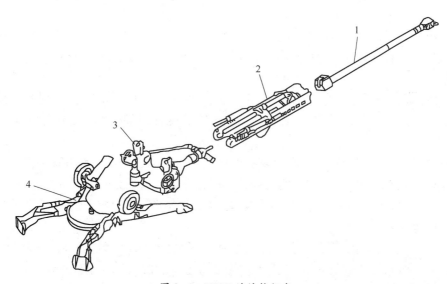

图3-4 M777的结构组成
1—炮身;2—摇架及反后坐装置;3—上架;4—下架。

1. 炮身

M777轻型榴弹炮的炮身是由美国的M109A6式155mm榴弹炮的M284炮身改进而来,内弹道性能不变,由身管、炮口制退器、牵引杆、螺式炮尾和底火装填机构组成。炮闩仍采用断隔螺式炮闩,闩体上有底火装填装置。该炮闩由布置在上架右侧的杆状闩柄通过联动机构向上开启。身管中部为圆柱形,用以保持身管在摇架前支撑面上并获得良好的导向。炮口制退器效率为30%,上面安置有牵引杆,牵引杆所承受的向下力为140kg。

2. 摇架及反后坐装置

摇架为由四根圆管组成的框形结构。其中的圆管又是反后坐装置的构件,反后坐装置与摇架构成组合结构,蓄能器则位于摇架上部。摇架的后方安装有输弹盘,以辅助炮手装填弹丸。

两个铝制平衡机筒分别在摇架体两侧,一端连接座在摇架中部,另一端与上架相连。

3. 上架

上架连接在下架上,上面布置有高低机、方向机,并有耳轴安装孔。高低机和方向机均为人工操作,配有高低手轮和方向机手轮。火炮高低射界为-2°~+72°,方向射界为左右各22.5°。

高低机筒一端呈"T"形,连接在摇架体腹部,一端的连接叉安装在上架底部凸起上。高低机为螺杆式。方向机为齿轮齿弧式,位于上架的后方。

4. 下架

下架包括下架体、前大架、后大架、车轮悬挂系统、液压制动缓冲装置等。下架体基本为圆盘状,射击状态时直接支撑在地面上。两个前大架铰接在下架体前部突出座上,可以向两侧折叠。两个后大架比较短,固定在下架体后部。后驻锄通过液压缓冲器连接在后大架尾部,形成带缓冲的大架结构。

该设置前大架的作用是为火炮平时状态和复进时提供支撑,以保持火炮的平衡。该火炮由于采用炮尾相对耳轴前移的结构方案,使得起落部分的质心偏向前方,前大架可保证火炮向前的稳定性。

5. 弹药

M777轻型榴弹炮除能发射所有北约现有的155mm弹药外,还能发射新的增程和制导弹药。

发射普通榴弹时最大射程24.7km,发射火箭增程弹时可达30km,当发射配用模块式装药系统(MACS)的XM982"神剑"GPS/惯性导航增程制导炮弹时,最大射程可以达到40km。

M777轻型榴弹炮的射击精度与现有火炮相比有很大的提高。对30km的目标发射普通榴弹时,可命中150m范围内的目标;对10km距离上的目标进行射击时,命中精度则可以达到50m;使用XM982"神剑"制导炮弹,其命中精度(圆概率偏差)可以达到10m。

6. 火控系统

M777轻型榴弹炮安装有牵引火炮数字化火控系统(TAD),该系统组成有含弹道计算机的任务管理系统、炮长显示器、炮手和辅助炮手显示器、定位/导航系统、高频无线电台和电源等。

3.2 PzH2000 自行榴弹炮

PzH2000自行榴弹炮(德文为Panzerhaubitze 2000)是德国于20世纪末装备的新一代自行火炮系统(图3-5),由德国的克劳斯—玛菲·威格曼公司和莱茵金属公司设计制造,

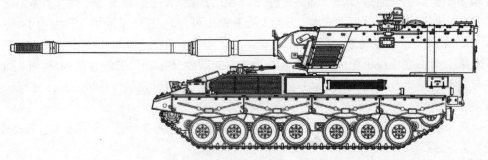

图 3-5 PzH2000 155mm 自行榴弹炮

是当今最先进的火炮之一。其特点是高射速、大威力,高度的自动化操作、先进的武器管理模式和自主作战能力,具有多发同时弹着射击功能。

PzH2000自行榴弹炮的主要诸元如表3-2所列。

表3-2 PzH2000自行榴弹炮主要诸元

口径	155mm		总长:11690mm
战斗全重	55330kg		总宽:3540mm
初速	945m/s(最大)	行军状态尺寸	车体长:8069mm
	300m/s(最小)		高度:3430mm(至机枪顶部)
最大设计膛压	440MPa		3060mm(至炮塔顶部)
最大膛压	335MPa		离地间隙:440mm
最大射程	30km(远程榴弹)		履带宽:550mm
	36km(远程底排弹)	发动机	MTU MT881 Ka-500 柴油发动机
	40km(火箭增程弹)		汽缸:V型8缸,缸径144mm
最小射程	2.5km		排量:18.3L
射速	8~10 发/min		标定功率:735kW
	3 发/9.2s		最大转速:3000r/min
身管长	52倍口径(8060mm)	最大行驶速度	60km/h(公路)
药室容积	23L		45km/h(越野)
炮口制退器	多孔狭缝式	最大行驶里程	420km
	效率48%	最大爬坡度	60%
炮闩类型	半自动立楔式	最大侧倾坡度	30°
弹丸质量	43.5kg	越沟壕宽度	3000mm
携弹量	60发	越障高度	1100mm
携药量	67组(药包装药)	高低射界	-2.5°~+60°
	288件(模块装药)	方向射界	360°

3.2.1 总体布置及乘员

1. 总体布置

PzH 2000自行火炮底盘大量采用了"豹"I、"豹"II主战坦克的成熟技术,同时根据自行火炮和主战坦克不同用途进行了有针对性的改进。底盘纵向分割成三大部分(图3-6),前半部分是并列设置的动力舱和驾驶舱,驾驶员位于车体右前方,发动机安装在驾驶员左侧,传动系统在两者前方横贯车体。动力舱占据了车体前部2/3以上空间。底盘中部是车体弹舱,可以容纳60发弹丸和自动装弹系统取弹臂,此外还预留有驾驶员通道和装填手人工操作空间。底盘后部是战斗舱,上方是炮塔,下方有吊篮,在吊篮底板下安装有输弹机接弹盘。底盘尾部设有两扇大尺寸对开舱门,但是高度较小(因为下方设有弹丸补给系统),乘员出入略显不便。

底盘内,除动力舱部分被装甲板密封隔离外,其他空间都是相互连通的,且内部空间较大,乘员的舒适合性好。动力舱隔板内壁贴有防火、隔声材料,能有效地减小发动机工

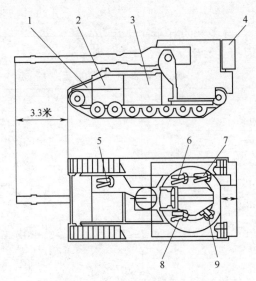

图 3-6 PzH2000 自行火炮总体布置
1—变速箱;2—发动机;3—弹仓;4—发射药仓;5—驾驶员;
6—瞄准手;7—炮长;8—第一装填手;9—第二装填手。

作时温度和噪声对火炮乘员的影响。因为底盘高度较大,可以将燃料集中存放在位于车体外侧翼板上方装甲内的两个大油箱中(总容积超过 1000L),相对于将油箱布置在车内甚至弹架组合油箱的主战坦克,安全性要好得多。除了燃料外,在底盘右前方,驾驶舱侧面还集中布置有车载蓄电池组(8 块铅酸蓄电池)、车载计算机、能源分配管理系统和驾驶员显控终端,尾部左右两侧分别安装有柴油发电机(作为辅助动力单元,额定输出功率 22.4kW,应急功率 400W)和整体三防装置。底盘内的布置如图 3-7 所示。

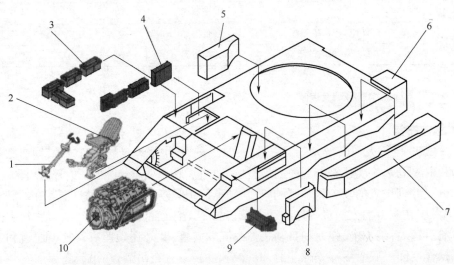

图 3-7 底盘布置
1—操作手柄;2—驾驶员座椅;3—蓄电池组;4—车载电子系统;5—燃油箱;
6—辅助动力单元;7—主燃油箱;8—润滑油箱;9—电加热启动装置;10—发动机。

PzH 2000 自行火炮的炮塔接近长方形体,内部空间较大。炮塔的前端耳轴孔安装火炮,顶部固定有两个扭杆式平衡机;炮塔中部安装有吊篮,用于容纳乘员及其他设备;炮塔的后部为发射药舱。此外,炮塔内还安装有火控、炮控和弹丸自动装填系统的相关部件。炮塔内的布置如图3-8所示。

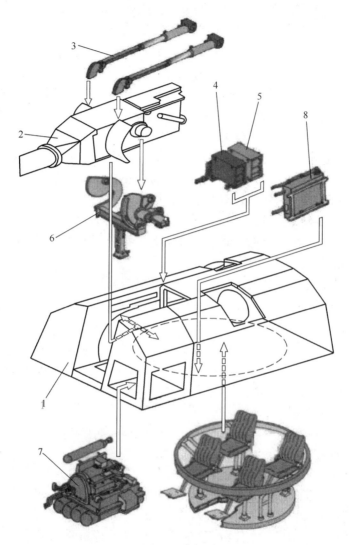

图 3-8 炮塔布置
1—炮塔;2—火炮;3—平衡机;4—取弹臂控制器;5—接弹盘控制器;
6—输弹机;7—输弹机气源及控制系统;8—输弹机控制器。

2. 乘员组成

PzH 2000 自行火炮基本乘员由 5 人组成,分别是:炮长、瞄准手、一号装填手、二号装填手和驾驶员。除驾驶员以外其他 4 人均位于炮塔战斗舱内(图3-6)。

驾驶员位于底盘右前方驾驶舱内,其任务是负责操纵火炮底盘的行驶,此外还负责对车辆配电管理进行监控。驾驶员头顶有一扇可向后开启的舱门,呈不规则六边形结构,带有两具广角驾驶潜望镜,一具向前(可更换为微光夜视驾驶仪),一具向右后方。底盘中线位置还安装有可自动操作的钳式行军固定器。驾驶舱内的方向操纵机构为 U 形双手柄,手柄位置亦可配合座椅调节,上面还带有发动机转速、燃油油量指示器;自动变速器手柄则在驾驶员右手边位置。驾驶员右侧与视线平齐位置有一块综合控制板(它和其后方的动力、传动数控系统以及电子配电柜都装在底盘右侧翼板上的舱室内),还有一块多功能彩色液晶显示屏(除了动力、电气系统状态外还能显示导航等综合信息)。

  炮长是 PzH 2000 自行火炮的指挥官。炮长除负责火炮通信联络、战场观测等任务外,还要对全炮各系统和其他炮手(尤其是直接负担发射药装填任务的二号装填手)的工作安全进行监控(保证二号装填手装药完成,退回安全位置再进行击发动作),指导他们工作。此外,炮长还负责管理车上的单兵武器系统。炮长的座椅位于炮塔战斗舱右后方,处于全炮最高位置,其后面是火控计算机和导航计算机主机单元,正面是带有全键盘输入系统和液晶显示器的火控系统多功能显控操作平台,平台下方右手位置是火控计算机诸元显示终端,作战时,炮长就是通过它来快速解算射击诸元,控制火炮自动瞄准发射。炮长头顶前方是一具 PERI RTNL 80 自行火炮测瞄合一的周视昼/夜观察镜,在炮长右侧的炮塔壁上还固定有电台通信单元、车内通话器听筒、GPS 终端显示器等电子设备。炮长正上方开有一个圆形乘员舱门,由与舱门直径相同的盘形开闭机构锁定。舱门右下方炮塔侧壁上是一扇小型防弹玻璃观察窗,观察窗内侧有黑色帆布挂帘,不向外观察时可以降下从而避免外部光线干扰炮塔内乘员视线。

  瞄准手位置在火炮耳轴右侧,炮长正前方,其座椅高度比炮长低一些。PzH 2000 自行火炮的自动化程度很高,正常情况下领受作战任务后,瞄准工作可由炮长一人操纵火控和炮控设备完成。但是,出于降级使用和系统冗余度考虑,PzH 2000 仍然设置了瞄准手一职。瞄准手正面操纵设备除了火炮方向机、高低机手轮外,还有炮塔方位指示盘、两部光学瞄准镜、一具 PERI R19 周视光学间接瞄准镜(用于火控系统失效时直接控制火炮进行间瞄射击)、一部带有激光测距功能的 PzF TN 80 昼/夜光学直接瞄准镜(瞄准手可以通过直接瞄准镜操纵火炮进行直瞄射击)。瞄准手在不担负瞄准任务时,还负责监测火炮回转、起落部分机电系统工作状况,随时读取火炮监测记录系统故障信息,必要时可代替炮长操纵火炮完成射击任务。

  一号装填手位于炮塔左前方,火炮耳轴左侧,座椅高度与炮长相同,其任务是负责操作火炮气动弹射输弹机的气源,随时调节不同射角下输弹机气压。输弹机气源部分安装在一号装填手正前方炮塔左前夹舱内,由空气压缩机、四个常备气瓶(空压机下方)、一个应急气瓶和控制阀面板组成。主控面板包括两个阀门、两个扳手和三个压力表,一号装填手通过它们调整输弹机压力。这个压力要随火炮的射角变化进行调整,如果气压调节不当(特别是大角度射击)就可能发生弹带磕碰、装填不到位乃至掉弹事故。在 PzH 2000 的改进型 PzH 2000A1 上,对这一部分机构进行了自动化改造,输弹机气源由手动阀升级为和火炮俯仰角传感器关联的自动电磁控制阀,输弹机气压调节自动进行。一号装填手的另一项任务是在自动装填系统自动工作模式失效时手动操作取弹臂,这时一号装填手就需要进入车体弹舱,人工操纵取弹臂为输弹机提供炮弹。在一号装填手头顶和侧面是第二扇炮塔舱门和防弹观察窗,装填手舱门外安装有环形机枪架,其上固定有 MG 3 通用机枪,由一号装填手操作射击。

  二号装填手位于一号装填手后方,是炮塔内唯一需要以站姿工作的炮手。二号装填手任务是装填发射药。二号装填手的座椅安装位置最低,没有脚踏,靠背也是和坐垫分离的。这个座椅只在行军时使用,作战时需要折叠起来,二号装填手直接站在炮塔吊篮地板上装填发射药。火炮射击时,二号装填手根据炮长口令和自己左侧炮塔内壁上火控计算机显示终端提供数据指示,打开炮塔尾部发射药舱防爆门,取出相应发射药模块,完成发射药对接组装,将发射药送入炮膛,拉动炮尾左侧关闩手柄,火炮关闩击发,然后进入下一发射循环。PzH 2000 的机械结构设计上充分考虑到各种安全因素,例如,火炮关闩手柄设计在炮尾左侧深处,二号装填手左臂很难碰到,操作时只有完成装填发射药、右臂从炮膛收回,才能侧身拉动关闩手柄让炮闩关闭。

按照 PzH 2000 自行火炮的自动化程度(特别是 2000 年改进以后),正常作战时只需炮长和二号装填手两人操纵火炮即可完成全部射击任务,加上驾驶员,火炮只要有 3 名人员就可完成战斗任务。炮塔内瞄准手和一号装填手是为火炮降级操作时备用的,并且作战时可作为火炮操作第二梯队,替换炮长和二号装填手组成的第一梯队工作,从而可延长火炮的持续作战时间。

3.2.2 火力系统

1. 火炮

PzH 2000 自行火炮采用 52 倍口径的 155mm 火炮,身管长 8020mm,膛线部长度为 6022mm,采用 60 条缠角为 8°55′37″的等齐膛线(39 倍身管为 48 条)。JMBOU(北约弹道协议)规定 52 倍口径身管膛线缠度和阴线深度应和 39 倍口径身管保持一致,而药室容积扩大则通过维持药室内径不变,通过增加药室长度的方式实现。这样两种火炮可以完全通用一套弹药系统,唯一区别是发射药装填数量。因为装药量增大,线膛部分加长,火炮的初速大大提高。莱茵金属公司设计的 52 倍口径身管在使用全装药发射远程榴弹时初速达到 945m/s(39 倍口径身管发射的榴弹初速为 827m/s),射程为 30km(39 倍口径身管为 24.7km)。

莱茵金属公司在 52 倍身管生产过程中改进了镀铬工艺,从药室底部开始实现对整个身管精镀铬层,身管采用优质电渣重熔钢锻造无缝管毛坯,经液压自紧和激光表面硬化(炮膛前部)处理加工而成。不仅延长了身管寿命,还使身管质量增加(管壁厚度)得到有效控制。与 39 倍口径身管 1420kg 的质量相比,52 倍口径身管在长度加长 2m 多的情况下,质量仅增加了 550kg。新火炮身管长,使火炮后坐部分质量(3070kg)和后坐力阻力(600kN)都明显加大,这对火炮反后坐系统设计提出了严格的考验。为此,莱茵金属公司设计出了一套结构紧凑而高效的炮口制退器和反后坐装置。

PzH 2000 自行火炮的炮口制退器为狭缝式多孔结构(两侧各开有 12 道窄缝式燃气喷孔)的反作用式炮口制退器,没有冲击式炮口制退器上那种大型膨胀腔室,制退器内径与火炮口径相等,发射药燃气流经制退器部分时压力不会明显下降,能够继续推动弹丸加速做功,因此有利于提高弹丸初速。该制退器的喷孔外形和尺寸按一定的规律布置,能达到最佳燃气排放角度和效率,可以抑制炮口焰和炮口冲击波对火炮射击的影响,且重量更轻,二次炮口焰小,效率可达到 48%。

PzH 2000 自行火炮身管中后部安装有炮膛抽气装置,用以在火炮发射后抽出炮膛内未充分燃烧的火药残渣和残留燃气,防止它们从炮尾倒灌污染战斗室内空气。PzH 2000 自行火炮的炮膛抽气装置安装在身管后部接近最大后坐距离点位置,抽气效率较高。

PzH 2000 自行火炮的炮身结构如图 3-9 所示。

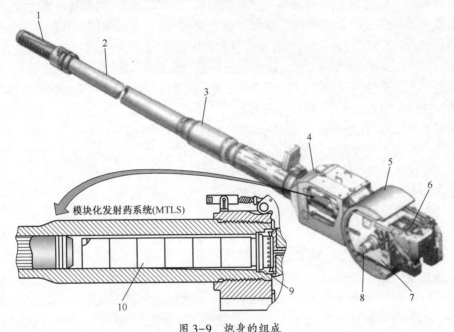

图 3-9　炮身的组成
1—炮口制退器；2—身管；3—抽气装置；4—反后坐装置保护罩；5—防盾；
6—立楔式炮闩；7—摇架；8—耳轴；9—闭气环；10—药室。

PzH 2000 自行火炮的炮尾部分使用了楔式炮尾和上开半自动立楔式炮闩。PzH 2000 自行火炮使用药包（可燃模块）发射药，开闩机构与传统的立楔式半自动炮闩基本相同，但是需要安装手动关闩手柄，通过人工释放炮闩来关闩。PzH 2000 自行火炮的关闩手柄位于摇架外侧。对于采用楔式炮闩的火炮一般需要设置有开闩手柄，用来在火炮首发射击时打开炮闩以装填第一发炮弹。PzH 2000 自行火炮的开闩手柄基本结构与 FH-70 相同，需要来回扳动数次才能打开炮闩，动作繁琐，但是比较省力。此外，依据自行火炮乘员布置特点，将手柄从炮尾右侧移动到左侧。

PzH 2000 自行火炮采用药包装填的方式，相应地应用了金属闭气环和底火自动装填的技术。PzH 2000 自行火炮的金属闭气环（图 3-10）是在 FH-70 式榴弹炮采用的闭气环基础上的改进型，可保证进入膛内的沙粒和灰尘量减到最少程度，大大提升了火炮野外实战条件下作战时炮膛闭气可靠性和安全性。

底火装填机构安装在炮闩上。PzH 2000 自行火炮炮闩之所以采用向上开闩的结构形式，原因之一就是为了方便底火盒的更换。为了获得较大的底火携带量和持续高射速，莱茵金属公司设计了一种棘轮驱动链式大容量底火盒（图 3-11）。这种底火盒通过两个棘轮带动底火链循环转动，可以容纳多达 32 发底火，这样发射一个基数弹药（60 发）炮手只需更换一次底火盒即可。射击时，PzH 2000 自行火炮炮闩每开、关闩动作一次，棘轮就会带动底火链前进一格，将新底火送到待发位置，击发后的旧底火仍储存在底火盒中。

PzH 2000 自行火炮的反后坐装置由两个液压式制退机和一个液体气压式复进机组成，最大后坐距离为 700mm。制退机成对角线方式布置在身管根部左上方和右下方，复进机则置于身管根部左下方。这种布置形式使身管根部的右上方空间正好可用来放置需要和炮身平行固连的捷联惯性导航装置,并且用与防盾一体化设计的装甲将反后坐装置和惯导系统完全包裹起来,使得 PZH 2000 自行火炮的身管根部变成了结构紧凑的盒形结构形式,不但外形简洁,而且可有效抵御枪弹及战斗部破片侵袭。

 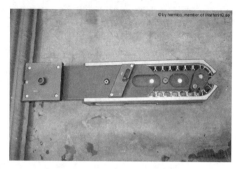

图 3-10　安装在身管尾端的金属闭气环　　图 3-11　安装在闩体上的底火盒

火炮的俯仰控制机构由摇架、高低机和平衡机组成。摇架用于承载火炮身管,带动炮身俯仰并约束其后坐运动方向。PzH 2000 自行火炮摇架是一种结构紧凑的筒形摇架,安装在火炮防盾后方。与一般牵引火炮的筒形结构不同,PzH 2000 自行火炮摇架后半部分是方框形的,与楔式炮尾配合紧密,且结构紧凑。摇架上安装有耳轴,且可以快速拆卸。包括摇架在内的整个火炮组件可以在不吊装炮塔的情况下向前直接抽出,而身管和炮尾则采用断隔环形凸起结构连接,野战条件下前抽更换身管不超过 20min。

PzH 2000 自行火炮为了实现瞄准自动化,高低机采用了大功率交流伺服电机驱动的全自动高低机结构方案,利用大扭矩齿轮传动系统直接通过耳轴驱动火炮俯仰,可在 $-2.5°\sim +65°$ 的大范围内快速精确地控制火炮的俯仰角,最大俯仰速度达到 14(°/s)。这种方案在控制方式上可实现全电化操作,避免了采用液压传动系统在反映速度、可靠性和安全性上的一系列问题。

PzH 2000 自行火炮的平衡机也与一般的火炮不同,用两个新型扭杆式平衡机取代了传统的液体气压式平衡机,其结构由圆截面整体式扭杆和牵引链条组成。两个平衡机安装在炮塔内顶部舱壁上,通过牵引链条与炮身相连。扭杆式平衡机除了结构简单、体积小、寿命长、不易损坏等优点外,还能依据火炮俯仰角度变化调节平衡力矩的大小,使高低机在火炮俯仰过程中受力均匀,火炮的瞄准更加平稳。

2. 自动装填系统

PzH 2000 自行火炮设计技术指标中要求火炮必须能够携带多达 1 个基数(60 发)的炮弹,并且弹丸部分需要实现全自动装填。为了满足上述要求,维格曼公司提出了一套全新的自动装填系统结构方案,将全部 60 发弹丸(重量超过 2.6 t)集中布置在车体中央的弹舱内,使火炮底盘的空间更加合理,并显著降低了全炮的重心,有利于改善火炮的行驶稳定性和整车动力学特性。该自动装填系统对全部 60 发弹丸的能够进行自动管理,让所有车载弹药都成为随时可以发射的"待发弹",而非"备用弹",火力持续性和自主作战能力大为提高。单炮携弹量的增加还使 PzH 2000 自行火炮不用配备同底盘随行的弹药车。

PzH 2000 自行火炮弹丸自动装填系统由弹仓、取弹臂、接弹盘和自动输弹机四部分组成。除摆臂式自动输弹机安装在火炮耳轴上以外,其他几部分机构都布置在底盘中后部的战斗室内,如图 3-12 所示。

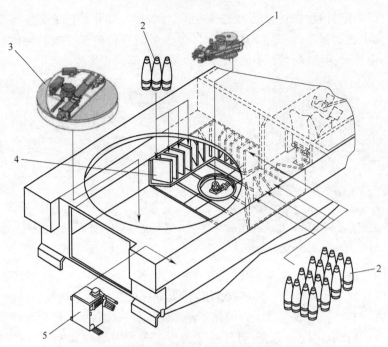

图 3-12 弹仓在车体中的位置
1—取弹臂;2—弹丸;3—接弹盘;4—弹仓;5—自动装填系统控制单元。

弹仓位于底盘中部,用于存储弹丸。要想在底盘中部有限空间内存放多达一个基数的 155mm 弹丸,同时还要预留取弹设备空间和驾驶员通道,其结构布置需要精心的论证。在样炮论证阶段,维格曼公司对底仓式弹丸布置进行了多方案比较,最终确定了弹丸存放于立式弹丸存放架中,弹丸存放架呈马蹄形环绕车体舱壁排列的结构方案,如图 3-13 所示。底仓中所有弹架的安装角度全部指向弹舱中央取弹臂的位置,并在右前方留有一个宽约 0.5m 的通道用于乘员进出驾驶舱。原理样炮上每个弹架可以呈直立状态(弹头向上)存放 3 发弹丸,60 发弹丸共需 20 个弹架。正样炮阶段单一弹架携弹量增加到 4 发,弹架数量减少到 15 组,弹舱空间利用率进一步提高。

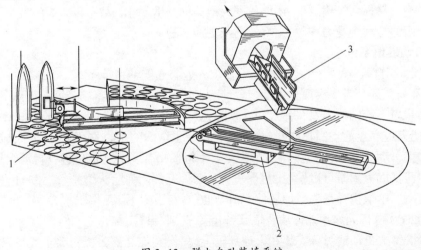

图 3-13 弹丸自动装填系统
1—取弹臂;2—接弹盘;3—输弹机。

在PzH 2000自行火炮之前,中大口径火炮自动装弹机的取弹臂多采用定点取弹方式,即由驱动系统带动弹仓里的弹药存放单元循环运动,将所需的弹丸送到取弹口位置,取弹臂每次从固定的取弹口提取一发炮弹送给输弹机。在这种取弹模式下,取弹臂只需进行简单的一维平动或转动,其动作控制相对容易实现。但是,拥有众多存放单元(一般在20发以上)的转动弹仓质量至少也有数百千克,需要大功率驱动机构才能完成弹药选择和供弹动作。PzH 2000自行火炮携弹量达到60发,弹丸全重接近3t,显然不能用传统自动装填系统弹仓旋转、定点供弹的装填模式。针对这一矛盾,维格曼公司的设计方案将定点取弹变为多点取弹,让所有弹丸存放在弹仓内的固定位置,由一个可以做三维运动的取弹臂依次提取。PzH 2000自行火炮的取弹机构主要由可以360°旋转的滑轨、滑轨上安装有可伸缩L形取弹臂和可做90°旋转的取弹爪三部分组成。这套取弹装置已经不再是简单的机械装置,而是一部由计算机控制、通过4组48V交流伺服电机驱动、多轴联动的工业机器人。PzH 2000自行火炮取弹臂上设置了一个小座位和操作手轮,在火炮丧失电力后,一号装填手可以直接进入弹仓,坐在取弹臂上,通过转轮手柄直接操作取弹臂选取弹丸。

PzH 2000自行火炮的弹丸和取弹臂均布置在底盘内,不能直接向炮塔中的自动输弹机供弹,因而设置了接弹盘用以实现炮塔在任意射向下自动供弹。接弹盘本体安装在车体地板正对炮塔吊篮位置,可以在吊篮下方独立进行360°旋转。本体上间隔180°相对安装有两组接弹盘,随着本体旋转,两组接弹盘可以轮流完成供弹转换工作。接弹盘上安装有感应式引信装定机构,能够自动装定炮弹引信的工作状态。炮塔处在0°射向(正前方)时,接弹盘会和输弹机错开一个角度,从输弹机右侧接受取弹臂送出的炮弹。两组接弹盘中有一组还同时承担车外补弹工作,它可以通过底盘尾部的外部补弹口向后伸出,接取车外补充的弹丸。接弹盘也由电驱动装置控制,但是由于安装位置限制,不具备应急情况下人工直接操作能力。手工操作射击时,二号装填手需要从取弹臂上抱起弹丸放置到输弹机托盘上。

PzH自行2000火炮的摆臂式输弹机安装在耳轴上,可进行独立俯仰。输弹机平时处在竖直状态,并在这一位置下接取弹丸。输弹机整个运动部分重约为350kg,其俯仰动作由电机驱动。输弹方式采用气动弹射输弹,输弹速度快(装填一发炮弹只需1s)。由于采用气动弹射方式输弹,炮弹入膛的速度很高,装填到位时会发出很大声响。当电驱动系统失效时,输弹机同样可以进行手动俯仰操作,压缩气瓶中存储的备用高压气体能够保证输弹机弹射装填车载全部60发炮弹。

考虑到兼容老式的药包结构发射药,PzH 2000自行火炮实现弹丸全自动装填的同时,发射药仍然采用手工装填模式。发射药集中存放在炮塔尾部的发射药仓内,药仓中布置有48个带挡药板的独立管状发射药容器,每个药管可以存放1组老式全装药药包或者6个新设计的DM72刚性全可燃发射药模块(全炮其携带288个模块)。发射药仓通过三块厚达数厘米的水平滑动式防爆门与炮塔乘员舱隔离,炮塔尾部则对应安装有两块爆炸冲击波泄压板,在发射药被击中爆燃时能够尽最大可能增加炮塔乘员的生还概率。因此,作战时禁止任何一块防爆门处于持续打开状态。

PzH 2000自行火炮的弹药装填过程如下(首发装填时需要手动开闩):
炮长通过火控计算机自动装定火炮射击诸元并选择弹种(火控计算机中已经存储了

舱内每一发炮弹所在弹架的位置),取弹臂根据计算机指令从相应弹架上抓取一发所需的炮弹。取弹爪抓取炮弹后取弹臂缩回,滑轨旋转到正后方,取弹臂沿滑轨运动到送弹位置。取弹臂运动到位后,取弹爪将炮弹转至水平状态并放到接弹盘上。炮弹在接弹盘上完成引信装定,接弹盘选择最近路程沿最小角度方向旋转并与输弹机对正。接弹盘竖起,将炮弹放置到输弹盘上,之后输弹机摆臂旋转到火炮仰角位置,然后将炮弹弹射入膛。供、输弹机所有运动机构在完成工作后都会自动回到初始位置准备接受下一发炮弹。在弹丸装填的同时,装填手从发射药仓取出所需标号的药包或发射药模块并完成发射药组装,输弹机将弹丸弹入炮膛后装填手随即将发射药送入药室(火炮的药室底部两侧有挡药杆,在大仰角射击时可以防止发射药在关闩前滑出药室)。完成装药后,装填手拉动关闩手柄,炮闩下落关闩并带动底火盒棘轮装填一发底火。电击发机构在火炮关闩到位后自动击发,炮身后坐过程中炮闩自动打开,炮身复进到位后输弹机将装填下一发炮弹继续射击。

  PzH 2000 自行火炮自动装填系统动作虽然复杂,但由于采用了全电伺服控制系统,动作速度快、运动定位准确,供弹速度快,并且在长时间连续工作有很高的可靠性。德国陆军对 PzH 2000 自行火炮射速的指标是:要求达到 8 发/min,希望达到 10 发/min。而试验表明,在合适的条件下(使用适中的发射药量,在适中的仰角下),标准生产型的 PzH 2000 自行火炮可以在 56.2s 内轻松达到期望指标。实际上,该火炮在装备部队后的多次模拟实战演练中证明,无论在何种条件下,PzH 2000 自行火炮的最大射速都不会低于 9 发/min。其中,达到的各级射速如下:3 发/9.2s,6 发/29.5s,8 发/42.9s,20 发/2min10s,60 发/9min31s。

  PzH 2000 自行火炮没有配备同底盘弹药输送车,阵地上持续射击时需由军用自卸卡车完成弹药运输保障。一辆 MAN 公司生产的制式军用卡车可以运载一个携带 150 发(2.5 个基数)炮弹和配套发射药的平架式自卸集装箱模块,卡车卸载后由炮手自行完成弹药补充工作。进行补弹作业时,装填系统接弹盘从底盘尾门下方的补弹口伸出车外,炮手将弹丸搬放到接弹盘上,再通过尾门内侧安装的火控系统终端控制盒输入弹种信息,之后接弹盘自动缩回底盘,并由取弹臂抓取弹丸按次序放置到储弹架上。计算机能够实时检测取弹臂的角位移和伸长量,控制盒传回的弹种信息记录下每一发炮弹在弹舱中的位置。发射药则由炮手通过炮尾乘员舱门传递到炮塔内,再依次放到发射药舱内的储药管中。两名炮手补充完全部车载弹药只需要 10~12min。

3. 弹药

  弹药系统是身管火炮赖以发挥威力的基础,莱茵金属公司在研制 52 倍口径长身管 155mm 火炮的同时,除了能够发射北约的标准榴弹外,还研制了多种新型大威力、高精度、远射程 155mm 炮弹和与之配套的模块化发射药系统。

  1) 标准制式弹药

  PzH 2000 自行火炮服役后最初几年使用的主要是老式的北约制式榴弹,包括 DM20/30 系列和 L15 系列两种。

  DM 20/30 榴弹由弹体、炸药装药、弹带、弹尾和引信等几部分组成。弹径 155mm,弹丸长 607mm(后期生产型长度有所增加),弹丸重 42.91kg。弹体由含磷量较高的脆性钢锻造、冲压成毛坯,再经过车制加工而成。DM 20/30 榴弹装填有梯恩梯炸药(6.63kg)或

B炸药(6.69kg),后者是一种TNT——黑索今混合炸药,爆炸威力较单一梯恩梯装药更大。弹带是嵌在弹体尾部的一圈铜金属环,距弹尾大约88.9mm,除后部弹带外,DM20/30榴弹在弹体圆柱段前端还有一圈较薄的铜金属环作为弹丸前定心部。DM20/30榴弹头部开有引信连接孔,作战时通过螺纹旋入引信,平时存放状态则旋入一个带圆形挂环的提弹螺栓来保证安全。DM20/30榴弹既可以安装制式机械引信也可以安装多普勒近炸引信。引信采用惯性保险机构,依靠弹丸出膛后高速旋转离心力解脱保险,距离火炮炮位的保险距离大于100m。

L15系列榴弹是德国陆军装备的另一种制式155mm炮弹,最早是随同FH-70榴弹炮项目,由英国皇家兵工厂负责研制开发的北约第二代制式榴弹。L15A1榴弹弹丸长度达到788mm(长径比达到5:1),弹底有25~30mm深的底凹结构。大长径比、底凹结构明显降低了弹丸阻力系数。在使用重新调整后的8号发射药发射时初速由DM20的684m/s提高到827m/s,射程则增加到24km。由于采用高强度的硅锰合金钢,使弹体壁厚减小,L15A1榴弹在弹重基本不变的情况下,B炸药装填量增加到11.32kg,爆轰冲击波威力更大,破片数量更多和密度更大,其杀伤半径超过DM20榴弹一倍之多。榴弹引信除采用德国JUNGHANS公司生产的制式DM143双用途时间——触发引信外,也可采用同为该公司生产的DM52系列电子时间引信。

2) 远程榴弹

从20世纪90年代开始,莱茵金属公司研制配属PzH 2000自行火炮使用的新一代榴弹,研制名称叫Mod2000,寓意为"21世纪初的先进榴弹"。新一代榴弹采取了以下的技术措施,使其射程、威力、安全性等有了很大的提高。

(1) 改进弹体结构。新型榴弹采用了长径比达到5.8:1的长圆柱弹体,能够延迟端部激波产生,减小弹丸的激波阻力;通过在弹底增加浅底凹结构(底凹部分深度不足30mm)减小涡流阻力,与老式DM20榴弹相比减阻增程率达到40%,在使用52倍口径长身管155mm火炮发射时最大射程达到30km。

(2) 改进弹带。新型榴弹的弹带改变传统单一紫铜弹带结构,变为黄铜、尼龙复合弹带。通过在弹带后部增加尼龙密封环减小铜弹带部分宽度,改善了弹丸的气密条件,使膛线挂铜量明显降低。新型榴弹优化气密条件后,可以适应52倍口径155mm火炮使用高能模块化发射药大装药量、高膛压特性,使弹丸初速突破900m/s。

(3) 更换新型炸药。新型榴弹装填的炸药是一种高威力钝感混合炸药,其正式名称为塑料粘结(RH26 PBX)炸药,主要成分包括黑索今(RDX)、奥克托今(HMX)和聚合钝化剂。RDX安定性好、熔点高、敏感度相对较低(但是高于TNT),爆炸威力超过TNT炸药50%以上。由RDX和HMX组成的RH26装药在加入塑性钝化剂后,安全性能远超传统B炸药(梯—黑混合炸药,TNT和RDX各50%)装药。

(4) 引入智能引信。JUNGHANS公司于20世纪90年代设计的MOFA DM74新一代智能引信采用现代大规模集成电路技术和固态天线技术改进传统近炸引信电子电路,使近炸引信的电子器件体积缩小到原来的一半,而新型长效电池体积也更为紧凑,能够做到存储10年以上不会失效。DM74引信增加了机械延时触发功能,从而在一枚引信内同时实现DP近炸、电子时间控制和瞬发/惯性触发等多种工作模式。2000年以后,JUNGHANS公司又在DM74引信基础上引进感应自动装定功能,研制出性能更先进的

MOFA DM84 多模态智能电子引信，新型榴弹在采用 DM84 引信后，杀伤效能提升到使用传统触发引信高爆榴弹的 3~20 倍之多。

Mod 2000 新型榴弹项目于 21 世纪初定型为 RH30 式钝感高爆底凹榴弹，2001 年 2 月投入批量生产，德军编号为 DM 121，正式成为 PzH 2000 自行火炮新一代主用弹。

为了进一步增大射程，莱茵金属公司在 RH30 远程圆柱榴弹的基础上应用底排增程技术，成功开发出了 RH40 HE IM ER 钝感高爆远程底排增程榴弹。RH40 榴弹所采用的 DMI 483 底排发动机工作时间长达 40s，而且结构也与以往底排榴弹有所不同。RH40 榴弹在设计底排装置时改变了底排药柱的外形结构，增加了药柱点火接触面积，与改进后底排点火具相配合使底排药剂点火一致性明显增加，其纵向密集度达到了 1/300，是目前已装备精度最好的远程底排榴弹。

在增加底排装置后，RH40 榴弹弹体总长径比达到 6.08，弹尾除了底排发动机外，还保留了 RH30 榴弹的浅底凹结构，虽然单一底排增程率并不突出，但是底排—底凹复合增程效果再加上优良的弹体线型，使 PzH 2000 自行火炮发射 RH40 榴弹最大射程达到 40.1km。

3）反装甲—杀伤子母弹

莱茵金属公司在和以色列军事工业公司（IMI）合作研制新一代子母弹过程中借鉴 IMI 新型子弹技术，开发出 RB63 型 155mm 子母弹和 RH49 型 155mm 底排子母弹。子母弹中的 RH2 型子弹直径达 43mm，长 90mm，弹重达 330 g。子弹由带有抗旋翼片和飘带稳定机构的端部引信、圆柱形钢质预制破片弹体、紫铜药型罩和炸药等部分组成，弹体比药型罩略长一些，以提供聚能装药的有利炸高。子弹接触目标后，引信动作引爆炸药，炸药压垮药型罩后形成破甲射流，外壳则破碎成大量破片杀伤四周人员。子弹在弹体内 7 枚一排，共分 11 排排列，其他结构如底凹结构弹底、抛射药和机械时间引信等基本沿用美国 M483Al 子母弹的模式，但是子母弹的抗过载能力有了明显提高。RH49 远程子母弹是在 RB63 的基础上应用底排弹技术，子弹携带量减小到 7 排 49 枚，但是射程提高到 30km。

4）SMArt 智能末敏弹

由莱茵金属公司（负责总体集成）和博登湖防务技术公司（DIEHL BGT Defence，专门负责末敏子弹开发）联合研制的末敏弹的注册商标为 SMArt（"斯马特"）。"斯马特"末敏弹于 1997 年设计定型，德军编号为 DM702 型反装甲末敏弹，2000 年开始装备部队。"斯马特"末敏弹采用多模态探测技术，敏感器件包括主动毫米波雷达、被动毫米波辐射计和双色红外探测器。两种毫米波敏感器件集成在一起，共用一个收发天线，毫米波雷达采用有源工作模式，工作频率高达 94 GHz（微波频率越高，对小目标的分辨精度越好），能够全天候工作，具备测速、测距功能，它主要用于在扫描初始阶段迅速发现目标。毫米波辐射计采用无源工作方式，很难被敌方侦察或干扰，因为装甲车的金属车体毫米波辐射功率几乎为零，毫米波辐射计可以用来准确识别目标的中心位置。双色红外探测器采用了单元线阵制冷红外敏感器件，工作在 3~5μm 和 8~14μm 两个红外波段上，与毫米波探测器相比，红外探测器的定位精度更高，而且可以判断目标是否已被击毁燃烧，夜晚时效果尤其明显。三种探测模式有机结合，做到优势互补，让"斯马特"末敏弹在有限下落时间内获得尽可能高的目标识别概率。

末敏弹本身是不可控的，不能像导弹武器那样进行弹道机动，所以末敏子弹一般都采用旋转下落扫描的方式搜索目标,即利用减速稳定机构使子弹弹体与垂直方向成一定夹角匀速旋转下落,让敏感器沿弹体方向边旋转边扫描。此外,为了实现大炸高范围非接触式攻击,末敏弹使用了爆炸成型弹丸(Explosive Formed Projectile,EFP)的特殊聚能战斗部。DM702"斯马特"携带的 DM 1490 末敏子弹采用了钽金属药型罩,起爆后锻造出的 EFP 弹丸长径比达到 5:1,而且经过处理后的药型罩外沿还能翻转折叠成类似长杆穿甲弹尾翼形状的裙边,其威力有效距离超过 120m,在 30°角情况下能击穿 120mm 厚均质装甲钢板。

试验表明,DM702 末敏弹单个子弹敏感区面积达到 20000m², 在敏感区内对静止目标(坦克)二次扫描识别率几乎为 100%,对 15m/s 匀速运动目标的识别率也超过 95%,最低目标歼毁概率已超过 50%,6 门 PzH 2000 自行火炮一次齐射即可对 20km 外的敌人营级规模装甲集群造成毁灭性打击。

PzH 2000 自行火炮标准榴弹、远程榴弹和末敏弹的结构如图 3-14 所示。

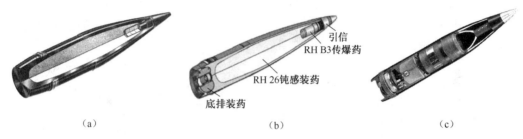

图 3-14 PzH 2000 自行火炮的几种主用弹
(a) DM 20/30; (b) DM131; (c) DM 702。

4. 发射药装药系统

大口径榴弹炮为了实现大范围的火力覆盖,发射药装药量并不是固定的,而是分成若干个等级,射击时通过选择不同标号装药来控制装填发射药的药量,以调整火炮的初速来实现射程覆盖的要求。

压制火炮发射药装药的发展可以分成三个阶段:药包装药阶段、装药刚性化阶段和刚性模块化阶段。从 20 世纪 80 年代后期开始,北约四国在制定 JMBOU 协议的过程中最终就 155mm 火炮使用模块化发射药的初速分级和射程重叠量等要求达成了一致意见。按照上述协议,18 L 药室的 39 倍口径身管最多可以使用 5 个模块,23 L 药室的 52 倍口径身管最多可使用 6 个模块,从而使得发射药装药系统的装药模块实现完全标准化,所有单元模块药都将具有完全相同的结构尺寸,可以互换使用。

莱茵金属公司在设计 52 倍口径长身管 155mm 火炮的同时也进行了全等模块化发射药的研制。1996 年,第一种实用化的模块化发射药装药系统 MCS DM72 研制成功。DM72 发射药模块外形为白色圆柱体结构,每个模块装药重 2.5kg。模块头部为一薄壁浅凹槽结构,尾部则是与之对应的短圆突起(直径略小),若干个模块药通过首尾相接构成完整的装药组件。模块刚性外壳采用特殊硝酸纤维材料制成,敏感度很低,而且燃烧后几乎没有残留物生成,模块内装有颗粒状(19 孔梅花形药粒) R5730 低溶解性三基发射药。R5730 发射药中黑索今(RDX)含量较高,能量高,火药力高达 102 kJ/kg,完全能满足 PzH 2000 自行火炮使用 6 号全装药发射新型远程榴弹 945m/s 高初速要求。发射药模块中心含有一个可燃传火管,装药组合完成后,所有传火管构成一个完整的点传火通道。

然而,使用全等结构模块化发射药也存在一些问题。在 DM72 发射药研制过程中,设计人员发现,由于火炮使用 1 号和 6 号装药射击时内弹道环境差异很大,单种模块发射药很难做到大、小药号首尾兼顾。6 号全装药装填后火炮药室基本充满,发射时为了控制膛压上升速度,必须采用燃烧速度较慢的火药;而 1 号装药装填后药室仍有三个模块容积的剩余空间,结果会导致火药燃烧速度降低,造成膛压上升速度过慢,使弹丸达不到应有初速,严重时甚至会发生膛压过低导致发射药燃烧自行终止的事故。莱茵金属公司针对这一问题,从 1995 年开始研制 DM82 型基本装药模块,该模块采用装填密度较小但是燃烧速度更快的速燃发射药粒,模块直径与 DM72 相同,但是长度为后者的 1.5 倍,在使用 1 号和 2 号发射药射击时应采用 DM82 模块,在使用 3 号以上时仍采用 DM72 模块发射。这样重新优化组合后的 MCS 装药系统在 2 号和 3 号发射药之间形成平稳过渡(体积都为 3 个 DM72 模块大小,也就是相当于一半药室容积),装药系统最大号和最小号装药的内弹道环境都得到合理兼顾,PzH 2000 自行火炮初速分级变得更加合理,实现了从最小射程 3.6km 到最大射程 42km 之间的无缝衔接。改进后的 PzH 2000 自行火炮的模块化发射药如图 3-15 所示。

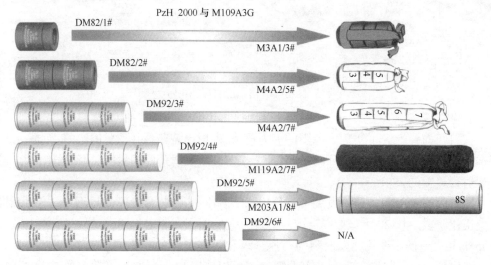

图 3-15　PzH 2000 自行火炮发射药装药

PzH 2000 自行火炮由于要兼容老的发射药,发射药装填尚未实现自动化,但是 MCS DM72/82 发射药装药系统的采用已使其性能大幅提升,弹药后勤管理得到简化。

3.2.3　动力与传动系统

PzH 2000 自行火炮的动力和传动系统采用了德国"豹"Ⅰ、"豹"Ⅱ主战坦克的成熟技术。

1. 发动机

PzH 2000 自行火炮所采用的是 MT880 系列中 V 型 8 缸型号——MT881 Ka-500 发动机,总排量 18.3L,标定功率 735kW,最大转速 3000r/min,最大输出扭矩 3000N·m(转速 2000r/min),长度只有 1186mm(比 10 缸的 MB838 还短)。这种 1000 马力级别的柴油发动机使得战斗全重高达 55 t 的 PzH 2000 自行火炮仍能达到 13.16kW/t 的单位功率。

2. 传动系统

PzH 2000 自行火炮底盘的综合传动装置为 HSWL284C。HSWL284C 是一种典型的履带式全自动液力机械综合传动装置,可以不经过联轴器直接与发动机功率输出轴对接,动力从传动箱后方纵向输入,经液力变矩器、转向齿轮系、双侧行星齿轮系和带有多模制动装置的离合器由两侧横向输出。HSWL284C 传动采用全电控结构,具有 4 个前进挡和 2 个倒挡,最大机械传动比为 4.7,能在自动、手动变速模式之间任意转换,紧急情况下失去液压动力时可以降级为机械换挡操作。带有自动锁定离合器的液力变矩器总扭矩比为 2.5,无级变速的静、动压液力复合双功率流转向机构能实现车辆原地倒转,通过集成化机械、液力双回路制动系统可以实现快速连续制动,而且车辆静止状态下仍能保证可靠制动(防止发生溜车)。

PzH 2000 自行火炮的动力—传动系统总体布置采用了西方三代主战装备中通行的一体化动力舱设计,发动机和传动装置构成一个整体模块化结构,如图 3-16 所示。动力舱为经典倒 L 形布局,传动系统位于车体前方呈横置布置,占据车首倾斜装甲下部空间,发动机纵置于其后偏左位置(与驾驶员并列),通过快速分解连接盘向传动系统输出动力。散热系统由水冷换热器和两部混合式冷却风扇组成。与后置动力系统布局相反,散热系统安装在发动机而非传动系统上方。风扇由传动系统输出动力,在电子调速系统控制下高速旋转,将车外冷空气从动力舱顶部窗口吸入,流经水冷换热器交换热量后被风扇抽吸加速,从车体左侧大型散热窗口排出(此窗口还兼作发动机废气排放之用),在排气窗前还安装有发动机寒区启动所必需的燃料电加温启动装置。动力舱顶盖由一块完整的大尺寸装甲盖板构成,通过螺栓与车体连接,取下盖板后,整个动力—传动系统将完全暴露,利用"豹"式装甲抢救车在 15min 内即可完成动力—传动系统整体吊装更换。

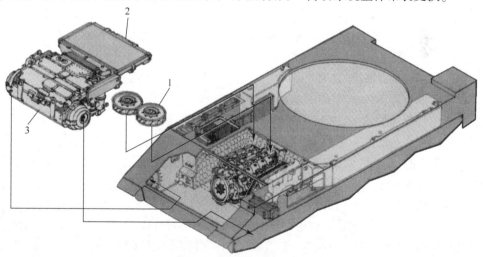

图 3-16 动力与传动系统总体布置

1—冷却风扇;2—水冷热交换器;3—HSWL284C 传动装置。

3.2.4 行驶系统

PzH 2000 自行火炮的行驶系统由 1 对主动轮、7 对负重轮、4 对托带轮、1 对诱导轮、履带和悬挂机构等组成。负重轮为直径 700mm 的铝合金双轮缘挂胶负重轮,内部为空心结构,重量轻、散热性能好。为了提高负重轮磨损寿命,在轮缘内侧镀有特殊耐磨层。4 对托带轮两两一组,1、3 轮对在履带齿内侧,2、4 轮对在外侧;主动轮前置,齿圈为平板结构,齿数 l2,开有 6 组减重孔,通过螺栓与主动轮轮毂相连;直径 600mm 的诱导轮后置(和负重轮不能互换),其安装轴带有机械式调节机构,用以调节履带张紧程度。PzH 2000 自行火炮的负重轮与诱导轮和"豹"II 主战坦克相同,所有负重轮平衡肘都有锥形弹簧限制器限制最大行程,在第 1、2、3、6、7 五对负重轮平衡肘上还安装了液压减震器,对应的限制器则带有额外的蜂窝状塑料附加弹簧进一步吸收大行程时运动能量(为错开诱导轮张紧机构,第 7 负重轮的悬挂和减震机构安装方向与其他负重轮相反)。火炮发射时,后部液压减震器能自动锁定负重轮并在射击时吸收后坐能量,因此无需像早期自行火炮那样安装可收放驻锄。

PzH 2000 的扭杆悬挂机构和 550mm 幅宽 D640A 型履带与"豹"I 主战坦克相同。

PzH 2000 自行火炮最大公路速度为 60km/h(RENK 公司表示,通过为 HSWL284C 传动增加第五组变速齿轮即可达到 68km/h 的速度),最大越野速度为 45km/h,山地简易路面最大行程大于 420km,爬坡度和侧倾坡度分别达到 60% 和 25%,能翻越 1m 高的垂直障碍和 3m 宽的壕沟,其越野机动能力完全不逊于任何三代主战坦克。

3.2.5 火控及观瞄系统

PzH 2000 自行火炮的特点是自动化,而这种自动化有两层含义:一是火炮操作自动化;二是火控自动化。

1. 火控系统

PzH 2000 火控系统的核心是 MICMOS32 微型火控计算机,其他火控和炮控设备都通过数据总线与之相连。第一批量产型 PzH 2000 自行火炮计算机处理器为 80286 系列 CPU,采用 Windows 3.11 操作系统。MICMOS32 主机箱带有电加热温控装置,在低温 -32℃ 的环境下仍能正常工作。计算机人机界面包括 4 组带有条形单色数码液晶屏和输入按键的终端显控设备,前 3 部分别向炮长、瞄准手和二号装填手提供诸元显示(炮长的终端设备功能更强,对火控计算机拥有完整控制能力,也可用于控制火炮发射),另有 1 部安装在车体右侧尾舱门上,用于控制自动补弹机工作并记录弹丸种类。此外,炮长还额外拥有一部带有彩色液晶显示器和全键盘输入系统的多功能显控平台,通过它炮长能够获得更多信息,包括全系统工况、导航定位数据、电子地图等,炮长还可以通过它为 MICMOS32 系统编程,控制其实现更多特定功能。

计算机内还安装有专门的多发同时弹着(MRSI)解算程序。MICMOS32 计算机可以直接为炮长计算出不同发数炮弹的装药号序列,二号装填手只需根据炮长口令选择装药依次装填发射,其他关于射角调整、引信装定全部由计算机控制自动完成。1997 年在梅芬试验场,PzH 2000 自行火炮使用 L10 系列发射药的 6～10 号装药进行了 17km 射程 5 发炮弹的多发同时弹着试验。弹丸飞行时间在 36.57～88.99s 之间,炮弹落点纵向密集度为 1/170,炮弹落地最大时间间隔为 1.2s。这表明,PzH 2000 自行火炮已经完全具备实用化多发同时弹着能力。

PzH 2000 自行火炮在反后坐装置顶部安装有一台 MVRS-700C-GE 炮口初速测定雷

达。MVRS-700测速雷达工作频率为10.519~10.531 GHz,功率为500mW,最大跟踪距离为2km。MVRS-700测速雷达系统由SL-520M全固态平板天线(PzH 2000自行火炮采用发射和接收两组天线并列方式安装)和W-700M微处理器组成,采用多普勒原理实时测量弹丸炮口初速(刷新率为10000次/min),并将数据传送到火控计算机作为初速修正参考。

实现自行火炮单炮自主作战的根本是火炮定位定向功能自动化。PzH 2000自行火炮为此配备了功能完善的MAPS全球卫星定位/惯性导航系统(GPS/INS导航定位系统)。其中,GPS系统属于德军标准制式PLGR接收机,接收天线位于炮塔右前方,一台通用手持式接收机固定于炮长右侧炮塔内壁上,通过总线与其他火控系统相连,可以为炮长和驾驶员提供带有精确位置信息的电子航路图。作为北约的重要盟国,德军可以直接使用GPS高精度军码定位信号,定位精度可达到1m以内。而比GPS系统更重要的则是车辆惯性导航系统,完全自主无源工作的车辆惯导系统在为火炮连续提供大地位置信息的同时,却不会受到任何外界因素影响。PzH 2000自行火炮在野外无参照物机动状态下,每4km或总行程0.25%内航向偏差不超过10m。MAPS系统中的惯性导航单元采用高精度环形激光陀螺作为惯性原件,以捷联方式工作。

2. 通信系统

2000年以后,外销型PzH 2000自行火炮和德军升级后的PzH 2000A1自行火炮都安装有数传无线电装置,这是一种SEM52手持式甚高频数字无线电台的扩容、加密改进型号,使炮长对战场态势综合感知能力明显提高。此外,PzH 2000自行火炮上还安装有一部基本型SEM52电台用于4km内普通语音通信。

3. 观瞄系统

PzH 2000自行火炮的观瞄系统由三套光学设备组成,包括PERI R19 MOD周视间接瞄准镜、PzF TN 80昼/夜直接瞄准镜和PERI RTNL 80测瞄合一周视昼/夜观察镜。它们都由蔡司公司(ZIESS)生产,而且全部具备激光照射防护能力,以保护观察者视力安全。

1) PEl R19 MOD周视瞄准镜

周视瞄准镜是所有传统间瞄压制火炮需要配备的光学瞄准设备,用于火炮方向瞄准和标定。即使对于配备完善电子火控系统,实现操瞄全自动化的PzH 2000自行火炮来说,仍配备有传统制式周视瞄准镜以备降级使用之需。PERI R19 MOD周视瞄准镜由可旋转的上镜体、立柱式下镜体、接目镜、方向转螺、俯仰转螺以及分化显示和照明装置等主要部件组成,全重9kg,放大倍率4倍,视场177.7mie(10°),俯仰视界-650mie(-36.5°)~+350mie(+20°),方位视界6400mie(360°)。瞄准分划照明机构采用标准24V车载电源供电。立柱镜体为特有的升降结构,绝大多数情况下不使用的上镜体处于收缩状态。瞄准手如果需要通过周视瞄准镜手动瞄准,就将立柱镜体伸展,上镜体从炮塔顶部活动开口伸出炮塔。与其他自行火炮的固定式周视瞄准镜相比,PERI R19 MOD特有的伸缩结构能为瞄准镜光学设备提供更好保护。

2) PzF TN 80直接瞄准镜

PzH 2000自行火炮具备紧急情况下直瞄射击能力,因此需要配备光学直接瞄准镜。与用于手动瞄准的周视瞄准镜相比,直接瞄准镜使用概率要更大一些,因此PzF TN 80直瞄镜采用了固定安装结构。PzF TN 80是一种专门为PzH 2000自行火炮设计的昼/夜两用直瞄镜,潜望式物镜上镜体安装在炮塔侧面右前方位置,瞄准镜主体为肘节式结构,和炮塔纵向成一定夹角安装,瞄准镜尾部是昼/夜两用单目镜。因为 155mm 榴弹炮不可能也不需要在行进间直瞄射击,所以 PzF TN 80 本身并不具备图像稳定功能。直瞄镜全重 30kg,俯仰视界-44mie(-2.5°)~+349mie(+20°),白光视场 7°,放大倍率 8 倍;微光视场 4.8°,放大倍率也是 8 倍,能够对最高时速 40km/h 的运动目标瞄准射击,分辨精度高达 ±0.1mie。瞄准镜微光夜视仪正常工作时由车载 24V 电源供电,车辆断电时,依靠自带 6V(4×1.5V)LR6 锂电池电源仍可连续工作 8h。

3) PERI RTN L80 测瞄合一周视昼/夜观察镜

PERI RTNL 80 测瞄合一周视昼/夜观察镜是 PzH 2000 自行火炮炮塔上体积最大、位置最突出,同时也是最常用的光学设备,主要用于车长周视观察,了解周围态势。除了昼/夜观察外,PERI RTNL 80 还带有砷化镓半导体激光测距仪(对人眼安全),间瞄射击时为火控系统测量远方障碍物或山峰高度,直瞄射击时为火炮提供目标距离信息。PERI RTNL 80 安装在炮长前上方炮塔顶装甲上,带有装甲外壳的上镜体突出炮塔顶部,是整个火炮最高部分。它的外形和主战坦克车长周视瞄准镜极为类似,但是由于用途简化,上反射镜方位和俯仰操作全部由机械手轮控制。下镜体带有昼/夜两用单目镜和一个带护盖的第二夜视目镜,夜间可用双眼观察以提供立体视觉。PERI RTNL 80 全部质量 98kg,上镜体俯仰范围-10°~+20°,可以 360°任意旋转,有宽、窄两种视场可供转换。广角端放大率 2 倍(夜视双目观察放大率 1.2 倍),白光视场 28°,微光视场 19.2°,最大分辨精度 0.15mie;望远端放大率 8 倍(夜视双目观察放大率 4.8 倍),白光视场 7°,微光视场 4.8°,最大分辨精度 0.04mie。激光测距仪发射波长 1060nm 的近红外激光,最大测距范围 2800m,测量精度±5m。PERI RTNL 80 供电方式与 PzF TN 80 相同,也带有工作时间 8h 的锂电池备用电源。

完善的火控与观瞄系统配置使得 PzH 2000 自行火炮瞄准射击的工作极为简单。火控计算机将解算后的显示分化和表尺数据直接通过终端显示器呈送在炮长眼前,炮长通过键盘选择弹种后按下瞄准按钮,火控计算机向炮控系统发出指令,炮身就在炮控系统驱动下自动瞄准目标,供输弹系统按照火控计算机弹种指示自动选取、装填炮弹,最后由二号装填手根据火控计算机指示选择装药送入炮膛,炮长在确认装填手回到安全位置后,按下击发按钮,火炮发射完成射击过程。当降级为半自动瞄准以后,火控计算机只负责诸元解算,瞄准手通过控制手柄驱动火炮瞄准目标。当炮控装置失去电力后,火炮再次降级为手动瞄准,瞄准手通过高低机和方向机手轮操纵火炮。当火炮定位导航装置也发生故障,彻底失去自动解算目标诸元能力时,瞄准手还可升起周视瞄准镜,在炮长指挥下用传统方式操作火炮。这种多种备份,层层降级使用模式,充足的冗余设计保证了 PzH 2000 自行火炮在各种极端环境下都能发挥应有的作战效能。

PzH 2000 自行火炮拥有"静观""待命""战斗"三种基本状态。对于 1998 年投产的基本型 PzH 2000 自行火炮,驶入射击阵地停车后,液压缓冲器自动锁定负重轮,行军固定器自动释放火炮身管,炮长控制火炮进入"战斗"状态,自动瞄准系统和自动装弹机将在 5~7s 内加电启动,火控计算机在系统开锁后立即开始弹道解算,在 30s 内火炮即可完成行军—战斗转换,然后在 1min 内连续发射 10 发炮弹(选择多发同时弹着时可以压制 2~3 个点目标),并用 20s 解脱行走机构,实现炮塔归零,重新固定火炮身管,之后迅速退出作战状态。2000年以后,经过升级的PzH 2000A1自行火炮战斗设备加电启动时间更短,炮长在领受作战任务后,不论火炮处于何种状态(行驶或静止),随时都可以按下"战斗"按钮,第一发炮弹立即被送入接弹盘准备装定,火控计算机在火炮停车前即可完成诸元解算,自动装弹机随即完成首发装填,火炮行军—战斗转换时间被压缩到20s之内。

3.2.6 炮塔及防护

PzH 2000自行火炮的炮塔设计和AS-90等其他西方国家同时期的自行火炮外形有所不同,其两侧装甲板内倾角度较大,上部与炮塔顶甲板由两个较小折转连接形成近似弧形过渡。在一定程度上能提升炮塔顶甲结构强度,有益于火炮垂直防护能力提高。另外,PzH 2000自行火炮炮塔正面耳轴两侧和尾舱部分分别向前、后两个方向有所延伸,前方包夹大半部分火炮反后坐装置,后方则超出底盘尾部一定距离。PzH 2000自行火炮的炮塔纵向长度大,炮塔内除乘员战斗室外的空间中,前部两侧夹舱分别用来安置火炮输弹机气源和自动装填系统伺服驱动器;炮塔尾舱除了大部分空间被火炮发射药舱占据外,还有部分空间用于安置火控计算机、导航设备以及一些乘员个人物品。在炮塔四周对应这些设备处分别设置了6扇大尺寸维护舱门,除气动输弹机组件中空气压缩机需要进气而采用两扇百叶窗门外,其他均为装甲舱门。通过炮塔结构优化设计,PzH 2000自行火炮为实现射击自动化而增加的大量设备得到集中布置,完全不占用乘员战斗舱空间,炮塔内部空间比以往的自行火炮还大。

PzH 2000自行火炮炮塔外附属设备并不多,两组四联装烟幕弹发射器安装在火炮炮身与炮塔前突出舱体间夹缝内,从侧面基本看不到;炮塔右前方正面设有网格储物篮,主要用于放置火炮伪装网和车辆篷布;炮塔顶部除了炮长周视观察镜、两个乘员舱门以及火控电子设备散热风扇风口(带有装甲盖板)外没有其他多余设备,整个炮塔顶甲板外表都带有被处理成磨砂材质的粗糙防滑层(底盘前方驾驶舱部分亦是如此)。此外,还有两个通信天线座安装在炮塔后部。

防护性能是装甲战车的一项重要指标。PzH 2000自行火炮车体采用优质装甲钢,平均厚度超过20mm,炮塔呈大倾角外形,在近距离上可全向防御14.5mm机枪弹直射攻击和大口径榴弹破片。除基础装甲外,整个炮塔顶部(包括乘员舱门)和车体战斗室顶部还预留有附加装甲安装接口,可以通过螺栓连接GeKe被动防护模块化附加装甲,这种附加装甲由硬防护复合装甲和软防护主动毫米波隐身针状保护层两部分贴合而成,对撒布式反装甲集束子母弹和反装甲末敏弹(绝大多数末敏弹首要敏感器件是主/被动毫米波探测器,而且只有主动毫米波兼具测距、定位功能)都有一定附加防御能力。

PzH 2000自行火炮车体及炮塔内部都安装有防崩落内衬及防中子辐射衬里,能够有效防御二次效应对车内乘员、设备造成伤害。PzH 2000自行火炮采用全密封结构车体,车内安装有整体式三防装置和增压通风设备,具备核、生、化条件下全天候作战能力。

第4章 坦克炮和反坦克炮

坦克炮和反坦克炮是一种弹道低伸、用于毁伤坦克和其他装甲目标的火炮,同时也可以执行火力突击和支援等任务。自行反坦克炮具有与主战坦克同等的火力和良好的机动性,可为机动和快速反应部队提供强有力的反装甲火力。

坦克炮和反坦克炮是伴随着坦克在战场上的出现和使用而发展起来的。从坦克在第一次世界大战诞生,就开始安装有机枪和火炮,但火炮口径较小、威力也不大,且主要任务是消灭敌方有生力量、摧毁机枪火力点和土木工事。第一次世界大战以后,坦克在战场的作用变得越来越重要,坦克炮也得到了快速发展,但反坦克的作战能力不足,因而伴随着坦克的普遍使用,专用的反坦克炮相继问世。到了第二次世界大战,坦克在战场大量使用,坦克的口径、威力也逐步提高,坦克炮的主要任务也变为反坦克,与此同时反坦克炮得到了快速的发展,次口径钨芯超速穿甲弹、钝头穿甲弹和空心装药破甲弹等弹药的出现,也使反坦克炮的性能得到了很大提高。第二次世界大战之后,坦克的种类变为主战坦克和特种坦克。在主战坦克上普遍采用120~125mm口径的坦克炮,而反坦克炮多采用与主战坦克炮威力相同口径的火炮。到了20世纪60年代以后,由于坦克炮威力的提高和反坦克导弹的发展,反坦克炮的发展逐渐变缓,装备数量也减小,西方一些国家甚至放弃了反坦克炮。

现代坦克炮的口径一般为105~125mm,从弹道特性来看属于加农炮系列,主要以直接瞄准方式进行射击。坦克炮与一般的地面压制火炮在结构组成上基本相同,但由于其工作条件的特殊性,在结构与性能方面有其独特之处。

（1）威力大。坦克炮具有膛压高(有的达500~700 MPa甚至更高)、初速大、弹道低伸、射击精度高、结构紧凑、后坐距离短、操作简便等特点,穿甲能力强。例如,苏联T-72坦克125mm火炮穿甲弹,可在2000m距离上击穿140mm/60°的靶板;德国"豹"Ⅱ坦克120mm火炮发射初速为1650m/s的长杆式动能穿甲弹时,在2200m距离上可击穿厚度为350mm的垂直装甲;美国的M1A2坦克120mm滑膛炮炮口初速为1700m/s,2000m距离上的穿甲厚度达到700mm。为了获得高初速,坦克炮的身管较长,一般为50~60倍口径。

（2）多采用滑膛炮。滑膛炮没有膛线,不存在膛线烧蚀问题,弹丸膛内运动的阻力小,因而适用于高膛压、高初速发射,且身管寿命较长。滑膛炮可以发射多种尾翼弹,对于空心装药破甲弹发射适应性好,不会产生因弹丸旋转对聚能射流的影响。

（3）射击精度高。坦克普遍配置有炮膛轴线和瞄准线稳定系统、先进的火控系统、昼夜观瞄系统、测距仪和随动系统,具有较高的射击精度,一般可实现首发命中90%的精度。

反坦克炮按其内膛结构划分,有线膛炮和滑膛炮两大类,滑膛炮发射尾翼稳定脱壳穿甲弹和破甲弹;按运动方式划分,有自行式和牵引式反坦克炮两种。自行反坦克炮除传统的采用履带式底盘以外,新研制的大多考虑采用轮式底盘,以减轻重量便于战略机动和装备轻型或快速反应部队。牵引式反坦克炮有的还配有辅助推进装置,便于进入和撤出阵地。

就火炮与弹药而言,反坦克炮和坦克炮没有太大的差异,大多数由同时代的坦克炮改装而成。近年来也专门研制发展高膛压低后坐力反坦克炮,以减低后坐力,便于安装在轻型装甲车辆上。比如,德国研制的120mm超低后坐力滑膛反坦克炮,能发射"豹"Ⅱ坦克配用的弹药,可安装在20t重的装甲车上,自行反坦克炮战斗全重在30t以下。

自行反坦克炮的外形与坦克相似,但装甲防护、火控和稳定系统不如主战坦克,通常采取停车射击。由于自行反坦克炮的防护性能降低,重量较坦克轻、机动性好,且成本低。为了提高首发命中概率和具备夜间作战能力,现代反坦克炮配有激光测距仪、电子计算机和微光夜视或红外热成像仪等。

4.1 德国 RH120 坦克炮

莱茵金属公司120mm滑膛炮是为德国"豹"Ⅱ坦克研制的坦克炮,如图4-1所示。该火炮采用滑膛身管,身管长5.28m,用电渣重熔钢制成,装有热护套和抽气装置,设计膛压为710 MPa,实际使用膛压为500MPa,初速1650m/s(穿甲弹)。身管用自紧工艺制造,内膛表面经镀铬硬化处理,从而提高了炮管的疲劳强度、烧蚀寿命。身管寿命为650发(标准动能弹)。RH120坦克炮后期改进型身管增加到55倍口径,身管加长了1.3m,初速提高到1750m/s。

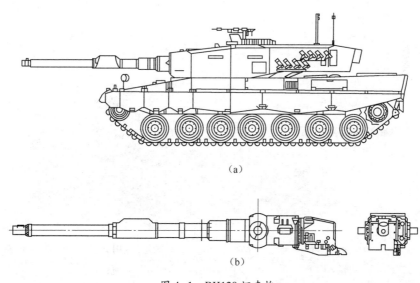

图4-1 RH120坦克炮
(a) "豹"Ⅱ坦克;(b) RH120坦克炮。

整个火炮系统带防盾重4290kg,不带防盾重3100kg(包括炮管、热护套、抽气装置和炮闩),炮管重1315kg。最大后坐距离为370mm,一般后坐距离为340mm。

RH120坦克炮配用尾翼稳定脱壳穿甲弹和多用途破甲弹两种弹药。DM13尾翼稳定脱壳穿甲弹是120mm火炮的主弹种,由弹丸、可脱落弹托和钢底半可燃药筒构成。弹丸由弹套、尾翼、弹芯和装在弹底的曳光装置组成的弹芯直径为38mm、长径比为12∶1。弹芯为外部套有钢套的钨弹芯。该穿甲弹的初速约为1650m/s,最大有效射程为3500m。DM12多用途破甲弹具有破甲和杀伤双重作用,初速为1143m/s。该弹为尾翼稳定弹,短尾翼用铝合金挤压制成,经表面热处理,可承受500MPa以上的膛压;采用了压电引信;改进了点火装置,将原来的单孔底火改成多孔底火,在周围一圈开有径向孔,使点火时间从22ms缩短为5ms。半可燃药筒由惰性纤维、硝化棉、二苯胺、树脂等混合制成,内装发射药、底火和缓蚀添加剂衬套。为防止药筒受潮和微生物侵蚀,在药筒上涂有一层油膜。DM23弹是1983年采用的德国第二代尾翼稳定脱壳穿甲弹,其整体式钨镍合金弹芯的直径为32mm,长径比为14∶1。

RH120坦克炮的炮尾组件包括炮闩装置与击发装置两部分。其中炮闩装置由闩体、炮尾、闩柄、抽筒子和保险器构成,出于结构简单、使用安全、操作简便迅速,以及适于自动装填等方面的考虑,闩体采用了立楔式设计,即闩体在炮尾中作垂直向滑动。由于设计最大膛压高达700 MPa,使用金属药筒将会出现抽筒困难,因而RH120坦克炮的弹药采用半可燃药筒。

4.2　PTZ89式120mm自行反坦克炮

PTZ89式120mm自行反坦克炮(简称89式120mm反坦克炮)我国20世纪80年代研制的反坦克武器(图4-2),装备于集团军、机械化师和预备炮兵,主要用于击毁敌坦克、装甲车辆和自行火炮,破坏敌野战工事和永备防御工事,压制或歼灭敌方有生力量和火器,歼灭敌方空降或登陆的装甲目标等。

PTZ89式120mm自行反坦克炮配用的弹药主要有脱壳穿甲弹和杀伤爆破弹。

图4-2　PTZ89式120mm自行反坦克炮

1. 性能及特点

PTZ89式120mm自行反坦克炮具有以下的特点。

(1)威力大。能有效遏制敌方装甲部队的进攻,实施防御作战,封锁突破口,为陆军提供直接火力支援;

(2)机动性好。该炮能适时实施机动,迅速占领和撤出阵地。能进行环行射击。有良好的兵力机动性和火力机动性；

(3) 射击精度高。该炮能对装甲目标给予精确打击。激光测距精度高，能自动装定距离和方向提前量；底盘重，地面附着力大，射击稳定性好。穿甲弹首发命中率对 2.3m×2.3m 固定正面坦克靶在 1500m 距离上为 70%，在 2000m 距离上为 50%，对 2.3m×2.3m 纵向运动坦克靶（时速 20~30km/h），在 1500m 距离上为 55%，对 2.3m×4.6m 横向运动坦克靶（时速 20~30km/h），在 2000m 距离上为 55%；

(4) 发射速度快。半自动供弹机可以定点供弹，装填炮弹省力，提高了发射速度。

PTZ89 式 120mm 自行反坦克炮在进行直瞄射击时，由于弹丸初速大，激光测距精度高，能自动装定距离和方向提前量，加之履带式底盘与地面有良好的附着性能，因此火炮的射击稳定性好、射弹散布小、射击精度高。该反坦克炮穿甲威力大，能满足现代反坦克作战对穿甲威力的要求，可有效地对付现代坦克等装甲目标。配用的杀伤爆破弹，可以火力支援坦克和步兵战斗。

该自行反坦克炮的火控系统性能比较先进，功能比较齐全，结构紧凑，操作简便，对提高火炮的首发命中率，缩短战斗反应时间，充分发挥火炮的威力等，都能起重要作用。供弹机可实现定点供弹，既能提高发射速度，又可减轻炮手装填炮弹时的劳动强度。

履带式底盘具有良好的越野机动性，使该炮能迅速占领和撤出阵地，伴随坦克和机械化部队前进。采用通用底盘可使其与其他自行火炮及配套车辆构成车族，有利于提高产品质量和经济效益，给部队的使用和后勤保障也会带来很多方便。

为提高该自行反坦克炮的生存能力，除具有薄装甲防护、烟幕发射和自动灭火抑爆等措施外，在炮车底甲板前装有推土铲，可构筑简易工事和平整路面。

PTZ89 式 120mm 自行反坦克炮主要战术技术性能如表 4-1 所列。

表 4-1 PTZ89 式 120mm 自行反坦克炮主要战术技术诸元

口径/mm	120	火线高/mm	1 926
初速/(m/s)	1740（脱壳穿甲弹） 900（榴弹）	携弹量/发	22（脱壳穿甲弹） 8（榴弹）
弹丸质量/kg	7.05（脱壳穿甲弹） 19.5（榴弹）	行军战斗转换时间/s	15
直射距离/m （弹道高 2m）	2000（脱壳穿甲弹） 1000（榴弹）	激光测距范围/m	250~5 000
最大射程/m	10 000	战斗全重/t	30
穿甲威力/mm	550 （2000m 距离）	单位功率/(W/t)	12.72
立靶密集度/m （1000m）	0.28×0.28（穿甲弹） 0.30×0.30（榴弹）	最大速度/(km/h)	55
地面密集度 （榴弹）	1/150（距离） 10m（方向）	最大行驶里程/km	450

(续)

口径/mm	120	火线高/mm	1 926
外形尺寸/mm	8 600(长) 3 236(宽) 2 420(高)	最大爬坡度	31°
最小离地间隙/mm	375	越壕宽/m	2.6
高低射界	−5° ~ +18°	涉水深/m	1.3
方向射界	360°	乘员人数/人	4

2. 武器系统组成

该自行反坦克炮由火力系统、火控系统和履带式底盘等组成,如表4-2所列。底盘采用了发动机和传动系统前置的总体布置方案,可为战斗室提供更大的空间,以便布置弹药、各种设备和乘员的工作位置。

表4-2　PTZ89式120mm自行反坦克炮系统组成

子系统	组　成
火力系统	火炮(炮身、炮闩、摇架、托架、反后坐装置、高低机、方向机、双向稳定器、供弹机)、机枪(12.7高平两用机枪)、炮弹
火控系统	激光测距瞄准镜、中央主控箱(含弹道计算机)、目标水平角速度传感器、炮耳轴倾斜传感器、装填手弹种显示器、瞄准手微光瞄准镜、炮长昼夜观察镜及辅助器材
防护系统	炮塔、装甲车体、自动灭火抑爆装置
底盘(运行系统)	车体、发动机装置、传动装置、行走部分、电器设备、液压系统、推土铲、微光驾驶仪、榴弹弹药架
通信设备	889D型电台、单炮通话器

1) 火力系统

PTZ89式120mm自行反坦克炮的火力系统包括火炮和炮塔两部分。火炮是一门口径为120mm的滑膛炮。其炮身安装有抽气装置和热护套。抽气装置可抽出炮膛后部的火药残渣和气体,以防有害气体进入战斗室影响乘员操作。热护套可防止身管因受热不均而变形,以致影响射击精度。

PTZ89式120mm自行反坦克炮安装的热身管护套是以合金铝薄板做导热材料、以空气层做隔热材料组成的复合型热护套,它有内、外两层合金铝薄板,内外层之间、内层与身管外表面之间衬有一条耐高温的硅橡胶垫环,形成两个隔热空气夹层。另外,在外层的外表面喷涂T-411反射太阳能的涂料,减少导热层吸收的太阳辐射热,增强其均热效果。依据身管外形尺寸的变化,身管热护套沿纵向分为若干段,各段热护套借助连接鼻及螺栓装在身管上,通过钢带拉紧固定。该复合型热护套具有较好的均热和隔热效能,其防护效率E_1和E_2分别达到73.9%和79.6%。

为了减小火炮在崎岖不平的路面行进间车体摇摆带来的对火炮瞄准的困难,提高火炮行进间射击的命中率,PTZ89式120mm自行反坦克炮安装了双向稳定器。稳定器是一种使火炮的炮膛轴线或瞄准线不随车体摇摆及其行驶状态而改变的装置。在俯仰上,驱动和稳定的对象是火炮,在水平方向驱动和稳定的对象是炮塔。

火炮的高低机可赋予炮身射角。方向机通过炮塔可使火炮作圆周回转,实现360°环射。双向稳定器可使火炮在行进间自动地稳定在预先装定的高低瞄准角和水平方向角上,以保证火炮在行进间的射击精度。高低机和方向机均可进行手动操作。当解脱高低机的自锁状态,火炮便进入"稳定"工况,此时火炮的俯仰由高低稳定器控制,并能进行电发射。方向机在进行电动操作时,火炮即在"稳定"工况下进行方向瞄准和射击。

炮塔是火炮回转部分的主体,通过大直径座圈与车体连接,并构成战斗炮塔是火炮回转部分的主体。炮塔和车体是由各种形状和厚度不同的装甲板焊接而成,对枪弹和炮弹破片有一定的防护能力。在战斗室内设置的自动灭火抑爆装置,可扑灭因中弹或其他原因引起的火灾,并在灭火后自动启动抽气扇,将战斗室内的烟雾和粉尘抽出。

炮塔前部的两侧各装有4个烟幕发射筒,用于施放烟幕。炮塔右上方装有1挺12.7mm高平两用机枪,供装填手对空中和地面目标射击。在炮塔尾舱内安装有供弹机,由储弹、供弹、选弹和递弹等装置组成。储弹装置用于储备炮弹。供弹装置可将炮弹送到选弹位置。选弹装置自动(也可半自动或手动)选择所需弹种并送到装填位置,供装填手装填和发射。供弹机由供弹电机提供动力,并由电控装置控制自动(或半自动)供弹及选弹等工作程序,完成自动(或半自动)供弹工作。

在炮塔和战斗室内还设置有通信设备包括电台和单炮通话器,可完成炮车乘员之间、炮车与上级指挥机构之间以及炮车与炮车之间的通话和通信联络。

2) 火控系统

PTZ89式120mm自行反坦克炮配用的火控系统由激光测距瞄准镜、主控箱(主要是一台弹道计算机)、方向角速度传感器、炮耳轴倾斜传感器、弹种显示器和操纵台等部分组成。由炮长和瞄准手两人负责操作。

火控系统的功能是:对目标进行观察、瞄准和跟踪;测量距离、角速度和有关修正量;自动解算修正量和射击诸元;自动装定射击诸元;自动抬炮;与炮控系统相配合,完成对固定或活动目标的直瞄射击。火控系统的工作过程如下:首先由人工将环境弹道参数(气温、药温、横风和初速减退量等)输入计算机;发现目标后,瞄准手控制操纵按钮,操纵火炮瞄准跟踪目标;将方向角速度传感器测得的角速度和激光测距瞄准镜测得的目标距离以及炮耳轴倾斜传感器测得的倾斜角(需由模拟量转变为数字量)自动输入计算机;计算机按已存入的计算公式进行计算,解算出射击诸元(射角和方向提前角);在计算机的控制下,驱动激光测距瞄准镜上的表尺和方向步进电机,带动分划镜作垂直和水平方向移动;实现自动装定表尺和方向提前量;与此同时,射角信息反馈送至操纵台上的自动抬炮控制电路,通过高低稳定器驱使火炮自动抬高相应的角度。

3) 履带式底盘

PTZ89式120mm自行反坦克炮采用的是改进型的自行火炮中型通用履带式底盘。主要的改进项目包括:发动机由刚性支承改为弹性支承固定;发动机与传动箱之间,以及各传动部件之间的连接,由刚性连接齿套改为膜片式弹性联轴器;增加了变速箱换挡操纵液压助力机构;托带轮改为托边轮;筒式减振器改为旋转叶片式减振器;驾驶室内壁的单层隔板改为多层隔音隔热板。

底盘由车体、发动机、传动系统和行走系统组成。发动机的最大功率为383kW。传动系统为机械式,变速箱和行星转向器都装有液压助力机构,能大大减轻驾驶员操作时的劳动强度。行走系统采用小负重轮结构,每侧有6个负重轮和3个托边轮。挂胶履带板对公路路面无破坏作用,并能减轻履带板在行驶中的噪声。

第5章 高 射 炮

高射炮是地面防空的重要作战武器,用于攻击空中目标——飞机、导弹以及其他飞行器,以掩护地面部队的战斗行动和保护重要目标。

高射炮的发展是伴随着空中目标的变化而发展的。从第一次世界大战飞机用于作战以后,高射炮就相应地发展起来。第二次世界大战以后,军用飞机的性能有了很大的提高,表现在:①活动空域增大,向高空、超高空和低空、超低空发展,高空可达12000～21000m,低空可至30～150m;②航速和航程增大,战斗机和攻击机的最大速度已达到2马赫以上;③全天候作战和电子对抗能力提高。这一时期,各国竞相发展了多种口径的高射炮,口径有20、23、25、30、35、37、40、57、76、85、88、100mm等。

到了20世纪60年代,导弹技术的发展使得防空导弹的效能显著增强,高射炮作为主要防空武器的作用有所削弱。但是,由于防空导弹的出现,使得军用飞机的作战方式发生了改变,普遍采用低空突袭的手段,又使得小口径高射炮有了用武之地。因而,从20世纪70年代开始,小口径高射炮得到了大力发展,如苏联的4管23mm高射炮,德国的猎豹双管35mm高射炮,瑞士的GDF双管35mm高射炮,瑞典的"博菲"40mm高射炮等。同时由于导弹威胁的日益增强,防空中的反导已成为小口径高射炮的一个主要任务。

小口径高射炮由于具有射速高、火力猛、反应快、抗干扰能力强、机动灵活、造价低廉等特点,在现代战争中仍发挥着重要的作用。其对于低空突袭的飞机和导弹,防御效果优于导弹。

随着武器技术的发展和制导弹药的使用,现代防空作战的核心任务已从攻击固定翼飞机和旋翼飞机过渡到打击各种空中来袭的目标。因此,具有中、低空防御能力的、将导弹、高炮和火控系统集成在同一平台、能够独立作战的弹炮一体化防空武器成为防空武器技术的发展趋势。

5.1 瑞士35mm双管高射炮

GDF-001式35mm双管牵引高射炮是瑞士"厄利空-康特拉夫斯(Oerlikon-Contraves)"公司设计,1959年投产的低空防空武器,如图5-1所示。

5.1.1 概述

GDF-35mm双管牵引高射炮该炮已有20多个国家生产和装备,有多种改进型,目前已发展到GDF-005,并有履带自行和轮式自行等型号。

图 5-1 GDF-001 式 35mm 双管高射炮

1. 性能及结构特点

1）威力大、射速高

该炮采用 90 倍口径长的身管,弹丸初速为 1175m/s,弹丸飞行 4000m 的时间为 6s。炮口装有初速测定装置,通过火控计算机对初速进行修正,火炮射击精度高,单发命中时毁伤概率可达 50%,单发命中概率范围为 2%~15%。

双管射速为 1100 发/min,连续射击 1s 的射弹质量为 10kg,炸药量为 2.2kg。

2）浮动自动机

该炮采用浮动自动机,可有效地减小射击时作用到炮架上的载荷,最大后坐阻力为 15kN。

3）火炮调整快,瞄准速度高

该炮采用液压自动调平系统和电动液压伺服系统,调平时间短（一般只需几秒种）。瞄准速度高,最大方向瞄准速度为 120(°/s),最大高低瞄准速度为 60(°/s)。

4）可全自动、全天候作战

该炮配用分离式全天候火控系统——空中卫士,能够在全天候条件下完成搜索和识别目标、交换信息、威胁判别、目标跟踪、数据处理和武器控制。

2. 战术技术诸元

主要战术技术诸元如表 5-1 所示。

3. 操作方式

该炮有四种操作方式。

（1）自动操作:通过火控系统遥控,自动控制射击。

（2）单机操作:当火控系统失去作用时或火炮独立作战时,射手使用控制杆、瞄准具进行机械式控制射击。

表 5-1　GDF-001 式 35mm 双管高射炮主要战术技术诸元

口径/mm	35	炮弹质量/kg	1.85
初速/(m/s)	1175	弹丸质量/kg	0.55
最大射高/m	8500	装药质量/kg	0.112
最大射程/m	11200	弹种	4
有效射高/m	3000	弹丸飞行时间(4000m)/s	6.05
有效射程/m	4000	全炮质量/kg	6400
高低射界	−5°~92°	理论射速/(发/分)	2×550
方向射界	360°	系统反应时间/s	6~8
最大方向瞄准速度	120°/s	行军战斗转换时间/min	1.5~2.5
最大高低瞄准速度	60°/s	炮班人数/人	3

（3）辅助操作：动力装置发生故障时，人工驱动，用辅助瞄准具进行机械式控制射击。

（4）应急操作：在行军状态下，手动驱动瞄准具瞄准，进行机械式控制射击。

4. 火炮的组成

火炮由自动机、炮架和运动部分组成，各部分的主要部件如图 5-2 所示。

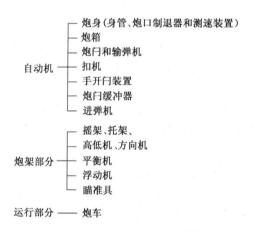

图 5-2　35mm 双管高射炮的结构组成

5.1.2　自动机

该火炮配置两个独立的导气式自动机。炮闩是纵动式刚性闭锁炮闩。击发方式是机械式。供弹为弹夹供弹形式，每个弹夹装有 7 发弹丸。

自动机由炮身、炮箱、炮闩、扣机、输弹机、进弹机、炮闩缓冲器和手动开闩装置等组成。

1. 炮身

炮身由身管、导气孔组件、炮口制退器、初速测量装置各和用于固定炮口制退器和初速测量装置的锁紧板组成。炮身可通用于左右两炮而无需作任何改动。

身管为单筒身管(图5-3),长度为口径的90倍,内有24条右旋混合膛线,前段为渐速膛线,后段为等齐膛线。身管与炮箱的联接方式为断隔螺式,螺纹断面为矩形,螺旋角为0°,只需将身管转动90°,即可迅速而方便的从前方取出。

药室部有20个纵向气槽,射击时,火药燃气可进入槽内,避免药筒紧贴药室内壁,以便于开闩时抽筒。纵向气槽并不完全开通,以免火药燃气向后泄漏。药室肩部有一导引弹头的沟槽,其作用是在炮闩推弹入膛时导引炮弹正确入膛,避免擦伤弹头,特别是带引信的弹头。该火炮进弹口处的炮弹位于炮膛轴线上方,炮闩上推弹凸起位于炮闩头的上部,因而导槽位于药室的下方。

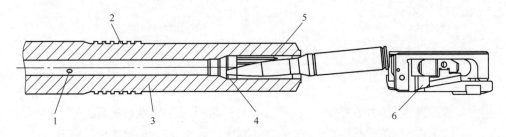

图 5-3　炮身示意图
1—导气孔;2—连接凸起部;3—身管;4—凹槽;5—气槽;6—炮闩。

距身管尾部565mm处,左右各有一个直径4mm的导气孔,可将部分火药燃气引入导气装置内,并推动活塞,使左右输弹机带动炮闩开闩。

身管的外部有环形连接凸起部,便于快速更换身管。炮口制退器为多孔式结构,喷孔分别开在气室的上、下侧,以免双管制退器喷出的气流相互影响。该炮口制退器的效率为30%。

该火炮在炮口装有测速装置,利用测速线圈测量弹丸通过的速度。当弹丸通过时,线圈产生电流,记录两个线圈的作用时间,即可计算出弹丸的初速。

2. 炮箱

炮箱用于连接和安装自动机各组件。射击时,它与炮身一起在摇架导轨上前后运动。

炮箱前部环孔内有断隔螺纹,用来连接炮身,并通过定位板制转。炮箱上部有进弹机和炮箱盖。炮箱下部有人工控制发射的扣机。

炮箱内部有纵动式炮闩,炮箱两侧壁上有闭锁槽,与炮闩闭锁板配合进行闭锁。炮箱下部两侧有连接输弹机的支耳。炮箱后部有手动开闩装置和炮闩缓冲器。

3. 炮闩

该火炮的炮闩为纵动式炮闩,由炮闩座、炮闩头、滑动楔块、闭锁挡板和击针等组成,如图5-4所示。

根据闭锁结构的特点,该炮闩又称为鱼鳃撑板式炮闩。当在处于待发状态时,炮闩被扣机上的击发阻铁(发射卡锁)卡住,停在炮箱的后方,输弹簧压缩。

发射时,抬起扣机杠杆,击发阻铁解脱炮闩,输弹簧伸张,通过输弹筒推动炮闩向前。炮闩向前运动时,药筒底缘首先被炮闩头卡住,然后被抽筒子抓紧。炮闩继续向前,炮弹被装入药室,直到炮闩头碰到制动锁停止运动。之后,炮闩座继续向前运动,推动滑动楔

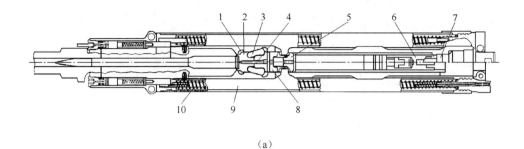

(a)

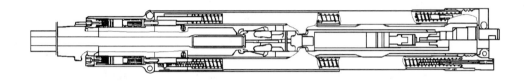

(b)

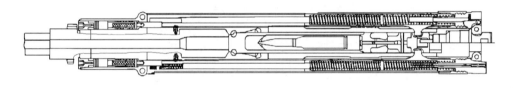

(c)

图 5-4　炮闩及其动作
(a) 闭锁状态；(b) 开锁状态；(c) 开门状态。
1—制动锁；2—炮闩头；3—闭锁挡板；4—击针；5—炮闩座；6—扣机；
7—炮闩缓冲器；8—滑动楔块；9—输弹簧筒；10—输弹弹簧。

块和击针一起向前，使闭锁挡板向外旋转，与炮箱上闭锁槽处的支承销配合形成闭锁。随后击针击发底火。

击发后，火药燃气流过导气孔，部分燃气进入导气室作用于导气活塞上。导气活塞在火药燃气压力的作用下运动，带动输弹簧筒及炮闩向后运动，压缩输弹簧，并越过反跳锁凸轮。之后，炮闩座和滑动楔块、击针一起被拉向后方，闭锁挡板不再被支承。炮闩座继续后坐，闭锁挡板在支承销和其上斜面作用下，向内转动开锁。随后抽筒子从药室中抽出药筒并抓住药筒。炮闩继续后坐，抛壳挺碰撞药筒抛壳。

炮闩后坐终了前，撞击炮闩缓冲器，经缓冲后炮闩重新向前，被扣机卡住。

4. 扣机

扣机即为发射机构，用于控制炮闩处于待发状态。由扣机杠杆、扣机滑板、击发阻铁、阻铁支座、阻铁座闭锁板等组成，如图5-5所示。

待发状态时，击发阻铁卡住炮闩。

发射时，转动扣机杠杆，带动扣机滑板前移，扣机滑板推动阻铁座闭锁板前移，从而将阻铁座插锁楔入阻铁座，使阻铁座转动，带动击发阻铁下降，解脱炮闩。当松开扣机杠杆

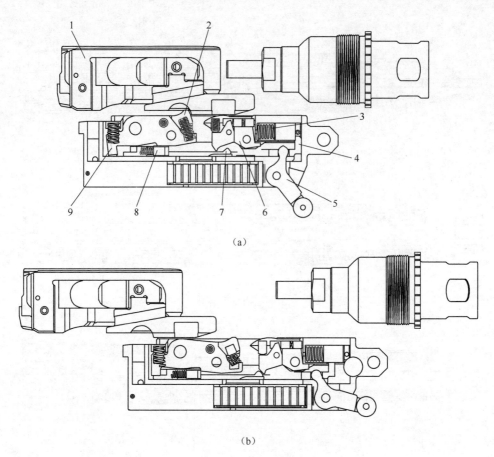

图 5-5 扣机及其动作
(a) 待发状态；(b) 击发和闭锁状态。
1—炮闩；2—阻铁；3—弹簧；4—扣机滑板；5—扣机杠杆；6—锁紧杠杆；7—止动杠杆；8—闭锁板；9—阻铁支座。

时，滑板弹簧伸张，推动滑板后移，使扣机杠杆复原。同时，阻铁支座复位，击发阻铁跳起。

5. 输弹机

输弹机用于带动闩体进行关闩和输弹。两个弹簧式输弹机并联布置在炮箱的两侧，并与闩体连接。

输弹机由输弹机筒、输弹弹簧筒、输弹弹簧、复位弹簧、弹簧导向筒、带堵头的钢丝绳等组成。

开闩时，炮闩后移，带动输弹弹簧筒压缩输弹弹簧。关闩时，输弹弹簧伸张，通过输弹弹簧筒带动闩体向前运动，同时闩体带着炮弹入膛。关闩到位后，输弹弹簧筒继续带动闩体座向前，完成闭锁、击发动作。

6. 炮闩缓冲器

炮闩缓冲器用于消耗炮闩开闩终了时的剩余能量，缓冲炮闩对炮箱的冲击。

炮闩缓冲器由缓冲器筒、活塞、带钢珠的活门、补偿器组成，如图 5-6 所示。活门将缓冲筒分为工作腔和供油腔。

在炮闩后坐终了前，炮闩撞击缓冲器活塞，缓冲器中硅油被压缩，起到缓冲作用。当炮闩在输弹弹簧的作用下向前，缓冲器中的硅油膨胀，活塞复位。

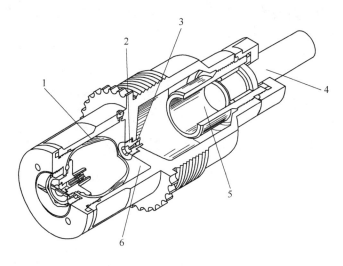

图 5-6 炮闩缓冲器
1—补偿器;2—活门;3—钢珠;4—活塞;5—工作腔;6—供油腔。

5.1.3 炮架

该火炮炮架由摇架、浮动机、托架、平衡机、高低机、方向机、下架和瞄准具等组成。

浮动机用于减小作用到炮架上的力和提高发射速度。浮动机的特点是,在发射过程中,自动机在复进到位之前击发,前一发的剩余复进能量可抵消一部分后坐能量,因而可减小传递到炮架上的力,并有利于提高发射速度。浮动机的结构如图 5-7 所示。浮动机安装在自动机与摇架之间,构成弹性连接。浮动机为弹簧液压式,由并联的两个浮动弹簧和一个液压装置组成。

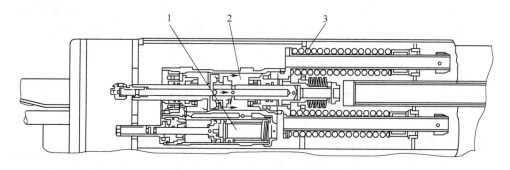

图 5-7 浮动机组成
1—液量调节器;2—液压装置;3—浮动弹簧。

液压装置由筒体、活塞杆、紧塞具、复进缓冲器和液量调节器等组成,如图 5-8 所示。

浮动机的动作过程如下:发射后,自动机产生后坐运动,炮箱带动液压筒体向后运动,压缩活塞前腔的液体经过三条通道向后流到活塞后腔。一路经单向活门控制的流液孔流向后腔;另一路经活塞外表面与筒体间的间隙流向后腔;第三路为针形杆与活塞杆形成的可调流液孔,经活塞杆内腔流向后腔。复进时,炮箱带动液压筒体向前运动,活塞上的后坐单向活门关闭,活塞后腔的液体经活塞外表面与筒体间的间隙和可调流液孔流向前腔。

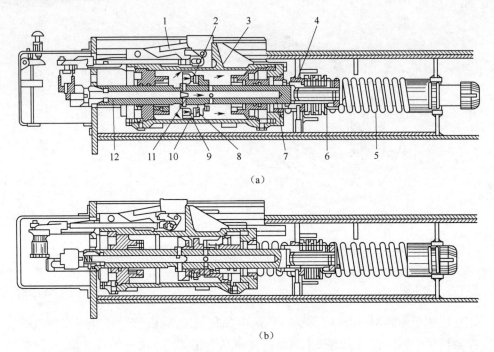

图 5-8 液压装置及其动作

(a) 后坐过程;(b) 复进时过位缓冲过程。

1—闭锁板;2—后坐单向活门流液孔;3—液压装置筒体;4—摇架;5—浮动弹簧;6—复进过位缓冲簧;7—活塞杆;8—后坐单向活门;9—活塞;10—流液孔;11—可调流液孔;12—针形杆。

后坐时,流液孔面积大,后坐液压阻力小,自动机的后坐能量主要由浮动弹簧吸收。复进时,由于后坐单向活门关闭,流液孔面积小,复进液压阻力大,以利于降低炮箱复进速度,使炮闩在炮箱复进到位前完成输弹、关闩、闭锁动作,并在复进过程中击发。

5.2 通古斯卡防空系统

5.2.1 概述

通古斯卡 2C6/2C6M 弹炮结合防空系统,苏联于 80 年代初期开始研制,1987 年投产并装备的防空武器,主要用于摧毁空中目标,如战斗轰炸机、直升机、巡航导弹等;其高炮也可射击 2000m 的地上目标和水上目标,是世界上第一种装备部队的弹炮结合防空系统,如图 5-9 所示。

1. 性能及结构特点

(1) 弹、炮一体,兼具小口径高炮和防空导弹的优点。火力密度大,毁歼概率高,火炮的毁歼概率为 60%,导弹的毁歼概率为 65%,系统毁歼概率为 85%,对各种环境有较强的适应能力。

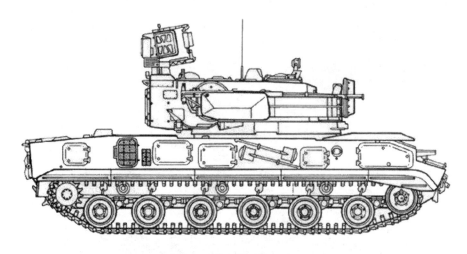

图 5-9 通古斯卡弹炮防空系统

(2) 搜索、跟踪、光学瞄具、导弹和火炮同车装载,火力反应快,可单车独立作战。

(3) 机动能力强。采用 T-72 坦克的变形底盘,速度快,越野能力强,可伴随坦克、机械化部队作战,掩护能力强。

(4) 防护能力强。采用钢质全焊接结构炮塔,可有效防止破片杀伤。

2. 战术技术诸元

主要战术技术诸元如表 5-2 所列。

表 5-2 通古斯卡防空系统主要战术技术诸元

口径	30mm	雷达作用距离	18km(搜索)
初速	960m/s		13km(跟踪)
最大射高	3000m	射速	2500 r/min(单管)
最大射程	4000m	系统反应时间	10s
高低射界	-6°~80°	战斗全重	34 t
方向射界	360°	最大速度	65km/h(公路)
发射装置	双 4 联装		25km/h(越野)
导弹射高	15~3500m	行军战斗转换时间	5min
导弹射程	2500~8000m	乘员人数	4

5.2.2 总体布置

通古斯卡防空系统是一种采用边炮布置并挂载导弹的履带式自行防空武器系统,炮塔位于底盘中部偏前位置,其两侧各配置一门 30mm 双管高射炮,四联装 9M311 防空导弹一组,上下双排配置,分置于炮塔两侧火炮身管根部。炮塔前方有圆形雷达天线,顶部有弧面形雷达天线,使用时架起,如图 5-10 所示。

"通古斯卡"采用 GM-352M 型履带式底盘,乘员 4 人,分别是车长、炮长、雷达操纵手和驾驶员。前 3 名乘员位于炮塔内,驾驶员位于车体前部左侧。车体为钢装甲焊接结构。

图 5-10 通古斯卡弹炮防空系统

变速箱为液力机械式,每侧 6 个双轮缘负重轮、3 个托带轮,主动轮在后,诱导轮在前。车内还有燃气轮机辅助动力装置、三防装置、陀螺仪导航系统、自动灭火抑爆装置和加温供暖装置等。

"通古斯卡"的钢装甲焊接炮塔可 360°旋转,由带有液压俯仰装置的武器系统/雷达系统/光学瞄准镜、车载计算机系统、空调系统等组成。车长席位于炮塔前部右侧,和雷达操纵手共用一个小型旋转指挥塔。车长座位前方有 3 个大型仪表板,右侧是甚高频电台,左侧是雷达显示屏。车长负责指挥全车战斗、上下联络、指示目标和敌我识别,选择用机炮还是导弹交战。雷达操纵手位于车长左侧,负责控制搜索雷达,操纵火控计算机,向武器系统发出瞄准指令。炮长位于车长和雷达操纵手之后,负责雷达-光学瞄准、操炮-导弹制导和三防装置。

"通古斯卡"防空武器系统由下列模块组成:

(1) 双联双管 30mm 2A38 式 30mm 自动炮及其弹药;
(2) 双四联装 9M311 式地空导弹;
(3) GM-325 履带式底盘;
(4) RL-144M 目标搜索-跟踪雷达系统;
(5) 1A29M 光学稳定瞄准具;
(6) 1A26 数字式火控计算机;
(7) 姿态稳定和测量系统;
(8) 测试设备;
(9) 导航设备;
(10) 维护支持系统;
(11) 通信系统;
(12) 核生化防护系统。

5.2.3 火力系统

"通古斯卡"火力系统由30mm双管高射炮和双四联装9M311防空导弹组成。

1. 火炮

2C6M型防空武器系统的火炮主要用于对付距离在4000m以内,高度在3000m以下,横向距离在2000m以内的空中目标。

"通古斯卡"的火炮武器是2A38型30mm水冷双管高炮,高低射界为-6°~+80°,俯仰速度为30(°/s),采用电击发。两门火炮交替射击。每门炮的2根炮管中有一根炮管的端部装有炮口初速测速装置,另一根炮管上有一细长的膛口装置,用来防止对炮口初速测量仪的干扰。该炮弹药基数为1904发,射速在1950~2500发/min的范围内可调,最大射速为5000发/min。弹种包括:高爆破片榴弹、燃烧弹和曳光高爆榴弹,以一定间隔混装于弹带内,使用触发/时间引信。

2. 9M311导弹系统

"通古斯卡"在炮塔两侧共配备8枚9M311型防空导弹,导弹发射筒呈双排配置,可以单独俯仰操纵。9M311导弹长2.5m,弹径150mm,全部质量42kg,战斗部质量9kg,可打击飞行高度3500m以下、距离800m以内、速度在500m/s以下的空中目标,导弹最大速度900m/s,平均飞行速度可达600m/s,采用触发/近炸引信,平均杀伤率65%。该导弹采用无线电瞄准线指令制导,导弹发射后,炮长始终要将光学瞄准镜中的瞄准线对准目标,导弹飞行轨迹与瞄准线的偏差自动输入至计算机,发出导弹轨迹修正信号,跟踪雷达再将修正指令传送到导弹。导弹上装有激光/触发近炸引信。9M311导弹的设计很有特色,为两级式,一级助推级较粗,二级无动力,导弹发射后,助推器使导弹在很短的时间内达到900m/s的速度,然后抛掉助推器,二级弹体依靠动能飞向目标。这样做的好处是可以大幅度降低导弹重量,二级导弹无动力无尾烟,很适合瞄准线制导的无干扰通视要求。由于在一级弹体未抛掉之前不能做大过载机动,因此其有效杀伤区近界比常规单弹体导弹要大一倍左右,射程近界高达1500m。

抛掉助推器后,导弹尾翼上的脉冲发光体便开始工作,光学瞄准镜中的测向器借此就能自动跟踪飞行中的导弹。在导弹飞行的整个期间内,炮长始终要将光学瞄准镜内的十字线对准目标,导弹飞行轨迹与瞄准线的偏差自动输入计算机,并被用来发出导弹轨迹校正信号,接着跟踪雷达便将此信号传给飞行中的导弹。在导弹攻击期间,跟踪雷达兼任火控雷达。

9Ml13型导弹上的激光近炸引信还有触发功能,带较质量(9kg)的预制破片弹头时,起爆距离为5m。准备攻击距离不足15m远的目标时,按一个键便可终止引信的近炸模式,再按一个键,就可对引信自动重新编程,使之进入专门攻击小型目标(无人驾驶飞机或巡航导弹)的模式。通常在导弹飞行轨道大部分阶段内,导弹引信是闭锁的,只有在距预定目标不到1000m时,引信才自动处于工作状态(通过火控雷达发出指令)。假如导弹偏离了目标,飞离目标1000m后,可以再次发出新的指令,自动使引信处于闭锁状态。对导弹的攻击只能在白天具有良好能见度时进行,主要原因是在整个瞄准跟踪阶段都要依靠光学瞄准镜来追踪目标。

5.2.4 火控系统

火控系统包括 1RL-144M 雷达系统、1A29M 光学瞄准具、1A26 火控计算机和航路角测量装置等。雷达系统由搜索雷达、跟踪/火控雷达和 1RL-128 敌我识别装置组成。E 波段搜索雷达天线位于炮塔后部,天线为抛物面形,不用时可折叠放下来。天线转速为 1 圈/s,最大探测距离 18km,可同时提供目标方位和距离数据。J 波段跟踪雷达位于炮塔前部,天线为圆盘形,有火炮和导弹两种工作模式。最大跟踪距离为 13km。在导弹攻击时,跟踪雷达先锁定目标,然后再转到光学瞄准具跟踪目标,此时跟踪雷达只负责把弹道修正指令传输给飞行中的导弹,只相当于有线制导反坦克导弹上的导线。

J 波段跟踪雷达位于炮塔前面,由雷达操纵员控制。火炮攻击时,该雷达是标准的目标跟踪雷达,负责将目标位置传输给火控计算机。导弹攻击时,同火炮攻击模式一样,雷达先锁定目标,然后令随动的光学瞄准镜跟踪目标。接着炮长利用其光学瞄准镜执行目标跟踪任务,雷达则负责向飞行中的导弹发出弹道修正指令。

2C6M 上的倾侧角和航向测量系统测量所有的倾侧角,然后将这些数据输入车载计算机。计算机再将这些数据变为向雷达束(就搜索雷达来说仅限其处于俯仰过程时)和光学瞄准镜发出的稳定指令,这样火炮就能在行进间进行瞄准和射击。

2C6M 的雷达和火控系统有 5 种不同的使用模式。在主要模式中,跟踪雷达锁定住一个目标后,跟踪便可自动进行,大多数数据也直接传入计算机。光学瞄准镜既可以随动于瞄向目标的瞄准线(准备发射导弹),也可以独立使用,搜索其他目标。武器瞄准自动进行,乘员的任务仅限于选择武器和按发射键。使用导弹攻击目标时,正如前面提到的,在整个跟踪阶段,炮长都要将瞄准镜瞄准目标。

在战场情况恶劣、超越一个失灵的子系统继续工作以及用备用模式替换主要工作模式时,可启用另外三个工作模式。在使用这三个模式时,车辆必须处于静止状态,准确性也不太高,反应时间也长。攻击地面目标时,可以利用第五个模式。此时要将雷达关掉,并在光学瞄准镜中加入十字线。根据方位和距离,自动计算出提前角,炮长控制杆的运动决定瞄准速度。2C6M 也可根据外界指示的目标进行战斗,但只能利用无线电话接收目标数据。通过键盘人工输入目标方位角和距离后,计算机再预先校正跟踪雷达和光学瞄准镜。

5.2.5 底盘

2C6M 型自行防空武器系统使用的是 ГМ-352M 型轻装甲履带式底盘,采用了液气悬挂装置(静止状态射击时可将车体高度降低,增加稳定性),每侧有 6 个双缘负重轮和 3 个托带轮,主动轮在后,诱导轮在前。车体由钢装甲焊接而成,里面容纳有动力装置、驾驶舱(位于前部左侧)、燃气轮机辅助动力装置(可发出 27V 直流电和 220V/40 Hz 交流电)、液压式炮塔驱动系统、"三防"通风系统等。后置的柴油机额定功率为 522kW,该车质量 34t,最大公路速度为 65km/h。2C6M 车上装有陀螺仪车辆导航系统,可以持续指示车辆现方位和行驶方向,还能向车载计算机输入有关数据。为了能在零下 50℃ 条件下工作,驾驶舱和炮塔内安装了加温系统。"三防"通风系统通过带滤清器的超压系统工作,既可自动启动,也可手动启动。ГО-27 型原子化学物质分析报警器位于炮长右侧,由伽马射线探测装置和"沙林""梭曼"化学毒剂监视器组成,可以持续显示车内外的化学物质存在和放射程度等有关数据。一旦发现原子或化学沾染,便触发光学报警装置或通过车内通话系统工作的声音报警器。2C6M型车上还安装了自动灭火/抑爆系统。

5.2.6 炮塔

2C6M型防空武器系统的炮塔由钢装甲焊接而成,可以旋转360°。炮塔内有三名乘员,车长和雷达操纵员并排位于炮塔内前部,炮长则位于其后处于中间。除了三名乘员外,炮塔内还有带液压俯仰装置的武器系统、雷达系统、光学瞄准镜、车载计算机系统、雷达冷却系统以及空调器。

1) 车长

车长位于炮塔内前部右侧。他与雷达操纵员共用一个可转动的小型指挥塔,其舱盖位于车长位置上方,雷达操纵员和车长都可以从这个舱门进出。指挥塔上安有潜望镜、昼/夜瞄准镜(红外)和一具搜索灯。

车长座位前方有3个大型仪表板,一个搜索雷达用的圆形图像位置显示屏幕。车长右侧则是P-173型甚高频电台的操纵部分。此电台可在30~76MHz波段范围内利用10个预选频率工作,在炮塔顶部右侧的天线使电台的工作范围达20km。

在车长左侧的雷达显示屏幕上方是仪表板,可以通过它操纵车载计算机系统并选择控制模式。该仪表板还有报警功能,当一个空中目标将在5s内进入特定武器的射击区时,它会向车长发出信号,车长得知这一情报时,目标正好在射程之内。这样,可在很大程度上减少弹药的浪费。

搜索雷达屏幕右侧还有一个仪表板,车长可以利用这个仪表板来操纵搜索雷达和敌我识别系统。使用开关或按键可以竖起天线(行军状态时一般都折叠在炮塔后面),还能进行功能检查和选择控制模式。控制模式中有一种特殊的低空目标(飞行高度小于15m)搜索模式,在这种工作状态时,扫描天线仅上仰至+1°,并可充分抑制地面反射信号。当目标飞至8km以内被发现时,可迅速选择一个键并使其处于优先状态,同时将此信息自动传至跟踪雷达,跟踪雷达锁住目标并确定了其航向后,防空武器系统就可以进行射击。用于武器控制仪表板在车长的右侧上方。在开动搜索雷达之前,车长可利用这个仪表板选择监视区域,并通知计算机是用火炮还是用导弹消灭指定目标。按另一个键车长可把射击任务交给炮长来完成。几个液晶屏幕和其他显示装置可用来显示导弹状态、操纵模式、可能出现的故障以及舱门是否关好等。此外,还能利用一些紧急开关来启动自动灭火系统和发动机关机装置,也可以超越大多数锁定装置(非关键性的)进行工作。

2) 雷达操纵员

雷达操纵员直接位于车长左侧,利用其前方的3个仪表板来控制跟踪/火控雷达。雷达不断地将目标距离、方向和高低角等信息传给火控计算机,根据这些数据,计算机再向火力系统发出瞄准指令。

左侧的仪表板用于功能测试和检查,其上的小型长方屏幕可用模拟方式显示目标距离、方向角和高低角。右侧的仪表板用来选择控制模式,并直接负责目标距离的模拟显示。仪表板上面有承担大部分一般操纵功能的键盘,其中有一个键专门用于将搜索雷达获得的目标距离数据自动输入计算机。利用这个仪表板下面右侧的手柄,可以手动或半自动输入距离,高度和方位的各种信息。还有一个手柄开关用于启动全自动操纵模式。

3) 炮长

炮长处有一个光学瞄准镜,两个射击仪表板,一具"三防"分析装置,一个紧急手动瞄准手轮。处于运动状态时,位于炮塔中央的光学瞄准镜孔用一个钢制盖子保护起来。炮长位置左侧是控制仪表板,主要用于导弹使用控制和"三防"通风系统的启动。显示装置能显示出哪些导弹处于待发状态,并且通过按键,这些导弹便可进入"导弹使用"模式,随动于火炮。炮长前方是仪表板,用于选择光学瞄准镜以及所用武器的控制模式,还能用于射击(只有在车长把射击任务交给了炮长后)。稳定的光学瞄准镜可做为备用跟踪装置,可将目标数据传输给计算机。还能用这具瞄准镜计算导弹飞行航线与瞄准线的偏差,得出的数据自动输入火控计算机后,再发出校正信号。

5.2.7 支援车辆

除了2C6M外,武器系统还包括有弹药输送车(运载8枚在运输/发射管内的导弹,32匣30mm炮弹,共3808发)、保养维修车、保养维修拖车和导弹测试车。

第 6 章　迫击炮和无后坐炮

6.1　概　　述

6.1.1　迫击炮

迫击炮是伴随步兵作战的一种有效的火力支援和压制兵器。它的主要任务是杀伤或压制近距离暴露的和隐蔽的敌有生力量和技术兵器,摧毁敌轻型工事和障碍物,也是施放烟幕和实施战场照明的理想武器。

在迫击炮的发展初期,世界各国分别开发了 51mm、76mm、81mm、107mm、120mm、240mm 口径的火炮,从技术上也采取了许多新的措施提高射程、增大威力、减小火炮重量。20 世纪 60 年代,迫击炮得到迅速发展,并形成了中、小口径系列,主要包括 51mm、60mm、75mm、81mm、82mm、100mm、107mm 和 120mm 迫击炮,而且重量、射程等战斗性能都有提高。80 年代至今,迫击炮的发展达到了一个新水平。除了轻型和中型迫击炮外,重型迫击炮较之过去有了突破。例如,苏联的 2C9 式 120mm 自行迫榴炮,既可当迫击炮使用,又能作榴弹炮使用,并具有反装甲能力。德国美洲狮 120mm 自行迫击炮既有坦克、装甲车的机动能力和三防措施,又保持着迫击炮火力灵活、结构简单、造价低廉等特点。比利时研制的 NR8113A1 式 52mm 迫击炮,因射击时声音微弱,而且不出现炮口烟和炮口焰,便于隐蔽发射,故又称为无声迫击炮。进入 21 世纪后,迫击炮发展更加迅速,各国对 120mm 迫击炮实现自行化,增加了火控系统、自动装填系统等,提高射速与射击精度。

随着技术的进步,迫击炮的作用在不断扩大,它的地位不可能被其他火炮取代,只能得到加强和发展。因此,迫击炮仍然是各国的主要武器装备之一。

6.1.2　迫击炮分类

迫击炮常见分类方法如图 6-1 所示。

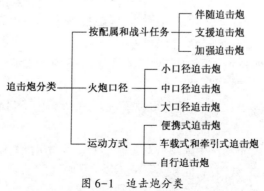

图 6-1　迫击炮分类

1. 按配属和战斗任务分类

(1) 伴随迫击炮。伴随迫击炮是配属步兵连和步兵营的轻型迫击炮,其战斗任务是在各种地形条件下以不间断的火力伴随步兵作战,主要用以杀伤暴露的有生力量和火器,也可破坏战场上轻型的野战工事,并可压制敌连、营属迫击炮阵地。如连属60mm迫击炮,营属82mm迫击炮,山地步兵营属远射程60mm迫击炮等。

(2) 支援迫击炮。支援迫击炮是配属步兵团的迫击炮,其战斗任务是摧毁敌人的指挥观察所和野战工事,在障碍物和布雷区开辟通路,杀伤敌有生力量,压制敌团以下迫击炮阵地和反坦克导弹阵地。如团属120mm迫击炮和100mm迫击炮等。

(3) 加强迫击炮。加强迫击炮是配属步兵师的迫击炮,它的使命是在质量上和数量上加强师炮兵群。其战斗任务是摧毁敌坚固的野战工事、指挥所,在障碍物和布雷区中开辟通路,压制特别重要的地段与目标,摧毁敌迫击炮阵地,杀伤敌有生力量。如师属140mm和160mm迫击炮等。

2. 按火炮口径分类

(1) 小口径迫击炮。口径小于等于60mm的迫击炮为小口径迫击炮。如50mm迫击炮和60mm迫击炮等。

(2) 中口径轻型迫击炮。口径小于82mm、大于70mm的迫击炮为中口径轻型迫击炮,如70mm迫击炮、81mm迫击炮和82mm迫击炮等。

(3) 中口径重型迫击炮。口径小于120mm、大于90mm的迫击炮属于中口径重型迫击炮。目前各国装备最多的是120mm迫击炮。

(4) 大口径迫击炮。口径大于140mm的迫击炮为大口径迫击炮,如140mm、160mm、210mm、240mm、300mm迫击炮等。大口径迫击炮装备数量较少。

3. 按运动方式分类

(1) 便携式迫击炮。便携式迫击炮结构简单,如英国L9A1式51mm迫击炮、以色列"索尔塔姆"60mm迫击炮。

(2) 车载式和牵引式迫击炮。

(3) 自行迫击炮。

6.1.3 迫击炮特点

1. 弹道弯曲

迫击炮由于初速小,可以进行大射角射击,弹道比榴弹更加弯曲,炮弹落角大。这种特性使得其战术使用十分方便,主要体现在:

(1) 选择发射阵地容易。迫击炮阵地可配置在山丘、建筑物后,或坑壕、谷地,同时可进行隐蔽的超越射击。

(2) 可以消除射击死角。由于迫击炮弹落角大,可以射击反斜面、深谷地内及起伏地段上目标。

(3) 迫击炮落角大,不易产生弹跳。对于水平目标射击时,能得到有利的命中角,使弹丸破片飞散。炮弹杀伤效能高、面积大。

(4) 弯曲的弹道,为配用攻击坦克顶装甲的反坦克子母弹提供了条件。

2. 初速小,膛压低

迫击炮的膛压低,初速小,因此在发射时,炮口火焰小,声响较低,便于隐蔽。同时由于膛压低,炮弹壁较薄,可容纳较多炸药。得到同样爆破效果,用迫击炮较用其他火炮射击好,弹体材料性能的要求也低,经济性好。

3. 结构简单,射速高,机动性好

(1) 迫击炮结构简单,便于制造,成本低,使用维护方便,适用于大量生产和装备。

(2) 由于结构简单,装填发射容易,发射速度高,火力猛。一般中小口径迫击炮发射速度都不低于 25~30 发/min。

(3) 中小口径迫击炮,一般均可迅速分解成单件,由单兵背运,因此,适用于各种地形条件下伴随步兵机动作战。并可配备各种快速反应部队,适于各种运输与机动方式。

随着现代战争的发展,科研人员将迫击炮与榴弹炮两种技术结合在一起,形成一种特殊形式的火炮叫迫击榴弹炮,使火炮的战斗性能大大提高。这种设计最早被付诸实践的是苏联,他们从火炮的战术使用与技术性能入手,巧妙地把两种炮的技术特点结合在一起,研制出了性能先进的迫击榴弹炮。80年代初,首先为其陆军空降部队和海军陆战装备了"诺娜"120mm 迫榴炮,作为支援和伴随步兵作战的一种有效压制武器。到 2017 年为止,已经形成了迫榴炮系列,先后推出 2S9 式、2B16 式、2S23 式、2S31 式四种牵引式或自行式 120mm 迫榴炮,推动了迫榴炮的蓬勃发展。

6.1.4 无后坐炮

无后坐炮是利用射击过程中火药燃气后喷或向后抛射平衡体来消除炮身后坐,使之达到基本平衡的火炮。主要作为直接火力支援的伴随火炮,可对坦克、步兵战车和装甲车辆射击,也可杀伤暴露的目标、摧毁轻型野战工事和兵器。

1914年,美国海军少校戴维斯发明了早期的第一门无后坐炮。就是人们所说的"戴维斯"火炮。后来对这种火炮的结构不断改进使之接近现代无后坐炮。20世纪30年代以来,美国、德国和苏联对无后坐炮的喷管位置以及结构进行了研究和改进,使无后坐炮及其性能进一步得到完善。

第二次世界大战期间,各国相继研制成功的各种型号无后坐炮在战争中得到了较普遍的应用。例如,德国在北非战场上使用了 75mm 和 105mm 无后坐炮;美国在硫磺岛战役中使用了 57mm、75mm 和 105mm 无后坐炮。20世纪 50~60 年代主要发展传统结构原理的无后坐炮。具有代表性的是美国 M67 式 90mm 轻型无后坐炮、M40 式 106mm 重型无后坐炮、英国翁巴特 120mm 重型无后坐炮、瑞典博福斯 90mm 无后坐炮以及苏联 Б-11 式 107mm 无后坐炮。60 年代末期至 70 年代,各国普遍采用无后坐炮与火箭弹相结合的原理,即开始向发射带火箭发动机的炮弹的方向发展。这一时期代表性的产品有苏联 СПГ-9 式 73mm 无后坐炮、意大利的弗格里 80mm 无后坐炮、瑞典的卡尔·古斯塔夫 84mm 无后坐炮以及法国的 ACL/APX 式 80mm 无后坐炮等。

80年代,无后坐炮主要向小型化方向发展,其外形和作用很难与反坦克火箭筒区分。不少国家不再装备使用,而代之以反坦克导弹和火箭筒,无后坐炮在反坦克作战中的作用和地位下降。进入 21 世纪后,局部战争中的城市巷战中,中口径无后坐炮由于其精度高、不受横风影响、射程远等特点又回到人们的视线中。

6.1.5 无后坐炮分类

无后坐炮常用的分类方法如图 6-2 所示。

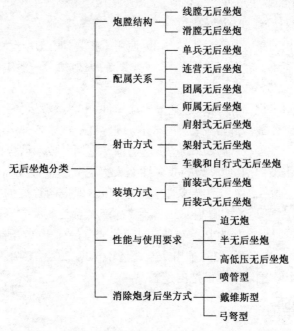

图 6-2 无后坐炮分类

下面对分类方法进行简单解释。

1. 按炮膛结构形式分类

（1）线膛无后坐炮：身管内膛有膛线，大多发射旋转稳定弹，也可发射空气动力稳定弹。

（2）滑膛无后坐炮：身管内膛无膛线，只发射空气动力稳定弹。

2. 按配属关系分类

（1）单兵无后坐炮：由一人操作使用，因此，炮弹药总质量要尽量轻。

（2）连营无后坐炮：一般随伴步兵在前沿阵地作战，要求这种无后坐炮轻便、能由一人携带。

（3）团属无后坐炮：用于支援步兵分队，在战斗中要伴随步兵转移，故要求质量轻、机动性好，通常应配备榴弹。其射程应能支援步兵。

（4）师属无后坐炮：要求有较大的射程和威力，火炮质量可相对重，可采用牵引或自行的运动方式。

3. 按射击方式分类

（1）肩射式无后坐炮：以肩部依托为主要射击方式的无后坐炮，要求后坐力小，有的无后坐炮并不以肩射作为主要射击方式，在仓促遭遇敌人时，也可以肩射实行简便射击。这种无后坐炮不是肩射炮，但有肩射性能。

（2）架射式无后坐炮：以炮架依托为主要射击方式的无后坐炮。这种无后坐炮的后坐力虽较肩射炮为大，但必须保证火炮射击稳定性和炮架强度。

(3) 车载和自行式无后坐炮:这种无后坐炮大多是大口径、大威力无后坐炮。这种无后坐炮可在车上射击,也可在地面上射击。

4. 按装填方式分类

(1) 前装式无后坐炮:炮身无炮闩,炮弹由炮身口部装填,大多用于发射超口径炮弹。这种炮弹战斗部直径不受炮膛直径的限制,能够适当地增大威力,但是由于炮弹较长,装填困难,影响发射速度。

(2) 后装式无后坐炮:炮弹从炮尾装填,装填方便迅速,对提高发射速度有利。

5. 按性能和使用要求不同分类

(1) 迫无炮:又称曲平两用炮。这是兼有迫击炮和无后坐炮两种性能和两种战术用途的火炮,即同时具有弯曲弹道压制武器的性能和低伸弹道反坦克武器的性能。迫无炮可实现两种用途的转换,即火炮内膛结构应满足发射两种炮弹,达到各自弹道性能要求及炮架结构应能满足曲射、平射的转换。

(2) 半无后坐炮:这是一种部分利用无后坐原理的火炮。这种无后坐炮的后坐力介于后膛炮和无后坐炮之间。目的是使火炮质量比一般后膛炮大大减小,同时也使后喷气体危害因素减小,此外还可提高射程。这种火炮利用控制喷管喷喉面积来控制后坐力的大小。半无后坐炮必要时也可采用反后坐装置或炮口装置。

(3) 高低压无后坐炮:其结构特点是火炮内膛具有高压室和低压室两部分。目的是提高火药利用率、提高初速,减小喷管烧蚀、改善内弹道稳定性以提高射击精度。

6. 按消除炮身后坐方式分类

(1) 喷口型:火药燃气经半密闭药筒小孔流入药室(低压腔),推动弹丸运动,并从喷管喷出。其特点是膛压低,弹丸炸药量大、破甲威力高,炮身较轻;药筒内压力高,点火与燃烧好,初速稳定性好,但初速小。

(2) 戴维斯型:发射药置于身管中部,弹丸与其等重的配重体分别置于发射药前后。发射时,弹丸射向目标;配重体向后飞离炮管,散落地面。这类炮无喷管和炮闩,后喷火焰小,火炮质量轻。

(3) 弓弩型:在弹丸、配重体与发射药之间分别置有一个活塞,发射时,燃气经活塞使弹丸和配重体飞离炮管,此时活塞被炮管两端的制动环卡住、燃气逐渐逸出炮管。发射时无焰、无光、噪声低。

6.1.6 无后坐炮的特点

基于无后坐炮特殊的发射原理,它具有以下性能特点:

(1) 结构简单、操作使用方便。通常无后坐炮由炮身和炮架两部分组成,无须配装反后坐装置和庞大的炮架。因此结构大为简化,操作使用十分方便可靠;

(2) 质量小,便于携行和机动。小口径无后坐炮的质量仅有几千克,可手持或肩扛射击,便于单兵携行;中口径无后坐炮,全炮质量在 10~20kg,借助于简单的脚架便可射击。通常可以分解成几个部件人背马驮;100mm 以上的大口径无后坐炮,全炮质量在 110~210kg,可牵引、车载,也可自行化;

(3) 形体较小、适应性强。无后坐炮系火炮中体形较小、射角大、射界宽、弹道低伸、适应能力较强的直射武器。适用山地和复杂地形使用,可直接伴随步兵作战;

(4) 制造容易,造价低廉。

喷管型无后坐炮由于药室底部有喷管,存在以下不足:

(1) 膛压较低、初速不高,射程较小;
(2) 火药利用率低;
(3) 由于膛压低,线膛无后坐炮炮弹的弹带需刻槽,因此影响装填和发射速度;
(4) 药筒上有许多孔,不利于火药的密封和保管;
(5) 无后坐炮有一个很大的扇形危险区,选择阵地受一定限制,并且射击后容易暴露阵地。

6.2 美国 M224 式 60mm 迫击炮

M224 式 60mm 轻型迫击炮,研制单位是美国沃特弗利特兵工厂,用途为步兵提供近接火力支援。该炮机动灵活、重量轻,可分解成两部分,由人携带。威力和射程等性能与 M29 式 81mm 迫击炮相近似。其战术技术性能指标如表 6-1 所示。

表 6-1 M224 式 60mm 迫击炮性能指标

口径	60mm	炮身重	6.4kg
初速	237.7m/s	炮架重	6.9kg
最大射程	3489m	座钣重	6.4kg
最小射程	50m	M720 式榴弹重	1.8kg
最大射速	30 发/min	炮身长	1016mm
持续射速	15 发/min	炮手人数	2
内膛结构	滑膛	全炮重	20.8kg
配用弹种榴弹	发烟弹;照明弹	运动方式	人携

6.2.1 火炮组成

该炮由炮身、炮架、座钣和瞄准具四大部分组成,如图 6-3 所示。炮身比 M19 式同口

图 6-3 M224 迫击炮总体

径迫击炮长254mm。身管由高强度钢制成,下部呈螺纹状,以提高炮身散热性能。双脚架采用轻合金材料制成。采用锻铝制圆形板板,尺寸略大于M29式81mm迫击炮的座板。座板背面有加强筋,稳定性较好。该炮既可迫发,也可用扳机击发,扳机装在炮尾的握把里。

为了提高该炮的使用灵活性,还设计了单兵手提型,采用M8式矩形小座板,无双脚架,全部质量仅为7.8kg,最大射程1000m。如图6-4所示。

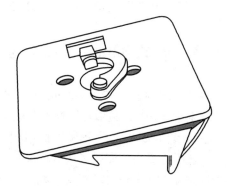

图6-4　M8式小座板

6.2.2　瞄准装置

该炮配用M64式轻型瞄准镜,重1.1kg,自备照明装置,可用于夜间作战。如图6-5所示。

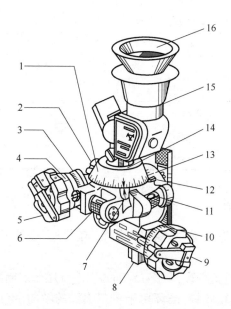

图6-5　M64式轻型瞄准镜

1—方向粗瞄刻盘;2—方向瞄准锁钮;3—方向精瞄刻盘;4—高低刻盘固定线;5—方向旋钮;
6—左右水准器;7—方向精瞄指示箭头;8—高低锁定钮;9—高低旋钮;10—高低精瞄刻盘;11—前后水准器;
12—高低粗瞄指示箭头;13—高低粗瞄刻盘;14—方向刻盘固定线;15—肘形望远镜;16—接目镜。

6.2.3 弹药

该炮配用的 M720 式 60mm 榴弹为流线型，采用球墨铸铁制成，内装 B 炸药，配 M734 式多用途引信，可选择近炸、近地面炸、触发和延期四种装定。该弹的杀伤威力为 81mm 迫击炮弹的 70%。该炮还配用 M721 式照明弹、M722 式发烟弹和 M723 式黄磷发烟弹。

该炮 1978 年开始生产，1979 年装备美军步兵连、空中突击连和空降步兵连。1978—1979 财政年度陆军共订购 1590 门，1979 财政年度海军订购 698 门。

6.3 65 式 82mm 无后坐炮

65 式 82mm 无后坐炮是我国以苏联 Б-10 型 82mm 无后坐炮为基础自主设计的，取消了它原有的轮子，将质量减至小于 30kg，整炮可以快速分解结合，且分解后的单件重量较轻，单兵背负携行没有问题。最初 65 式无后坐炮仅采用卧姿射击，1967 年研制开发出了新型三脚炮架，可根据地形选用跪姿或卧姿射击，也可采用肩扛射击方式。

65 式研制成功后，还曾改进定型了 65-1 式 82mm 无后坐炮，这实际上是伞兵版本的 65 式无后坐炮，可以拆分进行长途运输。65 式曾在抗美援越战场上试用，珍宝岛事件爆发后还被紧急发往珍宝岛。

65 式 82mm 无后坐火炮诸元见表 6-2。

表 6-2 65 式 82mm 无后坐火炮诸元

口径	82mm	尾管喷火长	25m
全重	34.3kg	喷火危险角	140°
炮身长	1445mm	全炮长	1540mm
高低射界	-5°-+30°	方向射界	45°
破甲弹		榴 弹	
初速	225m/s	初速	202m/s
射程	500m	射程	2000m
弹重	4.35kg	弹重	5.2kg

6.3.1 火炮的组成

65 式 82mm 无后坐炮由炮身、炮闩、炮架、击发机、瞄准具等部分组成，如图 6-6 所示。

本无后坐炮炮身为滑膛身管，全长 1540mm。炮身尾部有断隔螺和凸环，断隔螺与炮闩上的隔断螺相配合，实现闭锁，凸环用于实现炮弹的轴向定位。炮闩打开方式比较简单，握住炮闩手柄上的压栓，将炮闩顺时针旋转 45°后即可向下打开炮闩。

在炮闩中间有一通孔，内部装有击发装置。闩体前端有调孔板，通过调节调孔板可以调整火药后喷量。此外，炮闩手柄可以折叠，在行军过程中将炮闩手柄折下，以免刮蹭。如图 6-7 和图 6-8 所示。

第 6 章 迫击炮和无后坐炮

图 6-6　65 式 82mm 无后坐炮

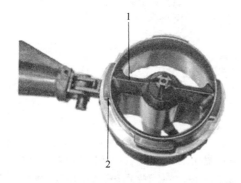

图 6-7　65 式 82mm 无后坐炮调孔板及断隔螺
1—调孔板；2—断隔螺纹。

图 6-8　65 式 82mm 无后坐炮手柄折叠状态

65 式 82mm 无后坐炮的炮架为管腿三脚式炮架，且具有高低机、方向机结构。值得一提的是，65 式的高低机和方向机均有解脱手柄。当解脱高低机手柄时，可迅速调节炮身高低方向，而压紧高低机手柄时，则只能通过高低机手轮调节炮身高低，如图 6-9 所示。

解脱方向机手柄时，可通过转动方向机手轮使炮身在整个方向射界内调整，而压紧方向机手柄时，则只能在左右 45°范围内调整。如图 6-10 所示。

图 6-9　65 式 82mm 无后坐炮高低机
1—高低机锁柄；2—高低机手轮。

图 6-10　65 式 82mm 无后坐炮方向机
1—方向机锁柄；2—方向机手轮。

6.3.2 瞄准具

65式82mm无后坐炮可以使用机械瞄具和光学瞄准具。机械瞄具分为左右两栏,左边一栏标有"榴"字样,表明发射榴弹时使用,表尺分划为0~500m;右边一栏标有"甲"字样,发射破甲弹时使用,表尺分划为0~600m。65式82mm无后坐炮也可以使用光学瞄准具。如图6-11所示。

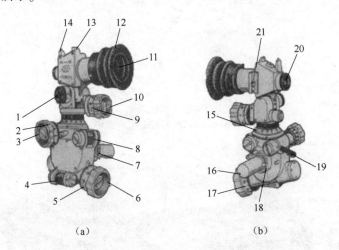

图6-11　65-1式光学瞄准镜结构
(a)左视图;(b)右视图。
1—俯仰本分划环;2—方向本分划环;3—方向转螺;4—高低水准器;5—表尺补助分划环;6—表尺转螺;7—表尺本分划环;8—倾斜水准器;9—俯仰补助分划环;10—俯仰转螺;11—接目镜;12—接目镜护圈;13—照门;14—准星;15—方向装置;16—插轴;17—表尺装置;18—定位销;19—方向解脱子;20—对物镜;21—照明。

65式82mm无后坐炮有前后两个击发机(图6-12),当对运动目标射击时,前击发机用于以方向机追踪目标时用,后击发机用于以高低机追踪目标时使用。

图6-12　65式82mm无后坐炮击发机
1—前击发机;2—后击发机。

在实际使用时,65式82mm无后坐炮可采用炮架发射和肩扛发射。

6.3.3 弹药

65式82mm无后坐炮可以发射65式82mm破甲弹和65式82mm杀伤榴弹两种

弹药。

65式82mm破甲弹采用尾翼稳定方式,有65-1、65-2、65-3三代,如图6-13所示。除了全弹长、装药量、引信等不同外,结构基本相似,采用破甲弹原理,依靠金属射流打击目标。

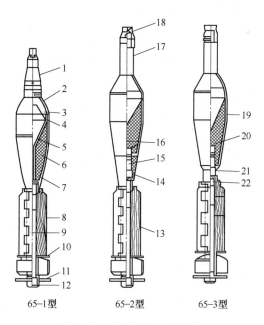

图6-13 65式82mm破甲弹

1—引信;2—头螺;3—保护罩;4—垫圈;5—药型罩;6—传爆药;7—雷管;8—药包;9—药管;10—挡药板;11—定位板;12—螺盖;13—带底火的药管;14—铝制连接螺;15—引信;16—隔爆板;17—带触杆的头螺;18—防滑帽;19—主装药;20—副药柱;21—引信;22—连接螺。

65式82mm杀伤榴弹结构与破甲弹基本类似,只是弹头不再采用破甲弹原理,而是填充了780粒直径5mm的钢珠用于杀伤敌人。

第二篇

枪械

第 7 章 概　　述
第 8 章 手　　枪
第 9 章 步枪与冲锋枪
第 10 章 机　　枪

第7章 概　　述

7.1 枪械的作用、分类及工作特点

7.1.1 枪械的作用

枪械是利用火药燃气发射弹头的轻型身管射击武器,口径通常小于 20mm,是步兵突击火力的重要组成部分。用于在近距离上杀伤敌方有生力量,压制火力点,攻击陆地轻型装甲、低空目标、小型船只,是进攻和防御中作战的有效武器,也是"三军"主要的自卫武器。它具有机动灵活、不受地形气象条件的约束、适应性强、勤务保障简便等特点。

7.1.2 枪械的分类

目前,主要按用途和自动方式分类。

1. 按用途分类

(1) 手枪:主要指用单手握持发射的短管枪械,有效射程 50m 左右。
(2) 冲锋枪:指单兵双手握持能连发射击手枪弹的速射枪械,有效射程 200m 左右。
(3) 步枪:指单兵使用的长管肩射枪械,以火力、枪刺和枪托杀伤敌人,有效射程 400m 左右。
(4) 轻机枪:带两脚架的速射枪械,为步兵班的火力骨干,有效射程 600m 左右。
(5) 重机枪:带枪架的速射枪械,为步兵排的火力骨干,有效射程 800m 左右。
(6) 大口径机枪:带枪架的大口径速射枪械,为步兵连的火力骨干,对空有效射程 1500m 左右。

2. 按自动方式分类

自动方式是指武器利用火药燃气能量来完成自动动作的方式,可分为以下 3 类:
(1) 导气式:利用导出的膛内火药燃气使枪机后坐的自动方式。
(2) 管退式:利用膛内火药燃气能量推动枪机并带动枪管后坐的自动方式。
(3) 枪机后坐式:利用膛内火药燃气能量直接推动枪机后坐的自动方式。

7.1.3 枪械的工作特点

在每一次射击循环中,枪械一般要完成以下 7 个动作:
(1) 击发:手扣扳机后,击针打击枪管弹膛内的枪弹底火,引燃发射药发射弹头。
(2) 开锁:枪管和枪机解脱连锁,打开枪管弹膛。
(3) 后坐:枪机向后运动并压缩复进簧。
(4) 退壳:枪机后坐时从膛内抽出弹壳,并将其抛出机匣。
(5) 复进:在复进簧的推动下枪机向前运动。

(6) 进弹:枪机在复进中推弹入膛。

(7) 闭锁:枪机与枪管连锁,关闭枪管弹膛。

在射击时枪管内火药燃气的最高温度可达3000℃以上,膛内最大压力可达300MPa以上,弹头出枪口时的初速可达1000m/s以上,理论射速可达1000r/min以上。所以,枪械发射枪弹的功率也是相当大的,以56式14.5mm机枪为例,弹头质量为63.6g,初速为990m/s,其动能为31167J。按650r/min计算,功率约为338kW;按弹头在膛内运动时间0.002s计算,火药燃气对弹头的功率约为15.6×10^3kW。枪械需要完成空间复杂的传动和定位运动,并承受巨大的冲击,因而,枪械结构复杂并要求很高的强度。枪械要求能在高低温、暴雨、风沙及泥水等各种恶劣的环境下都能可靠地工作,又要求威力大,机动性好,具有良好的维修性和美观性,生产成本低。因而,枪械是在高温、高压、高速、高射频、高功率、高难度和高质量保证体系的状态下进行工作,比一般机械工作条件更恶劣。

7.2 枪械的典型机构和自动方式

7.2.1 枪械的典型机构

枪械主要由枪管、闭锁机构、供弹机构、退壳机构、击发机构、发射机构和瞄准装置等部分组成,每个部分有着各自的功能和特点。

1. 枪管

枪管是枪械的基本构件。发射时火药燃气推动弹头沿枪管向前运动,并赋予弹头一定的初速、方向和转速。

枪管内部称为内膛,可分为弹膛、坡膛和线膛3部分(图7-1)。弹膛是指与枪弹配合部分的枪管内膛,其作用是包容枪弹,使弹头正确导向;坡膛为弹膛与线膛连接过渡部分,一般由1~2个锥度组成;线膛是枪管中具有膛线的部分。

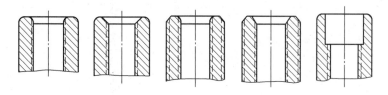

图7-1 枪管

2. 闭锁机构

闭锁机构是为了保证自动武器可靠地发射弹丸,并使其获得规定的初速。应当在推弹之后关闭弹膛并顶住弹壳,以防止弹壳在高膛压时因后移量过大而发生横断和火药燃气的早期向后逸出;在弹头出枪口之后能及时打开枪膛,以完成后继的自动循环动作。

闭锁机构一般由枪机(或机头)、枪机框(或节套)与枪管等组成。

闭锁机构按闭锁时后枪管与枪机的连接性质可以分为惯性闭锁和刚性闭锁两大类。

惯性闭锁在闭锁时枪管和枪机没有扣合,或虽然有扣合但是在壳机力作用下能自行开锁的闭锁方式。惯性闭锁机构有3种:即枪机纵动式、楔闩式和滚柱式。

刚性闭锁在闭锁时枪管与枪机有牢固的扣合,射击时壳机力不能直接使枪机开锁,必须在主动件(枪机框或枪机体)强制作用下才能开锁的一种闭锁方式。这类闭锁机构工作可靠,可根据武器的设计要求安排结构尺寸与质量,所以,被广泛采用在管退式和导气式武器中。它主要有4种形式:回转式、偏转式、枪管偏移式和横动式。

(1) 枪机纵动式惯性闭锁机构(54式7.62mm冲锋枪) 如图7-2所示,分为自动方式(自由枪机),闭锁方式(枪机质量惯性),无开、闭锁工作面,无闭锁支撑面。

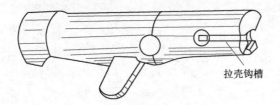

图7-2 枪机纵动式惯性闭锁机构

(2) 枪机回转式闭锁机构(56式7.62mm冲锋枪) 如图7-3所示,闭锁时枪机前端的左、右闭锁凸榫进入机匣对称的闭锁卡槽中。开闭锁动作由枪机框上的定形槽控制枪机上的凸起,使枪机回转完成。这种结构的闭锁刚度好。

(3) 闭锁片偏转式闭锁机构(77式12.7mm高射机枪) 如图7-4所示,分为自动方式(导气管与底压混合式)、闭锁支撑面(闭锁片尾部)、闭锁工作面(闭锁片与机体斜面)、开锁工作面(因不自锁,不需开锁工作面)。

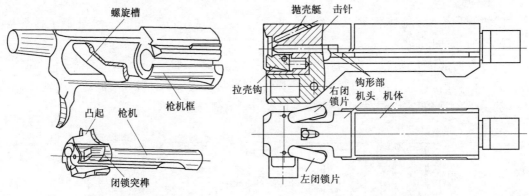

图7-3 枪机回转式闭锁机构　　图7-4 闭锁片偏转式闭锁机构

(4) 枪管偏移式闭锁机构(54式7.62mm手枪) 如图7-5所示,枪管上方的两个闭锁凸缘在发射时支撑在套筒的闭锁卡槽上。开、闭锁动作是在套筒与枪管共同后坐或复进时,通过连杆或向前摆动使枪管偏移而完成的。此种闭锁方式只适于短枪管。

(5) 枪机横动式闭锁机构(59式12.7mm航空机枪) 如图7-6所示,枪机框在后退和复进过程中使枪机横向移动以打开和关闭枪膛。零件形状较简单,闭锁刚度好,但横向尺寸较大。

3. 供弹机构

供弹机构一般包括容弹具、输弹机构和进弹机构3部分。输弹机构的作用是把容弹具中的弹药输送到进弹口;进弹机构的作用是把进弹口的弹药送入弹膛。容弹具包括弹匣、弹鼓和弹箱,容弹具供弹的输弹能源常是外能源。外能源就是非火药燃气能源,弹链

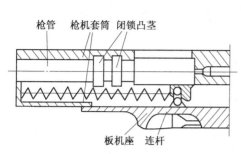

图 7-5 枪管偏移式闭锁机构

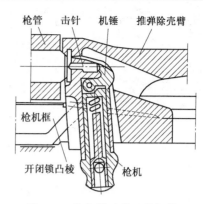

图 7-6 枪机横动式闭锁机构

供弹机构的能源可以是火药燃气,也可以是外能源或部分是外能源。

1) 弹匣

弹匣由托弹板、托弹簧、固定片、弹匣体及弹匣盖组成。枪弹呈单列或双列,结构简单,厚度尺寸小,但容弹量较小。弹匣的形状分为平行四边形、弧形和直形。

2) 弹鼓

弹鼓一般为圆形,对锥度较大的枪弹也可做成截头圆锥形。弹鼓的容弹量较多,手提式机枪的弹鼓一般为 50~100 发。机载机枪、车载机枪的弹鼓的容弹量很大,可达千余发。根据枪弹在弹鼓中的排列方式不同,可分为枪弹轴向排列弹鼓和枪弹径向排列弹鼓。50 式 7.62mm 冲锋枪的为枪弹轴向排列的弹鼓,如图 7-7 所示。

枪弹两圈排列,容弹量为 71 发。弹鼓中有一转动盘,枪弹分别装在转动盘的外圈和里圈。输送外圈枪弹时转动盘转动,当外圈枪弹全部输完时,进弹口一侧的凸榫卡住转动盘,里圈的枪弹在输弹杠杆作用下,沿过渡槽到达进弹口。在输送外圈枪弹时,里圈枪弹无相对运动,故可减小输弹时的摩擦阻力。

3) 弹链

弹链包括开式弹链和闭式弹链。图 7-8 是 54 式 12.7mm 高射机枪所用的容弹量 54 发的不可分离开式弹链。

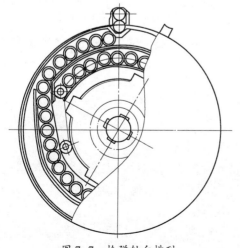

图 7-7 枪弹轴向排列

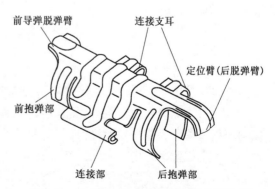

图 7-8 54 式 12.7mm 高射机枪用开式弹链

弹链以其链节的两对弹性夹抱住弹壳体部,限制凸榫卡入弹壳底槽内。链节抱弹部不封闭,枪弹能从前方、下方或后方3个方向取出,可以采用单程进弹机构将枪弹直接斜推入膛。

弹链输弹机构常采用凸轮机构、杠杆机构和凸轮杠杆组合机构。

4. 击发机构

击发机构一般由击针、击锤(或击铁)、击针(锤)簧等组成。其作用是产生机械冲量,并把该机械冲量传给枪弹底火的一种机构。

根据击发机构的结构特点和受力件的运动形式以及所受外力作用的特点和能量来源的不同,可以分为击针式和击锤式两大类。

击针式击发机构其击针能量直接由击针簧或复进簧获得。它又可以分为击针簧式击发机构和复进簧式击发机构。

1) 击针式击发机构

(1) 复进簧式。复进簧兼做击针簧,枪机、枪机体或枪机框又起击针体的作用,闭锁机构通常又是击发机构的保险机构。这种机构常用在枪机停在后方而成待击的连发武器上,它的优点是:结构简单,击发可靠。其缺点是:第一发射击时解脱枪机至击发的时间长,对快速运动目标的射击不利,并且撞击大,因而影响首发精度。其中固定击针最简单,但进弹和退壳条件可能因受击针尖的妨碍而变坏。

(2) 击针簧式。击针簧式击发机构的优点:由解脱击针到击发的时间短,撞击小,对提高武器的射击精度有利,特别是单发射击和第一发射击时,效果颇为显著。其缺点是:击针的尺寸大,因而影响枪机的强度或使枪机的尺寸增大。同时,复进时待击会影响武器的可靠性;而后坐时待击,在许多闭锁机构中又不易实现,或者使结构复杂。

击针能量由击针簧获得。击针在枪机后坐时成待发状态。

2) 击锤式击发机构

击锤式击发机构的击锤能量直接由击锤簧或复进簧获得。它又分为击锤回转式击发机构和击锤直动式击发机构。手枪上多用击锤回转式。

利用击锤簧能量击发的击锤式击发机构常用在单发武器或单连发武器中,击锤待击时枪机已闭锁枪膛,可随时发射。击发时对武器的撞击较小,击发动作延续的时间较短,故单发或第一发射击精度较好。同时,击锤的待击是在枪机后坐时进行,待击的过程较简单。56 式 7.62mm 冲锋枪的击发机构如图 7-9 所示。

击锤簧的预压力 $P_1 = 9.99 \sim 14.67$kg,终压力 $P_2 = 13.25 \sim 18.86$kg。击针突出量为 1.4~1.52mm。击针在枪机后方时,击针尖不得突出弹底窝平面。击针以锥角为 25°的锥面与锥角为 24°45′的击针孔锥面在前方定位。

5. 发射机构

发射机构是控制击发机构进行击发或呈待发的机构,发射机构中还包含有保险机构。有些武器还利用发射机构作为降低射击频率的减速机构。

发射机构一般由扳机、扳机簧、阻铁、阻铁簧和保险杆等零件以及发射机座等组成。发射机构可以分为连发发射机构、单发发射机构、单连发发射机构、点射发射机构、双动发射机构和电控发射机构。

56 式 7.62mm 半自动步枪的击发机构如图 7-10 所示,利用击锤的回转运动来完成强制分离,使扳机与阻铁自行滑脱,以实现单发。

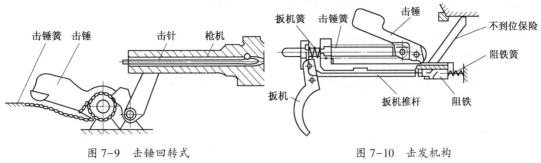

图 7-9　击锤回转式　　　　图 7-10　击发机构

6. 退壳机构

在射击过程中,把击发过的弹壳从膛内抽出,并把它抛出武器之外,这一工作过程称为退壳。退壳机构除了担当退壳任务外,还应当具有退弹能力。所以,退壳机构应既能可靠地将击发过的弹壳从膛内抽出,并抛出武器之外,又能顺利地把处于待发位置的枪弹从膛内抽出,并抛出武器之外。为了完成退壳与退弹任务,退壳机构应具有抽壳和抛壳两种功能,相应由抽壳机构和抛壳机构两部分组成。其中,抽壳机构主要包括抽壳钩和抽壳钩簧;抛壳机构主要是抛壳挺。

如枪机是纵向运动的武器,枪机带动拉壳钩从膛内抽出弹壳,后退一段距离后,退壳挺顶弹底缘的另一边形成力偶,使弹壳从抛壳窗抛出,这种方式称为顶壳式。这种退壳机构由抽壳机构和抛壳机构两部分组成。

1) 抽壳机构

抽壳机构的作用是把击发过的弹壳或处于待发位置的枪弹从膛内可靠地抽出,为此,要求抽壳钩齿在推弹进膛后能顺利地跳过弹壳底缘,并以一定抱弹力将弹壳抱住。抽壳时能可靠地将弹壳从膛内抽出,而又不会滑落。抛壳时弹壳能绕钩齿回转,并朝一定方向将弹壳抛出。如图 7-11 所示。

2) 抛壳机构

抛壳机构主要是抛壳挺按抛壳动作有无弹簧缓冲,可分为刚性抛壳挺和弹性抛壳挺。如图 7-12 所示。

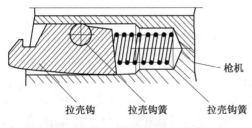
图 7-11　53 式 7.62mm 轻机枪抽壳机构

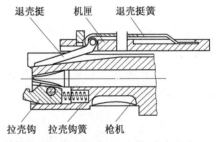
图 7-12　53 式 7.62mm 轻机枪抛壳机构

7. 瞄准装置

赋予枪管射向的操作称为瞄准,瞄准装置的作用是使枪膛轴线形成射击命中目标所需的瞄准角和提前角。

按照瞄准装置的观测系统不同可分为简易机械瞄准装置和光学瞄准装置。其中简易机械瞄准装置主要是由准星和带照门的表尺组成，瞄准角和提前角的装定是靠移动表尺照门实现。而光学瞄准装置是由光学元件组成，瞄准角和提前角由分划板上的分划实现，或由分划与机械传动部分共同组成。

按射击对象的不同又可以分为对地面目标瞄准装置和对空目标瞄准装置。另外还有在光线暗淡和夜间用的夜视瞄具，如主动式红外瞄具、被动式红外瞄具、微光瞄具、激光瞄具和热成像仪等。

7.2.2 自动方式

自动武器发射时完成自动动作的各机构的总称称为自动机。包括自动机原动件（自动机中直接承受火药燃气能量，并带动其他机构或构件运动的部件）、闭锁机构、供弹机构、击发机构、发射机构、退壳机构、复进装置和保险机构等。发射时，自动机中的各机构按规定的顺序协调配合，分别进行各自的动作，完成自动循环。

自动方式是自动机利用火药燃气能量完成自动循环的方法和形式。根据利用火药燃气能量的方法不同，自动方式可分为以下几种。

1. 枪机后坐式

枪机后坐式是利用膛内火药燃气压力直接推动枪机后坐的自动方式。武器自动循环动作的全部能量来自枪机的后坐运动，根据枪机在运动是有无制动措施分为自由枪机式和半自由枪机式。

1) 自由枪机式

自由枪机式是枪机与枪管（通过机匣）间没有扣合的枪机后坐式。它靠枪机的质量的惯性和复进簧力关闭弹膛，枪机在膛内火药燃气的压力增大到弹头开始启动时便开始后坐，为"闭而不锁"。例如，85式7.62mm冲锋枪，77式7.62mm手枪等。

由于枪机没有刚性支撑，当膛压达到一定值时，弹壳就要推动枪机后坐，从而引起下列问题：

（1）为了保证弹壳向后推动枪机有足够的能量，作用在弹壳底部的作用力必须大于弹膛与弹壳外壁间的摩擦阻力，而这个摩擦阻力又必须小于弹壳在拉断前所能承受的极限拉力。

（2）必须保证在高膛压时期弹壳的后移量很小，避免弹壳因很快退到枪管外面而使底部炸裂或产生纵向破裂。根据动量守恒原理，弹头质量和初速越高，枪机后坐质量和速度也越大，因此自由枪机只适合装药量小、弹头质量和初速较小的手枪弹。

可以采用下列方法来减少弹壳和枪机后坐速度：在弹膛刻螺旋槽（如64式7.62mm手枪）与凹槽（如77式7.62mm手枪），使弹壳在膛压下发生变形增加后坐阻力；利用加长击针凸量等方法实现前冲击发，将枪机复进到位能量抵消一部分后坐能量，使枪机延期后坐；加大枪机质量也是行之有效的方法，但使得枪机运动到位的撞击加剧，并增加了武器的质量与尺寸。

（3）为了保证有效地密闭火药燃气，应采用锥度小的弹壳。

自由枪机式武器有下列特点：

（1）结构简单，工艺性好。枪机、机匣等零件没有开闭锁工作面和闭锁支撑面，零件少工艺性好，机匣可用冲压件，适合大量生产，成本低廉；

(2) 因为没有复杂的配合面,对污垢的敏感性小,故障率低;

(3) 勤务性较好,便于训练、使用和擦拭;

(4) 一般只能用于在发射手枪弹的手枪和冲锋枪上。

2) 半自由枪机式

半自由枪机式是在火药燃气作用时期,利用某种约束以减少枪机后坐速度的枪机后坐式。在发射时,枪机与枪管有扣合,但"锁而不牢",枪机在火药燃气压力下可以自行开锁后退,它可用较少的枪机质量发射大威力的枪弹。半自由枪机式又可以分为气体延迟开锁式和机构延迟开锁式两种。

2. 枪管后坐式

枪管后坐式又称管退式,是利用火药燃气的膛底压力推动枪机并带动枪管后坐的自动方式。根据枪管与枪机分离时枪管的不同行程,可以分为枪管长后坐式和枪管短后坐式两大类型。

1) 枪管长后坐式

枪管长后坐式是枪管与枪机后坐行程相等的枪管后坐式。击发后,在火药燃气的膛底压力作用下,处于闭锁状态的枪管和枪机共同后坐,压缩各自的复进簧后坐到位,然后共同复进,枪机被阻铁扣住停在后方,枪管继续复进完成闭锁等动作。当枪管复进到位时已解脱枪机,枪机再在枪机复进簧作用下复进,完成自动循环动作。

这种自动方式的后坐体质量大,后坐距离长,后坐速度小,吸收后坐能量多,并且枪机还需在后方停留一段时间,所以射速较低。采用这种自动方式的法国绍沙轻机枪理论射速只有 300 发/min。

2) 枪管短后坐式

枪管短后坐式是枪管后坐行程小于枪机后坐行程的枪管后坐式。击发后,在火药燃气膛底压力作用下,枪管与枪机保持闭锁状态共同后坐自由行程后,枪机开锁并与枪管解脱,枪机继续向后运动一小段距离,并带动其他机构完成自动循环动作。这种自动方式有以下两类:

(1) 枪管与枪机一起复进到位。手枪常采用这种形式,如 54 式 7.62mm 手枪。它的枪机比枪管重,开锁后枪机所具有的能量足以完成自动循环动作,一般不需要对枪机加速;

(2) 枪管与枪机分别复进到位。由于枪管比枪机质量大得多,为了保证自动机完成自动循环动作,一般有加速机构将枪管的部分能量传给枪机。枪管有复进装置,可使枪管先复进到位,有利于提高射速,并减少了枪管后坐到位时的撞击。

管退式武器利用枪管吸收后坐能量可以减小武器后坐力,但是,枪管的往复运动使得结构比导气式与枪机后坐式复杂,沉重枪管所引起的撞击和振动对武器的射击精度产生了不利的影响,因而,当前新设计的自动武器很少采用这种自动方式。

3. 导气式

导气式是利用导出的膛内火药燃气使枪机后坐的自动方式。根据导气装置的不同结构,可以分为活塞式和导气管式。

1) 活塞式

活塞式是通过活塞把枪管侧孔导出的火药燃气能量传递给机框,机框带动其他机构完成自动循环它可以分为两类：

（1）活塞长行程：活塞与机框连成一体，始终在一起运动。它的机框质量较大，抗干扰能力强，后坐到位撞击较大，如 56 式 7.62mm 冲锋枪等。

（2）活塞短行程：活塞与机框分离为两件，活塞推动机框后坐一个短距离后，停止运动，在活塞簧作用下复进到位。机框依靠惯性继续后坐完成自动循环动作。它的机框质量较小，后坐到位撞击较轻，便于从上方压弹，如 81 式 7.62mm 步枪等。

2）导气管式

导气管式的活塞端面离导气孔较远，活塞与导气孔之间用一根较长的导气管连接，火药燃气通过导气管直接推动带活塞端面的机框完成后坐运动。如美 M16 式 5.56mm 步枪和 85 式 12.7mm 机枪等。它的最大压力较低，工作平稳，但熏烟对机框活塞烧蚀较严重。

导气式的优点是后坐能量可以通过变动导气室中导气孔的大小进行调节，当使用小导气孔射击时，自动机后坐到位冲击小，射击精度好；当使用大导气孔射击时，自动机有足够的能量运动抵抗泥沙等恶劣条件的不良影响。它的结构比枪管后坐式简单，活动间隙小，导气室前壁火药燃气冲量对枪身起制退作用。它的使用面又比枪机后坐式宽，因而是当前应用最广的自动方式。

4. 混合式

混合式是数种自动方式组合而成的自动方式。如 85 式 12.7mm 机枪是导气与枪机后坐混合式。击发后，火药燃气推动机体向后运动，当机体走完自由行程后，此时膛内还有较高的压力，机头在弹壳底部火药燃气压力作用下滑脱开锁加速后坐（占后坐能量 30%）和机体被火药燃气推动向后（占后坐能量 70%）共同作用下完成自动动作。

7.3 枪械的战术技术要求

枪械的战术技术要求，一般可以分为 5 个方面：射击威力的要求、机动性的要求、工作可靠性的要求、勤务性的要求和生产经济性的要求。

1. 射击威力的要求

武器的射击威力是指武器对目标的杀伤和破坏的能力。武器射击威力的大小，决定于射击距离的远近、弹头是否命中目标、弹头命中目标后对目标的作用效果以及单位时间内命中目标的弹头数量的多少。这 4 个因素，简单地说就是武器的射程、射击精度、弹头对目标的作用效果和武器的射速。

2. 机动性的要求

武器的机动性是指在各种条件下使用灵活、开火与转移迅速的程度。武器的机动性包括运动灵活性、火力机动性以及使用适应性。运动灵活性是指武器携带和运行方便，能到山地、水沼、森林、沙漠等任何地方进行战斗；火力机动性是指武器能迅速开火及转移火力；使用适应性是指武器在各种条件下都能发挥其作用。

3. 工作可靠性的要求

武器的工作可靠性的要求包括安全、动作灵活可靠、使用寿命长、对外界条件抵抗性强等。武器必须使用安全，以保证战士集中精力杀伤敌人。武器动作必须灵活可靠，保证动作确实和连续,没有故障或极少故障,在出现故障时易于排除。武器的使用寿命是指武器所能承受的而不失去主要战斗性能的最大发射弹数。另外武器在使用过程中,经常可能遇到不利的环境,如河流、风雪、尘土、泥沙、严寒和酷暑等。通过障碍地区时、搬运时或空投时遇到碰撞,行军途中经受剧烈的颠簸,战斗中还可能被弹片击中。对于这些外界不利条件,武器要有较强的抵抗性能,以保证能随时投入战斗。

4. 勤务性的要求

武器勤务性的要求包括供应简便、分解结合保管保养简便、射击准备简便、训练简便等。

现代战争中使用很多性能不同的武器,给后勤供应带来了一定的困难。所以,在可能条件下,尽量减少枪弹的品种和枪械的品种,使供应简便。分解结合保管保养是否简便,决定于武器结构是否简单。武器的结构简便和射击准备简便是训练战士掌握武器简便而迅速。同时射击准备简便后,可以减少由于武器准备不正确而引起的射击故障。

5. 生产经济性的要求

经济性是指在保证枪械预定功能的条件下,使设计、生产、使用、修理、维护及储存成本低。因而应做到材料来源广泛,结构简单易于加工,便于维修,生产周期短,能利用民品生产线生产。尽量采用普通钢材,特别是我国产量丰富的钢材品种,采用塑料,尽量降低加工精度,采用少切削加工工艺(冲压、自动焊接、精铸等),广泛采用标准化和典型化的零件和部件等。

第8章 手 枪

8.1 概 况

手枪是单人使用的自卫武器,它能以其火力杀伤近距离内的有生目标。手枪由于短小轻便,携带安全,能突然开火,一直被世界各国军队和警察,主要是指挥员、特种兵以及执法人员等大量使用。

8.1.1 手枪发展简史

手枪出现的时代,说法大相径庭。一种说法是手枪出现在1540年,由意大利人制造出了皮斯托亚手枪。另一种说法是在1419年,胡斯信徒在反对两吉斯蒙德的战争中使用了一种哨声短枪,手枪因此而得名。

从火器史来看,手枪大致经历了以下的发展过程:火门手枪——火绳手枪——转轮发火手枪——燧发手枪——击发手枪——转轮手枪(又称左轮手枪)——自动手枪。但是人们通常所说的现代手枪,实际上只包括击发手枪、左轮手枪和自动手枪。

手枪应用于军事领域,可以追溯到16世纪中叶。1544年,德国骑兵在伦特战斗中,对法军使用了单手转轮打火枪。随后法国也使用了相同的手枪骑兵。

8.1.2 手枪的性能特点

手枪按使用对象可分为军用手枪、警用手枪和运动用手枪;按用途可分为自卫手枪、战斗手枪(大威力手枪和冲锋手枪)和特种手枪(包括微声手枪和各种隐形手枪);按结构可分为自动手枪、左轮手枪和气动手枪(如运动手枪)。

与其他枪械比,手枪的主要特点如下:

(1)质量小,体积小,满装枪弹手枪的总质量:军用手枪一般在1kg左右,警用手枪在800g左右,便于随身携带。

(2)枪管短小,口径多7.62~11.43mm,也有采用小口径的,但大多采用9mm口径,适合于杀伤近距离内的有生目标。

(3)弹匣供弹,自动手枪弹匣容量大,多为6~12发,有的可达20发;左轮手枪则容弹量小,一般为5~6发。

(4)多采用半自动(单发)射击,但也有少数手枪(如冲锋手枪)采用全自动(连发)射击方式。前者战斗射速为30~40发/min,后者战斗射速高达120发/min左右;

(5)结构简单,操作方便,易于大批量生产,成本低。手枪的不足之处是有效射程近,一般为50m左右。冲锋手枪的有效射程远些,但也不超过150m。由于冲锋手枪质量较大,连发精度差,火力不及冲锋枪,因此,尚未被广泛采用。

8.1.3 手枪装备的现状

目前,世界各国装备的手枪的口径有:5.45mm、7.62mm、7.63mm、7.65mm、9mm、0.38in(1in=2.54cm)、10mm、11.43mm 和 12.7mm 等,大约有几十种型号。

在世界各国装备的手枪中,口径最小的为 5.45mm,口径最大的为 12.7mm,尤以美国的 M1911A1 式 11.43mm 自动手枪装备时间最长,装备量最大。9mm 口径自动手枪,因其后坐力小、射击稳定、弹着密集、弹匣容量大,目前,为世界各国军队和警察广泛使用。

8.1.4 手枪的战术指标和要求

1. 威力

(1) 弹头的作用效果。由于手枪的初速度均比较低,因而杀伤作用与口径大小密切相关,普遍认为 9mm 比较合适,而且选用较钝的圆形弹头也能提高杀伤作用。例如,我国的 64 式手枪,在 50m 处的动能为 180J。用它射击 50m 处的目标时,能穿透每层 1mm 的 8 层尼龙布或两层棉垫加一层羊皮的防护层,并产生良好的杀伤效果(图 8-1)。

(2) 战斗射速。手枪的战斗射速一般为 30 发/min,弹匣的容弹量为 8~10 发,为保证手枪有较高的战斗射速,一般选用变换式弹匣供弹并设置空仓挂机机构。

(3) 射击精度。通常手枪是在紧急情况下使用的,常处于先发制人才不被人制的境地,故精度要求较高。但是射手举枪射击时,由于手的抖动,扣引扳机和机件的撞击与后坐,都会使手枪的位置改变而影响射击精度。

图 8-1 我国 64 式手枪

为此,通常所采取的措施有:选用低冲量枪弹;将瞄准装置设置在同一基础件上;增加瞄准基线的长度;尽量将虎口握持部位上移,便手枪枪管的细线靠近手掌虎口,而且要设计有适于握持的握把;扳机以预告式为最佳,引力还必须平稳、适中;要减小扳机力,又要以保证安全为原则,故用力不得小于 15N。

2. 可靠性

手枪是随身携带用于短兵相接战斗的武器,要求机构动作可靠,在射击和携带过程中必须绝对安全,使用安全要具有可靠的保险而不致走火。机构动作可靠性用在使用条件下允许的故障率来衡量。中型手枪的使用寿命不低于 3000 发,小型手枪不低于 1500 发,微声手枪不低于 800 发。手枪寿命试验中允许的故障率一般小于 0.3%,不允许发生危及射手和友邻的故障,手枪常见的故障有卡壳、卡弹等。

3. 机动性

便于隐蔽、携带和持枪是手枪应具有的特征之一。所以对手枪的尺寸、质量和外表要求较高。中型手枪长度不应大于 200mm,小型手枪长度约以 150mm 为宜。装满枪弹的手枪质量,中型手枪应不大于 1kg,小型手枪则为 0.5kg 左右。

在手枪的机动性中,开火的及时性很重要。要先发制人就必须出枪快、开火快,这就要求手枪的外形无过分的突出部分;从枪套内取枪的动作须符合一般的习惯,简便而迅速。弹匣最好装在握把内。

4. 维修性

维修简便是手枪具有的又一特征,这样便于射手掌握手枪的分解结合和故障的排除,而不用专用工具或少用专用工具。若零部件结合不正确时,则不应装配成枪,手枪的操作顺序和旋转方向应符合习惯。所加工的手枪零件表面光滑平整,有利于擦拭和涂油。对微声手枪的消声装置及其他元件,枪管等金属表面涂镀防腐层,则既有利于元件的保护又方便于清理与擦拭。

8.1.5 发展趋势

1. 重点发展双动手枪

从安全和减少手枪操作程序的角度出发,大力发展"双动"手枪,有的手枪甚至是"三动",如韩国的 DP-51 式 9mm 手枪。这种手枪开火迅速,手枪意外落地也不会发生走火现象。

2. 大力发展进攻型手枪

进攻型手枪的概念是美国特种作战司令部于 1900 年 11 月提出的,它的目的是既作为士兵的自卫武器,又在长枪受损时充当进攻性武器使用,而且可用不同的枪弹,对付不同的对象。

3. 用冲锋手枪和小口径冲锋枪取代手枪

手枪由于弹匣容量小、射程近、故障率高限制了它的使用。因此,有些国家提出用冲锋手枪甚至小口径冲锋枪取而代之。

4. 再度发展大口径手枪

美国 M1911A1 式 11.43mm 手枪虽然已被 9mm 手枪取代,但 1986 年 4 月迈阿密枪战促使美国再度考虑大口径手枪的发展,如美国联邦调查局准备采用 10mm 口径手枪。

5. 手枪趋于系列化和弹药通用化

目前,手枪除统一弹药口径,使其通用化外,还通过变换枪管、复进簧、弹匣等部件发射多种完全不同的枪弹,以满足不同的需要。

8.2 1954 年式 7.62mm 手枪

8.2.1 用途与性能

1954 年式 7.62mm 手枪是仿苏联 TT1930/1933 年式 7.62mm 手枪,我国于 1954 年生产定型。简称 54 式 7.62mm 手枪,如图 8-2 所示。

该枪使用 51 式 7.62mm 手枪弹,每支手枪配备两个弹匣,该枪主要装备我军基层指挥员、公安保卫和特种分队人员。可杀伤 50m 以内的有生目标。

图 8-2　54 式 7.62mm 手枪

54 式 7.62mm 手枪主要参数:

口径:7.62mm。有效射程:50m。
枪口动能:490J。战斗射速:30r/min。
弹匣容量:8发。第一发装填力:95~100N。
扳机力:20~50N。初速:420~440m/s。25m处弹道高:12.5cm。
平均最大膛压:185~210MPa。枪全长:196mm。宽:30mm。高:128.5mm。
枪管长:116mm。膛线:4条、右旋。导程:240mm。自动方式:枪管短后座。
闭锁方式:枪管偏移式。发射方式:半自动。供弹方式:弹匣供弹。瞄准基线长:156mm。
瞄准装置:固定式矩形准星;方形缺口照门。
全枪质量(带空弹匣):0.85kg;(带实弹匣):0.94kg。
弹匣质量(空弹匣):0.078kg;(实弹匣):0.163kg。

8.2.2 结构和动作原理

1. 枪管

枪管赋予弹头一定的初速、旋速及方向。

枪管内部由弹膛、坡膛和线膛组成。弹膛由3个锥体组成。坡膛由一个锥体组成,枪弹在弹膛内以弹壳口部定位;膛内壁有4条右旋等齐膛线,如图8-3所示。

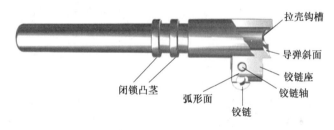

图8-3 枪管

枪管外部后部较粗,并有一凸形铰链座,座上装有活动铰链,通过铰链,枪管与握把座连接;中部有两个环形闭锁凸起;枪管后端面有导弹斜面和容纳抽壳钩钩爪的槽。

2. 套筒、握把座及枪管结合轴(图8-4)

(1)套筒向后运动使击锤成待发状态,向前运动可完成推弹、闭锁等动作。套筒内装有击针、回针簧、抽壳钩、抽壳钩簧及轴等零件。

套筒座用以连接各零部件及导引套筒前后运动,其上有握把,便于操作。左、右护板均用护板固定片固定在握把上。弹匣卡榫用以卡住弹匣。

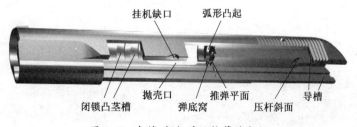

图8-4 套筒、握把座及枪管结合轴

（2）挂机缺口。枪弹射完后，枪管结合轴的挂机凸榫即卡入此缺口内，实现空仓挂机。

（3）闭锁凸茎槽。与枪管的闭锁凸茎相卡以闭锁枪管。

（4）枪管结合轴的作用。连接枪管和握把座，当枪弹射完时卡住套筒，使套筒停于后方；当套筒前进撞击枪管时承受冲击力；铰链绕枪管结合轴转动以诱导枪管上升下降。

3. 自动方式

该枪是枪管短后坐式自动武器。射击时完成自动动作的能量来源于火药燃气，火药燃气一方面推弹头向前，一方面通过弹底将能量传给套筒及枪管一同后坐。当共同走完 2mm 的自由行程后，枪管受握把座限制凸起所阻，停止运动后，套筒仍单独继续后坐到位。然后在复进簧的作用下复进、推弹，套筒撞击枪管尾端推停在后方的枪管一起复进闭锁。

复进装置由复进簧、导管、挡圈等组成，如图 8-5 所示。

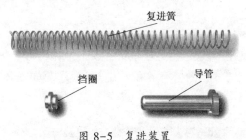

图 8-5　复进装置

4. 闭锁机构

闭锁机构由枪管、套筒及握把座组成，其中套筒是基本零件。

闭锁方式属于枪管偏移式。枪膛的闭锁是靠枪管的环形闭锁凸起与套筒的闭锁凸起槽相互扣合来实现的。开、闭锁动作的主动件是套筒，它带动枪管，通过铰链围绕枪管结合轴转动而实现。第一发装填时，拉套筒向后，带动枪管使之绕枪管结合轴转动而开锁，待套筒继续向后运动让开进弹口，弹匣内最上面的一发弹上升至预备进膛的位置后，松开套筒，套筒在复进簧的作用下向前推弹，并使枪管向前复进到位，闭锁。如图 8-6 所示。

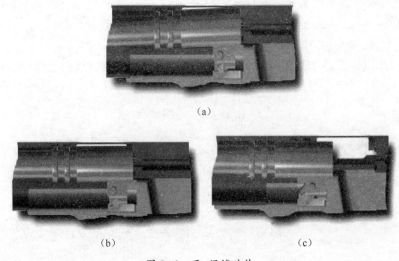

图 8-6　开、闭锁动作

(1) 开锁动作。射击后,火药燃气压力抵压弹壳推套筒、枪管一起后坐一段开锁前的自由行程后,套筒和枪管带动铰链绕枪管结合轴向后转动。铰链拉枪管后端向下,逐渐地使枪管环形闭锁凸起与套筒闭锁凸起槽脱离,使枪管与套筒分开。当铰链座与握把座相碰时,枪管停运动,套筒单独后退,完成开锁动作。

(2) 闭锁动作。套筒在复进时,当套筒的弧形凸起与原先停止不动的枪管尾端面相遇后,使枪管也向前运动。枪管前进时,带动铰链绕枪管结合轴向前转动,铰链将枪管尾部上抬,逐渐地使枪管的环形闭锁凸起与套筒的闭锁凸起槽扣合,并支撑住枪管,从而完成闭锁动作。

这种枪管偏移式闭锁,结构比较简单,安排比较紧凑。但枪管与套筒之间有间隙,影响射击精度,比较简单,安排比较紧凑。这种闭锁方式只能用于枪管短而轻的半自动手枪中。

这种枪管偏移式闭锁,结构比较简单,安排比较紧凑。但枪管与套筒之间有间隙,影响射击精度。

5. 供弹机构

供弹机构的作用是将枪弹输送进弹膛以备发射。该枪采用弹仓式供弹机构,由弹匣、枪管套筒、套筒座的有关部分组成。

弹匣由输弹板、输弹簧、固定片、弹匣体及弹匣盖等组成。如图 8-7 所示。

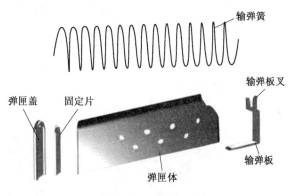

图 8-7 弹匣结构

(1) 输弹。输弹动作由弹匣完成。当枪机后坐,进弹凸榫离开弹匣的进弹口后,输弹簧即伸张,将枪弹送到进弹口,被进弹口折弯部限制而被规正。

(2) 进弹。进弹动作由套筒完成。套筒复进时,套筒的进弹平面把枪弹从弹匣的进弹口推出,沿发射机座两侧、握把座及枪管后端的导弹斜面进入弹膛。在进弹过程中,枪弹底缘逐渐上升,进入抽壳钩槽内被抽壳钩爪抓住。

6. 退壳机构

退壳机构是抽出弹膛中的弹壳并将其抛出武器之外的机构。它包括抽壳机构和抛壳机构,如图 8-8 所示。

(1) 退壳动作。开锁后,抽壳钩将弹壳从弹膛内向后抽出,由于抽壳钩簧的作用,使弹壳被确实定位在弹底窝内。当后退至弹底缘撞击抛壳挺时,抛壳挺与抽壳钩配合,将弹壳向右方抛出。

图 8-8 退壳机构

（2）抽壳机构是弹性抽壳钩。抽壳钩钩爪用以抓住弹壳，抽壳钩轴孔为椭圆形，抽壳钩爪与弹底窝平面之间的距离为 1.70~2.26mm。

（3）抛壳机构为顶壳式抛壳机构，刚性抛壳挺位于发射机座左侧。

7. 击发、发射和保险机构

击发机构为击锤回转式击发机构。主要由击针、回针簧、击锤、击锤簧、扳机、扳机簧等组成(图 8-9)。

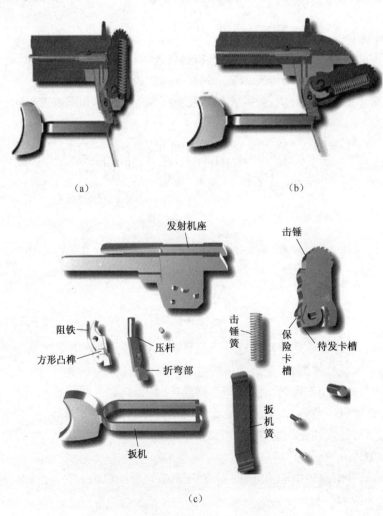

图 8-9 击发机构零件图
(a) 平时状态；(b) 待发状态；(c) 主要零件。

1) 击发动作

手枪在待发状态下,扣引扳机,扳机推阻铁下端向后,使阻铁的尖端向前,解脱击锤,阻铁簧被压缩。击锤在击锤簧力作用下猛向前转,撞击击针,击发底火。此时回针簧被压缩,击发后击针在回针簧力作用下恢复原位,以保证进弹到位。

2) 待发动作

击发后,套筒在后坐过程击发后,套筒在后坐过程中,套筒上的单发杆斜面将单发杆压下,但发杆则压下扳机后端,使扳机与阻铁脱离,阻铁簧随即伸张,使阻铁单发杆则压下扳机后端,使扳机与阻铁脱离,阻铁簧随即伸张,使阻铁的尖端向后转。套筒继续后坐,压倒击锤。当击锤上的待发卡槽滑过阻铁时,阻铁便卡入待发卡槽内,套筒复进时,阻铁便扣住击锤,使击锤停在后方。

套筒复进到位,放开扳机,扳机在扳机簧力作用下向前向上恢复原位,扳机后端又重新对正阻铁下端;同时单发杆也被扳机抬向上,重新进入套筒单发杆斜面的下方,从而完成待发状态,再扣扳机又能击发。

回针簧作用是枪筒偏移开闭锁时击针必须收回,才能完成动作。保险机构有不闭锁保险机构和防偶发保险机构。

3) 不闭锁保险

当套筒复进不到位时,由于套筒上的单发杆斜面未对正单发杆,故单发杆在放松扳机后仍不能上抬,使扳机后端也不能上抬,所以,对不准阻铁的下端。这时,虽然能扣动扳机,但扳机推不到阻铁。从而也就不能解脱击锤,形成不闭锁保险。

4) 防偶发保险

(1) 将击锤由平时状态变成保险状态。用拇指把击锤稍向后扳倒,听到"啪"的一声响即可。此时阻铁的尖端即卡入击锤的保险卡槽内,形成保险。

手枪在实现防偶发保险后,既扣不动扳机也拉不动套筒。这是因为:一方面阻铁尖端卡入保险卡槽很深,扣扳机通过阻铁使击锤后倒的力矩小于击锤簧使击锤向前转动的力矩,故扣不动扳机,不能击发;另一方面阻铁的方形凸榫进到单发杆的折弯部下方,阻止单发杆下降,故拉不动套筒,不能再进行装填。

(2) 将击锤由待发状态变成保险状态。以拇指压住击锤,并用食指扣引扳机向后,以推动阻铁下端向后转动,使阻铁尖端由待发卡槽内脱出。然后拇指慢慢放松击锤稍向前转动后,放开扳机,扳机向前复位,阻铁尖端向后转,进入保险卡槽内,形成保险。

8. 瞄准装置

手枪不像步枪一样装定表尺,而且射击时,由于距敌近,时间紧,也不可能精确瞄准。手枪的瞄准装置十分简单,准星固定在套筒上,照门通过燕尾榫与套筒连接(图8-10)。此瞄准装置只赋予手枪一个平均高角,鉴于有效射程很近,所以,在其他距离上虽有些误差,但误差很小。

图8-10 照门

手枪没有专门的依托,举枪出去,必须立即正确地指向敌人。这就要求举枪指向敌人时,枪管的轴线应与手臂平行。由于击发时,枪管的轴线与握把座的指向是一致的,因此,就要求握把座指向与手臂平行,这就要求握把座适合射手的握持。故手枪的握把与握把座指向之间有一定的倾斜角。该枪的这个倾斜角为 101°30′。

由于手枪常常无依托射击,射手的手的抖动以及扣引扳机的力,均会影响到枪管位置的稳定,从而影响射击精度。该枪扣引扳机的力为 20~50N。

8.2.3 不完全分解结合

在分解前,应向后拉套筒,进行安全检查,当确认弹膛内无弹时方可进行不完全分解。分解步骤如下:

(1) 右手握枪,并用拇指按弹匣扣到位,向下取出弹匣(图 8-11);

(2) 用弹匣盖对准枪身扣片簧凸起,转动并解脱扣片簧,使其与枪管结合轴脱离,向左取出枪管结合轴。然后一手握握把,一手持套筒向前慢慢将套筒取下,但需注意,需用手握住复进簧,防止它弹出(图 8-12);

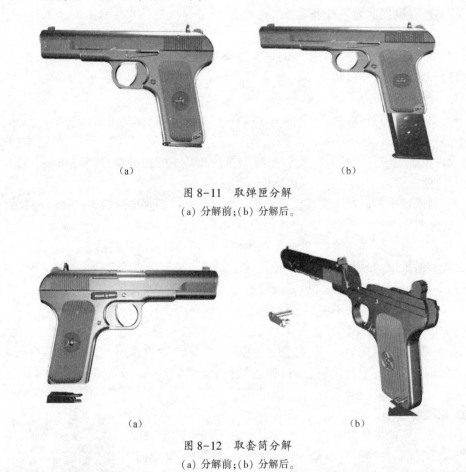

(a)　　　　　　　　　　　(b)

图 8-11　取弹匣分解

(a) 分解前;(b) 分解后。

(a)　　　　　　　　　　　(b)

图 8-12　取套筒分解

(a) 分解前;(b) 分解后。

(3) 一手按住复进簧,防止意外弹出,一手将复进簧导管向前向上推,卸下复进装置,然后分开复进簧、导管和挡圈(图 8-13);

(4) 将枪管套转动 180°,向前卸下,而后推铰链成水平状态,并推动枪管后端,使枪管的环形闭锁凸起与套筒的环形闭锁槽脱离,向前卸下枪管(图 8-14);

(5) 右手握住握把座,左手向上提出发射机(图 8-15)。

第8章 手　枪

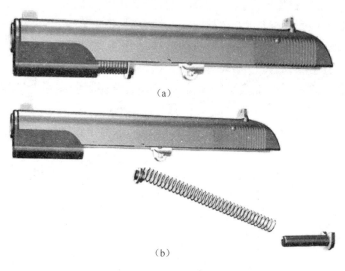

图 8-13　卸下复进装置分解
(a) 分解前；(b) 分解后。

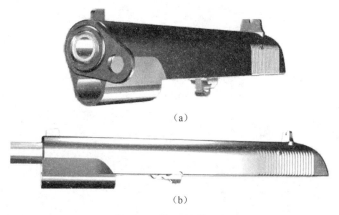

图 8-14　卸下枪管分解
(a) 分解前；(b) 分解后。

图 8-15　卸下发射机分解
(a) 分解前；(b) 分解后。

结合时,按分解的相反顺序进行,但应注意以下几点:

(1) 复进装置装入套筒以后,在与握把座结合时,须用右手握住复进簧,以免弹出;

(2) 当活动件结合在握把座上后,可前后窜动套筒,以免在插入枪管结合轴时,使铰链孔与握把座的孔对正,否则拉不动套筒;

(3) 当拆装手枪用弹匣推枪身扣片簧时,应防止弹匣滑脱或用力过猛,以免划伤握把座和手;

(4) 结合至装弹匣前,应多次拉动套筒,以检查手枪是否结合正确。然后扣压扳机,解脱击锤,再把弹匣装上。

第 9 章 步枪与冲锋枪

9.1 概 况

9.1.1 步枪发展简史

步枪的发展过程经过火绳枪、燧石枪、前装枪、后装枪、线膛枪等几个阶段,以后又由非自动改进发展成半自动和全自动枪等。

最早的记载是中国南宋时期出现的竹管突火枪,这是世界上最早的管形射击火器。随后,又发明了金属管形射击武器——火铳,到明代又有了更大的发展。15世纪欧洲出现了最原始的步枪,即火绳枪。

16世纪,出现了利用撞击使燧石发火的燧石枪,由于当时的技术条件有限,这一时期的步枪都是前装枪。

1828年,法国人德尔文设计了枪尾带药室的步枪并使用旋转膛线。1835年,德国研制成功德莱西击针后装枪,它采用螺旋形膛线,用击针打击枪弹底火,发射定装式枪弹,称为击针枪,它是最早的机柄式步枪。

19世纪末,步枪自动装填的研究即已开始。1908年,蒙德拉贡设计的6.5mm半自动步枪首先装备墨西哥军队。第一次世界大战后,许多国家加紧对步枪自动装填的研制,先后出现了苏联的西蒙诺夫、法国的1918式、德国的伯格曼等半自动步枪。

第二次世界大战后期,各国出现的自动装填步枪性能更加优良;而中间型枪弹的出现,则导致了射速较高、枪身较短和质量较小的全自动步枪的研制成功,这种步枪亦称为突击步枪。如德国的StG44式、苏联的AK-47式突击步枪等(图9-1)。

图9-1 突击步枪

1958年,美国开始进行5.56mm枪弹的小口径步枪的试验,从而导致了发射5.56mm枪弹的MI6式小口径步枪的问世。该枪于1963年定型,于1969年大量装备美国军队。北约各国也都竞相发展小口径步枪,并出现了一系列发射比利时SS109式5.56mm枪弹的小口径步枪。苏联也加强了小口径步枪的开发与研制,并于1974年定型了AK-74式5.45mm小口径突击步枪。至此,步枪小口径化、枪族化、弹药通用化已取得了决定性的进展。

随着中间型枪弹和小口径枪弹的发展,自动步枪、狙击步枪、突击步枪和短突击步枪等现代步枪也得到更广泛的发展。

近20年来,由于科学技术的迅速发展,也出现了一些性能和作用独特的步枪,如无壳弹步枪、液体发射药步枪、箭弹步枪、未来先进战斗步枪等,为步枪的发展开辟了新的途径。

我国步枪的发展过程大体上可分3个阶段,即仿制、自行设计、独立自主研究阶段。

(1) 56式7.62mm的半自动步枪和56式7.62mm的冲锋枪是仿制苏军当时列装的CKC 7.62mm半自动步枪和AK-47 7.62mm突击步枪。这两只枪是我军装备时间最长的枪。

(2) 新中国自行设计制造的第一支步枪是63式7.62mm自动步枪,也是我国第一种设计定型的军用枪械。

(3) 81式7.62mm枪族是新中国自行研制的第一个班用枪族。

(4) 20世纪80年代,新中国研制了第一代小口径枪械,第一种无托步枪5.8mm的枪族诞生。

9.1.2 步枪与冲锋枪的用途和性能

1. 步枪与冲锋枪的用途和性能

步枪按自动方式可分为非自动、半自动和全自动方式3种。按用途可分为普通步枪、突击步枪、骑枪和狙击步枪。按枪弹又可分为大威力枪弹步枪、中间枪弹步枪和小口径步枪。

步枪是步兵的基本装备,为单兵肩射的长管武器主要用于杀伤暴露有生力量,有效射程为400m。也可用刺刀或枪托格斗,现代步枪一般可发射枪榴弹或利用枪挂榴弹发射器发射榴弹,具有面杀伤和反装甲能力。步枪是步兵最早使用的、装备数量最多的、使用面最广的射击武器。

(1) 狙击枪。狙击枪是步兵狙击手使用的高精度发展史上出现的最早的自动武器,国外通常称为中型机枪,它是步兵分队的主要自动武器。用以支援步兵战斗,杀伤中距离暴露的和隐蔽的小起伏地形后面集结的和单个重要的有生目标,以及压制或消灭敌人的火力点,表尺的射程为1500~2000m,有效射程一般为1000m,可对空射击、散布射击和超越射击(图9-2)。

(2) 半自动步枪。半自动步枪又称自动装填步枪,是一种自动装填枪弹并自动待击但不能自动发射的步枪,在射中须松开扳机,然后在扣扳机才能发射次发弹。这种步枪可以提高射击精度和单兵火力(图9-3)。

图9-2 狙击枪

图9-3 半自动步枪

(3) 反坦克步枪。顾名思义,反坦克步枪是专门对付装甲目标的枪械,但它也可以有效地对付800~1000m距离的机枪、火炮、土木工事及永久性火力点。反坦克步枪诞生于第一次世界大战中,其特点是口径大,枪管和全枪较长。

(4) 冲锋枪。冲锋枪是单兵使用的双手握持或肩射能速发射击手枪弹的自动武器，是一种经济实用的单兵近战武器。特别是轻型和微型冲锋枪由于火力猛烈、使用灵活，很适合于冲锋和反冲锋，以及丛林、战壕、城市巷战等短兵相接的战斗。因此，目前冲锋枪作为枪族重要成员之一，对于步兵、伞兵、侦察兵、边防部队及警卫部队等来说，仍然是一种不可缺少的个人自卫和战斗武器。

最早的一种冲锋枪是维拉·皮罗萨冲锋枪，于1915年开始装备意大利军队；不久，德国、美国等国也相继设计了一些不同型号的冲锋枪装备部队；我国20世纪50年代初生产的50式、54式冲锋枪是仿苏产品。随着武器装备和技术的发展，许多国家研制了一系列的冲锋枪。从目前轻武器的发展趋势来看，除了使用手枪弹的微型冲锋枪将会继续保留在装备序列中之外，其他常规的冲锋枪必将会被轻型化的自动步枪所取代。

冲锋枪的特点：使用威力较小的直弹壳手枪弹；射程、精度及威力均不如步枪；通常能全自动射击，自动方式大多采用自由枪机式；体积小，质量小，灵活轻便，结构简单，便于大量生产，微型冲锋枪的质量一般不大于2kg；初速大多为270~500m/s，有效射程一般为100~200m。

2. 装备现状

目前，世界各国装备的步枪种类、型号很多，口径主要有5.45mm、5.56mm和7.62mm，也有7.5mm、7.92mm，还有11.43mm、12.7mm、15mm等。美国及其他西方国家大量装备的步枪主要5.56mm口径，其种类多达几十种。例如，美国的MI6A1和MI6A2式5.56mm步枪，英国的L85AI式5.56mm突击步枪，法国的FAMAS 5.56mm步枪，奥地利的AUG 5.56mm步枪，比利时的FNC 5.56mm突击步枪，以色列的加利尔5.56mm突击步枪，而且这些小口径步枪，全是清一色的自动步枪。

尽管小口径步枪目前已成为世界各国的主要轻武器装备，但大多数国家仍保留了7.62mm口径的步枪。例如，苏联的AK-47和AKM 7.62mm突击步枪，德国的G3式7.62mm自动步枪，比利时的FN FAL 7.62mm自动步枪，西班牙的赛特迈7.62mm突击步枪，瑞士的SG510-4式7.62mm步枪，意大利的BM59式7.62mm步枪，捷克斯洛伐克的Vz58式7.62mm突击步枪等。我国主要装备81式7.62mm的枪族和5.8mm枪族。

3. 现代步枪的主要特点

(1) 采用多种自动方式。包括枪机后坐式(自由枪机式和半自由枪机式)、管退式(枪管短后坐式和枪管长后坐式)、导气式(活塞长行程、活塞短行程和导气管式)，但多数现代步枪的自动方式为导气式。

(2) 有多种发射方式。包括单发、连发和3发点射方式等。

(3) 一般配有枪口制退器、消焰器、防跳器，有的可安装榴弹发射器，发射枪榴弹。

(4) 采用弹仓式供弹机构。半自动步枪一般采用不可更换的弹仓，容弹量5~10发；自动步枪则采用可更换的弹匣，容弹量10~30发或采用弹鼓供弹。

(5) 全枪长度较短。一般在1000mm左右；质量小，空枪质量一般为3~4kg，便于携带和操作使用。

(6) 初速大。一般为700~1000m/s；战斗射速高，半自动步枪为35~40发/min，自动步枪则为80~100发/min，能够形成密集的火力。

(7) 寿命长。半自动步枪一般至少为6000发，自动步枪不低于10000~15000发。

(8)结构简单,加工制造容易,造价低。

9.1.3 步枪的战术技术要求

1. 射击威力

(1)有效射程。步枪为400mm,在这个距离上击穿头盔或避弹衣后仍然有效地杀伤有生力量。

(2)直射程。对50cm高的人胸目标直射程不小于400m,在战场上不需变更表尺就可用步枪进行射击。

(3)射击精度:

① 射击准确度:在100m距离上单射击4发弹,其平均弹着点距检查点在5cm内为合格。

② 射击密集度:在100m距离上单发射击3发弹(每组20发),平均$R_{50} \leqslant 5$cm。

(4)战斗射速。单发射为30~40发/min,短点射为80~100发/min。

2. 可靠性

步枪的动作必须安全可靠,在常温下进行寿命实验时,故障率应小于0.35%。在各种射击条件与恶劣环境下也应保证机构动作确实可靠。

步枪的寿命为$(1 \sim 1.5) \times 10^4$发,某些受力大而且形状尺寸又受到限制的零件,如拉壳钩等则允许低于全枪寿命,采用备用件的方法补充其不足。

3. 机动性

现在步枪质量应控制在3.5kg左右,步枪长度应控制在1m内,甚至到760mm左右,大量采用枪托可伸缩折叠或"无托"机构。

4. 勤务性

步枪的训练操作和分解结合应简便,使战士易于掌握。步枪的各零件均应有良好的防腐性能和防尘性能。

5. 经济性

步枪的结构应力求简单,减少零件的种类和数量;尽量减少使用贵重的材料。

9.1.4 冲锋枪的战术技术要求

1. 威力

冲锋枪一般以点射和连发方式来保持足够的火力,故大多采用大容量的弹匣供弹。弹匣采用速换式,可保证较高的战斗射速。单发的战斗射速约为40发/min;连发战斗射速约为90~100发/min。

为保证冲锋枪有较好的射击精度,在设计时应考虑:设置小握把;尽量加长瞄准基线;使瞄准装置设置在同一基础件上等。冲锋枪的射击精度主要以点射来进行检查,射击密集度用概率圆半径$R50$和$R100$来表示。在生产中的检查与手枪相同。

为了提高冲锋枪的威力,需选择适当的口径尺寸。目前,普遍认为9mm口径比较合适。由于目标常有轻型防护,所以冲锋枪在有效射程内,也应有击穿防护层后进行杀伤的能力。

2. 机构动作可靠性

冲锋枪是随身携带的武器,操作必须安全,故其保险机构状态要明显,动作要确实可靠。安全保险除使发射机构不能击发外,一般还兼做行军保险,使枪机不能完成退弹与装填。

机构动作可靠性是以各种使用条件下允许的故障率作为衡量指标的。冲锋枪允许的故障率一般为 0.3%~0.35%。在自然环境的试验条件下,必须保证机构动作确实可靠。冲锋枪在射击过程中不允许出现断壳的故障。冲锋枪常见的故障是卡壳、卡弹和跳弹等。

微声冲锋枪在射击时的枪声很小,而且在夜间和白天射击时不致因枪口光和烟而暴露目标,有利于完成需要隐蔽的任务。

3. 机动性

冲锋枪作为近战武器,应该在紧迫的战斗中不因地势和其他障碍而限制其火力的发挥。为使长度尽量地短,常采用短枪管及折叠枪托,这样对乘车战斗的步兵则减小在战车内的回转半径。

提高冲锋枪的机动性关键是减轻质量。设计者除改进结构外,还常选用轻金属及工程塑料制作机件,由此可减轻单兵的负荷,从而提高运动速度。

4. 勤务性

主要要求携带方便,背枪时舒适、稳定;发射转换器一定要便于射手操作;在不需要工具的情况下就能迅速进行不完全分解;全枪各部分需要防尘,维护擦拭应方便些;生产中尽量提高零部件的通用互换率;另外训练操作应简单,易于掌握。

5. 经济性

冲锋枪的装备量比较大,因此选择最经济的加工方法,有着重要的意义。也就是说应该选择最佳的结构方案,以尽量减少零、部件的品种、数量,而且设计形状要简单、合理。

目前,在冲锋枪生产中还应积极采用冲、铆、焊接等新工艺。精化毛坯,扩大新型金属材料和非金属材料的应用。

9.1.5 步枪发展方向与未来

随着步枪的不断变革和改进,其发展趋势主要表现在以下几方面。

1. 加强步枪的火力

采取的技术途径是提高弹头效能、命中概率和战斗射速,而射程则可不大于 400m。

2. 减小步枪的质量,提高便携性

减小质量采取的措施:一是改进枪弹,包括研制新结构的枪弹;二是改进枪的结构,尤其是轻质高强度合成材料的应用。

3. 实现步枪的点面杀伤能力和破甲一体化

主要途径是加挂榴弹发射器,发射反坦克榴弹和杀伤榴弹,以加强步兵反装甲、反空降的能力。

4. 步机枪可能合二为一或枪族化

随着步枪弹匣容弹量的增加以及战斗射速的提高,为寻求战斗功能的优化组合,步枪和轻机枪有可能合二为一或枪族化。

5. 狙击步枪更趋多样化

狙击步枪口径有 7.62mm、5.56mm、12.7mm 或 15mm 等数种,尤其是 12.7mm 或 15mm 大口径狙击步枪的发展引起了人们的关注。

6. 新概念步枪有很大发展潜力

无壳弹步枪已研制成功,激光步枪已经问世,美国研制成功的眼镜蛇激光枪,已于 20 世纪 90 年代中期装备部队。

7. 进一步改善瞄准装置

光学瞄准镜的使用范围将日益广泛,激光瞄准具、夜视瞄准具也将进一步发展,以提高步枪全天候作战能力。

9.2　1956 年式 7.62mm 冲锋枪

9.2.1　简述

1956 年式 7.62mm 冲锋枪简称 56 式 7.62mm 冲锋枪,于 1956 年生产定型(图 9-4)。56 式 7.62mm 冲锋枪是步兵分队单人使用的主要自动武器,用以杀伤近距离内集结和单

图 9-4　56 式 7.62mm 冲锋枪

个的敌人,能实施单发和连发射击,连发以 2~3 发的短点射为主。短点射时有效射程为 300m,单发射击时有效射程为 400m,优秀射手为 600m。集中火力可射击 800m 内集结的敌人和 500m 内低飞的敌机和伞兵。弹头在 1500m 仍保持有对人体的杀伤作用。

56 式 7.62mm 冲锋枪可靠性好,故障率低,牢固耐用,近距离射击时火力猛。主要缺点是连发射击时枪身跳动较大,击针易折断,夜间射击时准星护翼容易被误认为是准星。

该枪的自动方式为导气式,火药燃气推动活塞,枪机框带动枪机完成开锁、抽壳、抛壳、压缩复进簧等动作。在复进簧力作用下完成闭锁、供弹等工作。闭锁方式为枪机回转式;供弹机构采用 30 发弧形弹匣供弹。击发机构是击锤回转式,发射机构可实施连发和单发射击。

56 式 7.62mm 冲锋枪技术参数如下:

瞄准装置:该枪采用方形缺口照门,柱形准星。

弹　　药:该枪使用 56 式 7.62mm 普通弹、穿甲燃烧弹、曳光燃烧弹和曳光弹。

主要参数:

口径:7.62mm。初速:710m/s。有效射程:单发 400m,连发 300m。

枪管长:415mm。理论射速:600 发/min。全枪质量:(含一个空弹匣)4.03kg。

自动方式:导气式。闭锁方式:枪机回转式。发射方式:单发,连发。供弹方式:弹匣。

全枪长:874mm。准星:柱形。照门:方形缺口式。配用弹种:56式7.62mm普通弹。

9.2.2 结构和动作原理

1. 枪管

(1) 枪管的外部结构。枪管上静配合有准星座、导气箍和表尺座,并用固定销固定。另外,下护手支环通过连接销结合在枪管上。导气箍连接枪管及活塞等构件(图9-5)。

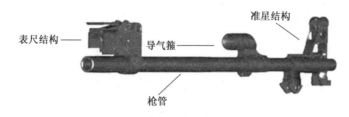

图9-5 枪管外部结构

(2) 枪管的内部构造。枪管内部是枪膛,由弹膛、坡膛和线膛组成。

弹膛有3个锥体,枪弹在弹膛内以第二锥体(斜肩)定位。

坡膛由1个锥体组成,长度较短,只有8mm。

线膛有4条右旋矩形等齐膛线,导程长为240mm。

为了提高耐烧蚀、耐磨损和防腐蚀能力,内膛镀铬,弹膛要求铬层完整,线膛部位的各层厚度在直径上为0.04~0.1mm。枪管尾端面有导弹面和拉壳钩槽。

2. 自动方式和导气复进装置

1) 自动方式

自动方式是指武器利用火药燃气能量来完成自动动作的方式。

(1) 导气式:导气式是指利用从膛内导出的火药燃气做功完成自动机工作的方式 56式7.62mm冲锋枪的自动方式是导气式。

(2) 导气装置:导气装置是活塞长行程冲击式。导气装置由枪管导气孔、导气箍、活塞、活塞筒等组成(图9-6)。发射时,火药燃气通过导气孔引入到导气箍的气室冲击活塞,并通过上护手前端的排气孔排。

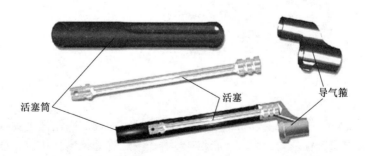

图9-6 导气装置结构

2) 复进装置

复进装置由复进机座、复进簧、导向杆、复进簧导杆与挡圈等零件组成(图9-7)。

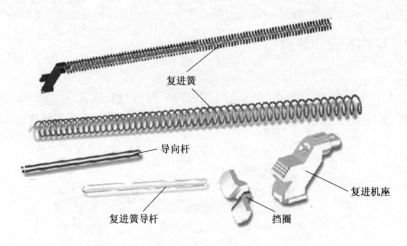

图 9-7 复进装置

当机框和枪机后坐时,机框推复进簧导杆向后,通过挡圈压缩复进簧,使复进簧导杆逐渐缩到导管中去,直至后坐到位机框撞击机匣后平面为止。然后复进簧伸张推动机框和枪机复进到位。

3. 闭锁机构

56 式 7.62mm 冲锋枪的闭锁方式是枪机回转式。闭锁机构由枪机、机框、枪管和机匣的有关部分组成(图 9-8)。开、闭锁的动作由枪机框上的定型槽控制枪机上的定型凸榫使枪机回转而完成的。

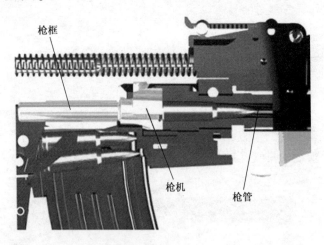

图 9-8 闭锁机构

1) 开锁动作

发射时,火药燃气推动活塞和机框一起后坐,机框定型槽的限制面沿着枪机定型凸榫的限制面滑动,走完开锁前自由行程,机框定型槽开锁螺旋面撞击枪机定型凸榫开锁螺旋面,带动枪机左旋开锁,然后机框定型槽圆弧面带动枪机定型凸榫圆弧面一起后坐,当机框的后平面碰到机匣的后平面时后坐到位。

2) 闭锁动作

机框后坐到位后,在复进簧的作用下,机框通过枪机定型凸榫复进平面带动枪机复进。当枪机快复进到位时,枪机左闭锁凸榫的前下方启动斜面碰到机匣上的启动斜面,使得枪机定型凸榫脱离机框定型槽上的复进平面进入闭锁螺旋面。在机框推动下,枪机右旋闭锁,枪机左右闭锁凸榫进入机匣闭锁槽。当右闭锁凸榫碰到机匣上的止转面时,枪机停止转动,机框定型槽沿枪机定型凸榫限制面走完闭锁后的自由行程,机框拉机柄前壁撞击机匣前面右凸起,机框复进到位。

4. 供弹机构

56式7.62mm冲锋枪的供弹机构是弹仓式,弹仓由30发弧形弹匣组成。弹匣由弹匣体、弹匣盖、输弹板和输弹簧等构成(图9-9)。由于枪弹弹壳外形为锥形,当容弹量较多时,弧形弹匣便于枪弹移动输弹,故障少。

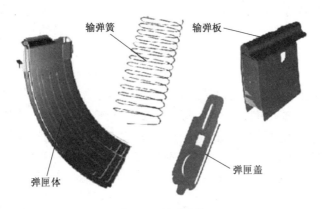

图9-9 弹匣结构

供弹分为输弹和进弹两个动作:

(1)输弹时机框带动枪机一起后坐,当枪机离开弹匣进弹口后,被枪机压在进弹口下的枪弹,在复进簧和输弹板的作用下,将次一发枪弹输到进弹口,被弹匣进弹口规正。

(2)进弹时机框在复进簧的作用下推动枪机复进,枪机上的进弹凸榫推枪弹,在弹匣进弹口、机匣和枪管上的导弹面导引下进入弹膛。

5. 击发、发射和保险机构

该枪采用击锤回转式击发机构,由板机、击针、击针销、击锤簧和击锤等零件组成(图9-10)。

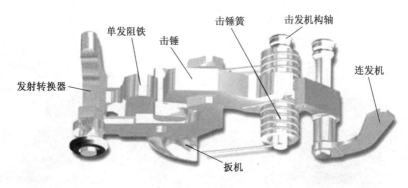

图9-10 击发机构

发射机构是单连发式,发射机构由发射转换器、单发阻铁、连发阻铁、扳机和防早发保险等组成,安装在机匣的腔体内。

机构能实现5种主要功能:①防早发保险机构;②防偶发保险机构的前方保险;③防偶发保险机构的后方保险;④发射机构的单发动作;⑤发射机构的连发动作。

前方保险是指当击锤处在击发状态时,将发射转换器转到保险状态,发射转换器下端将扳机和连发阻铁卡死。此时,向后拉动拉机柄,机框后移压倒击锤,击锤碰到被发射转换器压死的连发阻铁无法再向后转,此时拉机柄后移行程比后方保险时还要小得多,当然不可能再将下一发枪弹推进弹膛,形成前方保险。

后方保险是指击锤在后方位置被连发阻铁扣住时,将发射转换器转到保险状态,发射转换器下端将扳机和连发阻铁卡死,因而用手扣不动扳机,连发阻铁也不会解脱击锤。如果向后拉动拉机柄,碰到发射转换器前臂就停止,此时后移的枪机不会碰到抛壳挺,不会将抽壳钩抽出的枪弹抛出枪外,枪机上的进弹凸榫也不会将弹匣内下一发枪弹推进弹膛,形成了后方保险。

发射机构的单发动作。将发射转换器对正"单"字,单发阻铁不再受发射击转换器约束可以转动。用手扣动扳机发射,连发阻铁解脱击锤,单发阻铁也一同顺时针转动,发射后如扣住扳机不放,机框后退压倒击锤,击锤被单发阻铁扣住。如要再次击发,必须放松扳机,单发阻铁被扳机逆时针推动,单发阻铁放开击锤,击锤被逆时针转动的连发阻铁卡住成待发状态;再次扣扳机,连发阻铁解脱击锤,同时机框解脱防早发保险,完成了单发发射动作。

6. 瞄准装置

56式7.62mm冲锋枪采用表尺、准星的简易机械式瞄准方式装置(图9-11)。

弧形表尺由表尺座、标illation板、表尺板簧、游标等组成。表尺分化为100~800m,一个分化表示100m的距离,本枪对掩体内的步兵的直射程为280m。所以,在表尺的最后有一个常用战斗划分,装定与表尺"3"相同的射角。

准星结构由准星座、准星、准星滑座组成。准星可上下、左右调整,校枪时用来修正平均弹着点的上下和左右偏差。

7. 机匣

机匣为冲铆结构,由机匣体、枪管座、尾座等零件用铆销铆接而成(图9-12)。机匣体由厚度为1.5mm钢板冲压成形,断面呈盒形,因而刚度较好,寿命较高。枪管与机匣用静

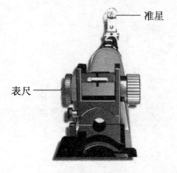

图9-11 瞄准装置

图9-12 机匣

配合加固定销的方法连接,装配时严格分组,使枪管与机匣之间过盈量控制在 0.005mm。用压力装配后,用 2500N 的拉力检验不得松动。

连接在机匣上的组件有:尾座、机匣体、枪管座、击锤、发射机、连发机、握把座、枪托、弹匣扣(图 9-13)。

机匣上方两面侧对称加工有导棱,用以导引枪机框的往复运动。

8. 握把与护木

56 式 7.62mm 冲锋枪采用固定式枪托。固定式枪托用木材或泡沫玻璃钢制成,由榫头楔入机匣后端面的方腔内再用两销子固定。

握把通过螺杆拧在机匣的握把座上,供射击时稳妥地握持握把和扣引扳机。枪托内有附品室盛装附品,并有枪托底板保护(图 9-14)。

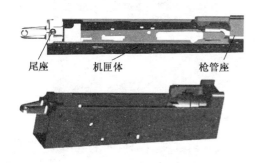

图 9-13 机匣上的组件

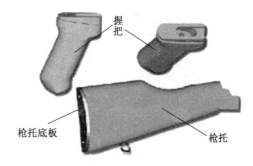

图 9-14 握把与护木

9.2.3 不完全分解与结合

(1) 安全检查。将弹匣后面的弹匣卡榫向前推到位,然后将弹匣稍向前转取下,向下打开机匣右侧的保险,向后拉拉机柄,检查弹膛内应确实无枪弹。如枪机前方带有枪弹,可继续拉枪机向后,枪弹被左侧的抛壳艇抛出右侧枪外(图 9-15)。

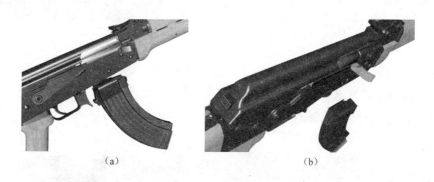

图 9-15 安全检查

(2) 卸下机匣盖。向前推机匣盖卡榫,向上抬机匣盖后端即可卸下(图 9-16)。

(3) 卸下复进簧装置。向前推机匣盖卡榫,使之脱离机匣,向上向后卸下复进簧装置(图 9-17)。

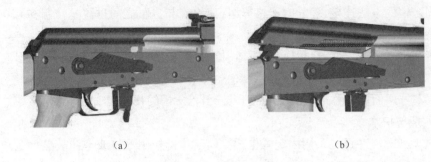

图 9-16 卸下机匣盖

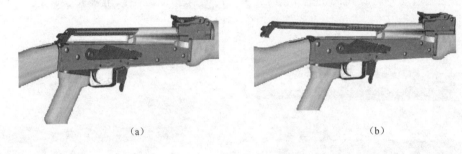

图 9-17 卸下复进簧装置

(4) 卸下枪机。向后拉拉机柄,使机框后退到机匣后部缺口部位向上取出机框和枪机,将枪机向后推到位,向后旋转再向前取下枪机(图 9-18)。

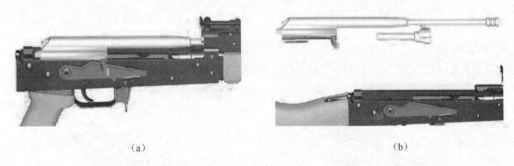

图 9-18 卸下枪机

(5) 卸下护手及活塞筒。将表尺座前方的活塞筒固定拴柄向上转动,然后抬起上护手后端,从导气箍上取下(图 9-19)。

图 9-19 卸上下护手及活塞筒

结合时按相反顺序进行。先将枪机装入机框内,并推到前方,使左右闭锁凸榫在水平位置,再将机框对准机匣上的水平缺口压入机匣内。结合机匣盖时,应先使前端插入表尺座后端的半圆凹槽内,而后用力向前下方推压,使机匣盖卡榫进入机匣盖的方孔内。全枪结合后要拉枪击向后进行动作检查。

9.3 美国 M16 式 5.56mm 步枪与枪族

9.3.1 简述

美国 M16 式 5.56mm 步枪是由美国著名枪械设计师尤金·斯通纳设计,于 20 世纪 60 年代初正式装备美军而举世闻名的第一支小口径自动步枪,初期命名为 AR-15 自动步枪,后改称 M16 自动步枪(图 9-20)。1967 年改进为 M16A1 自动步枪,20 世纪 80 年代初,又改进为 M16A2 自动步枪(又称柯尔特 M16A2MOD701 基型枪),在 M16 步枪下可配装 40mm 口径的 M203 枪挂榴弹发射器,可发射最大射程为 375m、杀伤半径 5m 的杀伤榴弹和击穿 51mm 厚装甲钢板的杀伤穿甲两用榴弹。

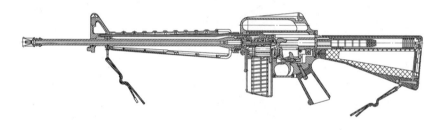

图 9-20 美国 M16 式 5.56mm 自动步枪

M16 式 5.56mm 步枪是步兵使用的单人自动枪械,主要用火力来杀伤单个与集结的有生目标,有效射程为 400m。M16 和 M16A1 式使用 M193 式 5.56mm×45mm 枪弹,M16A2 式改为用有效射程远,枪管膛线导程较短、弹头内有硬钢锥,便于远程击穿头盔的 SS109 式 5.56mm×45mm 枪弹(即北约 NATO 第二代标准弹)。M16A 式步枪主要技术指标见表 9-1。

表 9-1 M16A 式步枪主要技术指标

性能指标	M16A1(步)	M16A2(步)	M16A2(短步)	M16A2(轻机)
口径/mm	5.56	5.56	5.56	5.56
初速/(m/s)	990	948	795	948
有效射程/m	400	800	600	800
理论射速/(发/min)	700~930	700~900	700~900	600~750
全枪长/缩回/mm	965	1000	680/600	1000
全枪质量/kg	3.2	3.4	2.59	3.8
膛线导程/mm	305	177.8	177.8	177.8
使用枪弹	M193	SS109	SS109	SS109
最大膛压/MPa	300	300	300	300

9.3.2 结构和动作原理

该枪主要组成部分有,枪管和机匣、枪机和枪机框、导气装置、复进装置、惯性体、瞄准装置、弹匣以及带握把和发射机的枪托等。

1. 枪管和机匣

1) 枪管

枪管内部由弹膛和线膛组成。弹膛用以容纳枪弹,由4个锥体组成,枪弹在弹膛内以斜肩定位。线膛有6条右旋等齐膛线,膛线导程是305mm(M16A1改为177.8mm)。静配合在枪管上的组合座是准星座、导气箍座、枪刺座和背带环座的组合体。导气箍座纵向有盲孔,用以插入导气管,以便从枪管内引导出火药气体作为自动工作的能源。

枪管组件如图9-21所示。

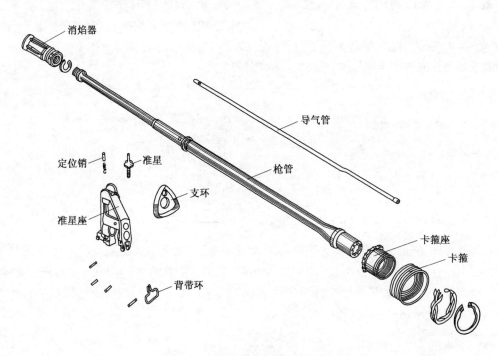

图9-21 枪管组件图

枪管前头有外部直径为22mm,内部呈20°30′圆锥状,侧壁有6条对称分布长槽的枪口消焰器(图9-22),可减小枪口喷出的火光,另外还可兼做枪榴弹发射器和减少后坐力。

2) 机匣

机匣是用铝合金压铸制成的。机匣内部有导引枪机框运动的上、下导棱,顶部有容纳枪机框导气管和装填拉柄的限制槽,左侧前上方有让开槽,以便枪机回转闭锁时让开导柱的方形头部(图9-23)。机匣右侧有椭圆孔,辅助推机柄从此伸入,推送未复进到位的枪机框向前,以便闭锁击发。

机匣外部右侧还有防尘盖。射击时防尘盖被枪机框打开,弹壳由此口抛出。下部两个结合座,以便通过连接销把带握把和发射机的枪托结合在机匣上。机匣上边有特制的握把,其上装有可左、右调节的表尺。左侧有凹槽,便于装填拉柄卡钩卡入,限制装填拉柄不能自行脱出。

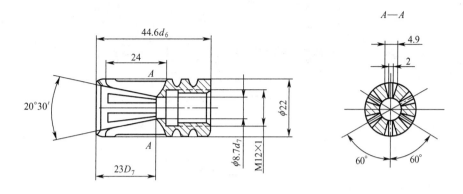

图 9-22 枪口消焰器图

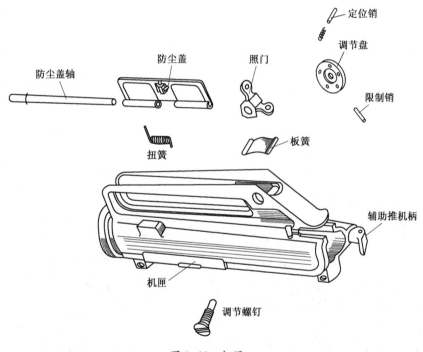

图 9-23 机匣

3) 枪管和机匣的连接

枪管和机匣不是直接连接的,连接时枪管尾端套入环形垫圈,再把枪管节套拧紧,然后从枪管口部套入卡箍座,以螺纹与机匣连接,这样把枪管和机匣连为一体(图 9-24)。

2. 自动方式与导气复进缓冲装置

自动方式是导气式,结构有如下特点。

1) 导气装置

导气装置是导气管式。由枪管、导气箍、导气管以及枪机框和枪机之间形成的气室组成。导气管是用冷拔强化不锈钢管制成,长 374mm,外径 ϕ5mm,内径 ϕ2.9mm,与枪管导

气孔相通的导气孔直径为 $\phi3.1$ mm。导气管前端是密封的,有一个弹性销连接孔(图9-25)。装配时

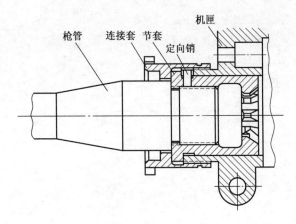

图 9-24 枪管与机匣的连接

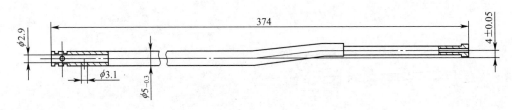

图 9-25 导气管

导气管后端通过卡箍座的孔插入机匣的对应孔;前端插入导气箍座的盲孔,使导气管上的导气孔与枪管上的导气孔相通,用弹性连接销连接。

发射时,火药燃气通过导气孔与导气管进入机框与枪机相对形成的气室,在气室内枪机上有3个密封圈阻止火药燃气向前,火药燃气就通过机框环形隔板迫使机框后坐,走完开锁前 3mm 的自由行程后,带动枪机右旋开锁。当机框右侧两个排气孔滑过枪机尾部的3个密封圈时,剩余火药燃气就从机框排气孔排出,然后机框带动枪机惯性后坐。

机框后坐到位后被机框压缩的复进簧伸张,推动枪机复进到位。

导气管式导气装置的特点如下:

(1) 结构比较紧凑,导气管轴心线比较靠近枪管轴心线,导气箍前壁冲量矩较小,对提高射击精度有利。

(2) 气室初始容积较大,本枪为 $2.8\ cm^3$,因此冲击比较平稳。

(3) 机框气室处被火药燃气熏后很脏,擦拭比较困难。

(4) 枪机受向前的推力,减少了闭锁凸榫上的受力,提高了枪机寿命。

导气装置主要参数如下:

导气孔距枪管尾端距离:331mm。

导气孔与枪管轴线夹角:90°。

枪管导气孔直径:2.4mm。

气室初始容积:约 $2.8cm^3$。

2) 装弹(填)拉柄和辅助推机装置

装弹拉柄由拉柄、卡钩、卡钩簧及轴等零件组成,安装在机匣内部上方的导槽内(图9-26)。

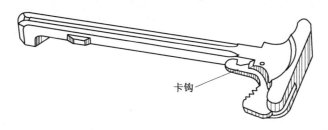

图 9-26 装填拉柄

拉动装弹拉柄向后运动时,拉柄前端下方的凸台扣住并带动枪机框后退,以便进行装弹或退弹。放开拉柄后,在复进簧力的作用下,通过枪机框推动拉柄向前运动,拉柄上的卡钩在拉柄运动到位时自动扣在机匣后方的槽内,以免射击时自行后退。

辅助推机装置由枪机框、推柄、推柄杆、推柄簧、顶销、顶销簧、推柄爪及轴等零件组成(图9-27),安装在机匣的后方右侧,可将未复进到位的枪机框推至最前方。

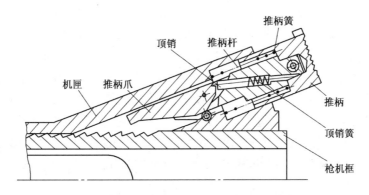

图 9-27 辅助推机柄

装填拉柄有下列特点:

(1) 密封性好,灰尘泥砂不易进到机匣内。

(2) 装填拉柄在机匣后上方,射手左右手都可以拉动,不影响左撇子的使用。

(3) 只能将机框往后拉,不能将机框向前推。但是机框在复进簧作用下复进时,可将装填拉柄推到前方原来位置,装填拉柄的卡钩将其自动停在前方位置,可以防止射击时自行后退。但是万一卡钩簧失效或卡钩钩头磨损,射击时,装填拉柄就会自动向后弹出打击射手的鼻子,因此从人机工程的角度来看,装填拉柄的位置并不理想。

(4) 针对有尘土泥砂时,因为摩擦阻力过大,复进簧无力将机框复进时,装填拉柄又不能推动机框复进的情况,M16A1 步枪增加了弹性的辅助推机柄,并在机框右侧增加一排细齿,用手多次推辅助推机柄。它就逐步推动机框细齿将机框向前推到位。

从以上分析可以发现,采甩装填拉柄和辅助推机柄虽然有增加密封性和可以左右手拉动的优点,但是增加 10 个以上零件以及机框与机匣的加工难度较大,在有污垢的情况下,机框复进到位比直接与机框连成一体的拉机柄要慢得多。

3）复进缓冲装置

复进缓冲装置安装在直枪托内,由复进簧、缓冲管与复进簧套筒组成(图9-28)。惯性体由外筒、5个惯性柱、5个橡皮垫、惯性管、缓冲盖和弹性销组成。

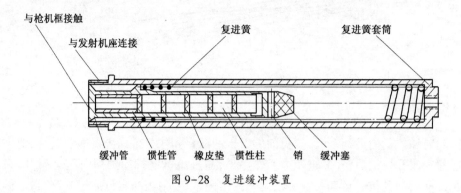

图9-28 复进缓冲装置

机框后坐时,推动缓冲器一起后坐并压缩复进簧,后坐到位时,用聚胺合成橡胶成的缓冲塞与复进簧套筒底部相撞,起了缓冲作用。

机框开锁前自由行程只有3mm,闭锁后自由行程只有2mm。因为该枪的枪机、枪机框质量均较小(全枪有机匣和发射机座在内共15种零件采用铝合金材料),枪机和机框质量较小,因此复进到位产生反跳,可能提前开锁,导致出现炸壳故障或打坏闭锁凸榫。采用缓冲器后,缓冲器内可游动的惯性管、惯性柱与橡皮垫之间产生的惯性撞击(紊乱碰撞),消耗了机框复进到位刚性撞击的大部分反跳能量,起到防止反跳的作用。另外,弹性的抛壳挺也能消耗一部分复进到位的能量。缓冲器与枪机和机框一起运动过程中,只要加速度发生急剧变化,缓冲器内的碰撞也可以消耗运动能量,加上后坐和复进到位的碰撞缓冲,使理论射速从950发/min降低到700~900发/min。

3. 闭锁机构

该枪采用枪机回转式闭锁机构。开、闭锁动作由枪管节套、枪机、枪机框、导柱、击针和惯性体组合实现。其中枪机、枪机框是闭锁机构的基本部件。

枪机部件由枪机、拉壳钩、拉壳钩簧、拉壳钩轴、抛壳挺、抛壳挺簧、抛壳挺销和3个密封圈组成(图9-29)。枪机头部有7个闭锁齿和一个拉壳钩凸榫,7个闭锁齿以圆周对称分布,沿枪机中心线有击针孔。

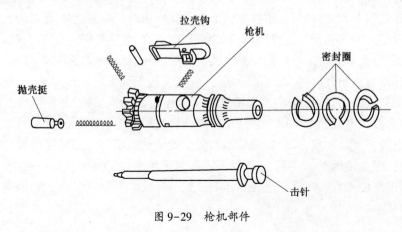

图9-29 枪机部件

枪机框上的定型孔通过导柱带动枪机后座、复进,并完成开、闭锁动作(图9-30)。

枪机框两侧对称的导棱保证运动的平稳性。中部的让开槽保证击锤有足够的回转空间。下面有压倒击锤的斜面。外部右侧的凹齿,便于辅助推机柄推送未复进到位的枪机框到前方位置。另外右侧有两个排气孔和一个排除火药气体残渣的孔。

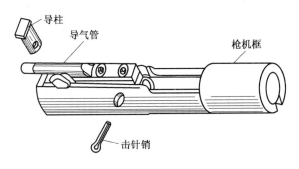

图 9-30 枪机框

1) 开锁动作

击发后,火药气体经导气孔快速流入导气管,因枪机框上时导气管与枪机框、枪机之间形成的气室相通,所以火药气体直接流入气室。在气室内枪机上的 3 个密封圈阻止火药气体向前,因此骤然膨胀的火药气体就通过枪机框的内部的环形隔板迫使枪机框向后运动,后坐一段自由行程后(3mm),曲线槽的开锁螺旋面与导轴接触,并通过导轴迫使枪机向右旋转一个角度(22.5°)。枪机上的闭锁齿与节套上的闭锁支承面相脱离,并由导轴带动随枪机框一起后坐,打开枪膛而实现开锁。在此过程中气室不断扩大,当枪机框右侧的两个排气孔滑过枪机尾部的 3 个密封圈时,剩余气体从排气孔排出,然后活动机件继续后座,在后坐过程中,完成抽壳、抛壳、压倒击锤与压缩复进簧等动作。复进装置安装在直枪托内,由复进簧、惯性体和限制销组成,复进簧以惯性体外筒为导杆,运动时以外筒的两个环形凸起做导引。

2) 闭锁动作

在复进簧力的作用下,枪机框上的曲线槽通过导轴带动枪机复进,此时由于导轴头部与机匣上的导槽相配合,使枪机不能转动(这时有楔紧现象)。当枪机复进到位时,导轴头部与机匣导槽脱离,枪机框曲线槽上的闭锁螺旋面迫使导轴带动枪机向左旋转一个角度,使枪机上的闭锁齿与节套上的闭锁支承面相叠合,完成闭锁动作,然后枪机框再单独复进一段距离(2mm),以保证闭锁确实可靠。在完成闭锁动作过程中,惯性体起了防反跳开锁的作用。

3) 闭锁机构主要参数

开、闭锁时枪机回转角度:22°30′。

闭锁支撑面作用面积:30mm^2。

开锁前枪机框后坐自由行程:3mm。

闭锁后枪机框单独复进行程:2mm。

本枪开闭锁动作过程与 56 式 7.62mm 冲锋枪相似,不同之点如下:

(1) 枪机有 7 个闭锁凸榫,加上容纳抽壳钩的凸榫形成圆对称分布,因此开、闭锁时枪机回转角度只有 22.5°,比 56 式 7.62 冲锋枪的 38°要小得多,它有下列特点:① 回转角度小加上无启动斜面碰撞,因此开闭锁能耗较小。② 枪机闭锁凸榫为了便于进出机匣接套完成开闭锁动作,各闭锁凸榫间必须留有足够的活动间隙,闭锁凸榫越多,活动间隙也越多。结果显著减少了闭锁支撑面的面积,只有 30mm²,比 56 式 7.62mm 冲锋枪的 47.2mm²要小得多。因此,各个闭锁凸榫受力较大,影响了枪机的使用寿命。③ 对 7 个闭锁凸榫闭锁支撑面的贴合要求较严,每个闭锁凸榫闭锁支撑面积应不小于 2/3,总的 7 个闭锁凸榫闭锁支撑面贴合面积不小于 30mm² 的 3/4。

(2) 闭锁支撑面与枪管轴线垂直,不是螺旋形闭锁支承面,因此有下列特点:① 容易加工。② 开锁时克服膛压带来的摩擦阻力较大。③ 万一弹膛有污垢,使闭锁间隙显著变小时,不如螺旋闭锁支撑面容易完成闭锁。④ 开锁时不能依靠螺旋支撑面完成预抽壳,只能集中在开锁后抽壳,所以抽壳撞击大,抽壳力大,抽壳钩容易损坏。

(3) 抽壳钩凸榫空间太小,抽壳钩尺寸小影响了抽壳钩和簧的寿命。

(4) 在复进过程中,机框通过导轴(而不是 56 式 7.62mm 冲锋枪枪机的定型凸榫)用闭锁螺旋面带动枪机复进。因此复进过程中有楔紧现象,增加了复进阻力,但是不需要启动斜面。

(5) 由于采用缓冲器减少复进到位的反跳,所以,闭锁后自由行程只有 2mm,比 56 式 7.62mm 冲锋枪的 8mm 要小得多。

总的来讲,采用 7 个闭锁凸榫和无螺旋闭锁支撑面的枪机便于加工,结构比较简单,开、闭锁能耗较小。但是抽壳钩尺寸小,受力大,闭锁支撑面积小,闭锁凸榫受力大,寿命低,枪机寿命为 6000 发,低于 1 万发的要求。

4. 供弹机构

本枪采用梯形弹匣供弹。托弹板上有托弹齿,待弹匣内枪弹射完时,向上顶起空仓挂机,抵住后座到位又复进的枪机,使之停于后方,提醒射手更换弹匣。

供弹动作包括托弹簧托弹和枪机推弹进膛两个动作。

5. 退壳机构

退壳机构是弹性抛壳顶壳式的。由抛壳挺、抛壳挺簧和弹性销组成,弹力比较大,它们均在枪机上。拉壳钩拉壳的整个过程中,弹性抛壳挺始终顶住弹壳底部,待弹壳口部脱离抛壳口前沿时,弹壳在弹性抛壳挺和拉壳钩的相互配合下从机匣右上方抛出枪外。

弹性抛壳挺凸出弹底窝平面,枪机复进到位后,弹壳底面压弹性抛壳挺向后,压缩抛壳挺簧,这个簧力通过抛壳挺始终作用在弹壳底平面上。这种结构抛壳时没有撞击,枪机上可不开抛壳挺的沟槽,但一般抛壳速度较小。抛壳向前速度还要被枪机后坐速度抵消一部分,因此抛壳可靠性较差。但这种结构在枪机复进到位时可减少复进到位撞击,消耗一部分复进到位能量。

6. 击发机构、发射机构和保险机构

1) 击发机构

击发机构是击锤回转式。利用击锤簧的能量打击击针,撞击枪弹底火发火。击针没有回针簧,击发时击针以环形凸起撞击枪机尾端以保证正常的击针凸出量(0.7~0.9mm)。开锁时由枪机框的环形隔板带动击针向后运动,当枪机框向前运动未走完闭锁后自由行程时,环形隔板限制击针的前进。只有枪机闭锁确实以后,才能击发。

2) 发射机构

发射机构是单、连发式的,由快慢机、连发机、连发机簧、单发机、单发机簧、扳机和扳机簧组成(图9-31)。扳机护圈的护板可向下打开,便于冬天戴手套进行射击。

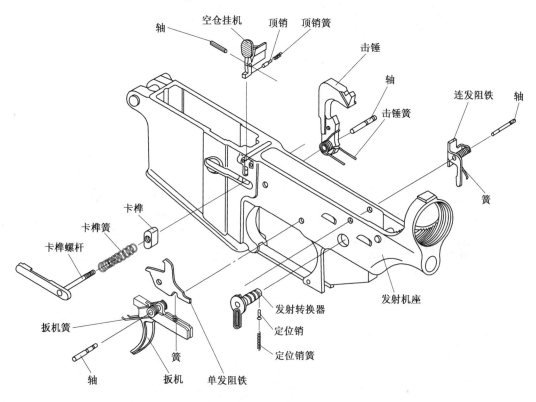

图 9-31 发射机构组成

转换快慢机柄的位置,发射机构可直接控制击锤,使之在击锤簧的作用下,实现单发射击、连发射击和保险动作。击锤平时受前方扳机连发阻铁(受扳机控制)、单发阻铁(受发射转换器控制)和防早发保险(受机框控制)的控制,只有这三者都解脱,击锤才能回转打击击针。

(1) 单发射击动作。单发射击时,快慢机对正单发位置(SEMI),连发机柄向后抬起,单发机、扳机均可回转,扳机上的阻铁头和单发机钩部均可扣住击锤。

装填好后,阻铁头扣住击锤成待发状态。扣压扳机,击锤回转击发,继续扣住扳机不放,枪机框后座压倒击锤,击锤被单发机钩部扣住。

当枪机框带动枪机再次复进到位时,击锤仍被单发机扣住,不能击发。若要再击发,只有松开扳机,在扳机簧作用下扳机恢复原位,这样被单发机解脱的击锤又被阻铁头扣住成待发状态,再扣扳机才能击发。以后各发射击当中完全重复上述动作,实现单发射击。发射机构动作如图9-32所示。

(2) 连发射击动作。连发射击时,快慢机对正连发位置(AUTO),压住单发机不能回转,连发机向上抬起。

除射击第一发枪弹时,手指扣引扳机解脱击锤击发外,以后扣住扳机不放,则击锤在

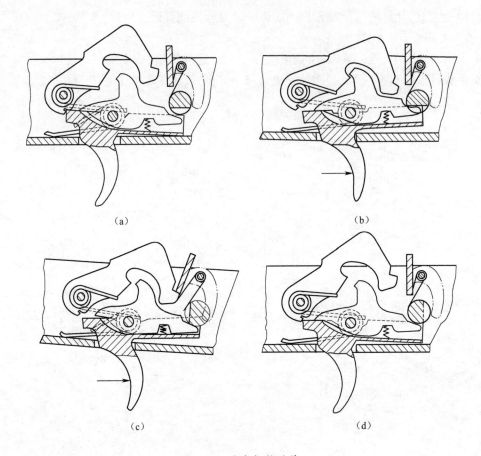

图 9-32 发射机构动作

(a) 单发时待发状态；(b) 单发时单发机扣住阻铁；(c) 连发时连发机扣住阻铁；(d) 保险状态。

连发机的作用下实现连续射击。在连续射击当中，由枪机框让开槽的后平面控制住连发机，使之在确实闭锁的瞬间解脱击锤，进行击发。

手动保险时，快慢机对正保险位置(SAFE)。该枪只有击锤在后方成待发状态时，才能转动快慢机于保险位置。保险时，阻铁扣住击锤，快、慢机轴的环形凸起部分压住单发机和扳机，故此时扣不动扳机，击锤不能解脱，成保险状态。

7. 枪托、握把和护木

枪托、握把和护木均由塑料制成(图 9-33)。枪管外面左、右两块护木，用薄铝皮做衬里，以防灼热枪管烧伤射手。直线型枪托伸向后方，射击时，活动机件后座直接进入枪托，结构尺寸较紧凑，且使枪身跳动较小。此外，枪托底部装有橡胶托底板可起缓冲作用。

8. 瞄准装置

简易机械式瞄准装置由准星和装在提把上方槽内的表尺两部分组成。可用枪弹为工具对准星进行高低调整。

准星结构由准星座、准星、定位销、定位销簧等零件组成。准星带有锥度，上端直径为 1.7mm(图 9-34)。

按下定位销便可对准星的高低位置进行调整。准星每旋转一个缺口，在 100m 处的弹着点可向上或向下移动 2.8m。

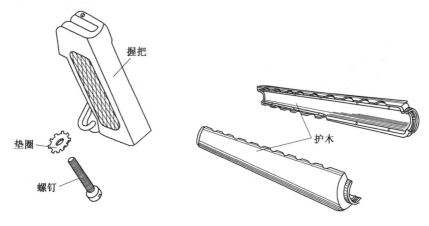

图 9-33 握把和护木

表尺部分由照门、板簧、调节手轮、调节螺钉等零件组成。照门为觇孔式的,觇孔直径 2mm,照门有两个位置,没有标记的是近程(0～300m),有"L"标记的是远程(300～500m),根据射程远近选用。按下定位销便可转动调节手轮进行风向修正,手轮每转动一个定位孔,在 100m 处的弹着点可向左或向右移动 28cm。

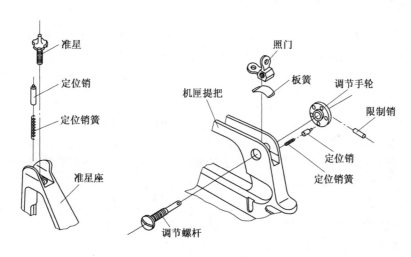

图 9-34 瞄准装置

9. 相互动作

装好弹匣,拉活动机件向后,推弹进膛,射击准备完毕。

解除保险,将快慢机转至所需要的射击位置,扣扳机击发。当弹头经过导气孔时,部分火药气体进入导气管,高速流入气室,推枪机框、惯性体后座约 3mm 的开锁前自由行程后,开锁螺旋面与导柱相互作用,迫使枪机右旋开锁。而后共同后坐,拉壳,压倒击锤。当让开进弹口时,托弹簧托弹。当缓冲盖撞击复进簧筒底部时,后坐终止。然后,活动机件复进,枪机下方闭锁齿推弹,拉壳钩抓弹,闭锁。此时,快、慢机若处于连发位置,则扣住扳机不放,枪机框自行解脱击锤击发。此时,快、慢机若处于单发射击位置,则必须手指松开扳机,使单发机放开击锤,而又被阻铁头扣住成待发,再扣扳机才能击发。弹匣内枪弹射完后,空仓挂机使枪机停于后方。换上实弹匣,按压空仓挂机柄,即可继续射击。

美国 M16A1 式步枪自动工作循环图如图 9-35 所示。

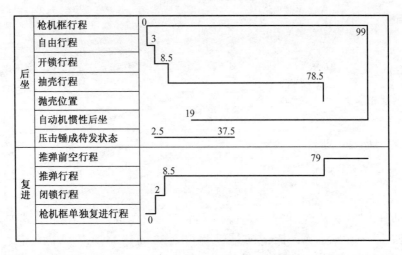

图 9-35　美国 M16A1 式步枪自动工作循环图

9.3.3　不完全分解与结合

(1) 安全检查　向左按弹匣按扭,取下弹匣。向后拉动装填拉柄,检查弹膛内应确实无枪弹,如枪机上有枪弹,可继续拉枪机向后,使枪弹被枪机上的抛壳挺抛出枪外。

(2) 用枪弹或其他工具从发射机座左侧顶出后连接轴并向右拔出到位,将发射机座连同枪托向下打开。

(3) 向后拉动装填拉柄,取出机框和枪机,再向后并向下取出装填拉柄。

(4) 用枪弹在机框上顶出并取下击针销,向后取出击针。

(5) 将枪机向后推到位,再将导轴旋转 90°,让开机框上方的与机框连成一体的导气座,便可向上方取出导轴,然后将枪机与机框分开。

(6) 用枪弹从发射机座左侧顶出前连接轴并向右拔出到位,将发射机座与机匣分开。

(7) 压下发射机座上的缓冲器挡销,取出缓冲器与复进簧。

(8) 枪口向上,用力向下推动护手箍到位,取下左、右护手。

结合按分解的相反顺序进行。结合时应注意将发射转换器扳到保险位置,以免装机框时将连发阻铁卡坏。结合后应进行动作检查。

9.4　1985 年式 7.62mm 冲锋枪

9.4.1　简介

1985 年式 7.62mm 冲锋枪包括轻型冲锋枪和微声冲锋枪,简称 85 式 7.62mm 轻冲和 85 式 7.62mm 微声冲,是侦察兵、公安部队和其他特工人员个人使用的战斗武器。两枪除消声筒、枪管外,大部分零部件都可以通用互换。85 式 7.62mm 轻冲使用 51 式 7.62mm 手枪弹,也可使用 64 式 7.62mm 微声弹;85 式微声冲,使用 64 式 7.62mm 微声弹,也可使用 51 式 7.62mm 手枪弹。使用 64 式 7.62mm 微声弹的消声效果,明显优于使用 51 式 7.62mm 手枪弹,两枪外形如图 9-36 所示。

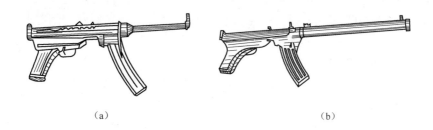

(a) (b)

图 9-36 85 式 7.62mm 冲锋枪
(a) 85 式微声冲;(b) 85 式轻冲。

85 式 7.62mm 冲锋枪主要技术指标见表 9-2。

表 9-2 85 式 7.62mm 冲锋枪主要技术指标

主要诸元	85 式 7.62mm 轻冲	85 式 7.62mm 微声冲	主要诸元	85 式 7.62mm 轻冲	85 式 7.62mm 微声冲
口径/mm	7.62	7.62	自动方式	自由枪机式	自由枪机式
初速 m/s	500	300	供弹具/发	30 弹匣	30 弹匣
全枪质量(装空弹匣)/kg	1.9	2.5	发射方式	单、连发	单、连发
全枪长/mm			瞄准基线长/mm	295	319
行军状态	444	634	有效射程/m	200	200
战斗状态	682	869	最大膛压/MPa	185~210	≤240
枪管长/mm	200	245	寿命/发	8000	>8000
膛线	4 条右旋	4 条右旋	射击精度		
导程/mm	240	240	100m 单发	$R50≤11$cm $R100≤24$cm	$R50≤7.5$cm $R100≤16.5$cm
理论射速/(发/min)	800	800	100m 点射	≤30cm×30cm	≤20cm×20cm

9.4.2 结构和动作原理

85 式 7.62mm 轻冲由 5 个部件组成即枪管与机匣、枪机、枪托、弹匣和发射机等。
85 式 7.62mm 微声冲另有两个部件,即消声碗和消声筒。

1. 枪管与机匣

枪管有导程为 240mm 的 4 条右旋膛线。弹膛由 4 个锥体组成,枪弹壳以斜肩在第二锥体上定位。

85 式 7.62mm 微声冲枪管较长,前方在阴线上开有螺旋形的 4 排各 9 个侧排气孔,使得枪口排出的火药燃气大大减少,显著降低了膛压。从膛口排出的燃气再经过 10 个消声碗的作用,使燃气压力与速度不断下降,起到了消声、消焰与消火光的作用。

2. 自动方式与闭锁机构

本枪的自动方式为自由枪机式，发射时火药燃气压力通过弹壳底部作用在枪机上使之后坐，同时把弹壳紧紧压在弹膛壁上，由此产生的摩擦力将阻止枪机的运动。如果弹壳过长，过大的摩擦阻力会使弹壳拉断，所以，自由枪机式武器一般采用弹壳较短的手枪弹。

摩擦力小而枪机后坐速度如果过快，由于膛压还很高，就可能出现炸壳或弹壳纵向破裂的现象。根据动量守恒的原理，弹头质量与初速的乘积大约等于枪机质量与枪机后坐速度的乘积，51式7.62mm手枪弹弹头质量为5.5g，初速为530m/s，85式7.62mm轻冲和85式7.62mm微声冲枪机质量为0.535kg，最大后坐速度约5.5m/s。由于枪机后坐速度不太大，所以起到了惯性闭锁的作用，也就是说，为了防止枪机后坐速度过大，自由枪机式武器一般采用弹头质量与初速较低的手枪弹，枪机也应有足够的质量。为了防止弹壳的纵向破裂，可靠的密闭火药燃气，弹壳的锥度也应该较小。

当弹壳被拉出弹膛时，弹头早已飞出枪口，膛内压力也急剧下降，从枪管后端喷出的火药燃气并不多，枪机惯性后坐并压缩复进簧，后坐到位后，复进簧伸张，枪机在复进簧的作用下复进到位完成惯性闭锁。

为了充分利用枪机复进到位前冲的能量来抵消枪机后坐能量，85式7.62mm轻冲和85式7.62mm微声冲均采用了击针略长的前冲击发方式，即在枪机未完全复进到位时将枪弹底火打燃。

自由枪机式武器结构简单，易造、易修、易维护和训练，抗污垢能力强；但较重的枪机在自动循环过程中撞击大，影响射击精度。另外，理论射速高，机匣易被火药燃气熏污，所以只适合初速低、弹壳锥度小的手枪弹。

3. 供弹机构

85式7.62mm轻冲和85式7.62mm微声冲的供弹机构相同，为弹仓式供弹机构。两枪的弹匣通用，都为30发弧形弹匣，由弹匣体、输弹板、输弹簧等组成。供弹时枪弹被输弹板送到最高位置，并被弹匣折弯部规正在进弹口，枪机复进时，枪机上进弹凸榫将枪弹沿进弹口和导弹斜面推送入膛，枪机复进到位时，抽壳钩即超过弹壳底缘将弹壳抓住。

4. 退壳机构

退壳机构由抽壳机构和抛壳机构组成。抽壳机构属于弹性抽壳机构，抽壳钩在枪机上，抛壳机构属于刚性顶壳机构，抛壳挺固定在机匣上。枪机后坐时，抽壳钩将弹壳从弹膛内抽出，当枪机后坐到弹壳底面碰撞到抛壳挺时，弹壳即从机匣右上方被抛出。

5. 击发、发射和保险机构

击发机构为击针平移式击发机构。击针固定在枪机上，依靠复进簧的能量，枪机复进快要到位时，击针撞击底火而发火。

发射机构如图9-37所示，是单、连发发射机构，由发射机座、阻铁、扳机、变换杆、单发杆、连发杆、阻铁簧、扳机簧、握把等零件组成。

保险机构为手动保险，变换杆在发射机右侧，有单、连和保险3种可变位置，分别用"1""2""0"来表示。握把内装有油壶、毛刷和冲子等附件。

发射状态如图9-38所示。

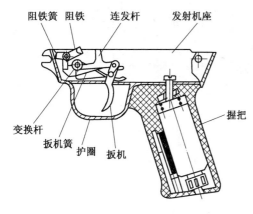

图 9-37　发射机构

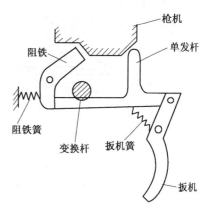

图 9-38　发射状态

6. 枪托

枪托为折叠式,由尾铁、肩托、枪托杆和卡榫等组成。枪托内还装有通条、准星扳手等附件。

枪托为直移式斜面卡榫刚性定位,可向右侧折叠,结构紧凑合理,折叠后贴身舒服稳定,不挂扯衣服。枪托与尾铁的接触面有10°的工作斜面,如有磨损可自动补偿,保证枪托摆动量处于最小状态,有利于射击精度。

7. 相互动作

(1) 装弹。用拇指将枪弹逐个压入弹匣内,装到从弹匣最下面的观察孔中可以看到底火时,说明已装满30发枪弹,再压弹时弹匣内的枪弹应能向下移动3.5mm,但装不进第31发弹。把装好的弹匣装入握把内,向后拉枪机,使枪机挂于阻铁上呈待发状态。

(2) 射击。把变换杆放在所需位置上,然后瞄准目标手扣扳机,使阻铁解脱枪机,复进推弹进膛,抽壳钩进入弹底缘槽,击针撞击底火发火。击发后,火药燃气推弹头前进,同时抵压弹壳底部使枪机后退,靠枪机的惯性闭锁枪膛,弹头出枪口后,枪机,枪机继续后退,打开枪膛,抽出弹壳,抛壳,同时压缩复进簧,后坐到位。

如果是单发状态,则此时枪机被阻铁挂在后方,只有放松扳机,单发杆上抬重新对准阻铁,再扣扳机才能使阻铁

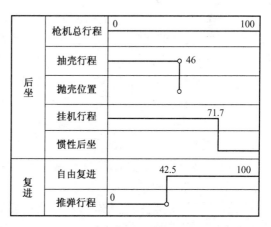

图 9-39　自动机自动循环图

解脱扳机,枪机在复进簧作用下推弹入膛、击发。如果是连发状态,则枪机不会被阻铁挂在后方,除非中途停射,放松扳机。弹匣内的弹全部射击完毕,则枪机停于前方位置。85式7.62mm轻冲和85式7.62mm微声冲射击时的自动机自动循环图如图9-39所示。

8. 消声筒及消声碗

消声筒部件包括消声筒、背带环、定位环及瞄准装置,如图 9-40 所示。

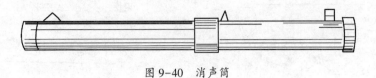

图 9-40　消声筒

消声碗部件包括提环小部件、1、2 号碗,如图 9-41 所示。

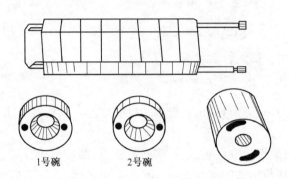

图 9-41　消声碗

9.4.3　不完全分解结合

分解步骤如下:

(1) 取下弹匣。左手握住握把,右手握弹匣并以其拇指向前压弹匣扣至极限位置,将弹匣向前回转,即可取出弹匣。

(2) 安全检查。向枪的右侧压拉机柄,并将拉机柄绕其轴旋转 90°,放松后,即解脱了枪机在前方位置的保险,向后拉拉机柄,检查膛内应无枪弹。

(3) 打开枪托。向下压枪托卡榫,将枪托旋转 180°。

(4) 取下枪托。用右手拇指压下连接销簧头,左手将连接销略微拉出,然后右手握住握把,右手拇指按住尾铁,左手拉出连接销后,再抓住枪托部件慢慢将其取出。

(5) 取下枪机。取出复进簧,将拉机柄拉到最后方位置,在弹簧力的作用下向外弹出,取出拉机柄(注意拉机柄上弹簧不能取下),然后从机匣的后方取出枪机。85 式 7.62mm 轻冲的不完全分解到此结束;85 式 7.62mm 微声冲的不完全分解,要再加一步。

已取出消声碗部件,左手握住消声筒,右手按顺时针方向(从枪口方向看为左旋螺纹旋松方向),旋下消声筒盖后,用右手拉庄提环取出消声碗部件。

结合时按分解相反的顺序进行,但夜间结合时需注意以下几点:

(1) 结合拉机柄。左手握枪(枪口水平或稍向上抬),右手将枪机按装配位置送入机匣(枪机尾部比机匣尾部稍向内),用左手拇指按住枪机尾端,用右手即可插入拉机柄(拉机柄的扁头与机匣拉机柄槽同方向)。必要时用右手把冲子从机匣上方孔中插入,对准枪机尾部键形槽,用左手指向前推枪机至冲子阻止前进。此时,机匣上拉机柄孔正好与枪机上拉机柄孔对正,再插拉机柄。

（2）结合连接销。将机匣后端突台卡入尾铁后部的双凸耳之间,并向前推到位,即可插入连接销。

（3）结合完毕。应检查各部件动作(击发、复进、后坐),是否平稳可靠。

（4）卸装枪托时。枪机应置于最前方位置,并托住枪托,以防在复进簧力的作用下将枪托弹出。

第10章 机 枪

10.1 概 况

机枪自问世以来,一直是步兵使用最广泛的自动武器之一。它的主要任务是伴随步兵在各种条件下战斗,用以杀伤中近距离的有生目标,也可以射击地面、水面或空中的轻装甲目标或压制火力点。在现代战争条件下,火炮武器的支援距离增加,加上步兵战车的使用,使得机枪特别是地面机枪的机动性、杀伤力和侵彻能力正在不断地改进和提高,并在战场上发挥着非常重要的作用。

10.1.1 机枪的用途和性能

机枪可以分为轻机枪、重机枪、通用机枪和大口径机枪。按装备用途又可以分为地面机枪、车装机枪、航空机枪和舰艇机枪等。

轻机枪出现于第一次世界大战之前,在第一次世界大战中确立了它的战斗地位。轻机枪是步兵班的主要火力骨干。它能装备于步兵条件下作战,用以杀伤中、近距离集结的和单个重要的有生目标。有效射程一般为600~800m;表尺射程一般为1000m。

重机枪是轻武器发展史上出现的最早的自动武器,国外通常称为中型机枪,它是步兵分队的主要自动武器,用以支援步兵战斗,杀伤中距离暴露的和隐蔽的小起伏地形后面集结的和单个重要的有生目标,以及压制或消灭敌人的火力点。表尺的射程为1500~2000m;有效射程一般为1000m,可对空射击、散布射击和超越射击。

通用机枪是从第二次世界大战以来轻重机枪的一个新的发展分支,使用统一的弹药使机枪担负起轻、重机枪的双重任务,亦称作轻重两用机枪或多用机枪。以重机枪为主的通用机枪同时配有枪架和两脚架。若使用两脚架时即作为轻机枪用;若使用三脚架时便是作为重机枪使用。有的通用机枪分别配备轻机型枪管、重型枪管、大弹链箱、小弹链箱。通用机枪的出现,简化了装备系列,有利于部队训练和后勤保障。

大口径机枪是指口径在12mm以上机枪,其口径一般为12~20mm,主要用于射击敌轻型装甲目标、火力点、集团目标和低空的敌机等。因此,大口径机枪的装备范围广,在步兵、炮兵、坦克部队、防空部队、海军等均有装备。大口径机枪用于对地面目标射击时,其有效射程为800~1000m;用于对空射击时,其有效射程为1600~2000m;表尺射程平均为2000~3300m,高射时为1800~2000m;最大射程7000m以上。

机枪一般为连发射击,轻机枪以短点射为主,中机枪以长点射为主,大口径机枪多用短点射或长点射。轻机枪所用弹药通常与步枪所用弹药相同,重机枪一般采用"大威力"枪弹,以保证在800m的距离上有足够的侵彻杀伤能力,大口径机枪则采用穿甲、燃烧、曳光等组合作用的弹头以增大弹头对目标的作用效果。

10.1.2　机枪的结构特点

为了减少膛口火焰、后坐力和噪声,机枪的枪口往往装有消焰器或制退器等装置。由于机枪采用连发射击,枪管温升较快、枪膛极易烧灼和磨损,所以机枪枪管的管壁均较厚,并且采用耐热、耐磨又能提高枪管寿命的高级优质合金钢制造。为了提高冷却效果,往往在枪管上加工出散热器,枪管与机匣的连接采用可拆卸的楔栓或弧形凸起连接,或者枪管与接套用可拆卸的螺纹连接,以便于战斗间隙更换枪管。

机枪的自动方式多数为导气式,少数用枪管短后坐式或自由机枪式。机枪的闭锁机构有枪机回转式、枪机偏转式、中间零件的卡铁摆动式等,在枪管短后坐式武器中还采用了加速机构。

机枪多采用开膛待发,避免枪弹自然和便于冷却弹膛,其击发机构一般采用利用复进簧能量击发的击锤平移式。机枪的发射机构大多数采用连发发射机构,机枪一般都没有防偶发保险机构。不闭锁保险往往由闭锁机构的结构形式来保证未走完的闭锁后自由行程不击发,而不需专门的不闭锁保险机构。

由于枪族的出现,轻机枪常常和步枪、冲锋枪组成枪族,大多数零部件可以与步枪冲锋枪互换使用。

10.1.3　机枪的战术技术要求

1. 轻机枪的战术技术要求

(1) 射击威力的要求。轻机枪主要用以杀伤中近距离集结的或单个重要目标,在 $600\sim800m$ 的有效射程内应有良好的弹道低伸性和射击精度,还应有足够的侵彻杀伤作用。轻机枪的战斗射速应在 $80\sim150$ 发/min,以保证对集结的有生目标射击时的猛烈火力。为此,轻机枪的容弹量应较大。而且装弹和更换容弹具均要方便而快速,射击准备时间要尽量短。

(2) 机动性的要求。轻机枪应能伴随步兵班在任何战斗形式、任何自然条件下进行战斗,以密集的火力消灭敌人。为此,在机动性方面应该接近自动步枪。不装枪弹时其全枪质量不超过 6kg,全枪长度应在 1100mm 以内,以便携带,并能在行进中实施射击。脚架应便于打开和收拢,并能调整枪身的侧倾,必须更换枪管时,要简单迅速,应在 $5\sim7s$ 内完成。

(3) 工作可靠的要求。轻机枪要求使用安全,动作灵活可靠,寿命试验中的故障率不超过 0.29%。使用寿命约 30000 发,并且尽量不用备件。

2. 重机枪的战术技术要求

(1) 射击威力的要求。重机枪应有较大的射击威力,其有效射程应为 $800\sim1000m$ 左右。重机枪应有良好的射击精度,以保证在有效射程内对有生目标进行准确射击。因此,其枪架在射击时运动应与枪身协调,为减轻枪架质量,允许枪架沿射击方向向后滑移,但应尽量减小枪架的上跳,并应配备性能良好的瞄准装置,且带有精瞄机构。

(2) 机动性要求。重机枪的全枪质量应较小,约为 $12\sim15kg$,枪架的尺寸和结构应便于战场上转移阵地和行军携行。另外,重机枪应能方便迅速地更换灼热的枪管,应能调整火线及架杆的长度,还应有调整枪身倾斜的调平装置,以适应不同的地形条件。

3. 大口径机枪的战术技术要求

（1）射击威力的要求。大口径机枪对地面轻型装甲目标射击时，其有效射程为800～1000m，以对空目标射击时，其有效射程应为2000m。大口径机枪对目标的侵彻能力要大，常采用穿甲、燃烧、曳光等组合作用的弹头。另外，还可以改进弹头的结构，增大弹头的断面比能，以提高弹头对目标的侵彻作用。若采用瞬爆弹头，则更能提高弹头对目标的破坏作用。

（2）机动性要求。现代战争的特点是立体战争，战场情况快速多变。大口径机枪无论对地面目标射击还是对空中目标射击，射击之后都要能够快速转移阵地，所以对武器机动性的要求就比较突出。为了提高其机动性，除了对大口径机枪从枪身结构考虑外，还应从枪架去考虑，在保证设计精度的基础上，尽量减轻枪架质量，步兵使用的大口径机枪其单件质量要与单个战士的负荷能力相适应，最好在20kg以下，最大不超过25kg。大口径机枪对空射击时还应要求火力转移快，方向射界应为360°，高低射界应为$-10°\sim+90°$范围内。武器的瞄准与射击应方便灵活，以适应现代空中目标和地面装甲目标运动速度越来越快的发展趋势。

在考虑机动性的同时还应考虑到在各种战斗条件下使用的适应性，如越野、上山或过沙滩等，特别是保证在行军状态下可以对突然出现的空中目标射击。

（3）工作可靠性要求。大口径机枪寿命实验中的故障率不应超过0.2%，应有方向射界限制器和各种紧定装置，各紧定装置之间应保持一定距离，以便于操作。在对快速飞行目标进行追随射击时，应保证自己部队的安全。

4. 通用机枪的战术技术要求

通用机枪的战术技术要求，与重机枪的要求基本相同，所不同的是，当这种机枪作为轻机枪使用时，应有较好的机动性，要更轻便一些，其解决办法之一是采用轻重两用枪管。

10.1.4　发展趋势

随着步兵机械化程度的不断提高，机枪的发展已进入了一个新的阶段。因此，现代战争对机枪的要求是在保持足够威力的前提下，尽量提高其机动性、射击精度和全天候作战能力。

1. 小口径步、机枪的研制受到重视

随着战术思想的变化，各国对小口径步、机枪的研制越加重视，并取得了重大的进展。一些班用轻机枪已小口径化，并与突击步枪形成了新一代步兵班用武器族，实现了小口径步、机枪弹药通用化。例如，苏联装备的AK-4式5.45mm突击步枪和РПК-74式轻机枪枪族。

2. 尽量减小机枪质量、提高机动性

目前，机枪特别是大口径机枪的主要发展方向是大幅度减小质量，以便能跟随步兵在任何战斗条件、任何地形条件下实施火力支援。

3. 通用机枪、车载机枪可在一定程度上替代重机枪

由于车载机枪主要是通用机枪在结构上和性能上适应多方面的需要，因而，在一些发达国家中得到广泛的应用，并在一定程度上取代了重机枪。

4. 采用新弹种,增强机枪作战能力

目前,一些国家正在为机枪研制无壳弹等新弹种,并为大口径机枪配用了钨芯脱壳穿甲弹,以提高对装甲车、低空飞机等目标的穿甲能力。

5. 配用先进夜视瞄准装置,提高机枪全天候作战能力

目前,许多国家都在不断地开展夜视瞄准装置、特别是各种先进夜视瞄准装置的配用,以进一步提高机枪在有效射程内对地面和空中目标的射击精度和全天候作战能力。

10.2 1981 年式 7.62mm 轻机枪

10.2.1 用途和性能

1981 年式 7.62mm 轻机枪(图 10-1)是由中国自行研制和生产,主要用于杀伤中近距离内的有生目标,简称 81 式 7.62mm 轻机枪。

结构特点:81 式 7.62mm 轻机枪结构紧凑,动作可靠,机动性强,火力持续性好,质量比 56-1 式 7.62mm 轻机枪小。该枪的基本结构与 81 式 7.62mm 步枪相同采用导气式类似苏联 AK 步枪的导气式原理和枪机回转闭锁机构。同 81 式 7.62mm 步枪相比,其枪管较长,质量较大。该机枪可进行高低方向调整的圆柱形准星,后面为缺口式照门,并有缺口槽,利于远距离瞄准,表尺可调。另外,该枪使用的是 56 式 7.62mm 的枪弹,包括曳光弹和穿甲弹。

图 10-1 81 式 7.62mm 轻机枪

81 式 7.62mm 轻机枪的主要性能参数:

口径:7.62mm。初速:735m/s。

有效射程:600m。枪管长:520mm。理论射速:660~740 发/min。

全枪质量(含有一个空弹鼓):5.15kg。自动方式:导气式。

闭锁方式:枪机回转式。发射方式:单发、连发。

供弹方式:弹鼓。全枪长:1004mm。

准星:柱形。照门:方形缺口式。配用弹种:56 式 7.62mm 枪弹。

10.2.2 结构原理

1. 枪管

枪管赋予弹头一定的初速、旋速及方向。

在枪管上通过销钉静配合有准星座、导气箍、接套体、下护木箍和挡环。此外,枪管还可以挂榴弹发射具,发射榴弹,以增加该武器的面杀伤力。

枪管的口部主要连接准星结构,由准星、准星滑座和紧钉螺钉等组成。

枪管的尾部不直接与机匣相连,而是先与机匣接套相连,再与机匣相连,机匣接套与枪管的结构如图 10-2 所示。它们的连接均采用静配合加固定销的方法。

接套体上加工有闭锁支撑面、提把座安装孔、表尺板轴孔等结构。

导气箍连接枪管、调节塞以及活塞等构件。前方有背带环座,0、1、2 等 3 个标识分别为闭气状态(用以发射枪榴弹)、小调节孔状态(用于正常状态下)和大调节孔状态(用于恶劣环境)。

2. 闭锁机构

该枪采用枪机回转式闭锁机构,由枪机、枪机框、枪管、机匣接套的闭锁支撑面共同组成的,如图 10-3 所示。闭锁时枪机的左、右闭锁凸榫进入机匣接套对称的闭锁卡槽内。开闭锁的动作由枪机框上的定型槽控制枪机上的定型凸榫,使枪机回转而完成的。

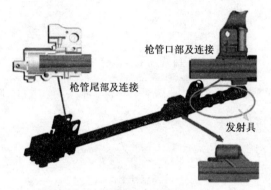

图 10-2 81 式 7.62mm 轻机枪枪管

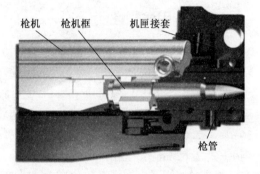

图 10-3 81 式 7.62mm 轻机枪闭锁机构

(1) 开锁动作。击发后,高温高压的火药气体虽然通过弹壳底部作用在枪机上,但由于枪机闭锁支撑面被机匣闭锁支撑面抵住,不能向后运动。只有当弹头底部经过导气孔时,部分火药气体进入气室冲击活塞,迫使枪机框走完开锁前自由行程,使定型槽限制面脱离枪机限制面后。枪机框继续后坐,其定型槽开锁螺旋面与枪机开锁螺旋面相互作用,迫使枪机向左旋转 38°开锁,其闭锁凸榫脱离闭锁卡槽。而后枪机框定型槽圆弧面带动枪机一起后坐,打开枪膛,完成开锁动作。

(2) 闭锁动作。枪机框带动枪机复进,枪机快到位时,机匣上的启动斜面导引枪机稍向右偏转,使枪机后平面脱离枪机框后平面。枪机框继续复进,其闭锁螺旋面与枪机闭锁螺旋面相互作用迫使枪机向右旋转,使其闭锁凸榫进入机匣闭锁卡槽,当与枪机右闭锁凸榫制转面相接触时,回转停止。此后,枪机框继续复进,走完闭锁后自由行程,使其定型槽限制面挡住枪机定型凸榫限制面,防止反跳,完成全部闭锁动作。

枪机框与枪机上的主要定位面,如图 10-4 和图 10-5 所示。

3. 自动方式

81 式 7.62mm 轻机枪的自动方式是:导气式(活塞短行程)。

该枪的活塞没有与机框连在一起,活塞行程 23.5mm,比机框行程 130mm 要短得多,所以称为活塞短行程。

击发后,火药燃气通过导气孔进入气室推动活塞和机框一起后坐 23.5mm,活塞停止运动,在活塞簧作用下复位,机框凭惯性继续后坐,一直到后坐到位。碰撞机匣后平面,然后在复进簧作用下复进到位,机框碰撞机匣前平面为止。复进簧储备的能量为 6.5J,可以满足各种自然条件下工作可靠性。

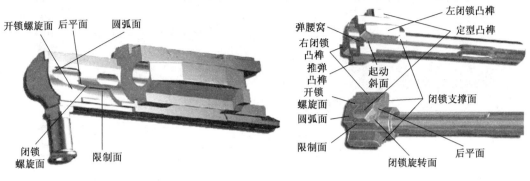

图 10-4 枪机框　　　　　　　　图 10-5 枪机

复进装置由复进机座、复进簧、大导管、导管、导杆与挡圈等零件组成(图 10-6)。
导气装置由枪管导气孔、导气箍、调节塞、活塞、活塞簧和上护盖上的定位片簧组成。

4. 瞄准装置

81 式 7.62mm 轻机枪采用表尺、准星的简易机械式瞄准方式装置(图 10-7)。

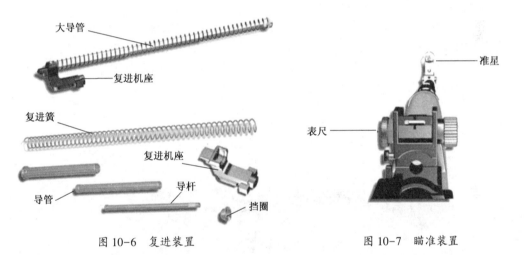

图 10-6 复进装置　　　　　　　图 10-7 瞄准装置

表尺属多面轴表尺结构,由表尺座、表尺板、表尺簧、表尺轴、表尺轮和限制轮等零件组成。表尺板装在表尺座的槽内,可减小表尺板的横向摆动并保护不受碰撞。表尺分划通过转动多面轴表尺轮来进行装定。表尺分划为 0、1、2、3、4、5 标在表尺轮上,6、7 分划标在左侧限制轮上,此时改用表尺板护翼上的缺口进行瞄准。另外,多面轴又作为固定上护盖之用,"0"分划为上护盖的装卸装置。每个分划值代表射程 100m 值。

准星结构由准星、准星滑座、准星座和紧定螺钉等零件组成。准星可进行高低和方向调整,高低调整采用螺旋调整,方向调整采用带紧定螺钉的燕尾榫滑槽。

5. 机匣

机匣为冲铆结构,由机匣体、机匣接套、中衬铁、尾座等零件用铆钉铆接而成(图 10-8(a))。机匣体由厚度为 1.5mm 钢板冲压成形,断面呈盒形,因而刚度较好,寿命较长。闭锁支撑面直接加在与枪管相连的机匣接套上,枪管与机匣用静配合加固定销的方法连接,配合直径为 21mm,配合长度为 30mm,装配时严格分组,使枪管与匣之间过盈量控制在 0.005mm。用压力装配后,用 2500N 的拉力检验不得松动。

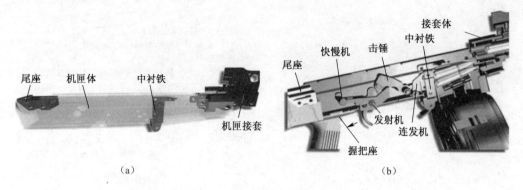

图 10-8 机匣

连接在机匣上的组件有:尾座、快慢机、击锤、发射机、连发机、中衬铁、接套体、握把座。如图 10-8(b)所示。

机匣上方两面侧对称加工有导棱,用以导引枪机框的往复运动。

6. 击发、发射及保险机构

该枪采用机锤回转式击发机构,由枪机、击针、击针销、击锤簧和击锤等零件组成。

发射机构是单连发式,发射机构由击锤、击锤簧、扳机和连发铁(为同一零件)、扳机簧、单发阻铁、单发阻铁簧、防偶发保险、防偶发保险簧、发射转换器、卡片及轴等零件组成,安装在机匣的腔体内(图 10-9)。

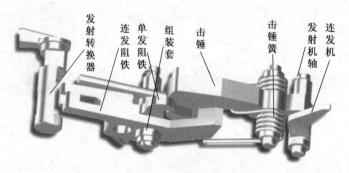

图 10-9 发射机构

发射机构能实现 5 种主要机构的功能:①防早发保险机构;②防偶发保险机构的前方保险;③防偶发保险机构的后方保险;④发射机构的单发动作;⑤发射机构的连发动作。

1) 各部分及其作用

(1) 击锤。击锤前端有待发卡座,后端轴体为击锤簧的安装体,突出的卡榫与连发机配合实现连发中部有击锤簧定位卡槽。击锤簧被压缩时,为击锤的回转提供能量。

(2) 连发机。连发机前端的圆弧形凸榫与击锤后端的圆弧形凸榫配合,用于阻住击锤。长杆形的回转臂用于与枪机框配合,当枪机框将回转臂压下时,回转臂带动整个连发机回转,前端的圆弧形凸榫从击锤中解脱出来,实现击发。

(3) 单发阻铁。单发阻铁前端用来扣住击锤,后端的凸出部用来与连发阻铁(即与扳机一体的阻铁)的相关部分配合。

(4)发射机轴。发射机轴起连接作用,用于击锤、连发机和阻铁在机匣上的定位连接与回转。

(5)组装套。组装套连接单发阻铁及连发阻铁。

(6)发射转换器。又称快慢机。共有3个位置:①面朝向枪轴线时为单发状态;②面朝向枪轴线方向时为连发状态;③面朝向枪轴线方向时为保险状态。

(7)连发阻铁。连发阻铁(与扳机一体)前端凸出部用于扣住击锤,后端凸出部用于与单发阻铁的后端凸出部配合。下部为扳机。

2)防偶发保险机构的前方保险

击锤处于已击发状态时,将发射转换器(快慢机)尖部对准确性"0"位置时形成前方保险。此时,发射转换器将扳机和连发阻铁压住,使扳机不能被扣动而实现保险。此时,如拉动拉机柄,机框无法将击锤压倒,不会因偶然外力而发生推弹入膛等现象(图10-10)。

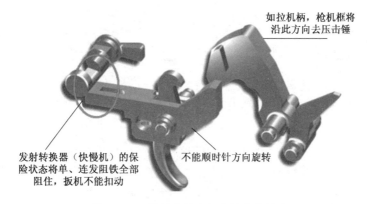

图 10-10 防偶发保险机构的前方保险

3)防偶发保险机构的后方保险

击锤处于待发状态时,将发射转换器尖部对准"0"位置,形成后方保险。此时,发转换器将扳机和连发阻铁压住形成后方保险(图10-11)。

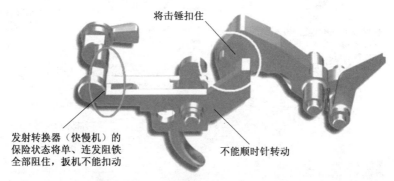

图 10-11 防偶发保险机构的后方保险

4)发射机构的单发动作

发射转换器对正"单"字,单发阻铁不再受发射击转换器约束可以转动。用手扣动扳机发射,连发阻铁解脱击锤单发阻铁也一同顺时针转动。发射后如扣住扳机不放,机框后退压倒击锤,击锤在击锤簧力作用下向前转动,击锤被单发阻铁扣住。如要再次击发,必须放松扳机,单发阻铁被扳机逆时针推动,单发阻铁放开击锤,击锤被逆时针转动的连发阻铁卡住成待遇发状态。再次扣动扳机,连发阻碍铁解脱击锤,同时机框解脱防早发保险,完成了单发发射动作(图 10-12)。

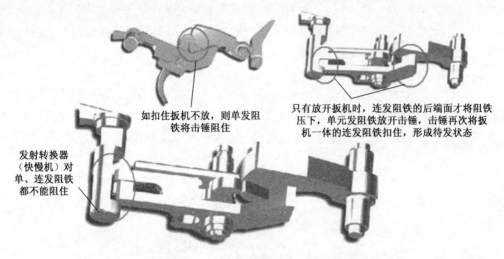

图 10-12　发射机构的单发动作

5) 发射机构的连发动作

发射转换器对正"连"字,发射转换器的实体部位压住单发阻铁,单发阻铁不能与击锤扣合而失去了作用。在待发时扣动扳机,连发阻铁解脱击锤,但必须等到机框复进到确实完成闭锁动作,压下防早发保险解脱击锤击锤才能回转击发,实现连发发射,一直到放松扳机或供弹具中的枪弹射完才会停止射击(图 10-13)。

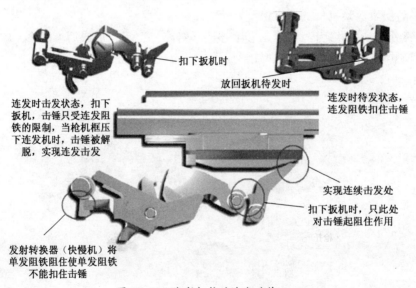

图 10-13　发射机构的连发动作

7. 弹鼓

弹鼓由弹鼓盖板、铰链、搭扣、壳体、出弹口体、推弹器、拨轮、旋手柄、小旋手柄、芯轴、涡卷簧及涡卷簧座、提环等组成(图 10-14)。

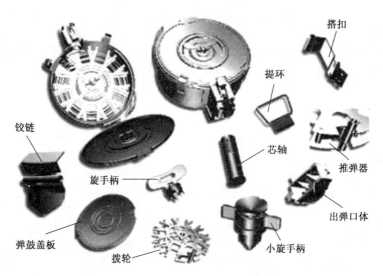

图 10-14 弹鼓组成

供弹分为输弹和进弹两个动作,供弹之前应先装弹。

(1) 输弹。当枪机抛壳后继续后坐离开供弹具进弹口后,被枪机压在进弹口下的枪弹,在输弹簧和输弹板作用下,将次一发枪弹输送到进弹口,被供弹具的进弹口规正。

(2) 进弹。复进时,枪机上的进弹凸榫推枪弹,在进弹口、机匣和枪管上的导弹面导引下进入弹膛。

当需装部分枪弹时,只需带动拨轮使推弹器后退到适当的位置,然后从推弹器前的拨弹槽内依次装弹,盖上弹鼓盖,扣上搭扣,用旋手旋紧涡卷簧(注意圈数)。当需退弹时,可以打开弹鼓盖,用力按下小旋手手柄,使拧紧的涡卷簧放松,然后再将弹内的枪弹向外倒出,并取出出弹口处的枪弹。

8. 枪托

81 式 7.62mm 轻机枪采用固定式枪托。固定式枪托用木材或泡沫玻璃钢制成,由榫头楔入机匣后端面的方腔内再用两销子固定。枪托内有附品室盛装附品,并有枪托底板保护(图 10-15)。

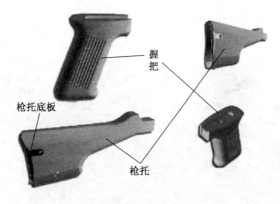

图 10-15 枪托

握把通过螺杆拧在机匣的握把座上,供射击时稳妥地握持握把扣引扳机。

10.2.3 不完全分解与结合

(1) 安全检查。推弹卡榫向前,将弹匣稍向前取下,打开机匣右侧的保险,向后拉拉机柄,确保弹膛内无弹(图 10-16)。

(2) 卸机匣盖。用拇指顶复进机座向前移动,另一只手向上提起机匣盖,再向后卸下机匣盖(图 10-17)。

图 10-16 安全检查

图 10-17 卸机匣盖

(3) 卸复进机。推复进机座向前,待脱离机匣槽后再向上并向后卸下复进机(图 10-18)。

(4) 卸自动机。将枪机和枪机框拉到机匣最后方,向上取出枪机框和枪机,再将枪机和枪机框分开(图 10-19)。

图 10-18 卸复进机

图 10-19 卸自动机

(5) 卸上护木。向枪内侧推动表尺座右侧的表尺轮,使限制轮脱离限制轮槽;再转动表尺轮使 0 码对准表尺座上的白点;向上并向后卸下上护木(图 10-20)。

图 10-20 卸上护木

(6) 卸活塞。转动调节塞,使其下方的定位凸榫转向上方并对准导气箍上的缺口部位;向后推动调节塞;当调节塞前端面脱离导气箍后端面时,从斜上方卸下调节塞、活塞及活塞簧(图 10-21)。

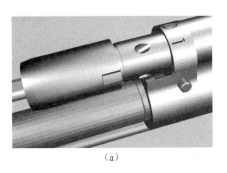
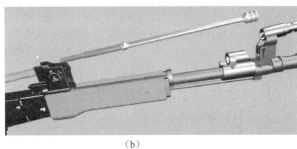

(a)　　　　　　　　　　　　　　(b)

图 10-21　卸活塞

(7) 卸下通条。从枪托中取出附件;用冲子穿住通条孔;向下并向前抽出通条(图 10-22)。

(8) 分解弹鼓。解脱搭扣;打开弹鼓盖;用左手挡住拨轮,右手将小旋手按逆时针方向旋出;取出拨轮和棘爪(图 10-23)。

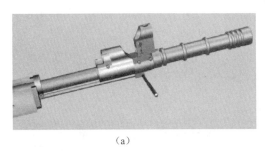
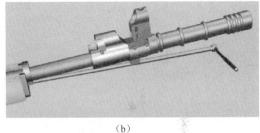

(a)　　　　　　　　　　　　　　(b)

图 10-22　卸下通条

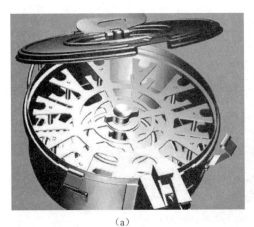

(a)　　　　　　　　　　　　　　(b)

图 10-23　分解弹鼓

10.3　1954年式12.7mm高射机枪

10.3.1 用途与性能

1954年式12.7mm高射机枪于1954年生产定型,简称54式12.7mm高射机枪。本枪用以射击1600m以内的空中目标和800m以内地面的轻型装甲目标和火力点。每挺枪配有70发弹链10条;70发弹链盒10个;枪管2根。

54式12.7mm高射机枪性能参数:

口径:12.7mm。

(1)有效射程。

对空中目标:1600m。对地面目标(轻型装甲):800m。

表尺射程:3300m。最大射程:7000m。枪口动能:16600J。

穿甲能力:可击穿100m处,厚度20mm的装甲。理论射速:600发/min。

战斗射速:70发/min。供弹具容量:70发。扳机力:不大于5N。

发填力:33N。初速:810~825m/s。平均最大膛压:33MPa。全枪长:2030mm。

枪架外廓尺寸:

(2)战斗状态。

枪架长:1996mm。枪架宽:1290mm。

行军状态

枪架长:1450mm。枪架宽:257mm。

(3)方向射界。

高射:360°。平射:120°。

高低射界:-26°~78°。枪管长(不带膛口装置):1003mm。

膛线:8条,右旋,导程380mm。瞄准基线长:113mm。

(4)机枪质量。

装满70发枪弹:101.8kg。未装弹:93kg。

使用的枪弹弹种:54式12.7mm穿甲燃烧弹和54式12.7mm穿甲燃烧曳光弹。

10.3.2　结构原理

54式12.7mm高射机枪的枪身结构如图10-24所示。

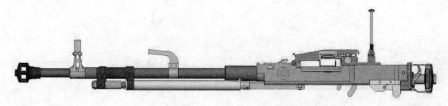

图10-24　54式12.7mm高射机枪的枪身结构

(1)自动方式。导气式。扣动扳机,解脱阻铁对枪机框的扣合,枪机框在复进簧的作用下推动枪机一同复进,相继完成推弹入膛;驱动拨弹滑板返回拨弹起始位置,闭锁弹膛;

最后,枪机框带动击针体一同撞击击针,打燃枪弹底火。

(2) 自动动作。击发后,弹丸在膛内向前运动,弹丸越过枪管上导气孔位置后,火药气体经调整器进入气室并冲击活塞,活塞带动枪机框一起后坐。后坐的枪机框一方面压缩复进簧;另一方面完成了枪机的开锁、抽壳、抛壳和拨弹等动作,后坐到枪机框撞击枪尾缓冲簧面终止。此后缓冲簧伸张,枪机框复进,此时若一直扣住扳机不放,则上述动作重复而构成连发射击。

1. 枪管部件

枪管赋予弹丸一定的方向和初速。枪管部件由枪管、准星座、导气箍、枪管提把等组成。在枪管前部装有枪口制退器;在导气箍处装有调节器;在准星座上装有准星罩。枪管结构如图 10-25 所示。

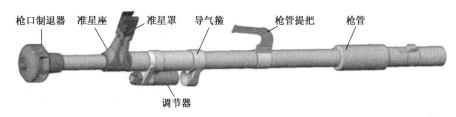

图 10-25　枪管部件

调节器用于变更导气孔道的断面积,调节进入气室内的火药气体流量,使活塞得到不同的后坐能量。调节器上有 3 个不同直径的导气孔,分别为 3mm、3.5mm 和 4mm。新枪使用直径为 3.5mm 的孔;射弹数超过某值时或射速超过 600 发/min 时,改用直径 3mm 的孔;风沙条件或气温过低时,可采用直径为 4mm 的孔。它的结构如图 10-26 所示。

图 10-26　导气室的气体调节器

枪口制退器用于减小枪身后坐能量。它以左旋螺纹连接在枪管上。

2. 机匣部件

机匣是连接枪管、发射机构、供弹机构和枪尾的基础件,且与自动机配合完成闭锁弹膛动作和诱导自动机前后运动。机匣部件由机匣、表尺座、枪管固定栓、受弹器卡铁等组成。在表尺座上装有游标与表尺。机匣部件的结构如图 10-27 所示。枪管固定栓用以把机匣与枪管连成一体。这种连接方式便于枪管与机匣分离和结合。用扳手向反时针方向旋转螺帽,固定栓从机匣上的固定栓槽退出,由前方从机匣内取下枪管。

3. 闭锁机构

闭锁机构的结构形式为闭锁片偏移式。它由枪机框、枪机、左、右闭锁片、击针体、活塞、活塞筒等组成(图 10-28)。

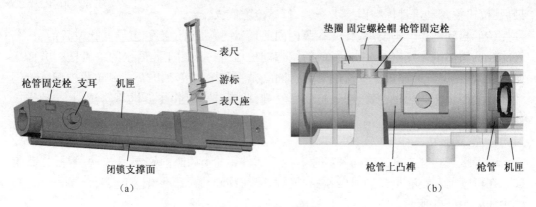

图 10-27 机匣部件

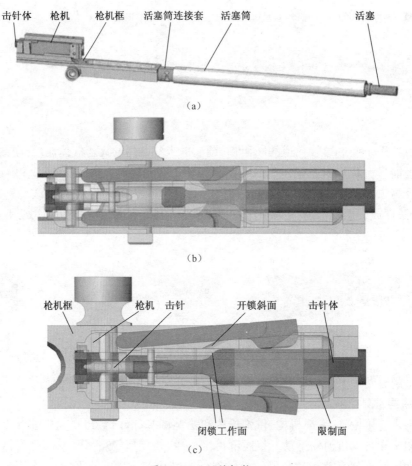

图 10-28 闭锁机构
(a) 结构图;(b) 开锁状态;(c) 闭锁状态。

在复进簧的作用下,枪机框通过固定在其立柱上的击针体推闭锁片而带动枪机一同复进,枪机到位(机体肩部撞在机匣上),枪机框继续向前,击针体上的闭锁工作面推闭锁片向两侧张开并进入机匣内闭锁卡槽内。枪机框复进到位,击针体上限制面挡住闭锁片,使其不能收拢。此时,闭锁片支撑在机匣内的闭锁支撑面上,完成了闭锁弹膛。

击发后,火药气体经导气孔进入气室内并作用在活塞上,活塞带动枪机框向后运动。枪机框向后运动了一段距离(自由行程)后,击针体两侧限制面脱离了左、右闭锁片凸出部;枪机框继续后坐,枪机框上的定型槽上的开锁斜面作用在闭锁片下方的凸起部,使闭锁片向内收拢而与机匣内的支撑面脱开,完成了开锁过程。

闭锁片偏移角度为 3°;闭锁间隙为 0.1~0.23mm。

4. 供弹机构

供弹机构的结构形式为弹链供弹,拨弹滑板往返移式输弹。它由受弹器盖、拨弹曲柄轴、拨弹曲柄、拨弹滑板、脱弹器、挡链板等组成。其结构如图 10-29 所示。

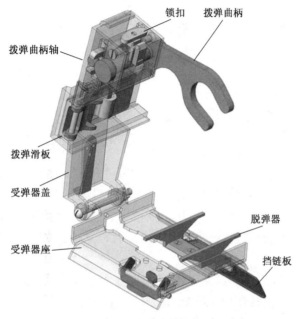

图 10-29 供弹机构

把带弹链的枪弹送入受弹器内,使之被阻弹齿、拨弹齿止住。向后拉枪机柄,枪机框向后移动,枪机框上的枪机柄进入拨弹曲柄的叉形槽内以后带动拨弹曲柄转动,拨弹曲柄上方的圆头带动滑板拨杆转动;滑板拨杆的另一端向内拨动拨弹滑板;拨弹滑板上的拨弹齿向受弹器内拨动枪弹;弹链与枪弹分别沿脱链器的上平面和下方曲面移动而相互脱开;脱开的枪弹被弹链规正在进弹口位置;第二发枪弹则被阻弹齿止住。继续后移枪机框,枪机柄与拨弹曲柄脱开;拨弹曲柄被制动销固定在后方位置;枪机框后移到位,复进时被阻铁扣住而停在后方。

扣动扳机自动机在复进簧作用下复进。枪机上的推弹凸榫将位于进膛位置的枪弹沿进膛导铁推入膛内;与此同时,枪机柄进入拨弹曲柄叉形槽内,带动拨弹曲柄向前方转动;拨弹曲柄通过滑板拨杆使拨弹滑板返回拨弹起始位置并抵住第二发枪弹。自动机继续复进,枪机柄与拨弹曲柄脱开,拨弹曲柄被制动销固定在前方位置;自动机复进到位、击发;枪机框在火药气体作用下向后运动,供弹机构重复上述动作而保证连续自动供弹。

5. 发射机构和击发机构

击发机构为复进簧击针式结构。它由击针尖,击针体组成。击针尖与击针体分离。

击针装在枪机内,击针体与枪机框连成一体。自动机复进,枪机到位后,枪机框带动击针体继续向前运动而撞击击针,打燃底火,完成了枪弹的击发(图 10-28)。

发射机构为连发发射机构。采用阻铁与活动机件相扣合的结构形式。它由发射机体、击发阻铁、阻铁杠杆、扳机、保险等组成(图 10-30 和图 10-31)。

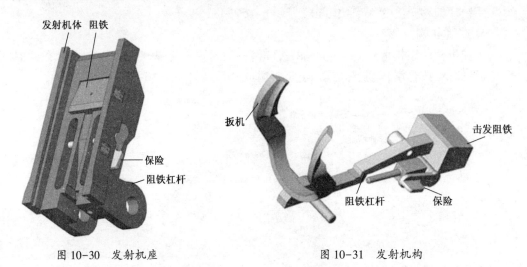

图 10-30　发射机座　　　　　图 10-31　发射机构

扳机安装在枪尾上,击发时,手扣扳机,阻铁杠杆后端上抬,前端下压阻铁。当阻铁脱离枪机框下方的待发卡槽后,在复进簧作用下枪机框复进,完成发射动作。放开扳机,阻铁在簧力作用下向上返回原位。枪机框后坐到位后再复进,其待发卡槽被阻铁扣住而停止击发。

反时针扳动保险手柄至前方,使圆弧向上,阻止阻铁杠杆前端向下移动,此时,扣不动扳机而形成保险。保险机簧作用在保险的轴上,防止保险自行转动。其结构参数:击针惯性突出量为 1.65~1.8mm;击针强制凸出量为 1.45~1.6mm。

6. 枪尾及缓冲机构

枪尾由枪尾体、握把等组成。枪尾内装有缓冲机构和扳机,缓冲机构的结构形式为圆形断面圆柱形螺旋弹簧,它由缓冲杆、缓冲簧、缓冲管等组成(图 10-32)。

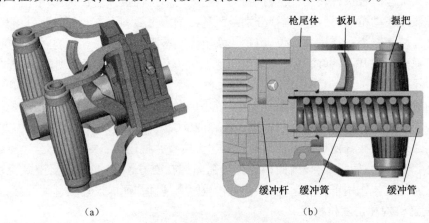

(a)　　　　　　　　　　(b)

图 10-32　枪尾及缓冲机构
(a) 结构图;(b) 剖面图。

7. 瞄准具

瞄准具由平射瞄准装置和高射瞄准具组成。

1）平射瞄准装置

结构形式为准星照门式。它由准星、准星罩、紧定螺杆、表尺框、游标、表尺簧、升降螺杆,转轮等组成(图10-33)。

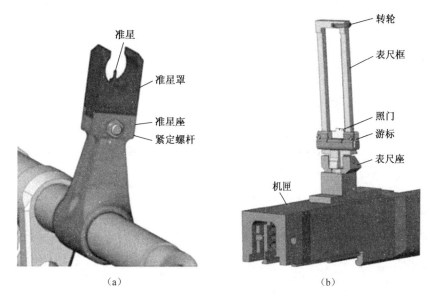

图 10-33　平射瞄准装置

准星罩以梯形凸起与枪管上的准星座梯形槽相配合,准星罩可在准星座上左右移动,紧定螺杆用于防止准星罩自行移动。准星罩的前方刻有便于方向射校调整的分划,分划的间隔是 1mm。准星罩上装有准星,准星相对准星罩可做上、下调整,其螺纹螺距为 1mm。

表尺框装配在机匣的表尺座上,其上刻有 0~33 表尺分划。表尺框在表尺座上向左倾斜 $2°33'$,以自动修正定偏对射击准确度的影响。定偏修正原理如图 10-34 所示。

图中:OA——射距;AC——射距为 OA 时的定偏;β——射距 OA 的定偏修正角。

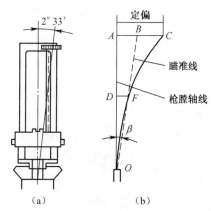

图 10-34　定偏修正原理

右旋的弹丸在空气中飞行,产生了向右偏离射面的现象称之为定偏。定偏的大小,随着射击距离的增大而急剧增大。修正定偏对射击准确度的影响,其原理采用了预先使枪膛轴线处于瞄准线的左侧,构成定偏修正角。

表尺框向左倾斜,随着射距的增大,装定表尺时,照门的上升量越大,照门向左移动的距离也相应的增大,则构成的定偏修正角也跟着增大,这样就自动地修正了随射距增大而增大的定偏影响。

2) 高射瞄准具

高射瞄准具为简易环形瞄准具(瞄准环基线定长半径变长的瞄准具)。它由前照准器、结合座、后照准器、射击用表等组成(图10-35)。

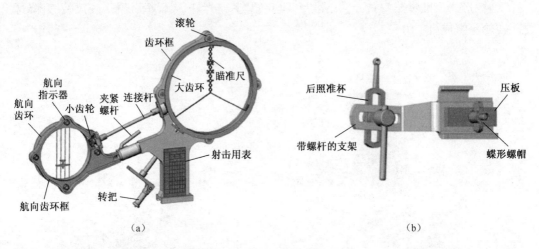

图10-35 高射瞄准具

8. 枪架

本枪架为平射、高射两用枪架。它由上架、下架、肩托3部分组成(图10-36)。

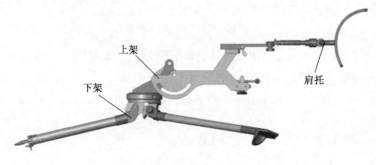

图10-36 枪架全貌

1) 上架

上架为机枪俯仰的主体,它由瞄准具配合,实施高低和方向瞄准。上架由摇架框、托架、装弹拉柄、精瞄机构等组成(图10-37)。

摇架框上的支耳座与后固定销用以把枪身固定在摇架框上,摇架框可在托架上俯仰,向后转动紧定器手柄可将摇架框固定。精瞄机构用于在摇架被紧定器紧定后通过旋转其手轮实施高低和方向精确瞄准,装弹拉柄用以首发枪弹的装填。侧壁上的弹链盒支座用以连接弹链盒,下部的抛壳板用以导引弹壳向一个方向抛出。托架与下架的托架座相配合,支撑整个枪身和上架,托架在托架座上可旋转以进行方向瞄准。

2) 下架

下架为全枪的支撑,用以支撑托架和实施机枪的高射与平射状态的转换。它由托架座、后脚、前脚、驻锄、托架箍等组成(图10-38)。

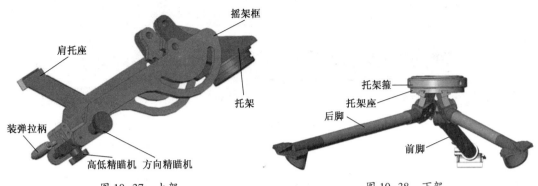

图 10-37　上架　　　　　　　　　图 10-38　下架

3 个脚管的端部焊有驻锄,射击时嵌入地面以稳定枪架。3 个脚管的接头上有半圆锥形固定器,用以将 3 个脚管固定在平射、高射或行军(收拢)的位置上。前脚可以伸缩,左、右后脚装有肘垫,用以在平射时支撑射手肘部,便于操作机枪。

3) 肩托

肩托用以在对空射击时抵在射手的双肩上操纵机枪。它由肩架、接管、上、下调节止动手柄、方向调节紧定手柄、肩架座、齿弧等组成(图 10-39)。

肩架座用以把肩托与托架相连接。肩托可进行高低及方向调整,以便于射手操纵机枪,调整后用调节紧定和止动手柄将其固定。

9. 弹链及弹链盒

弹链为开式弹链,节距为 32~33.7mm,70 节共长 2244.2~2363.3mm;前枪弹口尺寸为 13.5~14.5mm,后枪弹口尺寸为 15.5~16.2mm。弹链盒的容弹量为 70 发。弹链及弹链盒的结构如图 10-40 所示。

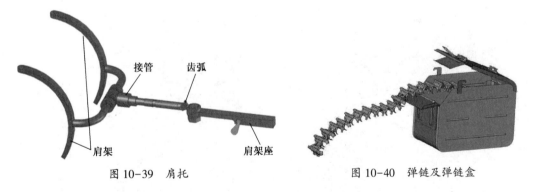

图 10-39　肩托　　　　　　　　　图 10-40　弹链及弹链盒

10.3.3　枪身的不完全分解与结合

枪身的不完全分解与结合可在枪架上进行。注意分解结合前应做安全检查。

枪身的不完全分解

(1) 解脱活塞套筒。将活塞套筒向前拉到位,然后反时针旋转,使活塞套筒凸榫脱离枪管的凸榫槽,活塞套筒与枪管结构如图 10-41 所示。

(2) 拆卸枪尾。旋松压盖紧定器,抽出枪身后固定栓,冲出枪尾销,用手锤敲打枪尾的上凸起,取下枪尾。如图 10-42 所示。

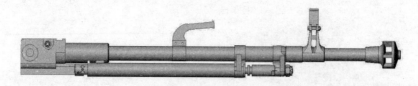

图 10-41　活塞套筒与枪管结构图

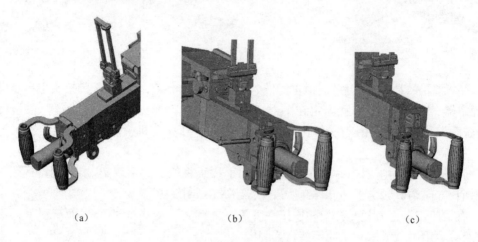

(a)　　　　　　　　　(b)　　　　　　　　　(c)

图 10-42　拆卸枪尾
(a)拆卸前；(b)冲出枪尾销；(c)卸下枪尾。

（3）拆卸枪机组件。向后卸下发射机，打开受弹器，使其被受弹器卡铁钩住，向后抽出枪机组件。如图 10-43 所示。

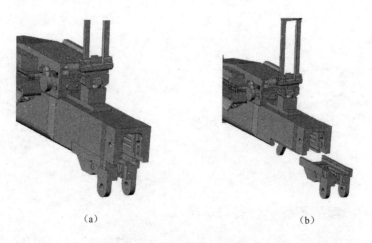

(a)　　　　　　　　　　　　(b)

图 10-43　拆卸枪机组件
(a)拆卸前；(b)拆卸后。

（4）拆卸枪管。旋松固定螺栓、螺帽，取出枪管固定栓，向前抽出枪管。如图 10-44 所示。

枪身的不完全结合按拆卸的反方向进行。

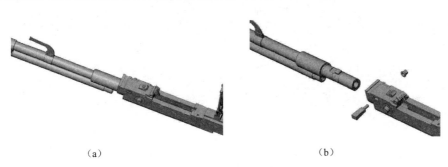

图 10-44 拆卸枪管
(a) 拆卸前;(b) 拆卸后。

第三篇

引信

第 11 章　引信概论
第 12 章　触发引信
第 13 章　时间引信
第 14 章　近炸引信和复合引信

第11章 引信概论

　　武器系统的作用就是对预定的目标造成最大程度的损伤和破坏。在现代战争中，一般是海陆空诸兵种协同作战，可能遇到的目标很多，因而对武器系统提出了更高的要求。同时，随着现代科学技术的发展，出现了一些新式武器系统，作战威力不断提高，并使武器系统的概念大大扩展了。例如，激光、次声、甚至人工控制气象等，都可以作为一种武器来对付敌人，但是绝大多数武器仍是利用烈性炸药爆炸所释放出的能量来摧毁目标的。

　　早在古代，人们就认识到使用投射物作为战争工具要比徒手搏斗优越。任何一种投射工具都可以看成是延长使用者双手的手段，如使用弓可以把箭射到比用手直接投击更远的地方。弩则进一步利用人体的力量或畜力，把投射物射得更远。中国古代火药的发明则是技术上的一个飞跃，利用火药燃烧释放的能量可显著地增大投射物的射程，于是出现了火炮。与此同时，人们也想方设法使投射物的破坏作用超过它本身动能所起到的破坏作用，即提高其威力。例如，在箭头上涂上毒药；在箭杆上绑上燃烧物以引起敌营着火，等等。火药出现后，不仅被用作推进剂以增大投射物的射程，同时还用于制造燃烧和爆炸性的武器来增大其破坏作用。我国宋代庆历四年(公元1044年)的《武经总要》已载有制造火药的配方及用药和其他成分制造的毒药烟球、蒺藜火球、霹雳火球等兵器的构造及制造和使用方法。当时引燃这些兵器用的是铁锥，将铁锥烧红，用它把球壳烙热以引燃其内火药。以后改为火药捻子引燃，明代永乐十年(公元1412年)出版的《火龙经》中称这种火药捻子为"信"或"药信"，引信这一术语就是由此产生的。在《天工开物》中，已将"信"与"引信"通用。可见，引信的出现是与中国古代火药的发明和使用直接相关的，它从最初引火的"信"发展到今天的"引信"，经历了深刻而巨大的变革。"引信"已被现代科学技术赋予了新的内容。

　　现代的武器系统主要包括炮弹、火箭弹、导弹、航空炸弹、原子弹、鱼雷、水雷、地雷、手榴弹等和它们的发射、投放、布设装置。这些武器系统都需要引信。在上述各种弹中多装有炸药或其他装填物，利用它们在遇到目标时，产生爆炸来完成对目标的杀伤和摧毁的任务。但是炸药爆炸是有条件的：一是必须外加足够的起始能量去引爆；二是必须控制在特定的时机起爆，以保证给目标造成最大的毁伤，而在运输、储存、发射中都不允许爆炸。对充分发挥弹药的威力来说，如果将运载系统作为第一控制系统，则引信是第二控制系统，而且控制的是对目标作用的最后一个环节。

　　引信是随着目标、战斗部以及作战方式和科学技术的发展而不断发展的，它的功能在不断完善，对引信的认识在不断深化，有关引信的概念也在不断发展。

　　为了更进一步认识引信在武器系统中的重要作用及地位，让我们回顾引信的发展历史。同时也可从中看出是什么在推动引信的发展。

　　在战争中，目标与战斗部处于直接对抗的状态。战斗部要摧毁目标，目标以各种方式抵抗或干扰战斗部的攻击。这种摧毁与反摧毁的对抗是目标与战斗部发展的一个动力。现代战争中有各种各样的目标,它们各自的存在条件(空中、地面、地下、水面、水下等)、物理特性(高速、低速、静止、热辐射、电磁波反射、磁性等)和防护性能(强装甲防护、钢筋水泥防护、土木结构防护、无防护等)千差万别。为了有效摧毁目标,就必须发展各式各样的战斗部,例如杀伤的、爆破的、燃烧的、破甲的、穿甲的、碎甲的、生物的、化学的、心理的、核能的、以及它们的组合等。这些战斗部都有各自的相对目标起作用的最佳位置。那么就要求所配用的引信首先要根据目标特点来识别目标的存在,使战斗部在相对目标最佳位置时起爆以充分发挥作用。这个位置随战斗部的类型和威力不同而不同,为满足这一要求,必须研究设计出各种不同原理的引信。

例如,最常见的地面有生目标的特点是:防护能力弱,分散面积大。摧毁这种目标的有效手段是用杀伤战斗部,要求战斗部的杀伤破片尽可能多地打到目标上。因此采用装有瞬发作用的引信使炮弹落入敌阵在地面上爆炸,这就是具有瞬发作用的触发引信。这种引信简单可靠,但杀伤效果并不理想,因触发引信是靠碰地后引爆战斗部,即使其瞬发度再高,也会有一部分破片钻入土中而不能被利用。根据实验,76mm 口径的炮弹,当炸坑深度为 33cm 时,杀伤效果将降低一半;当炸坑深度为 45cm 时,杀伤效果基本上近于零。此外即使炸坑较浅对卧倒在地或在战壕里的人马,杀伤效果也几乎为零。如果能使炮弹距地面一定高度爆炸,使杀伤破片自上而下地打击地面或坑内的敌人,杀伤效果就会显著提高。在近感引信未出现前,为了使炮弹配备触发引信也能实现空炸,人们采用跳弹射击的方法。所谓跳弹空炸,即当近程射击(3～5km)、落角不大于 20°时,炮弹第一次落地时引信开始起作用,但不立即引爆弹丸,等炮弹从地面重新跳起,在离地面 0.5～6m 的高度范围内引爆弹丸,其效果与空炸相同。这就要求触发引信具有短延期作用。跳弹射击受地形、地质和射程的限制,因此跳弹率不稳定,而且还会造成部分引信甚至弹壳损坏,杀伤效果仍不理想。于是,人们想到可以用时间引信实现空炸射击,在发射前,根据射程远近装定时间,使炮弹在落地之前在目标区上空爆炸,这比跳弹射击的效果好。由于地形的影响以及火炮的弹道散布和时间引信本身的时间散布,势必造成一个较大的炸高散布,使得有的炮弹落到地面上没有炸,而有的炸点则过高。空炸高度过高将使目标处于威力范围之外,过低则不能充分利用杀伤破片,尤其是碰地后仍不炸,相当于瞎火。为了使落到地面上的炮弹能够碰地炸,就出现了时间触发双用引信。

通过上述对地面目标射击的分析,说明需要这样一种新原理的引信,即它既不直接与目标相碰,但又要与目标有密切的联系。它控制战斗部爆炸时机要与弹目相对位置有关,只有这种引信才能弥补上述触发引信与时间引信的不足之处。

空中目标如飞机、导弹,其特点是面积小,速度高、机动性大。对于低空飞行的敌机,一般用小口径高炮榴弹配用触发引信,要求弹丸直接命中目标,最好是钻进飞机蒙皮内再爆炸,这样才能对机内的仪器、仪表、弹药、汽油、发动机和乘员等以最大的破坏和杀伤。小口径火炮系统射速高、反应也快、短时间内可发射出很多弹丸。几门火炮同时射击,在空中将形成一个拦截的弹幕,命中目标的可能性相对来讲要大一些,但要消耗大量的弹药。对付高空敌机,需采用中大口径的火炮,其射速及反应速度均较慢;因此直接命中很困难。尤其是现代航空技术的迅速发展,飞机性能已远远超过了过去的水平。现代战斗机的主要特点是航速大、机动性好、火力强,而且具有低空和超低空入侵的能力,就是对小口径高炮系统来说,其直接命中目标也越来越困难,效率显著降低。如果采用防空导弹来对付,虽然有制导系统,但也只能及时发现目标,正确跟踪目标,引导导弹按要求的精度接近目标。由于制导系统本身的误差,也不易直接命中目标。导弹成本高,威力大,要提高毁伤目标的概率只有使战斗部在目标进入其杀伤区域内时起爆,也就是采用非触发即近感引信。可以采用时间引信,即在发射前测出弹目间距离及有关弹目运动的参数等,对引信进行时间装定。这样,时间引信可以控制战斗部在目标附近爆炸。但由于时间引信本身的误差散布以及目标速度高、机动性大的特点,不容易控制战斗部在相对目标最佳位置起爆。对于导弹来说,因目标与弹道机动,采用时间引信更无意义。

由上述对地及对空目标的分析结果可见,无论是时间引信还是触发引信,在高速目标迅速发展的形势面前,都显得无能为力,从而限制了兵器战斗性能的发挥。在这种情况下,迫使人们去寻求新原理的引信,能不碰击目标而在相对目标最佳位置引爆战斗部的引信,这就是近感引信。

近感引信的发展是从 20 世纪 30 年代开始的,德国最早,其次是英国、日本、苏联,这些国家曾先后设计了多种类型的近感引信。例如,苏联在 1935 年制成了声学引信,在实验室和靶场试验时,得到令人满意的结果。用它来对付装有 M-11 或 M-17 发动机的飞机,可以保证在 50~60m 距离上可靠动作,并对炮弹发射的声音不起作用。近感引信的飞跃发展是在 20 世纪 40 年代以后,是由于第二次世界大战中特别令人注目的两大事件促成的。第一个事件是有很大活动半径的新式导弹的出现,它使近感引信变成极为必需的装置。因飞机上装载的航空导弹数量一般不多,它们构造复杂而且昂贵,这就使它们不能像普通口径的航空炮弹那样大量地消耗。此外,导弹的遥控系统或是自动瞄准系统都存在着不可避免的误差而不能导引弹头直接命中目标。因此,对导弹来说,实现近感起爆比炮弹更加必要。第二个事件是雷达技术的广泛发展,为实现新原理的近感引信创造了条件。如美国在 1940 年左右才开始研究,但很快就把雷达技术移植到近感引信上来,从而后来居上,处于领先地位。无线电引信(又称雷达引信)于 1943 年研制成功并装备部队。到第二次世界大战结束时,共生产可用的无线电引信约两千多万发,这些引信在大战后期和朝鲜战争中都显示出强大威力。无线电引信相对触发引信成倍甚至几十倍地提高杀伤效果,这一事实使各国受到很大启示,投入了更多的人力、物力,而且把最先进的技术成就优先用于引信。由于广泛采用了各个科学领域中的最新成就,近感引信发展很快。无线电引信从 20 世纪 40 年代的电子管型、50 年代的晶体管型、60 年代的固体电路型,发展为 70 年代的特制集成电路型。例如美国将中、大口径地炮榴弹引信,用一种集成化通用无线电引信代替。在迫击炮弹上,也研制配用了集成化的多用途引信。随着电子计算机、微电子技术、红外技术、激光技术、遥控(感)技术等在近感引信中得到应用,先后出现了各种原理的近感引信,如红外引信、激光引信、毫米波导引信、计算机引信和末制导引信等。

目前,近感引信已由配用于导弹及大中口径炮弹上发展到配用于小口径高炮弹上。根据现代飞机和防空技术的发展水平,各国普遍认为中高空的防御可利用导弹,而低空防御则可用小高炮和低空导弹。由于小高炮有反应快、射速高、数量多及初速大等许多特点,因而仍是现代战场上的一种有效的不可缺少的防空武器。如瑞典博福斯公司为提高 40mm 高炮武器系统的效能,于 1974 年第一次在 40mm 预制钨珠凸底榴弹上正式配用无线电近感引信,从而大大提高了杀伤概率。其他国家也都在研究、设计和制造各种小口径的近感引信弹药,有的已装备部队。

回顾引信发展史,可以得到极为重要的启示:引信发展史,就是为提高引信利用目标或其环境信息水平的奋斗史。换句话说,引信一直为获取"最佳"炸点所需的目标信息而奋斗。如初始的时间引信是靠使用者获取目标位置信息而作用的,炸点不能由引信本身来确定。触发引信的出现,是引信开始利用目标信息的标志,但只能利用与目标接触时的唯一的目标位置信息,因而利用目标信息的水平很低,它只能确定炸点而在碰击前不能选择炸点。近感引信的出现,使引信利用目标信息的水平达到一个新高度,即引信本身可以根据弹目交会条件自己选择炸点。历史事实充分说明,引信由较低的信息利用水平,发展到较高的信息利用水平。只有提高引信利用目标信息的水平,引信的功能才会有所突破。还应指出,现代引信不仅在"最佳"炸点选择的功能上有很大突破,而且在抗干扰性能方面也有较大的发展。实质上仍然是提高利用信息的水平。例如,保险机构采用双重环境力解除保险,提高了对环境力信息的利用水平;又如自适应引信,不仅能适应弹目交会条件的变化,而且能识别干扰信号,从而提高引信的识别能力。这意味着引信正向"智能化"方向发展。

综上所述,引信的发展可以归纳为以下三点:

(1) 引信发展的动力。战争的发展,包括目标的发展和战术应用的发展。它们对引信提出越来越高的要求,引信在不断满足这些要求中得到发展,这是最基本的。

(2) 引信发展的基础。现代科学技术的发展及其成果的应用,为引信满足战争要求提供了先进、完善和多样化的物质基础。

(3) 引信发展的水平。在一定程度上取决于对目标信息的利用水平。

我国从 1958 年开始研制近感引信。1962 年以前主要是解剖分析外国产品。从 1962 年到 1966 年,主要是对美苏等国的产品进行仿制。70 年代以来,近感引信的研制工作进入了一个新阶段,即型号改进和自行设计阶段,并进行了小批量生产。在此期间,先后定型了若干产品,有配用于地炮榴弹、野战火箭弹以及航弹上的米波无线电引信;有配用于地空导弹的微波无线电引信;有配用于空对空弹上的红外引信等。同时激光引信、电容引信、调频比相引信、伪随机码引信及一些复合调制引信等体制的引信正在研制中。但我国目前的水平与世界先进水平相比,落后了几十年。为了满足现代战争的要求,我国应重视和迅速发展近感引信。今后,引信发展的方向有以下几点值得注意:

(1) 采用冗余系统。即采用多种原理的多路起爆系统和多重保险机构,以进一步提高引信的可靠性和安全性。

(2) 部件的标准化。将各种引信的部件做成标准组件,如引信天线组件、电子组件、目标探测装置、安全系统组件等。有些组件是多种引信通用的,可以根据不同的需要进行组合、互换。

(3) 发展多用途引信。即要求在一种引信上兼有近感、碰炸、近期炸及定时炸等多种功能。过去,为了满足对不同目标的作用要求,一发弹配用多种引信。如果采用多用途引信,则一发弹可只配一种引信,根据对付的目标不同而选择引信的装定。这样用一种引信代替多种引信,可解决引信型号繁多的问题,还可改善科研、生产、管理和部队训练及后勤供应等工作。

(4) 广泛应用微电子学和计算机技术,使引信的多功能多用途及自适应等得以实现。

整个武器系统是要靠战斗部来摧毁目标的,而为了使战斗部发挥最大效力,需要有最现代化和性能优越的引信。因此,随着科学技术的发展和新技术成果在引信中的应用,将会使引信技术迅速发展,在武器系统中发挥更大作用。

11.1 引信的功能与作用

11.1.1 引信的功能及其定义

战斗部是武器系统中直接对目标起毁伤作用的部分,即指炮弹、炸弹、导弹、鱼雷、水雷、地雷、手榴弹等起爆炸作用的部分,也包括不起爆炸作用的各种特种弹,如宣传弹、燃烧弹、照明弹、烟幕弹等。当战斗部遇到目标时,要想获得最大的毁伤效果,关键取决于引信的作用,决不能简单地理解为只是"引爆",使战斗部爆炸,而是当战斗部相对目标最有利位置时引爆,才能最大限度地发挥它的威力。但是,安全性能不好的引信会导致战斗部提前爆炸,这样不但没有杀伤敌人,反而会造成我方人员伤亡或器材损坏,因此,将"安全"与"可靠"引爆战斗部二者结合起来,才构成现代引信的基本功能。

一般来说,要求现代引信具有三个功能:

(1) 在引信生产、装配、运输、贮存、装填、发射以及发射后的弹道起始段上,不能提前作用,以确保我方人员的安全;

(2) 感受目标的信息并加以处理,确定战斗部相对目标的最佳起爆位置;

(3) 向战斗部输出能量足够的起爆能量,完全地引爆战斗部。

第一个功能主要由引信的安全系统来完成;第二个功能由引信的发火控制系统来完成;第三个功能由传爆序列来完成。

由此可以给出引信确切的定义:引信是利用环境信息(如发射条件)、目标信息(如散射特性)、或按照事先设定的条件(如时间、指令等),在保证弹药平时和发射时安全的前提下,对弹药实施起爆控制、点火控制及姿态控制的装置。

11.1.2 引信的组成及作用过程

引信作用过程是指引信从发射开始到引爆战斗部主装药的全过程。引信在勤务处理时的安全状态,一般来说就是出厂时的装配状态,即保险状态。战斗部发射或投放后,引信利用一定的环境能源或自带的能源完成引爆前预定的一系列动作而处于这样一种状态:一旦接受目标直接传给或由感应得来的起爆信息,或从外部得到起爆指令,或达到预先装定的时间就能引爆,这种状态称为待发状态,又称待爆状态。从引信的功能和定义的分析可知,引信的作用过程主要包括解除保险过程、发火控制过程和引爆过程,如图 11-1 所示。

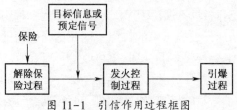

图 11-1 引信作用过程框图

引信首先由保险状态过渡到待发状态,此过程称为解除保险过程。已进入待发状态的引信,从获取目标信息开始到输出火焰或爆轰能的过程称为发火控制过程。将火焰或爆轰能逐级放大,最后输出一个足够强的爆轰能使战斗部主装药完全爆炸,此过程称为引爆过程。

1. 解除保险的过程

为完成引爆战斗部主装药的任务,在引信中必须使用爆炸元件。由于爆炸元件是一次性使用元件,如果提前发火将造成引信失效,这不仅影响引信作用的可靠性,甚至还会造成危及我方安全的严重后果。因此,必须采取技术措施,保证在平时(即从装配出厂开始到战斗使用发射瞬间为止的整个期间)使引信完全处于抑制或不工作状态。这些技术措施统称为保险,为此而设置的机构和(或)电路,统称为保险机构和(或)电路。所以,引信平时所处的状态通常称为保险状态。

从发射(或投放)开始,引信即进入作用过程,它利用环境力信息和(或)电信号控制保险机构和(或)电路依次解除保险,使引信转换为待发状态。这个过程,即称为解除保险过程。此后,引信一旦获取目标(或目标环境)信息或预定信号将会发火。这时,当引信遇到目标或获取预定信号时,即进入发火控制过程。但应说明,在发射(或投放)前获取预定信号而作用的引信(如时间引信),则在引信解除保险前即进入发火控制过程。

2. 发火控制过程

一般信息系统的作用过程大致分为四个步骤:信息获取、信息传输、信号处理和处理结果输出。对于引信来说,信息传输很简单,而处理结果输出的形式是火焰或爆轰能。

所以可将引信的发火控制过程归并为信息获取、信号处理和发火输出三个步骤,如图11-2所示。

1) 信息获取及目标信息获取方式

所谓信息获取,是指探测(或接收)目标(或其环境)信息或预定信号,并转换为适于引信内部传输的信号如位移信号、电信号等。因此信息获取主要包括信息(或信号)传递和转换。

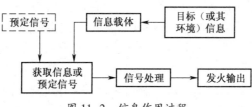

图 11-2 信息作用过程

(1) 信息传递。引信探测或接收目标信息其实质就是将目标信息传至引信。传递信息必须要有能量做功,而目标信息是"状态量",它本身不具有能量。因此,目标信息的传递必须伴随着能量的传输,它可以利用各种形式的能量进行传递,如力、机械波(应力波、声波等)、电磁波和其他物理场(电、磁和热等)。传递目标信息的能量可以来自引信本身,也可以来自目标或其他装置。

一般,信息不"直接"与能量一起传输,而是以信号的形式进行传递。所谓信号,广义地说,一切运动或状态的变化都是一种信号,它是随时间变化的某种物理量。也就是说,物理量的变化可以代表一定的"状态",也就含有一定的信息,因而信号可以作为信息的表现形式。那么,目标信息是如何以信号的形式进行传递的呢?由于目标的存在,传递信息的能量就会发生变化,即表征能量的物理量发生变化。这些变化与目标的各种状态和特征有对应关系,即一定的信号就代表着一定的目标信息。因此,目标信息就可以用信号的表现形式传至引信,并被引信所接收。

信息和信号这两个概念必须严格地区别。信息是物理状态量,不具有能量;信号是具有能量特性的物理量,可以进行传输,并可以作为信息的运载工具。但必须明确,通常所说的信号,它可以含有目标信息,也可以不含有目标信息。例如,用于传递目标信息的能量在空间运动,也是一种信号,但在目标出现以前,并不含有目标信息,只有在目标出现后,从目标返回的信号中才含有目标信息。

(2) 信息转换。引信接收到载有目标信息的信号后,再转换为适合于引信内部传输的信号,这种信号就是引信内部传输的语言。例如,利用光波运载的目标信息,通常在引信中转换为电信号,以便输给后面的电路进行工作。显然光信号是不适宜在电路中传输的。

引信获取目标信息有以下三种方式:

(1) 触感方式。指引信(或弹药)直接与目标接触,利用相互间的作用力、惯性力和应力波传递目标信息的方式。

(2) 近感方式。指引信在目标附近时,利用电磁场或其他物理场将目标信息传送至引信的方式。

(3) 接收指令方式。指由引信以外的专门仪器设备,如观察站的雷达、指挥仪或其他设备,自动完成获取目标信息的任务后对引信直接发出引爆弹药的信号。由于引信获取的是执行引爆任务的信号,故又称这种信号为执行信号。获取执行信号的方式又分为预置指令信号和实时指令信号两种。例如时间装定信号就是预置指令信号中的一种。时间装定信号指的是在发射前引信接收时间装定信号,其接收过程为:在发射前由专门的仪器设备测定目标距离和方位,以此计算确定引信发射后的引爆时间,并对引信进行时间装定。发射后引信按所装定的时间引爆战斗部主装药。实时指令信号指的是发射后引信所接收的外来引爆指令,通常由观察站跟踪目标,当目标进入战斗部威力范围时,它就发出一个无线电信号,也就是实时指令。引信接收到指令后立即引爆战斗部主装药。

上述(1)和(2)两种方式是由引信本身直接完成获取目标信息的任务,故称为直接获取目标信息方式。第三种方式由于引信获取的执行信号是由目标信息转换得到的,故称为间接获取目标信息方式。将引信获取目标(或环境)信息或执行信号的装置,统称为敏感装置。

2) 信号处理

敏感装置获取的信息是初始信息,其中混杂有各种干扰信号和无用的信息,这就需要进行处理,即通过去粗取精、去伪存真,提取主要的和有用的信息并加工成引信引爆所需的发火控制信号。这种处理应是实时的,而不是事后处理。由于敏感装置所获取的信息是用转换为信号的形式进行处理的,因此这种处理称为信号处理。

通常,引信的信号处理应完成以下任务:

(1) 识别真假信号。真信号是指含有目标信息的信号或预定信号,假信号是指能使引信引爆的各种干扰信号(自然的和人工的)。所谓识别真假信号,实质就是要解决抑制干扰信号的问题。

（2）信号放大。引信敏感装置获取的含有目标信息的信号是微弱信号,需要放大后进行处理。

（3）提供发火控制信号。引信起爆通常又称为发火,控制起爆的信号就称为发火控制信号。在初始信息中取出所需目标信息,经加工后,为引信提供控制起爆所需的信号,即为信号处理最后得到的处理结果。

完成上述作用的机构,一般称为信号处理装置。该装置的设置与所要完成的具体任务根据引信类型和战术技术要求而异,名称也各不相同。例如,机械触发引信中的延期机构及近感引信中的放大电路、目标识别电路等。

3) 发火输出

在引信中,获取目标信息的基本目的,是利用它控制引爆战斗部主装药。因此,引信处理结果输出的形式与一般系统不同,要求输出能够引起起爆元件发火的能量,因而将引信的处理结果输出定名为"发火输出"。完成发火输出的相应装置称为执行装置。

3. 起爆过程

当发火输出后,信息作用过程结束而转入起爆过程。它的作用是使发火输出能量引爆起爆元件并逐级放大,最后输出引爆战斗部主装药的爆炸能,完成起爆过程的装置称为爆炸序列。当引信输出爆炸能后,战斗部主装药就会立即爆炸,引信的整个作用过程到此结束。

11.2　引信的组成及分类

11.2.1　引信的组成

图 11-3 给出了引信基本组成各部分、各部分间的联系及引信与目标、战斗部等的关系示意图。

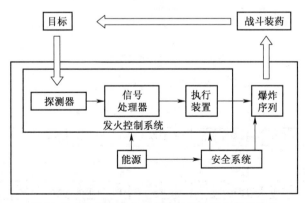

图 11-3　引信的基本组成及与目标战斗部的关系

发火控制系统包括探测器、信号处理器和执行装置。传爆序列是指各种传爆元件按它们的敏感程度逐渐降低而输出能量逐渐增大的顺序排列而成的组合。其作用是引爆战斗部主装药。安全系统包括保险机构、隔爆机构等。

保险机构使发火控制系统平时处于不敏感或不工作状态,使隔爆机构处于切断传爆序列通道的状态,这种状态称为安全状态或保险状态。能源装置包括环境能源(由战斗部运动所产生的后坐力、离心力、摩擦产生的热、气流的推力等)及引信自带的能源(内贮能源),其作用是供给发火控制系统和安全系统正常工作所需的能量。

11.2.2 引信的爆炸序列

引爆战斗部主装药的任务是由引信中爆炸序列直接完成的。为保证弹药的安全,战斗部主装药都是钝感炸药,要使它们爆炸,必须使用敏感度高的引爆炸药,但使用的量不能多,否则不安全。可是少量敏感度高的引爆炸药只有较小的爆炸能量输出,还是不能引爆钝感的炸药,因此在高敏感度引爆炸药和钝感炸药之间,需要设置一些敏感度逐渐降低而能量增大的爆炸元件。

组成爆炸序列的爆炸元件主要有:火帽、电点火管、雷管、电雷管、导爆药、传爆药。其中前四种爆炸元件都装有敏感药剂——起爆药,由于它的敏感度高,所以可作为爆炸序列的第一个元件,此时称为起爆元件。后两种爆炸元件起放大作用,向战斗部主装药提供爆炸能量。

爆炸序列分为两种:传爆序列和传火序列。

1. 传爆序列

最后一个爆炸元件输出爆轰能的爆炸序列称为传爆序列。它的组成随着战斗部的类型、主装药的药量和引信作用方式的不同而异。

图 11-4 为小口径榴弹引信的传爆序列,由于战斗部主装药的药量少,所需引爆能量也小,因而能量放大的爆炸元件可以少用,同时引信结构体积又小,也不允许多用。相反,中大口径榴弹引信组成传爆序列的爆炸元件就可能需要多些。

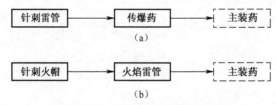

图 11-4 小口径榴弹引信传爆序列

如图 11-5 所示。上述传爆序列均是用于触感作用方式的引信中,第一级爆炸元件是火帽或雷管。

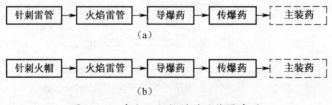

图 11-5 中大口径榴弹引信传爆序列

图 11-6 所示为近感作用方式的引信传爆序列,其第一级爆炸元件为电火工元件如电点火管或电雷管。

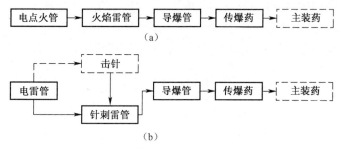

图 11-6 近感作用方式引信的传爆序列

传爆序列是引信中十分重要的组成部分，对引信的性能和结构都有影响。例如，传爆序列发火所经历的时间，直接影响战斗部对目标的杀伤效果。引信中的一些机构如保险机构等，都是围绕传爆序列而设置的。所以，传爆序列的发展对引信技术会产生重大影响。如目前新发展了无起爆药雷管组成的传爆序列，如图 11-7 所示，因爆炸元件不含有敏感药剂——起爆药，本身的安全性大大提高。

图 11-7 无起爆药雷管的传爆序

由图 11-7 可见，美苏引信的传爆序列所用的第一级爆炸元件是不相同的。苏联一般采用火帽或电点火管的火焰能输出，通过爆炸元件本身保证引信安全；而美国则采用雷管或电雷管的爆轰能输出，注意引信对目标的作用效果，同时考虑引信安全。这反应出两种不同的引信设计思想。

2. 传火序列

最后一个爆炸元件输出火焰能的爆炸序列叫传火序列，如图 11-8 所示。传火序列一般用于宣传、燃烧、照明等特种弹的引信中。因特种弹的战斗部内主要装抛射药和点火药，只需要火焰能量引爆。

图 11-8 传火序列

爆炸序列中，通常导爆药柱和传爆药柱是采用与主装药感度基本相同的炸药制成，而火帽、电点火管、雷管、电雷管等起爆元件则装有较敏感的起爆药，在某些环境条件下可能产生自燃或自炸，而导致引信早炸。针对这些不安全因素，在现代引信中普遍采用"隔离"安全技术措施。所谓隔离，是指将爆炸序列的一个爆炸元件与下一级爆炸元件相隔离，以隔断爆炸冲量的传递通道。实施爆轰冲量隔离的零件称隔爆件。

在火焰（或电点火管）与雷管中间设置隔爆件，称为半保险型引信。当火帽（或电点火管）意外发火时，不会引爆雷管，保证引信不作用，但是这种隔离方式仍不能解决雷管意外发火时引起引信爆炸的危险性。在雷管（或电雷管）与导爆药柱（管）中间设置隔爆件，称为全保险型引信。当火帽（或电点火管）和雷管（或电雷管）意外发火时，都不会使引信爆炸。没有上述隔离措施的引信，称为非保险型引信。在现代引信设计中，一定要将引信设计成全保险型的,有些国家已将此定为必须遵循的一条设计准则。在我国已明确必须采用隔离雷管(或电雷管)型,以充分保证引信安全。

爆炸序列的起爆由位于发火装置中的第一个火工元件开始,发火方式主要有下列三种:

机械发火:用针刺、撞击、碰击等机械方法使火帽或雷管发火。

电发火:利用电能使电点火管或电雷管发火。

化学发火:利用两种或两种以上的化学物质接触时发生的强烈氧化—还原反应所产生的热量使火工元件发火。

11.2.3 引信的分类

引信分类方法较多,可按弹种、用途、战术使用、装配位置、作用方式和原理等进行分类。下面首先从三方面进行分类,即从引信与目标的关系、引信与战斗部的关系和引信安全程度进行大系统的分类,然后再从不同的角度进行细目分类。

1. 按与目标的关系来分类(见图11-9)

引信获取目标信息的方式可以归纳为三种:触感式、近感式和间接式(执行信号式)。因此,相应地可分为触感引信、近感引信和执行引信三大类。

1) 触感引信

是指按触感方式作用的引信,又称触发或着发引信。按作用原理,可分为机械的和电的两大类。按引信作用时间分为瞬发式、惯性式和延期式等引信。

(1) 瞬发引信:指利用接触目标时,目标对引信的反作用力获取目标信息而作用的引信。一般都是弹头引信,因此"瞬发"与"弹头起爆"可作为同义词用。其作用时间短,约$100\mu s$。此类引信适用于杀伤弹、杀伤爆破弹和破甲弹。

(2) 惯性引信:也称短延期引信。是利用碰击目标时急剧减速对引信零件所产生的前冲力获取目标信息而作用的引信。作用时间一般在$1\sim 5$ ms之间,一般配用此类引信的榴弹,爆炸后可在中等坚实的土壤中产生小的弹坑,对坚硬的土壤有小量的侵彻,可装在弹头,也可装在弹底。

(3) 延期引信:是指目标信息经过信号处理延长作用时间的触感引信。延期目的是保证弹丸进入目标内部爆炸,延期时间一般为$10\sim 300$ ms。此类引信可以装在弹头,也可以装在弹底,但在对付很硬的目标时,应装在弹底。

(4) 机电触发引信:属于瞬发引信,但因原理不同,数量又很多而自成一类。用压电元件将目标信息转换为电信号的压电引信曾是这一类的主流,但目前更多采用的是磁后坐发电机发射时取能、双层金属罩碰撞时闭合而发火的方式。机电触发引信的瞬发度高,一般在几十微秒,常用于破甲弹上。

上述"作用时间"是指从接触目标瞬间开始到发火输出所经历的时间,即触感引信的作用时间,这一性能又称为作用迅速性或引信的瞬发度,作用时间越短,瞬发度越高。

2) 近感引信

是指按近感方式作用的引信,又称近感引信。按其借以传递目标信息的物理场来源可分为主动式、半主动式和被动式三类。按其借以传递目标信息的物理场的性质,可以分为无线电、光、磁、声、电容(电感)、气压、水压等引信。

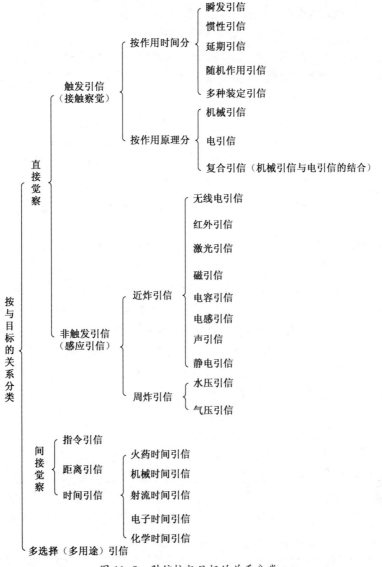

图 11-9 引信按与目标的关系分类

（1）无线电引信是指利用无线电波获取目标信息而作用的近感引信。其中多数原理如同雷达，俗称雷达引信。根据引信工作波段可分为米波式、微波式和毫米波式等；按其作用原理可分为多普勒式、调频式、脉冲调制式、噪声调制式和编码式等。其中米波多普勒无线电引信由于简单可靠，应用十分广泛。

（2）光引信是指利用光波获取目标信息而作用的近感引信。根据光的性质不同，可分为红外引信和激光引信。红外引信使用较为广泛，特别是在空对空火箭和导弹上应用更多。激光引信是一种新发展起来的抗干扰性能好的引信，应用逐步广泛。

（3）磁引信是指利用磁场获取目标信息而作用的近感引信。有许多目标如坦克、车辆及军舰等都是由铁磁物质构成的，由于它们的出现可以改变周围空间的磁场分布。离目标越近，这种变化就越大。目前，此类引信主要配用于航空炸弹、水中兵器和地雷上。

(4）声引信是指利用声波获取目标信息而作用的近感引信。许多目标如飞机、舰艇和坦克等都带有功率很大的发动机,有很大的声响。因此可使用被动式声引信,目前主要配用于水中兵器。在反直升机雷上有较好应用前景。

(5）电容引信是指利用静电感应场获取目标信息而作用的近感引信。如利用弹与目标接近过程中,它们之间电容量的变化而作用的引信。此类引信有原理简单,作用可靠,抗干扰性能好等优点。

(6）周炸引信是指利用目标周围环境信息而作用的近感引信。常用的有气压式(利用大气压力的分布规律)与水压式(利用水压力与水的深度变化规律)两种。

近感引信还常按"体制"进一步分类。所谓引信体制是指引信组成的体系,即引信组成的特征。由于引信的组成特征与原理紧密相关,所以通常与原理结合在一起进行分类。例如多普勒体制、调频体制、脉冲体制、噪声体制、编码体制和红外体制等。

3）执行引信

是指直接获取外界专门的仪器装置发出的信号而作用的引信,按获取方式可分为时间引信和指令引信。

（1）时间引信是指按预先(一般在发射前)装定的时间而作用的引信。根据其原理的不同又分为机械式(钟表计时)、火药式(火药燃烧药柱长度计时)和电子式(电子计时)。此类引信多用于杀伤爆破弹、子母弹和特种弹等。

（2）指令引信是指利用接收遥控(或有线控制)系统发出的指令信号(电的和光的)而工作的引信。此种引信只需设置接收指令信号的装置,因而结构较简单。但是,它需要一个大功率辐射源和复杂的遥控系统,容易暴露,一旦被敌方发现炸毁,引信便无法工作。目前多用于地对空导弹上。

2. 按与战斗部的关系分类(见图 11-10)

这种分类方法很重要,配用战斗部的性能和用途将决定引信的功能和性能。

（1）按配置在战斗部上的位置可分为:弹头引信、弹底(弹尾)引信、弹头探测弹底起爆引信、弹身引信等。

（2）按弹种可分为:炮弹引信、迫击炮弹引信、火箭弹引信、导弹引信、水雷引信、鱼雷引信、深水炸弹引信、地雷引信、枪(手)榴弹引信等。

（3）按弹药用途可分为:杀伤爆破弹引信、爆破弹引信、破甲弹引信、穿甲弹引信、碎甲弹引信、混凝土破坏弹引信、特种弹引信(化学弹、宣传弹、燃烧弹、照明弹、目标指示弹、信号弹)。

3. 按引信安全程度分类(见图 11-11)

（1）隔爆型引信:处于保险状态时,雷管与导爆管(或传爆管)的传爆通道被隔爆件隔断的引信。

（2）隔火型引信:处于保险状态时,火帽传火通道被隔断的引信。

（3）未隔爆(火)型引信:处于保险状态时,爆炸序列中含有起爆药的各爆炸元件的传火通道和传爆通道均不隔断的引信。

（4）无隔爆型引信:处于保险状态时,爆炸序列中各爆炸元件中均不装起爆药,传火通道和传爆通道均不隔断的引信。

图 11-10 引信按与战斗部的关系分类

按安全程度
- 隔爆型引信（全保险型引信）
- 隔火型引信（半保险型引信）
- 未隔爆（火）型引信（非保险型引信）
- 无隔爆型引信（不需要隔爆的引信）

图 11-11 引信按安全程度分类

11.3　引信环境力

引信从环境中得到的一种特定的激励,称为环境力。从环境中得到的可供引信机构工作的能量,称为环境能。

一个装配好了的引信,如果它处于静止状态,即不受外力作用时,引信中各零件仍然保持它的装配位置。但是,引信从生产到碰击目标过程中,作用在引信零件上的力很多,方向、大小和着力点也不同。这些环境力对引信机构和零件的工作状况影响很大,有些环境力可作为引信的能源,使引信中的零件产生运动,成为引信解除保险或发火的动力。有些环境力会使引信中的零件产生松动、脱落、变形或破坏,成为影响引信正常工作的干扰力,使引信的安全性或可靠性得不到保证。恰当地利用一些环境力,有效地控制干扰力的影响,是引信设计中的重要环节。

在引信工作的全过程中,可分为若干阶段。火炮弹丸引信可分为:勤务处理、装填、膛内、炮口、空中飞行和碰击目标等6个阶段。火箭弹和导弹引信可分为:有勤务处理、装填、主动段、被动段和碰击目标等五个阶段。航弹引信可分为:勤务处理、装填、空中飞行和碰击目标等四个阶段。其中,勤务处理、装填和碰击目标3个阶段,三种弹的引信都有。

引信所处的这些阶段,称为引信工作环境。在这些环境中作用于引信零件的力,就是引信的环境力。研究这些力时,要经常运用内弹道、中间弹道、外弹道和终点弹道等学科的理论和实验研究结果。

11.3.1 勤务与装填环境力

在勤务处理中,引信必然要被搬动、运输,因而会遇到运输中的偶然磕碰、冲击、跌落和振动等。在这些情况下,引信零件受到的是直线惯性力,只有当弹丸沿斜坡滚落时,引信零件才受离心力。因此,在勤务处理和装填阶段,重点在于直线惯性力的影响。这些环境力,绝大多数属于干扰力,可能导致引信机构的提前作用或毁坏。而且,作用于引信零件上的这些力,绝大部分都要靠实验测得,很少能用理论公式准确计算。

1) 搬装环境力

在搬装过程中,装有引信的弹丸或包装箱偶然坠落或撞击,在引信零件上所产生的定向激励,称为搬装环境力。此惯性力的大小和作用时间的长短与弹丸质量、包装方式、跌落高度、撞击姿态、地面性质以及引信的结构等因素有关。用不同的弹丸质量,在有包装和无包装情况下,从不同的跌落高度向不同目标(水泥、黏土、木材、钢板等)进行跌落试验,所产生的惯性力大小差别极大。对于硬目标(如铸铁板、钢板等)跌落冲击加速度的峰值可达重力加速度(g)的几万倍,但作用时间很短,通常为几十微秒到几百微秒;对于软目标(如土地、胶合板、木地板等)跌落冲击加速度的峰值小,只是重力加速度的几百倍,但作用时间长,通常为几百微秒到几毫秒。引信在跌落和撞击过程中所经受的惯性力,由于影响因素很多,通常都用实验测得其变化规律,总结出经验公式,为引信安全性设计提供依据。81mm迫击炮弹(无包装)尾部向下跌落试验时的加速度曲线见图11-12。

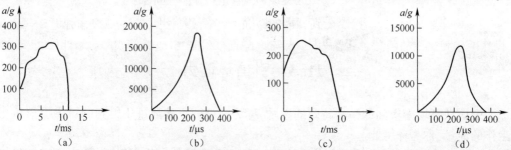

图 11-12　81mm 迫击炮弹(无包装)尾部向下跌落试验时的加速度曲线

图 11-12（a）为从 30.5m 高度落向土地；图 11-12（b）为从 30.5m 高度落向钢板；图 11-12（c）为从 15.25m 高度落向土地；图 11-12（d）为从 15.25m 高度落向钢板。从图中可见，从 15.25m 高度落至土地时，冲击加速度峰值为 $280g$，持续作用时间约 10ms；而从同样高度落向钢板时，冲击加速度峰值约为 $12000g$，持续作用时间约为 $370\mu s$。

2）运输环境力

在运输过程中，引信零件相对于弹丸受到的周期性振动或脉动式激震称为运输环境力。因用畜力车、汽车、火车、轮船和飞机运输时，由于路面不平，铁轨衔接凸凹、桨叶和发动机振动、海浪和气浪影响、运载工具启动和制动等原因，产生这种周期性振动和激震。

正常火车运输中，上下振动的惯性加速度一般为 $3g \sim 4g$，最大值不大于 $20g$，速度变化所引起的前后撞击加速度可达 $3g \sim 5g$，平时刹车产生负加速度为 $0.2g$，紧急刹车可达 $0.4g \sim 0.5g$。

汽车运输振动比火车严重，例如，在颠簸很厉害的恶劣路面上行驶时，包装箱不固定，则包装箱互相碰撞所产生的碰击加速度可达 $300g$。激震的持续时间对引信也有威胁。据实测，卡车运输中路面引起的典型激震为 $9g$，波形的增长时间为 12ms，持续时间 20ms。汽车刹车时的负加速度大约为 $0.7g$。在恶劣路面上高速行驶时，上下颠簸的加速度达 $1g$。

船舶的振动，大部分是由螺旋桨轴和螺旋桨叶片频率共振产生的。甲板的自然频率在 $10 \sim 100$Hz 之间，隔舱结构的自然频率在 25Hz 以上。大多数活塞式发动机的运输机，其振动频率在 $40 \sim 200$Hz 之间，加速度通常为 $2g$，偶然可达 $20g$。

一般来说，运输条件下惯性力峰值比投掷和坠落时的值要小，但是周期性的作用次数很多，因而有可能破坏了引信零件配合，特别是螺纹配合、压配合、粘接合和铆接合，使引信零件产生永久变形与松动、药柱破裂以及敏感的火工品提前作用。当引信中的弹簧系统的自振频率与运输中的振动或颠簸的频率十分接近，且惯性力的值又相当大时，会使弹簧系统产生谐振，甚至使机构提前动作。

3）空投环境力

空投过程中的环境力，主要是开伞时的直线惯性力和着地时的冲击惯性力。开伞时的直线惯性力与飞机速度、空投高度、空投物质量、降落伞类型及开伞时间等因素有关。着地时冲击惯性力与着地速度、包装情况、地面性质等因素有关，其中冲击惯性力可达零件重力的几十到几百倍。如降落伞发生故障，着地时的冲击惯性力可达零件重力的几千倍。空投过程所产生的惯性力可能造成引信误动作。

4）装填环境力

在炮弹装填时，引信可能受到直接的碰撞力和冲击惯性力。往炮膛输弹时的不正确操作或输弹机的故障，可能使引信头部与炮尾直接相撞，造成引信变形或零件松动。输弹机能以几米甚至几十米每秒的速度向炮膛输送炮弹。当弹带与膛线起始部相碰或药筒底部与炮尾相碰时，炮弹的运动突然停止，使引信零件受到相当大的前冲力，其值可达零件重力的 1000 倍以上。如海双 30mm 火炮，当手动输弹时，其最大前冲力为引信零件重力的 1200 倍；当输弹机输弹时，以 9.6m/s 的速度输弹，其前冲力为零件重力的 2177 倍。

11.3.2 膛内环境力

弹丸在膛内运动过程中,引信零件所受到的特定激励,称为膛内环境力。弹丸在膛内,特别是在线膛炮内运动时,受发射药燃烧产生火药气体的作用,在几毫秒时间内从静止状态获得数百米每秒的前进速度,从而产生极大的加速度。在弹丸做直线运动同时,由于火炮膛线作用,使弹丸旋转,也是在此几毫秒时间内,弹丸从静止状态又获得数千转甚至数万转每分钟的转速,随之产生相当大的旋转加速度。于是,在弹丸引信的零件上,相应地受到后坐力、离心力、切线力、切线惯性力偶和科氏力的作用。

1. 后坐力

后坐力是载体加速运动时,引信零件受到的与轴向加速方向相反的惯性力。按下式计算:

$$F_s = m_f \frac{dv}{dt} \tag{11-1}$$

式中:F_s——引信零件受到的后坐力,N;

m_f——引信零件的质量,kg;

$\frac{dv}{dt}$——载体轴向运动加速度,m/s²。

这里主要介绍炮弹引信零件受到的后坐力。

对于火炮发射的弹丸,弹丸在膛内的直线运动是由火药气体压力推动弹丸而产生的。由动力学第二定律有:

$$m_D \frac{dv}{dt} = \frac{\pi d_D^2}{4} \frac{p}{\phi} \tag{11-2}$$

$$\frac{dv}{dt} = \frac{\pi d_D^2 p}{4\phi m_D} \tag{11-3}$$

式中:m_D——弹丸的质量,kg;

d_D——弹丸的直径,m;

p——弹后膛内火药气体平均压力,即膛压,Pa;

ϕ——虚拟系数,$\phi>1$。

将式(11-3)代入式(11-1),有:

$$F_s = m_f \frac{dv}{dt} = \frac{\pi d_D^2 m_f}{4\phi m_D} p \tag{11-4}$$

此式表明,在膛内,后坐力 F_s 与膛压 p 成正比,膛压达最大值时,后坐力也达最大值。根据火炮内弹道提供的 p-t 曲线及火炮和弹丸的必要参数,就可得出后坐力在膛内的变化规律。后坐力、膛压与时间的关系曲线见图11-13。

对应于最大膛压,有最大后坐力

$$F_{sm} = \frac{m_f \pi d_D^2}{4\phi m_D} p_{max} \tag{11-5}$$

对于一定的火炮、弹丸和发射装药,其中 d_D、m_D、ϕ、p_{max} 均一定,此时 F_{sm} 与引信零件重力成正比。令:

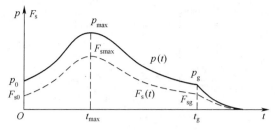

图 11-13 后坐力、膛压与时间的关系曲线

$$K_1 = \frac{F_{sm}}{m_f g} = \frac{\pi d_D^2 p_{max}}{4\varphi m_D g} \quad (11-6)$$

式中,K_1 称为最大后坐过载系数,又称为直线解除保险系数。其意义为发射时单位重力的引信零件所受的最大后坐力。由式(11-4)及式(11-6)有:

$$K_1 = \left(\frac{dv}{dt}\right)_{max} \Big/ g \quad (11-7)$$

即 K_1 也表示发射时弹丸最大直线加速度与重力加速度之比。

K_1 的大小与火炮、弹丸、装药有关,而与引信无关。它表示引信在发射时所受后坐力的强烈程度,是引信的一个工作环境参数。中大口径火炮的 K_1 为 1000~30000,小口径火炮的 K_1 值为 30000~110000,有的小口径火炮 K_1 值达 128000。

后坐力是引信解除保险的重要环境力之一。在引信设计中通常利用后坐力作为引信机构的原动力,并利用最大后坐力来考核引信零部件和元器件的强度,因此,K_1 是引信结构设计与计算中的一个重要参数。各种炮弹的 K_1 值约为 1000~128000;火箭弹的 K_1 值约为数百;远程导弹的 K_1 值只有十几至几十。

2. 离心力

离心力是载体作旋转运动时,质心偏离载体转轴的引信零件受到的与向心加速度方向相反的惯性力,按下式计算:

$$F_c = m_f r \omega^2 \quad (11-8)$$

式中:F_c——引信零件受到的离心力(N);

r——引信零件质心距转轴的偏心距(m);

ω——载体旋转角速度(rad/s)。

线膛炮弹的旋转运动是膛线赋予的。火炮的膛线由 24~48 条具有一定深度的螺旋线组成,一般为右旋。膛线的缠角 α 一般为 5°~8°。通常弹丸在炮管里只转一两转,甚至还转不了一转就射出炮口。多数火炮是等齐缠度(即缠角不变)的膛线,等齐缠度膛线的展开图如图 11-14 所示。

对于等齐缠度的膛线,弹丸旋转角速度按下式计算:

$$\omega = \frac{2\pi}{\eta} v_D \quad (11-9)$$

式中:v_D——弹丸速度(m/s);

η——火炮膛线缠度。

缠度 η 即弹丸转一转所走过的直线行程,通常用口径的倍数表示,如 $\eta = 35 d_D$,η 取

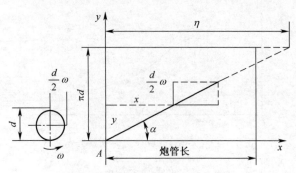

图 11-14 等齐缠度膛线的展开图

与口径相同的单位。对于等齐缠度的膛线,膛线的缠角 α 与缠度关系为 $\tan\alpha = \pi d_D/\eta$。

所以,引信零件在膛内受到的离心力为

$$F_c = m_f r \left(\frac{2\pi}{\eta}\right)^2 v_D^2 \tag{11-10}$$

若已给出弹丸每秒钟的转数,可按下式计算离心力:

$$F_c = m_f r (2\pi)^2 N^2 \tag{11-11}$$

式中:N——弹丸每秒钟的转数(s^{-1})。

在炮口处,弹丸转数达最大值,因而离心力有最大值,即:

$$F_{cmax} = m_f r \left(\frac{2\pi}{\eta}\right)^2 v_g^2 \tag{11-12}$$

$$F_{cmax} = m_f r (2\pi)^2 N_{max}^2 \tag{11-13}$$

式中:v_g——弹丸的炮口速度(m/s),它比弹丸的初速 v_0 要小,因为在后效期弹丸的速度还略有增加。

最大离心力除以引信零件重力和偏心距,定义为最大离心过载系数,又称为离心解除保险系数,按下式计算:

$$K_2 = \frac{F_{cmax}}{m_f g r} = \frac{\omega_g^2}{g} = \frac{1}{g}\left(\frac{2\pi}{\eta}\right)^2 v_g^2 \tag{11-14}$$

或:

$$K_2 = \frac{1}{g}(2\pi)^2 N_{max}^2 \tag{11-15}$$

式中:K_2——最大离心过载系数(cm^{-1});

ω_g——弹丸的炮口角速度(rad/s)。

K_2 的物理意义是:在单位偏心距($r=1cm$)下,引信零件所受最大离心力与其本身重力之比。K_2 的单位统一为 cm^{-1},在计算中必须要注意这一点。对于给定的武器弹药系统,K_2 为常数。通常,小口径弹的 K_2 值为 10000~160000,中、大口径弹的 K_2 值一般为 2000~10000,微旋弹的 K_2 值仅有十几或几十,涡轮火箭弹的 K_2 值为 200~2000。

3. 切线惯性力与切线惯性力偶

1) 切线惯性力

切线惯性力是质心偏离载体转轴的引信零件受到的与切线加速度方向相反的惯性力,切线惯性力的作用点不在零件的质心,而是作用于打击中心。按下式计算:

$$F_t = m_f r \frac{d\omega}{dt} \tag{11-16}$$

式中：F_t——引信零件受到的切线力(N)；

$\frac{d\omega}{dt}$——载体旋转角加速度(rad/s²)。

对线膛炮弹，在膛内，由式(11-9)，有

$$\frac{d\omega}{dt} = \frac{2\pi}{\eta} \frac{dv}{dt} \tag{11-17}$$

因而：

$$F_t = m_f r \frac{2\pi}{\eta} \frac{dv}{dt} \tag{11-18}$$

或：

$$F_t = r \frac{2\pi}{\eta} F_s \tag{11-19}$$

上式表明，线膛炮膛内的切线惯性力与后坐力之间有一定的比例关系，这一比例与偏心距 r 及火炮缠度 η 有关。通常，$\eta = (20 \sim 30)d_D$，$r < d_D/2$，则有如下表达式：

$$\frac{F_t}{F_s} = r \frac{2\pi}{\eta} < \frac{d_D}{2} \frac{2\pi}{(20 \sim 30)d_D} \tag{11-20}$$

即：

$$F_t < (0.1 - 0.15) F_s \tag{11-21}$$

由此可知，线膛炮弹发射时，引信零件在膛内所受的切线惯性力仅为后坐力的 10~15%。此力较小，通常不宜用作引信解除保险的环境力。

偏心引信零件在发射时受到的 3 个方向的力 F_s、F_c、F_t，如图 11-15 所示。

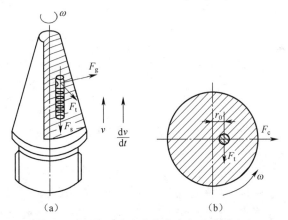

图 11-15 偏心引信零件在发射时受到的力

2) 切线惯性力偶

当载体变速度旋转时，质心在载体旋转轴上的引信零件相对载体受到的与角加速度方向相反的惯性力偶，称为切线惯性力偶，也称为切线惯性力矩。

对于火炮弹丸引信，其中与弹轴同心的零件，弹丸做旋转加速运动时，它有保持不转的惯性。此时的切线力表现为引信零件相对于弹丸产生一个惯性力偶，其大小等于零件转动惯量与弹角加速度的乘积，方向与弹丸角加速度的方向相反。这个惯性力偶就是切线惯性力偶，如图 11-16 所示。

圆柱状引信零件的切线惯性力偶为

$$M_0 = \frac{1}{2}mR^2\frac{d\omega}{dt} = I_0\frac{d\omega}{dt} \quad (11-22)$$

切线惯性力偶使引信零件相对载体产生与角加速度 $d\omega/dt$ 方向相反的转动的趋势。在引信设计中，考虑到与弹轴同心零件的切线惯性力偶 M_0 的影响，对于右旋弹丸，弹头引信的引信与弹丸、引信上体与下体、引信帽与引信上体之间的螺纹连接，一般都是右旋螺纹。这样设计的目的，是使

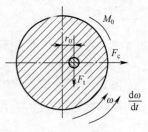

图 11-16　切线惯性力偶

弹丸发射过程中产生切线惯性力偶的方向与螺纹的拧紧方向相同，使连接螺纹越旋越紧。但是，在进行跳弹射击时，弹壁着地，引信零件相对与弹丸的切线惯性力偶的方向，正好与发射时相反。为了防止此时弹头引信的引信上体从下体中旋出，有时引信上体的螺纹制作成左旋的，并加以点铆固定。

火炮的 p-t 和 v-t 曲线见图 11-17。图中所示的膛压曲线是一条理想化了的光滑曲线，实际的弹底压力曲线可能会出现频繁的压力跳跃，它可能导致引信机构的不正常作用或使弹体内的炸药装药产生较大的应力。图 11-18 给出了线膛炮弹引信在发射时后坐力、离心力和切线惯性力的变化规律。

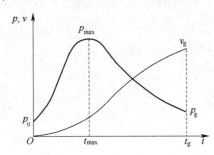

图 11-17　火炮的 p—t 和 v—t 曲线

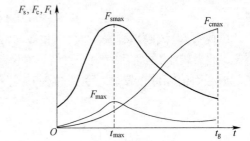

图 11-18　线膛炮弹引信在发射时 F_s, F_c, F_t 的变化规律

4. 科氏力

在旋转载体中，引信零件有径向速度分量时受到的与科氏加速度方向相反的惯性力，称为科里奥利斯惯性力(简称科氏力)。

在火炮弹丸引信中，弹丸作旋转运动，且当引信零件有径向位移分量时，将产生一个科氏加速度，因此，引信零件相对弹丸也产生一个惯性力，其大小等于零件质量与科氏加速度的乘积，方向相对于零件速度径向分量，绕其本身起点，逆着弹丸角速度方向转 90°，如图 11-19 所示。其表达式如下：

$$F_k = 2m_f\omega v_f\sin\alpha_g \quad (11-23)$$

式中：F_k——引信零件受到的科氏力(N)；

v_f——引信零件相对弹丸的运动速度(m/s)，$v_f = \frac{dx}{dt}$；

α_g——v_f 与 ω(向量)之间的夹角(°)。

从上式可知，若引信零件仅有轴向运动，即 $\sin\alpha_g = 0$，此时没有科氏力。若引信零件有径向运动，而该零件尚未开始运动时，由于 $dx/dt = 0$，则也没有科氏力。显然，在非旋转

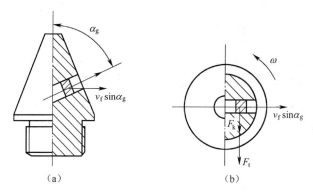

图 11-19 科氏力及其方向

弹丸上,由于 $\omega = 0$,也没有科氏力。

综上所述,只有对旋转弹丸或旋转系统,引信零件正在作径向运动或有径向运动分量时,引信零件相对于弹丸才受有科氏力的作用。这种科氏力可能并不出现在膛内阶段,而是可能出现在后效期或外弹道阶段。它同切线力一样,其着力点也是作用在打击中心上。它的作用是将引信零件紧压在侧向的槽壁上,使引信零件与槽壁间产生摩擦力,阻碍引信零件的径向运动。

11.3.3 后效环境力

弹丸在后效期运动过程中,引信零件所受到的特定激励,称为后效环境力。

弹丸飞出炮口,结束了内弹道阶段。这时,炮膛内的火药气体以比弹速大的速度从炮口喷出。因此,在弹丸飞出炮口的一段时间内,弹底仍然受到火药气体的推力,使弹丸继续作加速运动。由于火药气体出炮口后迅速地膨胀,它对弹底的推力也迅速降低,直至消失。从弹丸出炮口到弹底压力消失的这一时期,称为后效期,亦称为中间弹道。在这段时间内弹丸速度约增加 0.5~2%。

后效期区间长度通常为弹径的 20~40 倍,其长短取决于火炮种类、口径、装药量等因素。不少引信的保险机构与隔爆机构都是在这个时期开始动作的。因此,需要研究并掌握此阶段引信零件的受力情况。

1. 炮口环境受力分析

在炮口,由于火药气体的作用,弹丸仍做加速运动,只不过在后效期内弹底压力在炮口处降低很快,直到最后消失。如图 11-20 所示。

在膛内,由于火炮膛线作用,弹丸产生角加速度。出炮口后,弹丸脱离膛线约束,弹丸轴向速度虽然仍在增加,但转速不再增大。在整个后效期内,可将弹丸角速度视为常数,即 $\omega = \omega_g$ 且炮口处弹丸角速度最大。

在后效期内,引信零件所受的后坐力和离心力的表达式分别为

$$F_s = \frac{m_f \pi d_D^2}{4 m_D} p_h \tag{11-24}$$

$$F_{cmax} = m_f r \omega_g^2 = K_2 m_f g r \tag{11-25}$$

式中: p_h ——后效期弹底压力(Pa);

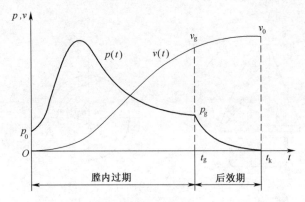

图 11-20 弹丸在膛内及后效期中的 $p-t$ 和 $v-t$ 曲线

ω_{g}——炮口处弹丸旋转角速度（rad/s）。

在后效期阶段没有弹丸角加速度，因而切线力与切线惯性力偶均等于零，即：

$$F_{\mathrm{t}} = M_0 = 0$$

由于弹丸具有旋转运动，且角速度 $\omega = \omega_{\mathrm{g}}$ 为最大，若引信零件正在做径向运动，则其科氏力也最大，即：

$$F_{\mathrm{gmax}} = 2m_{\mathrm{f}}\omega_{\mathrm{g}}\frac{\mathrm{d}x}{\mathrm{d}t}\sin\alpha \tag{11-26}$$

在后效期内，除以上各惯性力和惯性力偶发生了相应变化外，弹丸飞出炮口后，还产生了新的运动，即章动和进动。并由此而产生新的惯性力，章动力和进动力。

所谓章动，是指弹轴偏离弹丸前进速度方向其间有个夹角，此角时而大，时而小，随着时间改变作周期性摆动。此角称为章动角，以 δ 表示。弹丸在做章动或摆动运动时，引信零件受到的惯性力，称为章动力。如图 11-21(a) 所示。

进动是指弹轴绕弹丸前进速度方向作旋转运动。其转动的角度，称为进动角，以 ν 表示。弹丸做进动运动时，引信零件所受到的惯性力，称为进动力。

章动和进动合成，使弹丸顶点或者引信零件质心在空中画出的轨道，如图 11-21(b) 所示。实际上，弹丸在后效期飞行过程中，既做前进运动又做自身旋转运动，弹丸顶点或引信零件质心所画出的轨迹，是个三维空间的轨迹。对引信零件影响较大的是章动运动。

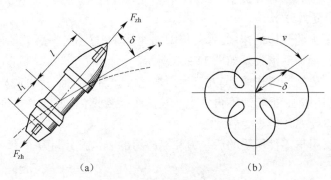

图 11-21 弹丸的章动与进动

2. 章动力

载体做章动或摆动运动时，引信零件受到的方向与载体质心至零件质心的射线方向相同的惯性力,称为章动力。

弹丸的章动,是通过其质心并与弹轴相垂直的一条直线为轴所作的往复摆动。位于弹丸弹头或弹底的引信零件,由于弹丸的章动角速度而受到一个类似离心力性质与作用的力,这就是章动力。不难看出,位于弹丸质心前面的引信零件,所受的章动力永远向前;位于弹丸质心后面的引信零件,所受章动力永远向后。章动力是一个脉动力,时而达到最大,时而降到最小,章动力计算公式为

$$F_{zh} = m_f l \Omega^2 \qquad (11-27)$$

式中:m_f——引信零件质量(kg);

l——引信质心到弹丸质心的距离(m);

Ω——章动角速度(rad/s)。

当弹丸章动角速度达到最大,即 $\Omega = \Omega_{max}$ 时,引信零件将受到最大章动力为

$$F_{zhmax} = m_f l \Omega_{max}^2 \qquad (11-28)$$

应当指出,最大章动角出现在弹丸飞出炮口后的第一个章动周期内,随后逐渐衰减。表11-1给出了几种弹丸弹头引信顶部零件所受的最大章动力。

表11-1　$\delta_{max} = 15°$ 时的最大章动力

弹　种	弹全长 L/cm	l/cm	I_B/I_P	ω_g/s^{-1}	$F_{zhmax}/m_f g$
37mm 高,光榴弹	17.15~17.35	10.70	10.30	4970	43.5
57mm 高,光榴弹	22.03~22.23	13.81	10.10	3150	24.0
76mm 加,杀爆榴弹	33.97~34.47	20.77	9.93	1875	12.8
85mm 高,杀爆榴弹	39.04~39.83	24.86	9.40	2100	21.4
100mm 高,杀爆榴弹	50.33~51.40	33.05	11.00	2060	18.3
122mm 榴,杀爆榴弹	55.42~56.34	35.20	9.20	882	5.66
152mm 榴,榴弹	69.79~70.60	45.35	8.56	1082	12.6

一般情况下,弹丸的最大章动角不大于15°。对于磨损严重的火炮,有的弹丸章动角可大于60°。

对远射程、高初速的长形弹丸或用炮膛磨损较大的火炮射击以及用滑膛炮发射尾翼稳定的弹丸等,其章动现象尤为严重。对同一口径火炮,加农炮的最大章动角比榴弹炮的大。同一种火炮,旧炮比新炮的大。章动力通常为引信零件重力的几倍到几十倍,磨损的旧炮其章动角和章动角速度都很大,弹头引信零件所受到的最大章动力可达引信零件重力的500~800倍。

火箭弹的最大章动力出现在弹刚脱离滑轨的起始阶段。此时,引信零件还同时受后坐力的作用,二者相比,章动力的值很小,可忽略不计。

11.3.4　飞行环境力

炮弹、火箭弹等无控载体飞过后效期(或主动段)以后,不再受火药气体的作用,而是受空气阻力作减速运动。这时,密封于引信内部的零件将受到与载体加速度方向相反的爬行力作用;外露在空气中的零件(如防潮帽、风帽等)还直接受迎面空气压力的作用。

1. 爬行力

爬行力是载体在空气等非目标介质中作减速运动时，引信零件受到的与载体加速度方向相反的轴向惯性力。爬行力按下式计算：

$$F_p = m_f a_J \tag{11-29}$$

式中：F_p——引信零件受到的爬行力(N)；

a_J——载体的加速度(m/s^2)。

当 $v = v_{max}$ 时，$a_J = a_{Jmax}$，爬行力 F_p 有最大值：$F_{pmax} = m_f a_{Jmax}$。

对一定的武器弹药系统 a_{Jmax} 为一定值，则 F_{pmax} 与 $m_f g$ 之比为常数，按下式计算：

$$K_3 = \frac{F_{pmax}}{m_f g} = \frac{a_{Jmax}}{g} \tag{11-30}$$

式中：K_3——爬行过载系数。

K_3 是引信零件受到的最大爬行力与其零件本身重力的比值；或载体加速度与重力加速度的比值。其值为 10~60。

爬行力可作为引信解除保险的环境力，也可作为反恢复机构的原动力，但也可能使已解除保险的惯性机构误动作。

2. 离心力和切线力

旋转弹在空中（或被动段）飞行时，引信零件继续受到离心力的作用，但因空气阻力使弹丸做减速旋转，其所产生的离心力会随弹的飞行而逐渐变小。由于空气阻力的减速作用，引信零件还受到切线力的作用，其方向与弹发射时的作用方向相反，数值很小，可忽略不计。

弹在空中（或被动段）飞行时，引信零件受到的离心力按下式计算：

$$F_c = m_f r \omega_t^2 \tag{11-31}$$

式中：ω_t——弹丸从炮口处开始飞行 t 秒时的角速度(rad/s)。

3. 迎面空气压力

迎面空气压力是载体在空气中飞行时，头部外露的引信零件直接受到的空气压力。如图 11-22 所示。迎面空气压力按下式计算：

$$F_y = C_x \frac{\pi d_f^2}{4}(p_v - p_0) \tag{11-32}$$

式中：F_y——迎面空气压力(N)；

C_x——与外露引信零件形状有关的空气阻力系数，圆平面零件的 $C_x = 0.75$；

d_f——外露引信零件顶端承受空气压力部分的直径(m)；

p_v——气流压强(Pa)；

p_0——弹丸在飞行高度处的大气压强(Pa)。

由于炮弹在炮口附近和火箭弹在主动段末时速度出现最大值，此时弹丸距地面很近，其 p_0 值近似最大值，则 $p_v = p_{vmax}$，引信零件将受到最大迎面空气压力。

迎面空气压力 F_y 可作为引信解除保险的动力和引信电源（如涡轮发电机等）的动力；但也可能使引信零件变形或产生误动作。

11.3.5 侵彻环境力

载体碰击目标并在目标介质内侵彻过程中引信零件所受到的特定激励，称为侵彻环

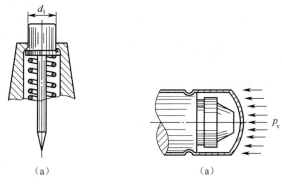

图 11-22 迎面空气压力
(a) 外露击针杆;(b) 外露风帽。

境力。

引信设计者在分析引信作用可靠性、验算引信灵敏度和瞬发度、估算引信零件强度等,都必须知道载体碰击目标时,引信零件所受到的力。载体碰击目标时,引信外露零件受碰击力,而引信内部零件则受前冲力,旋转弹的引信零件还受切线力。引信设计中主要利用的是碰击力和前冲力。

碰击力是目标给予引信侵彻部位的反作用力。是引信触发机构、碰击开关、碰击电源、碰击发电机等工作的环境力。碰击力的大小与弹的速度、目标介质特性、弹与目标的碰击姿态、侵彻部位的形状尺寸和物理机械性能等因素有关。目前尚无理论或经验公式进行准确计算,通常是根据具体结构形式进行分析和估算。

前冲力是运动着的载体与目标(或障碍物)碰撞而急剧减速时,引信零件受到的与载体加速度方向相反的惯性力。前冲力按下式计算:

$$F_R = m_f a_J \tag{11-33}$$

式中:F_R——引信零件受到的前冲力(N);

a_J——载体加速度,$a_J = R_\rho/m$,R_ρ 为目标介质阻力,m 为载体的质量。

从上式看出,求引信零件所受到的前冲力,实质上是求目标介质对载体的阻力(R_ρ)。目标介质阻力(目标介质抗力)是指载体(侵彻体)侵彻目标介质时,目标介质对载体的反作用力。目标介质阻力使载体减速、弹道发生变化、产生变形或破碎等。

对目标介质阻力的研究,属于终点弹道学的范畴。对于引信设计,重要的是弹丸与目标碰击起始阶段的受力规律。对于不同的目标介质,如土质目标、钢筋混凝土目标、薄钢甲目标和厚钢甲目标,其受力规律各不相同。对于引信延迟机构的设计还需知道弹丸对目标介质的侵彻行程及所经历的时间。

11.4 对引信的技术要求

为保证各类弹药完成它所承担的特定任务,在引信设计研制过程中,首先根据实战使用要求、武器弹药系统的技术特性、目前的技术水平和生产能力等实际情况,对引信提出一系列要求。这些要求可以归纳为战术的和技术的两方面,故统称为战术技术要求。它是设计、研制和评价引信的最根本的原始依据,并以定量指标形式作为评定产品质量的标准。

由于对付的目标不同和战斗部性能不同而采用不同的引信,因此对引信提出的战术技术要求也不同。可分为一般要求与特殊要求。所谓一般要求是指所有引信都必须满足的基本要求,而特殊要求则依引信不同而异。

引信设计应满足引信战术技术指标要求。

11.4.1 安全性

引信安全性是引信在生产、勤务处理、装填、发射直至延期解除保险的各种环境中,在规定条件下不解除保险和爆炸的性能。

引信安全性包括生产安全性、勤务处理安全性和使用安全性。即在装配、检验、搬运、试验、验收等生产过程中的安全性;在装卸、运输、储存、维护等勤务处理过程中的安全性;在装弹、挂弹、装定、装填、投掷、布撒、发射等使用过程中的安全性。

为了满足引信安全性要求,在引信中采取各种措施,设置专门的机构或装置,如保险机构、隔爆机构等,这些机构共同组成引信的安全系统。

1. 勤务处理安全性

在储存、维护、运输直至装填前的各种环境中,引信不解除保险、部分解除保险和爆炸的性能。引信在勤务处理中会遇到比较恶劣的环境条件,如运输中振动、磕碰,搬运时的偶然跌落,空投开伞和着地时的冲击,以及周围环境的静电与射频干扰等。这些条件都可能使引信提前解除保险或爆炸。为了保证勤务处理安全,需要采取必要的保险措施,并通过规定的环境试验方法考核引信的勤务处理安全性。

2. 装填安全性

在弹装填过程中引信不解除保险、部分解除保险和爆炸的性能。弹在装填时,停止射击时的退弹中,将受到较大的冲击力或出现偶然跌落。在这些环境影响下,要求引信机构不出现不应有的紊乱或变形,引信中的爆炸元件不能自行发火。

3. 发射安全性

发射、投掷、弹射时,引信在发射器(炮管、发射管等)和安全距离内不解除保险和爆炸的性能。发射安全性包括膛内安全性和炮口安全性,膛内安全性指发射时引信在发射器内不解除保险和爆炸的性能,炮口安全性指发射后引信在安全距离内不解除保险和爆炸的性能。发射时,火炮弹丸将受到较大的加速度,小口径航空炮弹发射时的加速度峰值可达 $110000g$;中、大口径榴弹炮和加农榴弹炮发射时的加速度可达 $10000g\sim30000g$。火箭弹弹底引信会因发动机点火而被加热,弹丸在发射时因膛内遇到异物而突然受阻,在炮口引信若碰到树枝或伪装物,迫击炮弹在发射时可能出现重装等,在这些环境影响下,引信均不得解除保险或爆炸。

炮口安全性有延期解除保险机构和隔爆机构来保证。引信完成解除保险(或解除隔爆)的距离,最小应大于战斗部的有效杀伤半径,最大应小于火炮的最小攻击距离。

11.4.2 可靠性

引信可靠性是引信在规定条件下和规定时间内完成规定功能的能力。其规定条件包括引信在生产、勤务处理和使用过程中所经受的各种环境条件。其规定时间包括从成品交验、勤务处理、使用,一直到正常作用所经历的时间。其规定功能包括安全性、解除保险可靠性、引爆(燃)的适时性及完全性、抗干扰性等性能。

引信可靠性设计应保证安全可靠性、作用可靠性和长期储存可靠性。可靠度、失效率和可靠性寿命是评定引信可靠性的主要定量指标。

引信作用可靠性用抽样检验方法经模拟测试系统和必要的靶场射击试验所得的可靠工作概率来衡量。对靶场射击试验来说,引信作用可靠性以在规定的弹道条件、引信与目标交会条件和规定的目标特性下引信的发火概率来衡量。这一概率越高,引信的作用可靠性越高。

与引信发火可靠性直接有关的是引信的灵敏度。对触发引信来说,触发灵敏度是指引信触发发火机构对目标的敏感程度,以发火机构可靠发火所需施加其上的最小能量来表示。此能量越小,灵敏度越高。对近炸引信来说,近炸引信检测灵敏度(又称动作灵敏度)表征引信敏感装置感受目标存在的能力,对于给定的检测和误警概率(或动作和误动作概率),通常以接受系统所需的最小可检信号电平表示,此值越低,灵敏度越高。

11.4.3 使用性

引信使用性是在勤务处理和使用过程中,安装、检测及装定引信时的可操作性,以及操作的可靠性、快速性、准确性等综合性能。它与人—机—环境系统工程和维护性密切相关。

引信是一次性使用产品,设计时应考虑引信从勤务处理到使用全过程中,操作人员、使用兵种、使用场合和使用环境条件等因素对引信安装、检测及装定等操作的影响,应尽量使引信的操作程序简单、方法简便,应尽量使其维护保养、检查、更换方便。对于导弹引信,为实现快速、准确的检测,应采用自动检验设备。为实现装定的可靠性、快速性和准确性,应采用自动装定和遥控装定方式。

11.4.4 引战配合性

引战配合性是在规定的弹目交会条件下,引信起爆区与战斗部(弹丸)的最佳起爆区协调一致的性能。它包括引信引爆(燃)战斗部(弹丸)的适时性、完全性及其结构上的协调性。

引信引爆(燃)战斗部(弹丸)的适时性是在各种可能的弹目交会条件下,引信起爆区与战斗部(弹丸)动态毁伤区协调一致的性能。它与引信的类型、目标的结构特性和易损性、战斗部(弹丸)的类型以及弹目交会条件等有关,常用引战配合效率来度量。引信引爆(燃)战斗部(弹丸)的适时性,对于不同的引信类型、不同的目标、不同的战斗部(弹丸)有不同的要求。

引信引爆(燃)战斗部(弹丸)的完全性是引信爆炸序列的输出能量充分引爆(燃)战斗部(弹丸)的主装药,使其完全爆炸(燃烧)的性能。

引信引爆(燃)战斗部(弹丸)结构上的协调性是引信与战斗部(弹丸)及其他部件之间相互结合的协调性,主要包括外形及尺寸的连接要求、质量及质心的要求、机电性能的协调以及材料的相容性等。

11.4.5 环境适应性

引信环境是引信所经受的各种外界环境条件。通常包括生产、勤务处理和使用过程中所经受的各种环境条件。

在进行环境适应性设计中,应充分考虑各种环境条件的特性及对引信所采用材料和元器件的影响,尤其应对引信在服役期间所经受的各种环境条件的综合影响给予足够的重视。在引信设计中,应采用各种模拟引信环境条件的实验室试验、外场试验、仿真试验、遥测试验和作战使用试验等,来考核引信对所经受环境的适应能力。

11.4.6 抗干扰性

引信抗干扰性是引信在有干扰的条件下,能保持正常作用的能力。通常用有干扰与无干扰条件下毁伤概率之比或能破坏引信正常作用的干扰功率来表征。根据引信类型的不同和引信战术技术指标及干扰条件的差异,选择相应的引信抗干扰性评定准则。

11.4.7 标准化

在引信设计过程中,应依照统一、简化、协调和选优的标准化原理进行标准化设计。

引信标准化的主要形式有:通用化、系列化和组合化(模块化)。

引信通用化是在互换性的基础上,尽可能扩大同一引信(如零件、部件、组件等)的使用范围。

引信系列化是同一品种或同一形式的引信产品的规格按最佳数列科学排列,以最少的品种满足最广泛的需要。引信系列化的基本原理是确定范围、合理分挡、同类归并、统一设计。引信系列化包括制定引信结构尺寸系列、性能参数系列等标准、编制引信系列型谱和进行引信系列设计。应从引信系列中选出最先进、最合理和最有代表性的引信为基型引信,在此基础上派生出各种衍生引信,逐步形成引信系列。

引信组合化(模块化)是将一系列通用化较强的零件、部件、组件,按需要组合成不同用途和不同功能的引信。它是引信标准化的高级形式,也是通用化发展的必然结果。

11.4.8 经济性

引信经济性是在引信研制过程中应用价值分析方法,以最少耗费提供引信必要的功能,从而获得最优价值系数的性能。引信价值分析中的核心是功能分析。

引信经济性的基本指标是引信的成本。引信的成本是一个综合因素,包括研制费用、制造费用、维护费用和使用费用等,而这些费用之间又有密切的关系,在引信设计过程中应统筹考虑。例如,提高引信的可靠性就会增加研制费用,但因可靠性提高可降低全寿命周期费用并可少用弹药,故能降低总的费用;用较多的时间对引信进行优化设计,会增加成本,但选定了最佳设计方案,又能降低成本。

在引信设计中,应使引信结构具有良好的工艺性能。通常采用优化设计方案,采用标准的零部件、元器件、材料、简易电路,以及先进工艺手段等来降低引信的总成本,以提高其经济性。

11.4.9 长期储存稳定性

弹药在战时消耗量极大,因此在平时必须要有足够的储备。一般要求引信储存 10~15 年后各项性能仍应合乎要求。在长期储存中,气象条件影响很大,特别是潮湿的影响尤为严重,一般要求能经受住 -50 ~ $71℃$ 的温度和 100% 的相对湿度,所以解决产品的储存问题不是一件容易的事。设计师应充分考虑到引信储存中可能遇到的不利条件。引信各个零件都要防腐处理,要采取严格的密封措施,不仅对引信本身要求有严格的密封性,而且对引信包装筒,甚至包装箱都应严格密封。

第12章 触发引信

12.1 小口径炮弹机械触发引信

12.1.1 概述

小口径高射炮弹的任务是对付3000m以下的低空目标,如做低空突袭或做低空俯冲攻击的强击机以及战斗直升机等。高射炮可配备在地面部队或舰艇上,地面小口径高射炮有牵引的和自行的两种。这种高射炮的口径有20mm、23mm、25mm、30mm、35mm、37mm、40mm、45mm、57mm等若干种,口径较小的高射炮多是双管或四管联用。配用的弹丸有杀伤爆破榴弹、杀伤爆破燃烧榴弹、穿甲弹等。为了观察弹丸飞行轨迹,有的弹丸还有曳光作用。榴弹可配触发引信、近炸引信,穿甲弹仅配触发引信。

与小口径高射炮在性能上相近的是小口径航空机关炮。它装在歼击机、强击机、轰炸机及战斗直升飞机上,用来对付空中目标或地面目标。配用的弹种和引信与小口径高射炮弹相仿,有的还可以通用。

这两种火炮及弹丸的共同特点是:①初速高,大多在1000m/s以上;②弹丸的炮口转速高,通常大于60000r/min;③弹丸质量小,20mm弹丸质量0.1~0.14kg,30mm弹丸质量0.25~0.35kg,37~40mm弹丸质量0.6~0.85kg,57mm弹丸质量2.8~3.2kg;④发射时的后坐加速度大,57mm弹丸的最大后坐过载系数$K_1 \geqslant 24000$,37mm弹丸的$K_1 \geqslant 40000$,30mm弹丸的$K_1 \geqslant 50000$,20mm弹丸的K_1可达100000以上。例如,美国20世纪80年代配用的XM242式25mm航空炮的初速1097m/s,弹丸炮口转速110340r/min,$K_1 = 104000$,配用M758引信总长36mm,质量仅17.76g。

根据小口径高射炮弹及航空炮弹所对付的目标特点及其发射和弹道上环境力的特点,对这类弹丸所配用的引信提出下面主要战术技术要求。

(1) 灵敏度要高。小口径高射炮对付的是飞机,航空炮在许多情况下也是用来对付飞机的。虽然飞机的防护比过去有所增强,但仍有一些薄弱部分。引信碰到飞机蒙皮的薄弱部分,特别是以大着角碰击时,应能可靠作用。小口径航空炮除对付飞机外,还要对付地面轻型目标,其引信的灵敏度也应高些。引信发火性验收试验,我国现要求对1mm厚铝合金板可靠发火。

(2) 要有一定的延期时间。为了使命中目标的弹丸对目标发挥尽可能大的破坏效果,可采用多种效能的杀伤爆破燃烧榴弹,并要求引信钻入目标内才起爆弹丸。特别是对于装药量少的小口径弹丸,在飞机蒙皮防护增强的情况下,在蒙皮外爆炸远不如钻入蒙皮内爆炸的破坏作用大。所以,要求引信有一定的延期时间,使弹丸能钻入飞机内部30~50cm爆炸。这一延期时间应随弹丸口径和初速的不同而有所不同,一般为$(4\sim8)\times10^{-4}$ s。延期性能的验收试验可与灵敏度试验结合进行,要求引信在穿靶后一定距离爆炸。

(3) 要有足够的安全距离。对于低空来袭和进行俯冲射击的飞机,高射炮的射角可能很小,瞄准具的轴线和炮身轴线不重合,瞄准手坐在炮管的一侧,不一定能看得见炮口处的异物。为了防止在弹道起始段上引信碰到伪装物、城市高层建筑或舰船上层建筑时起爆弹丸,引信应有足够的安全距离。但是,安全距离也不能太大,以免弹丸碰到低空目标时引信还没有解除保险而造成瞎火。所以,解除保险距离应大于弹丸的杀伤半径,小于火炮的最小战斗距离。我国现要求最小保险距离为 10~18m。随着弹丸口径和威力的增大,解除保险距离也变大。例如,瑞士 35mm 高射炮榴弹触发引信的解除保险距离为 40~200m,美国 20mm 航空炮榴弹用的 M757 引信的解除保险距离为 10~100m。

(4) 引信应具有自毁性能。小口径高射炮在我方阵地上进行防空作战,火力密集,且多数弹丸都不能命中目标,如果这些弹丸落地爆炸,必将给我方阵地造成很大损失。为了避免这一情况,要求引信未命中目标时在空中自毁。自毁炸点应在弹丸弹道降弧段上,并距地面有足够的高度。

小口径航炮装于飞机上也经常在我方上空进行空战,同样会有大量未着目标的炮弹落下,因此引信也应有自毁性能。

(5) 大着角发火应可靠。高射炮射击俯冲的飞机时,航空炮射击迎面来的飞机或尾追射击时,以及俯冲射击地面目标时,都会有很大的着角,所以,要求引信以大着角碰目标时必须可靠发火。我国要求在 80°着角条件下,对 1mm 厚铝合金板射击发火率不小于 90%。

(6) 应有防雨性能。现代飞机可进行全天候作战,大雨之下飞机来袭的可能性很大,因此,高射炮及机载航空炮也应能在大雨下进行射击。这时要求引信碰到雨点不作用,只有碰击目标时才作用。这个要求会与高灵敏度的要求相矛盾,设计引信时应尽量同时满足这两项要求。

(7) 引信中的火工品应有足够的安定性,引信应是隔离雷管型的。小口径弹引信因尺寸小,实现隔离雷管有一定的困难。20 世纪五六十年代苏式小口径航空炮弹都不带隔爆机构,射击中曾多次发生膛炸事故。现代的小口径炮弹包括 20mm 弹丸用的引信都采用了隔离雷管的机构,即设计成全保险型引信,以防止引信机构特别是火工品在发射时受很高的冲击加速度提前作用引起引信的炸膛。

采用隔爆机构可以把由于火工品在发射时提前作用引起引信的膛炸变为瞎火,但这发引信碰目标时也就不起作用了。所以,在要求引信设置隔爆机构的同时,还要求引信中的火工品特别是火帽和雷管在发射时的极高冲击加速度作用下有足够的安定性。

(8) 引信应满足自动装填和连续的连发射击时的安全要求。

(9) 引信与弹配合部位应符合标准。

12.1.2 榴-1引信

榴-1 引信是一种具有延期解除保险性能和自毁性能的隔离雷管型弹头瞬发触发引信。它配用于 37mm 高射炮和 37mm 航空炮杀伤燃烧曳光榴弹上。

1. 榴-1 引信构成

榴-1 引信由发火机构、隔爆机构、保险机构、闭锁机构、延期装置、自毁装置和爆炸序列等组成,如图 12-1 所示。

该引信的主发火机构为瞬发触发机构,包括木制击针杆 2、杆下端套装的钢制棱形击针尖 3 以及装于雷管座 4 中的 HZ-1 火帽 22。击针杆用木材制造,以保证质量小,头部直径较大,以增加碰击时的接触面积。这样可以使引信具有较高的灵敏度。击针合件从引信体 1 上端装入,并被 0.3mm 厚的紫铜制的盖箔封在引信体内。盖箔的作用是密封引信,并可在飞行中承受空气压力,使空气压力不会直接作用在击针杆上。另外该引信还有一套用于解除保险和自毁的膛内发火机构,包括 HZ-2 火帽 19、弹簧 20 和点火击针 21。

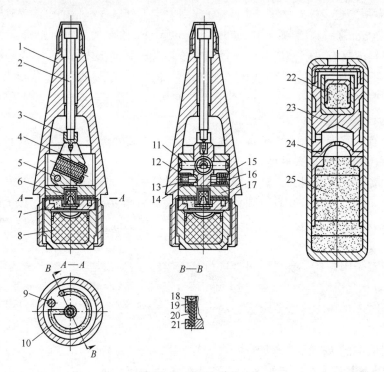

图 12-1　榴-1 引信

1—引信体;2—击针杆;3—击针尖;4—雷管座;5—限制销;6—导爆药;7—自炸药盘;
8—传爆药;9—定位销;10—自炸药盘;11—转轴;12—半球形离心子;13—保险黑药;
14—螺筒;15—平头离心子;16—离心子簧;17—U 形座;18—螺塞;19—HZ-2 火帽;
20—弹簧;21—点火击针;22—HZ-1 火帽;23—延期体;24—保险罩;25—火焰雷管。

隔爆机构为垂直转子隔爆机构。包括一个 U 形座 17(有钢制、锌合金压铸的两种),内装一个近似三角形的铜制雷管座,在雷管座中装有针刺火帽和火焰雷管 25。雷管座在 U 形座中由两个转轴 11 支持着,雷管座两侧面的下方各有一个凹坑,一个是平底,一个是锥底,用来容纳从 U 形座两侧横孔伸入的两个离心子。头部是平头的离心子 15 被离心子簧 16 顶着,头部是半球形的离心子 12 由保险黑药柱 13 顶着,这两个离心子平时将雷管座固定在倾斜位置上,使其上面的 HZ-1 火帽与击针,下面的雷管与导爆药柱 6 都错开一个角度(68°),从而使雷管处于隔离状态。

保险机构为冗余保险。分别为后坐加火药延期保险以及离心保险,包括保险黑药柱,两个离心子,以及装在 U 形座侧壁纵向孔中的膛内发火机构。装有膛内发火机构的纵向孔的侧壁上有一小孔与保险黑药柱相通。黑火药燃烧产生的残渣可能阻止离心子飞开,因而将雷管座上的凹槽做成锥形,借助于雷管座的转正运动,可通过锥形凹槽推动离心子外移。

闭锁机构为一个依靠离心惯性力作用的限制销 5,雷管座的右侧钻有一个小孔,内装有限制销。当雷管座转正时,它的一部分在离心力作用下插入 U 形座的槽内,将雷管座固定于转正位置上,起定位作用。

延期装置为小孔气动延期装置。包括延期体 23 和穹形保险罩 24。延期体是铝制的,上下钻有小孔,中部有环形传火道。延期体装在 HZ-1 火帽和雷管之间,火帽发火产生的气体必须经斜孔、环形传火道进入延期体下部的空室,膨胀以后再经保险罩上的小孔才能传给雷管。传给雷管的气体压力和温度达到一定值时,雷管才能起爆。这样就可保证得到 0.0003~0.0007s 的延期时间。

自毁装置采用火药固定延期方式。包括膛内发火机构和自炸药盘 7。自炸药盘是铜的或用锌合金压铸而成,位于雷管座的下面,盘上有环形凹槽,内压 MK 微烟延期药。药的起始端压有普通点火黑药,作为引燃药,终端与导爆药相接。药盘上盖有纸垫防止火焰窜燃。

引信的爆炸序列有两路,分别为主爆炸序列以及自毁爆炸序列。主爆炸序列包括装在雷管座中的 HZ-1 火帽、雷管、导爆药和传爆药 8,自毁爆炸序列包括膛内发火机构的 HZ-2 火帽、自炸药盘、导爆药和传爆药。

2. 榴-1 引信作用过程

发射时,膛内发火机构的火帽在后坐力的作用下,向下运动压缩弹簧与击针相碰而发火。火焰一方面点燃保险黑药柱;一方面点燃自炸药盘起始端的点火黑药。瞬发击针在后坐力的作用下压在雷管座的开口槽的台肩上,弹丸在出炮口前平头离心子在离心力作用下飞开。由于保险药柱通过球形头离心子的制约,以及后坐力对其转轴的力矩的制动作用,雷管座不能转动,从而保证膛内安全。

当弹丸飞离炮口 20~50m 时,保险黑药柱燃尽,球形头离心子在雷管座的推动以及离心子自身所受的离心力的作用下飞开,解除对雷管座的保险。这时后效期已过,瞬发击针受爬行力前冲,雷管座在回转力矩作用下转正。雷管座中的限制销在离心力作用下飞出一半卡在 U 形座上的槽内,将雷管座固定在待发位置上。其上部的火帽对正击针,下部的雷管对正导爆药。这时,自炸药盘中的时间药剂仍在燃烧。

碰目标时,引信头部在目标反作用力的作用下使盖箔破坏,击针下移戳击火帽。火帽产生的气体经气体动力延期装置延迟一定的时间,在弹丸钻进飞机一定深度后,引爆雷管,进一步引爆导爆药和传爆药,从而引爆弹体装药。

发射后 9~12s,若弹丸未命中目标,在弹道的降弧段上,自炸药盘药剂引爆导爆药,进而引爆传爆药,使弹丸实现自毁。

3. 榴-1 引信特点

榴-1 引信的优点主要是引信的灵敏度高,在 150m 处碰到 1.5mm 厚的胶合板能起作用。灵敏度高的原因:①击针轻;②击针与火帽之间的距离短,只有 1.7mm;③击针是浮动的;④盖箔厚只有 0.3mm(M2 紫铜皮经过回火)。这种引信的另一个优点是隔爆机构体积较小。这种在垂直面内回转的,占有很少横向空间的结构,对小口径弹的引信很适用。

榴-1 引信还有以下几个缺点:

（1）对 2000~3000m 外的目标射击时,弹丸表炸较多。这表明引信的延期时间不足,在弹丸着速变低时,弹丸来不及钻入目标,引信就将弹丸引爆了。

（2）自毁装置和延期解除保险机构中使用的黑火药长期储存容易变质。

（3）没有防雨装置。由于引信的灵敏度较高,在雨天射击时碰到雨滴容易发生弹道早炸。

（4）引信自毁时,导爆药是由自炸药剂的火焰引爆的,起爆不完全,弹片较大,掉下来有可能打伤我方人员。更重要的是,自炸药盘通向导爆药,发射时万一弹丸卡膛,膛内发火机构已经点燃自炸药盘,经过 9~12s 后自炸药剂引爆导爆药,将造成膛炸。所以,火炮勤务指南规定,一旦发现弹丸卡膛而不能立即排除故障时,炮手必须迅速撤离炮位。从安全角度来说,这种设计是不合理的。

（5）木质击针杆要用高质量木材制造,且木材利用率很低。

12.1.3 M757 和 M758 引信

M757 和 M758 引信是美国 20 世纪 80 年代使用的引信。M757 引信配用于 20mm 航空机关炮榴弹上,这种炮配备在战斗直升机上,对付地面轻型目标。M758 引信配用于 25mm 炮弹上,对付地面和空中目标。二者的结构完全相同。

1. M758 引信构成

图 12-2 所示的是 M758 引信。引信设有垂直转子式隔爆机构和离心钢珠式自毁装置。带有台阶的击针头 2 和保护帽 1 具有防雨性能。击针头 2 伸出引信体外,这可提高大着角发火性(在 80°着角下能可靠发火)。

M758 引信有 10~100n 的安全距离,这主要是由引信上部的击针—活塞合件来实现的。击针 24 固结在限制器 4 上,后者是由多孔性烧结金属制成的,与活塞 22 固结在一起。活塞 22 的上部有活塞圈 23。活塞下移时,活塞下面的空气挤压活塞圈,通过活塞圈与引信上体 25 之间形成的缝隙流过。当活塞向上运动时,活塞圈涨开,使空气仅能自结构疏松的限制器的多孔性材料中缓慢通过,这就延长了活塞和击针的上升运动时间。

平时,击针 22 插在圆盘形雷管座 18 的盲孔中,雷管 9 与击针和传爆药 12 均错开一个角度。除击针将雷管座限制在隔爆位置外,雷管座还受两侧的离心销 7 的限制。在离心销上铆有片状簧 8,它们使离心销的头部插入雷管座两侧壁的孔中,片状簧 8 装在钢珠座 20 内。加重子 10 不但增大雷管座的转正力矩,而且在雷管座转正后自雷管座中外移,一部分伸出到钢珠座 20 和底座 11 结合部的环形凹槽中,对雷管座的转正位置起定位作用。在雷管座合件装于钢珠座和底座之间后,钢珠座和底座就滚铆在一起,成为一个大合件。这个大合件在引信中是浮动的,下面由后坐弹簧 17 支撑着。钢珠座内装有自炸钢珠 19,引信上体 25 下部的锥形台阶孔是用来容纳钢珠的,但平时钢珠不能进入此孔中。后坐弹簧有足够大的抗力,保证勤务处理中底座—钢珠座合件不会下移到位,即使在受到运输振动或弹丸坠落产生的冲击力作用后下移到位,也会在后坐簧的弹力作用下重新上升,恢复到原来的装配状态。

引信中有两个锥形簧,即后坐簧 17 和活塞簧 5,后坐簧的抗力远大于活塞簧的抗力,所以平时活塞簧处于接近全压缩状态。

第12章 触发引信

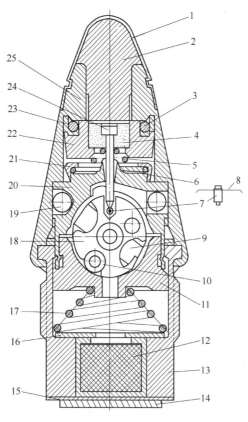

图 12-2 美国 M758 引信

1—保护帽；2—击针头；3—密封圈；4—限制器；5—活塞管；6—活塞簧势圈；7—离心子；8—片状簧；9—雷管；10—加重子；11—底座；12—传爆药；13—引信下体；14—垫片；15—密封势；16—后坐簧垫圈；17—后坐簧；18—雷管座；19—自炸钢铁；20—钢珠座；21—活塞簧护圈；22—活塞；23—活塞圈；24—击针；25—引信上体。

2. M758引信作用过程

发射时,底座—钢珠座合件压缩后坐簧后坐,自炸钢珠与引信上体锥形台阶孔对正,钢珠飞出,抵在引信上体锥形台阶孔内壁上。这时雷管座紧压在底座上,同时由于膛内初期弹丸角速度较小,离心子不能飞开,雷管座不能转动。在底座—钢珠座合件下移的同时,击针—活塞合件也下移,但因活塞圈起一定的闭气作用,活塞下移得稍慢一些。在膛内时,击针仍插在雷管座的盲孔中,引信处于安全和隔爆状态。

出炮口后,自炸钢珠的离心力克服后坐簧的抗力,使底座—钢珠座合件仍保持在下移到位的位置上,这时后坐簧处于接近全压缩状态。而活塞合件则在活塞簧和爬行力的作用下上升。由于活塞圈和密封圈的闭气作用,延迟了击针释放雷管座的时间。在击针自雷管座的盲孔中拔出之前,两个离心子已释放雷管座,雷管座转正,加重子外移定位,引信处于待发状态。

碰目标时,保护帽和击针头受压变形,推动活塞和击针下移戳击雷管。

弹丸未命中目标时,由于弹丸角速度的降低,自炸钢珠不足以支撑底座—钢珠座合件,后者在后坐簧推动下上升,使雷管碰击击针而发火。

3. M758 引信特点

M758 引信有以下一些特点。

（1）采用双重环境力解除保险。先是利用发射时的后坐力使钢珠座—底座合件作下移运动，再利用离心力使钢珠支撑住钢珠座—底座合件不再上升。只有在后坐力明显衰减后，击针才能从雷管座中拔出，释放雷管座。机构的这样一个解除保险动作程序，能够很好地识别勤务处理和发射时环境力的差别，保证引信只有在正常的发射环境下才能解除保险。所以，引信的安全性较高。

（2）保险机构在单一力作用下的运动是可逆的。例如，在坠落惯性力作用下，钢珠座—底座合件可以下移运动到位，但由于此时没有离心力，轴向惯性力一旦消失，合件又会在后坐簧推动下自动复位，引信仍处于安全状态。利用这种"运动可逆"原理来设计保险机构，不仅能很好地解决勤务处理安全与发射时可靠解除保险的矛盾，而且机构在装配时可对其性能百分之百地检验或调整。

（3）利用多孔性的疏松材料对空气流动的阻尼作用来增大解除保险距离，结构较简单。美国 20 世纪 60 年代中期设计的 M717 迫击炮弹引信中就使用这种对空气起限流作用的阻尼器来增大引信的解除保险距离。20 世纪 70 年代中期又做过在 M739 引信中用它来延缓后坐惯性销上升运动的研究。但是，这种阻尼器的延迟时间散布较大，所以，M758 引信的炮口保险距离是 $10\sim100\mathrm{m}$。

（4）M758 引信的离心自毁装置是与雷管座相结合的。这种结构除有利于实现双重环境力解除保险外，在引信大着角碰击目标时，其自炸弹簧还可推动雷管座前移，可提高引信的大着角发火性。这样，后坐簧就有 3 个作用：勤务处理中的保险器，自毁装置发火的储能器，惯性触发机构的辅助能源。它的设计首先要满足自毁炸点的要求。自炸簧平时没有被压紧，不易产生永久变形，这也是该引信的一个优点。

（5）M758 引信靠外凸的击针头保证大着角发火性。

12.1.4　小口径炮弹引信结构设计的若干特点

小口径炮弹引信结构尺寸小，而性能要求项目繁多，这类引信的结构设计存在一些困难。但是，发射时的后坐加速度和弹丸角速度很大，发射时的环境力与勤务处理中的环境力有很明显的差别，这又给引信设计提供了较好的条件。下面就小口径炮弹引信的结构设计特点作一简要的讨论。

（1）在总体结构上，鉴于引信的结构尺寸小，总是将触发发火机构与隔爆机构结合起来设计。即将触发发火机构的火帽或雷管直接装在隔爆机构中，只有触发发火机构和隔爆机构都解除了保险和隔爆，触发发火机构才有可能发火。

（2）由于触发发火机构与隔爆机构的结合，不少引信采用串联式的保险方式。一种串联保险方式，是延期解除保险机构设置在触发发火机构上，通过触发发火机构解除对隔爆机构的保险，如美国 M758 引信。另一种串联保险方式，是延期解除保险机构设置在隔爆机构上，击针没有或只有简单的保险器，隔爆机构解除隔爆才使触发发火机构的击针有可能作下移运动，如榴-1 引信。也有不少引信的击针和雷管座有各自的保险机构，如美国 MK27、法国 DEFA 1520A 引信，或者两者共用一个保险机构，如瑞典 FZ104 引信。

（3）为保证引信有一定的安全距离，小口径弹引信采用过以下一些措施：

① 多数引信采用保险带来实现延期解除保险。这种结构形式是小口径弹引信所独有的,因为保险带需要较高的转速才能可靠解除保险。

② 利用头部阻滞温度熔解易熔合金实现延期解除保险。这也是小口径弹引信独有的,因为阻滞温度与弹速平方成比例。弹速为 300m/s 时,温升为 45℃;弹速为 1000m/s 时,温升为 467℃。显然小口径弹引信最有条件利用这种机构。

③ 采用微型玻璃珠准流体、空气限流元件实现延期解除保险。这在中大口径榴弹引信中也可以应用。

④ 采用火药保险虽然也能够得到足够长的解除保险距离,但长期储存后火药易变质,影响解除保险的可靠性,增大时间散布。这种结构的生命力,取决于新型药剂的研制。要求保险药应达到这样一些要求:长期储存不变质,与保险药管的相容性好(不起化学作用);燃烧时间稳定;燃烧后残渣阻力小。

小口径炮弹引信也曾采用过无返回力矩钟表机构实现延期解除保险,如德国的 37mm 炮弹用引信。无返回力矩钟表机构较复杂,在小口径炮弹引信中强度不易保证,在第二次世界大战后的国外引信中很少采用。

(4) 由于小口径炮弹有很高的 K_1 值和转速,易于按双重环境力解除保险的原则设计保险机构。在按此原则进行设计时,又应注意运用运动可逆概念来进行设计,使保险机构在任一单一环境力作用下具有自动复位的功能。如美国 M757、M758 引信。

(5) 除瑞典 FZ104 引信专门设置防雨装置外,大多数引信是采用降低触发发火机构灵敏度的方法来实现防雨的。最简单的方法是击针(或击针头)用刚性保险器,如美国的 M505A3、M757、M758、M594、联邦德国 DM301 等引信。由于弹丸对目标的碰击速度很高,这样做不会影响碰目标时的发火可靠性。

(6) 不论对空或对地面射击,都要求小口径弹引信大着角发火性要高。近代引信都能实现 80°着角下可靠发火。实现这一要求,一种途径是使击针头外露于引信体外,如美国 M505A3、M757、M758、M594、联邦德国 DM301 等引信。另一种途径是利用引信头部在大着角碰击时的径向位移来推动击针向下运动,如瑞士 KZVD、英国 No944 MKI 等引信。这时引信上半部应该设计有一个薄弱环节,以保证大着角碰目标时引信上部能可靠地产生径向位移。

(7) 小口径炮弹引信要求接触目标后有一段延迟时间,使弹丸进入目标内爆炸。实现这一要求有多种途径。最简单的方法是增加击针与雷管间的距离,加长击针的戳击行程,如美国 FMU-128/B 引信。还可以在火帽与雷管之间设置少量的延期药(英国 No944 MKI 引信)或设置小孔延期机构(榴-1 引信)。上述两种结构中有火帽,因而用的是火焰雷管。还有一种结构方案,是在火帽与针刺雷管之间再设置一个击针;在触发发火机构的击针戳击火帽发火后产生的气体压力足够大时,推动火帽下面的击针戳击针刺雷管,这样就可延迟一段时间,使弹丸钻入目标 254mm 才爆炸。这种结构已用于美国 M505A3E2 引信中,该引信用于空军用的 30mm 炮弹上。

(8) 自毁装置是小口径炮弹引信特有的一个机构,用火药定时实现自毁的技术途径是不可取的。利用弹丸转速的衰减实现自毁的两种结构形式(离心钢珠式与离心板式)都已得到广泛的采用。自毁装置与触发发火机构不同的结合方式,可以适当提高触发发火机构的正向碰击灵敏度(如 FZ104 引信)或提高大着角时的惯性触发灵敏度(如 M758

引信)。

12.2 中大口径榴弹机械触发引信

12.2.1 概述

中、大口径榴弹指的是口径在75mm以上的各种杀伤弹、爆破弹和杀伤爆破弹,还有榴霰弹、群子弹、箭束弹等,并特指用加农炮、榴弹炮、加农榴弹炮或无后坐力炮发射的。不同口径不同种类的火炮梯次配置,可使发射的榴弹构成10~40km(甚至更远些)的火力纵深。

野战炮兵发射中、大口径榴弹,主要用来压制敌人的炮兵、集群坦克,歼灭集结、行进和冲锋的步兵,摧毁敌人的指挥中心、交通枢纽,破坏敌人的轻型掩体、技术兵器,切断敌人的燃料和弹药供应线,以及在雷区开辟通道等。

根据不同的目标性质,中、大口径榴弹除配用机械触发引信外,也可配用时间或近炸引信,以满足不同的射击需要。本章主要研究中、大口径榴弹用的机械触发引信,我们先从目标、弹丸、发射方式与引信间的相互关系出发,讨论对这类引信的主要战术技术要求。这些要求如下:

1) 应具有多种作用方式

中、大口径榴弹对付的目标种类繁多,因此要求引信有多种作用方式,并应有瞬发、短延期、长延期3种装定或瞬发、自调延期两种装定。瞬发作用是直接利用弹丸碰目标的反作用力来发火的,当弹丸用于摧毁暴露在地面上的有生力量及武器装备时,引信应有瞬发作用;当弹丸用于摧毁掩蔽所等建筑物,需进入建筑物内部爆炸取得更好的破坏效果时,要求引信具有延期作用。主要依靠破片杀伤目标的榴弹,在一般情况下,空炸的杀伤效果最好。中、大口径榴弹用加农炮或无后坐力炮射击时,弹道比较低伸,落角比较小,很容易产生跳弹。有时为了取得心理效果和对付堑壕里的敌人,有意识地进行跳弹射击,这时也要求引信有延期作用。为提高小落角及擦地发火的可靠性,避免小落角和擦地时瞬发击针不起作用,并对薄弱工事有毁伤效果,要求引信必须设置一套惯性发火机构,短延期作用实际是惯性发火机构作用。

瞬发作用时间短达$100\mu s$左右,通常不大于$300\mu s$,短延期时间为5~10ms,是惯性发火机构所固有的,而不是专门设计的,长延期时间为30~90ms。

2) 应具有足够的解除保险距离

中、大口径火炮在阵地上通常梯次配置,进行间接瞄准射击。为了保证我方阵地的安全,要求引信具有足够的解除保险距离。现用中、大口径榴弹引信的保险距离大致为60~200m。

3) 应具有足够的强度和刚度

引信应能经受住发射及碰目标时各种力的作用,不能产生影响正常作用的变形。要求具有足够的强度和刚度,以防止零件变形或断裂所造成的早炸或瞎火。

4) 应具有抗章动能力

新式榴弹通常比较细长,若用身管长、初速高的火炮射击或弹丸用尾翼稳定,弹丸的章动很厉害,引信零件所受章动力很大。用身管磨损严重的火炮射击时,引信零件所受章动力可达零件质量的 500 倍以上。这对于已经解除保险的弹头引信的惯性触发机构是很危险的,有可能引起弹道早炸。一般利用抗力零件来抗章动,但这往往与引信的触发灵敏度发生矛盾。由于章动力是一个周期性的力,并在弹道上衰减得很快。因此,如果引信有足够的保险距离,使能引起触发机构动作的大章动力处于保险距离以内,在触发机构解除保险后,章动力已不足以使它提前动作,抗章动问题就能得到解决。

5) 应具有一定的作用可靠度

对中、大口径榴弹触发引信,在各种条件下对中等硬地面射击,置信水平为 0.90 时,其作用可靠度不小于 0.92。

6) 应具有小落角射击可靠发火的功能

对中、大口径榴弹触发引信,当落角为 10°时,其发火率不小于 90%。

7) 应具有防雨性能

对中、大口径榴弹触发引信,在中、大雨中射击时,不发生早炸。

8) 外形和质量应满足通用化要求

引信外形和质量应符合 GJB814.1 中的有关规定。

12.2.2　榴-5 引信

1. 榴-5 引信构成

榴-5 引信(图 12-3)是我军早期中、大口径榴弹用的主要引信。它由触发机构及其保险机构、装定装置、延期装置、隔爆机构及其保险机构、传爆序列等几个大部分组成。这些机构安装于螺接在一起的引信上体 3 和引信下体 6 内。引信上体顶部用 0.12mm 厚钢制的防潮帽 14 封死,传爆管 32 拧在引信下体的底部。整个引信是密封的。

触发机构为具有瞬发、惯性发火能力的双动发火机构,其保险机构为后坐保险机构。由击针杆 13、惯性筒簧 2、装有火帽 4 的活机体 9、一颗上钢珠 1、两颗下钢珠 10 以及惯性筒 12 等零件组成,这套机构自成一个独立合件。击针 11 用 50 号钢制成,因其坚硬锋利,有利于发火。击针杆用硬铝制成,圆顶部直径 ϕ12mm,这就使它既轻又有较大的受力面积,利于提高瞬发触发灵敏度。黄铜制活机体(即惯性火帽座)的凸缘部是有意加高的,用以提高导向性能。活机体周围有 120°等分的 3 道直槽,用来在活机体前冲时排气,使其轴向运动更灵活以提高引信的瞬发触发灵敏度与瞬发度。

图 12-3 所示为安全状态。惯性筒簧的一端支撑在活机体的上端,另一端支撑在惯性筒底部,惯性筒与击针杆之间有一颗上钢珠。由于惯性筒的阻挡,两颗下钢珠在活机体的孔内,卡在击针的锥面上。勤务处理中,当引信头朝上坠落,弹丸碰到障碍物时,击针、上钢珠、惯性筒作为一个整体一起向下运动,一直到击针细颈部上面的台阶抵住下钢珠,此时,击针尖仍与火帽保持一段距离。由于此时坠落惯性力作用的时间较短,惯性筒来不及下移到足以释放上钢珠的距离。惯性力消失后,在惯性筒簧作用下,机构恢复原状。

装定装置为通道切断的调节栓式装定装置,如图 12-4 所示,位于引信下体的中部,主体是一根带 7°锥度的黄铜调节栓 5,它与引信体的孔配合紧密,有良好的气密性。调节栓的一端制成 D 形,与装定扳手的 D 形孔相适应;另一端被切去一个半圆,与定位销 8 配合,使调节栓相对引信体只能转动 90°。而使传火道打开或关闭,调节栓外露的端面刻有

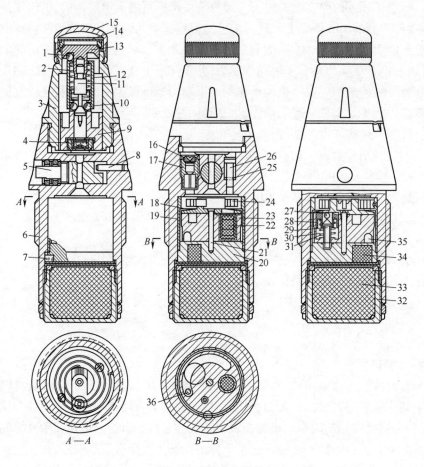

图 12-3 榴-5 引信

1—上钢珠；2—惯性筒簧；3—引信上体；4—火帽；5—调节栓；6—引信下体；7—轴座制转销；8—定位销；9—活机体；10—下钢珠；11—击针；12—惯性筒；13—击针杆；14—防潮帽；15—引信帽；16—调节螺；17—延期管；18—盘簧座；19—衬套；20—轴座；21—中轴；22—雷管；23—回转体；24—盘簧；25—切断销；26—副制转销；27—钢珠；28—后退筒；29—制动栓；30—后退筒簧；31—制动栓簧；32—传爆管；33—传爆药；34—导爆药；35—回转体定位槽；36—回转体定位销。

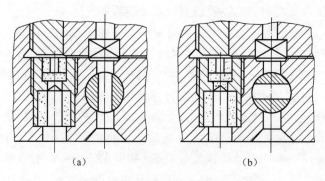

图 12-4 榴-5 引信装定装置作用图
(a) 瞬发；(b) 延期。

箭头,箭头与引信体上的"延"字对准时,传火道被堵塞。火帽火焰经延期管 17 传给雷管 22,引信为延期作用。箭头与"瞬"字对准时,传火道打开,火焰直接传给雷管,此时引信为瞬发作用。同时该引信的引信帽也作为装定装置的一部分,以实现惯性与瞬发作用方式的选择。

隔爆机构采用盘簧驱动的水平转子隔爆机构,也是一个独立的部件。LH-3 火焰雷管 22 装在水平回转的回转体 23 内,回转体套在固定于轴座 20 上的中轴 21 上。回转体回转的动力来自装配时卷紧的盘簧 24。盘簧的外端固定在衬套 19 上,内端固定在盘簧座 18 上。衬套与轴座铆接固定,盘簧座通过两个螺钉与回转体固定。盘簧力矩用来使回转体与轴座产生相对转动。装于回转体里的惯性保险机构使回转体与轴座处于保证雷管与导爆药 34 错开 153°的位置。轴座用冲击韧性好的中碳钢制造,以保证隔爆部分有足够的强度,万一雷管在隔爆位置爆炸,既不会引爆导爆药,也不会引爆传爆药 33。

隔爆机构的保险也采用后坐保险,由钢珠 27、后退筒 28、后退筒簧 30、制动栓 29 及制动栓簧 31 组成。图 12-3 所示为保险状态,后退筒簧顶着后退筒,钢珠压着制动栓,将制动栓端部压入轴座孔内,阻止回转体与轴座的相对转动。隔爆机构由引信下体底部装入,再装入一个轴座制转销 7 与引信下体连接,保证轴座相对引信体无转动。

引信的爆炸序列包括火帽、延期管、雷管、导爆药和传爆药。

2. 榴-5 引信作用过程

发射时,击针合件(击针杆与击针)与上钢珠、惯性筒一起向后运动,到击针细颈上部的台阶压在两个下钢珠上而不能继续运动时,惯性筒继续向后运动,而抵在活机体上。在此过程中上钢珠被释放而脱落。

弹丸出炮口后,后坐力明显下降,惯性筒簧将惯性筒顶起,然后惯性筒与击针杆接触,并一起在弹簧作用下向前运动。直至击针锥面将下钢珠推出钢珠孔,击针头部与引信上体顶部台阶接触为止。此时,触发机构处于待发状态。

发射时,隔爆机构的后退筒下降,在离心力作用下钢珠外撤。由于后退筒顶部带有一台阶,钢珠外撤后就不可能回到原来的位置。弹丸出炮口后,制动栓在制动栓簧的推动下升起,端部从隔板孔中拔出,回转体在盘簧力矩作用下转正。回转体底部的半圆弧槽及轴座上的回转体定位销 36 保证使雷管正好和导爆药对正。此时,引信完全处于待发状态。

引信装定瞬发时,在发射前必须拧掉引信帽,调节栓上的传火通道打开。碰着目标时防潮帽被破坏,击针向后运动,活机体则在因弹丸减速而产生的爬行力作用下向前运动,击针戳击火帽而发火,火焰及气体直接传给雷管。如果带着引信帽射击,调节栓仍处于上述位置,则碰目标时活机体在惯性力作用下前冲,火帽撞击针而发火,这时引信是惯性作用。引信装定延期时,不必拧掉引信帽,火帽经延期药引爆雷管。触发机构的击针和活机体(即火帽座)均可运动,这种触发机构称为双动触发机构。

3. 榴-5 引信特点

榴-5 引信有两处特别的设计,用来防止某些意外事故。

(1) 击针具有一个细颈部,使触发机构具有抗大章动的能力。当章动力很大时,尽管上钢珠已在膛内解脱,但出炮口后,整个触发机构将保持其膛内的相对状态,作为一个整体前冲,而不会解除保险,如图 12-5 所示。直到章动力变小,活机体在惯性筒簧的作用下向下运动到位,下钢珠才能掉出,触发机构解除保险。

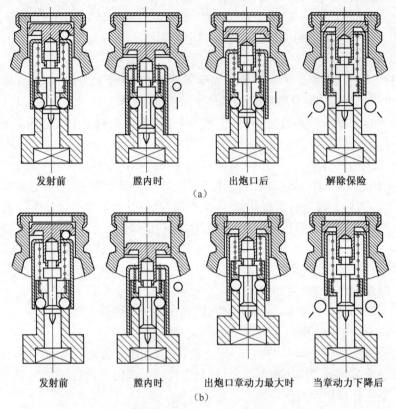

图 12-5 榴-5 引信抗章动机构的作用
(a) 小章动时的动作;(b) 大章动时的动作。

(2) 设置副制转销。引信为延期装定时,万一火帽在发射惯性力作用下自燃,弹丸就会在弹道初始段早炸。因为隔爆机构转正时间短于延期药燃烧时间,延期药燃完即可引燃雷管,这时隔爆机构已经转正。为了避免这种早炸产生,引信中设置一个副制转销 26。火帽在膛内意外自燃时,所产生的火药气体压力足以使副制转销将切断销 25 切断。结果副制转销的端部插入盘簧座长臂的一侧,使回转体无法转动,引信无法解除保险,从而确保安全。当然,这发引信也就不能在碰目标时起爆弹丸了。这种以引信的瞎火来避免膛炸或早炸的原则,叫做"瞎火保险"。

榴-5 引信的保险机构没有用离心力这个重要的环境能源,解除保险仅靠一个发射时的后坐力。没有实现双重环境保险,这也是榴-5 引信的一个不足之处。但由于没有利用离心力,榴-5 引信配用于高初速滑膛炮弹时仍然可以可靠作用。

12.2.3 美国中大口径地面炮榴弹机械触发引信

20 世纪 80 年代,美国中大口径地面炮榴弹装配的弹头触发引信主要是 M739 及 M739A1 引信,配用于 105mm、107mm、155mm 和 203mm 的杀爆弹上。M739 引信是由 M557 和 M572 引信演变而来的。

1. M557 引信

M557 引信是美军 20 世纪 60 年代初开始装备部队的一种通用性很强的榴弹引信,通用于75~203mm口径的30余种加农炮弹、榴弹炮弹、无后坐力炮弹以及旋转迫击炮弹。它有瞬发和延期(0.05s)两种作用,根据所配用的弹丸,可以得到至少60m的解除保险距离。

M557引信(图12-6)主要有瞬发发火机构、装定装置、延期发火机构、安全与解除保险机构以及爆炸序列组成。密封片20以上,即装在引信体48和头螺4里面的部分为M48引信,底部密封片以下,即装在回转体座43里面的部分为M125A1传爆管。

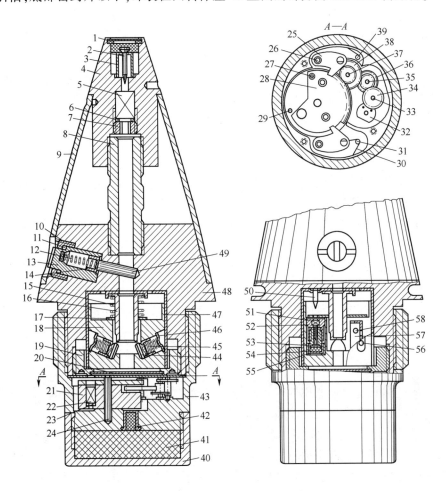

图12-6 美国M557引信

1—防潮膜;2—击针;3—支筒;4—头螺;5—M24雷管;6—雷管座;7—雷管压帽;8—连接管;9—风帽;
10—调节栓螺;11—弹簧圈;12—滑柱簧;13—调节栓;14—簧座;15—活机体簧;16—支管;17—垫片;
18—活机体;19—底部密封螺;20—底部密封片;21—回转体;22—火焰雷管;23—火焰雷管垫圈;
24—回转轴;25—离心板;26—离心板轴;27—闭锁销;28—中心轮片;29—定位销;30—左旋扭力簧;
31—扭力簧轴;32—卡子;33—骑马轮轴;34—骑马轮;35—第二过渡轮轴;36—第二过渡轮片;
37—第一过渡轮轴;38—第一过渡轮片;39—右旋扭力簧;40—传爆管壳;41—传爆药柱;42—导爆药壳;
43—回转体座;44—离心子;45—离心子簧;46—离心子盖片;47—衬套;48—引信体;49—滑柱;
50—延期击针;51—M54火帽;52—延期火帽座;53—扩焰药片;54—扩焰药壳;55—延期体;
56—活机体制转销;57—离心锁瓣;58—锁瓣轴。

1) M48 引信

M48 引信由瞬发触发机构、惯性触发机构及装定装置 3 部分组成。瞬发触发机构装在头螺内,惯性触发机构装在引信体内。头螺和引信体用连接管 8 连成一体,周围则用钢制锥形风帽 9 支撑,并使整个引信具有标准的气动外形。

瞬发触发机构由击针 2、雷管 5 及作为保险器的钢制支筒 3 组成。支筒壁厚约 0.3mm、内径 5.4mm、高 7.8mm,用来保证勤务处理、发射及弹道上的安全。碰到目标时,目标反作用力使击针压垮支筒而刺发雷管。瞬发装定时,雷管爆炸产物通过连接管的传火通道冲破铜箔制的底部密封片 20,引爆 M125A1 传爆管中的雷管。延期装定时,雷管爆炸产物被滑柱 49 阻挡,由惯性触发机构引爆隔爆机构的雷管。

装定装置由调节栓 13、滑柱簧 12、簧座 14、滑柱 49、弹簧圈 11 和调节栓螺 10 组成。调节栓沿纵轴开有一个偏心孔,与滑柱不同轴,在延期装定时,调节栓端面阻挡着滑柱的运动,堵塞住瞬发雷管 5 的传爆通道。瞬发装定时,调节栓上的偏心孔与滑柱对正。发射后,在离心力作用下,滑柱克服弹簧抗力及摩擦阻力,进入调节栓偏心孔内,打开瞬发传火道。这种出炮口才打开传火道的装定装置,对瞬发触发机构而言,还是一种附加的膛内隔爆机构,即瞬发触发机构在最大膛压附近意外发火时,滑柱并未飞开,可起到阻火的作用。

惯性触发机构及其保险机构和延期装置合在一起成为一个独立的组件。平时,由于离心子 44 的阻挡,支管 16 无法向下运动,延期击针 50 不会和 M1 延期体 55 中的火帽 51 相碰。发射后,离心子在离心力的作用下,克服离心子簧 45 的抗力,运动到解除保险位置,离心锁瓣 57 也在离心力的作用下转至水平位置,阻止离心子恢复原位。若引信装定延期,碰目标时,瞬发触发机构发火,但能量因滑柱的阻止不能向下传递。此时,惯性触发机构活机体 18 在前冲惯性力作用下克服活机体簧 15 的抗力前冲,使延期体中的火帽与击针相碰发火,经火帽下的延期药延迟一段时间后,才引爆 M125AI 传爆管中的火焰雷管 22。

2) M125A1 传爆管

M125A1 传爆管是一种通用性很强的传爆管,由装有火焰雷管的回转体 21、无返回力钟表机构、导爆药及其外壳 42 和传爆药 41 及其管壳 40 组成。

回转体是偏离弹轴配置的,平时其上的火焰雷管与导爆药错开一个角度。回转体上铆有中心轮片 28,平时被两个离心板 25 锁住,离心板被扭力簧顶在图 12-6 所示位置上。由于离心板的转向不同,因而一个用右旋的扭力簧 39,一个用左旋的扭力簧 30。

中心轮片通过两对过渡齿轮与骑马轮 34 连接。发射后,在离心力作用下,离心板克服扭簧的抗力飞开,回转体开始朝着雷管与导爆药壳对正的方向转动,通过传动轮系驱动骑马轮转动。由于受骑马轮与卡子 32 的啮合限制,回转体只能缓慢地转动。当回转体转至与定位销 29 相碰时,雷管与导爆药完全对正,闭锁销 27 在其下面的小弹簧推动下上升,插入夹板的孔内,将回转体锁在待发位置上。火焰雷管一旦引爆,整个爆炸序列即依次作用。

3) M557 引信特点

M557 引信的惯性触发机构采用离心子式保险机构。为了保证引信用于大口径低转速弹上时离心保险机构可靠解除保险,离心子簧的抗力不能过大,但当引信用于中口径高转速弹上时,离心子又可能在膛内就飞开。为了避免这一缺点,M557 引信采取了两个措施。第一个措施是将离心子倾斜配置，使离心力的分力通过摩擦力的形式变为运动的阻力，后坐力的分力也是运动的阻力。运动阻力的增加，将使离心子的开始运动时间延迟。第二个措施是将离心子头部做成倒锥形的，使支管 16 在发射时紧压在两个离心子上，以阻止离心子的运动。

大口径炮弹和旋转迫击炮弹的炮口转速较低，着目标时的转速更低，为了防止弹道末端离心子可能被离心子簧重新顶回而使惯性触发机构瞎火，M557 引信设有离心锁瓣 57。当两个离心子飞开时，离心锁瓣在离心力作用下绕锁瓣轴 58 回转，进入到两个离心子中，阻止离心子重新返回。这种装置叫做反恢复装置。

M557 引信采用自密封的 M1 式标准延期元件，这种延期元件自成一个密封单元，因此长期储存性能较好。由于延期药的燃烧空间与引信结构无关，同一型号的标准元件用于不同的引信时，可以得到基本相同的延期时间。当需要改变引信的延期时间时，仅更换不同的标准延期元件即可。如果不需要延期，标准元件也可以做成不延期的(如 XM720 引信)。它的第一级火工品用针刺雷管而不是火帽，瞬发度比榴-5 引信高。

M557 引信的结构强度不很高。用 75mm 加农炮射击时，曾出现传爆管中的卡子销钉弯曲及磨损的现象；用 175mm 加农炮射击时，曾出现锥型壳体撕裂的现象。

M48 引信的触发机构存在碰击雨滴时发火的问题，使得所配用的火炮在大雨下不能进行引信为瞬发装定的射击。采用 M125 传爆管，增加了解除隔爆时间，但并没有解决触发机构的防雨滴作用的问题。装定瞬发时，触发机构在引信解除隔爆之前碰到雨滴就发火，碰目标时就不起作用了。假若在解除隔爆之后碰到雨滴，引信将发生弹道早炸。为了解决这个问题，在 M48 引信的头部增设一个防雨装置。

2. M739 及 M739A1 引信

图 12-7(a) 为 M739 弹头起爆引信，图 12-7(b) 为 M739A1 弹头起爆引信，M739 与 M739A1 基本一致，主要区别在于 M739A1 具有自调延期功能。

M739 引信与 M557 引信的主要不同如下。

(1) 触发机构上面加了防雨装置。防雨装置为包含栅栏与支座的一个带有头帽的防雨套筒，以减少在大雨中由于雨滴碰撞而可能引起的早炸。这一组件位于引信头部，由头帽和 5 根栅栏组成。一旦头帽受损，栅栏可以打散雨滴和树叶，由此降低了引信的淋雨发火灵敏度，但基本没有影响对地或对目标的触发灵敏度。对于软目标，该组件内空腔必须被目标介质塞满，才能驱动击针戳击雷管。

(2) 采用整体的引信体，引信的侧向强度有所提高。由于用高强度铝合金作引信体，引信的质量较 M557 引信小了很多。M739 引信尚未带传爆管，其质量为 647.7g；若装上传爆管，其质量为 703.4g；而 M557 引信的质量是 953g。

(3) 装定装置设计得更为简单。接近于榴-5 引信的情形。

(4) 隔爆传爆机构不再像 M125A1 传爆管那样作为直接拧入弹丸中的独立的部分，而是作为一个合件装入引信体内孔中，隔爆机构仍采用水平回转体。为实现双重环境保险，雷管座除像 M125A1 传爆管那样采用离心板保险外，还增加了一个后坐惯性销保险机构。

(5) M739 与 M739A1 引信的延期发火机构不同。M739 使用离心力解除保险，碰目标惯性发火，包含 50ms 延期的火药延期元件，使得弹丸在侵入目标一定深度起爆。

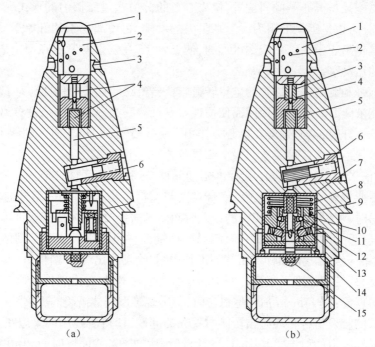

图 12-7 M739 及 M739A1 弹头起爆引信
(a) M739 弹头起爆引信；(b) M739A1 弹头起爆引信。
图(a)中：1—头帽；2—栅杆与支座组件；3—雨水孔；4—瞬发发火机构；5—传火孔；6—装定套。
图(b)中：1—头帽；2—栅杆与支座组件；3—击针；4—支筒；5—瞬发雷管；6—装定套筒组件；7—击发簧；8—惯性筒簧；9—延期发火合件外体；10—保险筒；11—惯性筒；12—保险钢珠；13—支筒；14—击针；15—M55 针刺雷管。

M739A1 使用机械式自调延期模块，是一个不含炸药的反冲活击体。碰击目标时，该活击体上升，当穿透目标或目标阻力使负加速度降到 300g 以下时，活击体释放击针，实现引信发火。

M739 引信装定瞬发时，作用时间约 170μs，对中、大口径榴弹用机械触发引信来说，这样的瞬发度是比较高的。装定延期时，延期时间是 30~70ms（引信用的是 M2 标准延期体）。

12.3 迫击炮弹引信

12.3.1 概述

迫击炮是一种构造简单的轻便火炮，中、小口径的迫击炮可拆卸成几个独立的部件，便于携带。作战中，迫击炮跟随步兵分队前进，它的机动性好，能使步兵迅速占领发射阵地，发射速度较线膛炮更快，火力密度大，是对步兵直接进行火力支援的主要武器之一。迫击炮除大量配用榴弹外，还配用一些特种弹，如宣传弹、照明弹、燃烧弹、化学弹等。

迫击炮所发射的榴弹，其效能与中、大口径线膛炮榴弹相同，但迫击炮的发射方式及其弹道有其本身的特点。因此，迫击炮弹引信除了有与相应中、大口径线膛炮榴弹引信相同的战术技术要求外，还有一些自身的特点。

1) 应保证勤务处理时安全、发射时可靠解除保险

迫击炮为滑膛炮,其膛压较低,初速较小,与引信设计有关的参数 K_1 值较小,一般不超过10000。作为设计依据,零号装药,高温发射(这是最不利的情况)时 K_1 值只有1000左右,与坠落过载在同一数量级上,甚至还可能低一个数量级,这给引信保险机构的设计带来了一定的困难。只是发射时惯性力的作用时间较长,为坠落过载的数倍或十数倍。如果采用直线运动后坐保险机构,通常只有借助较长的保险行程才能解决引信平时安全与发射时可靠解除保险的矛盾,早期的引信就是这样做的。

但是,增加保险行程的办法会受到引信机构轴向尺寸的限制,在某些情况下,这种设计甚至是不可能实现的。人们发现,迫击炮弹平时坠落时,虽然惯性力较大,但对作用时间的积分较小,发射时惯性力较小,但对作用时间的积分较大。曲折槽机构及连锁卡板机构能够识别这种差别,因而,可以用来解决迫击炮弹引信平时安全与发射时可靠解除保险的矛盾。

在某些情况下,即使采用上述机构也不能完全奏效,此时最简单的方法就是使用运输保险装置。传统的运输保险销在发射前必须拔下,这样对引信密封的要求较高,不过在目前的技术条件下,解决这个问题是没有困难的。另外,从引信上"拔下"一件东西来,这会造成一定的心理紧张。比较新型的引信是将运输保险作为装定装置的一个附加功能来进行设计,在完成装定的同时就可解除引信的运输保险。即使不需要引信有多种装定,这种装定式运输保险装置与插入式运输保险销相比,优点也是明显的。

2) 应具有防重装性能

迫击炮弹绝大多数为前装弹,从炮口装填的迫击炮弹,在发射时有可能出现两种非正常的情况。一种是底火瞎火,炮弹没有被发射出去而留在膛内;另外一种是底火正常作用,但药包迟缓燃烧,炮弹在膛内停留一段时间后才开始正常运动。对于60mm、82mm 口径的迫击炮,最高射速可达30发/mm,射手的装填动作可能是有"节奏"的。因此,如果第一发炮弹没有发射出去,射手出于"习惯"仍按正常的发射速度装填第二发,前一发炮弹就要在膛内与第二发炮弹相碰。这种非正常装填,人们笼统的称之为"重装"。一些老式的无隔爆机构的迫击炮弹引信,如果发火机构没有利用弹道环境力解除保险的机构,则有可能在上述第二种情况下产生严重的膛炸或炮口炸事故。因此,引信应具有防重装性能,必须是隔离雷管型引信,发火机构必须出炮口后才解除保险。

3) 引信应具有较高的灵敏度和瞬发度

迫击炮所射击的目标区域不仅是土质地面,还有可能是水面、沼泽、沙漠等。目标本身则是有生力量以及一些强度较低、结构较弱的器材、车辆、建筑物等。无论是击中目标本身还是目标背景,引信都应可靠作用。在射击试验中,要求引信对任何地面射击时可靠发火。即使以小落角碰目标或擦地时,引信也应可靠发火。迫击炮弹引信的灵敏度问题由于炮弹较轻,落速较小而显得更为突出。

迫击炮榴弹主要以破片杀伤和毁坏目标,为了有效地利用破片,引信瞬发度应尽可能高。瞬发度要求 $200\sim700\mu s$。

4) 外形及质量应满足通用化要求

引信外形及质量应符合 GJB814.2 中的有关规定。

综上所述,迫击炮装填方式和内、外弹道的特点,给引信设计带来了一些特殊的问题。

设计师们一直在试图寻找一种性能完善、成本低廉的迫击炮弹引信。这种努力的突出表现是迫击炮弹引信的更新换代十分迅速。就美国迫击炮弹引信而言，20世纪50年代大量使用的M52引信；20世纪60年代即被带有无返回力钟表机构的M525引信替代；70年代则将带有空气动力延迟机构的M717引信列为标准正式使用。最新资料表明，早在20世纪60年代中期开始研制的具有触发、延期、空炸多种装定的多用途引信已于80年代正式装备部队。这里尚未包括曾经使用或还在使用的M524和M567等引信。多用途引信首先在迫击炮弹上使用，将使迫击炮弹引信的一些传统设计思想得到改变。

12.3.2 迫-1甲引信

迫-1甲引信配用于82mm迫击炮杀伤榴弹，用零号装药发射时，炮弹的最大后坐过载系数约为1135。引信的结构如图12-8所示，这是一个隔离雷管型的引信。

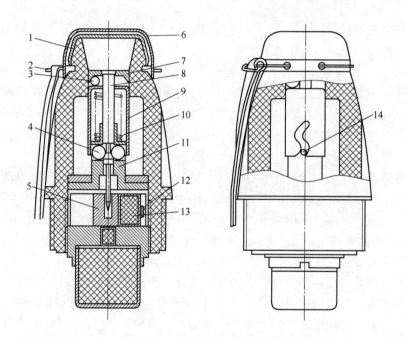

图12-8 迫-1甲引信
1—盖箔；2—运输保险销；3—上钢珠；4—下钢珠；5—雷管座；6—保险帽；7—击针头；8—击针；
9—惯性筒；10—惯性筒簧；11—支座；12—锥簧；13—雷管；14—导向销。

1. 迫-1甲引信构成

该引信组成比较简单，主要包括：发火机构、后坐保险机构、隔爆机构、闭锁机构和爆炸序列。

发火机构为瞬发发火机构，包括击针头7、击针8、雷管13，平时被后坐保险机构保险。

后坐保险机构包括带细径的击针、惯性筒9、惯性筒簧10、一个上钢珠3、一对下钢珠4以及支座11，该机构自成合件。惯性筒上有曲折槽，与支座上的导向销14作用实现平时的安全以及一定的延期解除保险距离。除了惯性筒上有一曲折槽（共3段），并相应地在支座上点铆一导向销以外，迫-1甲引信的触发机构与榴-5引信几乎完全一样。但在榴-5引信中,击针仅仅是一个被保险零件,而在迫-1甲引信中,击针既是一个被保险零件,又是雷管座5的保险零件。

隔爆机构采用水平移动的滑块(雷管座)实现雷管与导爆药的隔爆。由于迫击炮弹不旋转,驱动力为侧推簧(锥簧12),隔爆机构的保险件为伸入滑块盲孔中的击针。

闭锁机构为雷管,其在滑块内可相对滑块上、下移动,当解除隔爆后雷管一部分伸入支座的孔中,起到闭锁作用。

引信爆炸序列包括雷管、导爆药、传爆药3个爆炸元件。

2. 迫-1甲引信作用过程

平时,击针8插在雷管座5孔内,使雷管13处于隔爆位置。在坠落惯性力的作用下,惯性筒9边转动边向下运动。由于惯性力作用时间很短,惯性筒刚开始运动,惯性力已作用完毕。惯性筒的转动、槽壁和导向销14的摩擦,特别是导向销在拐角处与槽壁的碰撞,使惯性筒所得动能在运动完两段槽前就全部消耗完了。在惯性筒簧10的作用下,惯性筒将恢复到原位,引信仍然是安全的。

在发射前,需拔下运输保险销2,摘掉保险帽6。否则,将导致引信对目标作用失效。

发射时,后坐力作用时间较长,足以使惯性筒下移运动到位,保证上钢珠3掉出。出炮口后,惯性筒在弹簧抗力作用下向上运动并抵住击针头,使击针同它一起运动。在运动过程中,惯性筒打开支座两侧的钢珠孔,击针以其锥面将钢珠挤出钢珠孔。最后,击针头抵住盖箔1,击针尖离开雷管座孔,雷管座在锥簧的作用下向左平移到位,雷管与击针对正,引信处于待发状态。

惯性筒在上移过程中,同样伴随有绕轴线的往复转动,槽壁与导向销间的碰撞与摩擦,使惯性筒的上升速度得到明显的衰减,从而延长了解除保险的时间,使引信得到一定的炮口保险距离。弹丸在做外弹道飞行时,雷管将在爬行力作用下向前移动,进入支座轴线上的孔内,从而使雷管锁定在待发位置。这样,当引信体与目标相碰时,雷管座不至于在侧向惯性力的作用下平移,而引起引信的失效。

碰目标时,在目标反作用力的作用下,击针下移戳击雷管,引爆导爆药、传爆药,进而引爆弹丸。

3. 迫-1甲引信特点

迫-1甲引信的设计构思很巧妙,以尽可能少的零件,尽可能简单的结构,基本满足对小口径迫击炮弹引信所提出的战术技术要求。不过这种引信同时也有一些严重的甚至是致命的缺点。

首先,与榴-5引信一样,迫-1甲引信的触发灵敏度不太高。为了保证平时安全,弹簧不能太软,惯性筒在解除保险后完全成了多余的零件,但目标反力同样需要克服它的惯性才能戳击雷管。这些都对触发机构的灵敏度有影响。

其次,利用曲折槽机构所得的解除保险距离太短,只有1~3m,视炮弹初速不同而有所不同。

迫-1甲引信的致命缺点是有可能发生炮口炸事故。炮弹出炮口后,击针尖离开雷管座上端面,雷管座即在锥簧作用下运动到位。由于曲折槽机构的作用,击针的上移需要一段时间,击针在惯性筒簧推动下碰到盖箔时,受有迎面空气压力的紫铜盖箔使击针筒向下反弹,戳击已处于待发状态的雷管,引起炮口炸。虽然榴-5引信的击针在炮口外也在惯性筒簧的推动下上移，但它并不与盖箔直接相碰，而是与引信上体的台阶相碰，这就不会产生较大的反弹。在空气压力作用下的盖箔相当于一个空气弹簧。迫-1甲引信之所以设计成击针在解除保险后直接与盖箔相碰，是为了提高它的触发灵敏度，特别是对卵石地和背山坡的灵敏度。另外，在勤务处理中一旦惯性筒下移到位，引信就处于待发状态，这样的引信在发射时必然要膛炸。为避免这种情况，可在射击去掉保险帽时注意观察盖箔的状况，凡是已解除保险的引信，在盖箔上都留有击针头碰击的规则的圆形凸印，应禁止用这样的引信射击。这种检查，在射击训练时是能做到的，但在紧张的战斗环境下，难以做到。

迫-1甲引信的设计采用串联保险的方案，平时钢珠和惯性筒限制击针于安全位置，击针又限制雷管座于安全位置，击针一解除保险，随之就解除对隔爆机构的保险，原理图如图12-9(a)所示。榴-5引信则采用并联保险的方案，即触发机构和隔爆机构各有独自的保险机构，如图12-9(b)所示。显然，图12-8所示的方案可使引信结构简单，但保险机构的提前作用会使整个引信处于待发状态。它的失效概率较低，而早炸概率较高。

图12-9(b)所示的方案中若仅有一个保险机构提前作用，不会导致整个引信进入待发状态，安全性较高。

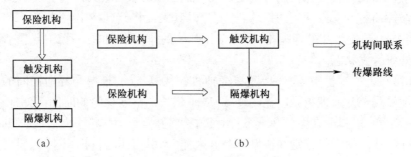

图12-9 串联保险与并联保险设计方案
(a) 迫-1甲引信原理图；(b) 榴-5引信原理图。

12.3.3 带有运输保险销的美国迫击炮弹引信

美国早期的迫击炮弹机械引信几乎无一例外地采用运输保险销来解决平时安全和发射时可靠解除保险的矛盾。

1. M52A1弹头引信

M52A1弹头引信(如图12-10所示)配用于美军老式的60mm和81mm迫击炮杀伤榴弹和烟幕弹，是隔离雷管型的，由装有击针合件的引信上体1及装有隔爆机构和传爆序列的引信下体2两大部分组成。外露击针帽上铆合有击针11，两者同由弹簧12支撑，并靠销子6将击针合件锁定在装配位置。弹簧抗力应能有效阻止击针受空气阻力作用时向下运动。但是抗力过大，将影响触发灵敏度。通常取两倍空气阻力作为弹簧预压抗力的设计依据。装有M44针刺雷管14的雷管座7靠出膛销9保持在隔爆位置。出膛销由插有运输保险销4的惯性销3保险。

发射前需将运输保险销拔去，此时惯性销由惯性销簧5支撑。发射时，惯性销在后坐力作用下压缩弹簧并释放出膛销。由于膛壁的阻挡，出膛销于弹丸出炮口后才在弹簧8

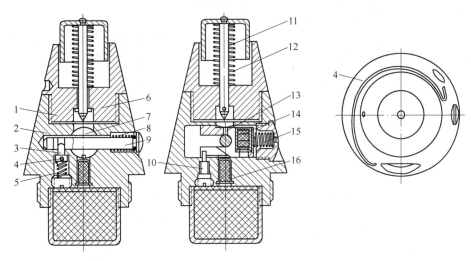

图 12-10 美国 M52A1 弹头引信

1—引信上体;2—引信下体;3—惯性销;4—运输保险销;5—惯性簧销;6—销子;7—雷管座;8—弹簧;
9—出膛销;10—定位销;11—击针;12—弹簧;13—盲孔;14—针刺雷管;15—弹簧;16—导爆管。

作用下跳出,解除对雷管座的保险。在出膛销解除对雷管座的保险以前,击针也由于后坐力作用下沉以其尖端部插入雷管座盲孔 13 内,起一辅助的膛内保险作用,引信在膛内始终处于隔爆状态。出炮口后,出膛销飞离引信体,击针在弹簧作用下恢复原位,雷管座则在弹簧 15 作用下顺定位销 10 运动到位,使雷管与击针及导爆管 16 对正,引信处于待发状态。

M52A1 弹头引信的击针帽凸出于引信体外,因此对卵石地射击时也能可靠作用。M52A1 引信自身并不密封,它的密封问题是靠与炮弹装配后全弹包装密封来解决的。

2. M717 弹头引信

M717 弹头引信(如图 12-11 所示)也是 M52 弹头引信的改进型。引信延期解除保险机构是根据空气阻尼延迟原理设计而成的,这使结构大为简化。

M717 弹头引信上体合件与 M52 弹头引信完全一样。下体合件的差别仅在于,M717 弹头引信的滑块组件附加有一空气阻尼延迟机构,可以得到 1.5~6s 的解除保险时间。空气阻尼延迟机构由铝制气缸 3、闭气环 6、莫涅耳合金节流板 5、弹簧 4,以及充当活塞的雷管座 1 等组成。为了防止节流板在搬装和运输过程中损坏,外加一个粘有塑料板 7 的保护罩 2。发射前,除了需要拔下运输保险销以外,还应取下保护罩。发射时,引信的动作过程与 M52 引信相同。出炮口后,作为活塞的雷管座在弹簧作用下向左运动。由于橡胶圈的密封,在气室内的空气将变稀薄,而进入气室的空气流量受到节流板及气缸中心孔的限制。因此,气室内外,即雷管座的左右两端存在有压力差,超压方向与弹簧张力方向相反,构成雷管座运动的阻尼,延迟雷管座运动到位的时间。

空气阻尼延迟机构的最大缺点是对温度十分敏感。为了减少时间散布,美军规定装有这种引信的炮弹只能在 -17.5~62℃ 的温度内射击。而美国引信通常允许在 -53~70℃ 的温度内射击。

机械触发引信具有作用可靠的优点,但不能充分发挥杀伤爆破榴弹对面目标的毁伤

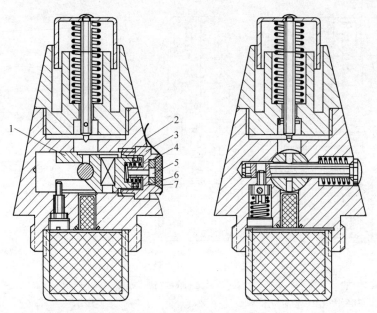

图 12-11 美国 M717 弹头引信
1—雷管座;2—保护罩;3—铝制气缸;4—弹簧;5—节流板;6—闭气环;7—塑料板。

效果。无线电近炸引信可以显著提高毁伤效果,但易受敌方干扰。采用电气—机械综合技术的多用途引信兼有两者的优点,而避免了它们的缺点。美国 M734 多用途引信(见 14.3 节)的关键部件是涡轮发电机,它是引信电气部分的工作能源。电动机需要速度高于 25m/s 的气流才能工作,这本身就构成了引信的一道环境保险。同时引信尚可利用发射时后坐力作为第二道环境保险。美国现用的设计参数为 $225g$ 作用时惯性机构不解除保险,$375g$ 作用时可解除保险。由于采用双重环境保险,引信的安全性很高,当然不再需要运输保险销。电引信实现延期解除保险、空炸、延期炸及碰炸等,都是容易办到的,并且很少使用活动零件。这就使引信的可靠性大为提高。碰目标时,气流突然减少,电动机输出电压突然下降,即电动机损坏本身就是起爆信息。着速 55m/s 时,引信在 700μs 内作用;着速 244m/s 时,引信在 200μs 内作用(假定两者的落角均为 30°)。由于是通过电路实现多种起爆,因此就有可能用遥控的方式进行装定。

12.4 破甲弹引信

12.4.1 概述

在第一次世界大战前就开始出现装甲与战斗部之间的对抗。第二次世界大战中,坦克得到大量使用,使这一对抗进入了一个新的阶段。坦克具有机动、防护、火力等优势于一体的功能,被称为"陆战之神"。为了对付大量的装甲目标,出现了不同的反坦克弹药战斗部,包括破甲战斗部、穿甲战斗部和碎甲战斗部等。与之相对应出现了破甲弹引信、穿甲爆破弹引信以及碎甲弹引信。普通穿甲弹依靠动能侵彻破坏坦克装甲,本身不需要引信,而穿甲爆破弹及碎甲弹引信要求有自调延期功能。破甲弹作为反坦克弹药的一种主要形式,目前发展比较活跃。

　　破甲弹的破甲效果与初速没有直接的关系,因此可以用榴弹炮、无后坐力炮等低初速火炮发射,甚至用作火箭筒、枪榴弹、手榴弹的反坦克弹药。破甲弹的广泛使用,使反坦克武器多样化了,在某种程度上,构成了对装甲目标的威胁。

　　破甲弹的破甲深度与炸高(破甲弹起爆瞬间药形罩底面到目标表面的距离)的关系很大,能获得最大破甲深度的炸高称之为最有利炸高。弹丸设计好以后,理论炸高也就定下来了。但实际炸高却因弹体强度、着速、着角、引信瞬发度等因素而有所不同。引信的作用时间越长,着速等因素对实际炸高的影响就越显著,越不易保证破甲弹的最有利炸高。早期的破甲弹配用机械触发引信,作用时间较长。为了减小炸高散布,破甲弹一般都由低初速火炮(如无后坐力炮)发射。加农炮的弹药基数中虽然也包括破甲弹,但只限用减装药射击。压电引信的研制成功,为充分发挥锥孔装药破甲弹的威力创造了条件。因为这种引信的作用时间比机械触发引信短得多,可保证破甲弹的有利炸高。

　　根据破甲弹对最有利炸高的要求及装甲目标特点,对破甲弹引信的主要战术技术要求如下:

　　(1) 应具有较高的瞬发度。装甲目标通常具有良好的避弹外形,要求弹丸在碰目标时不产生跳弹或滑移爆炸,因此引信应具有较高的瞬发度,以使炸高散布减低到最小限度。瞬发度要求不大于 $30\mu s$。

　　(2) 应具有良好的大着角发火性和适当的钝感度。破甲弹射击过程中易与阵地伪装物、目标伪装物以及弹道上的弱障碍物(如庄稼,树枝等)碰击,要求引信应具有适当的钝感度。另一方面,鉴于坦克以及其他装甲目标的结构强度很高,引信的触发灵敏度低一些,也是允许的。但是,在解决灵敏度问题时,应以保证大着角可靠发火作为前提。根据现代坦克的结构特点,引信至少应保证在 $65°\sim80°$ 着角条件下可靠发火,串联战斗部引信要求 $70°$ 着角条件下可靠发火。

　　(3) 应具有擦地炸的性能。坦克机动能力的提高,使弹丸首发不命中的概率增大。因此,提出了破甲弹引信擦地炸问题,即当弹丸没有命中目标时,引信仍能擦地引爆弹丸,以毁伤伴随坦克前进的步兵和破坏坦克外部的装置,如天线、观察设备、油箱、履带等,并免除对未命中目标弹丸的战后清理。这里讲的"擦地炸"这一概念,包括弹丸未命中目标擦地跳起爆炸,以及虽命中目标但由于着角太大,引信头部未能碰及目标时爆炸这两种情况。

　　(4) 应尽量减小对金属射流的影响。对于弹头引信其体积,特别是长度尺寸应尽可能小,并少用金属零件,以减小对金属射流的不利影响。

12.4.2　电-2引信

　　电-2引信是配用于破甲弹的压电引信。压电引信是利用压电元件将环境能转换为起爆电能的引信。适用于成型装药破甲弹,其优点是:瞬发度高,引信在数十秒钟内即可起爆弹丸;易于实现弹底起爆,这对利用空心效应提高破甲威力极为有利。因此,一般压电引信都是弹头压电弹底起爆。

　　由于压电引信使用压电陶瓷和电雷管,因此,要求引信具有抗电磁干扰的能力,既要求引信在遇到内外各种电信号干扰时必须安全。常采取的电保险措施如下:

（1）在解除保险前，电雷管两极短路并和电源断开。对于LD-3屏蔽电雷管，因其具有屏蔽作用，可不设短路开关，在延期解除保险前，其中心接点不能与任何外部接线相连，以免破坏其屏蔽状态；

（2）对于碰目标压电的引信，在解除保险前，压电陶瓷两极和接线应该短路，或在陶瓷两极固定地接入具有适当阻值的泄漏电阻，以使平时和发射过程中压电陶瓷上可能产生的电荷及时泄漏掉；

对于发射时压电的引信，压电陶瓷不能加泄漏电阻和膛内起保险作用的短路开关。并且要求陶瓷两极接线之间及碰击开关等要有足够的绝缘电阻和绝缘强度，以保证发射时产生的电荷在飞行时不会漏掉，并须保证电路不会被击穿而造成早炸或瞎火；

（3）整个弹体应该形成一个导电的整体，引信电路全部包含在弹体里面，以达到对外界的电屏蔽作用。

1. 电-2引信构成

电-2引信配用于火箭筒发射的反坦克火箭增程弹，最大速度为300m/s，直射距离为330m。该引信由头部机构和底部机构两部分组成，如图12-12所示。

电-2引信的线路如图12-13所示。S_1是压电陶瓷短路开关，S_2是雷管短路开关。有了S_1短路开关就能保证在平时和发射时压电陶瓷上产生的电荷漏掉。S_2在平时闭合以使雷管两端接地防止危险。在平时压电陶瓷因开关S_1闭合而短路，雷管则因开关S_2闭合而短路，并未接入压电陶瓷发火电路内。

头部机构主要是压电发火部分，如图12-14所示。接电管7和头部体5分别为压电陶瓷两个极的引出端，依靠碰坦克时目标反力作用，压电陶瓷产生电荷起爆爆炸序列的电雷管。

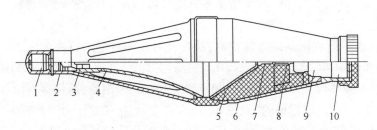

图12-12 破甲弹及引信安装位置

1—头部结构；2—风帽；3—接电管；4—内锥罩；5—药形罩；
6—弹体；7—接电杆；8—导电杆；9—底部机械；10—底螺。

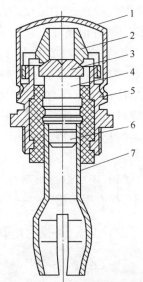

图12-14 电-2引信头部机构

1—防潮帽；2—头螺；3—压电块；
4—压电陶瓷；5—头部体；
6—压电座；7—接电管。

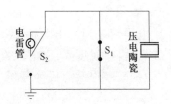

图12-13 电-2引信平时安全电路

底部机构包括:隔爆机构、保险机构、膛内点火机构、以及爆炸序列,如图12-15、图12-16所示。

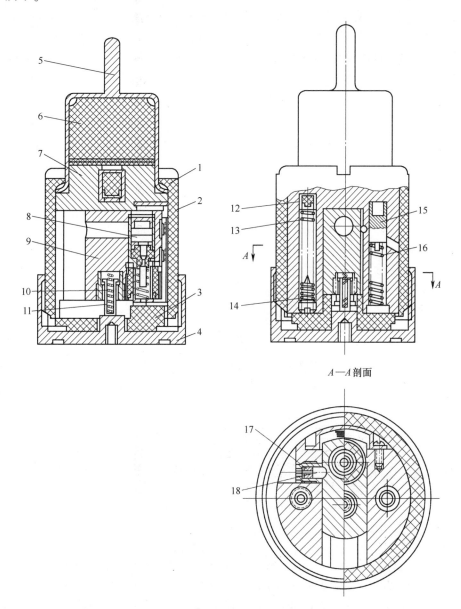

图 12-15　电-2 引信底部机构

1—塑料圈;2—绝缘外壳;3—绝缘座;4—底螺;5—传爆管壳;6—传爆药;
7—滑座;8—雷管;9—滑块;10—短路簧;11—短路套;12—火帽;13—保险簧;
14—击针;15—惯性筒;16—惯性簧;17—延期药;18—销子。

从压电陶瓷上面一极开始,经过压电块、头螺2连到弹体上(地)。压电陶瓷下面一极通过压电座6、接电管和与弹体绝缘的内锥罩及药形罩与图12-15的传爆管壳5上的柱状接电杆相接触,而传爆管壳又通过滑座7和滑块9与独脚雷管8的外壳(即雷管一极)相接。与雷管壳绝缘的独脚(即雷管另一极)则通过图12-16的导电簧22,导电套23

281

和与滑座相接触的挡片 20 相接。这就等于雷管两极短接构成 S_2 的闭合状态,但是此时压电陶瓷的上面一极却通过底螺 4、短路套 11、短路簧 10、滑块、滑座、传爆管壳突脚和压电陶瓷下面一极相接使压电陶瓷本身短路,短路套和簧构成开关 S_1。此时电路部件图如图 12-17 所示。

隔爆机构为弹簧驱动的可水平移动的滑块,滑块内装主雷管,通过滑块的移动实现隔爆与爆炸序列的对正。另外在隔爆位置时电雷管、压电发火回路各自短路,解除保险进入待发状态后电雷管接入压电发火回路。

保险机构为后坐保险以及火药保险,滑块平时受后坐保险机构的钢珠以及火药保险机构的销子 18 约束。火药保险机构提供了延期解除保险功能。

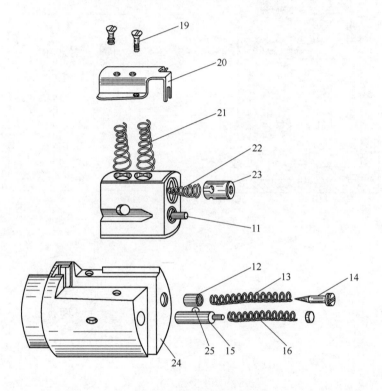

图 12-16 弹底机构零件展开

11—短路套;12—火帽;13—保险簧;14—击针;15—惯性筒;16—惯性簧;19—螺钉;20—挡片;
21—滑块簧;22—导电簧;23—导电套;24—滑座;25—钢珠。(零件号与图 12-15 有重叠)

膛内点火机构为击针 14、保险簧 13、火帽 12 组件,依靠发射时后坐力点火,主要用于点燃火药保险机构的延期药 17。

该引信的爆炸序列包括电雷管、导爆药和传爆药 16。

2. 电-2 引信作用过程

平时,滑块带同雷管处在电路安全位置上,此时雷管不和导爆药对正,因而也保证了机械隔爆。滑块虽有滑块簧推动,但滑块的一侧有一个 V 形槽,平时后面被延期药抵住的销子就卡入槽内制止滑块移动。只有当延期药燃烧完毕,滑块在簧的推动下才能将销子挤向外而移动。由于延期药燃完要经过一定的时间,因此释放滑块也有一段延期时间,这样就使引信得到 10~20m 的解除保险距离。在滑块的另一面还有一个 V 形槽,它被一个钢珠卡住,钢珠一部分卡入V形槽内,一部分在滑座壁的孔内。外面被惯性筒15堵住不能脱落,保证了滑块平时不能运动,也保证S_1、S_2开关的闭合,使引信处于电路和机械安全状态。

发射时底部机构中的火帽,惯性筒在直线惯性力作用下,压缩弹簧下沉。火帽下沉和击针相碰发火,点燃延期药。惯性筒下沉释放钢珠,但滑块在延期药燃烧完毕前仍受销子所阻不能运动。当弹飞离发射筒到20m左右,延期药燃尽,滑块在两根弹簧抗力推动下将销子挤压向外移动,滑块就被释放而移动。当滑块移动到位时在电路方面,短路套在簧推动下向下伸,压在绝缘座3上,这样晶体的底面一极与地断开,也等于开关S_1打开,解除晶体短路。另一方面雷管独脚下面的接电套离开了挡片而压在底螺上也就等于电雷管解除短路而其一端通地并与晶体顶面一极相接通。这样引信在电路上就解除了保险,同时由于滑块移动到位,雷管与导爆药对正,引信处于待发状态。此时电路和电路与部件的关系如图12-18所示。

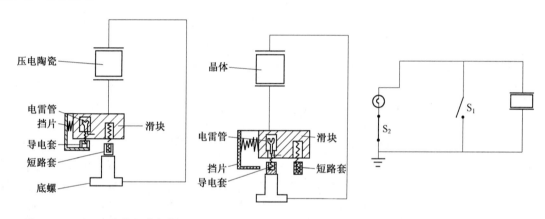

图12-17 电-2引信电路部件　　图12-18 电-2引信解除保险电路和电路部件图

当引信碰目标时晶体受压产生电荷,形成高压使火花雷管爆炸,从而引爆火箭弹。

3. 电-2引信特点

(1)钝感度较好。引信头部用0.25mm铝板冲制的防潮帽,除了保证密封外,还起到降低灵敏度的作用。头螺与头部体连接螺纹的间隙,用注入的环氧树脂加以固定,如果引信头在弹道上与一些弱障碍物相碰,防潮帽被压垮,障碍物反力将作用在头螺上。只要反力不足以将环氧树脂破坏,反力的一部分将通过头部体传给弹体,这在一定程度上也可降低灵敏度。由于以上原因,电-2引信的钝感度性能较好。少量的射击试验表明,无论对距炮口40m远的5mm厚胶合板立靶,还是对距炮口80m远的3mm厚胶合板立靶,引信均未发火。

(2)大着角发火性较好。半球形压电块及与之环状接触的头螺,使压电电源即使在65°着角时也能可靠作用。

综上所述,电-2引信由于采用了后坐保险机构及火药延期解除保险机构这样的复式保险,具有较高的安全性。压电电源的钝感度性能及大着角发火性能都比较好。这个引信并没有设置专门的擦地炸机构。

283

12.4.3　美国 M412 压电引信

M412 引信由头部压电电源和底部起爆机构组成,配用于 M72 反坦克火箭弹,弹径 66mm,初速 144.8m/s,直射距离 180m。

头部压电电源(如图 12-19 所示)位于弹的前端,包括铝制外壳 6,壳内用塑料塑合着压电陶瓷 2 和镀银铜板 1,镀银铜板与铝壳接触,经弹体至底部机构,形成一条通路。陶瓷的下表面与小铜板 3 连接,经导电销 5 用导线 4 接到弹底,构成另一条通路。

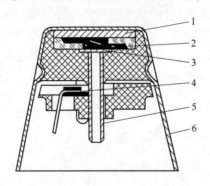

图 12-19　M412 引信头部压电电源
1—镀银铜板;2—压电陶瓷;3—小铜板;4—导线;5—导电销;6—铝制外壳。

引信的电路原理见图 12-20。发射前,电雷管两端均接地,处于短路状态。此时,压电陶瓷与电雷管的电路是断开的,见图 12-20(a)。发射后,引信解除保险,电雷管的第二端离开接地极,并与压电陶瓷的非接地极接通,引信处于图 12-20(b)所示的待发状态。与压电陶瓷并联的是一个 150kΩ 的旁路电阻 R,放在压电陶瓷中部一长方槽内。旁路电阻 R 的作用,是泄漏勤务处理及发射时压电陶瓷产生的电荷以保证安全。碰目标时,电雷管已接入起爆电路,并且雷管内阻只有 1~10kΩ(M48 电雷管),压电陶瓷所产生电荷的大部分将流经电雷管,旁路电阻的影响很小。

头部压电电源除铝壳、1mm 厚铜板及导电销是金属件以外,其余部分用塑料填充。塑料是易燃物质,对聚能流的阻力很小,对破甲深度的影响也较小。

M412 引信底部机构装在一个图 12-21 所示的外套内,去掉外套后的整个底部机构如图 12-22 所示。底部机构全都装在夹板和底座组成的框架上。前夹板上装有保险机构,用来阻止装在两块夹板之间的回转体 19 转动,使它处于隔爆状态。后夹板 1 上装有时间机构。这个机构的作用是在保险机构解除保险以后延长回转体转正的时间,以达到延期解除隔爆的目的。在底座内尚装有擦地炸机构,保证火箭弹擦地、头部电源根本不受目标反力时,引信仍能起爆弹丸。

1)接电与隔爆机构

回转体上铆接有接电板合件。接电板 21 与回转体之间用塑料板 20 绝缘。M48 电雷管的一根脚线用接电螺钉 22 接在接电板上,另一脚线用螺钉直接固定在回转体上,作为接地点。平时雷管处于水平位置,接电板的长接点与固接在前夹板上的上接电片 12 接触。这样电雷管的两根脚线通过回转体—夹板—回转体形成短路。

第 12 章 触发引信

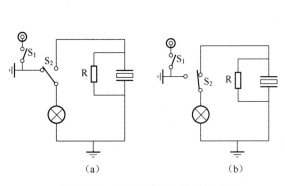

图 12-20 M412 引信电路原理图
(a) 安全状态；(b) 待发状态。

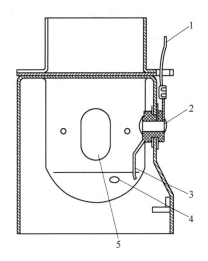

图 12-21 M412 引信底部机构的外套
1—导线；2—绝缘铆钉；3—接电簧片；
4—检查点；5—透明检查窗。

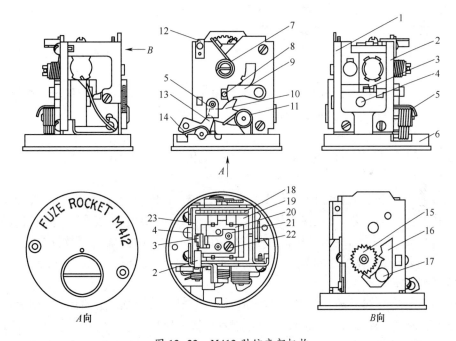

图 12-22 M412 引信底部机构
1—后夹板；2—前夹板；3—下接电片；4—接电销；5—接触片；6—底座；7—扭簧；8—制转销；9—上卡板；
10—中卡板；11—卡板簧；12—上接电片；13—下卡板；14—卡板簧；15—骑马轮合件；16—卡子；
17—卡子轴；18—大齿轮片；19—回转体；20—塑料板；21—接电板；22—接电螺钉；23—塑料板。

压电陶瓷的下表面通过导线连到底部外套上的绝缘铆钉上，并经过接电簧片与底部机构的接电销 4 接触。按电销同时又充作铆钉，将下接电片 3 铆紧在塑料板 23 上。在回转体处于保险位置时，下接电片只与压电陶瓷的下表面接通，与电雷管是断开的。

在回转体处于保险位置(如图 12-23 所示)时，电雷管 24 和 M106 针刺火帽 25 与引信轴线垂直,不对正传爆药。即使因意外的原因引起雷管自炸,爆炸产物被回转体阻挡,不会引爆传爆药,起到隔爆作用。

当保险机构解除保险后,回转体在扭簧 7 作用下逆时针旋转 90°。接电板的长接点与上接电片脱离,解除短路,而短接点则与下接电片接通,使电雷管接入起爆回路,如图 12-20(b)所示。同时,电雷管对正传爆药,进入待发状态。

由此可见,回转体的解除保险运动,同时起到了打开电雷管的短路,接通电雷管的起爆回路和解除雷管隔爆这样 3 个作用。

2) 保险机构

引信用 3 块连锁卡板作为保险机构。上卡板 9 顶住回转体上的制转销 8,阻止回转体在扭簧力矩作用下转动。中卡板 10 受卡板簧 11 的扭力作用,力图顶住上卡板,不让它向下转动。下卡板 13 又受卡板簧 14 的扭力矩作用,力图顶住中卡板,不让它向下转动。3 块卡板受两根扭簧的作用,依次锁住。只要下卡板不首先放开中卡板,中卡板就不能放开上卡板。上卡板不转动,回转体被锁住,这就是平时的保险位置。发射时,在后坐力的作用下,下卡板首先克服扭簧力矩及摩擦力矩放开中卡板,接着中卡板克服扭簧力矩及摩擦力矩放开上卡板,最后制转销被释放,回转体在扭簧作用下开始向解除隔爆位置转动。

M72 火箭弹的最大后坐过载系数 K_1 = 3640,但作用时间约 6~11ms,是坠落过载作用时间的十余倍到数十倍。即使坠落过载能使一块或两块卡板转动,只要中卡板与上卡板没有脱离啮合,过载结束后,已经转动的卡板又会在卡板簧作用下恢复原位,回转体仍然居于隔爆位置。

M412 引信的连锁卡板机构,在 $800g$ 的后坐加速度作用下,不解除保险;在持续时间不超过 5.5ms 的 $1100g$ 后坐加速度作用下,100% 解除保险。

3) 延期解除保险机构

为了得到一定的炮口保险距离,M412 引信采用了无返回力矩钟表机构,以延迟回转体转正的时间。

M412 的钟表机构包括与回转体轴固接的大齿轮片 18、装在后夹板上的齿轴—骑马轮合件 15 以及用卡子轴 17 连接在后夹板上的卡子 16。原动机就是回转体扭簧,轮片的齿数是 52,齿轴齿数是 12,骑马轮齿数是 22。在 -40~70℃ 的温度内,回转体从安全位置转到完全解除隔爆位置的时间为 70~100ms,得到的炮口保险距离为 8.5~14m。

4) 擦地炸机构

M412 引信的擦地炸机构如图 12-24 所示。回转体解除隔爆后,M106 针刺火帽与装在底座内的弹簧击针 2 对正。击针下面的压缩弹簧 3 具有足够的能量使击针击发针刺火帽,但由于击针肩部被保险杆 1 中部的平面压住,而不能击发。保险杆装在与击针驻室垂直的细圆孔内,其外端部平面又被带惯性锤 7 的杠杆 5 顶住不能转动。惯性锤是用密度较大的铅做成的,有较大的质量,很容易带着杠杆向释放保险杆的方向运动。为了防止在回转体转正前杠杆产生摆动,杠杆靠近惯性锤一端,有一弯头伸入回转体的沟槽内。只要回转体不转正到位,杠杆就不会产生摆动。回转体转正到位后,沟槽随之转 90°,杠杆即可自由地作顺时针摆动。保险簧丝 6 用来保证弹道安全。碰到目标时,惯性锤在前冲力作用下,克服保险簧丝的阻力,带着杠杆绕杠杆轴 4 顺时针转动,放开保险杆。击针在预压缩弹簧抗力作用下,戳击火帽,并通过侧壁上小通孔引爆电雷管,电雷管直接引爆 5.6g

以黑索金为主的 A5 传爆药柱,使弹丸爆炸。

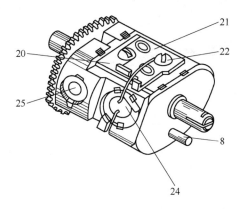

图 12-23　M412 引信回转体
20~23 同图 12-22;24—电雷管;25—针刺火帽
(零件号与图 12-22 连续编排)。

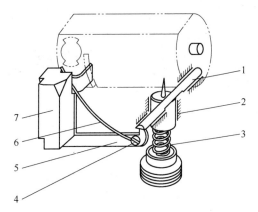

图 12-24　M412 引信的擦地炸机构
1—保险杆;2—击针;3—弹簧;4—杠杆轴;
5—杠杆;6—保险簧丝;7—惯性锤。

综上所述,这种擦地炸机构有一定的方向性。火箭弹擦地时,惯性锤除了受轴向前冲力以外,还受径向惯性力的作用。擦地时,如果惯性锤在上面,径向惯性力有利于惯性锤向作用方向运动,如果在下面,径向惯性力就是一个阻力。这就是说,机构在赤道平面的不同方向上的惯性灵敏度是稍有差别的。

据报道,着速 128m/s 时,这种机构能对 6°倾角(84°着角)的 127mm 厚钢甲板可靠发火。同时,这种机构的灵敏度过高:以着速 120m/s 对 3.175mm 胶合板立靶射击时,100% 发火。实验室试验时,$5g$ 的加速度不能使机构作用,$35g$ 的加速度能使机构可靠作用。

5) 检测装置

M412 引信的底部外套上有一个检测点和一个密闭的透明检查窗,装配后可借以检测保险机构和隔爆机构的状态(如图 12-21 和图 12-22 所示)。外套绝缘的检查点与接触片是导通的。接触片通过一塑料垫圈装在前夹板上。中卡板在保险位置与接触片也是导通的,并始终接地。因此,从外套上的检查点进行测量时,若它与外套(接地)是通路,表明中卡板处于保险位置;若它与外套是断路,则表明中卡板已解除保险。上卡板和回转体的位置,可通过外套上的透明检查窗直接观察到。

综上所述,美国 M412 引信除钝感度性能不够好以外,是一个性能比较完善、安全性比较高的压电引信,但是结构较复杂,底部机构就有 80 多个零件。不过,这个引信的工艺相当先进,两个形状复杂的零件——底座和回转体是压铸的,其他零件多是冲压的,并且广泛采用点铆、点焊等工艺方法。另外,零件虽然较多,但单个零件的形状都较简单,便于采用生产率高的冲压工艺。

第13章 时 间 引 信

13.1 概　　述

时间引信是以计时为起爆依据的引信,当引信计时时间达到预先装定的时间后即输出点火或起爆信息。时间引信主要用于在目标区域有利高度起爆增加毁伤效果、小口径高炮榴弹在弹目交汇区起爆增加毁伤概率以及子母弹战斗部母弹引信的开仓等,也可用于宣传弹、发烟弹、照明弹等要求在一定高度点火的特种弹丸。

对时间引信的一般战术技术要求包括以下方面:
(1) 计时精度要满足要求;
(2) 计时时间使用前可进行装定,可装定的最大作用时间应大于最大全弹道飞行时间,最小作用时间应大于战斗部(弹丸)飞出安全距离的时间,小于飞达最小攻击距离的时间;
(3) 对于装定机构要装定方便、可靠、装定精度高,并能实现多次装定,且不影响时间精度和装定可靠性;
(4) 应具有触发功能;
(5) 应具有一定的时间和触发综合发火可靠度。

时间引信主要有药盘时间引信、钟表时间引信和电子时间引信等。

药盘时间引信是利用药盘内火药药剂的平行层燃烧计时的时间引信。优点是结构简单、制造容易、成本低廉;缺点是时间散布大、高空熄火、作用时间短、不适于长期储存。

钟表时间引信是利用钟表机构计时的原理控制起爆时间的机械时间引信。优点是作用时间不受外界条件的限制且散布精度较好,生产中可百分之百检验,长期储存性能好;主要缺点是构造与零件制造较复杂,造价较高。

电子时间引信是利用电子计时器计时的时间引信,作用时间长是其最突出的优点,尤其数字电子时间引信具有精度高、作用时间长、电子定时器不存在活动部件、便于实现"三化"容易与设计指挥仪联用、容易与近炸等其他作用方式复合、体积小、质量小、装定迅速、可靠、可进行无损检查和询问等优点,是目前时间引信的发展主流。

13.2　典型时间引信

13.2.1　钟表时间引信

1. 概述

钟表时间引信的组成如图13-1所示。钟表机构在引信中又称为"机芯",是钟表时间引信的心脏,用来计算或控制时间。在弹丸发射瞬间,钟表机构依靠原动机的动力而走动计算时间。由于调速器的作用,钟表机构的主轴可以做等速转动,所以,一般是以主轴转角的大小代表时间的长短。

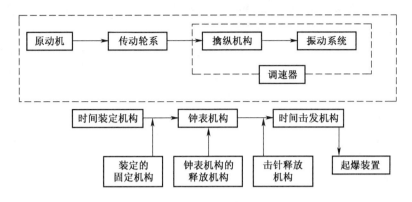

图 13-1　钟表时间引信的组成方框图

钟表机构设计应满足下述基本要求:①作用时间要长;②必要的时间精度;③钟表机构在旋转环境中的动力失调要尽量小;④装定性能好;⑤要有足够的机械强度;⑥结构紧凑、外形尺寸尽量小;⑦优先采用标准的零部件。

2. M577 钟表时间引信

1) M577 钟表引信构成

图 13-2 所示为美 M577 钟表时间引信,配用于 105mm、155mm 和 203mm 弹丸以投放反步兵子弹和反装甲、防步兵地雷。也配用于 107mm 迫击炮照明弹。该引信主要由装定装置、计时机构、发火机构、隔爆及其保险机构以及爆炸序列组成。

(1) 装定装置由装定轮壳和数字计数器组成,可进行时间装定和触发装定。数字计数器包括装定轴、3个计数轮(百秒轮,十秒轮和秒轮)、两个计数轮指示齿轴、"触发"指示标志和"保险"指示标志等。"触发"和"保险"指示标志可在引信体上的观察窗孔中直接看到。装定轴通过装定轮壳与计时机构相连接,通过装定帽扭转装定轴以完成对引信的装定。可以以 0.1s 的增量装定时间范围为 1~199s。

由于采用的是多圈装定(4圈),装定精度大为提高。

(2) 计时机构是装定机构与隔爆机构及发火控制机构之间的枢纽,位于装定轮壳的下面。计时机构以要求的时间间隔(装定时间)提供了引信的发火时间,并视引信装定可变数字计数器为触发模式。计时机构为机械钟表式计时机构,计时机构包括自由式擒纵调速器、发条原动机和计时蜗盘3部分。采用一个改进的调谐三中心擒纵机构,它依靠折叠式擒纵叉和轴向安装的扭转游丝提供谐振基准。主发条轴连接计时蜗盘并与之固定,计时开始后计时蜗盘随主发条轴按计时运动的方向做匀速转动。计时蜗盘调节蜗旋槽内导销的位置,此导销为发火组件的零件。引信平时由旋转卡板固定平衡摆轮,后坐销固定旋转卡板,相互配合提供安全。在引信受到正常的后坐与旋转的环境激励之前,计时机构不能启动。

(3) 引信发火机构包括头部触发发火机构和定时发火机构。头部为带刚性保险件的发火机构。定时发火机构位于隔爆机构上方,同其他钟表时间引信一样,采用弹簧击针作为发火机构。主要完成两种功能:释放隔爆机构转子及释放击针。在指定的解除保险时间后启动转子释放杠杆解除保险,计时时间到后释放击针释放杠杆实现定时发火,如图13-3所示。

(4) 隔爆机构为水平转子式隔爆机构。带有雷管的转子由两个离心卡板固定在相对于导爆药错位的位置。卡板由卡板弹簧支撑,其中一个卡板还受到发火机构内的转子释放组件的附加约束。这种后坐离心复合保险结构是该引信保险特性之一,用来保障平时安全。

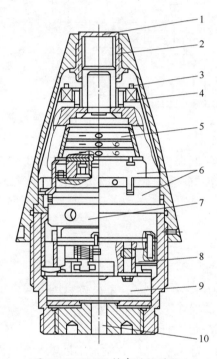

图 13-2 M577 钟表时间引信
1—装定帽;2—压溃元件;3—触发元件(两个);
4—瞬发火帽雷管(两个);5—数字计数器;
6—折叠式擒纵机构;7—计时卷轴和发条;
8—发火机构;9—安全与解除保险机构;10—导爆管。

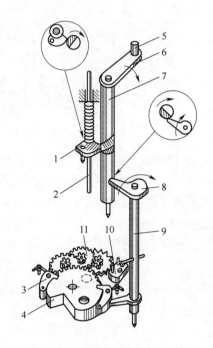

图 13-3 M577 引信发火机构与隔爆机构原理示意图
1—击针释放杠杆;2—击针;3—离心版;4—转子;
5—随动销;6—击发臂;7—击发臂轴;
8—转子释放杠杆;9—转子释放杠杆轴;
10—摆;11—轮系。

隔爆机构的设计比较特别。当装定为触发或装定时间小于3s时,转子直接被释放,自由式钟表机构不起作用。当装定较长时间时,直到装定时间前3s左右才释放转子,转子开始转动,转正所需要的时间则由转子所带动的无返回力矩钟表机构控制,并小于弹簧击针被释放时间。引信的保险距离就由转子转正所需时间来保证。无返回力矩钟表机构可提供几乎不受旋转速度影响的解除保险距离。在已经飞出安全距离后,才允许转子旋转到对正(解除保险)位置,引信解除隔爆。这种设计不仅可提高引信的安全性,而且使钟表时间引信的触发作用真正成为一种独立的功能。

M577引信触发作用时,装在引信头部的环形火帽通过柔性导爆索将位于转子内的雷管引爆。

发火机构及隔爆机构都是用一套杠杆系统来保险的。平时,弹簧击针被击针释放杠杆挡住不能向下运动；转子离心板及平衡摆则分别被装在转子释放杠杆轴上的两个杆件挡住，以上两个释放杠杆都靠在击发臂轴上。只有击发臂转过足够的角度，使轴上的两个D形缺口先后与转子释放杠杆及击针释放杠杆对正，这两个杠杆的轴才能在各自的扭簧（图中未示出）作用下转动，转子才能开始工作，击针才能击发。受扭簧作用的击发臂本身又由离心杠杆及弹簧支撑的惯性销串联保险，以保证平时安全。

（5）爆炸序列由4种元件组成：M55雷管（两个）、柔性导爆索（MDF）、M94雷管以及多用途导爆管。M55雷管位于引信头部下面的一个标志盘上，它包括一个用作击针的尖形凸出部。柔性导爆索是一种装有黑索今（RDX）炸药的管状物，装在铅和尼龙椭圆套管内。它从引信头部M55雷管下侧位置沿侧壁向下延伸到M94雷管上方。M94雷管安装在转子上，可由击针或柔性导爆索点燃。当转子处于解除保险位置时，M94雷管与导爆管对正。多用途导爆管安装在引信体的底部，兼有引发炸药与抛射药的能力。

2) M577引信作用过程

平时，雷管与击针及导爆药错开一个角度，引信处于安全状态，在引信观察窗孔中可看到"SAFE"（安全）字样。此时，蜗盘处于极限位置（如图13-4（a）所示），将随动销锁住，使之不能沿导槽运动，即击发臂不能作顺时针方向转动。击针释放杠杆和转子释放杠杆都处于保险位置。

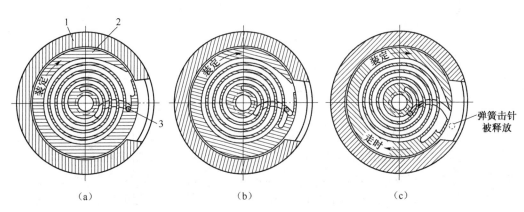

图13-4 M577引信的装定
1—蜗盘座；2—蜗盘；3—随动销。

发射前对作用方式进行装定，可装定为触发或定时作用方式。不同作用是由蜗盘与随动销的相对位置确定的。

触发装定时，蜗盘顺时针转动一个小角度（如图13-4（b）所示），观察窗孔中显示出"PD"（触发）字样。随动销移动到蜗盘宽槽的内侧。发射后，在按正常时序的后坐和旋转发射环境激励下，惯性销及离心杠杆依次飞开，释放击发臂。在扭簧的作用下，击发臂绕轴作顺时钟转动，使随动销从蜗盘宽槽的内侧运动到外侧。击发臂转过的角度正好使轴下部的D形缺口与转子释放杠杆对正，转子在离心力作用下受调速器控制慢慢地解除隔爆。由于随动销被蜗盘宽槽外侧臂挡住不能继续转动，击针释放杠杆还是靠在击发臂轴的圆柱面上。当引信碰目标时，位于引信头部装定帽内的压溃元件变形。装定帽上的凸缘驱动击针，戳入M55雷管。M55雷管引发柔性导爆索，依次引爆M94雷管和多用途导爆管，实现触发作用。

装定时间时，整个计时机构包括蜗盘作顺时针方向转动，所需的时间可以从观察窗孔直接读出。钟表机构启动后，计时蜗盘即开始逆时针方向转动（如图13-4(c)所示）。这时击发臂的保险已被解除，因此随动销将一面靠在蜗槽外侧，一面又沿导槽顺时针方向转动。当随动销运动到槽宽突然增大的部位时，转子释放杠杆解除保险，转子开始转动。此时，离装定时间还有3s。在此时间内，转子早已转正。当随动销与蜗盘脱离时，即时间到"0"时，击发臂轴在扭簧作用下迅速转动一个大角度，轴上部的D形缺口与击针释放杠杆对正，弹簧击针被释放，击针击发转子内的M94雷管，并引爆导爆管，实现定时起爆。在定时方式下，柔性导爆索以及M55雷管不起作用，仅当定时失效后作为冗余起爆用。

综上所述，M577钟表引信除了因采用自由式擒纵调速器具有较高的时间精度外，在装定机构、隔爆机构以及保险机构的设计方面，都有一些巧妙的地方。当然，多圈装定，用简易钟表机构控制解除隔爆的时间，以及双重环境力为能源的多层次的保险机构，这些设计在机械引信中不乏先例，但像M577钟表引信这样，将它们如此恰当地结合在一起，确实少见。这样做的结果，使引信的安全性有了很大的提高。另外，由于引信的最长作用时间为200s，有独立的触发装定，又利用离心力作为解除保险的能源之一，这就使得它具有很好的通用性。据报道，M577钟表引信可通用于发射过载为 $900g \sim 30000g$，转速为 $1600 \sim 30000r/min$ 的中、大口径线膛炮弹。

13.2.2 电子时间引信

1. 概述

电子时间引信是为适应武器系统发展的需要，特别是为适应对时间引信定时精度、作用时间及通用化、系列化、标准化等要求而发展起来的一种新型时间引信。在各种口径的地炮、高炮、航弹等弹种上均有使用。

随着火炮射程的大幅度增加，各种新型的反坦克武器和大面积毁伤弹药战斗部的发展，火炮、火控系统精度的不断提高，对时间引信的精度提出了更高的要求。航弹用的钟表时间引信或化学长延时引信的时间都是在挂弹前在地面上装定的，而在作战时战场上的情况是瞬息万变的。当战机到达目标上空时，飞行员应该根据当时已经变化了的作战情况采取新的轰炸方案才能取得最佳作战效果，电子时间引信就是在这样的背景下发展起来的。电子时间引信是20世纪70年代发展起来的新型引信，它一出现就显示出强大的生命力，并逐渐向遥控装定电子时间引信方向发展。该引信将成为火控系统的重要组成部分，从而将大大提高获得有利战机的主动权。

美国从20世纪60年代开始研制电子时间引信，于1978年定型了美国第一个地炮通用电子时间引信 $M587E_2/M724$ 及其装定器 $M36E_1$，并于1980年装备部队。

目前，钟表时间引信所能达到的精度指标已接近极限，进一步提高将会受到多方面的限制，较难实现。而对电子时间引信来说，采用一般的技术，就很容易达到较高精度。钟表引信的极限偏差随飞行时间的增长而越来越大，可达数秒。而电子时间引信的极限偏差值仅零点几秒，且不随飞行时间增长而加大。钟表引信对弹道参数敏感，而电子时间引信则不然。若加长钟表引信的作用时间，不但部件设计困难很大，而且时间散布也变大。而电子时间引信要实现加长作用时间不但容易办到，而且也不会影响定时精度。

由于钟表时间引信对弹道参数敏感，所以它妨碍通用化和标准化。电子时间引信工艺比钟表时间引信工艺简单。生产一种钟表引信需要上千道工序,而生产电子时间引信仅要几十道工序就可以了。

一个电子时间引信系统包括装定器和引信两部分。

通用机芯电路的主要技术指标一般是:最大作用时间范围,如 1~199.9s;环境温度,如-40~50℃;最大作用时间的相对散布,如小于±0.1%;装定时间间隔,如 0.1s。

机芯电路原理方框图如图 13-5 所示。工作过程:由雷达或指挥仪给出弹丸飞行时间,即引信的装定时间。在弹上膛前由装定器把时间量输给引信机芯存储计数器,装定速度比机芯计时速度高 500 倍以上,一般仅需零点几秒即可装定完毕。在装定完成后到弹丸发射出炮口的一定距离内弹上电源不能正常供电,靠储能元件供电。弹丸一离开炮口便开始计时,其方式是振荡器经分频后输入计数器作减法,直到计数器减到零,输出点火脉冲。

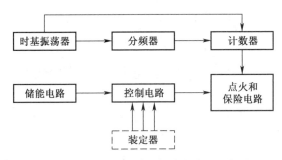

图 13-5 电子时间引信机芯电路原理框图

为加快装定速度,需对所装定的时间进行压缩。如欲装定 t 秒,压缩系数 K 选 512,那么装定速度是机芯实际计时速度的 512 倍。若振荡器产生周期为 Δt 的信号,那么要装定的脉冲个数为

$$N = \frac{t}{K}\frac{1}{\Delta t} \tag{13-1}$$

在弹丸出炮口时存储计数器开始做 N 次减法,计数器为零时,输出点火脉冲。

弹丸一出炮口,振荡器产生的信号经分频器加给计数器,分频器的作用是使每个脉冲的周期加长,以使 N 个脉冲的持续时间正好是 t_0,此时计数脉冲的周期为

$$\Delta t' = K\Delta t \tag{13-2}$$

K 实质是分频比。则:

$$t = N\Delta t' = NK\Delta t$$

就是所要装定的时间。

对引信装定时间有多种方法,如发射前用装定器装定、感应装定、遥控装定等。下面仅介绍发射前用装定器装定。

如前所述,电子时间引信主要包含两部分,引信部分和与之配套的装定器。引信是弹上部分,随弹丸一起消耗。而装定器每门炮配一个,属地面部分。所谓装定器,是把炮瞄雷达和指挥仪计算出的弹丸飞行时间写入引信内存储器的设备。

一般对装定器的主要要求如下:

(1) 在准备装定阶段,装定器能不断地接收并暂存指挥仪送来的每个时间数据,并在

收到新的数据时冲掉以前的数据。

（2）当收到装定命令时,装定器马上输出装定脉冲给引信。根据引信电路的要求,装定脉冲个数不同,8 个装定脉冲的波形如图 13-6 所示。其中脉冲 A、B、D、E、F、G、H 7 个脉冲的宽度为 10~100μs ,要求 8 个脉冲的上升沿和下降沿要足够陡(小于 1μs)。除脉冲 E 与 F 之间外,对其他脉冲间的间隔也无严格要求,约 10~100μs 。

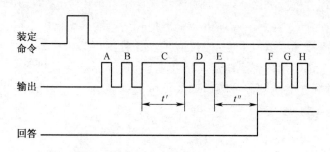

图 13-6　装定器输出的波形

（3）脉冲 C 的宽度 t' 即为所要装定的时间的 $1/K$,即 $t' = t/K$。

（4）脉冲 E 输给引信后,经过一段时间引信会发回一个回答脉冲。装定器能迅速比较两个时间 t' 与 t''。$t'' = t' + \Delta t$ 则绿灯亮,表示装定正确,否则红灯亮。

（5）从装定开始到校验完毕,时间一般小于 0.5s。

装定器的组成方框图如图 13-7 所示。各部分电路功能如下：

（1）主控计数器和主控电路组成主控单元。主控计数器是十进制计数器,每执行完一条程序,计数器加 1。根据主控计数器的状态,主控电路控制其他各部分电路按一定程序工作。

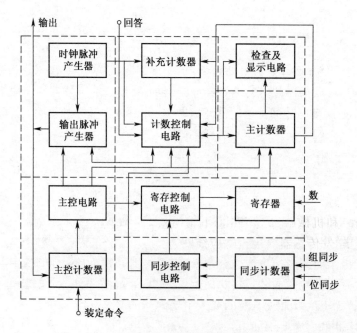

图 13-7　装定器组成框图

(2) 同步计数器和同步控制电路组成同步控制单元。同步计数器计算位同步脉冲的个数。同步控制电路根据同步脉冲的个数控制有关电路按一定程序工作。

(3) 时钟脉冲和输出脉冲产生单元。时钟脉冲产生器是一个晶体振荡器，产生频率稳定的正弦波，经过整形得到矩形脉冲。振荡频率、分频比和装定间隔三者兼顾，选择合适的数值。输出脉冲产生器从时钟脉冲中选出 7 个输送出去。

(4) 寄存器及其控制电路。寄存器把指挥仪送来的数寄存起来。寄存器控制电路控制寄存器存数或封锁。

(5) 主计数器是把"数"转换为"时间"的转换部件。把指挥仪送来的数转换成宽度为 $t' = N\Delta t'$ 的方波（N 为指挥仪送来的数，$\Delta t'$ 为装定间隔）。

(6) 计数控制和补充计数器单元。计数控制电路控制主计数器和补充计数器计数。当主计数器计满但引信无回答信号时，补充计数器开始计数，计 4 次 $\Delta t'$ 后使主、补计数器均停止计数。所以补充计数器的作用是在引信没有回答脉冲时不影响装定器正常工作。

(7) 检查及显示电路。检查引信装定的时间是否正确并用红绿灯显示检查的结果。

2. M762 电子时间引信

1）M762 引信构成

美国 M762 电子时间引信由 5 个主要子装置组成：安全与解除保险机构、电子头及液晶显示（LCD）组件、电源、接收感应线圈与机械触发开关组件，如图 13-8 所示。

安全与解除保险机构是一个机电式安全与解除保险机构，用剪切销、后坐销和离心销将隔爆机构的滑块限制在错位位置，以保证发射前的安全性。

电子头及液晶显示组件内装有电子元件及线路板，并有一个可供读数的液晶显示器。电子头起计时及起爆控制作用。为了防止在发射时高冲击及惯性过载下被损坏，在电子元器件周围进行灌封以提供支撑。该组件中的液晶显示器使操作者可目视引信内已装定编码的反馈信息。装定时间信息既可手动旋转头锥，并从液晶显示器上读出，也可在炮弹装填之前，间接地通过感应装定器读出。

电源由液态储备式化学电池和相关的激活机构组成。

接收感应线圈和机械触发开关组件位于引信头部内部，并作为触发传感器。接收感应线圈通过引信外部的感应耦合实现电连接，并接收感应装定的时间数据。这种接收允许快速装定引信而无需电触点接触。装定器可将引信显示的实际装定数据"回读"。

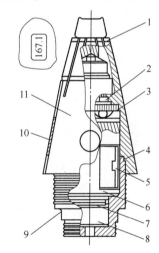

图 13-8 M762 引信
1—头锥组件；2—电子头；3—O 形环、头锥；
4—垫圈密封底盖；5—引信电源；6—电源座；
7—安全与解除保险机构；8—传爆管；
9—底螺组件；10—液晶显示器；11—引信体。

2）M762 引信作用过程

使用时，引信可以装定成时间或触发方式。引信装定可借助头锥的初始旋转以机械方法实现；也可以通过感应装定器以电子的方法实现。装定时间范围为 0.5~199.9s，装定间隔为 0.1s。在电池使用寿命期，即至少 15 天内，引信可以在任何时间重新装定。

发射时，通过激发一个位于电池底部的激活器，打碎电池内的小玻璃瓶，电池被完全激活，引信电路通电并开始工作。

同时发射时产生的后坐力驱动后坐销，释放滑块第一道保险。出炮口后，离心力闭合旋转开关以启动电子时间，并释放安全与解除保险滑块的一个旋转保险，即解除第二道保险。引信装定触发时，活塞作动器在 450ms 时发火，而对于时间装定，作动器比装定时间早 50ms 发火。活塞作动器发火后，驱动器剪断剪切销，解除第三道保险，并将安全与解除保险滑块推入解除保险位置，这时，爆炸序列对正，引信解除隔爆。

引信解除保险条件：①最小后坐过载 $1200g$；②最小转速 1000r/min；③接收到从电子组件来的解除保险信号。安全与解除保险机构内有两个爆炸元件，即主雷管和活塞作动器。雷管直到其"对正"之前，总是处于电气的不可操作的短路状态。

引信计时过程由晶体振荡器控制，作用精度优于 0.1s。如果装定为定时，到达装定时间后，发火控制电路使电雷管作用。如果装定为触发，触发开关闭合将引爆电雷管。在触发方式时，如果触发传感器不慎在解除保险时间之前闭合，触发作用无效。

第 14 章 近炸引信和复合引信

14.1 近炸引信

近炸引信是按目标自身特性或其环境特性敏感目标的存在、距离和(或)方向而作用的引信。近炸引信通过对目标的近程探测,在距离目标适当的位置起爆以实现最佳引战配合方式,提高对目标的毁伤效果。有数据表明,配用近炸引信的杀伤效果比配用触发引信要高 20 倍左右。

14.1.1 近炸引信的作用原理

近炸引信的作用原理与触发引信的作用原理完全不同。触发引信与目标之间的关系直接而简单。而近炸引信与目标的关系虽然不直接相接触,但又与目标有密切的联系。当有目标存在时,它将通过本身的物理性质、几何形状、运动状态及其周围的环境等,反映出各种信息。近炸引信通过探测目标的各种信息来确定目标的存在与方位,以控制引信适时作用。引信与目标之间靠什么来传递信息呢?这就要利用"中间媒介"来牵线搭桥了,如图 14-1 所示。

图 14-1 引信与目标之间的关系

一般来说,近炸引信与目标之间的"中间媒介"是利用各种物理场,如电、磁、声、光等。场是一种特殊形式的物质,但它与实物之间有一个显著的区别:所有实物都占有一定的空间,这一空间是不能与其他实物共同占有的。但在同一空间里却可同时存在着许多场,不仅场与场可以共处同一空间,而且实物与场也可彼此渗透占有同一空间。此时,场将改变实物的状态,而实物也将对场有所影响。近炸引信与目标之间的相互作用正是利用了场的这个特点。

当空间存在物理场时,由于目标的出现引起物理场的变化称为对比性。如果在近炸引信中装上对这种对比性有反应的敏感装置,那么,场的变化必然会引起该装置的状态发生变化。这样,就通过场的作用将目标的信息传给了引信,引信接收此信息后经过处理,控制引信适时作用。

14.1.2 近炸引信的分类

近炸引信根据对目标的探测方式不同有无线电近炸、磁近炸、红外近炸、激光近炸、电容近炸等;按其借以传递目标信息的物理场的来源可分为主动式、半主动式和被动式三类。

(1) 主动式近炸引信。由引信本身的物理场源(简称场源)辐射能量,利用目标的反射特性获取目标信息而作用的引信,如图 14-2 所示。由于物理场是由引信本身产生的,工作稳定性好。但增加场源会使引信电路复杂,并要求有较大功率的电源来供给物理场工作,增加了引信设计的难度。此外,这种引信易被敌方侦察发现,如抗干扰设计欠佳,可能被干扰。

(2) 半主动式近炸引信。由己方(在地面上、飞机上或军舰上)设置的场源辐射能量,利用目标的反射特性并同时接收场源辐射和目标反射信号而获取目标信息进行工作的引信,如图 14-3 所示。这种引信的结构简单,场源特性稳定,而且可以控制。关键在于引信要能鉴别从目标反射的信号和场源辐射的信号,同时需要大功率场源和专门设备,使指挥系统复杂化,且易暴露。目前,这种引信较少使用。

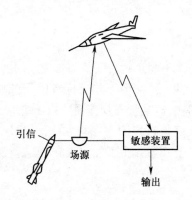

图 14-2 主动式近炸引信作用方式

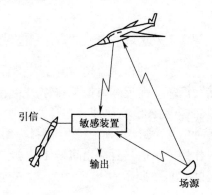

图 14-3 半主动式近炸引信作用方式

(3) 被动式近炸引信。利用目标产生的物理场获取目标信息而工作的引信,如图 14-4 所示。对于大多数目标来说都具有某种物理场,如发动机就可以产生红外光辐射场和声波,高速运动的目标因静电效应存在静电场,使用铁磁物质的目标有磁场等。这种引信不但结构可以简化,能源消耗可以减少,而且不易暴露。但引信获取目标信息完全依赖于目标的物理场,会造成引信工作的不稳定性。因各种目标物理场的强度可能有显著差别,敌方可能采取特殊措施使目标物理场产生变化或减小,甚至可以暂时消失,如喷气发动机将气门关闭或喷气孔后加挡板等。

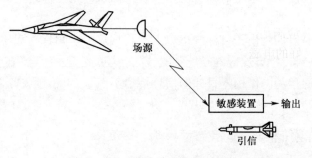

图 14-4 被动式近炸引信作用方式

14.1.3 近炸引信的组成

近炸引信与触发引信的相同之处是具有各种保险机构、隔爆机构和爆炸序列等一系列机械与火工装置。不同之处是近炸引信有一套实现近炸的近感装置。

近感装置由以下几个部分组成,如图14-5所示。

(1) 敏感装置。感受外界物理场由于目标存在所发生的变化,并把所获得的目标信息变成电信号。敏感装置是近炸引信的核心。对于主动型的近炸引信来说,敏感装置中还包括有辐射能量的装置。

(2) 信号处理装置。在一般情况下,敏感装置所获取的目标信息能量小,因而输出的初始信号也小,首先需将此初始信号放大。此外,初始信号中除了目标的信息外,还混杂有各种干扰信号和无用的信号,因此必须经过频率、幅值、时间和波形等选择和处理,去伪存真,提取有用的信号,在确定目标是处在最佳炸点位置时推动后一级执行装置工作。

(3) 执行装置。它是将信号处理装置输出的控制信号转变为火焰能或爆轰能的装置,由开关、储能器、电点火管(或电雷管)组成,如图14-6所示。电点火管所需要的电能由储能器供给,利用开关适时地接通使电点火管点火而引爆战斗部。开关的适时接通由前一级输出的控制信号控制。

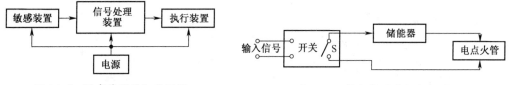

图14-5 近感装置的组成框图　　图14-6 执行装置的组成框图

(4) 电源。供给上述各装置能量以保证它们能正常工作。

综上所述,近炸引信借以工作的"中间媒介"是各种物理场,根据物理场的变化,敏感装置引入目标信号,经信号处理装置进行目标识别和定位,推动执行装置工作,引爆战斗部。

对近炸引信的一般战术技术要求包括以下方面:

(1) 应具有触发功能;
(2) 应具有在弹丸到达目标前2~6s或过了弹道顶点再接电的性能;
(3) 应具有一定的作用可靠度和近炸触发综合作用可靠度;
(4) 早炸率应满足规定要求;
(5) 对空近炸引信的近炸功能应满足最小攻击距离的要求;
(6) 炸高(距)应满足战斗部(弹丸)对目标的毁伤要求,且精度应较高;
(7) 应具有良好的电磁兼容性和一定的抗干扰能力。

14.2　典型近炸引信介绍

14.2.1　电-21地—地火箭弹无线电近炸引信

无线电近炸引信是利用无线电波感觉目标的近炸引信,它包括多普勒无线电引信、脉冲无线电引信、噪声无线电引信等。多普勒无线电引信是利用弹目接近过程中电磁波的多普勒效应工作的无线电引信。这种引信是最早使用的一种无线电引信。由于其结构简单、体积小、成本低，所以在世界各国得到广泛应用。电-21引信是自差式米波多普勒无线电引信。自差式多普勒无线电引信采用自差收发机—接收和发射系统共用来作为探测装置。

1. 电-21引信的组成

引信由引信体、风帽、电子组件(高频部分和低频部分)、化学电源、碰炸机构、安全与解除保险机构、远距离接电机构和爆炸序列等组成，其结构示意图见图14-7，其工作原理方框图如图14-8所示。

2. 近感发火控制系统的作用原理

近感发火控制系统电路如图14-9所示。

近感探测部分是一个自差收发机，它由晶体三极管BG_1，电阻R_1、R_2、R_3，扼流圈ZL_2、ZL_3，振荡线圈和天线组成。电路具有发射、接收、混频和检波的作用。工程上习惯称为高频部分。

R_1和R_2是直流偏置电阻，R_3既是稳定直流工作点的负反馈电阻，又是多普勒信号的检波电阻。C_2和C_4是滤波电容。振荡器的高频等效电路如图14-10所示，其中L_{bc}为折合电感，C_{be}为发射结电容。由等效电路可知该振荡器是个克拉泼振荡器。

由天线帽和弹体组成非对称振子收发共用天线。

在自差收发机的振荡回路中产生的高频振荡能量的一部分耦合到天线上，经天线向周围空间辐射电磁能量。如果发射频率为f_0，接收到的目标反射信号频率为f_2，因为这两个频率相差很小，则可认为振荡系统对f_2也是

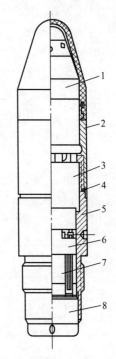

图14-7 电-21引信结构示意图
1—电子组件；2—风帽；3—高氯酸电池；
4—密封圈；5—引信体；6—延时开关；
7—隔爆机械；8—传爆管。

调谐的。从振荡理论可知，如果有两个频率相差很小的简谐振荡作用某一非线性系统，那么在此系统内会产生差拍现象。因此，在f_0和f_2两种信号同时作用于振荡回路时，它们产生线性叠加和差拍振荡，其差拍频率为$f_d=f_2-f_0$，即为多普勒频率。

由于晶体管的非线性作用，使差拍振荡信号的一部分被截去，并借助于扼流圈ZL_3的作用，使得在检波电阻R_3上得到多普勒信号输出。

放大与信号处理部分由前置放大器、低通滤波器、限幅放大器和惯性时间电路组成。其功能是在一定通频带范围内对信号进行放大并对放大了的信号进行适当处理，以提高其抗干扰能力和保证最有利炸点的要求。

前置放大器由BG_3一级组成，采用串联电流负反馈和并联电压负反馈稳定直流工作点。

低通滤波器由R_{10}、C_8、R_{11}、C_9组成，对通带以外的信号有较好的抑制作用。同时BG_4与R_{12}构成射极跟随器，以改善两级放大器之间的匹配。

限幅放大器电路形式与前置放大器相同，但直流工作点选择不同。要求尽可能保证

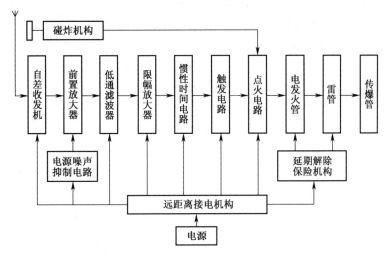

图 14-8 电-21 引信工作原理方框图

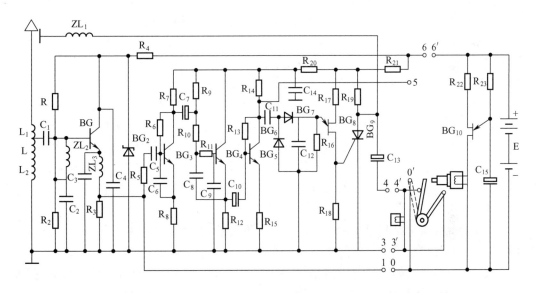

图 14-9 近感发火控制系统电路

集电极电压在 $E_c/2$,以起到双向限幅的作用。

惯性时间电路由 C_{11}、C_{12} 和二极管 BG_6 和 BG_7 及电阻 R_{16} 组成。其主要作用是提高抗单脉冲干扰的能力。C_{12} 上的电压是控制双基极二极管的导通电压。在信号正半周时通过 BG_7 给 C_{12} 充电,在信号负半周时 C_{12} 通过 R_{16} 缓慢放电。经过若干周期,C_{12} 上的电压达到双基极二极管发射极触发电压,使 R_{18} 上输出一正脉冲电压信号。适当选择 C_{11}、C_{12} 和 BG_8 的导通触发电压,电路可以具有较好的抗单个脉冲干扰的能力。

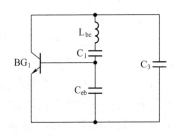

图 14-10 振荡器的高频等效电路

执行级由触发电路和点火电路组成,在引信距目标很远时,电源通过 R_{19} 给 C_{13} 充电。

由于充电电流远小于电雷管的安全电流,所以,充电时电雷管是安全的。在引信遇到目标前,电容 C_{13} 上充上了略低于电源电压的电荷。在引信遇到目标时,当多普勒信号达到一定值时,R_{18} 上输出触发脉冲,使 BG_9 导通,起爆电容 C_{13} 通过 BG_9 和电雷管放电,电雷管起爆。

引信电源采用储液式化学电源(工程上称铅酸电池)。平时电解液储存在特制的密封容器(如玻璃瓶)内,与正负极片隔离,不会发生放电现象。只有当弹丸发射后,解除了极片与电解液的分离状态,使电解液进入各组极片之间,才会发生电化学反应,产生电能。在此引信中采用了专门的电源激活机构。发射后,在离心力的作用下,电源解除保险,击瓶杆打碎电解液瓶,在离心力的作用下,电解液进入正负极片间,电源开始工作。

3. 其他机构的简单介绍

延期解除保险机构与远距离接电机构是由两套机械机构与一套电子延时电路来实现的。

延时电路由双基极二极管 BG_{10}、R_{22}、R_{23}、C_{15} 及火药推进器和扭簧组成。扭簧有两个作用:平时使电雷管短路,使电源的负极与引信电路(除延时电路外)断开,即平时扭簧的两臂处于图14-9中 3′、4′ 的位置。即使在弹丸发射后电源被激活供电了,由于电源负极与电路没有接通,引信电路也不会工作。只有当延时电路工作后,使扭簧的一臂由 4′ 移到 0′ 处时,电源的负极才与引信电路接通,引信电路才开始工作。即扭簧在经过一定时间延迟后给引信电路接通电源,并解除电雷管短路状态。

当弹丸发射后,电源被激活,由双基极二极管 BG_{10} 构成的延时电路开始工作,电源通过电阻 R_{23} 给 C_{15} 充电。经过一段时间(即远距离接电时间,一般根据战术技术指标确定)使 C_{15} 的端电压高于双基极二极管的 e_{b1} 电压,使双基极二极管导通。C_{15} 通过 BG_{10} 和火药推进器放电,火药推进器发火,产生的气体压力推动一套机构抬起扭簧长臂端,使其离开 4′ 而接到 0′,使电源负极与引信电路接通,同时扭簧不再起到短路电雷管的作用,远距离接电工作完成。

延期解除保险也是利用延时电路。当火药推进器发火后,产生的气体压力推动一套机构使本来与导爆管错位的电雷管与导爆管对正,使引信解除保险而处于待发状态。

引信设有碰炸机构。它由风帽、碰炸座与扼流圈 ZL_1 组成。当近炸系统失效时,弹丸一碰地,引信前端的风帽由于碰撞而变形,与碰撞座中的碰炸杆接触,使电雷管与储能电容 C_{15} 串联成一闭合回路,储能电容放电,电雷管起爆,完成碰炸作用。

4. 引信的作用过程

平时,电池激活机构呈保险状态,电解液与极片分开,电源不工作。电雷管被扭簧短路,电子组件与电源未接通。保险机构的转盘被下推杆和离心销锁在隔爆位置,即雷管与导爆药不对正,引信处于保险状态。

发射后,在主动段飞行时,当离心力增大到足够大时,引信的电池激活机构在离心力的作用下,离心销克服保险弹簧的抗力,释放击针,击针在储能簧的推动下,戳击火帽发火,火药气体推动击瓶杆打碎电解液瓶,电解液在离心力的作用下,经过滤罩进入极片间并发生化学反应,电源开始供电。此时,延时电路开始工作。与此同时,保险机构中卡住转盘的离心销在离心力作用下飞开。

在弹道上飞行时,从电池激活后经过 2.4~4.5s 的时间,此时火箭弹飞离炮口约

1000m,延时电路使火药推进器发火,在火药气体作用下,扭簧将电源与电子电路接通,电子组件开始工作。与此同时,电点火管也解除短路保险,火药推进器也解除了对转盘的限位,转盘在离心力作用下转正,雷管和导爆药对正并被锁定,引信处于待发状态。

在接近地面时,由于近感装置的作用,随着弹目的接近,多普勒信号越来越强。当弹目之间距离达到某一定值时,信号处理电路输出启动信号,点火电路工作,电点火管发火,引爆火焰雷管,进而引爆弹丸。

当由于某种原因近感装置失效时,在弹丸撞击地面时,天线帽变形与碰炸杆接触,碰炸开关闭合,电点火管发火,也能引爆弹丸。

该引信的最大特点是利用简单的 RC 充放电原理,通过双基极二极管和火药推进器来实现远距离接电和延期解除保险,用一套机构同时完成这两项功能,并使其延期解除保险距离达到 1000m。

14.2.2 MK-42 被动式磁引信

磁引信又称磁感应引信。它是利用目标的铁磁特性,在弹目接近时使引信周围的磁场发生变化从而检测目标的引信。

铁磁效应的实质是铁磁体具有改变周围一定范围内磁场特性的能力。属于这样的铁磁体有铁、钴、镍等。铁磁体对其周围磁场产生影响的大小取决于铁磁体的质量、形状及其铁磁性。

许多物体,如舰船、桥梁、坦克等,它们或用大量钢铁材料制成,或内部含有电机、通信设备等。总之,它们都含有大量铁磁材料。这些铁磁材料在地球磁场或其他人造磁场的长期作用下被磁化。这些被磁化了的物体使其所处位置附近的地球磁场发生畸变。磁引信可以探测这些畸变而达到探测目标的目的。因此,磁引信可以探测具有铁磁性的目标,在合适的弹目相对位置(或距离)输出起爆信号引爆战斗部(或弹丸)。

如果目标与弹的相对速度不大,则允许用具有一定机械惯性的元件作为敏感元件。因为敏感元件虽具有一定的机械惯性,但还跟得上外界磁场的变化。例如水雷用磁引信就采用磁针来控制电路。磁针根据外磁场的大小、方向进行旋转和取向,则电路的工作状态受外磁场控制。这种磁性水雷由于制造简单、布设方便、隐蔽性好、爆炸威力大,在第二次世界大战时得到广泛运用。现代水雷往往采用复合探测体制的引信。

如果目标和弹的相对速度很大,则可以利用感应线圈作为敏感元件,这是用得最广泛的方法。利用感应线圈作敏感元件的磁引信通常又可分为主动式磁引信和被动式磁引信两种类型。主动式磁引信本身辐射电磁场,而被动式磁引信本身不辐射电磁场。

下面介绍利用线圈作为敏感元件的美国被动式磁引信 MK-42。

1. MK-42 引信构成

美国主动式磁引信 MK-42 配用于 MK82 低阻航弹,由载机外挂投弹。此航弹主要被用来封锁交通、攻击机动车辆和有生力量。引信由装在弹头的延期解除保险机构和装在弹尾部的磁性非触发装置所组成(中间用电缆连接)。延期解除保险机构由 M904E2 机械触发引信改装而成。利用风翼作为动力的钟表机构可实现投弹时的延期解除保险,解除保险的时间可以装定。引信的非触发装置由磁敏感装置、放大及信号处理电路、自毁电路、执行装置和电源等组成。引信电路可用图 14-11 所示方框图表示。

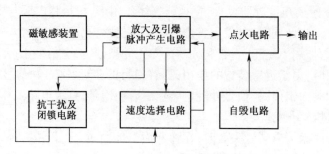

图 14-11　引信电路组成方框图

（1）磁敏感装置。利用铁磁物体可以造成物体附近地球磁场畸变的特性来探测铁磁目标，并把目标靠近的信息转换成电压信号。

（2）引爆脉冲产生电路。把微弱的目标信号电压放大并在目标靠近到最有利杀伤位置时输出一个启动脉冲触发点火电路。

（3）速度选择电路。当铁磁目标以 1~90km/h 的速度接近时，速度选择电路输出一个控制方波，控制引爆脉冲产生电路送出引爆脉冲。当目标速度小于 1km/h 或大于 90km/h 时，它控制引爆脉冲产生电路不送出引爆脉冲。

（4）抗干扰及闭锁电路。该电路有 3 个作用。①从弹刚离开载机到入地的这段时间（约 2~3min）内，该电路输出一个闭锁方波，使引爆脉冲产生电路闭锁，因而在这段时间内不会产生引爆脉冲，实现了延期解除保险。这一方面可以保证载机的安全，另一方面在弹下落过程中避免由于地面或地面上铁磁运动物体而使引信作用。同时在炸弹落地后也给引信电路一段工作稳定所需要的时间。②当速度较高的铁磁体飞过时，该电路产生 1min 闭锁方波，使引爆脉冲产生电路闭锁，从而避免其他弹丸爆炸时飞过来的弹片使引信误动作。③当出现其他内外干扰时，该电路也输出 1min 闭锁方波给引爆脉冲产生电路。

（5）自毁电路。由于工作时间过长或其他原因致使电源电压下降到一定程度时引信电路不能正常工作，此时该电路输出一个启爆脉冲给点火电路引爆电雷管。

2. MK-42 引信作用原理

1）磁敏感装置

磁敏感装置包括磁敏感头、磁鉴频器和检波器，其方框图如图 14-12 所示。

图 14-12　磁敏感装置组成方框图

磁敏感装置的核心是磁膜，它是由特殊磁性材料做成的面积为 3.6cm^2、厚为 1×10^{-5}cm 的磁性薄片。该磁膜具有很好的导磁特性，磁场强度 H 很小的变化，可使导磁系数 μ 值有很大的变化，远远大于普通的磁性材料。该磁膜置于矩形空心线圈之内。线圈有两个绕阻，一个为高频回路线圈 L_2，另一个为静磁平衡线圈 L_0。磁膜外装有 4 个永久磁针，提供一个固定磁场。L_0 中通以直流电流产生固定磁场。这两个固定磁场使得 L_2 内磁膜的磁场强度为 H_0，磁膜刚好在 H_0 附近变化率 $d\mu/dH$ 最大。恰当选择 H_0 相当于选择磁敏感装置的灵敏度。当有铁磁物体进入磁敏感装置周围空间时,通过磁膜的磁力线减少,磁膜处磁场强度减小,磁膜导磁系数 μ 相应减小。由于 L_2 的电感量与 μ 值成正比,所以 L_2 的电感量也减小。这样就把目标靠近的信息转换成了高频线圈电感量的变化。

为了把 L_2 的电感量变化转变为电压的变化,设计了磁敏感鉴频器,如图 14-13 所示。

电感 L_2 与电容 C_2 构成并联谐振回路,其谐振频率 f_2 略高于晶体振荡器的振荡频率 f_0。如果 L_2C_2 回路 Q 值足够高,那么其谐振阻抗会很大,且具有很好的选频特性。设振荡频率为 f_0 时回路阻抗为 Z_2。此并联回路与电容 C_1 串联后接于晶体振荡器的输出端。当没有目标出现时,并联回路和 C_1 将对晶体振荡器之输出按阻抗大小分配,谐振回路输出为电压 u_2。当目标出现使 L_2 变小时,则并联谐振回路谐振频率将升高,若谐振曲线形状不变,则 Z_2 将显著变小,而晶体振荡器输出电压不变,则电压 u_2 势必变小。这样就把电感量的变化变成了电压的变化。

由以上分析可见,目标由远到近,电压 u_2 将连续变小;当弹目距离最近时,电压 u_2 最小;当目标由最近点开始远离时,电压 u_2 又不断增加。其波形如图 14-14 所示。

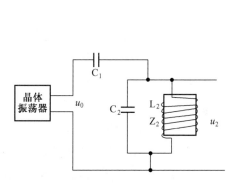

图 14-13 鉴频器电路

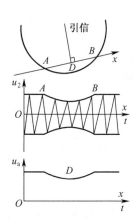

图 14-14 鉴频器输出电压与弹目距离的关系

可以用检波器把电压 u_2 幅值的变化检测出来,该信号即为磁敏感装置输出的目标信号电压 u_a,它反映了弹目的距离信息。检波波形如图 14-14 所示。

2) 放大及信号处理电路

该电路包括引爆脉冲产生电路、速度选择电路、抗干扰及闭锁电路和自毁电路。其作用是识别目标,抑制干扰,保证在最佳位置给出启动信号。电路方框图如图 14-15 所示。

(1) 引爆脉冲产生电路。电路由图 14-15 中上面一行方框及第二行左边两个方框构成。图中各点电压波形如图 14-16 所示。

由磁敏感装置输出的目标信号电压 u_a 幅值较小,经放大器放大后通过闸门电路再送给后级放大器。闸门电路相当于一个开关,是抗干扰及闭锁电路的一部分电路。在正常情况下,不出现抗干扰电路闭锁方波,闸门导通,信号电压通过。当在炸弹刚由载机投下的一段时间内以及遇到铁磁体快速飞过等干扰时,由抗干扰电路送来一个 1min 的闭锁方波,闸门电路不导通,信号通不过,从而也就不可能产生引爆脉冲。

通过闸门电路的信号 u_b 经放大后其形状与输入信号 u_a 相同。此信号分成两路,一路送给微分器 I,经过微分的信号 u_c 去触发双稳态触发器 I。若双稳态电路的翻转电平为

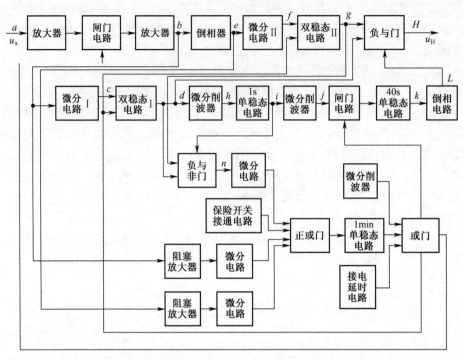

图 14-15 放大及信号处理电路方框图

"u''"和"u'",那么当 u_c 低于 u' 或高于"u''"时电路工作状态发生转换,如图 14-16 所示那样,它对应着目标不断接近引信,到最近点后又开始远离的情况。另一路经倒相、微分后变成极性与 u_c 相反的电压 u_f,u_f 加到与上述双稳完全相同的一个双稳态触发器 II 上。当 u_f 由正变负并低于 u' 时,电路翻转,输出由高电位变成低电位。若电路设计使得 $|u''|>|u'|$,那么,双稳电路 II 翻转时双稳电路 I 尚未发生翻转,所以从"$u_f=u$"到"$u_c=u$"的 Δt 时间内 u_d 和 u_g 同时处于低电平并加到负与门上。如果此时速度选择电路的输出也是低电位,则负与门就输出一个起爆脉冲 u_H。

由以上分析不难看出此种炸弹为什么仅在弹目相距最近时起爆,或目标在接近过程突然离开时会起爆。

(2)速度选择电路。在分析引爆脉冲产生电路时已知,其最后一级负与门有两个输入端,即引爆脉冲产生有两个必备条件,其一是目标与引信距离最近;另一个就是速度选择电路也同时有负脉冲输出。所以速度选择电路是在所规定的速度 1~90km/h 范围内输出负脉冲的电路,在其他速度时它不产生负脉冲,故不可能产生引爆脉冲。图 14-15 中第二行右边六个方框构成速度选择电路。弹目接近速度为 1~90km/h 体现在电路中是 1~40s 内到达最近点才会产生引爆脉冲。引爆脉冲产生电路各点电压波形如图 14-16 所示;速度选择电路各点电压波形如图 14-17 所示。

引爆脉冲产生电路的双稳态触发器 I 的输出方波 u_d 经微分削波后得到一负脉冲 u_h,这个负脉冲就出现在目标进入引信工作区的时刻 t_A。用此负脉冲 u_h 去触发 1s 单稳态电路,单稳态电路产生 1s 宽的方波,此方波经微分削波得到正脉冲 u_j。此正脉冲 u_j 比负脉冲 u_h 晚出现 1s。因此正脉冲通过闸门电路去触发 40s 单稳态电路而产生 40s 方波 u_k,经倒相而变成40s负方波u_L，这个负方波就是前面所讲的负与门的两个输入之一。因此，目标进入引信作用区直到最近点所用时间少于1s或多于40s都不可能产生引爆脉冲。

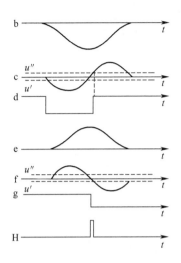

图14-16　引爆脉冲产生电路各点电压波形

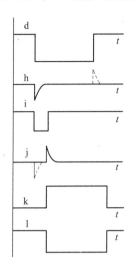

图14-17　速度选择电路各点电压波形

（3）抗干扰及闭锁电路。抗干扰及闭锁电路的作用是在引信刚接通电源或发现其他干扰时输出一个1min闭锁方波，从而关闭两个闸门电路。使目标信号和40s负方波信号不能生成，因而引爆脉冲不可能生成，保证了引信在接电和其他干扰作用下不会误动作。其电路是图14-15中的余下部分。

正常情况下，接通电源时，接电延时电路产生一个宽度约为1min的方波，通过或门送到速度选择电路和引爆脉冲产生电路中的两个闸门电路，使引爆脉冲不能形成。该方波还加至双稳态电路Ⅰ和Ⅱ，在闭锁方波消失时，使双稳态电路处于正常工作状态，因此又称其为双稳态电路的恢复脉冲。另一种情况是在保险开关接通时，送来一个接通信号正脉冲，通过正或门触发1min单稳态电路，产生1min正方波，通过或门送出1min闭锁方波，使引信不会由于保险开关接通时产生的瞬态过渡过程所出现的干扰而误动作。为避免接近时间小于1s但多次重复作用引起引信误动作，采用了一个受双稳电路Ⅰ、Ⅱ和1s单稳电路输出信号u_d、u_g和u_i控制的负与非门电路。当这3个信号都处于低电平时，说明u_d出现时间小于1s，负与非门输出一正脉冲u_N，u_N经过微分电路和正或门以后触发1min单稳电路，使其产生1min闭锁正方波。阻塞放大器是用来防止u_b和u_e过大的这类干扰，当发生磁爆时就有这种现象。阻塞放大器实质是两个工作在饱和状态下的放大器。当u_b、u_e很大时，由于这两个信号相位相反，所以电压会很低，使放大器处于截止状态。这时，其输出电压较高，经微分后得到一正脉冲，通过正或门触发1min单稳电路，再通过或门送出闭锁方波。这就保证了引信在强干扰信号作用下不会误动作。

（4）自毁电路。如果炸弹投下4~5个月的时间内没有出现目标，自毁电路将自动引爆炸弹。自毁电路如图14-18所示。图中DV是7V稳压管，电源正常电压是9V。正常状态时VT_1由R_2提供基极偏流，使VT_1处于饱和导通状态，VT_2处于截止状态，VT_2射极无输出。当电源长期工作使电压降到7V时，稳压管DV截止，故VT_1变为截止，所以VT_2导通，VT_2射极将出现高电位，通过或门推动点火电路工作。

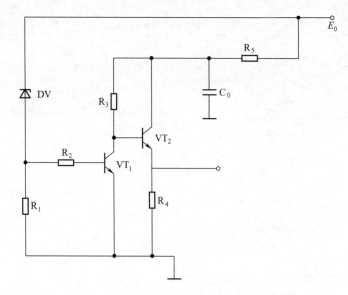

图 14-18　自毁电路图

该自毁电路还有防拆卸作用。当拆卸中使电路电源断开时,VT_1 会截止,由于有大电容 C_0 的存在,VT_2 可处于导通状态,其射极有高电位输出,使点火电路工作。

14.3　复合引信

复合引信是具有两种不同作用原理或作用方式的引信。例如机械原理和电原理相结合的引信,或多选择引信即具有触发、近炸、时间、周炸等两种以上作用方式并能选择装定的引信。复合引信的出现,使引信在目标识别和炸点控制时可利用的信息有了大幅度增加,提高了抗干扰能力,提高了引信的作用可靠性;多选择引信扩大了同一引信的使用范围,对于提高引信通用性,对于产品系列化、标准化,都有积极的意义;并简化弹药的管理和使用,给生产、供应、训练和使用等带来巨大的好处;而且易于实现最佳引战配合方式,极大的提高对目标的毁伤效果。

14.3.1　M734 迫弹多选择引信

1. M734 引信构成

如图 14-19 所示的美国 M734 多选择引信用于 60mm 和 81mm 迫击炮弹药。该引信有四种装定:近炸、近面炸(NSB)、瞬发和延期。M734 引信是一种机电引信,由三个主要部件组成,即电子组件、涡轮发电机和安全与解除保险机构。

电子组件是一个常规射频多普勒系统,由射频振荡器组件和放大器组件组成。射频振荡器组件包括单晶体管振荡器、竖环天线、晶体管检波器以及振荡器和检波器用的偏置元件。放大器组件包括两个用以完成放大和逻辑功能的低功率并消除高噪声的 CMOS 电路、电容器、激发电雷管的可控硅开关、全波桥式整流器和惯性作用的弹簧质量碰撞开关。

空气驱动的涡轮将飞行中迎面空气压力转换成引信电子组件所需的电能。在飞行期

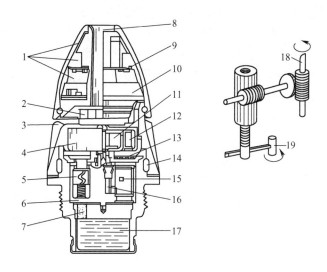

图 14-19　M734 多选择引信

1—电子组件发泡塑料；2—气动涡轮；3—空气出口；4—涡轮发电机；5—曲折后坐销；
6—安全与解除保险转子；7—导爆药柱；8—文杜里进气管；9—振荡器；10—被屏蔽的放大器；
11—螺轮轴上的磁铁；12—线圈；13—装定接触电刷；14—转动密封圈；15—延期火帽；
16—电雷管（微型雷管）；17—传爆管；18—涡轮；19—转子。

间，空气通过引信头部的轴向进气孔进入并冲击一个模压的塑料涡轮。空气动能通过涡轮转换成机械转动能量，然后空气通过引信周围紧挨塑料头锥部后面均匀分布的三个排气口排出。涡轮的转动驱动了位于同心轴上的 6 磁极圆柱形永磁转子。转子在定子的磁极之间转动并在线圈中产生感应电动势。电动势加到电子组件上。

同心轴通过发电机转子延伸，并且同安全与解除保险机构减速器的输入端啮合，为解除保险作用提供机械能。

在弹丸全部约 38~244m/s 的落速范围内，涡轮发电机能够提供足够的电能以执行所要求的功能。取决于空气速度的旋转速度为 50000~100000r/min。

安全与解除保险机构主要包括一个安装在铝壳中的扭簧驱动的水平转子。发射前，转子由两个独立的保险元件锁定在保险位置上。其中第一个是弹簧—质量后坐积分装置，它由发射加速度产生的后坐力向后驱动。第二锁定是一个蜗杆，它由涡轮发电机轴经过减速器传递的来自冲压空气压力所产生的能量带动。蜗杆和减速器要求涡轮发电机的轴在释放水平转子之前大约转 1050 转，然后由一个扭力簧驱动转子到达解除保险位置。1050 转可以保证，当从 60mm 迫击炮发射时，在解除保险前，弹丸距发射点飞行至少 100m。

安全与解除保险机构装有后坐传感器组件、延期齿轮系部件、齿轮系离合机构以及 3 个起爆元件。导爆药柱和传爆管安装在引信的底部。

引信起爆有电和机械两种方式，在其中任何一种方式中，引信作用都是在机械和电解除保险之后，电雷管接收到来自电子点火电路的点火脉冲时发生的。当引信装定近炸、近面炸或着发方式时，可使用电起爆方式。微型电雷管引爆转子下部的 M61 火焰雷管，进而依次引爆导爆管和传爆管。引信装定为延期方式时，点火电路不起作用，引信只能以机械方式作用。在使用这种方式时,引信通过转子中的一个罩上安装的针刺延期火帽作用。罩可轴向运动,但是被一个抗爬行弹簧推向后方。当转子到位时,火帽罩与连接到转子前方的引信底盖上的一个击针对准。碰击时,在前冲惯性力作用下,火帽克服抗爬行弹簧抗力而撞击击针,可靠起爆包括50ms火药延期的火帽需要100g左右的负加速度,延期火帽的输出引爆雷管,接着依次引爆导爆管和传爆管。

2. M734引信作用过程

发射前,转动引信头部,使指示所需作用方式的箭头对准引信体上的装定标志(刻痕),将引信装定到所要求的作用方式。

发射时,第一保险元件,即后坐积分器杂后坐力作用下向后运动并且锁定在这个位置上,同时也释放齿轮系。当弹丸出炮口后,头部的空气通过进气孔驱动涡轮发电机并产生电能给电子组件供电。它还通过齿轮系减速器释放水平转子上的第二蜗杆锁定装置。当蜗杆释放时,安全与解除保险机构解除保险并锁定,爆炸序列对正并接通雷管点火电路。

当装定为"近炸"时,引信将以射频目标敏感器在接近目标时作用。"近面炸"作用以同样的方式获得,通过使用同样的目标传感器以一种降低灵敏度的方式作用。电着发作用由接在点火电容器与电雷管之间的点火电路惯性开关的闭合(或开启)而实现。

当引信装定为延期时,电子电路完全闭锁。引信由碰击目标时所受到的前冲惯性力,使火帽撞击与其对正的击针,通过一个50ms的火药延期火帽的起爆而作用。延期作用方式也作为引信3种电作用方式的后备。

14.3.2 M732A1榴弹引信

1. M732A1引信构成

如图14-20所示,美国M732A1榴弹引信为弹头引信,20世纪70年代定型的比较先进的无线电引信。该引信采用连续波多普勒体制、全保险型、带有可调的远距离接电定时器,装定近炸或触发作用方式,可通用于107mm、105mm、203mm的杀爆榴弹。其组成部分如下:射频振荡器、放大器组件、旋转激活储备式电源、电子定时器部件、安全与解除保险机构以及爆炸序列。

射频振荡器包括一个天线、一个射频硅晶体管及引信辐射和探测系统的其余电子元器件。天线位于引信的头部,在电气上脱离弹体,这样就允许天线方向图不受所配用弹的尺寸的影响。这种设计的最佳炸高适合落角范围较宽。放大器组件含有一块集成电路,包括一个差分放大器、一个带全波多普勒整流器的二级放大器、几个滤除波纹用的晶体管和一个触发点火脉冲电路用的可控硅整流器。

电源标称输出电压30V、负载电流100mA。电极为钢质基片,带有铅和二氧化铅镀层。电解液(氟硼酸)装在铜瓶内,铜瓶在后坐力和离心力的复合作用下被破坏,使电解液分散流入电池堆内,从而激活电池。

电子定时器部件由电子电路组成,提供引信延时接电,即达到预定时间后引信才开始辐射无线电波。集成电路由一种可对RC充电曲线斩波的可变负载多谐振荡器斩波器组成,允许最大延期为150s,而RC持续时间只有大约1s。定时器底部的指针触点与引信头下端雷管座上的可调电位器相接触,可以转动引信头部进行时间装定。

安全与解除保险机构包括一个带有针刺雷管的偏心转子,一个擒纵机构,两个旋转锁定爪,一个后坐销。该模块安装在雷管座组件下,并使安全与解除保险组件能纵向运动。在弹道飞行过程中,弹道加载簧确保安全与解除保险组件定位于后部,从而防止击针和安全与解除保险机构中的转子间产生干涉。

2. M732A1 引信作用过程

引信作用前可选择近炸或触发作用方式。近炸(PROX)装定时,根据从弹道表上查出的到达目标的飞行时间,通过旋转引信头锥装定,使头部的装定线与引信体上时间刻度(秒级)对准。引信在标称时间到达目标前 5s 开始辐射无线电信号。选择触发方式应将头部装定线旋转到与引信体上的 PD 标记对准。

弹丸发射后,电源激活,电路通电工作。同时无论近炸或触发装定,安全与解除保险机构均开始解除保险动作,当弹丸加速度超过 $1200g$,后坐销向下运动并且不能回复。当弹丸飞出炮口后,旋转锁定爪摆开并允许转子开始运动。转子对其转轴是不平衡的,因此受离心力驱动向解除保险位置转动。通过齿弧和无返回力矩钟表机构,转子以其速度的平方做减速运动。减速的结果导致弹丸解除保险距离相对恒定,而不依赖于炮口初速。

当转子转过大约 75°的弧长后,转子从齿弧上脱出,再转过大约 45°的弧长,达到完全解除隔爆并被锁定,引信这时解除保险。

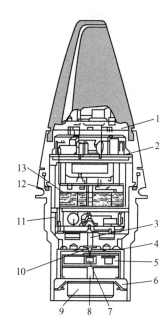

图 14-20 M732A1 近炸引信
1—振荡器组件;2—放大器组件;
3—电雷管;4—抗爬行弹簧;
5—安全与解除保险机构;
6—传爆管帽组件;7—针刺雷管;
8—导爆管;9—传爆管;
10—击针;11—定时器组件;
12—防水垫;13—电源。

近炸作用方式时,引信沿弹道飞行,到离目标时间还有 5s 时,电子定时器开关使电池开始给振荡器、放大器和发火电路输入电压。随后振荡器开始辐射无线电射频信号,发火电路开始充电,达到保证可靠引发电雷管的阀值电压 20V 的标称时间是 2s。

当引信接近目标时,振荡器天线接收到回波信号,通过检波获得多普勒信号,再经过放大电路进行处理。当信号达到预定值时,发火电路给出发火脉冲,电雷管起爆,引爆爆炸序列并使整个弹丸爆炸。

触发作用方式时,弹丸发射及安全与解除保险机构解除保险后,引信沿着弹道方向继续飞行,直至撞击目标。这时,安全与解除保险机构中的滑动雷管组件撞击击针,使针刺雷管起爆,引爆爆炸序列并使整个弹丸爆炸。

第四篇

弹药

第 15 章　弹药的一般知识
第 16 章　榴弹
第 17 章　反装甲弹药
第 18 章　追击炮弹
第 19 章　火箭弹
第 20 章　特种弹
第 21 章　子母弹
第 22 章　灵巧弹药

第 15 章　弹药的一般知识

弹药通常是指在金属或非金属壳体内装有火药、炸药或其他装填物,能对目标起毁伤作用或完成其他作战任务(如电子对抗、信息采集、心理战、照明等)的军械物品。狭义的弹药是指装有火药或化学战剂,能投射到对方,达到杀伤、破坏或其他战术目的的物体总称。按照这个定义,弹药包括的范围较窄。

弹药包括枪弹、炮弹、手榴弹、枪弹、火箭弹、导弹、鱼雷、水雷、地雷、爆破筒、发烟罐、炸药包、核弹药、反恐弹药以及民用弹药(如灭火弹、增雨弹)等。总之,弹药是一个含义十分广泛的概念,且其含义还随着现代战争和武器系统的发展而不断地更新和拓宽。

15.1　弹药的组成

从结构上讲,弹药由很多零部件组成;从功能角度讲,弹药通常由战斗部、引信、投射部、导引部、稳定部等组成。这些功能部分有的是通过很多零部件共同组成,有的是由单个部件组成,有的部件还承担多种功能,如炮弹弹丸的壳体是战斗部的主要组成部分,同时还是导引部。

15.1.1　战斗部

战斗部是弹药毁伤目标或完成既定战斗任务的核心部分。某些弹药(如普通地雷、水雷等)仅由战斗部单独构成。战斗部通常由壳体和装填物组成。

(1) 壳体。壳体是容纳装填物并连接引信,使战斗部组成一个整体结构。在大多数情况下,壳体也是形成毁伤元素的基体,如杀伤类的炮弹、导弹、炸弹等。

(2) 装填物。装填物是毁伤目标的能源物质或战剂。通过对目标的高速碰撞,或装填物(剂)的自身特性与反应,产生或释放出具有机械、热、声、光、电磁、核、生物等效应的毁伤元(如实心弹丸、破片、冲击波、射流、热辐射、核辐射、电磁脉冲、高能离子束、生物及化学战剂气溶胶等),作用在目标上,使其暂时或永久地、局部或全部地丧失其正常功能。有些装填物是为了完成某项特定的任务,如宣传弹内装填的宣传品,侦察弹内装填的摄像及信息发射装置等。

15.1.2　引信

引信是能感受环境和目标信息,从安全状态转换到待发状态,适时作用控制弹药发挥最佳作用的一种装置。

15.1.3　投射部

投射部是弹药系统中提供投射动力的装置,使射弹具有射向预定目标的飞行速度。

投射部的结构类型与武器的发射方式紧密相关。两种最典型的弹药投射部为：发射装药药筒——适用于枪、炮射击式弹药；火箭发动机——是自推式弹药中应用最广泛的投射部类型。与射击式投射部的差别在于，发射后伴随射弹一体飞行，工作停止前持续提供飞行动力。

某些弹药，如手榴弹、普通的航空炸弹、地雷、水雷等是通过人力投掷或工具运载、埋设的，无须投射动力，故无投射部。

15.1.4 导引部

导引部是弹药系统中导引和控制射弹正确飞行运动的部分。对于无控弹药，简称导引部；对于控制弹药，简称制导部，它可能是一完整的制导系统，也可能与弹外制导设备联合组成制导系统。

（1）导引部。使射弹尽可能沿着事先确定好的理想弹道飞向目标，实现对射弹的正确导引。火炮弹丸的上下定心突起或定心舵形式的定心部即为其导引部；无控火箭弹的导向块或定位器为其导引部。

（2）制导部。导弹的制导部通常由测量装置、计算装置和执行装置三个主要部分组成。根据导弹类型的不同，相应的制导方式也不同，有四种制导方式。

自主式制导——全部制导系统装在弹上，制导过程中不需要弹外设备配合，也无需来自目标的直接信息就能控制射弹飞向目标，如惯性制导。大多数地地导弹采用自主式制导。

寻的制导——由弹上的导引头感受目标的辐射能量或反射能量，自动形成制导指令，控制射弹飞向目标，如无线电寻的制导、激光寻的制导、红外寻的制导等。这种制导方式的制导精度高，但制导距离较近，适宜于攻击活动目标的地空、舰空、空空、空舰等导弹。

遥控制导——由导弹的制导站向导弹发出制导指令，由弹上执行装置操纵射弹飞向目标，如无线电指令制导、激光指令制导，适宜于攻击活动目标的地空、空空、空地和反坦克导弹等。

复合制导——在射弹飞行的初始段、中间段和末段，同时或先后采用两种以上方式进行制导，如利用GPS技术和惯性导航系统全程导引，加上末段寻的制导等。适于远程投放制导炸弹，布撒器等。复合制导可以增大制导距离，同时提高制导精度。

15.1.5 稳定部

弹药在发射和飞行中，由于各种随机因素的干扰和空气阻力的不均衡作用，导致射弹飞行状态的不稳定变化，使其飞行轨迹偏离理想弹道，形成射弹散布，降低命中率。稳定部是保持射弹在飞行中具有抗干扰特性，以稳定的飞行状态、尽可能小的攻角和正确姿态接近目标的装置。典型的稳定部结构形式如下：

急螺稳定——按陀螺稳定原理，赋予弹丸高速旋转的装置，如一般炮弹上的弹带，或某些射弹上的涡轮装置。

尾翼稳定——按箭羽稳定原理的尾翼装置，在火箭弹、导弹及航空炸弹上被广泛采用。

15.2 弹药的分类

弹药的种类很多,不同类型的弹药其投放方式、作用原理、组成及结构也是千差万别。弹药的分类方法也很多,下面介绍常用的几种分类方式。

15.2.1 按用途分

根据弹药的用途可将弹药分为主用弹、特种弹和辅助用弹。

主用弹——直接杀伤敌人有生力量和摧毁非生命目标的弹药统称为主用弹。如用于杀伤敌方人员、马匹、破坏敌人的土木工事、铁丝网、障碍物、车辆、建筑物的杀爆式炮弹和炸弹;用于对付坦克装甲车辆等装甲目标的穿甲弹、成型装药破甲弹和反坦克子母弹,用于对付混凝土工事、机场跑道、地下掩体的攻坚弹药等都属于主用弹。

特种弹——为完成某些特殊战斗任务用的弹药称为特种弹。如照明弹、烟幕弹、宣传弹、电视侦察弹、信号弹、诱饵弹等都属于特种弹。与主用弹的根本区别是本身不参与对目标的毁伤。

辅助用弹——是指用于靶场试验、部队训练和进行教学目的弹药,如教练弹、训练弹等。随着新型弹药的出现这种划分的界限也逐渐模糊。

15.2.2 按投射运载方式分

按投射运载方式可将弹药分为:射击式、自推式、投掷式和布设式4种弹药。

(1) 射击式弹药。从各种身管武器发射的弹药,包括枪弹、炮弹、榴弹发射器用弹药。其特点是初速大、射击精度高、经济性好,是战场上应用最广泛的弹药,适用于各军兵种。

(2) 自推式弹药。这类弹药自带推进系统,包括火箭弹、导弹、鱼雷等。由于发射时过载较小,发射装置对弹药的限制因素少,射程远且易于实现制导,具有广泛的战术及战略用途。

(3) 投掷式弹药。包括从飞机上投放的航空炸弹,人力投掷的手榴弹,利用膛口压力或子弹冲击力抛射的枪榴弹等。这类弹药靠外界提供的投掷力或赋予的速度实现飞行运动。

(4) 布设式弹药。包括地雷、水雷等,采用人工或专用工具、设备将之布投于要道、港口、海域航道等预定地区,构成雷场。

15.2.3 按装填物类型分

按装填物类型可将弹药分为:常规弹药、化学(毒剂)弹药、生物(细菌)弹药、核弹药4种。

(1) 化学弹药。战斗部内装填化学战剂(又称毒剂),专门用于杀伤有生目标。战剂借助于爆炸、加热或其他手段,形成弥散性液滴、蒸气或气溶胶等,黏附于地面、水中或悬浮于空气中,经人体接触染毒、致病或死亡。

(2) 生物弹药。战斗部内装填生物战剂,如致病微生物毒素或其他生物活性物质,用以杀伤人、畜,破坏农作物,并能引发疾病大规模传播。

(3) 核弹药。战斗部内装有核装料,引爆后,能自持进行原子核裂变或聚变反应,瞬时释放巨大能量,如原子弹、氢弹、中子弹等。

(4) 常规弹药。战斗部内装有非生、化、核填料的弹药总称,以火炸药、烟火剂、子弹或破片等杀伤元素、其他特种物质(如照明剂、干扰箔条、碳纤维丝等)为装填物。

生、化、核弹药由于其威力巨大,杀伤区域广阔,而且污染环境,属于"大规模杀伤破坏性弹药",国际社会先后签订了一系列国际公约,限制这类弹药的试验、扩散和使用。本书所讲弹药都属常规弹药。

15.2.4 按配属分

按配属于不同军兵种的主要武器装备,弹药可分为下列几类:

(1) 炮兵弹药。配备于炮兵的弹药,主要包括炮弹、地面火箭弹和导弹等。

(2) 航空弹药。配备于空军的弹药,主要包括航空炸弹、航空炮弹、航空导弹、航空火箭弹、航空鱼雷、航空水雷等。

(3) 海军弹药。配备于海军的弹药,主要包括舰、岸炮炮弹、舰射或潜射导弹、鱼雷、水雷及深水炸弹等。

(4) 轻武器弹药。配备于单兵或班组的弹药,主要包括各种枪弹、手榴弹、肩射火箭弹或导弹等。

(5) 工程战斗器材。主要包括地雷、炸药包、扫雷弹药、点火器材等。

15.2.5 按控制程度分

根据对弹药的控制程度可将其分为无控弹药、制导弹药和阶段控制弹药。

(1) 无控弹药。整个飞行弹道上无探测、识别、控制和导引能力的弹药。普通的炮弹、火箭弹、炸弹都属于此类。

(2) 制导弹药。在外弹道上具有探测、识别、导引跟踪并攻击目标能力的弹药,如导弹。

此外,还有一些弹药介于上述两类弹药之间,它们在外弹道某段上或目标区具有一定的控制、探测、识别、导引能力。例如,弹道修正弹药、传感器引爆子弹药、末制导炮弹等,是无控弹药提高精度的一个发展方向。

15.3 炮弹的一般知识

15.3.1 炮弹及其发射过程

炮弹是指直径在 20mm 以上,利用火炮将其发射出去,毁伤目标、完成战斗任务的弹药。炮弹一般由弹丸和发射装药两部分组成。弹丸是直接完成战斗任务包括引信在内的炮弹部件。弹丸由很多零部件组成,类型不同,构成弹丸的零部件也不同,但大部分都是由引信、弹体、装填物、弹带、稳定装置(采用尾翼稳定的弹丸)等组成。发射装药主要是由药筒、发射药、底火等元件组成。药筒的主要作用是盛装发射药、装填入膛时起定位作用等。发射药是发射弹丸的能源。底火的用途是点燃发射药。发射时炮弹装入炮膛的情况如图 15-1 所示。射击过程是从击发开始的，通常采用机械作用使火炮的击针撞击药筒底部的底火，使底火药着火，底火药的火焰又进一步使底火中的点火药燃烧，产生高温高压的气体和灼热的小粒子，从而使火药燃烧，这就是点火过程。

点火过程完成后，火药燃烧，产生了大量的高温高压气体，推动弹丸向前运动，弹丸的弹带直径略大于膛内阴线直径，所以在弹丸开始运动时，弹带是逐渐挤进膛线的，前进的阻力也随之不断增加，当弹带全部挤进膛线时，即达到最大阻力，这时弹带被刻成沟槽而与膛线完全吻合，这个过程称为挤进膛线过程。

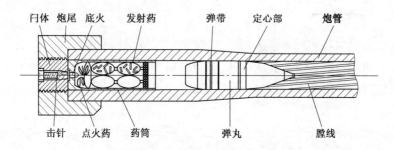

图 15-1 炮弹射击待发状态示意图

弹丸的弹带全部挤进膛线后，膛内阻力急速下降。弹丸开始加速向前运动，由于惯性，这时弹丸的速度并不高。随着火药继续燃烧，高温的火药气体聚集在弹后不大的容积里，使得膛压猛增，在高压作用下，弹丸速度急剧加快直至飞离炮口。弹底到达炮口瞬间弹丸所具有的速度称为炮口速度。之后打开炮闩，退出留在膛内的药筒，即完成一次射击过程。

15.3.2 弹丸所受空气阻力及影响

弹丸在空气中运动时，除受重力作用以外，主要受到周围空气作用产生的阻力，按其产生的原因不同，可分为摩擦阻力、涡流阻力和激波阻力三种。摩擦阻力是由于空气分子和弹丸表面之间相互作用引起的；弹丸在空中运动时，头部受到的气流压力比较大，尾部因气流分离而产生一涡流低压区，这样弹丸前后就形成压力差，由压力差产生的阻力就是涡流阻力，也叫压差阻力；当弹丸以超音速运动时，弹头部和弹尾部会出现激波，由于激波而产生的阻力，称为激波阻力。

空气阻力的大小取决于弹丸的运动速度、空气密度、弹丸横截面积和弹丸的形状等因素。根据空气动力学知识，空气阻力的表达式为

$$R = \frac{1}{2} C_{x0}(Ma) s \rho v^2 \tag{15.1}$$

式中：R 为空气阻力(N)；v 为弹丸相对空气的速度(m/s)；ρ 为空气密度(kg/m³)；s 为弹丸最大横截面积(m²)；Ma 为弹丸运动速度与音速的比值，称为马赫数；$C_{x0}(Ma)$ 为攻角为 0 时的阻力系数，是弹丸运动速度的函数。

1) 弹丸速度 v

v 是指弹丸相对于空气运动的速度。弹丸速度越大，弹体和空气分子之间的摩擦加剧，气流在弹尾后面越不容易合拢，弹尾部的涡流区增大，尾部后面的压力就越低，激波的

强度也越大。因此,弹丸速度增大时,摩擦阻力、涡流阻力和激波阻力都会增大。

2) 空气密度 ρ

空气密度越大,摩擦阻力、涡流阻力和激波阻力也越大。

3) 弹丸最大横截面积 s

s 是指弹体最粗部位的横截面积。当弹丸形状一定时,其外表面积随最大横截面积的增大而增大,所受的摩擦阻力就越大。弹丸最大横截面积越大,弹径越大,处于低压区的面积也就越大,涡流阻力越大,相应的激波面也大,所以激波阻力也大。

4) 弹丸形状

空气阻力的大小与弹丸形状有很大关系。弹丸头部越尖,产生的激波越弱;弹尾部流线形越好,出现的涡流区越小;弹丸表面越光滑,不仅摩擦阻力小,而且当弹丸在跨音速时,产生的局部激波也越弱。因此,弹丸头部越尖、尾部越呈流线型、表面越光滑,空气阻力就越小;反之,则阻力越大。

5) 阻力系数

阻力系数的大小与弹丸的速度和弹丸形状有关,实验结果证明,各种弹丸的阻力系数随速度变化的规律大致相同,如图 15-2 所示。

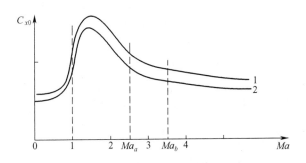

图 15-2 阻力系数随速度变化的曲线

从图中可以看出,弹丸速度为亚音速时($Ma<0.75$),阻力系数基本不变,可以看作是一个常数,在此情况下,空气阻力的大小与速度的平方近似成正比。当弹丸速度接近音速时($Ma=0.8\sim1.2$),因为产生了局部激波,空气阻力的增长不再与速度平方成正比关系了,因此阻力系数急剧增大;过了最大值后,阻力系数随速度的增大而逐渐减小,至 $Ma=3.5\sim4$ 后,又逐渐平缓而接近为常数。形状不同的弹丸以同一速度运动时,具有不同的阻力系数。但是,当速度改变时,形状差别不大的弹丸的阻力系数的比值大体上保持不变,即:

$$\frac{C_{x0}^1(Ma_a)}{C_{x0}^2(Ma_a)} \approx \frac{C_{x0}^1(Ma_b)}{C_{x0}^1(Ma_b)} \approx \cdots \approx 常数 \tag{15.2}$$

根据此性质,找到了估算空气阻力的简便方法。通常选取一种弹丸作为标准弹丸,通过实验的方法将它的 $C_{x0n}\sim Ma$ 曲线测量出来,其他与此形状相近的弹丸,只需测出任意一个 Ma 数时的阻力系数的值,将其与标准弹丸的同一 Ma 数处的值相比,得出其比值,定义为该弹丸相对于某标准弹的弹形系数,即:

$$i = \frac{C_{x0}(Ma)}{C_{x0n}(Ma)} \tag{15.3}$$

则其他任意 Ma 数时的阻力系数就可以近似利用弹形系数估算出来：

$$C_{x0}(Ma) = iC_{x0n}(Ma) \tag{15.4}$$

标准弹丸的阻力系数 C_{x0n} 与 Ma 的函数关系,就是通常所说的阻力定律。

弹丸形状越好,阻力系数越小,弹形系数也就越小。

15.3.3 弹丸的结构特征参数

描述弹丸结构特征的参数很多,如质量、质心位置、赤道转动惯量、极转动惯量、弹形系数、长径比等,它们从不同的角度反映了弹丸的结构特征。对于杀伤爆破类弹丸威力通常采用弹丸相对质量 C_m、炸药相对质量 C_ω、炸药装填系数 α 及弹体(圆柱部)相对壁厚 λ_δ 4 个结构参数来反映其威力特征。表达式如下：

$$C_m = \frac{m}{d^3}(\text{kg/dm}^3);$$

$$C_\omega = \frac{\omega}{d^3}(\text{kg/dm}^3);$$

$$\alpha = \frac{\omega}{m} \times 100\%;$$

$$\lambda_\delta = \frac{\delta}{d}$$

式中: m 为弹丸质量(kg); d 为弹径(dm); ω 为炸药质量(kg); δ 为壁厚(dm)。

15.3.4 炮弹的分类

炮弹的种类也很多,下面从不同的角度对炮弹进行分类。

按口径炮弹可分小口径炮弹、中口径炮弹和大口径炮弹类,地面炮和高射炮划分的界限不同,对于地面炮弹,直径 20~70mm 称为小口径炮弹;70~155mm 称为中口径炮弹,155mm 及以上称为大口径炮弹;对于高射炮,直径 20~60mm 称为小口径炮弹;60~100mm 称为中口径炮弹,100mm 及以上称为大口径炮弹。

按照弹丸与装药药筒(药包)之间的装配关系,炮弹可分为定装式炮弹、药筒分装式炮弹和药包分装式炮弹三类。定装式炮弹的弹丸和装药药筒结合为一个整体,射击时一次装入炮膛,因此发射速度快。这类炮弹的口径一般不大于 105mm。药筒分装式炮弹的弹丸和装药药筒不为一体,发射时先装弹丸,再装装药药筒,因此发射速度较慢。但药筒内的发射药量可以根据需要而变换。通常这类炮弹的直径大于 122mm。药包分装式炮弹的弹丸、药包和点火门管分三次进行装填,没有药筒,用炮闩来密闭火药气体。一般在岸舰炮上采用,这类炮弹口径较大,但射速较慢。

按照发射时装填方式炮弹可分为后膛炮弹(后装式炮弹)和前膛炮弹(前装式炮弹)两类。后膛炮弹从炮尾装入炮膛,关闭炮闩后发射,这类炮弹在发射时膛压较高、后坐力较大,但射程较远。前膛炮弹从炮口装入炮膛发射,发射这种弹丸的火炮一般没有膛线,弹丸采用尾翼稳定方式。

按照获得速度的方法可将炮弹分为一般炮弹和火箭增程弹。一般炮弹的弹丸速度由火炮发射时获得,弹丸出炮口时的速度即为最大速度。火箭增程弹的弹丸的速度不仅在火炮发射时获得,弹丸出炮口后火箭增程发动机工作,弹丸速度还可增加,在增程发动机工作结束时弹丸获得最大速度。

按稳定方式炮弹可分为旋转稳定式和尾翼稳定式两种,前者弹丸依靠火炮膛线获得高速旋转,按照陀螺稳定原理使其在飞行中保持稳定。由于转速受一定的限制,所以弹丸不能太长,一般全长小于5.5倍弹丸直径。后者弹丸不旋转或低速旋转,依靠弹丸尾部的尾翼来保持飞行稳定。尾翼使全弹阻力中心移至质心之后,不论弹丸如何摆动,均产生一个稳定力矩,使弹丸轴线和弹道切线一致。大多数迫击炮弹、成型装药破甲弹以及滑膛炮发射的弹丸均采用这种稳定方式。

按弹丸口径和火炮口径之间的关系炮弹可分适于口径炮弹、次口径炮弹和超口径炮弹三类。适于口径炮弹的弹径与火炮口径相同,大多数炮弹均属于这一类;次口径炮弹的弹径小于火炮直径,便于提高初速,如各种脱壳穿甲弹;超口径炮弹的弹径大于火炮直径,弹丸威力较大,如迫击炮长炮榴弹,某些火箭增程破甲弹。

15.3.5 对炮弹的要求

战争中,需要大量的炮弹来对付各种性质不同的目标,为了顺利、及时地完成战斗使命,它必须满足各种战术技术要求和工艺性要求。

1. 在生产、勤务处理和设计时要确保安全

安全问题是一个非常重要的问题。炮弹不能确保安全,将会贻误战机,伤害我方人员,造成很坏的影响,这一点必须引起设计人员的高度重视。当安全性与炮弹的其他要求相矛盾时,必须首先确保所设计产品具有足够的安全性,在设计时应注意以下问题:①内弹道性能稳定,膛压不超过允许值;②弹丸在发射时强度满足要求,药筒作用可靠;③引信保险机构确实可靠,确保平时和射击时安全;④火工品和炸药在平时和射击时安全。

2. 威力

威力是指弹丸对目标毁伤作用能力的大小。由于各种弹丸的用途不同,对目标的毁伤作用机理不同,所以衡量不同类型弹丸威力的方法也不同。如杀爆弹,要求杀伤半径和杀伤面积大;成型装药破甲弹、穿甲弹要求穿孔深;照明弹要求照度大,作用时间长等,相应地,杀爆弹用密集杀伤半径和杀伤面积来表示其威力,而穿甲弹等反坦克弹药用穿甲厚度来表示其威力。

完成同样的战斗任务,增大弹丸威力可减小弹药的消耗量或所需火炮的数量,缩短完成任务的时间。为了提高弹丸的威力,除了研究新材料、新工艺、新结构、优化引战配合使其发挥最大效能外,还必须研究新的毁伤机理和作用原理的弹药,寻求提高威力的新途径。

3. 射程

由于现代战争中战场的纵深都明显加大,为了实远距离打击目标,要求火炮具有比较远的射程,只有这样才能对敌纵深重要目标(司令部、集结地区、交通枢纽等)进行射击;同时较好地实施火力机动,集中大量炮火用于最重要的目标。

提高射程的途径有:①提高弹丸的初速;②改善弹丸的弹形,减小在飞行过程所受的空气阻力;③增加弹丸的端面比重;④提高飞行稳定性;⑤采用各种复合增程、滑翔等先进技术。

4. 密集度

密集度是指弹丸落点彼此密集(或散布)的程度,是弹丸的主要技术指标之一,对射击精度有着极其重要的影响。通常用中间误差来表示,它包括距离中间误差 E_x、高低中间误差 E_y 和方向中间误差 E_z。

地面火炮发射的弹丸通常用地面距离中间误差 E_x 和方向中间误差 E_z 表示其密集度。反坦克炮和高射火炮发射的弹丸通常用 E_y 和 E_z 表示其密集度。

弹丸落点之所以存在散布,是因为弹丸存在质量偏心、气动力外形上的不对称、弹重不完全相同、发射药量不完全相同、火药的性质、火药的燃烧情况、炮膛温度、炮膛的磨损情况不完全一样、外界条件(空气温度、密度、气压、风向)时刻变化等诸多随机因素引起的。但总的散布是有规律的,如图15-3所示,具有如下特点:①散布基本呈椭圆形;②散布中心密集,边缘稀疏;③散布分布对称,并服从正态分布规律。

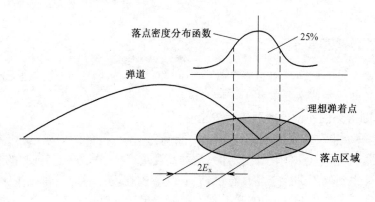

图15-3 落点散布示意图

散布椭圆中心前后落有50%的弹着点的区域称为"半数必中界",其宽度是两倍的 E_x。E_x 随着射程增大而增大,但不能反映与射程的相对关系。通常用相对中间误差 E_x/X (X 为射程)来表示密集度。Y 和 Z 方向类同。

5. 长期存储中性能安定

由于弹药在战时的消耗量大,平时必须生产一定数量的弹药,保持必须而又充分的储备。所以要求平时的弹药能储存15~20年不变质。具体的要求是:①弹丸、药筒不腐蚀生锈;②发射装药密封可靠、不受潮、不分解;③火工品长期存储不失效;④炸药不分解变质。

为了满足上述要求,要认真研究火药、炸药、火工品的长储性能以及弹体与装填物之间的兼容性,同时还要研究炮弹的密封包装和零部件的表面防腐技术。

6. 工艺性及生产经济性

战时炮弹的消耗量非常大,所以各零部件的设计,要求在满足性能的前提下,结构简单,可靠,工艺性好;在制造过程中,尽量采用精度高、性能好、效率高的新工艺,缩短生产时间,降低生产成本。所用材料要尽量丰富,并且立足于国内资源。

第16章 榴　　弹

16.1　榴弹的一般知识

16.1.1　榴弹的发展历程

榴弹是一类利用火炮将其发射出去,完成杀伤、爆破、侵彻或其他作战目的应用广泛的弹药。杀伤爆破弹、杀伤弹、爆破弹统称为榴弹,榴弹从20mm枪榴弹到203mm加榴炮榴弹共经历了十几种口径系列的发展与演变,发射平台遍及地面火炮(榴弹炮、加农炮、加榴炮、迫击炮、高射炮、无后坐力炮、加农反坦克炮)、机载火炮、舰载火炮、火箭炮和榴弹发射器等。

榴弹的发展与火炮和能源的发展密切相关。早在18世纪初就出现了用滑膛炮发射的、装填黑火药的球形杀伤弹,爆炸威力小,飞行阻力大,射程近。1846年,线膛炮的出现,诞生了装有弹带的旋转稳定弹,使射击精度大大提高,成为炮弹发展的一个里程碑。19世纪中叶以来,硝化棉、苦味酸、梯恩梯和黑索今等现代火炸药相继在炮弹中应用,使榴弹的射程与威力都有了大幅度提高。1945年,弹丸的长度由3倍口径加长到了4~5倍口径,弹尾部由圆柱形改进为船尾形,从而形成了现代榴弹的雏形。20世纪后半叶以来,随着弹丸设计、弹体材料、炸药、引信、增程等技术的发展与应用,现代榴弹已突破了"钢铁"+"炸药"的简单配置,在高新技术条件下正引领着现代弹药"远、准、狠"的主要发展方向,形成了一系列远程榴弹。

16.1.2　榴弹弹丸基本结构

1. 基本组成

榴弹弹丸由引信、弹体、弹带和炸药装药组成,如图16-1所示。

(1) 引信。目前榴弹主要配用触发引信,具有瞬发、惯性和延期三种装定。瞬发作用引信使炮弹在碰击目标后约0.001s爆炸,常用于杀伤榴弹,对地面目标射击,惯性作用(短延期)引信约在0.005s爆炸,即在弹丸侵入目标一定距离后爆炸,延期作用引信则在延期百分之几秒后爆炸。为了提高杀伤威力而实施空炸射击时,需配用时间引信或近炸(非接触)引信。

(2) 弹体。用以装填炸药或特种装药完成战斗作用的零件。其结构可分为两类:①整体式弹体(如图16-1所示);②非整体式弹体。有些榴弹带有底螺。大、中口径榴弹装有口螺,如图16-2所示。

为确保弹丸具有足够的强度,通常要求弹体采用强度较高的优质炮弹钢材,最通用的是D60或D55炮弹钢(高碳结构钢)。其加工方法,对于大中口径弹体是由热冲压、热收口毛坯,车制成形,而小口径弹体一般由棒料直接车制而成。也有部分弹体如37mm和

57mm 高射炮榴弹则采用冷挤压毛坯后精车成形的方法,其材料为 S15A 或 S20A 冷挤压钢。只有极少数弹体是用高强度铸铁制造的。

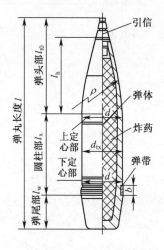

图 16-1 122mm 榴弹

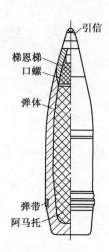

图 16-2 带口螺的 122mm 榴弹弹丸

（3）弹带。是密封火药气体、赋予弹丸旋转的重要零件,采用嵌压或焊接等方式固定在弹体上。为了嵌压弹带,在弹体上车制出环形弹带槽,槽底滚花或在环形凸起上铲花,如图 16-3 所示,以增加弹带与弹体之间的摩擦,避免相对滑动。弹带材料:初速为 300～600m/s 的榴弹采用紫铜,初速较高的加农炮或加农榴弹炮榴弹采用强度稍高一些的铜镍合金或 H95 黄铜等铜质材料。某些弹丸采用尼龙弹带（美国 GAU8/A30mm 航空炮榴弹）或粉末冶金陶铁弹带（法国 F5270 式 30mm 航空炮榴弹）。铜质弹带耐磨（有利于保护炮膛）,而且可塑性好。铜弹带压入弹体的方法有两种:①环状弹带毛坯,直接在压力机上径向收紧使其嵌入槽内（通常为环形直槽）,该结构主要用于小口径榴弹;②条状毛坯,在冲压机床上逐段压入燕尾形弹带槽内,然后把两端接头碾合收紧。条状毛坯结构加工简单,但是车制成形后,弹带上存有接缝。

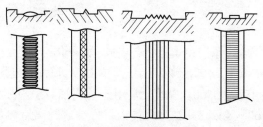

图 16-3 弹带槽底滚花形

（4）炸药装药。弹丸的炸药装药通常是由引信体内的传爆药柱直接引爆,必要时在弹口部增加扩爆管。在杀伤榴弹的铸铁弹体内装填代用炸药阿马托时,口部要加入一定的梯恩梯,可起防潮作用（如图 16-2 所示）。榴弹经常采用的炸药为梯恩梯（TNT）和钝黑铝炸药。梯恩梯炸药通常用于大、中口径榴弹;采用螺旋压药（常称螺装）工艺,将炸药直接压入药室,并通过螺杆上升速度来控制炸药的密度分布。钝黑铝炸药（钝化黑索今 80%,铝粉 20%）,又称 A-Ⅸ-Ⅱ 炸药,一般用在小口径榴弹中,先将炸药压制成药柱,再装入弹体。

2. 弹丸外形

(1) 外形。弹丸外形为回转体,头部呈流线型。全长 l 可分为 3 部分:弹头部(长度 l_{t_0})、圆柱部(长度 l_x)和弹尾部(长度 l_w)。如图 16-1 所示。

弹头部是从弹丸引信顶端面到上定心部上缘之间的部位。弹丸以超声速飞行时,初速越高,弹头激波阻力占总阻力的比重越大。为减少波阻,弹头部应呈流线型,要增加弹头部长度和弹头母线半径使弹头尖锐。常把引信下面这段弹头部称为弧形部(长度 l_h)。某些低初速非远程式弹丸的弹头部形状取为截锥形+圆弧形(如图 16-1 所示);有的小口径弹的弹头部形状为截锥形。

圆柱部是指上定心部上边缘到弹带下缘部分。122mm 榴弹的圆柱部包括上下定心部。弹带及外径为 d_{tz} 的弹体圆柱段。圆柱部越长,则炸药的装填量越多,有利于提高威力,但是弹体圆柱部越长,飞行阻力越大,影响射程。

弹尾部是指弹带下边缘到弹底面之间的部位。为减少弹尾部与弹底面阻力,弹尾一般采用船尾形,即短圆柱加截锥体。尾锥角为 6°~9°。对于定装式炮弹,其弹丸的弹尾部全部伸入到药筒内,在弹尾圆柱上预制两个紧口槽,以便与药筒辊口结合。因此,定装式榴弹的弹尾部要比分装式长些。

(2) 定心部。定心部是弹丸在膛内起径向定位作用的部位。为确保定心可靠,应尽量减少弹丸和炮膛的间隙,但为使弹丸顺利装入炮膛,间隙又不能太小。通常弹丸具有上下两个定心部。但某些小口径榴弹,往往没有下定心部,依靠上定心部和弹带来径向定位。

(3) 导引部。上定心部到弹带(当下定心部位于弹带之后时,则为上定心部到下定心部)的部位称为导引部。在膛内运动过程中,导引部长度就是弹丸的定心长度。因此,其长度影响着弹丸膛内运动的正确性。如图 16-1 所示,圆柱部即为导引部。当下定心部位于弹带的下方时,导引部比圆柱部长。

弹带是导引部的重要组成部分。低速榴弹只有一条弹带,而高速榴弹往往有两条或一条较宽(大于 25mm)的弹带,弹带的外径大于定心部,线膛火炮榴弹的弹带外径大于炮膛阴线直径,其过盈部分称为强制量。弹带除与定心部共同起径向定位作用外,在分装式炮弹射击装填时,还可起轴向定位作用(如图 16-3 所示)。

16.1.3 弹丸的结构特征数

榴弹对目标的破坏能力随弹丸的大小和结构的不同而有所差异,一般通过结构特征数的相对比较来反映不同弹丸威力的大小。通常采用的结构特征数有弹丸相对质量 C_m、炸药相对质量 C_ω、炸药装填系数 α 及弹体(圆柱部)相对壁厚 δ:

$$C_m = \frac{m}{d^3} \quad (\text{kg/dm}^3) \qquad C_\omega = \frac{\omega}{d^3} \quad (\text{kg/dm}^3)$$

$$\alpha = \frac{\omega}{m} \times 100\% \qquad \lambda_\delta = \frac{\delta}{d}$$

式中:m 为弹丸质量;d 为弹径(dm);ω 为炸药质量(kg);δ 为壁厚(dm)。

普通榴弹的结构特征数列于表 16-1 中。

表 16-1 表明 3 种榴弹的结构特征数虽无严格的界限,但具有一定的规律性。

表 16-1 火炮榴弹的结构特征数

弹种	C_m/(kg/dm³)	ω/(kg/dm³)	α/%	λ/d
杀伤榴弹	14~24	0.7~1.5	5~10	1/6~1/4
杀爆榴弹	11~16	1.5~2	6~16	1/8~1/5
爆破榴弹	8~15	2~3	10~25	1/12~1/8

16.2 榴弹的作用

前已述及,榴弹是依靠炸药爆炸后产生的气体膨胀功或弹丸破片动能来摧毁目标的,前者是榴弹的爆炸破坏(简称爆破)作用,主要对付敌人的土木工事;后者是榴弹的杀伤破坏(简称杀伤)作用,主要对付敌方的有生力量。通常,以爆破作用为主的弹丸称为爆破榴弹;以杀伤作用为主的弹丸称为杀伤榴弹,两者兼顾者称为杀伤爆破榴弹。

从弹丸的终点效应来说,除了上述的爆破作用和杀伤作用外,由于弹丸在到达目标后尚有存速(落速或末速),弹丸对目标还将产生侵彻的作用,其侵彻深度的大小主要取决于弹丸速度、引信装定和目标的性质等。实际上,弹丸的这种侵彻作用,对于爆破榴弹和杀伤爆破榴弹不仅是必然的,而且是必需的。

1. 侵彻作用

榴弹的侵彻作用,是指弹丸利用其动能对各种介质的侵入过程。对于爆破榴弹和杀伤爆破榴弹来说,这种过程具有特殊意义,因为只有在弹丸侵彻至适当深度时爆炸,才能获得最有利的爆破和杀伤效果。在这里将要讨论的侵彻作用,主要就是地面榴弹对土石介质的侵彻。

如图 16-4 所示,当弹丸以某一落角 θ_0 侵入土石介质时,将要受到介质阻力(或抗力)的作用。随着弹丸在介质中的运动,阻力的大小也在不断改变。当弹丸爆炸或弹丸动能耗尽时,弹丸侵彻至最大深度 $h_{\max}$。可见,侵彻作用始于弹丸与目标的接触瞬间,终于弹丸爆炸或弹丸速度为零的瞬间。一般来说,侵彻作用的大小,将由弹丸侵彻行程或高度来衡量。

2. 爆破作用

弹丸在目标出处爆炸,是从炸药的爆轰开始的。通常认为,引信起作用后,弹丸壳体内的炸药被瞬时引爆,产生高温、高压的爆轰产物。该爆轰产物猛烈地向四周膨胀,一方面使弹丸壳体变形、破裂,形成破片,并赋予破片以一定的速度向外飞散;另一方面,高温、高压的爆轰产物作用于周围介质或目标本身,使目标遭受破坏。图 16-5 为隐炸示意图。

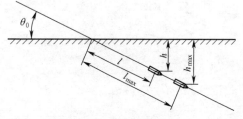

图 16-4 弹丸侵彻过程

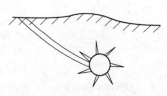

图 16-5 隐炸

弹丸在空气中爆炸时,爆轰产物猛烈膨胀,压缩周围的空气,产生空气冲击波。空气冲击波在传播过程中将逐渐衰减,最后变为声波。空气冲击波的强度,通常用空气冲击波峰值超压(即空气冲击波峰值压强与大气压强之差)Δp_{max} 来表征。球片 TNT 药在空气中爆炸时,其空气冲击波峰值超压为

$$\Delta p_{max} = 8.24\frac{\sqrt[3]{m}}{r} + 26.49\left(\frac{\sqrt[3]{m}}{r}\right)^2 + 68.67\left(\frac{\sqrt[3]{m}}{r}\right)^3$$

式中:m 为炸药质量;r 为到爆炸中心的距离。

空气冲击波峰值超压愈大,其破坏作用也愈大。

3. 杀伤作用

当弹丸爆炸时,弹体将形成许多具有一定动能的破片,这些破片主要是用来杀伤敌方的生力量(人员或马匹等),但也可以用来毁伤敌方的器材和设备等。从破片的主要作用出发,通常把破片对目标的作用称为榴弹的杀伤作用。弹丸爆炸后,破片经过空间飞行到达目标表进而撞击人体的效应属于"终点弹道学"的范畴,而穿入人体后的致伤效应与致伤原理属于"创伤弹道学"的研究对象。随着科学技术的发展,杀伤破片和杀伤元素(如钢珠、钢箭等)的应用发展很快,创伤弹道的理论和试验也有所发展,这对认识和提高榴弹的杀伤作用很有帮助。破片侵入人体后,一方面是向前运动,造成人体组织的被穿透、断离或撕裂,从而形成伤道。当破片动能较大时,可产生贯穿伤;动能较小时,可留于人体内而形成盲伤。有时速度较大的破片遇到密度大的脏器(如骨骼等)还可能发生拐弯,或者将其击碎,从而形成"二破片",引起软组织的广泛损伤。另一方面,由于冲击压力的作用,将迫使伤道周围的组织速向四周位移,形成暂时性的空腔(其最大直径可比原伤道大几倍或几十倍),从而造成软组织的挤压、移位挫伤或粉碎性骨折等。

对有生力量的杀伤,目前还没有一个较为可靠的致死或致伤的衡量标准,现在使用的标准是 78.48J。日本根据过去的实战统计和大量的动物实验,对人和马提出了如表 16-2 所列的杀伤标准。

弹丸破片的形成过程是极为复杂的,影响因素很多,欲从理论上对此进行充分地描述尚有困难。目前,主要还是借助于试验的方法进行研究和分析。

如图 16-6 所示,当引信引爆后,炸药的爆轰将以波的形式(爆轰波)自口部向右传播。紧跟在爆轰波后面的是由于弹体变形等而产生的稀疏波。爆轰波以 10^{10} Pa 的压力冲击弹体,在冲击点 1 处压力最大,稀疏波所到之处压力急速下降。当爆轰波达到弹底时,弹丸内装的炸药全部爆轰完毕。弹体

表 16-2 对人马的杀伤标准

目标及部位	致伤情况	破片动能
人肌肉	创伤	>53.36
马肌肉	创伤	>98.10
人骨部	创伤	>58.86
马骨部	创伤	>166.77
人骨部	完全破碎	>196.20
马骨部	完全破碎	>343.35

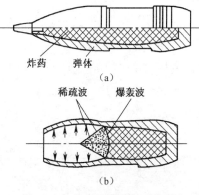

图 16-6 弹丸爆炸过程示意图
(a)爆炸前;(b)爆炸过程中。

体在爆轰产物的作用下从冲击点开始,沿内表面产生塑性变形,同时弹体迅速向外膨胀。弹体出现裂缝后,爆轰产物即从裂缝向外流动,作用于弹体内表面的压力急速下降。弹体裂缝全部形成后,即以破片的形式以一定的速度向四周飞散。

弹丸爆炸后,生成的破片是不均匀的,其中圆柱部产生的破片数量最多,约占70%左右。图16-7所示是弹丸在静止引爆下破片的飞散情况。由于破片影响杀伤破片的分布,若弹丸垂直爆炸,则破片分布近似为圆形,具有较大的杀伤面积;若弹丸爆炸时具有一定的倾角,则只有两侧的破片被有效地利用,而上下方的破片则飞向天空和岩土中。因此破片的有效杀伤区域近似为一矩形,面积较小,如图16-8所示。

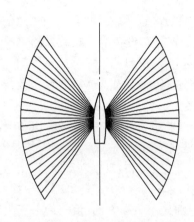

图 16-7 破片的飞散

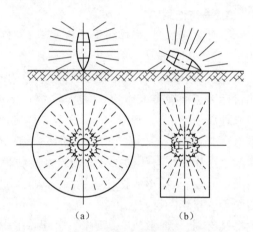

图 16-8 落角不同时的杀伤范围
(a)垂直爆炸;(b)倾斜爆炸。

由于弹体在膨胀过程中获得了很高的变形速度,故破片具有很高的速度,而且当破片向外飞散时,由于爆轰产物的作用,破片还略有加速。但破片所受的空气阻力很快与爆轰产物的作用平衡此时破片速度达到最大值,并称其为破片初速。破片初速与弹体材料、炸药性能和质量有关,一般为600~1000m/s 破片达到初速的位置,约在距爆炸中心2~3倍弹径处。不难理解,离弹丸爆炸点越远,破片的密度愈小,速度愈小,因而,目标被杀伤的可能性也愈小。

当目标为战壕内的步兵时,若用发射射击,破片向四周飞散,往往不能实施有效的杀伤,见图16-9。

为了杀伤这类目标,可以采用小射角的跳弹射击。射角小,弹丸的落角也小,一般当落角小于20°时,弹丸就会在地面上滑过一条沟而跳飞起来在空爆炸,从而杀伤隐蔽在战壕的敌人(如图16-10所示)。实施跳弹射击时,引信应当装定为延期。跳弹射击的有利炸高,122mm榴弹约为5~10m。一般来说,弹丸在空中爆炸可以使杀伤作用提高一倍以

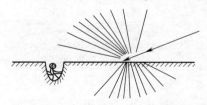

图 16-9 对战壕内的步兵无法实施有效的杀伤情况

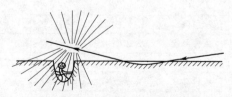

图 16-10 跳弹射击的杀伤情况

上,而且声音响,对敌人的震撼作用大。但是对于头部强度不足的弹丸,不能采用跳弹射击。当地面榴弹配用时间引信或非触发引信来实施空炸射击时,不仅不受地形的限制,而且杀伤威力更大。

弹体在爆炸后形成的破片总数 N 及其质量的分布规律,是衡量弹体破碎程度的标志,同时也是计算弹丸杀伤作用的重要依据。用理论方法预先估计弹丸爆炸后产生的破片总数及质量分布是一个十分困难的问题,至今尚未解决。在工程计算中,常用如下的经验公式计算 1g 以上的破片总数:

$$N = 3200\sqrt{M}\alpha(1-\alpha)$$

式中:M 为弹体金属与炸药质量之和(kg);α 为炸药装填系数($\alpha = m/M$)。

此外,破片初速 v_0 也是衡量弹丸杀伤作用的重要参数。对于圆柱形弹体其破片初速可用如下公式进行计算:

$$v_0 = \sqrt{2E}\sqrt{m/\left(M+\frac{m}{2}\right)}$$

式中:E 为单位质量炸药的能量;m 为炸药质量;M 为弹体质量。

16.3 榴弹的结构特点

在 16.2 节里,分别讨论了榴弹的侵彻作用、爆破作用和杀伤作用。对于不同的目标,往往采用不同的弹种和作用机理。弹种和作用机理的不同,又必然带来弹丸在结构上的差别。这些差别主要反映在弹丸结构的几个特征数上:弹丸相对质量 C_m、炸药装填系数 α、弹体壁厚 δ 和炸药相对质量 C_ω。对榴弹的大量统计表明,上述特征数大致在表 16-3 所给出数据范围内变化。

为了说明问题的方便,首先介绍榴弹的外部形状和内部形状,以使读者对榴弹全貌有一个概略认识。随后,再分别对地面榴弹和高射榴弹的结构特点进行说明。

表 16-3 榴弹结构特征数值

结构特征数 弹种			δ/d	$\alpha/\%$	$C_m/(\text{kg}/\text{dm}^3)$	$C_\omega/(\text{kg}/\text{dm}^3)$
爆破榴弹			0.10~0.17	10~24	8~15	1.9~3.0
杀伤榴弹	地面	小口径	0.12~0.25	5~10	14~24	1.0~1.5
		中口径	0.15~0.20	7~14	11~16	1.0~1.65
	高射	小口径	0.12~0.25	3.5~8	12~8	0.5~1.4
		中、大口径	0.15~0.25	6~10	12~15	0.8~1.3
杀伤爆破榴弹			0.12~0.21	9~16	11~16	1.3~3.2

1. 榴弹的外部形状

图 16-11 给出了榴弹的外形尺寸,这些尺寸对弹丸的飞行特性和威力都有直接的影响。图中各尺寸符号的意义如下:

d 为弹丸直径;L 为弹丸全长;H 为弹头部长度;h 为弹体头部长度;β 为弹头部母线与圆柱部的联接角;A 为圆柱部长度;E 为弹尾部长度;h_y 为弹尾圆柱部长度;h_k 为弹尾圆锥部长度;α_k 为尾锥倾角。

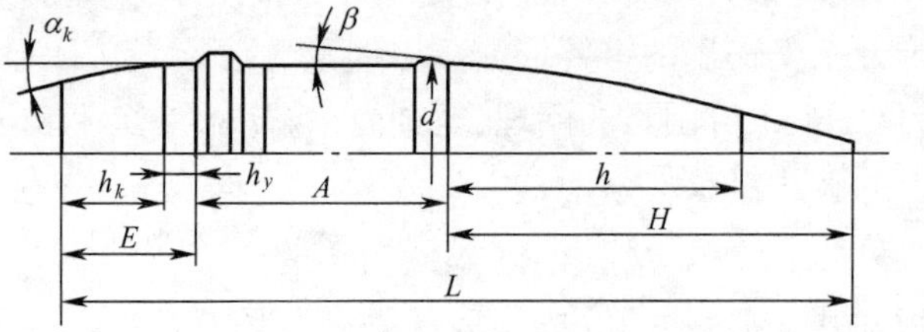

图 16-11　榴弹的外形尺寸

在上述尺寸中,弹径 d、弹丸全长 L、弹头部长 H,圆柱部长 A 及弹尾部长 E 是决定弹丸结构布局的基本尺寸,而其他尺寸则进一步描述了弹丸的外形特征。

弹丸全长 L 是在已知弹丸质量后确定的。它直接影响着弹丸所受阻力,飞行稳定性、威力和弹体的强度。在弹径一定的情况下,增加弹丸长度,即增加弹体的长径比,对减小弹丸所受的空气阻力有利,对普通旋转弹丸来说,其最大长径比一般不超过 5.5 倍弹径。从威力上考虑,弹长增大,有利于弹丸威力的提高,但从发射强度上看,当弹丸质量一定时,弹丸长度增加,势必引起弹体壁厚的减小,使强度降低。此外,弹丸长度还影响着弹丸的工艺性、运输和装填条件等,这也是在确定弹丸长度时所应当考虑的。

弹头部的形状与尺寸对迎面空气阻力有着直接关系。在超声速情况下,头部波阻占总阻的很大部分,弹头部长度愈大,形状越尖锐,其阻力值也越小。因此,增长弹头部长度可使弹形系数 i 降低。但是,当弹头部过分增长时,其弹形系数的变化并不显著。从弹丸在膛内的运动情况看,当弹丸长一定,弹头部长度增加必将使圆柱部长度减小,这将恶化弹丸在膛内的定心性能,从而影响弹丸的飞行稳定性和射击精度。对普通榴弹来说,弹头部长度一般不超过 3.5 倍弹径。在不同初速下,弹头部长度的经验值如表 16-4 所列。

表 16-4　具有最小阻力的弹头部长度

初速 v_0 /(m/s)	弹头部相对长度/(H/d)
≥800	3.2~3.5
600~800	3.0~3.2
500~600	2.5~3.0
400~500	2.0~2.5
300~400	1.5~2.0
<300	1.5

当弹丸采用弹头引信时,弹丸顶部的形状将由引信外形所决定。一般来说,在超声速情况下,尖锐形弹顶可以减少阻力;而在亚声速情况下,弹顶的形状影响不大。不过,在弹丸章动角较大时,在尖锐弹顶的侧面将出现涡流,因而应尽量避免尖锐形顶部。实际上,为了加工和勤务处理上的方便,常将弹顶作小圆角或不大的小平顶形,圆顶或平顶的尺寸可按下列经验值选取(如图 16-12 所示)。

当 $v_0 \leq 600 \mathrm{m/s}$ 时,圆角 $r = (0.07 \sim 0.08)d$ 或平顶 $2r = 0.15d$;

当 $v_0 > 600 \mathrm{m/s}$ 时,对于大口径,圆角 $r = 5\mathrm{mm}$ 或平顶 $2r = 5 \sim 10 \mathrm{mm}$。

弹头部是一旋成体,其旋成体母线可以是直线、圆弧、抛物线、椭圆线和指数曲线等,也可以是这些曲线的组合。从空气动力学的观点看,在不同的速度下,将有不同的最有利母线形状。该旋成体母线可以同圆柱段母线平滑相切,也可以在连接处具有一个不大的转折角。

圆柱部长度 A,是指上定心部至弹带之间的距离。在一般情况下,即为弹丸在膛内的导引部长度。该尺寸的大小,对弹丸在膛内的运动有着决定性的影响,圆柱部长,弹丸定心情况就好,可以减小弹丸出炮口时的章动角,从而使射击精度提高。此外,圆柱部愈长,弹丸内装药量就愈多,弹丸的威力也就愈大。但是空气动力学的观点看,圆柱部增长,弹丸所受的摩擦阻力增加;圆柱部过短,也将因初始章动角的增大而导致阻力的增加。因而,在一定的射击条件下,有一使空气阻力最小的圆柱部长度。一般来说,榴弹的圆柱部长度大致为 $(1.1 \sim 3.0)d$。

弹带,除了在第1章中所说的保证弹丸的旋转运动外,还应起到密封火药气体的作用。弹带一般用紫铜制成,嵌在弹体的弹带槽里。目前广泛采用的弹带槽有矩形弹带槽和燕尾形弹带槽两种形式(图16-13)。为使弹带固定牢,避免出现弹带与弹体之间的滑动,一般在弹带槽的底部压有滚花,以增加摩擦力。

弹带的形状多种多样,但为了使弹带容易嵌入膛线,并对弹丸起到良好的定心作用和使弹丸减小飞行中的阻力,常把弹带前端面做成与弹轴成 14°~40° 的斜面。为了存留嵌入坡膛时挤下的积铜,常把后端面做成与弹轴成 45° 的斜面或倒成圆角。对于定装式炮弹还必须在弹带后面留下一小平面,以便支住药筒口(图16-14)。弹带的宽度取决于其强度条件。常见的弹带宽度:小口径为 10mm;中口径为 15mm;大口径为 25mm。如果强度不够时可以将弹带做成两条,甚至 3 条,为了解决弹带的闭气问题,其直径应比火炮口径大,该值称为弹带强制量。

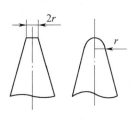

图 16-12 弹顶形状

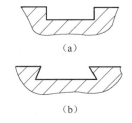

图 16-13 弹带槽形式
(a)矩形弹带槽;(b)燕尾形弹带槽。

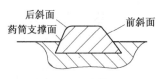

图 16-14 弹带形状

最简单的弹尾部形状是圆柱形。虽然这种形状加工起来简单、容易,但是其尾部阻力较大。一般来说,最好的弹尾部形状应当是适于弹尾空气环流形状的船尾形,因为这种形状可以减小尾部的涡流阻力。由于空气流线的形状与弹速有关,因而在不同速度下最好的船尾部尺寸也不相同(见表16-5)。

表 16-5 弹尾部形状及尺寸

初速 v_0 /(m/s)	弹尾部长 h_w/d	圆柱部长 h_y/d	尾锥部长 h_k/d	尾锥角 a_k /(°)
<300	圆柱形	—	—	—
300	1.10	0.1	1.0	9

(续)

初速 v_0 /(m/s)	弹尾部长 h_w/d	圆柱部长 h_y/d	尾锥部长 h_k/d	尾锥角 a_k /(°)
500	0.95	0.15	0.80	9
700	0.80	0.20	0.60	6
900	0.60	0.25	0.35	6
>900	圆柱形			

由表16-5可知,当速度较小(v_0<300m/s)时,虽然弹尾部的形状尺寸对整个弹丸所受的空气阻力有较大的意义,但由于阻力的绝对值较小,故可采用最简单的圆柱形外形。而当初速较高(v_0<900m/s)时,也将采用圆柱形尾部。这是因为在高速情况下,弹丸所受的空气阻力中波动阻力的分量较大,而且依靠改变尾部形状来减小底部阻力也无多大效果,因而仍然采用简单的圆柱形尾部。对于定装式弹药,为了保证弹丸与药筒的连接可靠,弹丸的尾柱部长度至少应有(0.25~0.50)d,有时还需在尾柱部上加工1~2个紧口沟槽。此外,在进行配弹设计时,为了采用制式发射药,在确定弹尾部尺寸时还必须考虑到使其保持原来的装填密度。

2. 榴弹的内部形状

图16-15描述了弹丸的内部(内腔)尺寸,其中各符号的意义:L_k为内腔长度;h_k为内腔弧形部长度;ρ_k为内腔弧形部母线半径;a_k及b_k母线半径的中心坐标;h_{kk}为内腔锥部长度;d_B为内腔圆柱部直径;h_B为平均弹壁厚度(一般按圆柱处的壁厚计算);d_D为内腔底部直径;h_D为底部厚度。在弹丸外部尺寸已经确定的条件下,内腔的形状与尺寸决定了弹丸的炸药装药量以及弹丸的质量和质量分布,因此,也就影响着弹丸的膛内运动和在空气中的飞行特性。此外,内腔尺寸也决定了弹体的壁厚和底厚,所以也影响着弹丸的发射强度。

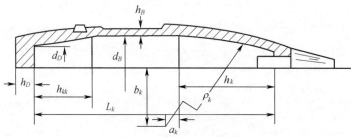

图16-15 榴弹的内部尺寸

一般来说,榴弹的内腔形状有圆柱形(带有不大的锥度)或锥形,柱形或弧形的组合形式。

从弹丸威力考虑,以爆破作用为主的榴弹应当多装炸药,为此必须加大内腔的容积,而为了保证其发射强度,常常从等强度壁厚确定内腔形状。以杀伤作用为主的榴弹,为了产生更多的杀伤破片,其内腔形状常常从等壁厚角度去确定。从弹丸在膛内的运动条件考虑,弹丸的质心应当尽可能位于弹带处。从加工工艺性考虑,弹丸的内腔形状应当与炸药的装填法相适应。例如,以压装法为主的小口径榴弹,其内腔形状常做成柱形。为了便于机械加工,在内腔中应尽量避免阶梯形突变,而在线段衔接处采用圆弧过渡。

榴弹的壁厚与威力密切相关,不同类型的榴弹,其壁厚不同。因而,常用壁厚作为表征弹丸结构的一个特征数。

爆破榴弹的壁厚完全取决于发射强度。为使炸药量增加,常在保证发射强度的前提下选取最小壁厚。由于在发射时,弹底的受力最大,因而底部也最厚,其他部位则按等强度原则向头部方向逐渐减薄,其平均厚度大致为$(1/8 \sim 1/10)d$。

杀伤榴弹的壁厚选取,除应保证发射强度外,还应得到最好的破片性能。因此,壁厚的选取应与弹体材料和炸药性能相匹配。通常,炸药的猛度高或弹体的材料较脆,壁厚应当厚些;反之,壁厚应薄些。通常,杀伤榴弹的平均壁厚为$(1/6 \sim 1/4)d$。杀伤爆破榴弹的壁厚常在爆破和杀伤榴弹之间选取,一般为$(1/8 \sim 1/5)d$。

3. 地面榴弹

1) 爆破榴弹

爆破榴弹的主要用途是破坏土木结构的野战工事(如指挥所和观察所)、钢丝网和布雷区;有时也和混凝土破坏弹共同使用,对永久性工事进行摧毁,必要时也可对有生力量或坦克进行射击。

爆破榴弹的特点是炸药量多,且炸药的猛度大。为了多装药,总是采用薄弹壁。通常,爆破弹只有配备在大口径火炮上才能发挥较大的作用。

图16-16给出了几种爆破榴弹的示意图,其中图16-16(a)是近程爆破榴弹,图16-16(b)是远程爆破榴弹。对近程爆破榴弹来说,其头部一般较短,约为$(1.3 \sim 1.7)d$,圆柱部较长,有的可达3.2d。为了获得较大的炸药装填和保证发射强度,一般将弹带设置在弹底附近。这种结构的弹丸不可能获得较远的射程。对远程爆破榴弹来说,其头部一般较长(约为2.6d),圆柱部较短(约为1.3d),弹尾部也较长。可见,远程爆破榴弹的射程增加是靠牺牲威力而得到的。

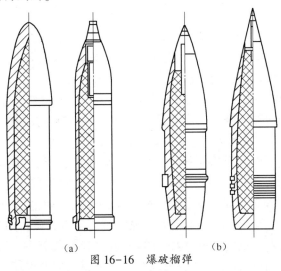

图 16-16 爆破榴弹

为了装填炸药的方便,弹体结构有头螺式、底螺式和整体式3种类型。对于头螺式爆破榴弹,必须注意保证碰击强度。对于底螺式爆破榴弹,必须注意密封,绝对保证发射时的安全。

爆破榴弹的弹体材料,一般均采用合金钢并进行热处理。

配用于爆破榴弹上的引信,一般具有两种或3种装定。只有当爆破弹代替杀伤弹使用时,才用瞬时装定。弹底引信多在大口径榴弹上使用,有时为了保证大口径爆破榴弹的完全爆炸和不失效,同时采用弹头和弹底两种引信。

为了提高爆破榴弹的威力,增加弹丸质量是有效的,但对旋转稳定弹丸来说,则要受到飞行稳定性的限制。虽然尾翼稳定不受此限制,但弹丸的射击精度将会下降。

由于爆破榴弹要直接命中目标才能有效的发挥其威力,因此,要求其密集度较高。对大口径爆破榴弹来说,要求其 $E_x/X = 1/300 \sim 1/250$。

目前,在国内外的地面榴弹中,单纯的爆破榴弹已不多见,一般都具有杀伤和爆破两种作用。

2) 杀伤榴弹

杀伤榴弹主要用来杀伤暴露的和轻型掩体内的有生力量及器材,也用来在布雷区和铁丝网区开辟道路,以及破坏轻型野战工事,必要时也可对坦克进行射击。

杀伤和破坏这类目标,主要依靠弹丸爆炸后形成的破片。使目标失去战斗力的破片通常称为杀伤破片。为了达到良好的杀伤效果,既要求杀伤破片多,又要杀伤面积大,因而在结构上杀伤榴弹的弹壁较厚。由于杀伤榴弹不需要直接命中目标就可获得良好的杀伤效果,因而对杀伤榴弹的密集度要求可略低于爆破榴弹,即 $E_x/X = 1/190 \sim 1/200$, $E_x = 10 \sim 15\text{m}$。一般杀伤榴弹均为钢质弹体,装填 TNT 炸药,配用瞬发、短延期和近炸引信。

图 16-17 所示为配用于 57mm 反坦克炮的杀伤榴弹示意图。该炮虽已淘汰,但该弹在结构上有其特点。

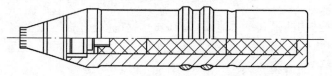

图 16-17 57mm 反坦克炮杀伤榴弹

在设计上的着眼点是杀伤威力。由于其射程要求不高,故该弹在外形上采用棒状,弹头部很短并呈截锥形,圆柱部和弹尾部较长(伸入药筒较长);其内腔为直圆柱形。这种结构的弹壁较厚,弹丸质量也大因此可提高杀伤威力。

3) 杀伤爆破榴弹

杀伤爆破榴弹是介于上述两弹种之间的弹种,它同时具有杀伤和爆破两种作用。虽然从威力上看,这种弹的爆破作用不如同口径的爆破弹,杀伤作用不如同口径的杀伤弹,但是,它综合了两种作用,并具有简化生产和供应的优点,故已广泛配用于中口径以上的火炮上。对于杀伤爆破弹来说,同时获得大的爆破效果和大的杀伤效果是不可能的,只能针对给定的口径和战斗任务保证其主要方面的实现。在一般情况下,小口径榴弹是以杀伤作用为主,爆破作用为辅,而大口径杀伤爆破榴弹则是以爆破作用为主,杀伤作用为辅。

一般来说,杀伤爆破榴弹的弹体厚度比同口径的杀伤榴弹薄,比爆破榴弹厚;装药比同口径的杀伤榴弹多,比爆破榴弹少。其纵向密集度要求为 $E_x/X = 1/200 \sim 1/170$。

杀伤爆破榴弹的弹体材料一般为钢质,装填 TNT 炸药。为了对付不同的目标,杀伤爆破一般配有瞬发、短延期和延期装定的弹头着发引信。

图 16-18 所示是 122mm 杀伤爆破榴弹示意图。该弹主要用于杀伤敌人的有生力量,破坏工事,压制敌人的炮兵,以及在雷区开辟道路等。该弹的主要诸元如下。

弹丸质量:15kg。

初　　速:900m/s。

平均膛压:300MPa。

最大射程:15000m。

为了减小空气阻力,该弹的弹头部母线采用了抛物线形,其头部高度约为3.2d。

该弹采用了两条弹带,以保证满足强度要求。此外,在后面的弹带上尚有一凸起部。采用这种结构是为了提高火炮的寿命。一般弹带是通过前斜面与炮膛起始部接触进行定位的。而火炮膛线的起始部最容易被高温火药气体烧蚀,从而引起弹丸装填定位的不准确,致使药室容积增大,初速减小。带有凸起部的弹带则通过凸起与坡膛接触而定位,从而提高了火炮的寿命(见图16-19)。

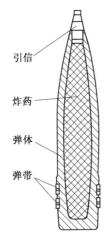

图16-18 122mm 杀伤爆破榴弹

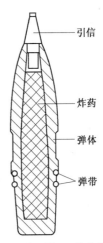

图16-19 85mm 杀伤榴弹

4) 高射榴弹

高射榴弹主要用于毁伤敌方的飞机、空降兵和导弹等空中目标。这类目标的特点是飞行速度快。一般来说,对这类目标进行射击,小口径高射榴弹靠直接命中,中、大口径高射榴弹靠弹丸破片。为了提高高射榴弹毁伤目标的机会,常要求高射炮反应快、射速高、威力大,这是因为目标飞过高射炮对空射界的时间很短,只有提高射速才能在有限的时间内发射更多的炮弹,以增加毁伤机会。

此外,还要求高射榴弹的初速高,这是因为提高初速可以增加射高减小弹丸在空中的飞行时间。射高增加必然提高弹丸的射击范围。减小弹丸命中目标的飞行时间,必然提高弹丸直接命中率。一般来说对运动目标进行射击,在瞄准时总应瞄准目标的前方,即有一个提前量。弹丸速度低,飞行时间长提前量也大,命中目标的可能性就小。一般高射榴弹的引信都有自炸机构,以免落在自己的阵地上造成伤亡。

图16-20所示是37mm高射榴弹,该弹的主要诸元如下。

弹丸质量:0.732kg。炸药质量:0.036kg。初速:866m/s。最大射高:6700m。

有效射高:3000m。平均膛压:≤$2.8×10^8$Pa。曳光时间:6s。

为了保证弹丸与药筒结合后不松动,该弹在弹体上设有两条滚口槽,其拔弹力大于7848N。

在一般情况下,小口径弹丸的弹带均采用环形毛坯,收压在弹带槽中。该弹带槽无燕尾,是一直槽(如图16-21所示)。

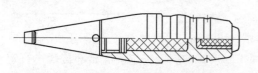

图 16-20 37mm 高射榴弹

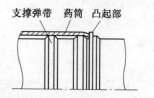

图 16-21 凸起弹带结构的作用

该弹丸内装黑铝炸药（又称 A-Ix-2 炸药），其成分为：80%钝化黑索金和20%铝粉。这种炸药威力较大，且有一定的燃烧作用。图 16-22 所示为 100mm 高射榴弹，该弹的主要诸元如下。

弹丸质量：15.6kg。炸药质量：1.23kg。

初速：900m/s。平均膛压：$3×10^8$Pa。

最大射高：14000m。有效射高：120000m。

100mm 高射榴弹是利用时间引信在预定的空间爆炸，产生大量的破片形成一个杀伤空域。在这个空域中的目标就将遭到毁伤。这种方式增加了命中目标的机会。该弹在炸药底部装有烟火强化剂，其目的是便于观察炸点。由于 100mm 高射炮的初速大、膛压高，火炮的寿命问题较为严重。为了提高火炮寿命，在弹带上同样采用了凸起结构。但是，这个凸起不是放在后面，而是设置在前面的弹带上。这是考虑弹体与药筒连接上的需要而确定的（如图 16-22 所示）。

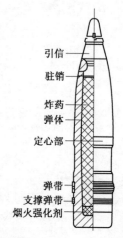

图 16-22 100mm 高射榴弹

该弹是利用破片来毁伤空中目标的，因为毁伤飞机等所需要的破片动能要比杀伤人员大得多（一般需要 980~1962J），因而弹丸的壁厚较大，以使破片质量增加。

16.4 普通榴弹的发展

目标的变化，现代战争的需要，使得全面地、大幅度地提高榴弹性能的趋势已愈来愈明显。在提高威力方面，主要是从两方面着手：一方面是提高单发弹的威力；另一方面是积极发展大面积毁伤弹药，即发展子母弹。在此，主要介绍提高单发榴弹的威力的途径。

具体地说，提高榴弹的威力就是提高榴弹的杀伤爆破威力。目前，在提高单发弹的威力方面，西方各国主要是从以下几个方面进行的：①采用"薄壳"弹体；②装填高能量、大威力炸药；③配用近炸引信；④采用可控破片。

提高榴弹威力的主要方法是尽量向弹体内多装高能炸药。但是，在弹径一定、弹长受限制（飞行稳定性限制）的条件下，只有减薄弹丸壁厚。例如，美国 155mm 榴弹的弧形部厚度只有 7mm，弹底厚度只有 15mm。弹丸壁厚的减薄必须保证发射时的强度，为此必须提高炮弹钢的强度。目前，国外大量使用的炮弹钢为 9260 钢（60 硅锰钢）。这种低合金钢与 60 炮弹钢（中碳钢）的性能对比数据如表 16-6 所列。

表 16-6 60 硅锰钢与 60 炮弹钢的性能对比数据

钢种	热处理方法	屈服强度/×10³Pa	面缩率/%
60 钢	无	32	15
	正常化	34	14
55 硅锰钢	无	43	44
60 硅锰钢	淬火—回火	99	36

弹壁减薄后,弹丸的金属质量虽然减小,但如与炸药能量合理匹配仍可产生均匀锋利的破片。此外,破片质量的减少,可由破片速度的提高来补偿,使破片具有更大的杀伤动能,从而增加有效杀伤破片数量。

当前,在国外的榴弹中,大都装填 B 炸药(40%的 TNT 和 60%的黑索金)。这种炸药的威力比 TNT 约大 35%~40%,而且性能更稳定且使用安全。

对于杀伤榴弹来说,配用近炸引信使弹丸在目标上空爆炸,其效果比配用瞬发引信使弹丸在钻入地表面爆炸要高得多,这是显而易见的。因而在大口径射程杀伤榴弹上,国外大都采用近炸引信。

从第一次世界大战到现在的战争伤亡情况表明,人员的伤亡主要是由于弹药破片的杀伤作用所造成。此外,战争中敌方的大量军事装备和器材,如汽车、装甲运输车、飞机等,也主要是依靠弹药的破片来摧毁。因而,弹体的破碎机理、弹体材料和破碎控制方法的研究,已成为提高弹丸杀伤威力的基础性问题。目前,普遍采用两种方法来提高弹丸的杀伤威力:一种方法是前已述及的改善弹体材料的破碎性,采用高破碎率的钢材;另一种方法是按控制破碎进行弹丸设计,以产生预定大小和形状的破片——可控破片。

最简单的可控破片,是把事先制造好的破片装在弹体的内腔里(如图 16-23 所示),然后再装填炸药。这种破片是根据预定的破片数和飞散要求,把破片分成一层、两层或多层的形式,用树脂胶黏剂黏结起来。破片形状的选择应当考虑其弹道性能和便于加工,常用的有球形(一般用钢珠)、立方形和圆柱形等。

第二种是机械缺口可控破片,即在弹体的外表面或内表面开设缺口。这种方法是以开设的机械缺口作为应力集中位置,从而控制弹体按预定的断裂面破碎。缺口的形状和排列可以多种多样。作为例子,在图 16-24 中给出了缺口的示意图。

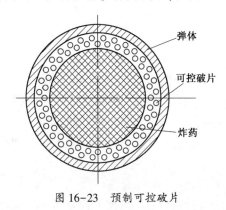

图 16-23 预制可控破片

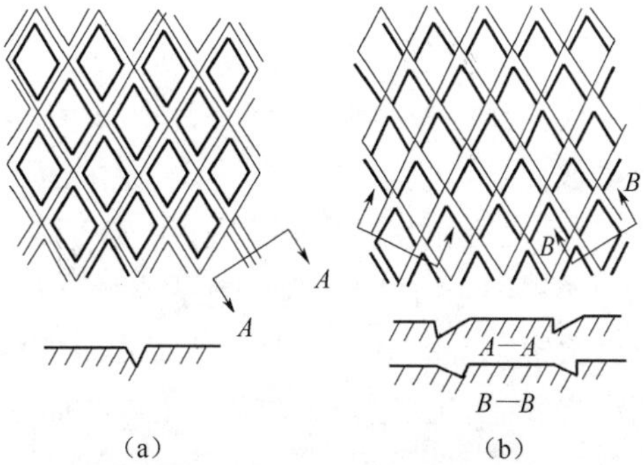

图 16-24 机械缺口可控破片
(a)V 形断面缺口;(b)锯齿形断面缺口。

第三种是冶金缺口的可控破片。所谓冶金缺口并不是真正的几何缺口,而是利用冶炼方法在弹体表面造成组织或性能间断区,该区的材料比邻近基体的材料脆而硬。冶金缺口使弹体形成在弹性范围是连续的,但在塑性范围是间断的状态。在爆炸载荷条件下冶金缺口将起裂纹源的作用。但是,如果发射时的应力对基体仍为弹性的,那么在发射期间内缺口区的行为几乎与基体没有差别。另外,冶金缺口可以保持弹体表面的光滑性,不会影响弹丸的飞行特性。对于发射应力很高的弹丸来说,利用冶金缺口控制破片大小和形状是很有前途的。产生冶金缺口的方法很多,例如,化学热处理(包括选区表面渗碳、氮化、渗铝等)、选区充氢处理、电子束刻痕和激光刻痕法等。

最后应当谈及的是正在研究的控制破片的所谓波成型原理。这种方法的理论基础是弹—塑性应力波的传播与反射。在不同的条件下,破片的形成机制不同(如图 16-25 所示)。从理论和试验研究的结果看,采用冲击筒的结构方案可以获得满意的结果(如图 16-26 所示)。对于一定的弹体和炸药,冲击筒的厚度和空隙的尺寸对破片数的影响很大。试验结果表明,采用小空隙,薄冲击筒效果为好,特别是采用刻槽冲击筒将会获得更好的效果。

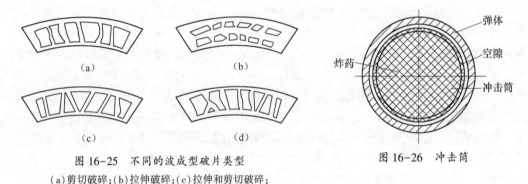

图 16-25 不同的波成型破片类型
(a)剪切破碎;(b)拉伸破碎;(c)拉伸和剪切破碎;
(d)带有拉伸和剪切破碎的崩落。

图 16-26 冲击筒

16.5 远射程榴弹

16.5.1 概述

火药和导弹的出现,曾是常规身管火炮系统为之逊色,甚至有人认为身管火炮系统将要被取代了。但是,战争的实践、战术使用上的要求,使身管火炮及其弹药的作用被重新认识,其发展和改进被重新重视。特别是随着近代科学技术的迅猛发展,为改进和发展火炮弹药提供了可能,常规火炮系统又获得了新的生命力。实践表明,弹药所取得的进展在身管火炮系统的新生中走在最前面,起着突出的作用。近几十年来,火炮弹丸发展之快、改进之多、变化之大,大大超过了以往的数十年。不少弹丸,特别是一些中、大口径弹丸,完全打破了原有的形式,其外形全然改观,性能大幅提高。

20 世纪 60 年代起,国外中、大火炮的最大射程提高很快。从西方国家配备于师级 155mm 榴弹炮的射程看,在 20 世纪 30 年代到 50 年代一直保持在 15km 以下的水平,到

60年代提高到接近20km,到70年代接近甚至超过30km。目前,有些弹丸的射程已接近40km。

提高射程的手段很多,当前主要采用的方法如下。

1. 提高初速

射药量和提高膛压等。例如,155mm榴弹炮由于采取了以上措施,使弹丸的初速由原来的600m/s左右提高到800m/s以上,甚至达到910m/s。

加长炮身,扩大药室容积、增加发射药量和提高膛压,必然会导致火炮质量增大和炮管寿命降低。为此,国外通过采用电渣重炮钢(其屈服强度达 $1.27×10^9$ Pa)、身管自紧工艺和内腔镀铬等办法来延长身管寿命,又通过采用二氧化钛—石蜡或滑石粉—石蜡两种缓蚀添加剂减少身管烧蚀,从而进一步提高了身管使用寿命。

2. 减小弹丸阻力系数

近几年来,利用减小弹丸阻力系数来提高射程的方法,已愈来愈受到人们的重视。减小弹丸阻力系数的方法很多,而且这些方法还可以综合利用,方法如图16-27所示。

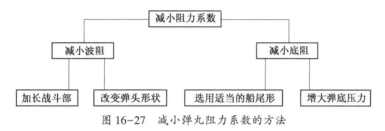

图16-27 减小弹丸阻力系数的方法

本章所要讨论的底凹弹、枣核弹和底排弹就是通过减小阻力系数来提高射程的。

3. 采用火箭增程

所谓火箭增程,是在弹丸底部加装一个火箭发动机,该火箭发动机在弹丸飞出炮口后点燃,从而在弹道上产生推力,增加射程。这种弹药称为火箭增程弹。

在上述3种增加射程的措施中,以改进弹形和结构尤为重要,且效果显著。

由于射程、威力和精度间的辩证统一关系,增加射程必须保证在该射程上能够达到满足有足够的毁伤能力,否则射程的增加就失去了意义。实际上,伴随对提高射程技术的研究,必然也要对威力和精度的改善进行探讨。各种类型的子母弹,以及末制导炮弹,就是在这种情况下发展起来的。

16.5.2 底凹弹

这种弹是美国在20世纪60年代初最先开始研制的。它的出现受到了世界各国的普遍重视。底凹弹在弹丸底部采用底凹结构而得名。在底凹弹中,除了在弹丸底部采底凹结构外,还常同时在底凹壁处对称开设数个导气孔(如图16-28所示)。对于采用底凹结构后能够减小弹丸所受的空气阻力,是目前值得研究和进一步认识的问题。在此,只能根据个别风洞试验结果进行概略说明。

首先,采用底凹结构后,弹丸所受的空气动力状况得到改善。由于弹丸在飞行过程中冲开空气而向前运动,从而造成了弹丸头部将承受比较大的压力。而在弹丸底部却由于惯性作用,弹丸向前运动后空气还来不及填充弹丸运动所造成的局部真空(或稀疏),从

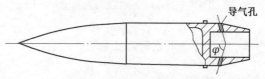

图 16-28 带有导气孔的底凹弹

而使弹底所承受的空气压力降低。这种弹丸头部和底部压力之差,就构成了弹丸的底部阻力。采用底凹结构后,特别是采用带有导气孔的底凹结构后,涡流强度减弱,局部真空区被空气填充,从而提高了弹底部的压强,致使底部阻力减小。

其次,采用底凹结构后,整个弹丸的质心前移,压力中心后移,这就给弹丸的飞行稳定性带来好处,从而使空气阻力减小,而且,弹丸的散布也得到改善。

采用底凹结构,除可以减小弹丸的阻力系数外,还可以改善弹带处的弹壁受力状况,这是因为弹带可以设置在弹体与底凹之间的隔板处。与普通榴弹相比,这样做可使弹壁减薄,增加炸药装药量,提高弹丸的威力。从结构上看弹体与底凹可以是一体的,也可以是螺纹连接的。

目前,在底凹的深度上,有"长底凹"和"短底凹"之分,它们的数值大致为 $(0.2\sim0.9)d$。试验表明:在亚声速和跨声速范围内,底凹深度以取 $0.5d$ 为宜;而在超声速范围内,底凹深度与底压的关系不大。至于导气孔的设置,其倾角(如图 16-28 所示)以取 $60°\sim75°$ 为宜,相对通气面积(即通气面积与弹丸横截面积之比)以取 0.32 为宜。

试验表明,单纯的底凹结构增程效果并不显著,一般只能使射程提高百分之几。因而在进行弹丸设计时,常常采用综合措施,例如,在采用底凹结构的同时,加大弹丸长径比,并使弹头部更为流线型。如图 16-29 所示,是美国 M470 式 155mm 底凹弹与 M107 式 155mm 普通榴弹的外形对比示意图。由图可见,M470 式采用了底凹结构,增大了弹丸的长径比,头部更加尖锐。计算表明,该弹以 43 年阻力定律为准的弹形系数 i_{43},由 M107 式的 0.95 降至 0.83。

16.5.3 枣核弹

枣核弹结构的最大特点是这种弹没有圆柱部,整个弹体由约为 $4.8d$ 长的弧形部和约为 $1.4d$ 长的船尾部所组成。枣核弹的长径比较大,一般都已超出 $5.5d$ 的限制。在结构上,枣核弹一般均采用底凹结构。

目前的枣核弹有两种形式:一种是全口径枣核弹;另一种是减口径枣核弹。它们的区分从弹径与火炮口径的对比出发的。全口径枣核弹弹径的名义尺寸与火炮口径是相同的,而减口径枣核弹的弹径尺寸却比火炮口径略小。由于弹径的这种区别,在结构上也将有各自不同的特点。

全口径枣核弹是加拿大于 20 世纪 70 年代研制成功的。为了解决全口径枣核弹在膛内发射时的定心问题,他们在弹丸弧形部上安装了 4 个具有一定空气动力外形的定心块(如图 16-30 所示),在膛内,就是利用这 4 个定心块和位于弹丸最大直径处的弹带来完成定位使命的。定心块的形状,安置角度和位置,在弹丸设计中是需要精心考虑良好。除需要考虑良好的定心作用外,还应考虑到阻力小和对飞行稳定性有利。对定心块做斜角从 $0°\sim15°$ 的试验表明,随定心块斜置角的增加,弹丸所受的阻力也将有所增加。

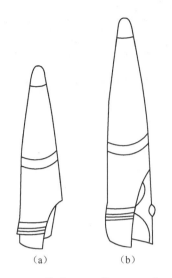

图 16-29 美国 M470 式 155mm 底凹弹
与 M107 式 155mm 普通榴弹
(a)M107；(b)M470。

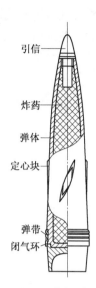

图 16-30 全口径枣核弹结构示意图

对于传统的普通旋转稳定榴弹可以不予考虑的问题，在这种长径比比较大，依靠旋转稳定的枣核弹上却不能不加以注意和考虑了。这里所说的就是所谓马格努斯效应问题。

弹丸在飞行中出现章动角 δ 是不可避免的。对旋转弹丸来说，章动角的出现引起了附加力和力矩的出现。为了弄清这一附加力和力矩的物理本质，把弹丸看做是静止的，而把空气看做是运动的，并且把空气的运动沿弹轴和垂直于弹轴的方向进行分解。这样在有攻角存在的情况下，将产生与弹轴相垂直的速度分量(如图16-31(a)所示)。

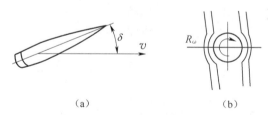

图 16-31 马格努斯力的形成

由于垂直于弹轴的空气流与随同弹丸旋转的一薄层空气流的联合作用，自弹尾向弹头方向看去，右方的合成空气流速低，而左方的合成空气流速高，因而必然产生自右向左的合力 R_ω（见图16-31(b)），该力即称为马格努斯力。又由于该力的作用点与弹丸质心不相重合，势必将形成一个力矩，该力矩即称为马格努斯力矩。马格努斯力和马格努斯力矩对弹丸运动的影响即为马格努斯效应。

马格努斯力对弹丸运动的影响，无非是使弹丸质心向侧向偏移，然而马格努斯力矩却影响弹丸的飞行稳定性。如果马格努斯力的作用点在压力中心之后，将对飞行稳定性有利。相反，如果在前将会造成严重后果，使弹丸不稳定飞行。为了解决这一问题，许多国家在研究改善弹丸船尾形的同时,解决抗马格努斯效应的措施。

从全气动力学角度看,在目前的各种榴弹中,枣核弹的阻力系数最小。计算表明,枣核弹的弹形系数 i 约为 0.7 左右。采用枣核弹结构,其射程可提高 20% 以上。如果采用可脱落的塑料弹带,其射程还可进一步提高。

但需指出,由于在弹带上安置了 4 个定心块,从而增加了弹体结构的复杂性,给加工带来了一定的难度。

加拿大发展的 155mm 全口径枣核弹的主要诸元如下。

弹丸长:938mm。弹体长:843mm(无引信)。船尾部长:114mm。

弹尾底部直径:131mm。船尾角:6°。弹丸质量:45.58kg。

炸药质量(B 炸药):8.6～8.8kg。底凹深:63mm。弹带宽:36.7mm。

弹带直径:157.76mm。定心块倾斜角:10.4°。

美国发展的 155mm 全口径枣核弹的气动外形参数如下:

弹径:155mm。弹丸长:6.13d。

弹头部长:4.7d。弹头部曲率半径:25.3d。

船尾部长:1.5d(或 0.7d)。尾锥角:6°。

底凹深:0.8d～1d。

在全口径枣核弹基础上发展起来的减口径枣核弹,其射程还可进一步增加。图 16-32 所示即为这种弹的两种结构外形示意图。其中图 16-32(a)采用了塑料的可脱落弹带和前、后塑料定心环。为了可靠的密闭火药气体,它采用了内、外两个闭气环。而图 16-32(b)仍然采用了定心块结构。

减口径枣核弹之所以使射程进一步增加,主要是因为弹形进一步得到改善。此外,在相同口径下,减口径枣核弹可以获得比全口径枣核弹略大的初速。

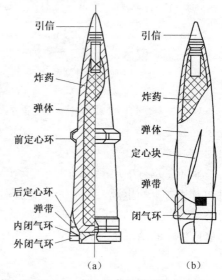

图 16-32 减口径枣核弹结构示意图

16.5.4 火箭增程弹

火箭增程弹是由一般弹丸加装火箭发动机并在身管火炮中发射出去,以达到增加射程目的的弹丸。这种弹丸将火箭技术用在普通炮弹上,使弹丸在飞出炮口后,火箭发动机点火工作,赋予弹丸以新的推动力,从而增加速度,提高射程。原则上讲,火箭增程技术可以在各个弹种上使用,但由于各个弹种都有其各自的独特要求,加上采用火箭技术后会出现一些新的问题,因而使其在使用上受到一定的限制。

从结构特点上看,火箭增程弹不外乎有旋转稳定式火箭增程弹(如图 16-33 所示)和张开尾翼式火箭增程弹(如图 16-34 所示)两种形式。图中所示的结构,都以杀伤或杀伤爆破为目的。从这些图中可以看出,火箭装药可以采用单根管状药,也可以采用多根管状药;可以采用单喷管,也可以采用多喷管;可以采用前喷管,也可以用后喷管。无论采用什么形式,都应保证火箭对发动机部分作用可靠,使用安全。

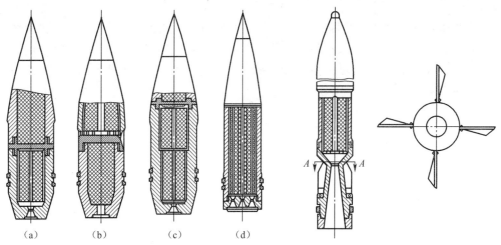

图 16-33　旋转稳定式火箭增程弹　　　　图 16-34　张开尾翼式火箭增程弹

火箭增程弹的研究,可以追溯到第二次世界大战以前。后来,由于增程效果、射击精度,炸药量方面的问题,曾经中断对火箭增程弹的研究。到了 20 世纪 60 年代,随着科学技术的发展,又恢复了火箭增程弹的研究。为了解决威力问题,战斗部采用了高破片率钢和装填高能炸药(如 B 炸药)。为了提高增程效果,改进了弹形,采用了新的火箭装药,火箭发动机壳体采用了高强度钢,使增程效果达到 25~30%。图 16-35 所示是美军装备的 M549 式 155mm 火箭增程弹示意图。该弹采用了堆焊弹带闭气环以及短底凹等措施,可增程 30%。

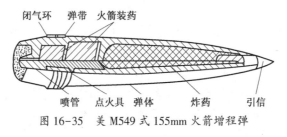

图 16-35　美 M549 式 155mm 火箭增程弹

在火箭增程弹设计中,火箭发动机的点火时间对射程的增加亦有影响。换句话说,存在一个最有利点火时间的问题。

总的来说,火箭增程弹虽然可以增程,但它的结构比较复杂,战斗部威力和射击精度都将下降,而且成本较高。

16.5.5　底排弹

底排弹首先是瑞典于 20 世纪 60 年代中期开始研制的。在此之后,许多国家也积极研究和发展了这种弹丸(见图 16-36)。

与火箭增程弹不同,底排弹不是靠增加推力,而是靠减小弹丸所受的底部阻力来提高射程的。目前,底排弹已出现两种类型,一种是使用推进剂的底部排气弹,另一种是使用烟火药的底部排烟弹。对于小口径弹丸(如 7.62mm 枪弹、20mm 和 30mm 炮弹),多采用底部排烟技术,而在大口径弹丸上多采用底部排气技术。在此,只概略讲解底部排气技术。

在采用底部排气技术以后,排出的气体将填充由于弹丸运动所造成的弹底稀疏区,从而提高该区的压力,减小弹头部与弹底部之间的压力差,使弹底阻力大大下降(如图16-37所示)。由于降低了弹丸在弹道上所受的空气阻力,因而射程增加。瑞典发展的105mm底部排气弹的弹丸质量为18.5kg。

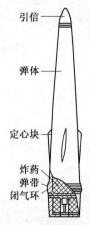

图16-36 底排弹结构示意图

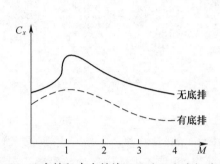

图16-37 无底排与有底排情况下的阻力系数对比曲线

制底排装置时外壳为17.3kg,排气装药柱质量为0.33kg(75%过氯酸胺和25%端羧基丁二烯),药柱呈中空圆柱形,并分为两半(药柱长57mm,外径76mm,内径25mm),底螺盖上的喷气孔直径为25mm。喷气药柱的燃烧温度为3000℃左右,燃烧时间为22s,该弹可增程25~26%。

比利时发展的155mm底部排气弹的质量为46.7kg,弹丸长为950mm,炸药装药量为8.8kg药,其最大射程达39km,与不加排气装置相比可增程30%。

与火箭增程弹相比,底排弹有下列优点:

(1) 底部排气弹的结构比较简单,只需要在弹底的底凹内加装排气装置即可;

(2) 底部排气弹可以基本上不减少弹丸的有效载荷(战斗部质量),因而不会使威力降低;

(3) 底部排气弹由于空气阻力的减小从而缩短了弹丸在空气中的飞行时间,这就使外界对弹丸运动的影响减小,使弹丸的散布情况得到改善;

(4) 由于底部排气装置的燃烧室工作压力低,因而对装置壳体的要求低。实际上,可以利用原来的底凹弹加装排气装置来实现增程,而不必要采用特殊的提高强度的措施,这在技术上容易实现。

与枣核弹相比,它不需要高膛压高初速火炮就可获得较为明显的增程效果。综上所述,底排弹可以说是一种比较实用的、性能较好的远程榴弹。应当指出的是底部排气弹可使射程增加的同时,也带来了加大弹丸散布的问题。这主要是由于底排药柱的燃烧条件,受高空大气层气象条件的影响,而高空大气层的气象条件瞬息万变,难于准确预测;底排弹的点火时间的一致性也有一定问题,目前,各国都在努力寻求更好地减小底排弹散布的途径和措施。

第17章 反装甲弹药

17.1 装甲目标分析和对反装甲弹药的要求

反装甲弹药是用于对付装甲目标的主要弹药。所谓装甲目标是指用装甲保护的目标,如坦克、装甲车、军舰、装甲飞机和装甲工事等,其中用得最多、最具代表性的就是坦克。所谓装甲是指安装在军事装备或军用设施上的防护层,主要指的是安装在坦克、装甲车上的防护用的金属板。现代战争中,坦克已成为主要进攻武器之一,所以反装甲弹药也是现代战争中用得较多的弹种之一。

17.1.1 装甲目标的目标分析

如前所述,最具代表性的装甲目标就是坦克,随着现代反坦克弹药性能的提高,世界各国都普遍加强了坦克的防护能力,间隔装甲、复合装甲、屏蔽装甲、反应装甲等技术被广泛采用,坦克已号称成为防护好、火力猛、高速、高机动性的移动堡垒。这样就对反装甲弹药的性能提出了更高的要求。坦克的操作和驾驶位于车体前部。传动部件在后部,因此,坦克等装甲目标都采用非均等厚度。坦克的装甲结构如图17-1所示,通常,炮塔前装甲最厚,车体前装甲较厚,两侧和后部次之,顶部和底部最薄。为抵抗低伸弹道弹丸的进攻,装甲应相对于铅垂线倾斜布置,这样不仅可以增大装甲的水平厚度,还容易产生跳弹和使引信瞎火。

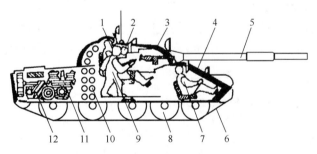

图 17-1 坦克装甲结构示意图
1—车长;2—炮长;3—炮塔;4—车体;5—火炮;6—履带;
7—驾驶员;8—负重轮;9—装填手;10—弹药;11—发动机;12—变速箱。

间隔装甲是指在车体或炮塔的主装甲之外,相隔一定距离,增加一层或多层附加钢甲。其作用是使破甲弹提前起爆、穿甲弹的弹芯遭到破坏并消耗弹丸的动能、改变弹丸的侵彻姿态和路径,提高防护能力。若附加装甲是相对独立的,也称为屏蔽装甲。屏蔽装甲可以做成固定式,也可做成安、取都较为方便的披挂式的。在坦克上加装附板或裙板都属屏蔽装甲。复合装甲是在两层金属装甲之间装填非金属材料板。如著名的英国乔巴姆装甲是以钢板作面板,陶瓷、瓦片叠在支承层上作夹层,铅合金板作内板,它的防护能力达到普通钢甲的 3 倍。苏联和美国的防护装甲多是在两层钢板之间填以非金属材料,其防护能力是普通钢甲的 2 倍。另外国外还有间隔复合装甲,如美国的 M1 坦克,它可进一步提高抗弹能力。近年来又发展了一种"反应装甲",它是披挂在主装甲之外的装在钢箱内的一块一块的钝感炸药。在破片或枪弹头击中这种装甲时炸药不会爆炸,但在成型装药破甲弹形成的高速金属射流的作用下则会爆炸,从而会干扰金属射流对钢甲的作用,降低破甲效力。由上述分析可以看出,现代装甲目标具有如下的特性:

1. 装甲坚

(1) 装甲厚度大,如美国 M60A1 坦克,前炮塔弧形都装甲厚度达 255mm;苏联 T72 坦克,前炮塔装甲厚度达 400mm。

(2) 装甲力学性能好,一般多采用含铬、锰、镍、钼等元素的合金钢,抗拉强度高达 2000MPa。

(3) 装甲结构多样,有普通钢甲、复合装甲、间隔装甲、反应装甲等。

(4) 装甲具有大倾角。一般前装甲倾角多在 60°~65°,有的高达 68°~70°。

2. 火力强

现代坦克一般都装有一门 100~125mm 火炮,一挺重机枪和一挺高低两用机枪。

3. 速度快

在公路上最高时速达 50~60km;作战时,一般时速约 30km。

4. 越野性能好

一般可爬 30°坡,超越 1m 高的垂直墙和 2~3m 宽的壕沟,能涉渡 1m 深的河流,还能利用潜渡装置在 4~5m 深的水中潜渡。

5. 体积小

现代坦克的外廓尺寸大致如下:长 6~7.4m,宽 3.1~3.6m,高 2.3~2.7m。

6. 装甲目标的攻击弱点

装甲目标的攻击弱点主要有:内部空间小,且在不大的体积内装有大量的易燃易爆物。这样的空间结构一但被击中,很容易发生燃烧和爆炸;受容积限制,携带的弹药较少;顶甲和底甲的防护较弱;不便于观察和与外界联络。

17.1.2 反装甲弹药的基本要求

对反装甲弹药的要求

根据装甲目标的以上述特性,对反装甲弹药提出了以下的要求。

1. 威力大

这里所说的威力是指毁伤装甲目标的能力,由于各种反装甲弹药的作用原理不同,因此对威力的具体要求也不同。反装甲弹药若能用以攻击目标的薄弱部分,如坦克的顶甲和侧甲,也就相对地提高了弹丸的威力。

2. 精度好

由于坦克等装甲目标体积小、速度快,又必须直接命中目标才能奏效,因此对反装甲弹药的散布精度要求很高。

3. 有效射击距离大

所谓有效射击距离主要是指能保证必要的命中概率和对目标的有效毁伤的射击距离。为保证必要的命中概率,除弹药的散布精度要好以外,还可采用低伸弹道,并尽量减小飞行时间。

17.1.3 反装甲弹药的分类

1. 按作用原理分类

(1) 穿甲弹。主要依靠弹丸碰目标时的动能贯穿装甲、击毁目标。

(2) 破甲弹。主要利用成形装药聚能爆轰原理在装药爆炸时形成金属射流贯穿装甲、击毁目标。

(3) 碎甲弹。主要利用堆积在装甲表面的炸药爆炸的能量使装甲另一面崩落、产生破片以击毁目标。

2. 按作用能源分类

(1) 动能弹。利用弹丸碰目标时的动能贯穿装甲的弹药,如各种穿甲弹。

(2) 化学能弹。利用弹丸装药爆炸释放的能量以破坏装甲的弹药,如破甲弹和碎甲弹。

下面对穿甲弹、破甲弹和碎甲弹分别予以讲解。

17.2 穿 甲 弹

17.2.1 对穿甲弹的几个性能要求

1. 威力

穿甲弹的威力是指在规定的射程内从正面击穿坦克装甲,并具有较大的后效作用——对坦克内部有一定的杀伤、爆破和燃烧作用。威力可用下述形式表达:有效穿透距离(m)—装甲厚度(mm)(结构)/装甲水平倾角。例如,100mm 加农炮用被帽穿甲弹的威力指标为 1000m~100mm/30°。除均质钢甲外需注明装甲的结构。

装甲的水平倾角 α 是指靶板法线与水平面的最小夹角,当着速在水平面内时,装甲水平倾角与弹丸的着角(v_c 与法线方向 N 之间的夹角)相同,如图 17-2 所示。由于实弹射击中采用小射角射击,弹道平直,可近似认为着速 v_c' 为水平方向,弹轴线与 v_c' 重合。

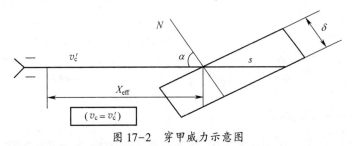

图 17-2 穿甲威力示意图

对于一定的装甲目标,每种弹丸都有着各自的最小穿透速度,即弹丸着靶速度低于该值(或范围)时就不能穿透,此速度称为极限穿透速度 v_c。v_c 值的大小标志着弹丸的穿甲能力,对于相同的装甲,v_c 越小,穿甲能力越大;v_c 越大,穿甲能力越小。

弹丸在飞行中速度逐渐衰减,当着速 v_c' 小于极限穿透速度($v_c' < v_c$)时,则不能穿透指定的装甲目标。为此,将穿透指定装甲目标所对应的最大射程称为有效穿透距离(如图17-3所示),用 X_{eff} 表示。也就是说,有效穿透距离是指穿甲弹能够有效地穿透指定装甲的射程距离上限,再远则穿甲就不再有效了。X_{eff} 值可根据弹丸初速 v_0、对指定装甲目标的极限穿透速度 v_c 以及弹道系数 C,由外弹道表查得西亚切函数 $D(v)$。按下式求出,即:

$$X_{eff} = \frac{D(v_c) - D(v_0)}{C}$$

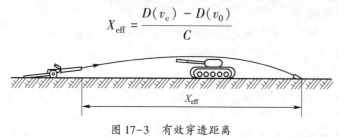

图17-3 有效穿透距离

由上式可以看出,对于不同的弹丸,即使 v_0、v_c 相等,而弹丸保持速度的能力不同,有效穿透距离也并不相等,弹道系数 C 越小,有效穿透距离越大。在穿甲弹中常用弹丸飞行 1000m 的速度衰减量(速度降)如 $\Delta v_{1000m} = v_1 - v_2$ 来表示保存速度的能力。v_1、v_2 是弹丸在该段距离上的始、末速度。Δv 越小,存速能力越大,有效穿透距离越大。

2. 直射距离

直射距离是指弹道顶点高度等于给定目标高时的射击距离 X_{zh}。根据坦克与装甲车辆的实际高度,通常目标高取为 2m(国外也有取 1.8m 或 2.3m 的)。直射距离越大,弹道越低伸,表明穿甲弹的性能越好。

X_{zh} 是 v_0 和 C 的函数。在低初速时,v_0 是决定因素,在高初速时,C 的影响较大。一般情况下用公式 $X_{zh} = k_{v_0}$ 计算。直射距离系数 $k = f(C, v_0)$,可查有关的弹道表。

3. 密集度

现代装甲目标都具有较好的机动性,而穿甲弹必须直接命中才能击毁目标。因此,要求火炮系统具有较高的毁伤效果——包括瞄准精度和射弹密集度。对直瞄武器的密集度,一般都进行立靶密集度试验,通常取射距 1000m,或根据弹丸的有效穿透距离的大小确定射距。按照高低中间偏差 E_y 和方向中间偏差 E_z 的大小来评定密集度。

4. 火炮的机动性

要满足穿甲弹的威力、直射距离等性能的要求,必然导致弹丸初速的提高和质量的增大,这将直接影响火炮的机动性能。但在战争中,火炮的机动性是保证其很好发挥作用的重要指标。弹丸炮口动能的大小,直接影响火炮的质量。因此,在确定弹丸的初速和质量时,必须综合考虑,以解决威力和机动性的矛盾。高速脱壳穿甲弹的出现为解决上述矛盾提供了良好的途径,它的初速很高(达 1800m/s)而威力大,但弹丸的质量小。

17.2.2 穿甲作用原理

穿甲弹靠弹丸的碰击作用穿透装甲,并利用残余弹体的动能、钢甲的破片或炸药的爆炸作用毁伤装甲后面的有生力量和器材。因此整个作用过程包括碰撞、杀伤和爆破三个部分,这里只介绍穿透装甲的碰撞作用——穿甲作用。

弹丸和装甲的破坏形态：

因弹丸结构、威力和钢板结构性能的不同，弹丸大致有以下两种破坏形态。

（1）装填炸药的穿甲弹，穿透钢甲后，药室未破裂，弹丸在引信作用下爆炸。此时弹丸对装甲目标的破坏和后效作用最大。

（2）实心穿甲弹击穿钢甲后可能有两类情况：一类是尖头形穿甲弹，弹体基本上完整地穿过钢甲并破坏靶后目标，但这种弹丸的后效作用差；另一类如长杆形弹丸击穿装甲时，虽无炸药爆炸，但弹体破碎，大量的弹片和钢甲破片起杀伤作用。

钢甲将产生以下3种破坏形式：

（1）当尖头破甲弹垂直碰击机械强度不高的韧性钢甲时出现韧性穿甲的情况，如图17-4所示。钢甲金属向表面流动，然后沿穿孔方向由前向后挤开，钢甲上形成圆形穿孔，孔径不小于弹径，出口有破裂的凸缘。当钢板厚度增加、强度提高或着角增大时，尖头弹将不能穿透钢甲或产生跳弹。

（2）冲塞型穿甲。钝头穿甲弹和被帽穿甲弹碰击中等厚度的均质钢甲以及渗碳钢甲时，由于力矩的方向与尖头弹不同，出现转正力矩，弹丸不易跳飞（如图17-5所示）。碰击时弹丸首先将钢甲表面破坏，形成弹坑，然后产生剪切，靶后出现塞块（如图17-6所示），称冲塞型穿甲。

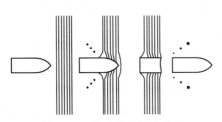

图17-4　尖头弹的韧性穿甲

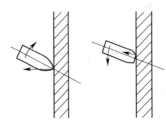

图17-5　尖头弹和钝头弹对倾斜钢甲的碰击

（3）破碎型穿甲。弹丸以高速穿透中等硬度或高硬度钢板时，产生塑性变形和破碎，靶板除破碎之外也有崩落，大量破片从靶后喷溅出来（如图17-7所示）。

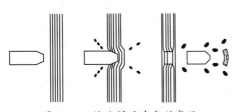

图17-6　钝头弹的冲塞型穿甲

图17-7　破碎型穿甲

除以上基本穿甲形态之外，还可能出现综合性穿甲过程。如杆式穿甲弹在大着角下对钢甲的破坏形态，除了碰击表面出现破坏弹坑之外，弹、靶产生边破碎边穿甲，最后产生冲塞型穿甲。

17.2.3　影响穿甲作用的因素

1. 着靶动能与比动能

由于单位体积穿孔所需能量基本相同，所以着靶动能 $E_c = m v_c'^2 / 2$（m 为飞行弹丸的质量)和着靶比动能 $e_c = E_c/(\pi d^2)$ (d 为飞行弹径)直接影响装甲穿孔的直径、穿透的厚度、冲塞和崩落块的质量。因此要提高穿甲威力,除应提高弹丸的着靶速度外,同时还需适量缩小着靶弹径。

2. 弹丸的结构与形状

弹丸的结构与形状影响弹丸的弹道性能和穿甲作用,设计时应综合考虑。

3. 着角的影响

当弹丸垂直碰击钢甲时,穿甲深度最大,当着角增大时,极限穿透速度明显增加,因为弹丸侵彻行程增加,穿透钢甲的动能就需要增加。

4. 装甲机械性能、结构和厚度

弹丸穿甲作用的大小在很大程度上取决于钢甲的抗力。而钢甲的抗力取决于其物理性能和机械性能。钢甲的机械性能提高时,穿深下降。

17.2.4 穿甲弹的结构

1. 普通穿甲弹

普通穿甲弹是指适口径穿甲弹。普通穿甲弹的弹体有实心和装药两种结构。所以一般普通穿甲弹由风帽、弹带、炸药、引信、曳光管等组成。弹体材料为高强度硬质合金。根据弹丸头部形状的不同,普通穿甲弹又分为尖头穿甲弹、钝头穿甲弹和被帽穿甲弹。

图 17-8 为 37mm 高射炮用尖头穿甲弹,头部风帽改善了弹丸外形,尖头弹穿甲时头部阻力较小,对硬度较低的韧性钢甲有较高的穿甲能力,但对硬度较高的厚钢甲射击时,头部易破碎,对倾斜的钢甲易跳飞,所以,这种形状现已少用。图 17-9 为钝头穿甲弹,钝头弹碰钢甲时,由于接触面积大,弹头部不易破碎,钝头同时也改善了弹丸着靶时的受力状态,可以在一定程度上防止跳弹。钝头弹穿甲时,易产生冲塞式破坏,其穿甲能力高于尖头穿甲弹,可用来对付硬度较高的均质钢甲和非均质钢甲。钝头部直径约为 $0.6d \sim 0.7d$,其形有球面、平面及蘑菇等多种(如图 17-10 所示)。

图 17-11 所示的穿甲弹结构与钝头穿甲弹大致相同。主要差别是在头部焊接了钝形被帽。被帽的作用是改善弹丸在大着角下的侵彻能力,碰击钢甲时,通过被帽传到弹头

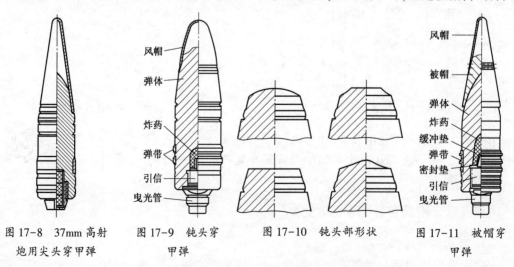

图 17-8 37mm 高射炮用尖头穿甲弹　　图 17-9 钝头穿甲弹　　图 17-10 钝头部形状　　图 17-11 被帽穿甲弹

部的应力大为减小,且为三向压应力状态,从而保护了弹头。

因普通穿甲弹的速度低、穿甲能力差,现代坦克炮已基本不再继续使用。

2. 次口径超速穿甲弹

第二次世界大战中,随着装甲防护能力的增强,出现了一种装有高密度碳化钨弹芯的次口径穿甲弹。在膛内和飞行时弹丸是适口径的,命中靶后起穿甲作用的是直径小于口径的碳化钨弹芯(或硬质钢心),弹丸质量小于适口径弹丸,断面比重增大,通过减轻弹丸质量的办法提高了弹丸的初速。由于碳化钨弹芯的密度大、硬度高且直径小,故比动能很大,提高了穿甲效力。

这种穿甲弹按其外形可分为线轴型和流线型两种。

线轴型质量小,流线型弹形好。这两种弹丸都由弹芯、弹体、风帽(或被帽)、弹带和曳光管等组成。如图 17-12 和图 17-13 所示。

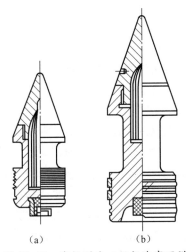

图 17-12 线轴型次口径超速穿甲弹

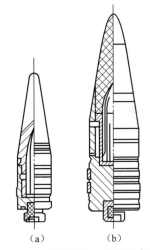

图 17-13 流线型次口径超速穿甲弹

弹芯是穿甲弹的主体部分,由碳化钨制成,含少量镍钴或铁等金属。一般是由碳化钨粉(96%左右)加少量钴粉、镍粉或铁粉压制成型后加热到 1500℃ 的高温,烧结而成。这种碳化钨芯具有很高的密度($14 \sim 17 \text{g/cm}^3$)、很高的硬度(洛氏硬度 $80 \sim 92 \text{HRC}$)和很高的耐热性。由于弹芯直径较小($\frac{d}{3} \sim \frac{d}{2}$),加之弹丸的速度很高,因而具有很大的比动能。还由于碳化钨弹芯很硬,在穿甲过程中几乎不发生变形,能量几乎全部用在侵彻装甲上。弹芯穿透钢甲后,因突然卸载产生拉应力,由于碳化钨弹芯较脆(抗压不抗拉);因而破碎成很多碎块(图 17-14)。由于碰击和碎块摩擦可产生 900℃ 左右的高温,提高在坦克内的杀伤和燃烧作用。

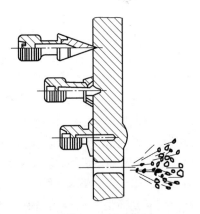

图 17-14 次口径超速穿甲弹的穿甲过程

弹芯的形状均为尖头,其穿甲阻力小,圆弧母线半径为 1.5d~2d,并与圆柱部相切。弹芯的材料除碳化钨之外,还可采用高碳工具钢和铀合金等。

弹体是弹芯的载体,起支承弹芯、固定弹带并使弹丸在膛内定心和外弹道上飞行稳定的作用。通常把弹芯用由氧化铅和干性油配成的油灰固定在弹体的弹芯室中。弹体头部连接风帽,尾部连接曳光管;弹体材料为软钢或铝合金。当弹丸以小着角碰击钢甲的瞬间,弹体的部分动能传给弹芯,使其穿甲能力提高。在大着角时,不是弹芯先碰击钢甲,而是弹体与弹芯一起碰击钢甲,弹体的能量首先消耗在自身破坏和破坏钢甲的表面上,弹芯也因受弯矩而易折断或跳飞。

为减轻弹重,把弹体的上、下定心部之间的金属部分尽量挖去,即形成线轴型弹形,这种弹的气动力外形很差,速度衰减很快,只有在近距离(500~600m)上使用才能显示其穿甲效力高的优势。流线型弹丸因断面密度不大,存速能力仍不高。因此,这两种弹丸只是由普通穿甲弹向超速脱壳穿甲弹的过渡形式。

3. 超速脱壳穿甲弹

为了克服次口径超速穿甲弹存速能力低的缺点,同时保持其次口径穿甲的优点,对穿甲弹的结构进行了改进,使其在膛内具有较大的断面和较小的质量,即采用适口径的弹托使质量较小的弹丸获得高初速;弹丸出炮口后使弹托脱落,即"脱壳",从而使飞行弹径缩小,增大断面密度,以提高弹丸的存速能力和穿甲效力。

脱壳穿甲弹的结构按弹丸的稳定方式可分为线膛炮发射的旋转稳定式脱壳穿甲弹和尾翼稳定式脱壳穿甲弹两种。这两种结构都由飞行弹和弹托两部分组成。飞行弹的直径小于弹丸口径,为提高穿甲效能,必须提高有效质量比(飞行弹与全弹质量比)。弹托的作用是固定飞行弹,在膛内起定心、导向作用,并赋予飞行弹以初速和转速。弹托的外径即弹丸(或火炮)的口径。弹丸出炮口后,弹托立即自行脱离飞行弹,使飞行弹具有良好的起始外弹道性能。由于弹托本身的动能无助于穿甲作用,相反会伤害我方人员,因而应使弹托质量(消极质量)尽可能小,要尽量缩小弹托零件(卡瓣、弹带等)的飞散范围。

产生脱壳的基本动力是:外弹道上的迎面空气阻力;弹丸旋转的离心力;火药气体的作用力。

1) 旋转稳定式脱壳穿甲弹

图 17-15 是 85mm 脱壳穿甲弹,该弹质量很小(4.05kg),初速较高(v_0 = 1170m/s)。X_{xh} 达到 1350m。飞行弹内有直径 31mm 的细长碳化钨弹芯,穿甲威力为 1000m~260mm/0°,碳化钨弹芯上装有风帽、钢套和曳光管,组成飞行弹。风帽用于改善弹形,钢套可以增大飞行弹径(50mm),提高飞行弹丸的极转动惯量使飞行稳定。虽然飞行弹上没有弹带,但其飞行稳定所需之转速是靠钢套底部与弹托之间的摩擦力矩传递的,因此接触面应保持适当粗糙度,尽量增加摩擦力。弹托由铝合金制成。由钢圈构成的上、下定心环在膛内起定心作用。该弹采用耐高温、高熔点的钝铁弹带,以满足高初速发射强度的要求(也有使用尼龙弹带的)。平时利用弹托上定心部中的弹簧和离心销固定于飞行弹上。发射时离心销在离心力的作用下,压缩弹簧释放飞行弹,弹丸出炮口后,由于飞行弹与弹托的阻力不同,两者分离,弹托落地,飞行弹飞向目标。

2) 尾翼稳定式脱壳穿甲弹

这种弹丸采用尾翼稳定,长度不受飞行稳定性的限制,可以通过提高长细比的办法增加弹丸的断面比重,从而提高其穿甲能力。这种弹丸的长细比(弹芯长度与弹芯直径之比)一般在 12 以上,当弹芯材料强度足够时,长细比可达 25。因此,又称其为杆式穿甲弹,弹丸的初速达 1500~1800m/s,且存速能力大,着靶比动能大。与旋转稳定脱壳穿甲弹相比,其穿甲厚度一般高出 20%~30%。杆式穿甲弹可分为滑膛炮用杆式穿甲弹和线膛炮用杆式穿甲弹两种。这两种弹除弹带部分不同外,其余部分的结构基本相同,穿甲作用原理相同。

杆式穿甲弹由次口径飞行弹和弹托两部分组成。飞行部分由弹体、尾翼、风帽、被帽、曳光管及其压螺等零件组成。弹体是穿甲的主体,是次口径的,位于弹托中,也称弹芯。弹体材料最初多用优质合金钢,以后又采用了钨合金和铀合金。优质合金钢(如 35CrMnSi)经过热处理,具有很高的强度和硬度,既能保证发射时的强度,又有利于侵彻装甲,价格较钨合金和铀合金便宜。缺点是密度不如钨合金和铀合金大。钨合金是以钨为主,加入适量的铁、镍等金属,采用传统的粉末冶金工艺,即粉末混合—压制—烧结而成(现也采用可锻钨合金等新工艺)。它具有密度大(达 18g/cm^3)、硬度高(洛氏硬度 28~36HRC)、机械性能较好等优点。铀合金是以贫铀(铀 235 的含量极少,基本成分为铀 238)为基本原料加入适量的钼、钛等元素冶炼而成的合金。加入钼、钛等元素是为了提高铀合金的机械性能和抗腐蚀性。铀合金的密度可达 19g/cm^3,强度和硬度都较高,还有燃烧性。着靶时形成的高温、高压可点燃贫铀,使其在空中燃烧,是很好的穿甲材料,关键是要解决好铀的抗腐蚀性和放射性问题。

弹体的形状为箭形,弹头部尖锐,有的尾部呈船尾形。为承受弹托的推力,弹体的中部有多条与弹托卡齿相配合的齿形槽。

弹体结构有整体式及组合式,组合式弹体由钢套(弹壳)与弹芯组成。为了改善弹头部结构以减少弹体碰击装甲初期——开坑阶段的跳飞,弹头部可安装被帽、加一段碳化钨(WC)或开断裂槽(图 17-16)。在弹体头部装入或焊接一段钝头的碳化钨,在碰击装甲表面时,可以啃住装甲,减少跳飞。同样,如将坚硬的弹体头部制成若干段平头圆柱体,则在穿甲的初期可以不断地啃住装甲,减少跳飞;还可削弱碰击时产生的应力波,有利于保

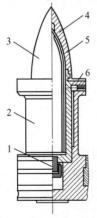

图 17-15 1956 年式 85mm 脱壳穿甲弹
1—曳光管;2—弹托部分;3—飞行穿甲部分;
4—风帽;5—弹芯(碳化钨);6—离心销。

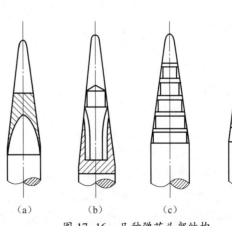

图 17-16 几种弹芯头部结构
(a)带被帽;(b)带 WC 弹心;
(c)开断裂槽;(d)钎焊 WC 头。

持弹芯后部(尚未碰击装甲部分)的完整,起到防碎的作用。在弹体头部开断裂槽,也可起到类似的作用。弹体尾部用左旋螺纹与尾翼连接。对于拱形弹托来说,尾翼还可起到后定心部的作用。对于要起定心部作用的尾翼,其尾翼翼展应尽量接近口径。对于鞍形弹托,尾翼不起定心作用,考虑弹丸在膛内运动时的摆动,同时为了减小横风对弹丸飞行的影响,尾翼翼展比口径略小,用于线膛炮发射的弹丸更是如此。尾翼材料为钢或铝合金,使用铝合金有利于使飞行弹体质心前移。为防止高速飞行时与空气摩擦而烧蚀,在尾翼外表面涂有耐热层。曳光管固定于弹体底部。

弹托是弹芯在膛内的载体,主要用以承受火药气体压力,推动弹体沿炮膛内正确运动。因此,弹托上都有与弹体上的锯齿形环槽相配合的卡齿。为便于脱落,弹托只能采用分瓣式。一般为等分的3瓣,也有多于3瓣的,但不少于3瓣,否则容易咬住弹体,不利于分离。分瓣式弹托和它的任一分瓣,都可称为卡瓣。

弹托的外形有拱形和鞍形两类。拱形多见于苏式弹药,鞍形多见于欧式和美式弹药。拱形较薄,有利于减轻全弹质量,但不能单独定心。因此,具有拱形弹托的长杆式穿甲弹,通常用弹托和尾翼共同定心,这种弹托不能用在线膛炮上。鞍形弹托,其前后各有一个定心部,可以独立完成膛内定心作用。使用鞍形弹托的长杆式穿甲弹,其尾翼的翼展都较小,滑膛炮与线膛炮都可以使用。鞍形弹托由于厚度较小,为保证强度,多用合金钢制成。

为将弹托的各块卡瓣连成一个整体,用弹带或专用紧固环内侧切有数条纵槽。纵槽的条数和位置都是与卡瓣间的接缝相对应的。为使卡瓣分离,可利用离心力(对于旋转弹托)、后效期火药气体侧向膨胀的推力和飞行中迎面气流侧向流动的推力。在滑膛炮上为使弹托旋转,在弹托上开有若干切向倾斜的喷气孔,在发射时利用喷出气体的反作用力使弹托旋转。弹托旋转不仅有利于卡瓣分离,还可以带动弹体微旋,有利于消除偏心的不良影响。为防潮,这些喷气孔在生产时都用毡垫和环氧树脂之类的材料从外面将其堵塞。为利用火药气体侧向膨胀的推力,弹托底部外侧有挡气圈。为利用迎面气流侧向流动的推力,弹托前部外侧有挡气圈和导流缺口,从而在弹托前部形成迎风槽。大致的脱壳过程:膛内火药气体从卡瓣上的斜孔中喷出,弹丸在炮口处获得一定转速,在离心力作用下,弹带和紧固环出炮口后断裂,使卡瓣失去约束。在后效期,大量的火药气体通过底槽向侧方快速流动,产生一个向外的分离力,3个卡瓣由后向前获得侧方速度;同时迎面气流顺卡瓣前部斜面流动进入迎风槽并沿侧壁向外流动,作用在侧壁上的压力有利于卡瓣向外分离;当卡瓣沿弹体环形齿槽向后滑动时,齿斜面也提供一定的向外分离的作用力。因此卡瓣在离心力、火药气体压力和空气阻力的综合作用下,与弹体分离。

下面以105mm线膛炮用M111型脱壳穿甲弹(图17-17)为例,说明杆式穿甲弹的典型结构。该弹是线膛炮上采用的尾翼稳定式全钨弹丸,它采用黄铜药筒。装药为5.56kg的12/7粒状M30三基药,其中0.6kg袋装药装在尾翼上,其余为散装药。药筒内装有电传火管。弹丸质量6.3kg,初速1455m/s。弹丸结构的特点如下:

(1) 弹丸细长、弹形好。飞行弹径33mm,长细比12.6,飞行质量4.2kg,相对质量可达$C=117kg/dm^3$;弹丸头部采用抛物线母线,截面半径$r = 16.5[(2x/125) - (x/125)^2]$;弹尾采用焊接钢翼片,厚度仅为1.5mm,后掠角高达72°,采用翼展为77mm的小尾翼,

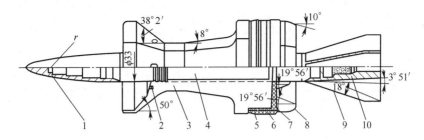

图 17-17　105mm 线膛炮用 M111 型脱壳穿甲弹
1—风帽；2—前紧固环；3—弹托；4—钨合金弹体；5—内弹带；6—外弹带；
7—密封圈；8—后紧固环；9—尾翼；10—曳光管。

1000m 速度降仅为 47m。

(2) 全钨弹体头部贴片，飞行弹体采用(无钢套)3.8kg 型锻钨合金。钨弹体头部配有铝质风帽，内有 3 个台阶，置以 3 片直径由小到大的钨合金柱块，各表面光滑，仅涂以机油而贴合，称为贴片。当整体钨弹体旋紧后，贴片便固定于风帽内。设计该装置的目的在于利用应力波在变截面杆中传播的规律：应力波由小头传向大头时，反射应力值增大，透射应力值减少，从而防止后续弹体的过早破碎，故有"防碎装置"之称。该弹穿甲威力是 2000m 距离穿透 150mm/(60°~64°)；穿透间距为 330mm 的 3 层钢板：10mm/(67°~69°)~25mm/(67°~69°)。

(3) 采用双层滑动弹带，实现线膛炮弹丸稳定低速旋转。内层弹带为聚丙烯塑料套(厚 0.65mm)，外层弹带为尼龙滑动密封圈，通过内外弹带圈之间的滑动摩擦使炮口转速降为 4500r/min。

(4) 改进马鞍形弹托结构，闭气可靠，加工精密，脱壳无干扰，弹丸密集度良好。除在马鞍弹托上采用塑料弹带闭气之外，另有一个带 3 个支耳的橡胶密封圈(件号 7)装在弹托与弹体之间的凹槽内，3 个支耳恰好堵住卡瓣之间的 3 条对缝，结构轻巧。3 个铝合金卡瓣的结合齿形加工精密，齿距误差小(任何两齿的齿间距不大于 0.04mm)，需用精密数控机床加工。与其他马鞍形弹托相比，取消迎风槽内前锥；缩短底槽收口锥，从而适当减少膛内抱紧力，有利于自动分离，干扰小，1000m 立靶密集度(高低与方向中间偏差)≤0.3m×0.3m，有效射程达 3000m，从而成功地解决了线膛炮发射尾翼弹的难点，但该弹制造成本较高，消极质量较大(占 33.3%)。

17.2.5　穿甲弹的发展方向

随着现代战场上各种活动兵器数量的增加及其装甲防护能力的增强，动能穿甲弹因其动能大、不易受屏蔽钢甲的影响，而越来越被人们重视。从发展看，穿甲弹已经历了三代产品，第一代是不脱壳的普通穿甲弹；第二代是旋转稳定脱壳穿甲弹；第三代是大威力的尾翼稳定脱壳穿甲弹。目前由于采用高密度钨(铀)合金制做弹芯。使穿甲弹的极限穿透速度大大降低、穿甲威力和后效作用明显提高。所以，除在小口径线膛炮上保留普通穿甲弹外，主要发展碳化钨、钨(铀)合金弹芯的超速穿甲弹和旋转稳定脱壳穿甲弹，在中口径加农炮(滑膛炮或线膛炮)上主要发展钨(铀)合金弹体的杆式穿甲弹。

17.3 破甲弹

穿甲弹是靠弹丸的动能来击穿钢甲的,因此,只有初速高的火炮才能配用穿甲弹。而成型装药破甲弹,是靠炸药的能量挤压药形罩形成一束高速的金属射流来击穿钢甲的。因此,它不要求弹丸必须具有很高的速度,这就为它的广泛应用创造了条件。

成型装药破甲弹也称空心装药破甲弹或聚能装药破甲弹。

17.3.1 破甲弹作用原理

1. 聚能效应

观察图17-18所示4种装药结构爆炸后对钢甲的作用。

(1) 圆柱形装药(图17-18(a))爆炸后在靶上只炸出很浅的凹坑。高温、高压的爆轰产物近似的沿装药表面法线方向飞散,如图17-19所示。不同方向飞散的爆轰产物的质量可在装药上按照爆炸后各方向稀疏波传播的交界(即角平分线)来划分。

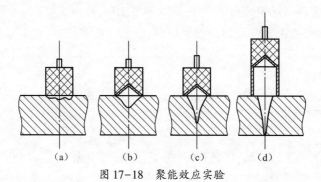

图17-18 聚能效应实验

由图17-19可以看出,柱状炸药向靶板方向飞散的药量(常称为有效装药量)不多,面对靶板的作用面积较大,所以能量密度小,炸坑浅。

(2) 装药带有锥形凹槽(图17-18(b))爆炸后靶板上的凹坑加深。凹槽附近的爆轰产物向外飞散时将在装药轴线处汇聚,形成一股高速、高温、高密度的气流,如图17-20所

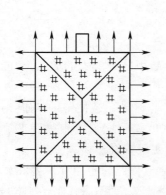

图17-19 柱状装药爆轰生成物的飞散

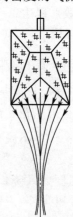

图17-20 聚能效应

示。它作用在靶板较小的区域内,形成较高的能量密度,致使炸坑较深。这种利用装药一端的空穴以提高爆炸后的局部破坏作用的效应,称为聚能效应。

(3) 装药凹槽内衬有金属药形罩(图 17-18(c))装药爆炸时,汇聚的爆轰产物驱动药形罩,使药形罩在轴线上闭合并形成能量密度更高的金属流,使侵彻加深。如果将此装药离开靶板一定距离爆炸(图 17-18(d))时,金属流在冲击靶板之前将进一步拉长,靶板上形成的穿孔更深。

2. 金属射流及自锻破片

装药从底部引爆后,爆轰波不断向前传播,爆轰的压力冲量使药形罩近似地沿其法线方向依次向轴线塑性流动,其速度 v_0 可达 $1000\sim3000\text{m/s}$。v_0 称为压垮速度。药形罩随之依次在轴线上闭合。从 X 射线照相可以看到,闭合后前面一部分金属具有很高的轴向速度(高达 $8000\sim10000\text{m/s}$),成细长杆状,称为金属流或射流。如图 17-21 所示,在其后边的另一部分金属,其速度较低,一般不到 1000m/s,直径较粗,称为杆体。射流直径一般只有几毫米,其温度为 $900\sim1000\text{℃}$,但尚未达到铜的熔点 1083℃。因此,射流并不是熔化状态的流体。

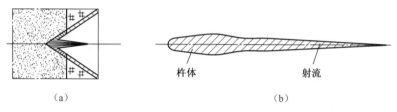

图 17-21 射流与杆体
(a)装药爆炸后某一瞬间;(b)射流形成。

锥形药形罩由顶部到口部金属质量是逐渐增大的,而与其对应的有效药量则是由多到少。因此,药形罩在闭合过程中,其压垮速度 v_0 是顶部大、口部小。形成的金属流也是头部速度高,尾部速度低。所以,当装药距靶板一定距离时,射流在向前运动的过程中,不断被拉长,致使侵彻深度加大。但当药形罩距靶板的距离(简称炸高)过远时,射流冲击靶板前因不断拉伸,断裂成颗粒而离散,影响穿孔的深度。所以,装药有一个最佳炸高(或称有利炸高)。

锥角为 $130°\sim150°$ 的锥形或球冠形药形罩在弹药中的应用越来越广。该药形罩的变形过程从图 17-22 中可以看出。

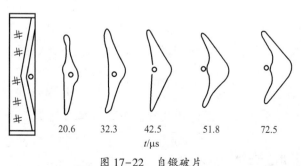

图 17-22 自锻破片

药形罩在爆炸后形成的这一类高速物体,称为自锻破片。其速度一般为 2000～3000m/s。与小锥角(40°～60°)药形罩形成的射流相比,自锻破片有 3 个特点:①速度低、形状短粗、质量大;②穿深浅,但后效大;③对炸高不敏感,基本不受弹丸转速的影响。

由于它的这些特点,常将其应用于反坦克导弹、子母弹、地雷和定向侧甲雷等弹药上,用来攻击坦克的顶甲、侧甲和底甲。

17.3.2 影响破甲作用的因素

为了有效地摧毁敌人的坦克,要求破甲弹具有良好的破甲作用,其中包括破甲深度、后效作用及破甲的稳定性等。后效作用是指金属流穿透坦克装甲后,杀伤坦克内部人员及破坏器材装置的能力;稳定性主要指穿深的跳动范围,通常穿深的跳动量(即最大侵彻深度与最小侵彻深度之差)越小越好。

影响破甲作用的因素是多方面的,如药形罩、装药、弹丸或战斗部的结构以及靶板等,而且这些因素又能相互影响,因而,它是一个比较复杂的问题。为了对影响破甲作用的因素有了初步了解,将一些主要的影响因素分叙如下。

1. 药形罩

药形罩是形成射流的重要零件,罩的结构及质量好坏直接影响射流的质量优劣从而影响破甲威力。

常用的药形罩有锥形、喇叭形、半球形 3 种,如图 17-23 所示。喇叭形罩射流头部速度最高,破甲深度最大;锥形罩次之;半球形罩最小。此外,根据性能需要,可由这三种形状中任意组合而成,如双锥罩、曲线组合罩等。目前炮兵装备的成型装药弹药中,大多采用锥形罩,因为它的威力和破甲稳定性都较好,生产工艺也比较简单。

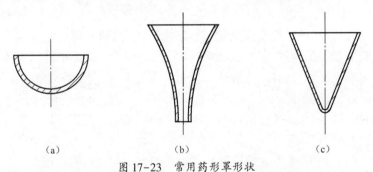

图 17-23 常用药形罩形状

锥形药形罩常用锥角 $2\alpha = 30° \sim 70°$,一般采用 40°～60°,锥角过小,虽然射流速度可提高,破甲深度增加,但是破甲稳定性较差,锥角过大则破甲深度下降。

药形罩材料都用紫铜,这是由于铜的密度较大,并具有一定强度,超动载下塑性较好。但紫铜材料昂贵,从经济性方面考虑,应寻求其他代用材料。

当爆轰产生的压力冲量足够大时,药形罩的壁厚增加对提高破甲威力有利,但壁厚过厚会使压垮速度减小,甚至药形罩被炸成碎片而不能形成正常射流,而影响破甲效果。

目前,炮兵弹药中常用的药形罩壁厚 $\delta = (2\% \sim 3\%) d_k$,$d_k$ 为药形罩口部的直径。中口径破甲弹铜制药形罩壁厚一般为 2mm。

现在大多采用变壁厚药形罩,罩顶部壁厚小一些,罩口部壁厚大一些。以提高射流的速度梯度,对射流的拉长有利,可提高破甲深度。

壁厚差对破甲性能有影响,壁厚差太大时形成的射流将发生弯曲,所以生产中要控制药形罩的壁厚差,一般应小于0.1mm。

2. 装药结构

炸药装药是压缩药形罩使之闭合形成射流的能源,因此装药的性质和结构对破甲弹的影响很大。

聚能效应属于炸药的爆轰作用(或称直接接触爆炸作用)范围,故其威力取决于炸药的猛度。在结构合理的情况下,炸药的猛度越高,破甲效应越好。炸药的猛度是由它的密度及爆速 D 决定的。

为了提高破甲威力,希望装药的密度和爆速高,作用于药形罩上的压力冲量大一些,以提高压垮速度与射流速度。

目前在破甲弹中大量使用的以黑索今为主体的混合炸药,如铸装黑梯50/50、黑梯60/40炸药,密度为 1.65g/cm^3 左右,爆速一般在7600m/s左右;压装的钝化黑索今炸药(A-XII-1),密度为 1.65g/cm^3,爆速可达8300m/s,黑-94炸药(8321),密度在 1.70g/cm^3 左右,爆速可达8350m/s,压装奥克托今炸药,密度在 1.8g/cm^3,爆速达9000m/s。

在装药中加入隔板,可以改变爆轰波形,从而改变药形罩的受载情况,提高破甲威力。图17-24所示,左半部为无隔板情况,O 为起爆波源,爆轰波以球面波的形式传播,经过 Δt 时刻到罩上的 A 点,爆轰产物对罩 A 微元的压力冲量方向即为矢径 $\overrightarrow{OA}$,与罩表面成 φ 角。根据研究,爆轰产物的压力与 φ 角有关,φ 角越大(当 $\varphi \leqslant \pi/2$ 时)则爆轰产物对罩的压力越大。右半部为有隔板情况,经过 $\Delta t'$ 时刻到达同一截面 B 处之爆轰波所走的路径是 $ODCB$,而爆轰波通过隔板内部的速度大大减慢,所以,爆轰产物对罩 B 微元的压力冲量方向为其矢径 $\overrightarrow{CB}$,与罩表面成 φ' 角。因为 $\varphi < \varphi'$,故有隔板时爆轰产物对罩的压力大于无隔板时的情况,因而有利于提高射流速度与射流质量。

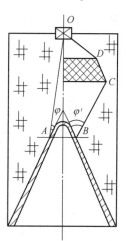

图17-24 隔板的作用

这里需要指出的是,当药形罩锥度较小时,采用隔板结构效果不明显,而且采用隔板也使装药结构复杂,破甲不稳定。所以某些口径较大的破甲弹,当威力能满足战术技术要求时,不一定再采用隔板结构。

对装药来说,装药结构形状、高度、罩顶药厚等都直接影响有效装药,故对破甲也有影响。另外,在弹丸口径确定后,装药口径尽可能大一些,对破甲威力有利。在生产过程中,药柱的质量,与罩的结合以及药柱的装配等都容易引起破甲深度的跳动。

3. 弹丸结构

旋转对破甲的影响:旋转稳定式弹丸为了达到飞行稳定,在弹道上始终保持高速旋转,即使是尾翼稳定的破甲弹,为了减少气动力偏心和火箭推力偏心(火箭增程弹)的影响,以保证射击精度,飞行中一般也要求低速旋转。因此有必要研究旋转对破甲的影响。

根据目前的理论与试验研究,有如下的结论:

(1) 弹丸的旋转对破甲有不利的影响,转速越高,破甲深度下降越大;

(2) 弹丸的口径(或装药直径)越大,旋转对破甲的影响也越大;

(3) 药形罩的锥角越小,旋转对破甲的影响越大;

(4) 炸高越高,旋转的影响也越大。

对于中口径破甲弹,当弹丸转速较高时(如旋转稳定弹丸),小锥角($2\alpha < 30°$)破甲深度下降60%,大锥角($2\alpha \geqslant 60°$)破甲深度下降30%左右。当弹丸低速旋转时($n \leqslant 3000 r/min$),小锥角下降约20%,大锥角下降10%左右,当弹丸转速 $n<2000 r/min$ 时,对中、大锥角的罩来说,破甲深度下降5%左右,一般可不考虑其影响。

由于弹丸的旋转,装药与药形罩也获得一定转速,当药形罩闭合时,射流将获得更高的转速。在运动过程中,射流不断被拉长变细,转速还将增大。在旋转离心力的作用下,射流可能发生径向离散,也可能使初始射流的扭曲现象变得更加严重,从而使射流分散、紊乱、造成破甲深度的下降。

弹头部结构的影响:弹头部的形状,以及其强度、刚度和高度,都将影响到大着角情况下弹丸是否跳弹及作用是否可靠,从而影响破甲。

当破甲弹头部采用防滑帽时,基本上解决了配用机械触发引信大着角的发火问题,减少了大着角的跳弹。56-1式40mm破甲弹和65式82mm破甲弹都采用了防滑帽结构。

起爆系统的影响:对弹丸来说,起爆系统对破甲的影响也就是引信对破甲的影响。引信的作用时间对炸高有影响,引信雷管的起爆能量、导引传爆药、传爆药等也直接影响到破甲威力和破甲的稳定性。研制破甲弹时,应根据具体的装药结构选择合适的引信,以保证破甲威力。

4. 炸高

炸高就是弹丸爆炸瞬间,药形罩口部到靶板的距离。

对于一定结构的弹丸,有一最佳炸高,对应的破甲深度最大。炸高过小,金属射流没有充分拉长,因而破甲性能不佳;炸高过大可引起射流质量分散,射流速度降低,使破甲威力下降。

最有利炸高一般通过实验方法来确定,例如可用优选法确定。目前最有利炸高为药形罩口部直径的6倍左右,但在设计中实际所取的炸高为1~3倍药形罩口部直径,此时破甲深度为最佳炸高时的80%~90%。应当注意,用静止试验确定的炸高一般称为静止炸高,而设计弹丸时还应考虑到弹丸着靶速度和引信作用时间的影响,通常由于破甲弹风帽的强度较低,其变形对弹丸速度影响较小,故弹丸顶面至药形罩口部的距离 H 可近似表示为

$$H = L + v_c t$$

式中:L 为静炸高;v_c 为弹丸碰击目标时的速度;t 为引信的起爆时间。

总之,破甲过程是一个比较复杂的过程,除了上面介绍的这些因素对破甲有影响外,其他诸如靶板强度、弹丸碰击目标时的状态(着角、着靶速度、着靶姿态)等,也对破甲有影响。对于破甲机理的研究,至今仍不完善,有待今后进一步研究。

还应指出,上面介绍这些影响因素时是分别叙述的,而实际上它们是相互联系的。从本质上讲,这些因素影响射流速度、质量、密度,有效长度和稳定性而造成破甲深度的变化。

5. 靶板

靶板对破甲作用的影响主要是靶板材料性能和靶板结构形式的影响。

靶板材料性能方面的影响,包括材料的强度和密度。强度高,密度大的靶板,射流的破甲深度较浅。

靶板的结构形式,如靶板的倾斜角的大小、多层间隔板、钢与非金属材料的复合靶等。对破甲作用的影响目前正在研究。总的说来,倾斜角大,易产生跳弹。试验证明多层间隔板靶、钢与非金属材料组合而成的复合靶板的抗侵彻能力高于单层钢质靶板。

17.3.3 无后坐力炮发射的破甲弹

56式82mm无后坐力炮破甲弹是我国设计制造的一种反坦克炮弹。配用于65式82mm无后坐力炮,这种火炮特点是质量小,破甲能力强,机动性好,是配备于连一级的反坦克武器之一。其主要任务是击毁敌人坦克,自行火炮和装甲车辆,必要时也用于摧毁碉堡和火力点。

在一般榴弹炮和加农炮中,由于药室是密闭的,弹丸在发射时,火药气体给予弹丸一个较大的初速,同时也给火炮一个很大的后坐能量,火炮为了消耗这一部分后坐能量,有一套较复杂的反后坐装置。因此,火炮很重,如85mm加农炮全部质量为1725kg。其优点是初速高,可达800m/s。而无后坐力炮的药室是不密闭的,发射时,火药气体推动弹丸向前运动,同时部分气体向后喷出,这样就抵消了火炮后坐的力量。由于火炮不再受很大的后坐力,就可以做得很轻。如82mm无后坐力炮全部质量只有29kg,所以,人们往往称为轻82mm无后坐力炮。这类无后坐力炮的缺点是初速比较低,如轻82mm无后坐力炮为247m/s。直射距离比较近。

65式82mm无后坐力炮破甲弹如图17-25所示。

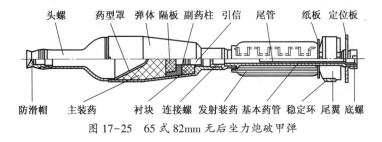

图17-25 65式82mm无后坐力炮破甲弹

主要诸元如下:

全弹质量:3.925kg。弹丸质量:2.885kg。炸药质量:0.473kg。初速:247m/s。

常温平均膛压:30.4MPa。直射距离:300m。破甲威力:120mm/65°。

精度(在300m处):0.45m×0.45m。引信:破-4引信。

轻82mm无后坐力炮破甲弹由弹体、头螺、防滑帽、主药柱、副药柱、药形罩、隔板、引信,发射装药等零部件组成。

(1) 弹体和头螺。弹体由16Mn钢管冷缩成形。外表面进行机械加工,两端制有内螺纹,弹体药室不再加工。弹体前端螺纹与头螺连接,后端螺纹则与尾管连接。弹体壁比较薄,以便多装炸药和减小弹丸质量,提高初速,增加直射距离。

头螺由钢板或圆钢冲压而成,后端制有外螺纹与弹体连接,头螺前部为一细长圆管,以保证必要的炸高,圆管前端滚压防滑帽。

(2) 防滑帽。老式的 82mm 无后坐力炮破甲弹采用弹头触发引信,经中心管传火使得弹底起爆。这样整个起爆时间很长,对倾角大的装甲射击时,弹丸破甲穿透率下降,甚至产生跳弹而失去破甲作用。采用弹头压电,弹底起爆的压电引信可避免上述缺点。但压电引信比较复杂,并且在炸药处要有导线通过,造成工艺上的复杂性。如果在弹丸头部加一个防滑帽,便可采用简单的机械引信,同样可达到大着角发火、性能良好的目的。防滑帽顶部有一圆锥形的凹窝,材料是 60 钢并经热处理,使其具有很高的硬度。在碰击钢甲时,防滑帽的侧棱卡住钢甲使弹丸不跳飞,如图 17-26 所示,则弹底引信因惯性而起爆。这样的起爆方式,结构比较简单,并能做到在 65°大着角下仍可靠作用。

(3) 炸药。该弹的炸药分为主药柱和副药柱两部分,主药柱为钝化黑索今炸药 0.41kg,副药柱为高能 8321 炸药,质量为 0.063kg,主药柱和副药柱之间放有塑料隔板。

副药柱需预先单独压制成形,装上隔板放入弹体中,再直接在弹体内压入钝化黑索今主装药。

采用直接压装法,药形罩与炸药贴合紧密并可使炸药密度增加,对提高破甲威力有较好的效果。

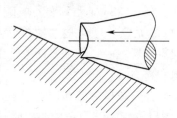

图 17-26 防滑帽的作用

(4) 药形罩。药形罩是破甲弹的重要零件,它的结构、形状及材料都直接影响金属流的破甲性能。

轻 82mm 无后坐力炮破甲弹的药形罩是用紫铜板冲压后旋压而成,形状为圆锥形,壁厚从罩顶至罩底是变化的。外表面锥角为 49°32′。内表面锥角为 49°10′,锥顶部的厚度约为 1mm,口部附近为 1.84mm。旋压药形罩的成形是由模具尺寸保证的,旋压药形罩的工艺性能较稳定,壁厚差较小,一般可控制在 0.05mm 以内。故破甲性能较稳定。此外,由于旋压加工时形成织构,致使药形罩在形成射流时产生自旋运动从而使旋压罩能抗低速旋转,即有旋转补偿效应。

(5) 隔板。隔板的作用是改变爆轰波的传播方向(波形),增大作用在药形罩上的爆轰压力,以提高药形罩的压垮速度,从而增大射流的速度,达到提高破甲深度的目的。隔板是采用酚醛塑料(FS-501)压制面成,有人曾用石墨或木质材料做隔板,但性能均不如前者。

(6) 弹底引信。轻 82mm 无后坐力炮破甲弹采用我国自行研制的破-4 弹底机械引信。以前一直认为弹底机械引信的起爆时间长(一般在 1000μs 以上),在这段时间内,弹丸容易跳飞,也不能保证有利炸高,所以弹底机械引信在破甲弹上不宜采用。但轻 82mm 无后坐力炮破甲弹采用了弹头防滑帽与弹底机械引信相配合的措施,基本上解决了大着角(65°)的发火问题,并且保证了弹丸的破甲威力(120mm/65°)。

对于高初速的破甲弹,采用这种办法不能满足要求。因为弹底引信的作用时间长,而头螺的强度难以保证高速碰撞时不破裂,因此还需采用压电引信来解决大着角的发火问题。

(7) 稳定装置。稳定装置由尾管、尾翼和稳定环组成。尾管是用钢管制成,尾翼和稳定环是用铝合金压铸在尾管上而制成的。稳定环套在尾翼外缘,可以提高飞行时的稳定力矩,同时稳定环在膛内也起导引作用,和定心部一起保证弹丸在膛内的正确运动。

尾管由 40Mn 无缝钢管制成,壁厚较薄,以便减小弹尾质量,使全弹质心前移。尾管内放置点火药管,尾管上钻有 ϕ6mm 的传火孔 4 排,共 24 个,用于引燃附加药包。尾管末端车有螺纹,用于旋装螺盖,固定定位板和点火药管。

(8) 发射装药。82mm 无后坐力炮用发射装药的构造与迫击炮发射装药相似,由点火药管和附加药包组成。点火药管内装填大粒黑药,目的是增大点火药的引燃能力和增长引燃时间,使附加药包能迅速而均匀一致地点燃。

附加药包用双基带状火药,药包成袋状,围缝在尾管上。为了可靠地固定药包,防止药包窜离传火孔而影响引燃,在(药包下面)尾管上套以挡药纸板。

82mm 无后坐力炮发射装药是在大药室容积、有大量火药气体流出的情况下燃烧的。为了保证装药正常燃烧和射击时无后坐力,设置了定位板。定位板由酚醛夹层布压制而成,外径大于炮膛内径,装药后它挡在炮尾药室的后端,起轴向定位作用。在发射时,当膛内火药气体压力达到一定值之后,定位板压碎喷出,弹丸开始运动。有一定的起始压力,对保证内弹道性能的稳定性是非常必要的。为了使定位板破碎均匀,在定位板上钻有许多小孔。

优缺点:轻 82mm 无后坐力炮破甲弹的威力较大,精度较高,火炮机动性较好,但该弹在使用安全性上存在一定问题并且直射距离仅有 300m(配备在连一级)。今后将被 78 式 82mm 无后坐力炮破甲弹(装备在连一级或营一级的营 82mm 无后坐力炮破甲弹)代替。

17.3.4 坦克炮及地面加榴炮发射的破甲弹

1. 美国 XM499E5 式 152mm 多用途破甲弹

美国 XM499E5 式 152mm 多用途破甲弹是美国 20 世纪 60 年代末期的产品,用于 152mm 坦克炮上。所谓多用途破甲弹,就是指该弹以破甲为主,同时还具有地面榴弹的作用。其结构如图 17-27 所示。

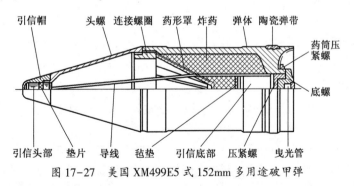

图 17-27 美国 XM499E5 式 152mm 多用途破甲弹

基本诸元如下:

炮弹质量:22.52kg。 弹丸长:488.6mm。 弹丸质量:9.37kg。

初速:687m/s。 最大射程:8830m。 直射距离:800m。

弹丸最大转速:6800r/min。最大膛压:272.44MPa。破甲威力 500mm/0°。

该弹的主要特点是:为了克服弹丸旋转给破甲带来的不利影响,采用了错位式抗旋药形罩,这样既可以提高射击精度,又不影响破甲威力。弹带为陶铁弹带,不但能节约铜,而且还可使火炮寿命相对提高。药筒为全可燃药筒,除了节省金属材料和简化工艺过程外,对坦克炮也是十分有利的。该弹采用压电引信。

药形罩结构:这种药形罩是采用先冲压后挤压的方法制成,其材料为一般紫铜,含铜量在 99.9% 以上。该罩由 16 个圆锥扇形块组成,每块对应圆心角 φ 平均值为 21°16′,如图 17-28 所示。

当破甲弹在高速旋转时爆炸,穿孔直径略有增加,靶后射流分散面积增大,但是破甲深度大幅度下降。这是由于旋转导致射流在运动过程中发生扭转、断裂以致分散。实验证明,在同一转速条件下,旋转的有害影响随着装药直径的增大而增大。扇形错位药形罩能减小旋转影响,当炸药爆炸时,每一扇形块由于错位原因,压垮速度的方向不再通过轴线,而偏离轴线与半径为 r 的圆弧相切。这样各块扇形块的共同作用将产生旋转的金属流,其方向正好与弹丸旋转的方向相反。因此,可减小弹丸旋转带来的不利影响,如图 17-29 所示。

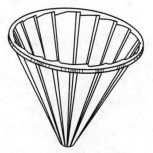
图 17-28 错位式抗旋药形罩

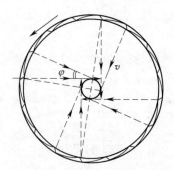
图 17-29 抗旋转原理示意图

炸药装药:弹丸内装 B 炸药 2.88kg,其成分:黑索金约占 60%,TNT 约占 40%,1% 地蜡和 0.1%~0.5% 表面活性剂。表面活性剂可以改善装药工艺性。根据分析其破甲威力可达到 120mm/65°。

优缺点如下:

(1) 错位式抗旋转药形罩是降低旋转对破甲有害影响的一种途径,采用类似结构可以解决精度与威力之间的矛盾。以前,线膛炮发射的破甲弹大多从改变稳定方式着手,如带尾翼的滑膛弹和微旋弹,但是改变稳定方式使弹丸结构复杂,精度不如旋转弹好。如果从改变破甲弹的内部结构着手(例如抗旋转药形罩),则使线膛炮配备破甲弹有了新的技术途径,这会加强团以上火炮的反坦克能力。

(2) 所谓多用途破甲弹是指该弹除了反坦克外还能起到榴弹的作用,但其杀伤爆破威力不如同口径的榴弹,而且没有侵彻爆破作用,其成本也比榴弹要高。但从使用角度来看却是很有利的。因坦克携弹数有限,要求弹种少,一弹多用,总的来说是经济的。这种设计思想对设计口径较大的反坦克破甲弹有参考意义。

(3) 弹丸底部凹窝对提高稳定性,改善精度有利。同时也便于与可燃药筒相密结合。

2. 法国 105mm G 型破甲弹

法国 G 型破甲弹主要配用于 AMX-30 主战坦克的 105mm 加农炮上,作为该炮唯一的反坦克弹种。该弹为解决弹丸旋转对破甲作用的不利影响,把成形装药部分与弹体分开,两端有滚珠轴承,发射时使弹体高速旋转而空心装药部分不转,达到抗旋的目的。平时由一脆弱件锁住不转,弹体后端的通气孔可减小发射时轴承部分的受力。弹体在炮口时只有每秒几转的转速,终点也不过 1200~1800r/min。此弹由于采用旋转稳定,精度较高,采用电引信,由弹丸弹体的内外表面构成起爆回路。炸药为 0.78kg 钝化黑索今,由特屈儿起爆。药形罩为喇叭形。弹尾装有曳光管,其结构如图 17-30 所示。

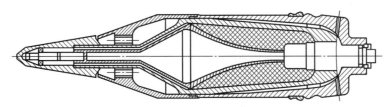

图 17-30　法国 105mm G 型破甲弹

此弹在 105mm 口径的各种加农炮和榴弹炮上可以通用。由于弹体较厚,故杀伤作用较大,所以在坦克炮上就不再配用榴弹。由于此弹的多用性和通用性好,虽弹丸本身结构比较复杂,但对战斗使用却带来很多方便,这种设计构思可以参考。

G 型弹有关诸元如下:

弹丸质量:10.95kg。初速:1000m/s。膛压:34.22MPa。破甲威力:360mm/0° 或 150mm/65°。

引信在弹着角 70°~75°时仍有效,精度在 1000~1500m 处散布小于 1.5 密位。

17.4　碎甲弹

碎甲弹也称碎头榴弹(HESH)、塑性榴弹(HEP)和黏着碎甲弹。碎甲弹最初用来破坏混凝土工事,后来发展成为一种新型的反坦克弹种。有的国家曾准备用其取代坦克炮上所配用的榴弹。

穿甲弹、破甲弹和碎甲弹虽然都是反坦克弹,但对目标的作用原理不同。主要区别是:穿甲弹利用弹丸着靶时的动能穿甲(有炸药的穿甲弹穿过靶板后爆炸,从而提高靶后的破坏作用),一般需配用在具有高初速的火炮上。破甲弹是通过聚能装药结构,将炸药的能量转化为具有超高速的金属射流进行破甲。碎甲弹是使高猛度的塑性(或半塑性)炸药直接贴附在装甲表面爆炸,向装甲板内传入高强度冲击(压缩)波,而使装甲背面产生一块碟形破片(或破碎)及许多小破片,在坦克内起杀伤和破坏作用。

目前,世界各国的碎甲弹口径最小的为 30mm(英国),最大为 165mm(美国),一般中口径弹较多,炸药装填量 2~9kg。

17.4.1　碎甲作用的基本原理

1. 层裂(崩落)效应

人们早就注意到,当爆破榴弹命中混凝土碉堡时,虽然没有将其击穿,但内壁崩裂出许多碎块,这种破坏效应称为层裂或崩落效应。

通过静碎甲试验(图 17-31)可清楚地看到钢甲的层裂效应。炸药柱直接贴放于钢板表面爆炸(相当于弹丸垂直命中钢板)后,钢板前表面出现凹坑(靶前坑),背面附近出现层裂或崩落一块碟形破片,靶板崩落处中心比两侧深,有较多撕裂锐棱,侧面带有 45°剪切角。碟片的厚度约为 10~20mm,直径比药柱略大,其速度为 10~100m/s。

2. 碎甲弹的作用

碎甲弹就是依据上述原理对装甲起破坏作用的反坦克弹种。碎甲弹对装甲的破坏过程如图 17-32 所示。

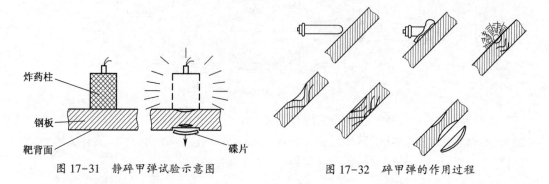

图 17-31 静碎甲弹试验示意图　　　图 17-32 碎甲弹的作用过程

17.4.2　影响碎甲作用的主要因素

1. 炸药猛度的影响

炸药爆炸直接作用(即局部破坏作用)的能力称为炸药的猛度。炸药的爆速和密度越大,它的猛度越大,作用在靶板上的冲击波越强,由此而引起的碎甲作用也越大。碎甲弹应装填高猛度炸药,并且尽可能地提高装填密度,提高爆速,以确保弹丸有较好的碎甲作用。

2. 炸药堆积面积和药柱高度的影响

要使一定厚度的靶板产生碟片,并且具有足够大的动能,除要求高猛度炸药之外,还需有合理的药柱形状。首先要有一定的堆积面积,一般堆积面积越大,碟片的面积和厚度也越大,于是碟片的总动能提高,有利于提高碎甲威力。但因炸药量一定,所以堆积面积不宜过大,否则碟片速度太低,碎甲威力下降。对于一定的炸药和钢板,炸药的堆积面积不能低于某个临界堆积面积(或临界堆积直径),否则会出现只有内部层裂而无碎甲的情况。在考虑堆积面积的基础上还要考虑药柱的高度,一般来说,随着药柱高度的增加,靶板所受的冲击波强度提高,使碟片的速度增大。若因增加高度而减小堆积面积,那么碟片的速度虽高,但其形状小而薄。

3. 着角的影响

随着弹丸着角的增大,引信作用时间增大,炸药与钢板的接触面积增大,有利于提高碎甲威力。但着角太大时,药柱太扁,碟片速度太低,影响碎甲效果。另外还可能使引信作用不可靠。

4. 靶板的厚度和机械性能的影响

由于应力波在靶板内传播的过程中,其强度衰减,波长拉长,靶板越厚衰减越严重,必然降低靶板背面自由表面上的冲击波强度,因此碟片厚度增加,速度降低。冲击波强度减弱到一定程度就不能产生碎甲效应,尤其对于大着角碎甲的情况更是如此。抗拉强度低而脆性大的靶板很容易产生层裂。一般钢材的强度越高、脆性越大,层次数增加,但碟片速度降低。具体试验条件及结果见表 17-1。

表 17-1　碟片速度与靶板强度的关系

炸药	装药密度 /(g/cm³)	药柱高 (口径)/mm	钢壳厚 /mm	钢板强度极限 /MPa	板厚 /mm	碟片速度 /(m/s)
塑-4	1.5	2.25	3	980	100	319
塑-4	1.5	2.25	3	980	100	308
塑-4	1.5	2.25	3	441	100	461
塑-4	1.5	2.25	3	441	100	514

17.4.3　结构特点

1. 外形特点

由图 17-33 看出,碎甲弹的外形不同于榴弹。整个弹丸较短,一般仅为 3.5 倍~4.5 倍的弹径,弹体圆柱部特别长,以便多装填炸药,弹头很短,一般不超过一倍的弹径。为了尽量减少飞行时的空气阻力,弹头部呈尖拱形,这种形状有利于增加弹丸着靶时的炸药堆积面积。就空气动力而言,碎甲弹的外形并不好。空气阻力较大,因此弹丸的直射距离近,如初速为 730m/s 的 1965 年式 85mm 碎甲弹直射距离为 800m,主要在近距离内对装甲目标作战。美国 M346 型 106mm 无后坐力炮碎甲弹(图 17-33)的初速为 467m/s,最大飞行距离可达 6800m。

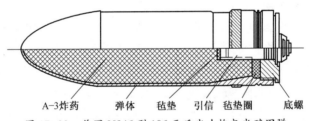

图 17-33　美国 M346 型 106 无后坐力炮曳光碎甲弹

2. 弹体材料和结构

(1) 弹体材料　为了使弹丸着靶后,炸药能在靶板表面尽快形成堆积面积,要求弹头能着靶墩粗后很快破裂,因此弹体必须是强度不高而韧性好的低碳钢如 S15A 等(弹头部旋压收口),也可用 30 轧制钢,但收口后弹体需退火。

(2) 壁厚　碎甲弹的壁厚较薄,弹头部最薄,一般为 2~3mm,这样能在碰击靶板时很快破碎,保证弹丸具有正常的碎甲作用。为保证弹体的发射强度,弹壁从圆柱部到尾部逐渐加厚,壁厚从 3mm 加厚到 10mm。

(3) 弹尾　弹丸着靶后,弹头部和圆柱部将变形并消耗变形功。为了确保着靶后具有较大的炸药堆积面积,只有增加后部前冲动能,有利于增加碎甲弹的威力。

(4) 弹顶形状　碎甲弹的顶部结构基本有两类:一类如图 17-34 所示,弹体顶部旋接一个螺塞进行封口;另一类图 17-33 所示的整体闭合式弹顶。结构不同,选取的加工工艺不同,前者为热收口,内外形冷加工,加工精度高,着靶时利于膨胀破裂;后者采用热旋收口,外形好。

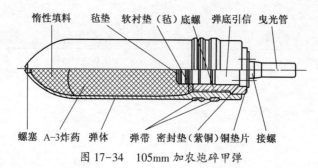

图 17-34 105mm 加农炮碎甲弹

3. 导引部

(1) "全定心"结构 一般弹丸都有上、下两个定心部,但碎甲弹不同。因弹体壁很薄,发射时已处于弹塑性变形阶段,如果还沿用上、下定心部的结构,必然使圆柱部壁厚减薄,发射时就会产生更大的塑性变形,而侧面又无炮膛壁制约,弹体则可能在此膨胀破裂而出现膛炸。所以碎甲弹通常采用"全定心"结构,见图 17-33 和图 17-34。但这种结构必须选择合适的弹、炮间隙,既便于装填入膛又能确保弹丸在膛内的正确运动。

(2) 弹带位置 由于弹体壁由前向后逐渐加厚,弹带位置也应尽量后移,如图 17-34 所示两条弹带,这样就可避免因弹体变形、弹带下凹而使其不能嵌入膛线或减少嵌入量,从而确保弹带在膛内的正常作用。此外,弹带的位置应确保定装式炮弹弹丸的弹尾具有足够的长度,以保证与药筒的牢固结合,否则同样会影响弹丸装填入膛的正确性。

4. 碎甲弹的炸药装药

(1) 炸药装填系数(表17-2)。与榴弹相比,碎甲弹的质量较小,弹形较差,为确保飞行稳定,必须缩短弹长。但为了多装填炸药,所以炸药装填系数比爆破榴弹还大。尤其对初速较低的无后坐力炮碎甲弹 $a>30\%$,如美国 M346-105mm 碎甲弹装填 A-3 炸药 3.5kg, $\alpha=44\%$。

表 17-2 不同火炮配用的碎甲弹结构参数

弹丸类别	弹丸相对质量 $C_m/(kg/dm^3)$	炸药相对质量 $C_\omega/(kg/dm^3)$	炸药装填系数 $\alpha/\%$
加农炮碎甲弹	9~12	1.8~3.2	19~28
榴弹碎甲弹	7~10	2~3	25~33
无后坐力炮碎甲弹	6~10	2.5~3	30~44

(2) 炸药。碎甲弹要求炸药爆速高;猛度大、塑性好,能在钢板表面尽快堆积成形。一般需采用塑性炸药(或半塑性炸药)。此外,要求炸药的感度低,能在几百米每秒的速度下着靶时不自炸、不爆燃,在引信起爆后能正常作用。

塑性炸药具有良好的可塑性。它是一种混合炸药,其主体成分是黑索今(占 90%以上),其他成分是具有橡胶性质的有机高分子粘合剂、增塑剂和软化剂。国内采用的塑-4 和塑-5 炸药,在-40~50℃温度范围内塑性不变,可捏成任意形状。国外采用 C-4 炸药

（威力大，易装填）和半塑性的 A-3 炸药（其冲击感度很低）。

（3）装药结构。由于塑性炸药的可塑性大，装填方便，一般采用从弹底向弹头挤入的方法。炸药装填后，再旋入带引信的底螺。

对于着速不高的火箭炮和无后坐力炮用碎甲弹，一般都装填同一种炸药，如图 17-33 和图 17-34 所示。然而对于着速较高的碎甲弹采用这种结构时，往往出现小着角碰靶自炸的现象。目前，解决这个问题有两种途径：一种是设法降低头部炸药的感度、提高弹性，使炸药着靶时有缓冲作用。如 85mm 碎甲弹头部装填弹 C-4 炸药。这种炸药，不能用雷管起爆，冲击感度低，具有一定的弹性，可承受小着角下的强烈冲击作用，但是它的猛度低，多装时影响碎甲威力，一般只装在头部。另一种途径如图 17-34 所示，在弹头部装填惰性装填物（沥青混合物），它具有良好的塑性，能缓和炸药的冲击。但是这种结构减少了炸药量，多装则不利于大弹着角下的碎甲威力。

5. 引信

碎甲弹在不同的作战距离上命中目标时，着靶速度不同。距离近着靶速度高，距离远着靶速度低。而着靶速度的高低影响着炸药堆积成一定形状所需要的时间，该时间要与引信起爆时间相适应，也就是引信要适时起爆，随着着靶速度的高低自动调整起爆时间。目前，常用的是弹底触发惯性引信。这种引信有一段短延期时间，可保证弹丸的有利堆积，实践证明该时间以 $100\sim200\mu s$ 为好。这种惯性引信，着靶时利用惯性击针刺发雷管，起爆时间取决于惯性击针的前冲速度，而惯性击针的前冲速度又取决于弹丸的着靶速度，所以，具有自动调整起爆时间的作用。

6. 弹底部闭气结构

碎甲弹炸药由弹底装入，采用弹底引信。所以必须具有相应的密封闭气措施，防止火药气体侵入弹体，确保膛内安全。闭气结构与穿甲弹相似，采用闭气槽和垫圈，垫圈材料主要用铅或紫铜。都在底螺上面放置毡垫圈，当弹丸在膛内运动时，可缓冲炸药的后坐，也能起到对底螺螺纹的闭气作用。如图 17-33 和图 17-34 所示。

第18章 迫击炮弹

迫击炮是一种常用的伴随武器,在过去的战争中发挥了很大的作用,在未来的战争中仍然是一种十分重要的武器。迫击炮弹一般都是由炮口装填,依靠本身重力下滑,以一定的速度撞击炮膛底部击针而使弹上的底火发火,迫击二字即源于此。它有下述特点:

(1) 迫击炮与火炮最主要的区别在于它没有复杂的反后坐装置,而是通过座板直接利用土壤来吸收后坐能量的。由于采用了座板结构,使得整个迫击炮质量小、结构简单、易拆卸;可以人背马驮,凡是人员能够到达的地方,迫击炮都能伴随而上。

(2) 膛压低,初速小是保证全炮质量小的重要条件。因采用座板结构,通常都在45°以上射角射击,加之初速低,因此弹道比榴弹炮弯曲,是一种曲射武器。它可对遮蔽物后面或反斜面上的目标实施射击。

(3) 迫击炮大都采用炮口装填:只有极少数迫击炮(如苏联160mm迫击炮)因炮管长、弹重,不宜炮口装填,而采用后膛装填。

本章着重叙述迫击炮弹的构造特点、发射装药及发展概况。

18.1 迫击炮弹的构造特点

18.1.1 典型的迫击炮弹构造

典型的迫击炮弹通常由弹体、稳定装置、炸药、发射药和引信5部分组成。图18-1所示为82mm迫击炮弹。

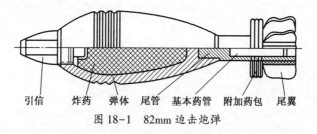

图18-1 82mm迫击炮弹

1. 弹体

迫击炮弹初速小,通常为亚声速飞行,其阻力主要是由涡流阻力和摩擦阻力组成,为了减小空气阻力,其外形通常为流线型。小口径迫击炮弹纵剖面类似水滴状(图18-2)。

而大中口径迫击炮弹纵剖面形状如图18-3~图18-5所示。有时为了增大弹丸威力或者为了增加弹腔容积(照明弹、宣传弹),迫击炮弹的外形不做成流线型,而采用长圆柱部的外形,此时弹形差,射程较近。

火炮弹丸为了减少波阻,头部比较锐长,迫击炮弹则不同,头部较钝而短。小口径迫击炮弹头部长度为0.9倍~1.2倍口径。大中口径迫击炮弹由于飞行速度较高,为1.3~2.0倍口径。迫击炮弹的弹头部做得比较钝而短,也有利于质心前移。

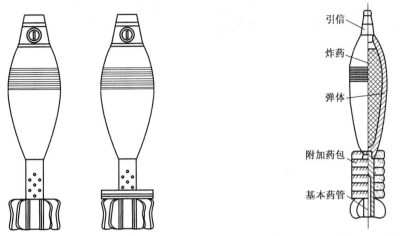

图18-2 63式60mm迫击炮弹　　　　　图18-3 64式120mm迫击炮弹

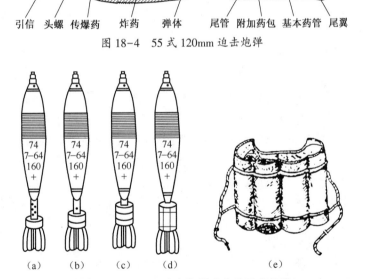

图18-5 160mm迫击炮弹及其所用发射药
(a)1号装药;(b)2号装药;(c)3号装药;(d)远程专用装药;(e)远程专用装包。

火炮弹丸的圆柱部长度即导引部长度不能太短,而迫击炮弹的导引部长度是取决于圆柱部前端与尾翼片上的定心凸起部之间的距离,因此迫击炮弹圆柱部可以较短,通常在0.3~0.4倍口径范围内,当然为了增加有效装填量亦可大大增加圆柱部长度(称之为大容积迫击炮弹),如82mm迫击炮宣传弹(图18-6)。

迫击炮弹一般都是由炮口装填,依靠本身重力下滑,以一定的速度撞击炮膛底部击针

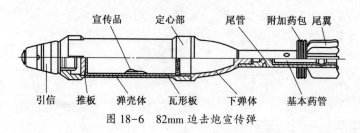

图 18-6　82mm 迫击炮宣传弹

而使弹上的底火发火,这样迫击炮弹定心部与炮膛壁之间就必须有一定间隙以保证足够的下滑速度和发射速度,但在另一方面它造成了发射时大量气体从间隙中泄出,降低了初速,增加了初速散布,所以间隙又不能过大。另外过大的间隙也势必影响迫击炮弹在膛内的正确导引而影响精度,因此,一般迫击炮弹的定心部与炮膛的间隙为 0.7~0.85mm。为了减少火药气体从间隙处外泄,在定心部车制环形沟槽(图 18-7)。当火药气体经过这里时,由于膨胀,形成涡流,速度减慢,火药气体外泄减少。即使这样,通常仍有 10%~15% 的火药气体从间隙处泄漏。环形槽的剖面形状最常见的是三角形。在大容积迫击炮弹上有两个定心部(不宜将整个圆柱部都做成定心部),起闭气作用的环形槽应开在下定心部上。为了减小火药气体对圆柱部的压力,在上定心都开有纵向排气槽。弹尾部的形状应尽量减小涡流阻力。迫击炮弹的空气阻力主要是涡流阻力。通常迫击炮弹的弹尾部比火炮弹丸的弹尾部长得多,这是由于迫击炮弹有一尾管,气流从断面直径较大的圆柱部流至断面直径较小的尾管时,为了使气流不过早与弹尾表面分离而产生低压涡流区,断面直径应缓慢变化,因此,迫击炮弹的弹尾部必须加长。速度越高,气流越易从弹尾表面分离,因此弹尾应加长。目前,迫击炮弹弹尾部的长度范围是:初速较低的小口径迫击炮弹为 1.2~2.0 倍口径,初速居中的中口径迫击炮弹为 1.7~2.3 倍口径,初速较高的大口径迫击炮弹为 1.7~2.7 倍口径。大容积迫击炮弹,主要侧重于增大内腔容积而对射程要求不高,可增大圆柱部减少弹尾部,弹尾长一般为 1.4~2.0 倍口径。

内腔形状取决于对壁厚的考虑。迫击炮弹弹体通常是铸造的,内腔一般不加工以减少成本,迫击炮弹的内腔通常与外形相似。头部壁厚远比普通火炮弹丸大,这是为了使质心前移以改善稳定性。由于迫击炮弹在战争中使用量很大,从经济上考虑尽量使用材料性能较差的铸铁材料。这样虽然迫击炮弹膛压远较普通火炮弹丸为低,但壁厚不比普通火炮弹丸薄,甚至更厚些。这并不一定是为了满足弹体强度,而主要是为了获得最有利的杀伤破片,否则过薄的壁厚容易在弹体爆炸时炸得过碎。从工艺上考虑希望尽量做成等壁厚,且厚度大一些,这样浇铸时流动性好,冷却时定心部不易出现金相组织疏松现象。

过去迫击炮弹多用钢性铸铁制成(所谓钢性铸铁就是在优质原生铁中加入大量废钢而得到低碳、低硅的优质灰口铸铁),其力学性能差、强度低,因此破片性能差,破片往往过碎,有效杀伤破片很少。现在已逐渐用稀土球墨铸铁代替,我国稀土原料极丰富,对稀土球墨铸铁的研究与使用很有成就,因此,稀土球墨铸铁将是迫击炮弹弹体的主用材料。稀土球墨铸铁强度与破碎性较钢性铸铁好,但比钢略差,随着国民经济力量加强,可以使用钢。

2. 稳定装置

稳定装置的作用是保证飞行稳定和放置发射装药。它由尾管与翼片组成。由于迫击炮弹的弹尾部较长且有尾翼装置,因此药室容积较大。此外迫击炮弹的装药量较少,所以装药密度较小,通常为 0.04~0.15kg/dm³。如果采用火炮弹丸的点火方式,点火热量和点火压力在很大的药室容积内很易损失与降低,不能保证火药的正常燃烧,另外,迫击炮弹没有弹带亦即无挤进压力,一有膛压,弹丸立即启动,使火药燃烧更加不正常。为了解决在小装填密度下的内弹道性能稳定的问题,采用了特殊的发射装药结构。将一部分火药放在基本药管内,它的装填密度较高,一般为 0.65~0.80kg/dm³,基本药管放在尾管内(图 18-8)。

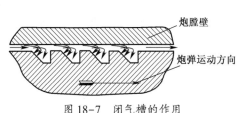

图 18-7 闭气槽的作用

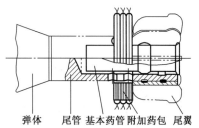

图 18-8 60mm 迫击炮弹的发射装药结构

迫击炮弹下滑时基本药管下端的底火撞击迫击炮上的固定击针而首先点燃装填密度较大的基本装药,其压力很快上升,一般可高达 78.4~98MPa。火药气体冲破基本药管纸筒,从尾管上的传火孔冲出,点燃尾管外面的附加药包。由于喷出的火药气体压力高、能量大,使附加药包中的火药正常燃烧,而保证了内弹道性能的稳定,同时也使弹丸在一定压力下启动(如 82mm 迫击炮弹在膛压为 7.8MPa 左右时启动)。

尾管通常为钢质,尾管上钻有 12~18 个传火孔,尾管用螺纹与弹体联接,尾管的长度与稳定性有关,一般为 1~2 倍口径。尾翼片一般由 1.0~2.5mm 的低碳钢板冲制而成,尾翼片数目一般为 8~12 片,每两片为一体,焊接在尾管上。在尾翼片下缘有一凸起部,其直径与定心部直径相当,称为定心凸起部,它与弹体的定心部共同构成导引部。

3. 炸药

迫击炮弹一般用较差的炸药,这不仅是考虑经济性,也是由于弹体材料采用铸铁的缘故,如装填梯恩梯炸药,往往使破片过碎,因此迫击炮弹通常采用威力较小的混合炸药,主要有梯萘炸药、铵梯炸药等。

18.1.2 旋转稳定的迫击炮弹

迫击炮弹通常都是用尾翼稳定的,但在迫击炮弹发展过程中出现过靠旋转稳定的迫击炮弹,下面介绍两种这种结构的迫击炮弹。

1. 美国 106mm 化学迫击炮榴弹

美国 106mm 化学迫击炮为线膛炮,但该弹由炮口装填,由于仍使用座板来吸收后坐能量故仍属于迫击炮。此炮配用烟幕弹、多种化学弹和榴弹,称化学迫击炮。

106mm 化学迫击炮榴弹由引信、弹体、炸药、可胀弹带、压力板、基本药管和附加药包等组成,结构见图 18-9。

弹体早先用可锻铸铁后用钢制,其外形既异于火炮弹丸亦不同于普通迫击炮弹,外形近似为圆柱形,有上、下定心部(无尾翼定心凸起部)以保证在膛内的正确导引。由于可胀弹带和压力板安装在弹体底部,故无船尾部。圆柱部一直延伸到弹底。

弹丸旋转是靠可胀弹带和压力板实现的,可胀弹带起相当于普通火炮弹丸弹带的作用,其外径略小于火炮口径,以便炮口装填时顺利下滑。可胀弹带与钢质的压力板构成一组件,用尾管上的一台阶固定在弹体底面上。铜带外侧厚约为 3mm,转角处有一削弱槽,使其易变形。压力板剖面为弓形,外缘与弹带的斜端面相配合(以使弹带外胀)。装填时弹带直径较炮口径小,自由下滑,发射时火药气体压力作用在压力板上,压力板前移迫使弹带外胀而嵌入膛线,为了保证弹体与弹带一起旋转,在弹底部有一宽 37mm 高 1mm 的凸台与弹带上相应的凹槽相配合。

此弹的发射装药结构与一般迫击炮弹相似,此时仍用尾管,尾管螺接在弹体底部的螺栓上,尾管内装有基本药管,尾管上同样应有传火孔,附加发射药为方片状药,其数量根据射程要求放在尾管外。迫击炮上无击针,击针固定在尾管底部一簧片上。

如装填液体化学物质时,在弹体内焊有 4 片轴向安放的带孔隔板,使液体在发射时随弹体一起旋转,以免出炮口后影响弹丸转速。

2. 日本 50mm 掷弹筒榴弹

日本口径为 50mm 的掷弹筒榴弹在分类上也应认为是依靠旋转稳定的前装迫击炮弹。此筒十分轻便,无炮架及瞄准装置,手持概略瞄准射击,供单兵使用。

该弹由引信、弹体、底螺、可胀弹带、发射装药,炸药等部件构成(图 18-10)。特点是底螺既用于装发射药,还在其外表面安装有可胀弹带,其外形较像普通火炮弹丸。底螺螺接在弹体底部,在底螺的空腔内装有发射药,底火也装在底螺上,发射药外包有防潮的铜盒。当弹沿筒下滑射击时,底火发火点燃发射药,当火药气体压力上升达到一定值时,气体冲破装药底部铜皮从底螺底部四周的孔中喷出,弹丸开始前进。火药气体通过侧面的孔压向铜带,迫使铜带膨胀嵌入膛线,而赋于弹丸转速。钢带是通过制转销来带动弹丸一起旋转的。

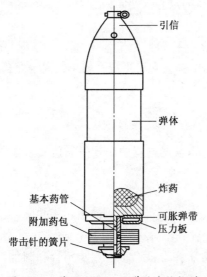

图 18-9 美国 106mm 化学迫击炮榴弹

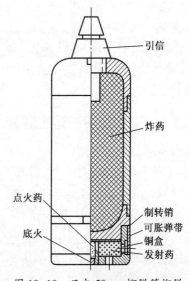

图 18-10 日本 50mm 掷弹筒榴弹

以上介绍的两种弹都是旋转稳定的迫击炮弹,它们都是炮口装填,都使用可胀弹带,它们的优点是:可以改善火药气体的泄漏现象,膛内的导引条件也比较好,因此精度较高,此外弹丸结构亦较紧凑。缺点是不能用于高射角(大于60°)射击,因弹丸可能在弹道顶点不稳定。

18.2 迫击炮弹的发射装药

由于迫击炮弹的装药少,药室容积大,发射药需要采取分开燃烧,因此一般迫击炮弹发射装药由基本装药和附加装药两部分组成。

18.2.1 基本装药

基本装药由基本发射药、底火、点火药,火药隔片、封口垫和管壳等零部件组成。

1. 基本发射药

迫击炮的膛压低、热量散失大、身管短,通常采用燃速大、能量高的双基药,其肉厚较薄,形状多为简单的片状、带状和环状,目前正在研究使用球形药或新型粒状药。基本发射药大多数采用带状药以改善火焰的传播,减少管内压力的跳动。而附加发射药的品种、肉厚、形状可以与基本发射药不同或相同,可根据对弹道性能的要求来确定。为了保证基本发射药能充分点燃附加发射药,其质量应在发射药总质量中占足够的比例,但也不能太大,否则不能满足最小射程的要求。

2. 底火

目前,我国各种口径的迫击炮弹一般均采用底-6式底火(图18-11)。底-6式底火的冲击感度较大,点燃能力较强。

3. 点火药

底-6式底火虽然点火能力强,但仍感觉不足,故在底火与基本发射药之间装有点火药(2#或3#黑药),以加强底火的点火作用。不同口径的迫击炮弹所需点火药量不同,口径越大,基本发射药量越多,则需点火药量越多。

4. 管壳

由纸管、铜座、塞垫3部分组成,纸管与铜座均是双层(图18-12)。纸管为纸质便于在基本药管达到一定压力时打开传火,纸管有一胀包,其直径较尾管内径稍大,以确保基本药管插入尾管后,在发射前不致松动脱落。为了避免基本药管在火药气体压力下从尾

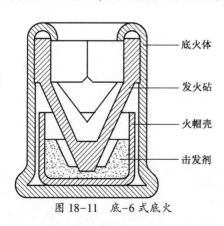

图18-11 底-6式底火

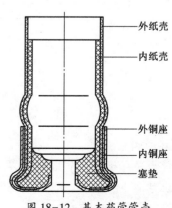

图18-12 基本药管管壳

部喷出、留膛而影响下一发的发射,在尾管孔内壁开有一环形驻退槽,发射时,铜座壁在高压气体作用下压入驻退槽,保证基本药管发射时不会脱落留膛,这就是基本药管壳下端选用铜质的理由。塞垫的作用是连接纸管,铜座和装入底火。

基本药管的作用过程:当击针与底火相撞后底火发火,点燃点火药,产生的火焰沿基本发射药表面传播并点燃。基本装药的燃烧是在密闭容器中定容进行的,并且由于装填密度大(达到 $0.65 \sim 0.80 kg/dm^3$),药肉厚较薄,故燃烧进行迅速,管内压力上升很快,当达到足够压力时,火药气体即冲破纸管而点燃附加发射药。故基本药管的打开压力可以通过改变纸管厚薄、强度、传火孔大小和位置来加以调整。

基本药管可以看做一个强力的点火具,对 100mm 口径以下的迫击炮弹还单独构成最小号装药。

18.2.2 附加装药

附加发射药一般都是分装或若干药包套装在尾管周围,通常希望附加药包能充分对正传火孔,使其能在从传火孔中冲出的火药气体的直接作用下点燃,这样做基本发射药气体的热量与压力损失小,便于迅速而又均匀一致地点火。

药包系采用易燃、残渣少的丝绸或棉制品制成.也曾采用硝化棉药盒。根据附加发射药的形状,药包可制成环形药包、船形药包、条袋形药包和环袋形药包(图 18-13)。

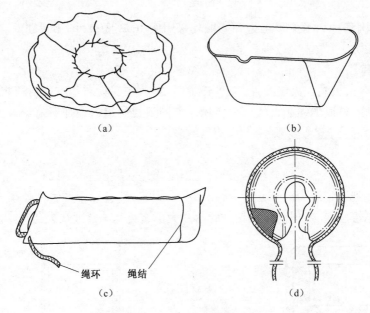

图 18-13 四种形式的附加药包
(a)环形药包;(b)船形药包;(c)条袋形药包;(d)环袋形药包。

1. 环形药包

发射药为有开口的片状圆环(图 18-13(a)),药包很容易套在尾管上,调整药包快速方便。缺点是药包叠在一起,高温时易粘连,另外药包在尾管上位置难固定,可能上移,不能对正传火孔而影响弹道性能。

2. 条袋形药包

粒状药时使用,平时是条状,发射前将药包围在尾管上并用绳子固定,药包在尾管上的定位较好,但射击装配麻烦,影响射速(图18-13(c))。

3. 环袋形药包

与条袋形药包相似,不同的是平时呈开口环形(图18-13(d))。

4. 船形药包

药包为硝化棉制成的船形胶质盒,药包夹在尾翼之间。缺点是尾翼片受火药气体压力不均匀时易发生变形,点火一致性也不好,现在已不采用(图18-13(b))。

射击时调整药包的数量可以获得不同的装药号,0号药仅用基本药管,1号药加一个附加药包,2号药加两个药包,其余类推。为了调整药包,通常附加药包应做成等重。弹道性能有特殊要求时,才做成不等重的药包,但勤务处理时容易弄错。

一般情况下迫击炮弹的发射装药都是药包装药,但也有药筒装药。160mm迫击炮弹质量40kg左右,炮管长,炮口装填不便,采用后膛装填,后装就有一个发射时的闭气问题,老式160mm迫击炮采用短药筒闭气,药筒很短,还没有尾翼片高。此时药筒仅起闭气作用而不起装药容器的作用,新160mm迫击炮采用橡皮垫闭气,此时迫击炮弹就没有短药筒了。

18.3　迫击炮弹的发展概况

迫击炮弹主要的优点是价廉、使用操作方便,高射角射击、弹道弯曲,是伴随武器使用的弹药。但是它也存在着一些严重缺点,随着武器发展技术水平的提高,其缺点需要不断地克服,迫击炮弹的发展正是针对迫击炮弹的缺点而进行的,下面简单地介绍一下迫击炮弹的缺点及其改进措施:

(1) 射程近。过去由于按迫击炮弹使用铸铁类材料,所能承受的膛压低,因此初速较低,加之火药气体的泄漏使初速更低。提高射程的根本措施是提高初速,其方法是:增大膛压、加长炮管、减少火药气体泄漏,使用新型火药改善膛压曲线使之平缓等。为了承受更大膛压,应提高铸造质量减少铸造疵病或使用钢质弹体。提高射程的其他措施是增大断面比重,改善弹形等。

(2) 隐蔽性差。过去认为迫击炮为曲射武器可以躲在遮蔽物后发射,因此隐蔽性好,但是,在技术进步的现在不同了。迫击炮弹飞行速度慢,飞行时间长,很易为敌方现代化的观测器材发现进行跟踪,并用计算机解算出阵地位置,因此迫击炮弹的隐蔽性差。提高初速,缩短飞行时间能得到改善,但目前还未找到根本的解决办法。

(3) 精度差。迫击炮弹的精度比普通火炮弹丸差,其原因如下:

① 火药气体泄漏,每发弹的泄漏不一致,造成初速散布。现代趋向于使用塑料闭气环(下面将详细介绍)来代替环向闭气槽,以起到更好的紧塞气体的作用。

② 由于要求迫击炮弹价廉,所以其制造精度较低,甚至弹体内膛不加工,如果允许提高成本可以提高制造精度来改善射击精度。迫击炮弹零件较多,装配同心性差。尾翼片采用焊接法连接在尾管上难于保证安装精度,为此现代迫击炮弹尾翼与尾管多为一体。

③ 附加药包在尾管上位置的串动易带来点火不均匀和各发之间的差异,为此应采取

良好的固定附加发射装药的办法。

④ 迫击炮弹比相应口径的普通火炮弹丸威力小,这不仅是由于迫击炮弹的尾管很少有杀伤作用,而且在于弹体材料性能与炸药性能匹配不好,弹体机械性能差,往往使破片过碎,有效破片甚少。所以应提高弹体材料性能,装填高能炸药。

美国 M374 式 81mm 迫击炮弹是近年装备的产品,是一种典型的现代迫击炮弹。其结构及组成如下:其结构见图 18-14,主要由引信、弹体、闭气环、尾管、尾翼、底火、基本装药等所组成。弹丸质量 4.2kg,初速 64~264m/s,最大射程约 4500m,装 B 炸药 0.95kg;膛压不大于 63MPa。其主要的结构特点如下:

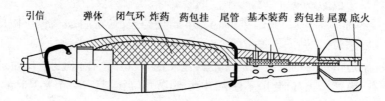

图 18-14 美国 M374 式 81mm 迫击炮弹

(1) 流线型的外形。比老式迫击炮弹有更佳的流线型,特别注意到弹体与引信,弹体与尾管的光滑过渡,尤其是弹体与尾管外形的光滑流线型能够大大减少阻力。为此目的尾管做成倒锥形,但这种结构的缺点是增加了消极质量。流线型外形再加上断面比重增加,初速提高,故比老式 81mm 弹射程提高不少。

(2) 采用塑料闭气环闭气。在弹体定心部下方有一环形凹槽,内放一塑料环。发射时,在火药气体压力作用下塑料环外胀而贴紧炮膛壁,这样就减少了火药气体的外泄,提高初速,减少初速散布。闭气环开有缺口,出炮口后即被火药气体吹脱。由于有了闭气环就不再需要有闭气槽。

(3) 低速旋转。尾翼片下缘的一角向左扭转 5°倾角。出炮口后,在空气动力作用下使弹低速旋转,最大转速可达 3600r/min,有利于消除质量偏心和外形不对称造成的不利影响,提高精度。

(4) 基本药管与底火分开。底火放在尾管下部内腔,基本药管放在上部内腔中,其火焰经传火通道点燃基本装药,再点燃附加装药。附加装药为条袋状,挂在药包挂钩上。

(5) 铝合金弹尾。尾管与尾翼装置均用铝合金制成,尾翼装置为一整体。铝合金弹尾轻,有助于质心前移,增大稳定性。

(6) 装填量增大。弹体薄,炸药装填量增多。

第 19 章 火 箭 弹

19.1 概 述

　　火箭,是以火箭发动机推进的飞行器,作为武器,它装有对付敌方目标的战斗部,故称为火箭弹。

　　火箭是我国古代劳动人民的伟大创造。远在火炮出现以前就已将火箭运用于军事目的。历史事实证明,我国是火箭的发源地。随看科学技术的发展,"火箭"一词在今天已是家喻户晓,尽人皆知。在现代的军事技术装备中,火箭弹得到了广泛应用并占有重要的位置,其中野战火箭的装备数量最多,使用范围也最广泛。

　　与火炮弹丸不同,火箭弹是通过发射装置借助于火箭发动机产生的反作用力而运动,火箭发射装置只赋予火箭弹一定射角、射向和提供点火机构,创造火箭发动机开始工作的条件,而不给火箭弹提供任何飞行动力。火箭弹在弹道主动段末端达到最大速度,而发动机则结束工作。

　　火箭弹的外弹道可分为主动段和被动段弹道两个部分。但需指出,火箭弹在滑轨上的运动,由于有推力存在应当说是属于主动段弹道,但对外弹道来说,常常以射出点作为弹道的起点,不考虑火箭弹在滑轨上的运动。

　　火箭弹的发射装置,有管筒式和导轨式之分,前者叫作火箭炮或火箭筒,后者叫发射架或发射器。为了使火箭发动机点火,在发射装置上设有专用的电气控制系统,该系统通过控制台接到火箭弹的接触装置(点火器)上。

　　一般来说,火箭弹是由引信、战斗部、发动机、火箭装药(或称推进剂)和稳定装置等主要部分组成。

　　(1) 引信:火箭战斗部的引爆装置。为获得较大的战斗效果,对付不同的目标需采用不同性能的引信。

　　(2) 战斗部:完成战术任务的装置,对于不同目标需采用不同的战斗部。

　　(3) 发动机:火箭弹的动力装置,一般来说,有固体燃料火箭发动机和液体燃料火箭发动机两种。常用的火箭弹,目前均采用固体燃料火箭发动机。

　　(4) 固体燃料发动机:主要由燃烧室、挡药板、喷管和点火器等组成。其中燃烧室是发动机的主体,用来盛装火箭装药,并在装药燃烧过程中提供化学反应和能量转化的场所。挡药板是用来固定装药,并防止未燃尽的药粒喷出或堵塞喷管孔。喷管具有先收敛后扩张的几何形状,用来控制燃烧室的压力,以及使亚声速气流变成超声速气流,提高排气速度。点火器用来点燃火箭装药,一般由点火管和引燃药组成。当电点火管通电时,首先点燃引火药,并在燃烧室内形成初始压力,使火箭装药同时迅速燃烧,从而保证发动机很快进入稳定工作状态。

(5) 稳定装置:用来保证火箭弹稳定飞行,其稳定方式有尾翼式(尾翼稳定)和涡轮式(旋转稳定)两种。

在火箭发动机工作时,火箭弹是一变质量体系。发动机点火后,燃烧室中的火药燃烧,产生大量的高温高压气体,这些气体将流经喷管,并高速喷出。系统的这种动量变化将等于外力的冲量之和,由此可得出推力 P(或称反作用力)的表达为

$$P = -\frac{dm}{dt}u_e$$

式中:$-\dfrac{dm}{dt}$ 为单位时间内发动机喷出的燃气质量(或称秒流量);u_e 为有效排气速度。

如用 τ 表示火箭装药的燃烧时间,则总的推力冲量

$$I = I(\tau) = \int_0^\tau P dt$$

若用 ω 表示火箭装药的质量,则由以上两式可得

$$u_e = \frac{I}{\omega} = I_1$$

式中:I_1 装药的比冲量(1kg 火箭装药得到的冲量)。

比冲量 I_1 的大小取决于火药的性质、火箭装药在燃烧室中的燃烧条件以及喷管的形状等。对一般的火药装药来说,I_1 约为 2000kg·m/kg·s 左右。

在真空情况下,火箭弹的运动方程为

$$m\frac{dv}{dt} = -\frac{dm}{dt}u_e$$

在 $t = 0$,$v = 0$,$m = m_e$ 的起始条件下积分上式,可得著名的理想速度公式为

$$v = u_e \ln\frac{m_e}{m}$$

对于主动段终点,则有最大理想速度为

$$v_{max} = u_e \ln\left(1 + \frac{\omega}{m_k}\right)$$

式中:m_k 火箭弹在被动段上的质量。

综上所述不难看出,欲提高火箭弹在弹道主动段终点处的速度,可以用提高有效排气速度 u_e(即比冲量 I_1)和质量比 $\dfrac{\omega}{m_k}$ 来实现。

与一般火炮弹丸相比,火箭弹具有如下优越性:高速度和远射性;威力大、火力密度强;机动性和火力急袭性好;发射时作用于火箭弹诸零件上的惯性力小。但是,火箭弹的密集度差,散布较大,而且成本较高。

19.1.1 火箭弹的基本组成

火箭弹是一种依靠火箭发动机所产生的推力为动力,完成规定作战任务的无控或有控弹药。火箭弹由于要完成各种不同的战斗任务,因而种类繁多。然而不论什么火箭弹,其基本组成部分以及各组成部分的作用大致一样。火箭弹一般由引信、战斗部、火箭发动机、稳定装置和导向装置等几部分组成。

(1) 引信：激活战斗部在弹道终点发挥作战效能的机械或机电部件。为了使战斗部适时可靠地发挥毁伤或干扰等作用，战斗部上都配有引信装置。战斗部类型及作战目标不同，配用的引信类型不同，目前火箭弹研制中常用的引信有触发引信、电子时间引信以及无线电近炸引信等。

(2) 战斗部：在弹道终点发挥作战效能的部件。根据作战目的及对象的不同，在火箭弹上可以采用不同类型的战斗部。目前在火箭弹研制中常用的战斗部类型包括：杀伤战斗部、爆破战斗部、杀伤爆破战斗部、子母战斗部、破甲战斗部、半穿甲战斗部、干扰战斗部以及云爆战斗部等。

(3) 火箭发动机：使火箭弹能够飞行的推进动力装置。目前装备及在研的火箭弹主要采用固体燃料火箭发动机。固体燃料火箭发动机通常由联接底、燃烧室、固体推进剂装药、装药支撑装置、喷管及点火具等组成。火箭发动机使火箭弹在弹道主动段末端达到最大飞行速度后结束工作。

(4) 稳定装置：使火箭弹能够按预定的姿态及弹道在空中稳定飞行的装置。按照飞行稳定原理的不同，稳定装置可分为涡轮式稳定装置和尾翼式稳定装置两类。涡轮式稳定装置是利用火箭发动机的多个倾斜喷管产生的导转力矩使火箭弹绕纵轴高速旋转，高速旋转产生的陀螺效应使火箭弹稳定飞行；尾翼式稳定装置是在火箭弹的尾部安装尾翼，安装尾翼后的火箭弹使全弹气动力压心（阻心）移到质心之后，飞行时空气动力产生稳定力矩，从而使火箭弹能够稳定飞行。

(5) 导向装置：导向钮或定向钮是尾翼式火箭弹经常采用的导向装置。导向装置的作用是引导火箭弹在定向器上沿着一定的方向运动，使火箭弹在定向器上作直线运动或螺旋运动，并在带弹行军时固定火箭弹。导向装置可能是定向钮也可能是导向钮或其他装置。当需要火箭弹在定向器上作直线运动时，可采用定向钮来实现；当需要尾翼式火箭弹在定向器内低速旋转时，可采用导向钮来实现。涡轮式火箭弹本身高速旋转，无需另外设置导转装置，但为了带弹行军和提供一定的闭锁力，常采用在发动机尾部开挡弹槽的办法加以解决。

19.1.2 火箭弹的分类

目前世界各国研制或装备的各种火箭弹种类很多，为了科研、设计、生产、存储及使用的方便，火箭弹通常按用途和稳定方式分类。

1. 按用途分类

(1) 主用火箭弹。对敌方人员、坦克、装甲车辆、土木工事、铁丝网、车辆、建筑物、敌方雷场、各类地堡或地下军事设施等敌人有生力量或非生命目标起直接毁伤作用的火箭弹统称主用火箭弹。这类火箭弹包括杀伤火箭弹、杀伤爆破火箭弹、爆破火箭弹、聚能装药破甲火箭弹及燃烧火箭弹等。

(2) 特种火箭弹。用于完成某些特殊战斗任务的火箭弹统称为特种火箭弹。这类火箭弹包括照明火箭弹、烟幕火箭弹、干扰火箭弹、宣传火箭弹、电视侦察/战场效能评估火箭弹。

(3) 辅助火箭弹。用于完成学校教学和部队训练使用任务的火箭弹统称为辅助火箭弹。这类火箭弹包括各种教练火箭弹。

(4) 民用火箭弹。诸如民船上装备的抛绳救生火箭弹、气象部门采用的高空气象研究火箭弹与人工降雨火箭弹、海军舰船用的火箭锚等均为民用火箭弹。

2. 按稳定方式分类

（1）尾翼式火箭弹。依靠弹尾部的尾翼装置保持飞行稳定的火箭弹。尾翼装置将火箭弹在飞行中的压力中心移至弹体质心之后,产生一个稳定力矩来克服外界扰动力矩的作用,使火箭弹稳定的飞行。

（2）涡轮式(旋转式稳定)火箭弹。依靠弹体绕自身纵轴高速旋转来保持飞行稳定的火箭弹。涡轮式(旋转式稳定)火箭弹通过高速旋转弹丸自身能产生一个陀螺力矩来抗衡外界力矩的作用,使火箭弹稳定的飞行。

19.1.3　火箭弹的工作原理

与火炮弹丸不同,火箭弹是通过发射装置借助于火箭发动机产生的反作用力而运动,火箭发射装置只赋予火箭弹一定的射角、射向和提供点火机构,创造火箭发动机开始工作的条件,但对火箭弹不提供任何飞行动力。为了使火箭发动机可靠适时点火,在发射装置上设有专用的电器控制系统,该系统通过控制台联到火箭弹的发火装置(点火具)上。

火箭发动机是火箭弹的动力推进装置,其工作原理即为火箭弹的推进原理。

在火箭弹发射时,发火控制系统将点火具发火,点火具中药剂燃烧时产生的燃气流经固体推进剂装药表面时将其点燃。主装药燃烧产生的高温高压燃气流经固体火箭发动机中拉瓦尔喷管时,燃气的压强、温度及密度下降,流速增大,在喷管出口截面上形成高速气流向后喷出。当大量的燃气高速从喷管喷出时,火箭弹在燃气流反作用力的推动下获得与空气流反向运动的加速度。由于从火箭发动机高速喷出的气流物质是火箭发动机所携带的固体推进剂装药燃烧产生的,所以火箭发动机的质量不断减小,表明火箭弹的运动属于变质量运动。显然,火箭弹运动时其相互作用的物体一个是火箭弹本身,另一个是从火箭发动机喷出的高速燃气流。由此可见,火箭弹的这种反作用运动为直接反作用运动。高速燃气流作用在火箭弹上的反作用力为直接反作用力,使火箭弹获得向前运动的推力。而固体燃料火箭发动机结束工作时,火箭弹在弹道主动段末端达到最大速度。固体燃料火箭发动机的工作原理如图 19-1 所示。

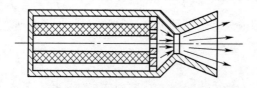

图 19-1　固体燃料火箭发动机工作原理图

19.2　尾翼式火箭弹

尾翼式火箭弹("冰雹"火箭弹)由战斗部、火箭发动机和稳定装置 3 大部分组成。

由于尾翼式火箭弹是靠尾翼稳定的,长度不受稳定性的限制,因此可以做得细长一些。如图 19-2 所示"冰雹"火箭弹全长(包含引信)为 2.87m,长径比为 23.52。而 130 火箭弹全长(包含引信)为 1.052m,长径比为 8.09。由于尾翼弹的长度受限制较少,所以尾翼式火箭弹的射程和威力均比涡轮式火箭弹大大提高。如"冰雹"火箭弹的射程为20100m；战斗部装药为3.05kg。

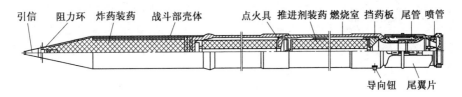

图19-2 "冰雹"火箭弹示意图

"冰雹"火箭弹是用40管螺旋定向器发射。

19.2.1 战斗部

"冰雹"火箭弹战斗部的作用是形成大量的杀伤元素，杀伤敌方的有生力量、破坏各种兵器、压制敌方炮兵阵地、摧毁各种障碍物等。

战斗部由战斗部壳体、炸药装药、传爆药柱、药塞和密封盖等组成，战斗部质量为18.4kg。

战斗部的弧形部装梯恩梯炸药、而其圆柱部装填含钝感剂的梯黑铝混合炸药，用铸装方法装入。在弹头部前端装有传爆药柱，以便能瞬时引爆炸药装药。在装药底端装有隔热纸垫和隔热密封盖，以起隔热和密封作用。

19.2.2 火箭发动机

火箭发动机的作用是产生推动火箭弹向前飞行的推力。

火箭发动机由燃烧室、发射药、尾管、喷管、点火器和挡药板等组成。

（1）燃烧室。平时储存发射药和点火器，发动机工作时，发射药在燃烧室内燃烧。燃烧室用15Ni钢制成，分为前后两段，总长为1.84m，前燃烧室的壁厚为3.2mm后燃烧室的壁厚为3.75mm。前、后燃烧室用螺纹连接。在前、后燃烧室上均有上下两个定心部。定心部的直径为122mm。定心部与螺旋发射架配合，使火箭弹在发射时有一正确的位置。在后燃烧室的下定心部上有一导向钮，导向钮与发射架的螺旋轨道配合，使火箭弹在飞离发射架时，能获得一定的转速，以提高射击密集度。

（2）发射药。是火箭发动机工作的能源。发射药为单根管状药，分成前、后两段，尺寸分别为103/24.5-895和90/13.5-895，分别放在前、后燃烧室内。发射药的前、后端面均粘有包覆层。

（3）尾管。由前后两部分组成。其作用是整流火药气体，使火药气体均匀地从7个喷孔喷出，以减小推力偏心，提高射击密集度。

（4）喷管。由喷管座和7个小喷管组成。其中，6个小喷管均匀地分布在圆周上，中间有一小喷管，喷喉直径为18.8mm。

（5）点火器。由点火药、电发火管、点火药盒、传火药包、固定环等零件组成。点火药为1号黑药（60.04g）和2号黑药（1.88g），点火药和电发火管用双层纺绸缝制，封口后装入点火药盒。其作用是瞬时全面点燃发射药。

(6) 挡药板。由前、中、后 3 个挡药板组成。其作用是固定发射药和挡住碎药,防止碎药块堵塞喷喉。

19.2.3 稳定装置

稳定装置由整流罩、弹簧、同步环和 4 片弧形尾翼组成。其作用是提供稳定力矩,保证火箭弹能按预定的弹道稳定地飞向目标。

整流罩:由钢制成。上面焊有 4 个支耳座以固定尾翼。其作用是减小空气阻力,以提高射程。

同步环的作用是使 4 片尾翼同时张开,以提高射击密集度。除上述主要组成部分之外,在战斗部前面还装有引信和阻力环。引信的作用是适时引爆炸药装药。阻力环的作用是增大阻力,实现近距离射击。

19.3　涡轮式火箭弹

涡轮式火箭弹一般由战斗部、火箭发动机和稳定装置 3 大部分组成。它是靠高速旋转即所谓陀螺效应而保持飞行稳定性。因此,它的长度受到限制,一般不能做得太长,故射程较近。下面以 63 式 130mm 杀伤爆破火箭弹(简称 130mm 火箭弹)。为例分析涡轮式火箭弹的结构及作用。

63 式 130mm 杀伤爆破火箭弹是由 19 管的 130mm 火箭炮发射的,在 9.5~11.5s 内可发射出 19 发火箭弹,通常装备于炮兵师,主要用来歼灭或压制敌人暴露或隐蔽的有生力量及火力点,破坏敌轻型工事,压制敌炮兵连、迫击炮连和化学兵器等。

130mm 火箭弹主要由战斗部、火箭发动机和稳定装置等组成,它的结构如图 19-3 所示。

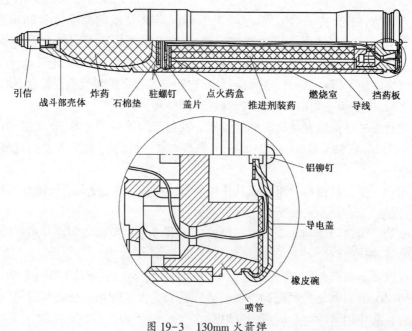

图 19-3　130mm 火箭弹

主要诸元如下：

弹径	130.45mm	离轨速度	25lm/s
全弹长(带引信)	1052mm	最大速度	436m/s
全弹质量	32.8kg	最大射程	10100m
战斗部质量	14.7kg	最大转速	3200r/min
炸药质量	3.05kg	射程密集度	$\dfrac{1}{194}$
火药装药质量	6.7/kg	方向密集度	$\dfrac{1}{120}$

19.3.1 战斗部

战斗部为杀伤爆破战斗部。战斗部主要由战斗部壳体、炸药装药和引信3部分组成。

战斗部壳体呈卵形，其目的是为了减小空气阻力，以提高初速。由于涡轮式火箭弹的长度受到稳定性的限制，所以，战斗部长径比不大。战斗部壳体是用炮钢经热冲、收口而成，壳体底部最小厚度为13.5mm。战斗部壳体的作用是：在平时储存炸药装药，战时在炸药爆炸后，形成大量的杀伤元素，以杀伤敌人的有生力量，破坏各种武器装备。

战斗部壳体内装有3.05kgTNT炸药，采用螺旋压装法把炸药压入战斗部壳体的。炸药是使战斗部壳体破碎，并形成许多具有一定速度的杀伤破片的能源，炸药爆炸时，形成的空气冲击波也可以直接杀伤敌人的有生力量，摧毁各种轻型工事。因此，炸药量的多少是衡量战斗部威力大小的一个主要标志。

战斗部装有箭-1引信。在火箭弹飞离炮口30m后，引信才解除保险。箭-1引信有3种装定：

（1）瞬发，即引信碰击目标后立即引爆炸药，一般不得超过0.001s；

（2）短延期，即引信碰击地面后大约经过0.001~0.005s左右才引爆炸药；

（3）延期，即引信碰击地面后大约要延滞0.005s以上才引爆炸药。

由此可见，引信的作用是适时地引爆炸药。也就是说在平时储存，运输、保管中引信要绝对安全，在战时，引信要准时，可靠地引爆炸药。

另外，为了防止火箭发动机工作时发射药燃烧后生成的高温、高压气体的热量传给战斗部，引起战斗部内炸药熔化甚至早炸，在战斗部底部应加石棉垫和盖片隔热层以改善战斗部内装药的受热状况，确保战斗部的安全。

19.3.2 火箭发动机

火箭发动机是由燃烧室、火箭发射药、喷管、挡药板、点火装置等零部件组成。它的作用是产生推动火箭弹向前运动的推力。火箭发动机实际上是一种能量转化装置，发射药经燃烧后则将发射药的化学能转换成气体的热能，而燃气流经过喷管后得到加速，继而将燃气的热能转换为燃气高速流动的动能，当燃气流以高速喷出喷管时，又将燃气流的动能转换成火箭弹向前飞行的动能。

（1）燃烧室。外形呈圆柱形。平时，燃烧室是储存火箭发射药的容器，发动机工作时，火箭发射药在燃烧室内燃烧，燃烧室要承受火药气体的高温、高压，一般都用高强度的合金钢材料制成。130mm 火箭弹的燃烧室是用 40mn2 钢制成。燃烧室前后两端各有一个定心部,定心部的直径稍大于其他部分,定心部的加工精度和表面粗糙度也较其他部分好,因为火箭弹是靠定心部与定向器配合,加工精度高有利于减小起始扰动,可提高射击密集度。另外,定心部和定向器接触形成点火线路中的导电通路,所以定心部不能涂漆,发射时还要把定心部表面的油擦干净,以便保证点火电路畅通。

（2）火箭发射药。火箭发射药是发动机产生推力的能源。因此火箭发射药能量的高低,装药量的多少,都直接影响到火箭弹的射程。为了提高射程,应选用高能量的发射药,在保证正常燃烧的条件下,应尽量多装药。130mm 火箭弹的发射药,为 7 根单孔管状双石-2 火药。每根药的名义尺寸为,外径 40.0mm,内径 6.3mm,长 512mm。其表示方法为：$40/6.3-512\times 7$,最后的数字 7 是表示火药的根数,装药质量 6.74kg。根据线性燃烧定律,管状药有足够的燃烧表面积,一般呈等面燃烧,发动机的工作压力比较稳定,另外,管状药的形状简单,容易制造,因而被广泛应用。

（3）喷管。由收敛段、圆柱段、扩张段组成。火药气体从喷管的收敛段到圆柱段（简称喷喉）,再到扩张段,速度不断提高,压力不断降低。根据一维流体理论得知：火药气体在收敛段的速度为亚声速,在喷喉处的速度为声速,在扩张段的速度为超声速。具有收敛段、圆柱段、扩张段的喷管称为收敛—扩张喷管,亦称拉瓦尔喷管。

由发动机的工作原理得知：喷喉面积的大小直接影响到燃烧室内气体压力的高低。在火药尺寸一定的条件下,喷喉面积越大,燃烧室内气体压力就越低,根据火药燃烧理论得知,当燃气的压力低到一定值时就不能正常燃烧,由此可见喷喉的面积不能选得太大。而喷喉面积过小,会使燃烧室内燃气的压力升高,当燃气压力高到一定程度时,会引起燃烧室破裂。由此可见,喷喉可起调节燃烧室内燃气压力,改善发动机工作性能的作用。

130mm 火箭弹的喷管是由喷管体上的 8 个切向倾角为 17°的喷孔组成,故也称为倾斜多喷管。结构如图 19-4 所示。每个小喷孔的喷喉直径为 $\phi 3.5$mm,圆柱段长不小于 3.9mm。

（4）挡药板。其作用是固定火药,平时限制火药沿轴向移动,发动机工作时,防止药柱或药块堵塞喷喉。为此,挡药板既要可靠地挡药,又要保证火药气体能顺利地经过挡药板进入喷管。所以,挡药板要有足够的通气面积。挡药板受高温燃气的包围和冲刷,工作条件比较恶劣,对于涡轮式火箭弹的挡药板还要承受离心惯性力,故挡药板要有足够的强度。

130mm 火箭弹的挡药板是用低碳硅锰铸钢,经精密铸造而成。形状为网状拱形。如图 19-5 所示。经试验,这种结构既有足够大的通气面积,又能可靠地挡药。

（5）点火装置。其作用是在发射时能可靠地、全面地点燃燃烧室内的发射药。由于不同的火箭弹的点火方式不同,点火装置也不一样。130mm 火箭弹的点火装置是由点火药盒、导电盖所组成。赛璐珞的点火药盒内放有两个 F-1 型电发火管,管外有 35g 黑药,点火药盒固定在药包夹上,组成一体,放在燃烧室的前端。发火管引出两条导线,短导线连在药包夹上,长导线穿过中间药柱内孔铆在导电盖上,导电盖与喷管座之间用橡皮碗绝缘。

19.3.3 稳定装置

提供稳定力矩,保证火箭弹能按预定的弹道稳定地飞向目标。涡轮式火箭弹是靠高速自转来保证稳定飞行的。130mm 火箭弹的稳定装置是由喷管座上的 8 个切向倾角为 17°的喷孔所组成。如图 19-5 所示。当发动机工作时,由 8 个切向喷孔产生切向推力形成使弹体旋转的力矩;发动机工作结束时,火箭弹的转速可达到 19200r/min。

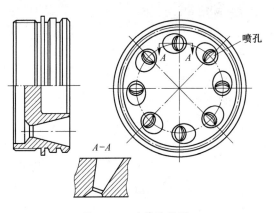

图 19-4 喷管结构图

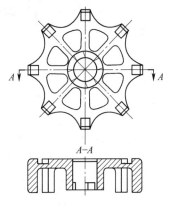

图 19-5 挡药板结构图

第 20 章 特 种 弹

为了完成各种战斗任务,在各种火炮上除了配备主用弹外,还配备特种弹。主用弹用于直接杀伤和摧毁目标,而特种弹则是靠其所产生的特种效应来完成特殊战斗任务。它包含形成烟幕、指示目标、战场照明、政治攻势、空中侦察、电子干扰等任务。

照明弹、发烟弹、燃烧弹、宣传弹、信号弹、诱饵弹、空中电视摄像侦察用弹、实施电子干扰用弹、航空座椅弹射弹等都属于特种弹。与主用弹相比,特种弹在配备上,结构上以及性能上均有其特点,主要表现在:①配用量少;②结构复杂;③受外界条件影响大。

燃烧弹就其用途而言,应当算为主用弹。但其很多特点又都与特种弹相同,加之传统上也是将其放在特种弹中,所以燃烧弹列入本章介绍。

为了在勤务处理和使用时便于识别,在特种弹的弹头部涂有颜色识别带,以示区别如照明弹为白色,燃烧弹为红色;发烟弹为黑色,宣传弹为黄色。

20.1 照 明 弹

20.1.1 用途、要求

照明弹主要用于夜间作战时照明敌方区域或交战区域,以便观察敌情和提高射击效果。照明弹作为战场上的一种照明手段,对于夜间各种进攻和防御战术的实施起着重要的作用。当前虽然出现了各种红外、微光等夜视器材,但由于它们在战场上的使用还有一定限制,而不能取代照明弹。相反,目前国内、外的各种照明弹仍在不断改进并装备部队。

照明弹是在弹体中装有照明炬和吊伞等部件,在空中按预定时间将其抛出,点燃后的照明炬利用其燃烧发光照亮地面,并靠吊伞来减小照明炬下降的速度,以保证在一定范围内保持一定的照明时间。对照明弹有下列要求:

(1) 发光强度要大,有合理的光谱范围。具有较大的发光强度(简称光强度),才能在更大的范围内识别各种目标。

(2) 要求足够长的照明时间。为了使观察者有足够的时间,去搜索并发现和识别目标,一般照明弹的有效照明时间不得少于 20~25s。目前,国外有效照明时间一般为 30~120s。

(3) 下降速度要小。吊伞、照明炬系统在空中的下降速度,影响着对地面目标照明效果的稳定性,下降速度越小,照明效果越好。目前,国外照明弹下降速度一般为 3~5m/s。

(4) 作用可靠。要求照明弹空中点火后,弹体内的装填物能可靠地抛出;吊伞张开要适时、可靠,照明炬可靠燃烧,药剂不脱落等,这些都是保证照明效果的主要环节。

20.1.2 结构特点

我国在 82mm、100mm、120mm 迫击炮和中口径以上主要火炮上几乎均装备有照明弹。下面以 54 式 122mm 榴弹炮、54 式 120mm 迫击炮照明弹为例,说明前膛炮及后膛炮照明弹的主要结构特点。

1. 122mm 榴弹炮照明弹

我国 54 式 122mm 榴弹炮用照明弹结构如图 20-1 所示。

它是由引信、弹体底螺、照明炬、吊伞系统和抛射系统、抛射药、推板和支承瓦等组成。

弹丸出炮口后,到预定时间,引信作用点燃抛射药,抛射药的火焰通过小孔点燃照明剂。同时,抛射药燃烧生成的高温、高压气体,通过推板、照明炬和支承瓦切断底螺螺纹,将底螺、吊伞、照明炬、支承瓦和推板等零件从弹体抛出。后抛速度约为 80m/s。被抛出的照明炬,由于吊伞的张开,以一定的速度均匀缓慢地下降,以达到照明某一地区的目的。54 式 122mm 榴弹炮照明弹弹丸质量为 21.9kg,初速 496m/s。这种照明弹在飞离炮口 8000m 以外,高度为 500m 左右时开始作用,能照明直径约为 1000m 以内的地区。照明时间约为 25s 左右,吊伞的下降速度约为 10m/s,照明炬发光强度约 40 万坎德拉。

照明弹的各部分构造特点如下:

(1) 时-1 式引信。时-1 式引信为钟表时间点火引信,最长作用时间为 80s。

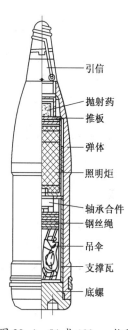

图 20-1 54 式 122mm 榴弹炮用照明弹

(2) 弹体。弹体的外形基本上与 54 式 122mm 榴弹相似,这样可以使其与榴弹的弹道性能相近。在生产时也可采用与榴弹相似的工艺设备,但内腔药室与榴弹差别很大。首先是增大了内膛体积,以利于多装照明剂,其次为了便于照明炬系统从腔内推出,内腔应当做成圆锥形。内腔前面有一小圆锥部。

作为抛射药室,内腔底部为开口的,并制有数扣左旋的细牙螺纹,与底螺相连接。螺纹扣数的多少,对抛射压力有很大的影响。扣数多时,抛射压力过高,会影响推板、照明炬、支承瓦的抛射强度,扣数太少,则无法保证结合强度和密封性。要根据抛射药的成分、质量等通过试验决定。一般为 3 扣~4 扣左右。

因弹体壁比较薄,为了保证弹带部分的发射强度,弹带尽量靠近弹底,这样弹底可以起一定的支撑作用,可改善弹体的强度。另外,为了保证弹体的发射强度,弹体材料选用优质 60 钢。

(3) 底螺。由 60 钢制成,用螺纹与弹体连接。照明弹在抛射时,由于弹丸存速较大,而后抛速度较小,所以吊伞系统及底螺等零件抛出后,仍具有向前的速度。底螺因质量大,保持速度的能力高,会很快赶上吊伞系统,而将照明系统撞坏。为了使底螺迅速离开弹道,不致出现上述现象,在其底部的一侧钻有两个比较深的偏心盲孔,使弹底具有质量偏心。空抛时,很快偏离弹道,不致干扰吊伞的作用。

（4）照明炬。由照明炬壳、照明药剂、护药板等组成，如图 20-2 所示。照明炬壳为一圆柱形钢壳，用 20 钢冷冲压而成，底部厚度较大，侧面壁厚较薄，底部中央有一螺孔，用螺栓与吊伞系统连接。照明炬在装配时，外面缠上纸条，以防在弹腔中松动。

照明炬壳内压有照明剂。为了使照明剂可靠点燃，在照明剂上部还有引燃药和过渡药。为了压药和发射时起缓冲作用以及照明炬燃烧时起隔热作用，在照明剂底部还压有中性药，中性药是石棉、松香、锭子油等的机械混合物，不起燃烧作用，为了避免药剂在点燃压力作用下破裂，在引燃药的表面，有的还压有铝制护药板。

照明剂是由金属可燃物、氧化剂和胶黏剂组成。目前，我国的照明弹金属可燃物一般都采用镁粉，因为镁粉燃烧时的发光强度大。氧化物主要用以供给燃烧所需要的氧，同时控制光谱特性，常用硝酸钡（白色）和硝酸钠（黄色）两种。药剂中还要加入一定数量的粘合剂，一方面是使药剂容易混合均匀并保证药剂的强度；另一方面起缓燃作用，保证照明炬的燃烧时间。常用的粘合剂有天然干性油、松香、虫胶、酚醛树脂等。应当指出，药剂中加入胶黏剂，将影响发光强度，所以胶黏剂一般应少于 5%。

为了改善照明剂性能，需要在照明剂中加入少量的附加物。在常用的附加物中有能够改善火焰光谱能量分布的氟硅酸钠、氟铝酸钠，有增加气相产物并由此增大火焰面积的六次甲基四胺，还有增长燃烧时间的氯化聚醚等。其效果可参看表 20-1。

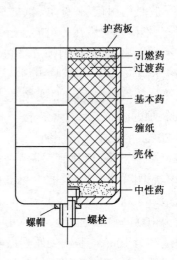

图 20-2　照明炬结构

表 20-1　照明剂成分

照明剂成分及配比/%						照明炬性能	
硝酸钡	镁粉	清油	石墨	氯化聚醚	氟铝酸钠	平均光度（×10⁴cd）	平均燃烧时间/s
55	39	4	2			67.1	48.4
47	43	4	2		2	75.3	50.7
54	40	4	2	2		72.5	54.6
51	38	4	2		5	65.9	58.6

照明剂因不易被抛射药气体直接点燃，所以在照明剂上压有少量的引燃药和过渡药，引燃药（或称点火药）为硝酸钾 82%、镁粉 3% 和酚醛树脂 15% 的混合物。过渡药为引燃药和基本药按 1∶1 混合而成。

（5）吊伞系统。为了降低照明炬抛出后的下降速度，以保证一定的照明时间，采用吊伞系统，使照明炬缓慢下降。

吊伞系统由伞衣、伞绳、钢丝绳和轴承合件等组成。伞衣由丝织品或尼龙织品制成，在上面缝有布条或尼龙带作为加强带，空中张开后成半球形。为了减小开伞时的空气动力负荷，提高其下降的稳定性，在吊伞中央开有一通气孔。开伞动载约有 1000～2090N。所以，伞绳是用高强度丝绳或尼龙绳制作，一端与伞衣上的加强带相缝合，另一端通过衬环与钢丝绳相连。钢丝绳的长度应保证伞衣充分张开。如钢丝绳太短,伞衣张开不充分,下降速度加快,同时伞衣受照明炬熏烤严重。钢丝绳数量过少时,使吊伞强度降低,伞开不圆,下降不稳定,过多则使吊伞系统质量和体积增加,折叠和装填困难。一般取10根或12根为宜。

由于照明弹在空中抛出时仍在高速旋转(1000r/min以上),所以抛出的照明炬也是高速旋转的。为了防止由于高速旋转使钢丝绳和伞衣互相缠绕,在照明炬和钢丝绳的连接处有一轴承合件,保证它们之间可以相对转动。轴承合件由止推轴承、螺套、弹簧和螺栓等组成,其结构形式如图20-3所示。

(6) 抛射系统。弹体内腔中除吊伞、照明炬系统外,其余均为抛射系统。包括抛射药、推板、支承瓦等。其作用是为了将吊伞、照明炬系统可靠地抛出,并且把照明炬点燃。抛射药为2号黑火药,其燃烧后的气体压力推动推板和照明炬,并通过支承瓦作用在弹底上,将弹底螺纹剪断,把弹体内装填物抛出。抛射药量的多少对于弹体内部零件的强度等有影响,所以不宜过多,可使抛射压力在30~50MPa的范围内。122mm榴弹炮照明弹内装黑火药60g。

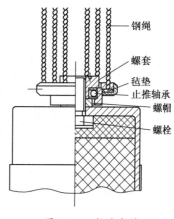

图20-3 轴承合件

推板和支承瓦均用优质钢制成。发射时,照明炬的惯性力作用在支撑瓦上,保护吊伞系统发射时不损坏。空抛时,抛射药的压力也作用于支承瓦上,保护吊伞系统不致破坏。推板上钻有3~4个直径约1mm的小孔,作为传火孔。以便使黑火药火焰通过小孔点燃照明炬,但孔径不宜过大,否则对药面的冲击过大,会引起药剂的崩裂。推板直径一般要比弹体内腔直径小0.1~0.3mm,以保证推板能顺利地抛出。推板下面要黏上毡垫和纸圈,以免火药气体窜入吊伞处将伞烧坏,并且使整个装填物压紧不松动。

2. 120mm迫击炮照明弹

迫击炮照明弹外形和大容积迫击炮弹相似。内部装填物则与线膛火炮照明弹相似,也是由引信、弹体、稳定装置、吊伞和照明炬系统以及抛射系统等组成(图20-4)。

54式120mm迫击炮照明弹的特点:

(1) 迫击炮照明弹采用药盘式时间点火引信,我国通常采用时-3式引信。

(2) 迫击炮照明弹的吊伞系统仅用一根钢丝绳,故体积比较小,装填容易。其吊伞折叠后,先装入一个筒状伞袋内,再装入弹体。伞袋底都有一连接绳与弹体内的驻螺相连。抛射时,下弹身和吊伞、照明炬一同抛出,但由于吊伞的阻力加速度,故下弹身越过伞包向前飞行,直到将伞袋连接绳拉紧,把伞袋拉脱,使吊伞充气张开。

(3) 迫击炮照明弹不旋转,抛出后各零件的分离是靠各零件的质量、形状不一致、飞行中空气阻力不同和空气动力偏心而造成的。另外抛射弹体的振动,也有助于各零件的分离。

(4) 迫击炮照明弹照明炬的发光强度约42万坎德拉,照明时间约33s。

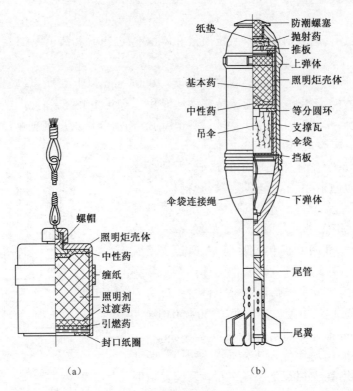

图 20-4　54 式 120mm 迫击炮照明弹

20.2　发烟弹

20.2.1　用途、要求

发烟弹也称烟幕弹,是特种弹中应用较多的一种,主要配用于中口径以上的火炮和迫击炮上。其用途是在敌阵地上施放烟幕,用以迷盲敌人的观察所、指挥所、炮兵阵地和火力点等,以影响其战斗力。发烟弹也可用于试射,指示目标、发信号以及确定目标区的风速、风向等。黄磷发烟弹也有一定的纵火作用。

发烟弹在爆炸后,能迅速形成大量的固体和液体微粒,悬浮在空气中,形成一团烟云(一般是白色)。它能使从目标反射出来的光线在通过雾团时发生反射,使景物模糊,以致无法辨认,起到遮蔽作用。

可以作为发烟剂的物质比较多,在发烟弹中应用过的有黄磷、四氯化锡、三氧化硫、氯磺酸等。而目前我国实际应用中,均装填黄磷。这是因为黄磷成烟速度快,烟云浓密,遮蔽能力强、原料比较丰富,并有燃烧能力。

从战术要求出发,发烟弹应当满足下列要求：

(1) 射程和射击精度应与榴弹接近。为了在整个战术纵深内都能够使用,要求发烟弹有足够的射程,弹形也应是远射型的。发烟弹的单发发烟能力很有限。因此为了用较少数量的弹药,构成具有一定遮蔽能力的烟幕,以及为了准确地指示目标,发烟弹的散布不能太大,最好和榴弹一致,或者接近于榴弹。

(2) 发烟能力强,有较大的遮蔽能力。发烟弹应在目标区迅速形成烟幕,烟云应浓密,稳定,烟云要有一定的持续时间,也就是悬浮于空气中的微粒不要很快飞散、下沉或上升。

(3) 密封可靠,长期储存和勤务处理安全。黄磷具有自燃性,而且有毒,熔点又比较低,在高温下成为液体,如从弹体的缝隙处漏出,轻者冒烟,重者起火。所以对黄磷发烟弹应特别注意其密封性,在接合部分应有严密的密封装置,在生产中要逐发检查在高温下(70~80℃)的密封情况。

20.2.2 结构特点

1. 85mm 加农炮发烟弹

目前,我国各种口径后膛炮所配用的发烟弹,其结构基本一致。均由弹体,发烟剂(黄磷)、扩爆管、炸药柱和引信等组成。下面介绍 85mm 加农炮发烟弹(图 20-5)的构造特点。

85mm 加农炮发烟弹的主要技术诸元如下:

弹丸质量	8.87kg
初速	645m/s
扩爆药质量	0.102kg
发烟剂(黄磷)质量	0.562kg
炸药质量	0.13kg
产生烟幕尺寸:	
正面	12~15m
高度	18~22m
烟幕保持时间	20~25s

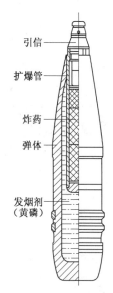

图 20-5　85mm 加农炮发烟弹

(1) 弹体。其外形基本上和榴弹一致,以保证发烟弹和榴弹的外弹道性能相近。弹体口部螺纹是和扩爆管相配合的。发烟弹的密封很重要,因此,其螺纹加工精度要求高一些,中心线的偏差要求严,弹体口部要车一凹槽,以便容纳密封铅圈。

(2) 发烟剂。一般都采用黄磷作为发烟剂。黄磷是一种蜡状固体,密度为 1730kg/m^3,其熔点为 44℃。在空气中会慢慢氧化,以致自燃。因此平时必须保存在水中。将黄磷装入弹体,一般是用液态铸装,即将黄磷熔化,再装入弹体。装填时不能与空气接触。目前工厂均采用装磷机生产,是完全密封装填,因而操作条件好,安全可靠。炸药爆炸时黄磷被粉碎成许多细小微粒,分散在空气中。这些微粒很快在空气中发生自燃,生成磷酸酐 P_2O_5,其中一部分磷酸酐在空气中迅速聚成白色的烟雾,另一部分则与空气中的水分发生反应生成偏磷酸 HPO_3、焦磷酸 $H_4P_2O_7$,或正磷酸 H_3PO_4,它们同样也迅速形成白色烟云。其化学反应式如下:

$$4P+5O_2 \longrightarrow 2P_2O_5$$
$$P_2O_5+3H_2O \longrightarrow 2H_3PO_4$$

黄磷作为发烟剂,其优点除了成烟迅速,遮蔽力强外,还因为黄磷在空中燃烧时会产生火焰,因此具有一定的引燃作用。所以,有些国家将黄磷发烟弹兼作燃烧弹使用。另外,黄磷有毒,对人的皮肤有强烈的烧伤作用,并且伤口不易治愈,因此黄磷发烟弹还兼有燃烧和杀伤作用。

发烟弹中黄磷的装填量直接影响其烟云大小与密度,通常装填量越大,烟云越大且密。实际上其装填系数($\alpha = (\omega/m)100\%$)一般在15%以下,主要是考虑到黄磷较多时生成热也多,使烟云迅速上升,反而使烟云的利用率下降。为了防止高温时黄磷膨胀而从缝隙中漏出,在装填黄磷时,不应装满,应留出弹体容积的3%~5%的空间。

(3) 扩爆管。扩爆管内装有炸药,用以将弹体炸开。扩爆管一般用钢材车制而成,其长度以装填炸药量和弹体炸开情况而定,一般为药室全长的1/3~1/2,最长的不超过导带部分。扩爆管内炸药是两节梯恩梯药柱和一节特屈儿药柱,特屈儿药柱放在上面,这样可以可靠地传爆。

扩爆管和弹体装配时,在弹体口部放入铅质密封垫圈,拧紧后要作高温密封性检验,以保证密封可靠。

(4) 引信。我国后膛炮发烟弹均配用烟-1式引信,这是一种只有瞬发作用的弹头着发引信。

2. 54式120mm迫击炮发烟弹

迫击炮发烟弹的结构,从外形上看和迫击炮榴弹差不多,从装填物看与后膛炮装填的发烟剂相同,如54式120mm迫击炮发烟弹(见图20-6)即如此。

其主要诸元如下:

弹丸质量	16.7kg
初速	265.3m/s
最大射程	5800m
发烟剂(黄磷)质量	1.55kg
炸药质量	0.13kg

产生烟幕尺寸:

正面	25~30m
高度	23~28m
烟幕保持时间	35~40s

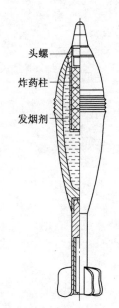

图20-6 54式120mm迫击炮发烟弹

54式120mm发烟弹的弹体与榴弹弹体通用,仅在口部端面制一凹槽,以便装铅垫圈。弹体材料是刚性铸铁,不宜采用稀土球墨铸铁,因强度高的材料发烟效果不好。迫击炮弹弹体口部直径较大,对于密封不利,一般可采用细牙螺纹与扩爆管相连接,以提高其密封性。

扩爆管与迫击炮榴弹中的扩爆管相似,稍长。也是用刚性铸铁制成,因此要防止出现砂眼、气孔等,加工后需经液压检验,以防黄磷渗透到扩爆管内。

迫击炮发烟弹所采用的引信往往和迫击炮榴弹引信通用,只是不准使用延期装定。

3. 发烟弹的作用及影响作用的因素

1) 发烟弹的作用

发烟弹的作用效果,主要根据烟幕正面宽度、高度和迷盲时间这三个特征数来衡量。

烟幕正面宽,弹丸爆炸后所形成的烟幕,当其能遮蔽住背后的目标时的宽度。烟幕在其形成至消散过程中,宽度是不断变化的,所以其正面宽度应取过程中的平均值。

(1) 烟幕高度。在烟幕扩散过程中,能起到遮蔽作用的烟幕高度的平均值。

(2) 迷盲时间。从烟幕遮住背景到烟幕中出现背景的时间间隔。

因为发烟弹的作用受地形、气象条件等因素的影响比较大,即使在同样射击条件下,其效力也有很大差别,所以应多次试验,取其平均值。我国一些发烟弹的效力如表 20-2 所列。

表 20-2 发烟弹效力表

名　　称	烟幕尺寸		烟幕持续时间/s
	正面宽/m	高度/m	
82mm 迫击炮发烟弹	14~18	15~20	15~20
120mm 迫击炮发烟弹	25~30	23~28	35~40
85mm 加农炮发烟弹	121~5	18~22	20~25
122mm 加农炮发烟弹	25~30	37~42	40~50
152mm 加农炮发烟弹	30~45	40~50	50~60

2) 影响发烟弹作用的因素

(1) 弹丸结构、扩爆管内炸药量的影响。弹体材料的强度不宜过高,爆管内炸药量也不宜过多。这样,用少量的炸药将弹体炸开(或炸裂),就可以避免爆炸时生成的热量过大,使烟云迅速上升而形成蘑菇状烟柱而起不到遮蔽作用。但对于加农炮发烟弹,由于其着速大,炸药可适当增加,防止较多黄磷留在弹坑内不起作用。

(2) 气象条件对于发烟弹的性能有很大的影响。风速大于 10m/s 时烟云会迅速消失,不能构成烟幕。风向与阵地正面相垂直时,烟云不能充分拉开,因此不能有效地遮蔽目标,气温较高时,由于上升气流的影响,烟云也会迅速上升,对遮蔽地面目标不利;下雨时雨滴会加大烟云的凝聚作用,而使烟云很快消失等。这些都是不利因素,在射击时,应加以注意。但有时气象条件对于施放烟幕较为有利,如风向和阵地正面相平行时,有利烟幕拉开,气压较低、空气湿度较大时,对烟幕形成有利,早晨和傍晚气流流动较弱,烟云会弥漫地面,保持较长时间等,这些有利条件在射击时应加以利用。

(3) 目标处的地形地物也会对发烟弹的效果有所影响。如目标区的土质较软或水稻地,黄磷留坑较多,甚至会落入水中失效。因此,一般很少对水网地区使用发烟弹。目标区的地形平坦,土质较硬,对于形成烟幕是有利的。

除了炮兵可用发烟弹来施放烟幕以外,装甲兵、工程兵、航空兵还可以用其他方式施放烟幕,如发烟罐、发烟手榴弹、发烟航弹等。在用烟幕来指示目标、信号联络时,为了和战场上榴弹爆炸的爆烟相区别,有的国家曾研究使用有色发烟剂,烟幕的颜色可以有红、黄、绿、紫 4 种,其方法是在发烟剂中加入一定数量的有机燃料,可以使烟云呈某种颜色。

20.3 燃 烧 弹

20.3.1 用途、要求及纵火剂种类

燃烧弹主要用于对易燃的建筑(房屋、仓库)、装备(各种车辆)和阵地(干草、丛林)

进行纵火,以破坏其设施杀伤其人员。所以从用途来看它是属于主用弹。

燃烧弹的纵火作用是通过弹体内的纵火体(火种)抛落在目标上引起燃烧来实现的。因此要求纵火体:①有足够的温度,一般不应低于800~1000℃;②燃烧时间长;③火焰大;④容易点燃,不易熄灭;⑤火种有一定的粘附力,有一定的灼热熔渣。

目前,世界各国所用燃烧剂基本上有3种:

(1) 金属燃烧剂。能做纵火剂的有镁、铅、钛、锆、铀和稀土合金等易燃金属。多用于贯穿装甲后,在其内部起纵火作用。

(2) 油基纵火剂。主要是纳帮(也称凝固汽油)一类。其主要成分是汽油、苯和聚苯乙烯。此类纵火剂温度最低,只有790℃。但它火焰大(长1m以上),燃烧时间长,因此纵火效果好。

(3) 烟火纵火剂。主要是用铝热剂,其特点是温度高(2400℃以上),有灼热熔渣,但火焰小(不足0.3m)。

以上一些纵火剂也可以混合使用。

20.3.2 燃烧弹的构造

现以60式122mm加农炮燃烧弹为例说明燃烧弹的构造。60式122mm加农炮燃烧弹的构造如图20-7所示。它由引信、弹体、弹底、纵火体、中心管和抛射系统组成。

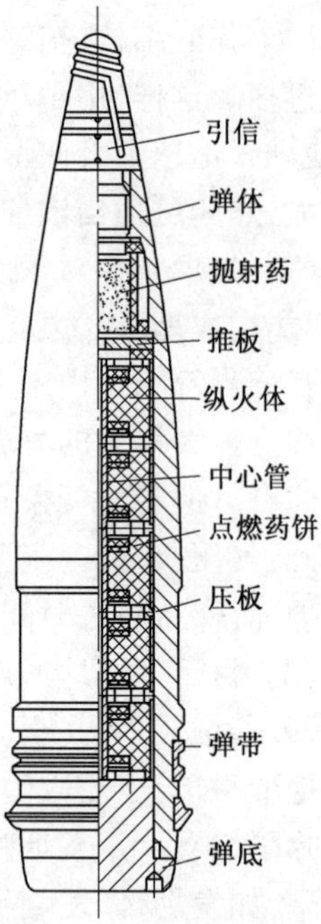

主要参数如下:

弹丸质量	25.7kg
初速	896m/s
纵火剂质量	2.36kg
燃烧温度不低于	800℃
静止燃烧时间不少于	75s
单炬燃烧时间不少于	70s

(1) 引信。配用时-1式钟表时间点火引信。

(2) 弹体。弹体材料为60优质钢。弹头部比较尖锐,具有远射形特点。其最大射程在22000m左右。具有两条弹带。其内腔较长,可提高装填容积。为了将纵火体抛射出来,内腔也做成圆筒形。由于122mm加农炮膛压高,弹体壁相应厚一些。弹带尽量靠近弹底,可以增加弹带部位弹体的强度。

图20-7 60式122mm加农炮燃烧弹

(3) 弹底。也是用60优质钢做成。弹底较厚,主要为了支撑弹体的弹带部位,保证弹体的强度。弹底和弹体仅用2扣~3扣左旋螺纹连接,便于将螺纹剪断,使纵火体抛出。为了防止火药气体从弹底接合处窜入弹体内,引起燃烧药剂的早燃,在弹底和弹体的接合处用0.4mm厚的铅质密封圈加以密封。

(4) 纵火体。122mm加农炮燃烧弹共有5个纵火体,每个纵火体的结构如图20-8所示。在钢质的壳体内压装有燃烧药剂,为了点燃这部分纵火剂,在其上下两端压有两块点燃药饼。纵火剂的成分与配比如下：

硝酸钡　　　　32%
镁铝合金粉　　19%
四氧化三铁　　22%
草酸钠　　　　3%
天然橡胶　　　24%

其制作方法是，除天然橡胶外，其余成分按配比混合均匀后，在加热的碾药机中与橡胶碾成橡胶药片，再将药片放在壳中加热压制成形。这种纵火剂的燃烧温度达800℃以上，燃烧时间也比较长。点燃这种纵火剂还需专门的点燃药饼。

（5）点燃药饼。分为基本药和引燃药两部分，靠近中心管小孔的为引燃药，其外部为基本药，它们的成分与配比见表20-3。

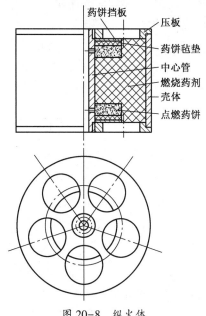

图 20-8　纵火体

表 20-3　基本药与引燃药成分

基本药成分%		引燃药成分%	
硝酸钡	66	硝酸钾	75
镁粉	10	镁粉	10
铝粉	20	铝粉	15
天然干性油	4	精馏酒精	外加 5~8

每个纵火体中装有纵火药剂0.4kg，点火药饼为36g，整个弹体内纵火剂（5个）和点火药饼（10个）的总质量为2.36kg。

每个纵火体上下两面均有一压板，其作用是固定点燃药饼和纵火剂，压板平面上有5个直径为25mm的孔，以便喷吐火焰起到纵火作用。所以这种纵火体落在目标上后，两面都喷火焰，可提高其纵火能力。

（6）中心管。为了在纵火体被抛出以前，每个纵火体都被点燃，在纵火体的中心有一钢质中心管，5个中心管对准后形成一条直径为5.5mm的传火管。中心管的两端侧面上，紧靠点燃药饼处，各有3个均布的直径为3mm的小孔，这样以保证药饼可靠点燃。中心管两端用螺纹连接上下压板，在碰击目标时，使压板不掉，以免纵火药剂破碎。

（7）抛射系统。60式122mm加农炮燃烧弹的抛射系统由高压聚乙烯药盒（内装80g 2号黑药的抛射药包）和推板所组成。燃烧弹作用时，引信火焰点燃抛射药，抛射药的火焰一方面通过推板中间小孔和中心管内孔，把每个纵火体的点燃药饼点燃，另一方面抛射药产生一定压力，通过推板和5个纵火体壳体，将弹底螺纹剪断，从而将已点燃的纵火体抛出，落到目标区，起到纵火作用。

由于加农炮初速大，相应落速也大，纵火体的壳体又是钢质，所以它具有一定的贯穿能力。射击试验表明，60式122mm加农炮燃烧弹的纵火体能贯穿4层到6层炮弹箱的木板和一般结构仓库的屋顶，或两个汽油桶（4层铁皮）。这样可以提高其纵火能力。

20.3.3 作用原理与使用要求

燃烧弹的纵火作用是利用其燃烧的火种分散在被燃目标上，将目标引燃并通过燃烧的扩展和蔓延来实现最终烧毁整个目标。其作用由纵火剂的性能和被燃目标的性质状态这两方面来决定。纵火剂前面已经讲述。被燃目标的性质、状态包括：目标的可燃性（油料种类、草木的温、湿度等）、几何形状（结构、堆放等情况）和目标数量。

燃烧过程一般分为：点燃、传火、燃烧和大火蔓延几个阶段。点燃过程以常见目标木材来看，也要经过烘干、变黄、挥发成分分解，碳化（230~300℃）并最终开始燃烧（大于300℃）。由此可见燃烧除了需要有一定的温度以外，还需要有一定的加热过程。而火势的传播与蔓延就要求已点燃的部分在存在一定热散失的条件下仍能继续对其周围的被燃目标完成上述点燃过程。由于燃烧弹中所装火种有限，要利用它来达到纵火的目的在使用中就必须

注意：

（1）合理地选择纵火目标。一般应选择在一定范围内集中堆放的油类，干柴草，帐篷、军需、粮食、弹药箱及车辆等易燃目标。对于轻型土木工事、土木结构建筑物、仓库、营房以及停放的飞机等；一般应利用前面各种易燃目标的大火来将其烧毁。

（2）燃烧弹使用要相对集中以保证在一定范围内有足够的火种密度，这样可以减少热散失，有利于形成大火。

（3）应考虑与温度、湿度等有关的地区、季节、风速以及风向等气候条件。燃烧弹一般仅配用于122~152mm中口径火炮上。

目前燃烧弹存在的问题是纵火能力差，并且在碰击目标时，纵火体常发生碎裂现象，实际效果不理想。关键还是纵火剂不易同时做到燃烧温度高、火焰大和燃烧时间长，同时，弹腔容积小，只能装数量有限的纵火体，这样就限制了燃烧弹的广泛使用。这都有待进一步解决。

总之，燃烧弹目前主要用于航空炸弹上，在炮兵弹药中应用不多。只有小口径对付薄装甲的弹药中应用较多。而且往往都是一些穿甲燃烧弹、燃烧榴弹等联合作用形式的弹药。燃烧榴弹是在炸药装药中加入一些铝粉、锗片等纵火剂。

20.4 宣传弹及其他特种弹

1. 宣传弹的任务和要求

宣传弹是用来向敌区抛散宣传品，瓦解敌军的特种弹药。宣传弹内装有宣传品，宣传

纸既要有良好的印刷性能，又要有较高的机械强度，以免在抛散时破碎。宣传弹抛散的宣传品应能有一定的散布面积，宣传品的破碎率和重叠率不能太高。所谓破碎率即指被撕破、影响观看宣传内容的纸张所占的百分数。重叠率是指5张以上重叠在一起的纸张所占的百分数。

2. 宣传弹的构造

现以54式122mm榴弹炮宣传弹的构造为例说明宣传弹的构造。54式122mm榴弹炮所配用宣传弹（图20-9），其结构和照明弹基本相同，也是采用后抛式原理，在目标区将宣传品从弹底抛出。

其主要诸元如下：

弹丸质量	20.8kg
初速	512m/s
宣传纸质量	1.1kg
破碎率	不大于15%
重叠率	不大于10%

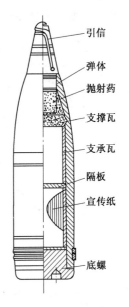

图20-9　54式122mm榴弹炮宣传弹

后膛炮弹在飞行中是向右旋转的。因此宣传纸卷被抛出后还有向右旋转的运动。为了使宣传纸在旋转的情况下，可靠地散开，宣传纸装配时要按右旋方向缠卷，这样在弹道风的影响下，更容易散开。宣传弹的作用过程和照明弹相同，弹丸飞到目标区，时间引信开始作用，点燃抛射药（黑药）。抛射药气体压力通过推板、支撑瓦、隔板等传给弹底，从而剪断弹底螺纹，将弹体内零件和宣传品抛出。由于空气阻力作用不一致，以及离心惯性力的影响，内部零件迅速飞离弹道，宣传纸在空气气流的作用下散开。宣传弹的爆点不宜过高与过低、过高则宣传品不容易散发在目标区；过低则来不及散开，增加了重叠率。其有利抛射高度为200～400m，传单的散发距离为300～600m，宽度为15～20m。

3. 其他特种弹

在现代化的战争中，电子战已占有相当大的比重，它已反映到特种弹上来，如箔条弹，它是一种干扰弹，在弹体内装大量的铝箔条，从飞机中抛出后，由于铝箔极轻，能在空中漂浮一段时间。它能对微波进行漫反射，以干扰对方的雷达。

空中电视侦察用弹，用于野战侦察。它将一个电视摄像机和发射系统装在弹体内，其他结构类似于照明弹。在目标上空将吊伞—摄像系统抛出。摄像机拍摄的图像通过发射机送回。指挥所通过接收机可将拍摄的图像直接显示在荧光屏上。它能将对方战术纵深的活动情况进行及时的侦察。也能直接观察我方火炮射击的效果，以便及时进行修正，见图20-10。

还有为使飞机、装甲目标不被对方导弹跟踪而使用的诱饵弹，在弹丸上装有对方导弹跟踪目标所需要的信号源，比如红外光等；在敌发射的导弹已跟踪我目标后，我目标即发射出诱饵弹，以其信号引诱敌导弹使其偏离我目标。

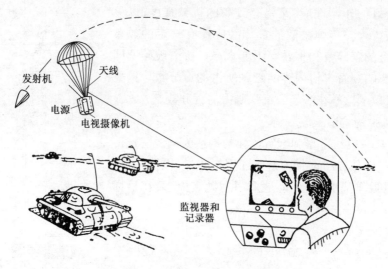

图 20-10 电视侦察弹工作原理图

20.5 其他新型弹药

20.5.1 信息干扰弹药

这种弹药利用电、光、声等特殊效应使敌武器、装备和人员效能降低甚至失效,是用弹药作为电子战的一种手段,在频域上涉及射频、光学和声学的干扰和对抗。

射频干扰和对抗包括对通信、导航、雷达、制导的干扰和对抗,以及对遥控遥测系统和对无线电引信的干扰等;光学对抗(也称光电对抗),包括红外对抗、电视对抗和激光对抗等;声学对抗又称水声对抗,它是指水下的电子对抗,专门用来对声学探测设备(声纳)进行侦察和干扰。信息干扰弹药不仅具有传统特种弹药的迷盲、遮蔽、伪装、欺骗、照明、威慑等功能,而且成为与现代光电器材和制导武器相对抗的有效手段。

干扰可分为有源干扰和无源干扰两类。电磁脉冲弹、红外诱饵弹均属有源干扰弹,而箔条弹、发烟弹均属无源干扰弹。从干扰方式上又可细分为欺骗式干扰,如红外诱饵炬,以及压制式干扰,如电磁脉冲等。

1) 射频干扰弹

它分为有源干扰弹和无源干扰弹。有源干扰弹有:高功率微波战斗部和电磁脉冲弹;无源干扰弹有机载、舰载和坦克用的各种波长箔条干扰弹。

高功率微波战斗部(HPMW)是炸药爆炸磁压缩装置供能的高功率微波武器,可由导弹、火箭、火炮、飞机投弹等方式运送到目标附近区域内,由引信控制起爆时机,爆炸产生微波辐射,干扰和毁伤电子设备。这种战斗部由四大部分组成,即初级电源、爆炸磁压缩发电机、微波发生器和发射天线。各部件间有超短时同步开关控制。当战斗部到达预定的起爆位置时,由引信启动将爆炸能量转换成高功率微波能量,由天线发射出去。

电磁脉冲弹(EMP)与高功率微波战斗部在原理和功能方面相近,它发射出去的是一种混频单脉冲。电磁脉冲弹由初级电源、爆炸磁压缩发电机、脉冲调制网络和发射天线四大部分组成。

箔条干扰弹是电磁波无源干扰弹,其作用是将又薄又轻、多种不同尺寸的箔条(铝质的或表面涂敷金属层的玻璃纤维)抛散在被保护目标附近的空间,形成一定空间形状和尺寸的箔条云,在一定时间内悬浮在空中,在来袭的敌方电磁波制导的导弹导引头视角内生成一定大小的雷达反射面积(RCS),干扰敌导弹的跟踪效能,使导弹对被保护目标的攻击失效。

箔条干扰弹的结构组成包括壳体、箔条包、抛散装置和引信。箔条包内按反射频率(一般为 2~18GHz)要求设计的各种长度的箔条束组成,全弹的箔条根数按要求的 RCS 求得。常用的箔条形状有薄片矩形、圆筒形(玻璃纤维)、V 形等。箔条的散开方式主要有气动力式和爆开式。气动力式是将箔条束散在空中,以其存速散开成悬浮的箔条云;爆开式一般采用中心爆管,其外有一胶制缓冲套,并有径向支架分舱。爆炸后,经缓冲套使爆开力均匀作用,由径向支架切割开弹壳,将箔条束散开,形成箔条云。

箔条干扰弹的主要性能指标是:能够形成的雷达反射面积(RCS),箔条云覆盖的反射频率范围,形成有效箔条云的时间,有效箔条云持续时间及其水平、垂直极化特性等。

2) 光电干扰弹药

红外诱饵弹是有源欺骗式干扰弹,其干扰原理是质心干扰式。它可从地面、飞机或舰艇上发射,诱骗导弹使其偏离目标而失效。红外诱饵弹干扰的波段有 $1\sim3\mu m$、$3\sim5\mu m$ 和 $8\sim14\mu m$,当前主要用后两个波段。这类弹药主要由弹壳体、红外炬及其悬浮装置、抛射机构及引信组成。使用时将弹丸发射到预定位置,经引信作用抛出,并同时点燃红外炬,悬浮装置一般用降落伞。红外炬燃烧使之成为设计要求波段的高功率红外能源。为了实施有效干扰,首先红外炬的光谱必须与被保护目标的红外光谱相同或相近,其能量辐射也必须比目标辐射的能量强,并且红外炬必须要发射到敌导弹的红外寻的系统视场之内。导弹寻的器视场内有两个或多个红外辐射源时,寻的器将跟踪多点源的能量中心。当导弹接近目标和诱饵时,因诱饵能量强,寻的器的视场角又不变,使导弹偏向诱饵,保护了目标。

红外诱饵弹的主要技术指标是红外炬覆盖的波长范围、辐射强度、持续时间、反应时间等。

红外成像诱饵弹主要干扰波段为 $3\sim5\mu m$ 和 $8\sim14\mu m$,用诱饵体(炬等)来模拟目标的各部位辐射特性,使之在形体上达到一定的相似程度,诱骗红外成像寻的导引头的成像正确性,从而造成对导弹的干扰。对于运动目标还要模拟其运动的情况。

另一种有效办法是将红外药剂涂敷在箔条上,发射到空中燃烧,形成大阵面的"热云",使目标与背景的反差减小,即目标被"热云"淹没,在荧光屏上不能显示出目标的图像,从而掩护了目标。

多功能烟幕干扰弹由弹壳体、发烟剂和爆管等组成。按战术使用将其发射到目标前方或上方,形成一定高度和宽度的烟幕,可遮蔽可见光、激光和红外线,甚至有的药剂中混有箔条,从而使电视导引、激光导引、红外导引、雷达导引的导弹及其复合方式导引的导弹迷盲,失去目标,达到保护自己的目的。

20.5.2 燃料空气弹药

这是一种以多相爆轰的装药作为能源的弹药类型,除了其爆炸冲击波和热效应具有杀伤能力之外,因为在爆轰反应时从空气中夺氧,因而对战地人员、生物有窒息作用。以这种装药为基础已发展出炸弹、火箭弹、反坦克弹等一系列弹药。

航空燃料空气炸弹又称云爆炸弹、气浪炸弹、油气炸弹。多以数枚子炸弹集装成子母炸弹形式使用,以提高毁伤效果。子炸弹内通常装填环氧乙烷、环氧丙烷等燃料;在距地面一定高度爆炸时效果最好,可用触杆式触发引信或毫米波电子引信;在子炸弹尾部装有降落伞装置以便改善落速和姿态。第一级引信引爆扩爆药,将燃料扩散并与空气充分混合成气溶胶云雾团,同时将云爆管散布于云团中。经预定时间云爆管二次引爆云雾团,形成气溶胶爆轰,产生冲击波毁伤目标。

20.5.3 战场支援弹

1) 视频侦察弹

大口径火炮发射的视频侦察弹,主要由弹体机械传动部件,摄像光学系统以及将图像转变为电信号并发射回基地的电子器件等组成。视频侦察弹与全球定位系统引信、视频成像地面接收站组成视频侦察弹系统。

带有全球定位系统的引信有脉冲收发装置和天线,可确定飞行中的弹丸位置,并发射到地面接收站,提供弹丸飞行的精确轨迹。弹丸在飞行过程中,通过安装在弹体侧面窗口的光学系统拍摄图像,向前和旋转运动(螺旋)扫描弹丸飞行经过的地面图像,扫描区域轨迹是弹丸的高度、落角、终点速度和敏感能力的函数。这些图像信息发送到地面接收站。根据弹丸的轨迹及其动力学关系可以提供对弹丸位置及其窗口观察角的准确描述。地面接收站收到了弹丸发回的模拟无线电信号后,提取原始图像数据,消除所有朝向空中的画面,校正由弹丸运动引起的周期性畸变,并储存和显示,使之适合于情报分析和瞄准目标。

2) 目标辨认/战场毁伤评估弹(TV/BDA)

它实际上也是一种电视侦察弹,其结构原理类似于照明弹,由大口径火炮发射,有吊伞系统,采用时间引信,弹体内装有无线电控制的降落伞、视频摄像机、视频信号发送机、弹上电源和控制系统。为了精确确定目标位置坐标,需有 GPs 收发装置。当弹丸飞行至需要侦察的战场上空,由引信控制时机,将这种电视侦察系统从弹体中弹出,打开降落伞,电视摄像机对地面进行扫描,获取战场的适时图像,发送到地面站,在地面站经处理后,显示在屏幕上可直接观察战场情况。其高空图像可用于指示目标,进行射击;低空图像最适宜进行目标毁伤适时评估,以决定是否需要进行下一次攻击。

3) 红外照明弹

红外照明弹可由多种平台发射。当红外照明弹飞至目标地域上空时,点燃红外照明剂,可增大被观测目标的红外辐照度,便于夜视器材观察。小口径或手持发射的红外照明弹射程几百米,燃烧时间 1min 左右;空投红外照明弹,燃烧时间可达 6min。

红外照明剂的光谱波段一般为 $0.76\sim1.3\mu m$(峰值为 $0.8\sim0.9\mu m$);红外辐射强度 $I_e \geq 1060W/sr$,可见光发光强度 $I \leq 3000cd$,对 $\phi 67mm$ 的药柱,照明炬燃烧持续时间 $t \geq 60s$,

由吊伞控制其下降速度为 4m/s。

20.5.4 软杀伤弹药

这类弹药是专门设计的,可用于使人员或武器装备失能或在一定时间内失能,并且使其所造成的伤亡或其他破坏程度很小的弹药。

软杀伤弹药至今尚不能单独应用于战场,不会取代传统的弹药。但软杀伤弹药使用会有助于常规传统弹药充分发挥其效用,收到"事半功倍"的效果。软杀伤弹药按其对目标的作用分为三类:有针对武器装备的失能弹药、有针对人员的非致命弹药以及针对人员和武器的软杀伤弹药。

1) 高功率微波战斗部和电磁脉冲弹

高功率微波战斗部和电磁脉冲弹也是针对人员和装备的软杀伤弹药。它不仅可使电子设备失灵甚至烧毁,而且还可使人行为失常,以致烧伤甚至死亡。

2) 激光弹

激光弹是针对人员和装备软杀伤的弱激光武器。它是用高能炸药的爆炸形成高温高压、冲击压缩加热发光工质,使之激励到高能态,从而发出一束或多束激光,破坏武器装备中的传感器、各种光学窗口、光学瞄准镜、激光与雷达测距机、自动武器的探测系统等,并能对人员致盲等。

3) 碳纤维战斗部

这是一种针对电力设备的失能弹药,是在航空炸弹、导弹的战斗部中装有大量的碳纤维,这些碳纤维呈丝条状并卷曲成团。当战斗部到达电厂、配电站、输电网上空时,将这些碳纤维抛出,在空中飘下,撒落在高压电网上,使其发生相线和地之间的短路,达到破坏电厂,干扰正常供电的目的。由于很难在全网路上全部彻底清除碳纤维,使电厂很难恢复供电。

4) 泡沫体胶黏剂弹

这是一种针对武器装备的失能弹药。泡沫体胶黏剂是一种超黏性聚合物,装在战斗部内,可用航弹、炮弹、火箭弹运载,在敌武器装备上方或前方抛散,发泡并形成云雾,这种云雾可直接黏附在坦克、直升机的光学窗口上,切断观察瞄准的光路,在短时间内难以清除;若这种雾被吸入坦克发动机,可在高温下快速固化,使气缸活塞的运动受阻,使坦克瘫痪。

5) 粉末润滑弹

这是一种针对基础设施,使武器装备失能的软杀伤弹药。弹内装有颗粒极细的高性能润滑剂,是一种类似特氟隆及其衍生物的物质,其摩擦系数几乎为零,附在物体上难以清除。将粉末润滑剂发射至航空母舰甲板、机场跑道、铁路、公路等狭窄路的上空时,开舱抛散,能使这些路面变得极滑而不能使用,使飞机难以起降、列车出轨、汽车不能正常行驶。

6) 针对人员的非致命弹药

在弹丸内装有化学战剂,发射到敌阵地上抛散,使战地人员失去或降低作战能力,它与普通化学毒剂有严格区别,它不能使人员死亡,也不留下后遗症,仅能造成人员精神障碍、躯体功能失调或使人昏睡,从而暂时失去战斗力。

第 21 章 子 母 弹

21.1 概 述

子母弹是指在运载弹内装有若干能独立作用的子弹丸的弹药,这类运载弹称为子母弹。子母弹由子弹、子弹抛射系统、障碍物排除装置、母体等组成。当战斗部得到引信的起爆指令后,抛射系统中的抛射药被点燃,子弹以一定的速度和方向飞出,在子弹引信的作用下,子弹爆炸,以冲击波、射流、破片等手段毁伤目标。子母弹的使用增大了战斗部的杀伤面积,提高了战斗部的效率。在反机场跑道、反装甲集群等目标方面得到了广泛应用。

21.1.1 子母弹的弹道特点

子母弹主要用于对付集群目标,一枚母弹将装载少则几枚多则数百枚的子弹。子母弹的飞行过程是由一种母弹(炮弹、航弹、火箭弹和导弹中的一种)内装许多子弹,当母弹飞达预订的抛射点时,经过母弹开仓、抛射全部子弹,直至子弹群撒布在预定的目标区域,击中敌人的集群目标。

按照子母弹飞行过程,子母弹弹道主要由一条母弹弹道和由母弹抛出许多子弹形成的集束弹道所组成,如图 21-1 所示。母弹弹道是人们熟知的炮弹、航空炸弹、火箭弹和导弹的飞行弹道。从每一枚母弹中抛出的子弹,将形成许多互不相同的子弹弹道。比如,在图 21-1 中,$\overset{\frown}{OP}$ 为一母弹弹道,$\overset{\frown}{PC}$ 为其中的一组子弹弹道。对于不同的子弹(如刚性尾翼的子弹、带降落伞或飘带的柔性尾翼的子弹),会有不同特色的子弹弹道。比如伞弹的弹道将分为若干段来分系;当伞弹被抛出时,为伞弹的抛射段;随即伞绳逐渐拉出,便进入拉直段;当伞绳拉直以后,便开始降落伞充气过程,即充气段;降落伞充满气以后,伞弹进入减速段并达到末敏子弹的稳态扫描段。无论何种子弹弹道,抛射点是抛射弹道的一个重要特征点,也是各种子弹弹道的起始点。

子母弹弹道还有另一个重要特点,就是在抛射点母弹有一个开仓、抛射过程伴随产生的动力学问题,它是一个复杂的瞬态过程。对于不同的开仓,抛射方式、方法,应通过相应的抛射动力学模型分别研究。这也是子母弹弹道研究中有待研究解决的一个重要问题。它将为研究解决母弹开仓、抛射这一关键技术提供理论依据。

21.1.2 子母弹的开仓与抛射过程

对各种炮弹、航空炸弹、火箭弹和导弹,当其配制有子母战斗部后,将能构成更有利的大面积压制火力和大纵深突击火力,以其弹药数量多、火力猛而有效地狙击敌人的坦克、装甲战车和有生力量以及重要的军事目标,从而备受世界各国的重视。如美国的 MLRS 多管火箭系统,由口径为 227mm 的 12 管火箭组成。每发火箭可携带 M77 子弹 644 枚。

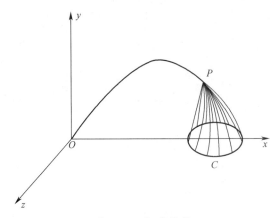

图 21-1 抛射弹道

一次齐射可发射子弹总数达 7728 枚,射程 30~40km,覆盖面积达 120000~240000m²;意大利研制的 Firos-70 多管火箭系统,弹径为 315mm 的 8 管火箭,每发战斗部可装子弹 924 枚,子弹覆盖面积达 50000m² 等。为使如此众多的子弹发挥最佳的效力,不仅需要足够大的子弹覆盖面积,而且要具有毁伤目标所要求的合理密度,这就需要解决好子母战斗部的开舱与子弹抛射的技术问题。

不同的子母战斗部具有不同的结构、性能及使用特点,其开舱、抛射方式不可能是相同的。这里仅介绍一些目前所采用的开舱、抛射方法。

1. 母弹的开舱

对于不同的子母战斗部,即使是同一弹种的子母战斗部,其开舱部位与子弹抛出方向是有区别的。在选择开舱、抛射方式时,都需要进行认真的全面分析、论证。以火箭子母弹为例,仅弹径的变化就需要考虑不同的开舱、抛射方式:

(1) 火箭子母弹的弹径较小时,如 122mm 火箭子母弹可采用战斗部壳体头弧部开舱,子弹向前方抛出口加上抛射导向装置的作用,子弹则向前侧方抛出,达到较好的抛射效果。

(2) 当火箭弹径加大到 230mm 甚至 260mm 时,子弹装填数量增大,应采用战斗部壳体全长开舱,子弹向四周径向抛射。如美国 MLRS 多管火箭系统子母战斗部采用中心药管形式,结构紧凑,对子弹装填容积无大的影响,并且可以同时达到壳体全长开舱与子弹径向抛射的目的。

(3) 当火箭弹弹径进一步增大,子弹数量更多时,为了均匀撒布,必要时还可采用二级抛射的形式。如意大利的 Firos-70 火箭子母战斗部,其火箭弹径为 315mm,内装直径为 122mm 的子弹筒 12 发,每个子弹筒内又装有小子弹 77 枚。如图 21-2 所示,在引信作用下,切割索先将壳体沿全长切开,燃气再将带有小子弹的子弹筒沿径向抛出,最后小子弹再从子弹筒中被抛出。

对于母弹的开舱方式,目前采用的主要有以下几种:

1) 切螺纹或连接销开舱

这种开舱方式在火炮特种弹丸上用得较多,如照明弹、宣传弹、燃烧弹、子母弹等。一般作用过程是时间点火引信将抛射药点燃,再在火药气体的压力下,推动推板和子弹将头螺或底螺的螺纹剪断,使弹体头部或底部打开。

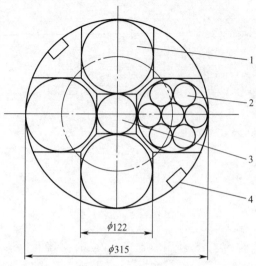

图 21-2 Firos-70 火箭子母战斗部横剖面
1—子弹筒；2—小子弹；3—燃气抛射装置；4—切割索。

2) 雷管起爆，壳体穿晶断裂开舱

这种开舱方式用于一些火箭子母弹与火炮箭形霰弹弹丸上。其作用过程是：时间引信作用后，引爆 4 个径向放置的雷管，在雷管冲击波的作用下，脆性金属材料制成的头螺壳体产生穿晶断裂，使战斗部头弧全部裂开。

3) 爆炸螺栓开舱

这是一种在连接件螺栓中装有火工品的开舱装置，是以螺栓中的火药力作为释放力，靠空气动力作为分离力的开舱机构。它常被用于航空炸弹舱段间的分离。现在也已成功地用于大型导弹战斗部的开舱和履带式火箭扫雷系统战斗部的开舱上。

4) 组合切割索开舱

这种方法在火箭弹、导弹及航空子母弹箱上都得到了广泛使用。一般采用聚能效应的切割导爆索，根据开裂要求将其固定在战斗部壳体内壁上。引爆索的周围装有隔爆的衬板，以保护战斗部内的其他零部件不被损坏。切割导爆索一经起爆，即可按切割导爆索在壳体内的布线图形，将战斗部壳体切开。

5) 径向应力波开舱

这种方式是靠中心药管爆燃后，冲击波向外传播，既将子弹向四周推开，又使战斗部壳体在径向应力波的作用下开舱。为了开舱可靠及其部位规则，一般在战斗部壳体上加上若干纵向的断裂槽口。这种开舱方式成功地使用在美国 MLRS 火箭子母弹战斗部上和一些金属箔条干扰弹的开舱上。

这种开舱的特点是开舱与抛射为同一机构。整体结构简单紧凑。

无论何种方式开舱，均需满足以下基本要求：

1) 开舱的高可靠性

通常，子母弹的弹径大，装子弹多。每发弹的成本较高。因此，要求开舱必须可靠，不允许出现由于开舱故障而导致战斗部失效。为此要求：配用引信作用可靠，传火系列及开舱机构性能可靠。在选定结构与材料上，尽量选用技术成熟、性能稳定、长期通过实践考验的方案。

2) 开舱与抛射动作协调

开舱动作不能影响子弹的正常抛射,即开舱与抛射之间要动作协调、相辅相成。

3) 不影响子弹的正常作用

开舱过程中不能影响子弹的正常作用,特别是子弹尾带完整,子弹飞行稳定。子弹引信能可靠解脱保险,并保持正常的发火率。

此外,还要求具有良好的高、低温性能和长期储存性。

2. 子弹的抛射

在抛射步骤上可分为一次抛射和两次(或多次)抛射。由于两次抛射机构复杂,而且有效容积不能充分使用,携带子弹数量少等原因,通常在一次抛射可满足使用要求时,一般不采用两次抛射。

目前常用的抛射方法,主要有以下几种:

1) 母弹高速旋转下的离心抛射

这种抛射方式,对于一切旋转的母弹,不论转速的高低,均能起到使子弹飞散的作用。特别是对于火炮子母弹丸转速高达每分钟数千转,以至上万转时,均起到主要的甚至全部的抛射作用。

2) 机械式分离抛射

这种抛射方式是在子弹被抛出过程中,通过导向杆或拨簧等机构的作用,赋予子弹沿战斗部径向分离的分力。导向杆机构已经成功地使用在122mm火箭子母弹上。狭缝摄影表明,五串子弹越过导向杆后,呈花瓣状分开。

3) 燃气侧向活塞抛射

这种方式主要用于子弹直径大,母弹中只能装一串子弹的情况,如美国 MLRS 火箭末端敏感子母战斗部所用的抛射机构。前后相接的一对末敏子弹,在侧向活塞的推动下,垂直弹轴沿相反方向抛出(互成180°),每一对子弹的抛射方向都有变化。对整个战斗部而言,子弹向四周各方向均有抛出。

4) 燃气囊抛射

使用这种抛射结构的典型产品是英国的 BL755 航空子母炸弹。它共携带小炸弹147颗,分装在7个隔舱中。小炸弹外缘用钢带束住,小炸弹内侧配有气囊。当燃气囊充气时,子弹顶紧钢带,使其从薄弱点断裂,解除约束。在燃气囊弹力的作用下,147颗小炸弹以63个不同方向以两种不同的名义速度抛出,以保证子弹散布均匀。

5) 子弹气动力抛射

通过改变子弹气动力参数,使子弹之间空气阻力有差异,以达到使子弹飞散的目的。这种方式已在国外的一些产品中使用。如在国外的炮射子母弹上,就有意地装入两种不同长度尾带的子弹;在航空杀伤子母弹中,采用由铝瓦稳定的改制手榴弹制作的小杀伤炸弹,抛射后靠铝瓦稳定方位的随机性,使子弹达到均匀散开的目的。

6) 中心药管式抛射

使用成功的典型结构是美国 MLRS 火箭子母弹战斗部,如图21-3所示。

每发火箭携带子弹644枚,一般子弹排列不多于两圈。如圆柱部外圈排14枚子弹,而内圈排7枚子弹。子弹串之间可用聚碳酸酯塑料固定并隔离,战斗部中心部位装有药管。电子时间引信作用,引起中心药柱爆燃后,冲击波既使得壳体沿全长开裂,又将子弹向四周抛出。

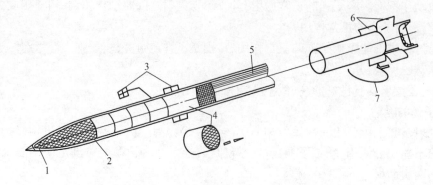

图 21-3 MLRS 火箭子母弹战斗部结构
1—电子时间引信;2—M77 子弹;3—定心块;4—聚氨酯支撑筒;
5—火箭发动机;6—尾翼;7—翼锁定释放装置。

7) 计算机控制程序抛射

该方式应用于大型导弹子母弹上,由单板机控制开舱与抛射的全过程。子弹按既定程序分期分批以不同的速度抛出,以得到预期的抛射效果。

对各种方式的抛射,均需满足以下基本要求:

1) 满足合理的撒布范围

根据毁伤目标的要求和战斗部携带子弹的总数量,从战术使用上提出合理的子弹散布范围,以保证子弹抛出后能覆盖一定大小的面积。但在试验时还应注意到,实际子弹抛射范围的大小,还与开舱的高度有关。

2) 达到合理的散布密度

在子弹散布范围内,子弹应尽可能地均匀分布,至少不能出现明显的子弹堆积现象。均匀分布有利于提高对集群装甲目标的命中概率。

3) 子弹相互间易于分离

在抛射过程中,要求子弹能相互顺利分开,不允许出现重叠现象。如果子弹分离不开,尾带张不起来、子弹引信解脱不了保险,将导致子弹失效。

4) 子弹作用性能不受影响

抛射过程中,子弹不得有明显变形,更不能出现殉爆现象,力求避免子弹间的相互碰撞。此外,还要求子弹引信解脱保险可靠,发火率正常,子弹起爆完全性好。

21.1.3 子母弹的分类

子母弹根据它所配用的火炮及用途可分为许多不同的种类。

1) 按配用分

有后装炮子母弹、迫击炮子母弹、火箭炮子母弹、空投子母弹等。其中火箭炮子母弹和空投子母弹由于抛射时受力较小,弹壳较薄。有效容积大,所以有较好的发展前景。

2) 按子弹的用途分

有杀伤子母弹、反坦克子母弹、多用途子母弹(如反装甲杀伤子母弹、杀伤布雷子母弹和反坦克布雷子母弹)等。这些子母弹中也包括敏感子弹和末端制导子弹(灵巧子弹)。

21.2　典型子母弹的构造、作用特点

子母弹与普通喷出式弹丸不同的是子母弹内装有若干子弹,而每个子弹在被抛出之后,都有自己独立的弹道和作用过程。后装炮弹子母弹多为底抛式结构,构造、作用与底抛式特种弹相同,火箭炮弹子母弹多用前抛式结构,构造、作用与前抛式特种弹相同。子母弹与普通喷出式弹丸不同的是子母弹内装有若干子弹,而每个子弹在被抛出之后,都有自己独立的弹道和作用过程。为便于生产,同一战斗作用的子弹的外形尺寸和内部结构应力求一致,以增加对不同口径的母弹的适应性。为增加子弹数量,每个母弹内可装若干层,每层放若干个子弹(图21-4)。为充分利用弹腔容积,子弹可采用等分扇形,若干个子弹一起合成一个圆形,作为一层,但这种形式对母弹弹径的适应性不强,因为不同的弹径就有不同的内腔直径,就要求不同的子弹尺寸。为克服这种缺点,可以将子弹做成圆柱或圆锥形,不同的弹腔直径在一定范围内可以通过调整每层子弹数量的办法得到解决。这样,圆柱形子弹若设计合理则可用于多种弹腔直径。对于空心装药破甲子弹,不仅要留出锥形凹陷,而且在凹陷前方还需要留出一定的长度,以便获得必要的炸高。为此,可以将子弹的尾部做成与空心凹陷相适应的圆锥形,这样子弹便可层层相套(图21-5),从而提高有限空间的利用率。此外,有些杀伤子弹为便于装配,也设计成可以层层相套的结构。

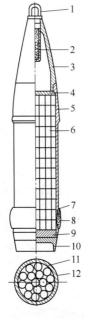

图 21-4　子母弹
1—提螺;2—抛射药;3—头螺;4—推板;
5—弹体;6—杀伤弹;7—弹带箍;8—弹带;
9—支撑板;10—底座;11—弹体;12—杀伤子弹。

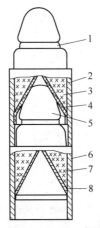

图 21-5　层层相套的子弹
1—引信及稳定装置;2—子弹壳体;3—炸药;
4—药形罩;5—引信及稳定装置;
6—子弹壳体;7—炸药;8—药形罩。

为使子弹飞行稳定,每个子弹都有自己的稳定装置。几乎所有子弹的稳定装置都是可折叠的,以节省容积。扇形子弹通常用可折叠翼片,圆形子弹则常用稳定飘带,此外,也有使用吊伞的。所有的尾翼稳定装置都有不同程度的减速作用,其中吊伞的减速作用最大,宜用于敷设地雷。

21.2.1 杀伤子母弹

目前,使用的杀伤子母弹有着发地面爆炸型和着发反跳空炸型两种。下面以美国 M404 式 203mm 杀伤子母弹为例介绍杀伤子母弹的概况。

美国 M404 式子母弹(图 21-6)是一种能携带多个子弹,具有远距离杀伤作用的炮弹。母弹内共装有 104 个 M43 系列子弹,共计 13 层,每层 8 个子弹。子弹装好后再上弹底塞。抛射药装在母弹弹腔的前部,由推板与子弹隔开。

美国 M43A1 式杀伤子弹是一种着地反跳式杀伤子弹.它由扇形子弹壳体、两个带簧翼片、装有 AS 炸药及延期雷管的钢球、引信及抛射药等组成(图 21-7)。

此弹的作用过程如下:射击前按需要装定引信作用时间。发射后,当母弹经预定时间飞至目标区域上空时,引信点燃抛射药,抛射药气体将子弹从母弹底部抛出,离心力使子弹离开母弹飞行路线而径向飞散。当子弹脱离母弹束缚后,翼片因簧力而迅速张开,使子弹稳定飞行。击针由于翼片张开而失去限制,击针外撤,滑块移动到位,使火帽与击针及抛射药对正。通过限制滑块移动使引信延迟解除保险。此延迟解除保险有助于防止子弹从母弹内抛出后因相互碰撞而引起早炸。

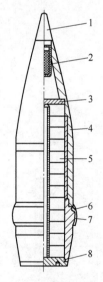

图 21-6 美国 M404 式 203mm 杀伤子母弹
1—引信;2—抛射药;3—推板;4—弹体组件;
5—杀伤子弹;6—弹带箍;7—弹带;8—底螺。

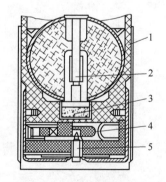

图 21-7 美国 M43A1 式杀伤子弹
1—翼片;2—延期雷管;3—抛射管;
4—滑块;5—击针。

当子弹着地时,支座推动击针刺发火帽而点燃抛射药和延迟雷管。抛射药气体使钢球离开子弹壳体而向上抛起,延期雷管使钢球内的炸药在离地 1.2~1.8m 处爆炸,利用钢球破片杀伤人员。

21.2.2 反装甲杀伤子母弹

反装甲杀伤子母弹在作用时可同时抛出若干个反装甲杀伤子弹,较有效地对付集群的坦克和装甲车,还能杀伤附近的人员,是当前发展得较快的一种子母弹。现以美国 M509 式 203mm 反装甲杀伤子母炮弹为例,说明这种弹的构造和作用特点。

M509 式 203mm 反装杀伤子母弹的母弹由弹壳(带弹底塞)、位于弹腔前部的抛射装置、时间点火引信等组成。母弹内装有 195 个 M42 式反装甲杀伤子弹,共计 13 层,每层 15 个子弹(图 21-8)。母弹内腔前端紧贴引信装有抛射药,必要时此抛射药可以换成带指示剂的装药,以便观察弹丸的爆点。M42 式子弹是着发反装甲杀伤子弹。每个子弹都是一个小型空心装药破甲弹,为形成预控破片,在弹体内壁上有滚花槽。每个子弹质量 0.182kg,直径为 38.9mm(见图 21-8)。

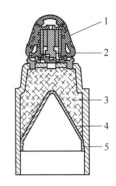

图 21-8　M42 式反装甲杀伤子弹
1—稳定带;2—引信;3—炸药;
4—药形罩;5—子弹弹体。

M509 式 203mm 反装杀伤子母弹作用过程如下:当母弹飞到目标区域上空时(即到预定时间点),引信点火装置发火,点燃弹体内的抛射药,推开弹底塞,将子弹从母弹底部抛出。子弹因离心力而径向分散,形成圆锥形的弹道束,因而可以覆盖较大的范围。就在抛出子弹的同时,子弹上的尼龙稳定带展开,使子弹稳定飞行并能较垂直地落到坦克或装甲车的顶上。由于子弹和尼龙稳定带之间的旋转速率差,在击针上产生扭转力矩,致使击针离开保险位置。此时偏心滑块靠离心力作用而向外滑动,使子弹处于待发状态。弹着时,击针刺发雷管而引爆炸药。铜质药形罩产生金属射流破甲,弹壳产生破片杀伤人员。子弹的破甲深度为 64~76mm。

21.2.3 布雷子母弹

布雷子母弹适于远距离快速布雷,尤其是用在多管(或多轨)火箭炮上,更有利于快速大面积布雷。下面以 79 式火箭布雷弹(图 21-9)为例说明它的构造、作用特点。

79 式火箭布雷弹由火箭推进部和子母布雷战斗部组成。母弹战斗部由弹壳、弹腔后端的抛射装置(抛射药袋和推板)、弹头时间点火引信和连接引信与抛射药包的传火管等组成。

子弹为带吊伞的 69 式反坦克地雷,共 10 层,每层一个子弹。子弹之间有塑料隔离圈,用以保护弹的吊伞。

79 式火箭布雷弹的作用过程如下:射击前按需要装定引信作用时间。发射后,火箭弹经预定时间飞抵目标区域上空,引信火焰经传火管点燃药包袋内的抛射药。抛射药气体将子弹从弹体前端抛出(爆高以不低于 250m 为宜)。子弹因偏心离心力和空气阻力而逐渐散开。子弹离开母弹后吊伞张开,使子弹稳定飞行,缓慢降落到预定的布雷区。此后,若坦克等经过,子弹爆炸即可摧毁坦克等装甲目标。

不难看出,若子弹为杀伤地雷,则该子母弹便成为杀伤布雷弹。例如,美国 M692/M731 式 155mm 子母弹都是杀伤布雷炮弹。此外,为了便于自己的部队通过,有的地雷上

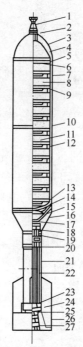

图 21-9　79 式火箭布雷弹
1—引信；2—口螺；3—风帽；4—上传火管；5—压板；6—剪刀螺钉；7—下传火管；
8—地雷；9—吊带；10—定心环；11—壳体；12—隔雷圈；13—推板；14—纲丝绳；
15—下定心带；16—尾锥；17—药包袋；18—小点火药；19—小药柱；20—点火药盒；
21—燃烧室；22—火药；23—药架；24—翼片；25—喷喉；26—稳定环；27—喷管。

装有自毁机构。例如，美国 M692 式 155mm 子母弹用的 M67 式楔形杀伤地雷上装有长时自毁机构，自毁时间在 24h 以上；而 M731 式 155mm 子母弹用的 M72 式楔形地雷则是用的短时自毁机构，自毁时间在 24h。

地雷是一种在地面设防，用来杀伤敌人，破坏敌装甲和车辆的弹药。目前也被广泛地应用在进攻作战中。由于它携带方便，设置简单，便于伪装，使用不受地形限制。因此，在现代战争中地雷在其他武器的配合下，仍起着重要的作用。

21.3　敏　感　弹

敏感弹是在弹丸上装有敏感器，能自动探测和识别目标并使弹丸在最佳时机作用的弹药。目前正在研究的敏感弹采用的是毫米波敏感器，战斗部为爆炸成形弹丸，主要用以对付装甲目标。由于弹道形状不同，敏感弹探测目标的方式也不相同，因而有直射敏感弹和远射敏感弹之分。

21.3.1　直射敏感弹

目前研究的直射敏感弹配用于口径较大、初速较低的线膛火炮上，例如，美国 155mm 线膛无坐力炮，弹丸飞行速度为 305m/s，转速为 6000r/min，弹丸距目标的最大飞行高度为 30~50m。

在弹丸上垂直安放着一对天线,与天线轴错开 90°对称安放着双向战斗部。该战斗部可分别由某一端面环形起爆,其对应的另一端的药形罩则形成爆炸成形弹丸。天线扫描轴的前倾角约 7°,爆炸成形弹丸飞离战斗部的前倾角也约为 7°(图 21-10)。

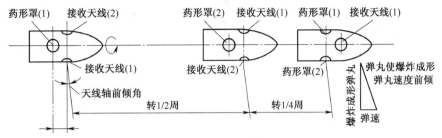

图 21-10　直射敏感弹爆

采用直接瞄准射击。发射后弹丸内的电源被激活,引信解除保险;弹上续航发动机点火,使弹丸匀速飞行,同时以一定速度转动。两个接收天线互呈 180°,弹丸旋转一周,两个天线相继探测地面一次。由第一天线探测到目标到第二天线探测到目标,弹丸刚好转过 1/2 周,再转 1/4 周,与第一接收天线相对应的第二药形罩正好对正坦克顶部,立即起爆。由探测到目标到起爆,弹丸共转过 3/4 周,约向前飞行 2.3m。信号处理机在一定时间间隔内相继收到两个信号,有利于鉴别目标排除干扰。同时,也可使战斗部威力轴更接近坦克中部。弹丸起爆后形成爆炸成形弹丸,击毁坦克或装甲车之类的目标。由于敏感器的探测范围较大,这比直接命中目标才能作用的各种反装甲弹药,都大大提高了命中目标的概率。

21.3.2　远射敏感弹

远射敏感弹适用于口径较大的火炮,如 152mm 及 203mm 火炮,一般采用子母弹结构,母弹内装 2 或 3 个子弹,每个子弹都有能产生爆炸成形弹丸的战斗部,敏感器和特制的旋流式吊伞。据报道,美国研制的子弹下落速度为 9.1m/s,子弹扫描速度为 240r/min,子弹扫描轴线与铅垂线的夹角为 30°。

远射敏感弹的射击过程大致如下:

(1) 炮位接到目标信息后解算出发射诸元,按要求赋予炮身射角、射向,装定时间引信和调整发射药量,向目标区域发射(图 21-11)。

(2) 弹丸到目标区域上空,时间引信作用,从母弹的底部抛出敏感子弹丸。

(3) 子弹的抗旋装置打开,减低了每个子弹的转速,以便于子弹的旋流式吊伞张开。在空气动力作用下,子弹微旋着平稳降落。

(4) 随着子弹的转动和下落,敏感器的天线波束对地面进行蜗线式扫描。

(5) 当敏感器发觉目标时,子弹上的信号处理机确定出目标的中心位置,并解算出的最佳起爆时间引爆子弹。爆炸成形弹丸射向目标,击穿坦克和装甲车之类目标的顶部。

由上述作用过程可知,由于敏感器能在逐渐缩小的搜索圈内大面积探测目标并能适时起爆,因而能显著地提高命中的概率,这种弹的反装甲能力比一般的反坦克子母弹要高 20 倍。又由于每个子弹都有自己的敏感器,能各自独立地探测目标,处理信息,因而适于对付集群坦克。

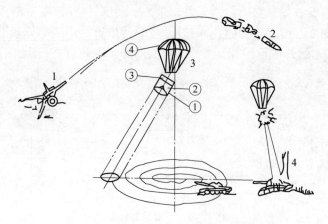

图 21-11 远程敏感弹作用过程示意图
1—火炮；2—空中抛出子弹系统；3—敏感子弹：
①天线、②自锻破片装药、③电子舱、④吊伞；4—目标。

第22章 灵巧弹药

弹药是武器系统对目标实施毁伤的单元,是最重要最活跃的元素之一。传统弹药,如枪弹、迫击炮弹、榴弹、火箭弹、航空炸弹等以其制造简单、使用方便、价格低廉、火力迅猛、密集压制等特点在战争的历史上发挥了巨大作用,但其缺点也暴露得越来越明显。主要表现在两个方面:其一,使用者在发射或投射弹药后再也无法干预和矫正弹药的行为和状态;其二,弹药自身亦没有修正和驾驭自己行为和状态的能力。因此,在诸多因素影响下,传统弹药的散布较大、精度较差、效能较低。在战场上,为达到一定的作战目的,如击毁敌方的坦克、自行火炮或破坏敌方的工事、据点、重要军事目标等,往往需要形成"弹雨",消耗大量弹药。导弹的出现则改变了这种状况,它利用制导装置控制飞行弹道,按已知目标位置和所要求的精度将自己导向目标,其高精度、高性能不仅对战斗双方的胜负起着重要的作用,甚至可以改变双方的作战方式。但战争的实践表明,导弹武器依然存在若干不足,诸如武器系统组成高度复杂,研制和采购成本高昂,使用维护难度巨大,对指挥、操控、维护等人员的知识和技术水平要求颇高,而且,由于不能形成迅猛而密集的火力,无法有效毁伤和压制群目标和面目标,因此它并不适宜于所有战争场合。

近年来,兼收传统弹药和导弹精华的灵巧弹药异军突起,已发展成全新的技术和装备领域,与传统弹药、导弹形成鼎立之势。灵巧弹药是在适宜阶段上具有修正或控制其位置或姿态能力,或者对目标具有搜索、探测、识别、定向或定位能力的弹药。弹道修正弹药、制导弹药、末敏弹药(传感器引爆弹药)、巡飞侦察或监视弹药等应属于此类弹药。

灵巧弹药有如下特点:

第一,利用已有的常规武器平台,发展相适应的灵巧弹药,必要时可对平台进行适应性改进,如在火炮、火箭炮、飞机等平台上发展末敏弹、末制导炮弹及制导炮弹、制导火箭、制导炸弹、弹道修正弹等。这样做的好处是,其一,由于不需要研制新的武器平台,可以大量减少研制和装备费用,缩短研制周期,提高武器平台的使用效率;其二,由于充分考虑了灵巧弹药与原武器平台的适应性、协调性,因此,在很多情况下,与火力配系相关的射程可通过平台来保证,而不需要像导弹那样靠动力装置来保证,如火炮发射的灵巧弹药就是如此。在需要增加射程时,可采用某些增程措施,此时所付出的代价要小得多。

第二,利用大口径制式炮弹、火箭弹、航弹、航空布撒器以及导弹等作为载体(母弹),运送灵巧子弹药。此类子母式灵巧弹药从本质上讲是更换原弹的战斗部,解决好子弹药与母弹的兼容性和适配性,从而保证新弹的飞行特性与原弹一致。显而易见,这是一条发展灵巧弹药的经济而又有效的途径。

第三,大多数灵巧弹药是传统弹药技术与光电子技术、计算机技术、制导技术、目标探测识别技术等相结合的产物,因此,它仍保留了传统弹药的诸多优良特性,如火炮、火箭炮发射灵巧弹药的齐射特性。此时,灵巧弹药同样可以形成迅猛而密集的火力,在准确打击多个点目标的同时,具有与传统弹药一样的压制功能;使用方便,射击时只需与传统弹药一样地装定射击诸元;有些灵巧弹药甚至保留了传统弹药的基本结构,如某些弹道修正弹和制导航弹,只是在原弹上安装修正装置或制导模块;多数情况下,灵巧弹药与传统弹药一样不需要维护等。

第四,多元化发展。在多种平台上,采用多种技术,发展用途和性能各异、优势互补的灵巧弹药,从而在战时为指挥员提供了更多的选择和保障。

22.1 末　敏　弹

22.1.1 概述

末敏弹是灵巧弹药的典型代表,是真正意义上"打了不用管"的智能型弹药。其智能主要表现在以下几个方面。其一,末敏弹有光电探测装置,长了"眼睛";其二,有信息采集及处理系统,即计算机系统,相当于"大脑",其中储存有目标背景特征数据库,这是末敏弹的"经验库""知识库",数据库越完备,经验或知识就越丰富;其二,有集专家智慧的目标识别软件,可在各种环境中自适应地建立阈值并选择适宜的目标识别逻辑,可对信息进行处理、运算、分析、推理并最终做出决策。诚然,对于不同用途、不同种类、不同阶段的末敏弹,其"智能"程度可能不同,甚至有较大差别,但就其本质而言,已经具有了"智能"的特征,"经验""知识"、运算、逻辑推理和判断决策等则是"智能"的集中体现。末敏弹的主要用途是反装甲目标,如坦克、自行火炮、装甲运兵车、步兵战车、火箭和导弹发射车等。2003年美国在伊拉克战场上使用Skeet和SADARM末敏弹攻击装甲部队,取得了卓越的效果,充分说明,末敏弹是迄今为止反规模装甲最有效的武器。

末敏弹多为子母式结构,即一枚母弹装载若干枚末敏弹,末敏弹主要由降落伞/翼系统、弹上计算机、敏感器、爆炸成形弹丸(Explosively Formed Penetrator, EFP)战斗部及安全起爆装置等组成。作战时母弹在目标区上空按预定高度抛出末敏子弹,待子弹达到稳态扫描状态时,开始对攻击区域内的目标自主搜索、探测、识别、瞄准直至起爆战斗部从顶部攻击目标。末敏弹可以由多种平台发射,母弹可以是炮弹、火箭弹、导弹、航弹、航空布撒器等,在某些情况下,甚至可以从飞机或无人机上直接投放末敏弹。

从20世纪60年代美国人提出"目标定向激活弹"即末敏弹的概念,在之后的三十余年间,美国耗资数十亿美元,研制成功Skeet航空布撒器末敏弹和SADARM 155mm加榴炮末敏弹,其Skeet航空布撒器末敏弹已大量装配空军。到目前为止,世界各国已装备了多种末敏弹,如俄罗斯的9M55K1远程火箭末敏弹和SPBE-D航弹末敏弹、德国的SMArt 155mm加榴炮末敏弹、瑞典及法国联合研制的BONUS 155mm加榴炮末敏弹等。这些末敏弹的探测体制基本上分成两类,一类是红外体制,如Skeet,9M55K1,SPBE-D,BONUS等;另一类是红外与毫米波复合体制,如SADARM和SMArt。

在诸多末敏弹中,比较有代表性的末敏弹为SMArt 155mm加榴炮末敏弹。其装备量最大、装备或即将装备的国家最多,包括德国、瑞士、希腊、澳大利亚、英国、美国等。SMArt的敏感器由$3\sim5\mu m$多元线阵红外辐射计、3mm波雷达、3mm波辐射计组成。与单一红外探测体制的末敏弹相比,探测性能更佳、抗干扰及去伪能力更强,对目标与环境适应性更好,基本具备了全天候作战的能力。

22.1.2 末敏弹的基本结构

末敏弹主要由母弹(载体)、末敏子弹、抛射分离装置、时间引信等组成;末敏子弹主要由弹体、减速/减旋装置、稳态扫描装置、敏感器、弹载计算机、电源、战斗部、安全起爆装置等组成。

现以国外炮射末敏弹的原理展示样弹为例,详细介绍其基本组成、基本特征参数、集成组装以及作用过程等情况。

全备末敏弹由时间引信、抛射药管、拱形推板、薄壁弹体、弹底、弹带以及两枚基本相同的末敏子弹组成,见图22-1。

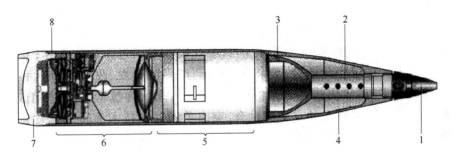

图 22-1　全备末敏弹剖面图
1—时间引信;2—抛射药管;3—拱形推板;4—薄联弹体;
5—前子弹;6—后子弹;7—弹底;8—弹带。

其基本特征参数如下。
全备弹长:898mm;
全备弹质量:47.0kg
赤道转动惯量:2.055kg·m²
极转动惯量:0.617kg·m²
携带子弹数:2 枚
最大射程:27km
弹体材料:30CrNiMo8
弹体内径:ϕ147mm
弹体壁厚:3.5mm
弹带:纯铁电子束焊接弹带
弹底材料:30CrNiMo8
弹底减速装置:六角形尼龙织物 ϕ345mm 质量为 110g
抛射药:97g 小粒 NC1055
抛射压力:40MPa(最大)
子弹抛射加速度:2000g(最大)
拱形推板:抛射时内部压力 8MPa
末敏弹的薄壁弹体结构是它的主要特点之一。采用薄壁弹体的目的在于获得尽可能大的母弹内腔直径,从而尽可能地增大末敏子弹的直径。这样做的好处是,一方面可以减小末敏子弹部/组件小型化的难度;另一方面可以提高战斗部的威力。除此之外,对于主被动毫米波敏感器而言,随着末敏子弹弹径的增大,天线的口径将随之增大,此敏感器对目标的探测识别性能和定位能力都将得到提高。

由于炮射末敏弹发射时的过载和转速高达15000g和20000r/min,因此必须高度重视薄壁弹体的强度问题,设计和制造上应采取相应的技术措施。例如,弹体和弹底材料选取强度较高、韧性较好的合金钢30CrNiMo8;弹带的加工工艺由传统的刻槽压接环带改为无槽电子束焊接弹带,且一部分在弹体上,一部分在弹底部,材料可以是纯铁也可以是黄铜;末敏子弹在弹体内的固定不再采用内壁刻槽加键的方法,而是用拱形推板和弹底对末敏子弹的压力及弹体内壁和末敏子弹间的摩擦力固定,为此,在母弹弹体内壁和末敏子弹外壁的相关部分有碳化钨涂层,确保了发射和飞行过程中,母弹弹体和子弹间无相对转动。

该末敏子弹主要由子弹弹体、减速/减旋装置、稳态扫描装置、红外敏感器、主被动毫米波敏感器、弹载计算机、电源、EFP战斗部、安全起爆装置等组成。

图22-2中的冲压式球形减速伞和折叠式减旋翼构成减速减旋装置,旋转伞、抛掉减速伞和伞舱后的子弹及弹伞连接装置构成了稳态扫描装置,EFP战斗部则主要包括子弹壳体、高能炸药和钽药型罩。

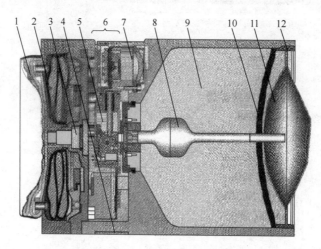

图22-2 末敏子弹剖面图
1—减速伞;2—旋转伞;3—分离机构;4—减旋翼;5—安全起爆装置;6—电子模块;
7—红外敏感器;8—毫米波组件;9—炸药;10—药型罩;11—毫米波天线;12—定位环。

末敏子弹从母弹中抛出后,具有较高的速度和转速,且受到较大的扰动。减速减旋装置在稳定子弹运动的同时,将子弹的速度和转速按规定的时间或距离减至有利于旋转伞可靠张开并进入稳态扫描的数值。旋转伞则使子弹以稳定的落速和转速下落,并保证子弹纵轴与铅垂方向形成一定的角度对地面进行稳态扫描。

红外敏感器、主被动毫米波敏感器、弹载计算机及电源构成复合敏感器,其作用是测量子弹距地面的高度,搜索、探测并识别目标,确定子弹对目标的瞄准点和起爆时间,发出起爆信号起爆EFP战斗部。

EFP战斗部的作用是起爆后使药型罩形成高速飞行的弹丸(速度在2000m/s以上)

从顶部攻击并击毁目标。

如前所述,一发末敏弹携带两枚末敏子弹。由于技术上的原因,装配状态下前末敏子弹与后末敏子弹有些差别,但在战斗状态即稳态扫描状态下,前后末敏子弹却完全相同。

22.1.3 末敏弹的作用过程

根据作战任务及气象、地理等参数计算并装定射击诸元,如射角射向、时间引信的开舱时间等,发射末敏弹。末敏弹飞至目标区上空,时间引信按装定的时间作用,点燃抛射药,抛出两枚末敏子弹。末敏子弹减速减旋并分开一定距离,抛掉减速伞,释放旋转伞,进入稳态扫描状态,以一定的落速和转速下落。与此同时,末敏子弹自主地对目标进行搜索、探测、识别,一经识别到目标便起爆 EFP 战斗部从顶部攻击目标。图 22-3 给出了末敏弹的完整作用过程。

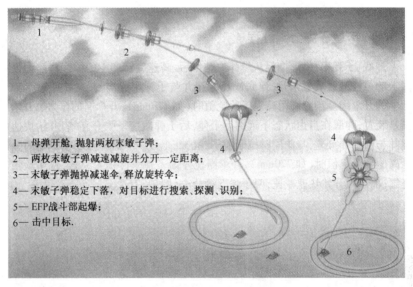

图 22-3 末敏弹作用过程
1—母弹开舱,抛射两枚末敏子弹;2—两枚末敏子弹减速减旋并分开一定距离;3—末敏子弹抛掉减速伞,释放旋转伞;
4—末敏子弹稳定下落,对目标进行搜索、探测、识别;5—EFP 战斗部起爆;6—击中目标。

1) 末敏子弹开舱抛射过程

按装定的射击诸元发射末敏弹。发射过程中电子时间引信激活,开始计时,末敏子弹安全起爆装置的第一道惯性保险在轴向和离心惯性力作用下解除。母弹飞行至目标区上空达到所设定的开舱时间时,时间引信作用,点燃末敏弹头腔内的抛射装药。火药气体压力升至一定值时(约为 40MPa),弹底螺纹被剪断,弹底、后子弹、前子弹、拱形推板等从母弹中抛出(图 22-4),此时子弹折叠式减旋翼张开,子弹减旋。与此同时,热电池延期激活装置的延期药被点燃。

2) 末敏子弹分离过程

弹底、子弹串、拱形推板从母弹中抛出后,高速旋转产生的惯性离心力使弹底上的柔性减速装置张开,弹底快速减速并与子弹串分离,同时拉紧后子弹减速伞的开伞绳。当分离距离等于给定值时(如 770mm),开伞绳的拉力拉开伞的锁紧装置,弹底在自由状态下

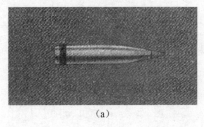
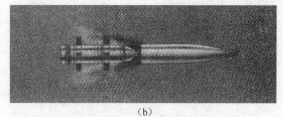

(a)   (b)

图 22-4 开舱抛射过程

远离后子弹，后子弹减速伞张开充气，开始快速减速并与前子弹分离，与此同时拉紧前子弹的开伞绳。当后子弹与前子弹的分离距离达到给定值(770mm)时，开伞绳拉开前子弹伞的锁紧装置，减速伞张开充气，前子弹开始快速减速，两子弹继续分离(图 22-5)。

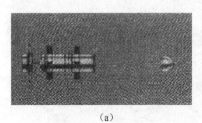
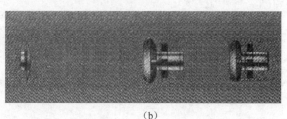

(a)   (b)

图 22-5 末敏子弹分离过程

抛射时拱形推板内腔火药气体压力达到 8MPa，因此，子弹串抛出后拱形推板在很短时间内便可远离前子弹。

子弹抛出时热电池激活装置的延期装药点燃，经约 1s 时间热电池激活，此时子弹转速约为 6000r/min。热电池激活后，弹载计算机上电复位，计时电路开始计时。为使前后子弹分开要求的距离，前后子弹减速伞要在不同的时刻抛掉。对于前子弹，当计时达到 5s 时，计算机输出指令点燃爆炸螺栓，减速伞分离并拉出旋转伞的开伞绳；而对于后子弹，则计时达到 6s 时，计算机发出指令点燃爆炸螺栓，减速伞分离并拉出旋转伞的开伞绳。此时前后子弹的速度约为 50m/s，转速约为 10r/s。

3) 旋转伞张开过程

当前后末敏子弹的减速伞连同伞舱一起与子弹分离后，红外敏感器弹出到位并锁定，安全起爆装置的第二道保险解除。随着伞舱与子弹分离距离的增加，旋转伞的伞袋被拉开，旋转伞张开(图 22-6)。

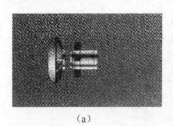
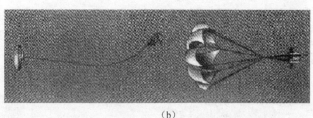

(a)   (b)

图 22-6 旋转伞张开过程

旋转伞张开时的惯性力使子弹前端的毫米波天线保护帽脱落，同时作为弹伞连接装置的摩擦盘解锁。

4) 稳态扫描过程

旋转伞张开后,很快成垂直下落状态。由丁摩擦盘已经解锁,子弹成倾斜状悬挂于伞的下方,平均而言,子弹轴与铅垂方向成30°角通过摩擦盘的导旋作用,旋转伞带动子弹同步旋转,子弹的敏感器视场在地面以螺旋线形式由外向内对目标进行搜索。当子弹距地面的高度达到一定值(如100m)时,开始对目标进行探测和识别(图22-7)。此过程中,子弹的稳定下落速度为13m/s,转速为3r/s。

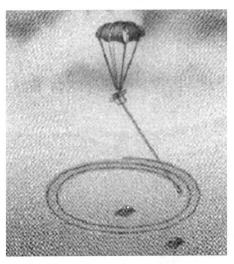

图22-7 稳态扫描过程

5) 战斗部起爆攻击过程

末敏子弹识别目标后,根据其距地面的高度、转速、识别算法及其他因素,计算最佳瞄准点,并依此选择起爆时机起爆战斗部(图22-8)。

图22-8 战斗部起爆攻击过程

战斗部起爆后形成约2000m/s,高速稳定飞行的弹丸,从顶部攻击装甲目标。如果未识别目标,子弹便在距地面约20m的高度自毁,或者落地后当电池电压降低至给定值以下时自毁。

22.1.4　几种典型末敏弹

1）美国 SADARM 末敏弹

美国是最早研究末敏弹的国家,早在 1972 年就提出了"目标定向末端激活弹"的概念,准备为 203mm 榴弹炮开发末敏弹,后因美国不再发展 203mm 口径火炮。于是转而研制 155mm 末敏弹。1979 年,美国开始研制 M898 式 155mm 炮射末敏弹,项目的正式称谓叫"装甲敏感与毁伤技术弹药",它的英文缩写 SADARM 在国内通常被翻译为"萨达姆"。该末敏弹的研制在后来因为技术问题而几经起落,最终于 1997 年定型装备。在 2003 年的伊拉克战争中,美国陆军首次将末敏弹用于实战,发射了 121 发 M898 末敏弹,取得了好于预期的作战效果。

"萨达姆"末敏子弹的母弹是 155mm 底凹子母弹弹丸,一发炮弹可携带两枚子弹,使用 M109A6 等 39 倍口径 155mm 榴弹炮发射时的最大射程可达 23km,可对敌力自行火炮阵地和装甲部队集结地进行有效的远程压制(图 22-9)。

"萨达姆"末敏子弹由 EFP 战斗部、引信保险机构、复合敏感器系统、中央控制器、减速减旋与稳态扫描系统、电源以及弹体等部分组成。末敏子弹弹长 204mm,直径 147mm,重约 11.6kg。

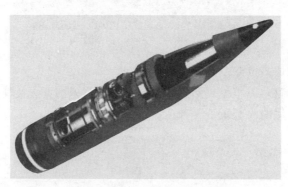

图 22-9　美国 SADARM 末敏弹

该弹的复合敏感器系统由工作波段为 8mm 的主/被动毫米波敏感器、双色线列阵红外成像敏感器和磁力计等组成,还采用磁强计对末敏子弹的转速进行测量。主动毫米波雷达主要用于测距,也可对真假目标进行辅助识别;被动毫米波辐射计和红外敏感器主要作为对目标敏感、真假目标确定和定位。

减速减旋与稳态扫描系统由充气式减速器和旋转降落伞(包括 4 个小伞衣)组成。子弹从母弹抛出后,首先通过充气式减速减旋器使子弹速度和转速下降到预定状态后打开旋转伞使弹体旋转并进一步减速,直到子弹的转速、落速和扫描角达到稳定,形成稳态扫描运动,便于敏感器探测和识别目标。

该弹的 EFP 战斗部采用高性能钽合金药型罩,毫米波雷达天线安装在药型罩前方。战斗部最大作战高度 150m,100m 高度时的穿甲深度达到 135mm。

不过,由于"萨达姆"末敏子弹采用了多种体制的复合敏感器,技术复杂,成本也比原计划高出了 2~3 倍,因此该弹也不再改进。据报道,美国 ATK 公司已和德国 GIWS 公司签署了一份专门协议,由 GIWS 向 ATK 公司转让 DM702"斯马特"末敏弹技术,ATK 公司负责在美国生产炮弹子弹及其他部件,并在美国销售。

2) 德国 DM702"斯马特"末敏弹

SMArt"斯马特"155mm 末敏弹是德国 20 世纪 80 年代末开始研制的,被称为当今最先进的炮射末敏弹。该弹主要为德国 PzH2000 自行榴弹炮研制,1994 年进行了首次实弹射击试验,1999 年年底正式装备德国军队,定型为 DM702(末敏子弹型号 DM1490)。

"斯马特"末敏弹在满足强度要求的前提下,母弹弹体壁厚被设计成只有普通炮弹的 1/4~1/3,这样可使母弹的有效载荷空间最大化,同时也使 EFP 战斗部药形罩的直径最大。每发母弹内装 2 枚末敏子弹(图 22-10)。

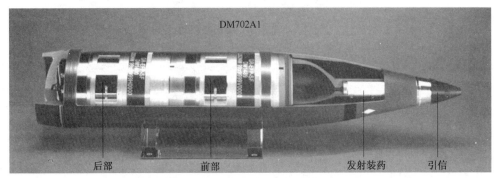

图 22-10　德国"斯马特"末敏弹

"斯马特"末敏子弹的复合敏感器包括红外探测器、94GHz 毫米波雷达和毫米波辐射计,具有较高的抗干扰能力,降低了虚警率。

SMArt 末敏子弹的敏感器设计得非常巧妙,毫米波雷达和毫米波辐射计共用一个天线,且天线与 EFP 战斗部的药形罩融为一体。这种结构不仅为天线提供了一个合适的孔径还不需要添加机械旋转装置,较好地利用了空间。

SMArt 使用高密度的钽作为药形罩材料,在 155mm 炮弹内部空间有限的条件下,尽可能地提高了 EFP 战斗部的穿透能力,形成的杵形侵彻体的长细比接近 5,穿甲能力比使用铜质药形罩提高了约 35%。

SMArt 末敏弹由 PzH2000 发射时,其最大射程超过 27km,通用于 M109 系列、南非的 G6,SMArt 末敏弹还可作为 MLRS 火箭弹的子弹。许多国家也采购了,SMArt 末敏弹,瑞士用在 M109 榴弹炮上,希腊、荷兰和意大利为 PzH2000 自行榴弹炮配套采购。

3) 瑞典/法国研制的 BONUS"博尼斯"末敏弹

"博尼斯"是瑞典博福斯公司和法国地面武器集团联合研制的 155mm 末敏弹(图 22-11),1994 年底完成研制,1999 年末开始批量生产。"博尼斯"的母弹内装两个末敏子弹,有效射程 35km,是目前射程最远的 155mm 炮射末敏弹。"博尼斯"的子弹内有稳定装置、红外敏感器、信号处理器和战斗部。

"博尼斯"末敏子弹的稳定装置采用了两片张开式旋弧翼片,其实就是在末敏子弹中央控制器两侧安装了两片长万形薄钢片。翼片在母弹开仓抛射前折叠并贴附在战斗部外壳上,抛射后依靠弹力自动展开锁定。翼面展开后,表面流动的气流是非对称的,其中一片翼面上又翘起一片更小的弧形阻力片,进一步加剧了这种不对称性,从而带动子弹绕弹体轴线旋转,使子弹在下降过程中达到相对稳定的状态。由于没有采用稳定伞,子弹下降的速度比较快,减少了被敌方干扰和风力的影响,而且红外特征特别低,不易被敌方发现。

图 22-11 瑞典/法国研制的 BONUS"博尼斯"末敏弹

由于子弹的转速和落速较快,不适合采用毫米波敏感器,因此"博尼斯"只采用了二元红外探测器一种敏感手段,测距则通过小型激光测距仪来完成。所以,"博尼斯"末敏子弹弹出的敏感器探头体积较大,三个光学窗口中的两个用于激光测距,另一个则是红外成像敏感器。

当然,一种探测手段相对于目前装甲车辆的各种红外屏蔽手段的应用显得有些单一,不如毫米波雷达对这类目标的探测能力,因此"博尼斯"在研制时也考虑了毫米波敏感器。目前,采用主/被动毫米波复合敏感器的"博尼斯"末敏弹也已研制成功。头部原本裸露的药型罩被共形毫米波雷达天线和天线保护罩所覆盖,所以弹体长度较红外敏感型略长。最大的变化是末敏弹尾部弹出式的红外敏感器探头被取消了,翼片也由两片旋弧形变为6个窄长条结构,阻力片则以三片弹出方式安装在子弹顶端面上。

"博尼斯"末敏弹因为省去了旋转降落伞机构,子弹体变得更加紧凑,长度只有82mm,直径138mm,重量仅为6.5kg。但是它的战斗部威力更大,作用距离达到175m,EFP在150m高度穿甲深度达到120~135mm。由于长度较短,"博尼斯"母弹最早计划携带三枚末敏子弹,后来为了减少母弹抛撒时子弹过多造成相互干扰,子弹还是选择了2枚,剩下的空间用于安装底排发动机等增程装置,因此也使它成为目前射程最远的155mm反装甲末敏弹。

4) 俄罗斯 SPBE-D 末敏弹

苏联在末敏弹领域起步较晚,20世纪80年代开始反装甲末敏弹技术探索,至90年代苏联解体,俄罗斯终于研制成功了 SPBE-D"标准灵巧反装甲子弹药"。

SPBE-D 末敏子弹长284mm,直径255mm,重量达到14.5kg 块头这么大,说明俄罗斯当时在 EFP 战斗部结构设计,光电及工艺材料水平上与西方有较大差距,SPBE-D 的药型罩材质采用的是普通紫铜,而不是钽金属。所以,为了保证 EFP 有足够的穿甲能力和作用距离,只能通过增大战斗部直径和装药量来解决。

苏联在 20 世纪 80 年代对末敏弹的小型双模毫米波探测器的研究还比较落后,所以 SPBE-D 采用的是单一红外敏感方式。红外敏感器安装在子弹战斗部侧面。SPBE-D 采用一具带有三个普通方形伞衣的降落伞来进行稳态扫描,通过偏心安装赋予子弹倾角,弹体旋转扫描动力通过战斗部外面两对可弹性展开的非对称阻力翼片提供(图 22-12)。

图 22-12 俄罗斯 SPBE-D 末敏弹

由于 SPBE-D 末敏子弹的体积和重量较大,一般身管火炮的炮弹容纳不下,所以它的投掷载具选择了"旋风"300mm 远程火箭炮和机载 RBK500 集束子母弹箱。装载 SPBE-D 末敏子弹的 300mm 火箭弹型号为 9M256,射程达 70~90km,可以通过弹载简易修正系统提高射击精度,战斗部能携带 5 枚 SPBE-D。RBK500 集束子母弹箱直径很大,可携带 15 枚 SPBE-D 子弹。

20 世纪 90 年代后期,俄罗斯发展出更先进的反装甲末敏弹 USM,子弹直径缩小到 122mm,300mm 火箭弹可以携带 20 枚,"飓风"火箭炮的 220mm 火箭弹也可以携带 5 枚。USM 末敏弹采用毫米波和红外复合敏感器,体积比 SPBE-D 小得多,但 EFP 战斗部也因直径和体积较小,穿甲威力在炸高 100m 时只能穿透大约 80mm 厚的均质装甲。

5) 美国 BLU-108 智能反装甲弹药

BLU-108 智能反装甲弹药是一种二级子母弹,每个 BLU-108 子弹外形为圆柱形,直径 133mm,长 790mm,质量 29kg,内含 4 枚"斯基特"次级末敏子弹。"斯基特"直径 127mm,长 90mm,质量 3.4kg,采用质量为 0.452kg 的铜制药型罩 EFP 战斗部。BLU-108 子弹最大的特点是弹体外形和接口的尺寸采用了标准化设计,可以适用于多种武器的战斗部,如 ATACMS、CBU97/B 航空集束炸弹、"战斧"巡航导弹、AGM-154"联合防区外武器"等。美国还在"哨兵"无人机上试验投放 BLU-108。"斯基特"次级末敏子弹外侧装有激光/红外双模敏感器,可用于探测各种不同的目标。激光探测器用于探测目标的轮廓,红外敏感器探测目标的热信号。当探测到有效目标后,传感器计算出目标瞄准点并起爆战斗部,EFP 战斗部起爆从顶部攻击目标。此外,"斯基特"战斗部中还有自毁装置(图 22-13)。

BLU-108 子弹被载具抛洒后,首先展开一对金属稳定翼(翼展 184mm)和减速降落伞

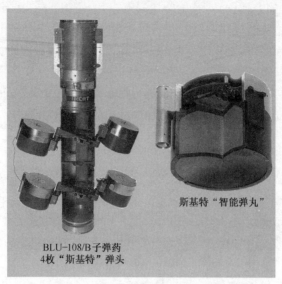

图 22-13 美国 BLU-108 智能反装甲弹药

垂直降落。当达到子弹工作高度时,安装在降落伞下方的两台小型火箭发动机点火,让 BLU-108 子弹绕自己纵轴高速旋转。发动机工作完毕后,弹簧支架将 4 枚"斯基特"末敏子弹从 BLU-108 弹体内张开并解锁,通过离心力把末敏子弹按照 90°夹角向 4 个方向先后甩投出去。然后,"斯基特"末敏子弹就跟其他末敏弹一样,一边旋转降落,一边扫描地面目标,确认目标后起爆 EFP 将其击毁。单枚"斯基特"的敏感范围大约为 $2700m^2$。由于抛射角度设计得很好,单枚 BLU-108 射出的 4 枚"斯基特"扫描范围互不重叠,总敏感范围接近 $9000m^2$。由于"斯基特"的战斗部直径较小,其穿甲威力只有大约 80mm 但也足以对付大多数轻型装甲目标和其他地面装备。

1999 年科索沃战争后,美国对"斯基特"末敏子弹进行了改进。首先,将单一 EFP 药型罩改为复合药型罩,略微缩小了主罩体直径,在其四周加工一圈共 16 个小药型罩,战斗部起爆后,主 EFP 四周能形成 16 个具有横向速度矢量的小杀伤弹丸,这样就使"斯基特"末敏子弹在破甲威力基本没有损失的基础上明显加强了对非装甲目标的杀伤能力。第二,早期的"斯基特"末敏子弹的红外敏感器没有目标识别功能,改进后为敏感器增加了激光雷达,从而在目标扫描同时实现了目标轮廓成像识别功能,这一改进让"斯基特"末敏子弹具备了真假目标判定能力和对抗红外隐身措施的能力。改进后的"斯基特'末敏子弹的载体称为 BLU-108B。

22.2 末制导炮弹

22.2.1 概述

末制导炮弹(Terminally Guided Projectile)是由火炮发射,在弹道末段进行制导的单个炮弹对付单个目标的灵巧型精确制导弹药,又称炮射制导炮弹。它集中了常规火炮和导弹的优点,将常规弹药与高技术结合在一起,使常规火炮的精度有了质的飞跃。在数千门火炮中配置一定数量的末制导炮弹,能在常规战争中起到威慑作用。

末制导炮弹是在越来越迫切要求提高火炮远程射击精度的需求下,依靠光电技术、设备抗高过载和小型化技术以及空间定向等高新技术的发展带动下,于20世纪70年代开始第一代末制导炮弹的研制工作,装备于80年代,最典型的代表是美国的"铜斑蛇"和苏联的"红土地",它们皆采用半主动激光制导方式。从80年代初期开始,国外相继研制出第二代末制导弹药,又称为"打了就不管"的弹药。第二代末制导弹药的研制范围就拓宽到整个地面炮兵武器领域:从榴弹炮、迫击炮、火箭炮直至地地战术武器。在榴弹炮方面,如"铜斑蛇Ⅱ""普通几何图形灵巧炮弹"(GGSP)和"旋转稳定灵巧炮弹"(SSSP)三种方案;俄罗斯的"红土地M"等;其他有德国的EAP末制导炮弹和EPHRAM制导炮弹、瑞典的"博福斯"制导炮弹和法国的ADC制导炮弹等。在迫击炮方面,除了德国1975年开始研制,英国的81mm"灰背隼"、美国的107mm反装甲制导迫击炮弹、瑞典的120mm"Strix"、法国120mm"螺旋"和"鹰狮"。

末制导炮弹与其他制导武器相比,可以利用现有的火炮发射,不需要附加地面设备;借助于火炮比较高的射击密集度来降低自身搜索的困难,为此,它的制导、增程设备就需要承受高过载和满足小型化的要求。与末段敏感弹药相比,它具有更高的命中精度和对付活动目标的能力,代价是制导系统相对要复杂得多;与战术导弹相比,只是在末段弹道上制导,具有与战术导弹相同的精度,却比战术导弹的结构简单,成本也低。

由于末制导炮弹除了有射程远、精度高、威力大的特点,能越过地形障碍攻击静止的或行进中的坦克顶装甲或前装甲等外,还能摧毁掩体工事。它在隐蔽地点(或后方有利位置)由制式火炮发射,不会影响原火炮的正常使用。这种集常规炮弹的初始精度和末段制导于一体的经济型、具有首发命中的灵巧精确制导弹药,对毁歼敌纵深区内的坦克群和装甲目标具有十分重要的战术价值。所以,末段制导技术和末制导炮弹已成为发展现代炮兵技术的重要组成部分。

22.2.2 末制导炮弹的基本结构

1) 末制导炮弹的结构组成

"末制导炮弹"由发射药筒(或药包)与制导炮弹组成。其中发射药筒(包)的结构作用不再赘述。不同型号的末制导炮弹结构组成尽管存在各种差异,就一般而论,可分成:

(1) 弹体结构:由弹身和前、后翼面连接组成的整体。
(2) 导引舱:由导引头部件、整流罩、馈线、传感器等组成。
(3) 电子舱:由自动驾驶仪、信号处理器、时间程序机构、滚转角速率传感器等组成。
(4) 控制舱:由机械类零件,如舵机、热电池、气瓶、减压阀等组成。
(5) 弹药助推段:包括引信、战斗部、助推发动机、闭气减旋弹带、底座等。

2) 末制导炮弹的结构和作用原理

以美国"铜斑蛇"为例说明末制导炮弹结构组成和工作过程。

"铜斑蛇"末制导炮弹采用正常式气动布局,由制导部分、电子设备、战斗部、弹体和控制回路组成,导引头(含电子舱和导引头)在前,战斗部居中,由舵机、冷气源和执行电路等组成的控制舱居后(分别见图22-14中"A""B""C"所示)。

弹翼和尾舵都采用折叠式,滑动闭气减旋弹带在炮膛内起密闭火药燃气和降低炮弹

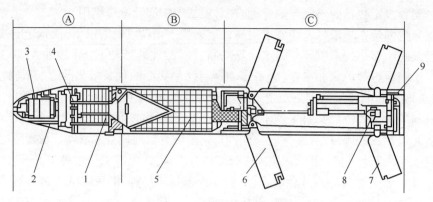

图 22-14 "铜斑蛇"炮弹结构简图
1—电子舱;2—导引头;3—陀螺;4—滚转速率传感器;5—聚能装药;
6—弹翼;7—尾舱;8—舵机;9—滑动闭气环。

转速作用。炮弹出口后,先展开尾翼,进入无控段飞行,飞到起控点后,转入滑翔段和末制导段导引飞行。制导部分包括激光导引头、陀螺和滚动速率传感器、电子设备(除电子组件外,还有激光编码选取孔和定时开关);战斗部总质量22.5kg,装有炸药6.4kg,采用空心聚能装药结构,由炸药装药、药型罩、内锥罩、引信等组成;弹体和控制部分包括四片弹翼、四片尾翼、滑动闭气弹带。发射前弹翼和尾翼都折叠在弹体槽内。

"铜斑蛇"的工作过程如下:先由激光指示器照射目标,炮手根据激光指示器编码和目标距离,通过弹上的激光编码选取孔和定时器开关装定激光编码和定时器,然后将炮弹装入炮膛发射。利用弹体向前运动的加速度使弹上惯性开关和电源接通,开始工作,定时器启动并同时释放尾翼。此时,由于作用在尾翼上的加速度负载使尾翼仍收拢在尾翼槽内,弹上的滑动闭气带卡入膛线,炮弹与滑动闭气弹带之间作相对滑动,"铜斑蛇"炮弹以20r/s出口转速飞出炮口,在离心力的作用下打开尾翼,进入无控弹道飞行。当它飞越弹道最高点附近。定时器将弹翼展开;在该弹进入目标区后,定时器启动激光导引头开始工作,导引头接受目标反射的激光回波,陀螺测出弹体在飞行中的偏移量,再由传感器将偏移量转换成相应的比例导引指令送给舵机,操纵尾翼,控制"铜斑蛇"的飞行,使其最终准确命中目标。

鉴于末制导炮弹上的光学系统、陀螺、电子装置、控制装置等精密组件需要承受火炮在发射条件下的高过载,所以,在它们的结构上一定要采取特殊措施,如精选各种固封材料和采用先进的固封技术等;又由于155mm普通制式弹丸其炮口转速为250r/s,不能满足末制导炮弹内的制导部件对工作环境的要求,还要在弹体尾部装有一个用聚丙烯材料制成的滑动闭气环,把出口转速降到20r/s左右,使之成为低速旋转的炮弹。

22.2.3 末制导炮弹的作用过程

末制导炮弹有两种工作方式:
1) 主动式末制导炮弹系统的工作原理

主动式末制导炮弹是根据侦察通信指挥系统或C^3I(意指:指挥、通信、控制、信息)系统提供的目标位置和运动状态检查弹药、装定工作程序和发射诸元、装弹、发射。

在膛内,炮弹靠发射时的冲击作用激活工作程序用电池,工作程序开始工作。同时滑动闭气弹带密封火药燃气,降低弹体转速。

以正常式布局的末制导炮弹为例,末制导炮弹飞出炮口后,首先张开舵翼,引信解除保险,进入无控段飞行。在接近弹道顶点时,激活弹上热电池、滚转速率传感器和舵机,开始滚转控制,约在1s内停止弹体转动,在飞过弹道顶点后,导引头解锁启动,弹翼张开,进入滑翔飞行。在距攻击目标只有2~3km时,导引头开始搜索、捕获目标,末制导炮弹按导引规律跟踪目标,控制末制导炮弹飞向目标,引爆战斗部,毁歼目标。图22-15给出了主动式末制导炮弹的工作程序及弹道示意图。

图22-15 主动式末制导炮弹工作程序及弹道示意图

0—发射:检查弹药,装定发射参数,装弹发射,激活工作程序电池,膛内减旋;1—飞出炮口:舵片张开,引信解除保险;
2—无控段:无控弹道飞行;3—滚转控制段:激活弹上热电池,启动滚转速率传感器,启动滚转控制机构;
4—滑翔飞行段:启动导引头陀螺,张开弹簧,下滑飞行;5—末制导段:脱离风帽,搜索目标,跟踪目标,俯冲目标,摧毁目标。

图22-16是"灰背隼"末制导迫击炮弹及其飞行弹道示意图。它装有主动毫米波导引头,在大多数气象条件下用来探测运动/固定目标,由主动毫米波制导系统、舵面、电子仪器、空心装药战斗部、保险和解除保险装置及尾翼组成。其工作过程是:当末制导迫击炮弹飞出炮口后便展开尾翼,战斗部解除保险、弹出舵面,制导系统进入寻的状态。导引头扫瞄有效作用范围为300m×300m。在此范围内的任何装甲目标一旦被发现就被锁定,空心装药战斗部能攻击坦克和装甲目标的顶部。图22-16是末制导迫击炮弹攻顶的姿态。

2) 半主动式末制导炮弹系统的工作原理

指末制导炮弹与照射目标的光源异地设置的工作方式。当激光指示器操作手瞄准目标后,便呼叫射手发射炮弹,在末制导炮弹飞抵目标的过程中,激光指示器要不间断地向目标发射脉冲激光。弹上激光导引头接收到由目标反射来的激光能量后,制导装置便产生控制指令,经舵系统执行控制指令,直至命中目标,见图22-17。射手发射炮弹后发射装置即可隐蔽和机动,但激光照射器必须全程瞄准照射目标,为实战中的使用带来不便。

这种工作方式的成功典型有"铜斑蛇"和"红土地"两种末制导炮弹。下面主要以"铜斑蛇"的工作过程为例进行介绍:

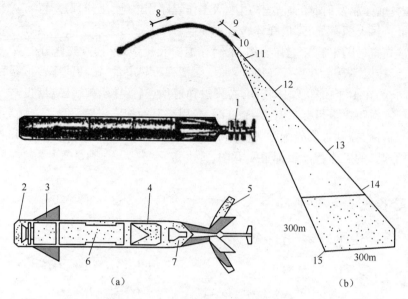

图 22-16 "灰背隼"全貌和典型弹道
(a)迫弹全貌;(b)典型飞行弹道。
1—发射药;2—导引头;3—鸭舵;4—聚能装药;5—稳定尾翼;
6—弹载电子控制设备;7—引信、保险与解脱机构;8—展开尾翼;
9—解脱引信保险;10—接通导引头;11——弹道转弯;12—展开鸭舵;
13—搜索目标;14—导向目标;15—目标搜索区。

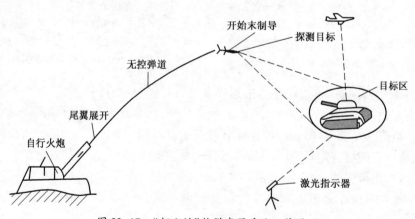

图 22-17 "铜斑蛇"炮弹武器系统工作原理

当"铜斑蛇"末制导炮弹飞近目标约3km附近,弹上的导引头便按接到的口标反射信号发出控制指令,控制舵面操纵炮弹自动飞向目标,直至毁歼目标。

"铜斑蛇"有两种弹道。一种是惯性弹道,用于较近的射程;另一种是滑翔弹道,用于较远的射程,或用于云层高度低 1000m 的条件,以便于搜索目标。这两种弹道可在发射前选择。在滑翔段弹道上,末制导炮弹基本保持恒姿态飞行,姿态是可控的。重力使弹道产生的弯曲会被升力所抵消,滑翔段又称下滑段,如遇到低云层时,就采用小角度滑翔弹道。

滑翔弹道的起点与射程有关,该点不一定都在惯性弹道的下降段,在射程近的条件下,该点也可以在弹道的上升段。

借助于这种"滑翔"能力,使它的射程比惯性弹道的射程要增大30%左右,且进一步提高射程的潜力仍很大。

由于155mm普通制式弹丸的炮口转速高达250r/s,这是末制导炮弹的制导系统所不能允许的。为消除膛线对炮弹滚动的影响,在末制导炮弹的尾部都装有一个常用聚丙稀材料制成的滑动闭气减旋弹带,使出炮口的转速减至15~20r/s,成为低速旋转的弹丸。鉴于"铜斑蛇"是采用二通道控制系统的末制导炮弹,所以,它不但要求"铜斑蛇"炮弹在末制导段起控前数秒必须停转,同时还要求它必需能在1s内完成使末制导炮弹的稳定停转。为此,就要求弹上的控制系统能进行空间定向和滚转姿态稳定控制,使末制导炮弹能平稳进入所要求的滚转姿态稳定飞行阶段。

22.2.4 几种典型末制导炮弹

1) XM712末段制导炮弹

美国研制的XM712炮弹又称"铜斑蛇"可以算得上为首先研制成功的末段制导炮弹,它采用激光半主动制导方式,弹径为155mm,弹长1370mm(长细比达8.84),弹重62kg。该弹由导引头、电子仓、控制仓和空心装药战斗部四大部分组成。在控制仓的前部装有四片弹翼,在控制仓的后部装有四片尾翼,都是可折叠的,平时合拢装于仓内(图22-18)。

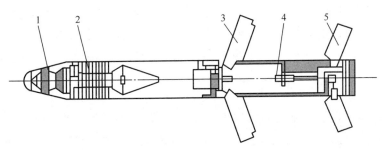

图22-18 激光半主动末制导炮弹结果简图
1—激光寻的头;2—电子舱;3—弹翼;4—控制器;5—控制翼。

"铜斑蛇"炮弹本身不辐射激光,而是靠激光指示器照射目标和由目标反射的激光束来进行工作。发射前,炮手需要按激光指示器的激光编码脉冲重复频率调节导引头,使其与激光指示器的脉冲编码一致。发射后,当弹丸飞至弹道最高点时,前方观察员要用激光指示器照射目标。当弹丸的导引头接收到由目标反射来的激光信号后,导引头便开始搜索和跟踪目标,形成控制指令,驱动控制翼修正弹道,使弹丸向目标飞去并准确命中目标。据报导,该弹用美M198、M109A1火炮发射时,射程为20000m时,精度为0.3~1m。"铜斑蛇"末段制导炮弹结构简图见图22-18,制导原理见图22-19。

"铜斑蛇"炮弹的主要缺点是它需要由前沿观察员用激光器指示目标,并且要与火炮发射阵地保持不间断联系才能引导炮弹命中目标,一旦受到干扰,就会使弹丸失去控制而不能寻找目标,因此在使用上受到了限制。西方国家并没有普遍装备,而是在寻求更加先进的方式,使得末段制导炮弹真正具有"打了就不用管"的能力。因此,有的国家已在研

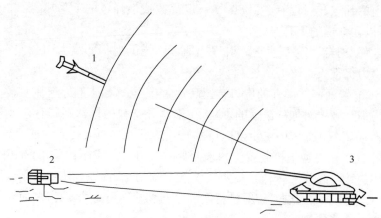

图 22-19 激光半主动末制导炮弹制导原理示意图
1—末制导炮弹;2—激光目标指示器;3—装甲目标

制"打了就不用管了"的能自动寻的制导炮弹。例如,美国正在研制一种带末端制导子弹的火箭弹。一枚火箭弹装数枚末端制导子弹,子弹装有红外或毫米波导引头。子弹从母弹抛出后,能分别自动寻找和命中目标。

20世纪80年代末,末段制导炮弹的研制水平趋于成熟,大多在80年代中期就已在可行性预研中得到证明。有的已经生产出样品,并在试验中取得较为满意的效果。

2) XMR21 末段制导炮弹

XMR21 末段制导炮弹是由美、法、英、德等9国联合研制的一种全自动导引的末段制导通用炮弹。它可以用北约各国已装备的155mm制式榴弹炮发射,该弹于1984年开始了可行性研究工作。该弹有两种方案,一种是用毫米波/红外复合导引头的 ASP 方案,一种是用毫米波导引头的 ADCO 方案。

(1) ASP 方案。

该项目的主要特点是末段制导炮弹采用复合导引头,串联式空心装药战斗部结构。其作用原理是,当弹丸飞过弹道顶点后,ASP 弹丸抛出头锥部,露出双模传感器并启动毫米波寻的器,以对地面进行测控并确定其高度。而后弹丸的翼面支起在控制面的作用下降低弹丸的转速,以便用毫米波/红外导引头搜索目标并且控制弹丸飞行。结构如图22-20所示。

(2) ADCO 方案。

该项目的主要特点是基于母弹携带"子导弹"的原理而设计的,在旋转稳定的母弹内装有1枚非旋转稳定的子弹,母弹飞行弹道与 M483A1 式 155mm 炮弹相似,弹丸飞过弹道顶点以后,抛出子导弹(靠伞从弹体的尾端向后拉出子导弹),子弹在它本身的弹道阶段展开位于中段的6片弹翼和位于弹尾部的4片尾翼(即舵)使子弹稳定飞行,毫米波导引头在搜索阶段捕捉到目标后,子弹开始末段制导飞行,像导弹一样进行自动导引,直到命中目标。

3) 普通几何图形灵巧炮弹

普通几何图形灵巧炮弹又称为常规弹形灵巧炮弹,其含义是指这种炮弹在几何尺寸及内弹道性能上都与制式的 M483A1 式 155mm 改进型常规炮弹相同。该弹为德国和美

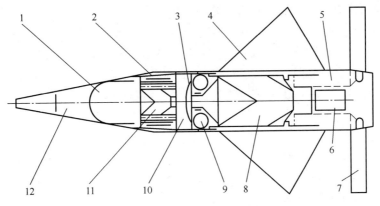

图 22-20 ASP 炮弹剖面图

1—双模寻的器;2—信号处理器;3—目标标示器;4—翼面(4个);5—控制驱动系统;
6—惯性传感器;7—控制面(4个);8—主战斗部;9—低温气袋;10—电源;11—先行战斗部;12—可抛弃的头锥部。

国联合研制。

该弹的主要特点是采用两级分离子弹的办法,使末段制导子弹脱离弹体。弹体为一薄壁壳体,其弹道性能与 M483A1 式炮弹相同,当弹丸飞越弹道顶点,底盖抛掉,抛出带阻力伞的子容器,阻力伞打开,使其减旋并降低飞行速度,此过程为第一次分离。在第二个阻力伞的作用下,子弹从子弹容器中抛出,即为第二次分离。这时子弹上的大型稳定翼片展开,毫米波寻的头开始搜索目标,其有效毁伤作用区域可大于 $10000m^2$。当探测到目标时即锁定,子弹飞向目标,起爆空心装药战斗部,从而达到穿透目标装甲的目的,其作用过程见图 22-21。

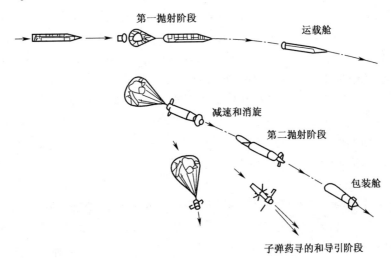

图 22-21 子弹运载系统抛射阶段的示意图

4) Merlin 81mm 末段制导迫击炮弹

Merlin 81mm 末段制导迫击炮弹主要由主动式毫米波制导系统、舵片、电子仪器和动力源、空心装药战斗部、保险和解除保险装置以及尾翼等组成。该弹于 1981 年 9 月由英国宇航公司开始研制,对现有 81mm 迫击炮弹作了较大的改进,但它仍可采用现装备的迫击炮发射,采用普通的前装发射方式。弹丸离开身管后,弹尾上的六个稳定翼片展开,当弹丸飞抵弹道的最高点时弹体前面的四片控制翼展开并锁定,传感器被激活。该弹的电子装置以可编程序的微处理机为基础,包括电动平面控制装置,它可以使翼片旋转,以控制迫弹的滚动和偏航,从而也调整了迫弹,使迫弹以大约45°角开始进入跟踪阶段。

寻的器可以对300m×300m范围进行探测、搜索目标,据称该迫击炮弹的空心装药战斗部既有最佳的穿透能力,又有很好的破片效应,能够穿透任何厚度的顶装甲。

5) Bussard 120mm 半主动激光末段制导迫击炮弹

Bussard 120mm 半主动激光末段制导迫击炮弹是德国迪尔公司20世纪70年代中期开始研制的,其装填和发射方式与常规的120mm迫击炮弹相同。该弹的主要特点是采用激光制导攻击敌方装甲车辆的顶装甲。该弹的作用过程为,弹丸飞越弹道顶点时,电源被激活,陀螺仪开始工作;制导尾翼张开,气体发生器给控制装置提供动力;然后激光导引头内激光识别系统激活。选定的目标由前方观察员利用激光目标指示器照射,导引头识别反射的激光信号,并由此启动控制面所需的指令,从而使弹丸命中目标。

22.3　弹道修正弹药

22.3.1　概述

随着以微电子技术为代表的高新技术逐渐渗透和应用于军事领域,炮兵对高新技术的应用也日趋广泛。这些高新技术的应用必然影响到未来的地面作战,使地面和对空战场的特征发生巨大的变化,战争的持续时间缩短,战争的强度和破坏性增大,战争胜利不以攻城掠地的多寡、人员物资的消耗数量为标准;相反,由于武器命中精度的提高,战争中减少了无谓的伤亡,威慑与实战并举。弹道修正弹就是在20世纪80年代中期应运而生的诸新概念中的低成本、高精度的炮兵常规弹药之一。

弹道修正弹(Course-Corrected Shell)最早是通过对目标的基准弹道与飞行中的攻击弹道进行比较后。给出有限次不连续的修正量来修正攻击弹道,以减小弹着点误差,达到提高弹丸对付高速机动飞行目标的命中精度,或提高中大口径弹丸的远程打击力量的一种低成本有能力的弹药。它从遥控指令修正弹药开始,正向着自指挥、自定位功能弹药方向发展。

弹道修正弹结构和技术相对简单,价格低廉,精度虽不如制导弹药,但由于具有弹道修正功能,其精度与传统弹药相比已有了质的飞跃,在对"小区域目标"实施快速、密集、准确压制与毁伤方面有更大的优势。

从修正方式上讲,主要有被动式、半主动式、主动式三种。

被动式实质上是指令修正,其测量装置在地面或其他平台上,指令接收及修正执行机构在弹上。测量装置测得弹道参数,并依此发出修正指令,弹上装置接到指令后执行机构作用以修正弹道。法国的SPACIDO一维修正弹(射程修正)就属于此类弹药,其测量装置为地面雷达,修正装置为阻力片。

半主动式弹道修正弹药的测量及执行装置在弹上,要测量的弹道参数一般相对于目标而言,而目标信息则需要通过某种人为方法获得,如激光照射等。此类弹药多为末端修正,测量装置常采用被动激光导引头,代表性产品有俄罗斯的152mm/155mm Santimeter("米尺")末修炮弹、240mm Smelchak("勇敢者")末修迫弹、57mm/80mm 航空火箭,以及美国的 82mm/120mm 末修迫弹、70mm 航空火箭等。这些弹药的修正装置多为脉冲发动机。

主动式弹道修正弹药实现了"打了不用管",其测量及修正装置在弹上,能自主完成弹道测量及其修正。此类弹药的测量装置多为 GPS,且常将以 GPS、修正阻力片及引信合为一体,形成"弹道修正引信",英国的 155mm "星"灵巧弹药及南非的 155mm PRO-RAM 炮弹就是此种一维修正弹。有些情况下也采用主动光电导引头作为测量装置,如前面提到的 120mm Strix 末制导迫弹,由于其执行机构为脉冲发动机,严格地说应属于此类末修弹药。

22.3.2 弹道修正弹的基本结构

由于弹道修正弹只通过不连续的、有限次控制修正弹运动来修正弹道,以消除因瞄准误差和由大气及其他使弹丸偏离目标方向的干扰因素,达到提高射击准确度的目的。只需在弹上装有简单的修正指令接收传递装置和相应的执行机构。执行机构只作不连续地有限次动作,而不需要像导弹那样长时间连续地导向目标,也无需对火炮和供弹系统进行改造。

1) 修正系统的组成和作用

弹道修正弹的修正系统分弹上设备和弹下装置两部分。弹上的修正部分由弹上信号接收和执行部分组成;弹下装置包括地面或舰面上的跟踪检测分系统、弹道解算发送装置等。

(1) 弹上信号接收和执行部分由指令接收机、译码器、执行控制电子线路(或单板机)、修正指令控制器、修正执行机构、电源等组成。用来接收和执行由地面传送来的指令。装在有限空间内的弹上设备力求简单高效,具有抗高过载和高动态响应的品质。

(2) 地面跟踪检测设备由跟踪检测分系统和弹道解算发送装置两部分组成。

① 跟踪检测分系统:它是常规火控系统的发展,由天线、主机、测距装置、随动装置、支架、电源等组成。用来跟踪获取修正弹或目标的运动参数和相对位置的弹道偏差位(坐标),并把它们直接输入弹道解算装置进行实时处理。

② 弹道解算发送装置:它是修正弹运动学环节的反映。在这里,修正弹的运动参数和测试信息被输入到计算机内进行综合处理比较,快速求出弹道修正量,通过修正指令发射机发送给飞行中的修正弹。所以,该装置既受修正执行机构作用的影响,同时又影响弹道偏差的变化,与跟踪检测分系统的工作直接相关。它由弹道解算计算机、修正指令编码器、指令信号发射机、发射天线和火控接口等组成。

若在修正弹引信内嵌有 GPS 接收机和弹道算法组件,把对目标的预测基准弹道或弹着点在发射前编入引信中,再与飞行中的攻击弹道进行比较,就不需要再对火控系统进行改造。

遥控指令体制的弹道修正弹修正系统组成结构层次及系统工作框图见图 22-22。

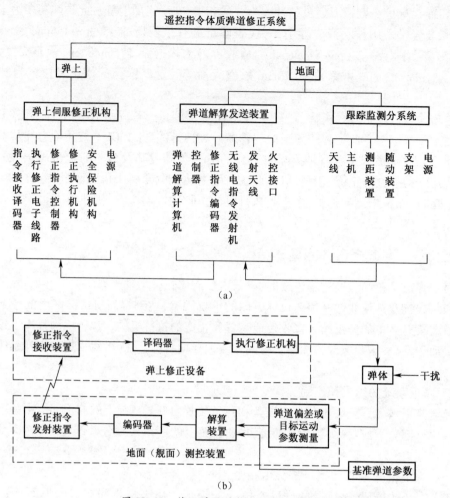

图 22-22 修正系统结构层次及工作框图

2) 修正方法与原理

弹道修正弹可采用指令修正技术(含自动试射)或 GPS 技术对攻击弹道进行修正。无论采用哪种修正技术来提高命中精度,均可通过以下方法(或之一)实现。

(1) 纵向距离修正法。

利用地炮弹丸的距离散布远大于方向散布的特点,在只对飞行弹丸进行纵向距离修正的同时,还保留了弹丸为减小横向散布的旋转措施。常利用改变弹丸的纵向飞行速度达到修正目的,故修正原理简单,技术难度相对较低。

(2) 横向方位修正法。

对付(高)机动目标的弹道修正弹,必须要对横向(方位)运动进行修正。通过对弹道修正弹横向运动的修正,达到快捷改变弹道方向的目的。它适用于空射型和一切对方向散布有要求的弹道修正弹。

(3) GPS 弹道修正法。

利用全球定位系统技术来提高远程弹道修正弹的命中精度时,不需要改造原有的火炮系统,发射后的修正弹通过封装在修正弹引信内的 GPS 接收机,在 10~15s 的时间内,即可经天线从卫星上获取首次三维定位数据,通过处理器算出修正弹的位置和速度数据,或它的未修正的弹着点,与基准弹道或弹着点进行比较,计算出弹道修正值,直至驱动(力型)修正执行机构动作,达到提高远程打击精度的目的。

若把用于自动试射时装有 GPS 接收机的首发弹道修正弹所获取的飞行弹道数据传回发射部队处理,进行发射修正,同样能实现提高打击精度的效果。

为提高攻击远程硬目标所需精度的弹道修正模式,已有使用小型 GPS 接收机+惯性器件的简易组合趋势,更进一步提高对目标的毁伤效果。

无论采用哪种方法,都需要解决修正点位置与次数的选择,以及弹上设备的耐高过载和小型化等问题,通常把方法(1)和(2)所采用的技术归纳到遥控指令修正技术中,其发展还需要解决多路传输和编码技术。

22.3.3 弹道修正弹的作用过程

弹道修正弹按照攻击目标类型分为空射型和面射型两类。下面分别以这两种类型为例,介绍弹道修正弹的作用原理。

1) 空射型弹道修正弹

这是以目标在空中的运动参数为依据,以修正方向为主的弹道修正弹。多采用横向方位修正法,它是根据地面站计算出的弹道修正指令来控制弹道修正弹的横向运动,能快捷地修正弹道方向,命中目标。

发射后的空射型弹道修正弹除受制于按已知的弹道参数和周围气象条件预算出的弹道,飞向预先设置的目标未来点的同时,还要受到地面或舰面上的修正指令控制,此时的探测装置正在不断地测出目标飞行参数的变化值,弹道解算装置便根据目标变化实时计算出目标飞行参数变化后的目标未来点,随即通过修正指令发射装置向修正弹发出修正指令,经装在弹尾上的信号接收机把指令传到修正弹上,驱动修正机构动作,产生侧向推力,自动修正它的弹道方向。经过若干次不连续的修正,使修正弹命中目标,见图 22-23。这是在 3P 弹的基础上发展而成的 4PGJC 式 40mm 修正弹的弹道修正示意图。在修止弹飞行过程中,火控系统的探测装置——雷达(或激光、电视、红外跟踪等系统)不断测出目标飞行参数的变化值,火控计算机根据上述变化计算出目标飞行参数变化后的目标未来点,通过无线电发射机向该修止弹发出弹道修正指令信号,位于弹尾部的信号接收机装置在收到指令信号后,控制相应的燃气发生器喷口瞬即喷气,于是,喷气产生的推力便自动修正弹道修正弹的弹道。4PGJC 的修正速度为 15m/s,经过 5~6 次修正,总共可使修正弹横向位移 30~50m。但此时弹尾的弹出式尾翼已降低了修正弹的旋转速度。

在弹体中部周围装有 6 个小型固体火箭发动机的 76/62 式 62mm 弹道修正弹,它在任何方向上弹道的变化最大能达 10°~15°,可用来对付反舰导弹。

由于空射型弹道修正弹是以目标在空中的参数为依据进行方向修正,对付的是高速机动飞行目标,所以要求弹道修正响应时间要短,故多选用力型修正执行机构——横向喷流技术为主,得到快捷的方向修正能力。它们是由能产生横向力的软、硬件组成的修正执行机构。横向推力采用脉冲式发动机原理,如上面提到的小型固体火箭发动机或带喷嘴的燃气喷流器来实现;除此以外,还有利用各种活动翼面(如鸭翼)来实现对弹道的方向

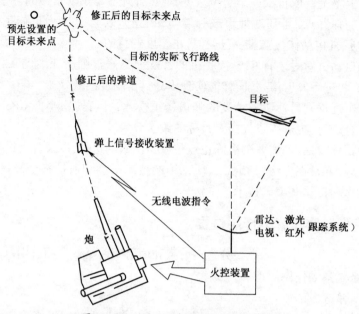

图 22-23 4PGJC 弹的弹道修正示意图

修正。不管采用何种修正执行机构,要使它们能有效、可靠地工作的必要条件是:一方面,降低修正弹的旋转速度,使修正弹易于有效修正;另一方面,能确定每个横向推力产生器在空间的方位,保证修正执行机构产生的脉冲矢量力与弹道修正信号具有相同方位,恰当地进行修正控制。这样,就要求对修正弹的旋转特性有清晰的了解。

2) 面射型弹道修正弹

现有的地炮火控系统都是根据假设的目标运动(运动的或静止的),推算出目标未来点,确定地炮的射击诸元,弹丸发射后按预定的弹道飞向目标。这样发射的弹丸在原理上就不可避免地要产生假设命中误差;此外,它还会随着射程的不断增加,弹道上的各种随机干扰因素如:起始扰动、随机风、底排药剂燃烧不均匀等的累积效应也会越来越大,使地炮的命中精度难以满足现代战争对武器发展的需求,为此,必须对远程中大口径地炮系统进行改造。一种采用不连续地有限次修正弹道偏差的方法——弹道修正技术就可以达到提高弹丸命中精度的目的。

图 22-24 是面射型弹道修正过程的示意图。它不同于空射型弹道修正弹——以目标在空中的参数为依据进行修正,而是利用测定修正弹在空中的参数为依据的弹道修正弹药。

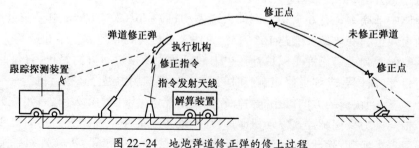

图 22-24 地炮弹道修正弹的修上过程

地炮弹道修正弹的空间定位方式分地面(或舰面)探测定位和GPS定位两种体制。修正弹飞出炮口后不久,由地面跟踪检测分系统测出修正弹在某点的坐标及速度后,弹道解算装置立即结合射击诸元快速算出未修正弹道与基准弹道的偏差(实时偏差或落点偏差),算出修正弹运动的修正量,确定修正弹修正力的大小和方向,发出修正信号,经修正指令发射机把修正指令传给修正弹上的指令接收装置,快速启动执行机构动作,完成一次修正。这样,经过不连续的若干次修正,便可大幅度提高弹丸命中精度。

采用GPS全球定位系统体制的弹道修正弹系统是通过嵌装在引信内的GPS接收机和处理器,把在飞行中获取的攻击弹道实时长行数据与基准弹道数据(或弹着点)进行比较后,很快自动算出弹道修正量(或直接把实时数据传回地面处理)。启动修正装置动作,使修正弹"减/增"速度,也可以控制修正弹"或左""或右"地修正弹道方向,达到提高对目标的打击精度。

由于地炮弹丸的距离散布远大于方向散布,以155mm榴炮为例,火炮的横向散布公算偏差是1mil。如射程为50km时,方向公算偏差为50m,而距离密集度指标一般为1/220。为此,对地炮改进时,可以只作纵向距离修正,对修正弹提供所需的轴向力,便能最大限度地简化执行机构,在提高地炮命中精度时。可把对弹丸本体结构的影响降到最小,是一种高效费比的技术改造措施。

22.3.4 几种弹道修正弹

目前从事弹道修正弹研究的国家主要有:美国、瑞典、法国、英国、德国、俄罗斯、意大利、以色列等。

对于弹道修正弹的研究,美国处于领先地位。为提高普通炮弹对目标的打击精度,美国在20世纪60年代初就开始了弹道修正技术的研究。世界上第一个激光末制导炮弹就是由美国陆军和马丁·马利塔公司共同开发研制的M712铜斑蛇激光制导炮弹,它采用炮口直径为155mm的火炮进行发射,实现了火炮在远距离目标上的精确打击,因此该武器系统成为把普通炮弹改装成精确制导炮弹的先例。该武器系统概念在20世纪的60年代末期提出并论证,在1972年完成了样机的研制,于1980年开始正式投入批量生产,1981年开始在国际市场上销售。该弹长1372mm,直径155mm,单翼长459mm,弹质量62kg,装药质量6.4kg,用到的激光指示器包括手提式、地面式和直升机式。其作战的主要特点:首先,射程距离远,打击距离范围在4000～20000m,打击精度高,目标命中率在90%左右,圆概率误差最大为1m;其次,其隐蔽性好,具备间接打击能力,发射炮可隐蔽在岩体后对坦克进行攻击,6.4kg高聚能炸药足以击穿坦克的顶甲。在1991年的海湾战争中,美军共发射了大约100余枚的M712铜斑蛇激光制导炮弹,命中率非常高。在此次战争中,美军共摧毁了伊军12个军事目标,命中率在90%以上,美军战后评价该炮弹相当于一辆作战的坦克。

早在20世纪80年代初,瑞典国防研究院和FFV公司就为海军120mm岸炮研究弹道修正弹,用地面雷达跟踪炮弹至末端弹道时,计算出落点误差,下达修正指令。近几年,瑞典的博福斯公司也开始针对155mm弹进行研究。

1984年苏联研制的2K25式152mm激光末制导炮弹(图22-26),主要打击目标包括

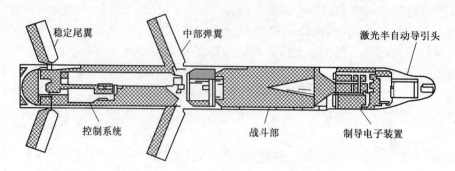

图 22-25 铜斑蛇制导炮弹外形和内部结构

火炮、防空系统武器和一些坚固的作战目标,此外还可以对海上目标进行有效打击。该炮弹的最大射程可达 20km,最小射程 3km,初速度约马赫数为 1.5,弹径 152mm,弹长 1300mm,质量 60kg,可装炸药 6.5kg,命中目标的概率在 90% 以上,使用温度范围在 -45℃ ~40℃,攻击角度为 300,可打击运动速度小于 36km/h 的移动目标。其性能主要体现在结构简单、操作性能可靠、射程距离远、打击精度高。在作战中,搜寻目标设备应在距离目标地 3~5km 附近位置进行目标搜索,确定目标的距离和方位后发射,在击中目标前,通过接收到的激光信号使炮弹改变成从上向下的飞行姿态,对坦克最为致命的部位进行打击。

图 22-26 2K25 式 152mm 激光末制导炮弹

以色列也于 2004 年研制出一种新型的 120mm 激光制导迫击炮弹(图 22-27),其射程可达 10.5km,总质量 13kg,可以配用多种战斗部来对步兵、装甲车以及固定目标进行攻击。其打击精度高、附带的毁伤能力小,可同时满足城市战场与传统战场的作战要求。在价格上与美国和俄罗斯两国相比有很大的竞争力。该种炮弹配备一个被动式的激光导引头安装在弹头,可以与现役的空、地基的激光指示器配合使用,而不需要对导引头进行改进。该炮弹的核心技术在于完善的制导系统,该系统包括 4 个可以控制的弹簧和 1 个处理能力强的信号处理器。在打击末端,打开 4 个可控弹簧来引导炮弹击中目标,大大提高了目标的打击精度。

第22章 灵巧弹药

图 22-27　120mm 激光制导迫击炮弹

参 考 文 献

[1] 马福秋,陈运生,朵英贤. 火炮与自动武器[M]. 北京:北京理工大学出版社,2003.
[2] 王靖君,郝信鹏. 火炮概论[M]. 北京:兵器工业出版社,1992.
[3] 谈乐斌等. 火炮概论[M]. 北京:北京理工大学出版社,2014.
[4] 高跃飞等. 火炮构造与原理[M]. 北京:北京理工大学出版社,2015.
[5] 梁苏,赵玉菱. 轻型155毫米牵引式榴弹炮[J]. 兵器知识. 2001.
[6] 李开文. 另一个小高炮王国的GDF系列35毫米双管高射炮[J]. 兵器知识. 2000. 2:5-7.
[7] 迟振义. "通古斯卡"弹炮合一防空武器系统. 国外坦克. 2003(5):20-23.
[8] 仁立. 德国PzH2000自行榴弹炮[J]. 现代兵器. 2001(10):18-22.
[9] 霍建鹏. 绝对火力—PzH2000式155毫米自行榴弹炮[M]. 北京:兵器工业出版社,2012.
[10] 田棣华,马宝华,范宁军. 兵器科学技术总论[M]. 北京:北京理工大学出版社,2003.
[11] 王尔林,张德智. 现代兵器概论[M]. 北京:兵器工业出版社,1995.
[12] 华东工程学院弹道研究所八〇一教研室. 内弹道学[M]. 南京:华东理工大学出版社,1983.
[13] 华东工程学院二〇二教研室专业教材编写组. 外弹道学[M]. 南京:华东理工大学出版社,1973.
[14] 中国人民解放军后勤部军械部. 军械概论(第一分册)[M]. 北京:解放军出版社,1991.
[15] 欧学炳,殷仁龙,王学毅. 自动武器结构设计[M]. 北京:北京理工大学出版社,1985.
[16] 王裕安,徐万和,薄玉成. 自动武器构造[M]. 华北工学院,1991.
[17] 马宝华. 引信构造与作用[M]. 北京:国防工业出版社,1984.
[18] 陈庆生. 引信设计原理[M]. 北京:国防工业出版社,1986.
[19] 钱元庆. 引信系统概论[M]. 北京:国防工业出版社,1984.
[20] 崔占忠,宋世和. 近代引信原理[M]. 北京:北京理工大学出版社,1988.
[21] 孟宪昌. 弹箭结构与作用[M]. 北京:兵器工业出版社,1989.
[22] 王志军,尹建平. 弹药学[M]. 北京:北京理工大学出版社,2005.
[23] 祁戴康. 制导弹药技术[M]. 北京:北京理工大学出版社,2002.
[24] 孟秀云. 导弹制导与控制系统原理[M]. 北京:北京理工大学出版社. 2003.
[25] 李向东,钱建平,曹兵,沈培辉. 弹药概论[M]. 北京:国防工业出版社. 2004.
[26] 张合,李豪杰. 引信机构学[M]. 北京:北京理工大学出版社,2007.
[27] 崔占忠,宋世和,徐立新. 近炸引信原理[M]. 北京:北京理工大学出版社,2005.
[28] 安晓红,张亚,顾强. 引信设计与应用[M]. 北京:国防工业出版社,2006.
[29] 彭长清. 时间引信设计[M]. 北京:国防工业出版社,1988.
[30] 《马宝华教授学术文集》编辑组. 马宝华教授学术文集[M]. 北京:国防工业出版社,2003.
[31] 东工程学院. 着发引信(第一篇·构造与作用)[M]. 南京:华东理工大学出版社,1979.
[32] MIL-HDBK-757. 美国军用手册·引信[S]. 西安:全国引信标准化委员会,1998.
[33] GJB102A—1998. 弹药系统术语[S].
[34] GJB373A—1997. 引信安全性设计准则[S].
[35] GJB/Z 135—2002. 引信工程设计手册[S].
[36] 赵国志. 终点弹道学[M]. 北京:兵器工业出版社,1994.
[37] 隋树元,王树山. 终点效应学[M]. 北京:国防工业出版社,2000.

参考文献

[38] 朱松俭,涂诗美.硬目标侵彻引信技术[C]//第十三届引信学术年会论文集,重庆,2003.
[39] 杨启仁.子母弹飞行动力学[M].北京:国防工业出版社,1999.
[40] 杨启仁,耿茂盛.子母弹抛撒动力学模型[C]//中国兵工学会弹道学术交流会论文集,厦门,1992:498-502.
[41] 王儒策,刘荣忠,苏玳,等.灵巧弹药的构造及作用[M].北京:兵器工业出版社,2001.
[42] 尹建平,王志军.弹药学[M].北京:北京理工大学出版社,2014.